AF576149

EUL
VERLAG

Reihe: Personal, Organisation und Arbeitsbeziehungen · Band 64
Herausgegeben von Prof. Dr. Fred G. Becker, Bielefeld, Prof. Dr. Stefan Süß, Düsseldorf, und Prof. Dr. Maike Andresen, Bamberg

Dr. Sina Fäckeler

Ganzheitliche Personalentwicklung

Eine Analyse wissenschaftlicher und subjektiver Theorien über Personalentwicklungsarbeit

Bibliografische Information der Deutschen Nationalbibliothek

Die Deutsche Nationalbibliothek verzeichnet diese Publikation in der Deutschen Nationalbibliografie; detaillierte bibliografische Daten sind im Internet über <http://dnb.d-nb.de> abrufbar.

Dissertation, Universität St. Gallen, 2015

ISBN 978-3-8441-0484-4
1. Auflage August 2017

JOSEF EUL VERLAG GmbH
Brandsberg 6
53797 Lohmar
Tel.: 0 22 05 / 90 10 6-80
Fax: 0 22 05 / 90 10 6-88
E-Mail: info@eul-verlag.de
https://www.eul-verlag.de

Bei der Herstellung unserer Bücher möchten wir die Umwelt schonen. Dieses Buch ist daher auf säurefreiem, 100% chlorfrei gebleichtem, alterungsbeständigem Papier nach DIN 6738 gedruckt.

"But it's been no bed of roses, no pleasure cruise. I consider it a challenge before the whole human race, and I ain't gonna lose"
(We Are The Champions/Freddie Mercury, 1977)

Für meine Mutter.

Vorwort

> „Wenn du anfängst, etwas zu sein, hast du etwas zu werden. Oder, wer grün ist, kann wachsen, wer sich bereits reif denkt, beginnt schon zu welken.“ (IP 12, ID 11:32).

Der Weg zu dieser Dissertation glich einer Expedition. Voller Tatendrang, Neugier und Freude zog ich vor einigen Jahren los, um das Gebiet des Personalmanagements und der Personalentwicklung näher zu erkunden. Ich habe auf meiner Route vieles entdeckt, erlebt, gelernt und meine Wildnisfähigkeiten auf die Probe gestellt. Auf dem Weg gab es eine Vielzahl bereichernder Begegnungen, die meine Selbst- und Weltsicht über Personalarbeit in Unternehmen, über die Wissenschaft und über das Leben im Allgemeinen geprägt haben. All jenen, die mich auf meiner Expedition begleitet und im Weitergehen bestärkt haben, möchte ich von tiefstem Herzen danken. Ihr habt mir das eigentlich Wertvolle auf diesem Weg geschenkt: Euch selbst!

Dabei möchte ich an erster Stelle einen Dank an Helen Stratmann richten, deren unvergleichliche Unterstützungs- und Stärkungsleistung („Keep calm and carry on“) kaum in Worte zu fassen ist. Genauso großer Dank geht an meine Mutter, Angelika Alt, meinen Stiefvater, Erich Alt, und meinen Vater, Frank Fäckeler, die mir all das mitgegeben haben, was es für eine solche Expedition braucht. Ich danke aber auch Asa und Li Hua Fäckeler, Irmgard Alt-von der Stein und Heinz von der Stein, Allyson und Dr. Wilhelm Stratmann, Elfi und Georg Alexander Hallmann, Niklas und Claudia Stratmann, Bettina Burgfeld sowie den Familien Schelte, Jürgens-Dolle und König für das so wichtige Familiengefühl. Ebenso wichtig waren auf meiner Expedition meine Freunde. Ich danke Julia Auffenberg, Sandra Ohlig, Dr. Anja Gebhardt, Christine Blum, Dr. Sabine Corsten, Dr. Friedericke Hardering, Eva Rose, Dr. Michael Rose, Alexander Pilz, Ayhan Eskiyurt, Tanja Kieschoweit, Kristin Sowinski, Stefanie Zimmermanns, Katja Hückelheim und vielen anderen, die an dieser Stelle leider unerwähnt bleiben müssen, von tiefstem Herzen für ihre unersetzliche Freundschaft und Unterstützung auf meinem Weg. Weiterer Dank richtet sich an meinen Doktorvater Prof. Dr. Dieter Euler für die Freiheit bei der Umsetzung und seine erfrischende Prise rheinischen Humor in St.Gallen, an Dr. Martin Keller, Saskia Raatz und Barbara Riegler für die anregenden Gespräche sowie an Karen Kasper und Christine Guster für das Herz am rechten Fleck. Auf meiner Expedition waren zudem meine InterviewpartnerInnen aus den Unternehmen Airbus, BASF, Bayer, Deloitte, Deutsche Bahn, Hewlett Packard, KUKA, Lufthansa, METRO Group, Swisscom, Swiss Life, TARGOBANK, Tyco, UBS und Wilo eine enorme Motivation und Inspiration. Die Interviews waren auf einer inhaltlichen und persönlichen Ebene mehr als bereichernd – herzlichsten Dank!

Zu guter Letzt möchte ich diese Arbeit meinen verstorbenen Großeltern widmen, die leider nur den Expeditionsbeginn, nicht aber das erfolgreiche Ende erleben durften. Die Bescheidenheit, der Fleiß und die Herzlichkeit meiner Großmutter, Thea Fäckeler, sollen im Leben für mich wegweisend sein.

Köln, im November 2014 — Sina Fäckeler

Inhaltsverzeichnis

Abbildungsverzeichnis

Tabellenverzeichnis

Abkürzungsverzeichnis

Azubi	Auszubildende/r
BCG	Boston Consulting Group
BM	Bildungsmaßnahme
BWL	Betriebswirtschaftslehre
CEO	Chief Executive Officer
CM	Change Management
d	Differenzierungsgrad
E	Erzählaufforderung
FDD	Flussdiagramm-Darstellung
FM	Fördermaßnahme
FST	Forschungsprogramm Subjektive Theorien
GPRI	Goals, Processes, Roles and Responsibilities, Interpersonal Relationships
HG	Hypothesengerichtete Fragen
HR	Human Resources
HRD	Human Resources Development
HU	Hypothesenungerichtete Fragen
ID	Identification
ILKHA	Interview- und Legetechnik zur Rekonstruktion kognitiver Handlungsstrukturen
IP	Interviewpartner
IPMA	International Project Management Association
IT	Informationstechnik
Kombin.	Kombination
LMS	Lernmanagementsystem

n	Stichprobenumfang
OE	Organisationsentwicklung
OECD	Organisation for Economic Co-operation and Development
PE	Personalentwicklung
PE-ler	Personalentwickler
QDA	Qualitative Datenanalyse
SHRD	Strategic Human Resources Development
S	Störfragen
SLT	Heidelberger Struktur-Lege-Technik
SLV	Struktur-Lege-Verfahren
SPSS	Sammeln, Prüfen, Sortieren, Subsumieren
TZI	Themenzentrierte Interaktion
WAL	Weingartner Appraisal Legetechnik
ZMA	Ziel-Mittel-Argumentation

1. Einführung

1.1. Ausgangslage und Problemstellung

Die Arbeitswelt wird sich in den nächsten Jahren deutlich verändern. Nachwuchskräfte drohen zu fehlen, Belegschaften in Unternehmen werden zunehmend diverser, die Zusammenarbeit der Beteiligten wird immer digitaler und eine Generation junger Mitarbeitenden drängt auf den Arbeitsmarkt, die ein fundamental anderes Verständnis von Arbeit mitbringt als vorherige Generationen (vgl. Rump & Eilers, 2013, S. 13 ff.). Neben den Entwicklungen hin zu einer Wissens- und Innovationsgesellschaft sind Unternehmen mit Mitarbeitenden konfrontiert, die äußerst heterogene Vorstellungen von Arbeit haben. So wird beispielsweise in der „Generation Y“ eine Gruppe von Mitarbeitenden[1] gesehen, die sich in Bezug auf ihre Werte, Arbeitshaltungen, Erwartungen an den Arbeitsplatz und die Kommunikationsmittel von früheren Generationen im Unternehmen grundlegend unterscheidet (Jäger & Petry, 2012, S. 21). Die erfolgreiche Zukunft von Unternehmen wird in besonderem Maße davon abhängen, wie auf die Veränderungen in der Arbeitswelt reagiert wird.

Ein Großteil der potenziellen Folgen der genannten Megatrends in der Arbeitswelt adressieren Handlungsfelder, in denen Personalmanagement, insbesondere aber die Personalentwicklung (PE)[2], in der Gestaltungsverantwortung sind. Zu den Top-Themen zählt die BCG-Studie „Creating People Advantage 2013“ beispielsweise „Talent-Management and Leadership“ und „Engagement, Behavior and Culture Management“ (Strack, Caye, Von der Linden, Haen & Abramo, 2013, S. 4 f.). Granados und Erhardt (2012, S. 23) identifizieren Führungskräfteentwicklung, Talent Management und Organisationsentwicklung als Kernthemen künftiger Personalarbeit. Für Thom und Zaugg (2008, S. 400) liegen die größten Herausforderungen in der Förderung von Führungskräften und High Potentials, der Nachfolgeplanung, dem Gestalten von Veränderungsprozessen, der Strategieorientierung sowie der Internationalisierung. Die aufgeworfenen Handlungsfelder sind für die Wettbewerbsfähigkeit von Unternehmen von hoher Relevanz und fordern in ihrer Komplexität die PE-Funktion in besonderem Maße.

Die PE-Funktion wird zur Bewältigung dieser neuartigen Anforderungen einen Wandel in ihrem bisherigen Grundverständnis vollziehen müssen. Das nach wie vor in Unternehmen verbreitete Verständnis von Personalentwicklung als Weiterbildung sowie

---

1 Als „Generation Y“ werden nach Jäger und Petry (2012, S. 21) Personen betrachtet, die ab dem Jahr 1980 geboren wurden.

2 Der Begriff „Personalentwicklung“ wird sehr unterschiedlich definiert, bezieht sich jedoch in der Schnittmenge immer auf die Entwicklung von Mitarbeitenden innerhalb eines beruflichen Kontexts (vgl. Mudra, 2004, S. 137 ff.).

Fach- und Führungskräfteentwicklung (vgl. El Ganady, König, Kutasi, Lassalle & Urban, 2008, S. 12)[3] stößt hinsichtlich der gegenwärtigen wie künftigen Anforderungen an Grenzen. Um auch zukünftig im Unternehmen als Unterstützungsfunktion einen Wertbeitrag leisten zu können, bedarf es daher eines deutlich erweiterten Selbstverständnisses. Das heißt nicht nur, dass Personalentwicklung Maßnahmen der Organisationsentwicklung einschließt, wie dies M. Becker (2013, S. 4) im weiten Verständnis von Personalentwicklung herausstellt. Die künftigen Anforderungen bedürfen vielmehr einer ganzheitlichen Lösungserarbeitung unter Rückgriff auf Kenntnisse und Instrumente des Wissensmanagements, der Organisationsentwicklung, des Change Managements sowie, je nach Problemstellung, weiterer Handlungsfelder. Die vorliegende Arbeit schlägt daher zur Bewältigung der künftigen Anforderungen ein ganzheitliches Verständnis von Personalentwicklung vor, in dem sich die Perspektive von individuellen auf organisationale Lern- und Entwicklungsprozesse erweitert. Die Arbeitsweise ganzheitlicher Personalentwicklung erfordert eine deutlich strategische, gestalterische und ganzheitliche Orientierung.

Die Forderung nach einem Wandel der PE-Gestaltungspraxis ist jedoch nicht völlig neu. So wies Mudra (2004, S. 3 f.) bereits vor zehn Jahren auf die Notwendigkeit eines veränderten Selbstverständnisses der Personalentwicklung hin:

> „Es gilt, im Rahmen eines Paradigmenwechsels Grundlagen zu entwickeln, die im Kontext einer deutlichen Verstärkung der (Mit-)Gestaltungserfordernisse und Dynamik des Wandels einem umfassenden Lern- und Veränderungsverständnis Rechnung tragen, um somit aus dem ‚Seminar-Ghetto' (Kaiser, 2001, S. VII) der klassischen Personalentwicklung herauszukommen" (Mudra, 2004, S. 3).

In der deutschsprachigen Literatur zur Rolle der Personalentwicklung (vgl. M. Becker, 2013, 2008; Meifert, 2010; Thom, 2008) wird die Funktion Personalentwicklung nicht mehr nur als Trainingsdienstleister, sondern als Business Partner, Change Agent oder strategischer Gestalter gefordert. Allerdings hat in der Unternehmenspraxis anscheinend noch kein umfassender Paradigmenwechsel stattgefunden. Dies unterstreicht die bereits im vorherigen Abschnitt zitierte Studie im deutschsprachigen Raum von El Ganady et

---

[3] Die Studie unterstreicht, dass Personalverantwortliche mit Personalentwicklung vor allem Weiterbildung (75,8 Prozent) und Fach- und Führungskräfteentwicklung (57,1 Prozent) assoziieren. Handlungsfelder wie Nachfolgemanagement (47,2 Prozent), Change Management (37,3 Prozent), Performance Management (34,8 Prozent), Ausbildung (29,2 Prozent), Nachwuchsförderung (21,1 Prozent), Personalauswahl und Eignungsdiagnostik (19,9 Prozent), Kulturmanagement (6,8 Prozent) und Work Life Balance (6,2 Prozent) werden von einem Großteil der Befragten nicht zu Personalentwicklung gezählt. Die Studienergebnisse basieren auf 161 auswertbaren Online-Fragebögen von überwiegend mittelgroßen Unternehmen aus dem deutschsprachigen Raum. Großunternehmen mit über 5.000 Mitarbeitenden bzw. Kleinunternehmen bis 500 Mitarbeitende machen nur jeweils ein Viertel der Stichprobe aus.

al. (2008, S. 12), aber auch eine globale Studie von Lawler III und Boudreau (2012, S. 163). Die amerikanischen Forscher betonen, dass „the kind of game-changing change" (2012, S. 163) zu einem strategischen, organisationsgestaltenden Partner des Personalbereichs in Unternehmen bisher nicht erfolgt ist.

In den vergangenen Jahren fand allerdings in vielen Unternehmen zur Entwicklung einer neuen Rolle des Personalbereichs eine Umstrukturierung statt. So gilt die Einführung des dreigliedrigen HR Business Partner-Modells[4], von dem auch die etablierten Personalentwicklungsabteilungen betroffen waren, als in den Unternehmen angekommen (Claßen & Kern, 2010, S. 43 ff.). Die Neuausrichtung geht allerdings auch mit erheblichen Umsetzungsschwierigkeiten einher. Die Studie „HR Strategie & Organisation 2010/2011" hebt hervor, dass eine ausbleibende Veränderung des Personalmanagements auf unklar definierte Schnittstellen, fehlende Verhaltensänderungen sowie Kompetenzdefizite der Mitarbeitenden im Personalbereich zurückgehen (Sattler & Werthschütz, 2010, S. 33).

Ein erfolgreicher Wandel in Organisationen erfordert jedoch nicht nur Veränderungen auf der strukturellen, sondern auch auf der personalen und kulturellen Ebene (vgl. Doppler & Lauterburg, 2002, S. 152 ff.). Insbesondere hinsichtlich der personalen Ebene unterstreicht jedoch die Diskussion über die Professionalisierung von Personalentwicklern[5] (vgl. u. a. M. Becker, 2008; Eckel, 2011; Jochmann, 2010; Meifert, 2013; Niedermair, 2005; Stiefel, 2010), dass auch in der Personalentwicklung der Wandel bisher nicht als zufriedenstellend vollzogen gelten kann. Döring (2008, S. 5) stellt heraus, dass in keinem betrieblichen Handlungsfeld Anspruch und Wirklichkeit so eklatant auseinanderklaffen würden wie in der Personalentwicklung.

So unterstreichen Granados und Erhardt (2012, S. 8 f.) die Problematik fehlender Kompetenzen zur Bewältigung wichtiger Zukunftsthemen wie Führungskräfteentwicklung, Talent-Management und Organisationsentwicklung. In Bezug auf die Personalentwicklung kritisiert Stiefel (2010, S, 55 ff.) ein nach wie vor dienstleistungsgetriebenes, reaktives Tätigwerden von Personalentwicklern, die durch eine Verhaftung im operativen Tagesgeschäft keine proaktiven Konzepte hervorbringen, es dem Klienten recht machen wollen sowie sich vornehmlich nach methodischen Trends und zu wenig nach dem

---

4 Das HR Business Partner-Modell wird auch HR-Service-Delivery-Modell genannt und umfasst als Organisationsform ein Shared Service Center, in dem Dienstleistungen unternehmensweit gebündelt werden, Centers of Expertise, in denen Expertenfunktionen zusammengeführt sind und HR Business Partner, welche die Schnittstelle zu den Geschäftsbereichen bilden (Claßen & Kern, 2010, S. 112). Es geht auf die Ideen von D. Ulrich (1997) zurück.

5 Die vorliegende Arbeit verwendet weitgehend geschlechtsneutrale Formulierungen. Werden Begriffe in der männlichen Form verwendet, z. B. „Personalentwickler" (PE-ler) und „Interviewpartner", sind männliche sowie weibliche Personen gleichermaßen gemeint.

Wesentlichen richten. Nach Meinung von Eckel (2011, S. 31) vermarktet sich die Personalentwicklung zu wenig selbst, was zu einer geringen Präsenz der Leistungen der PE-Funktion bei ihren Kunden führe. Bei Meifert (2010, S. 6 ff.) werden die Ursachen für die Lücke zwischen Anspruch und Wirklichkeit der Personalentwicklung ebenfalls auf der Ebene der Personalentwickler verortet. Sie hätten laut Meifert (2010) aufgrund ihrer universitären Sozialisation oftmals ein anderes Verständnis von der Wirklichkeit als ihre Klienten, die Führungskräfte im Unternehmen, was zu Verständigungsproblemen führe. Zusätzlich führe eine fehlende Augenhöhe zum Controlling und der Geschäftsführung, eine mangelhafte kritische Bewertung von Modewellen, eine unzureichende Klärung der Verantwortlichkeiten für Personalentwicklung sowie das Fehlen einer PE-Strategie zur derzeitigen Situation der Personalentwicklung. Meifert (2010, S. XVII) verweist zudem darauf, dass sich Personalentwicklung dem Vorurteil des Betriebspädagogen, der nur weiche Themen verantwortet, dringend entziehen müsse. Stattdessen sei laut Meifert eine Positionierung als Mit-Unternehmer erforderlich, was einen Struktur-, Mentalitäts- und Kompetenzwandel voraussetze.

Die Kritik am Handeln von Personalentwicklern zeigt, wie entscheidend für eine erfolgreiche Etablierung eines neuen PE-Selbstverständnisses als ganzheitlicher, organisationsgestaltender Partner des Unternehmens eine Veränderung der PE-Praxis auf der personalen Ebene ist. Nach Meinung von Stiefel (2010, S. 134) macht dabei das Agieren der Personalentwickler den Unterschied in der PE-Arbeit aus. Sie handeln, in Anlehnung an die Kerngedanken der Strukturationstheorie[6], zwar unter Einfluss der strukturellen Gegebenheiten (z. B. vorgegebene Unternehmensstruktur und Rolle), können diese aber innerhalb ihrer Autonomiezonen aktiv beeinflussen (vgl. Röttger, 2010, S. 126 f.). Als Konstrukteure der Unternehmensrealität, deren Handeln sich in rekursivem Wechselspiel mit der Struktur des Unternehmens bedingt und die Gestalt der Struktur wiederum hervorruft (vgl. Miebach, 2014, S. 379 f.), haben Personalentwickler daher einen großen Einfluss auf die derzeitige und künftige Situation der Personalentwicklung.

Dieses Handeln ist jedoch, im Gegensatz zu Verhalten, nicht unmittelbar von außen beobachtbar, sondern kann lediglich von innen erschlossen werden (Schlee, 1988a, S. 13). Die Art und Weise, wie Personalentwickler handeln, ist von ihren subjektiven Theorien[7] bestimmt (König & Volmer, 2008, S. 48). Subjektive Theorien, als „komplexes

---

6 Diese Annahme geht zurück auf die Strukturationtheorie (auch als Theorie der Strukturierung bekannt), die von Anthony Giddens im Jahre 1984 als eine Grundlagentheorie der Sozialwissenschaften eingeführt wurde und das Verhältnis zwischen Handlung (agency) und Struktur (structure) klärt (Röttger, 2010, S. 125 ff.). In den vergangenen Jahren findet die Strukturationstheorie in der Managementforschung zunehmend Aufmerksamkeit (Kaudela-Baum et al., 2008, S. 42 ff.).

7 Die vorliegende Arbeit lehnt sich an das Begriffsverständnis subjektiver Theorien von Groeben (1988a, S. 17 ff.) an (siehe Kapitel 2.4). Die Begriffe subjektive Theorien, subjektive Deutungen,

Aggregat" von „Kognitionen der Selbst- und Weitsicht", gelten als handlungsleitend (Groeben, 1988a, S. 20; König & Volmer, 2008, S. 141) und werden verwendet, um das eigene Handeln, das Handeln anderer sowie Situationen zu erklären, vorherzusagen und ggf. auch gezielt zu beeinflussen (König & Volmer, 2008, S. 141). Soll eine Weiterentwicklung zu einer zukunftsorientierten, anforderungsgerechten Personalentwicklung auch auf der personalen Ebene erzielt werden, müssen sich die subjektiven Theorien von Personalentwicklern nachhaltig ändern.

Die subjektiv-theoretischen Sichtweisen von Personalentwicklern wurden bisher jedoch keiner fundierten wissenschaftlichen Reflexion unterzogen. Eine Recherche zu Untersuchungen des Handelns von Personalentwicklern und ihrer Alltagsvorstellungen über ihre Tätigkeit in der Personalentwicklung blieb in Bezug auf den deutschsprachigen Raum ergebnislos. Insbesondere die Praxis in PE-Projekten, die Kristallisationspunkte für die Bearbeitung neuartiger und komplexer Problemstellungen sind und als Veränderungsprojekte maßgeblichen Einfluss auf das Unternehmen nehmen (vgl. Bittlingmaier, 2010, S. 334; Schiersmann & Thiel, 2011, S. 167 f.), wurde bisher aus der Akteursperspektive nicht erforscht. Es liegen nur einzelne theorie- oder erfahrungsbasierte Vorschläge zur Leitung von PE-Projekten vor, z. B. durch M. Becker (2013, S. 823 ff.), der einen Funktionszyklus für PE-Maßnahmen vorschlägt und Bittlingmaier (2010, S. 333 ff.), der Erfolgsfaktoren zur Gewinnung von Auftraggebern für PE-Projekte formuliert. Dieses Ergebnis geht Hand in Hand mit einer allgemein dünnen empirisch gesicherten Befundlage zur Berufsgruppe der Personalentwickler im deutschsprachigen Raum (vgl. u. a. Arnold & Müller, 1992; Harteis & Prenzel, 1998; Niedermair, 2005).

Auf internationaler Ebene gibt es vereinzelt Studien aus den Niederlanden, England, Finnland und Australien zur Akteursperspektive von Personalentwicklern. Beispielsweise untersuchten Poell und Chivers (1999) im Rahmen einer qualitativen Studie in England die neue Rolle von PE-Beratern bei der Unterstützung von organisationalem Lernen. Anhand von 19 Einzelfällen zeigen sie auf, dass Personalentwickler mit einer mangelnden Anerkennung für Weiterbildungsthemen konfrontiert sind und Führungskräfte wie Mitarbeitende Veränderungen mit Widerstand begegnen (Poell & Chivers, 1999, S. 12). Eine niederländische Nachfolgestudie von Poell, Pluijmen und van der Krogt (2003, S. 133 f.) hebt hervor, dass sich ein Großteil der 20 befragten PE-Praktiker in der Rolle der Ermöglicher von selbstgesteuertem Lernen sehen, dies aber auf sehr geringe Unterstützung beim Management und der Belegschaft stößt. Ähnliche Ergebnisse liefert eine finnische Interviewstudie mit 20 Personalentwicklern von Hytönen

subjektive Sichtweisen und subjektiv-theoretische Vorstellungen werden in dieser Arbeit synonym verwendet.

(2002, S. 92 ff.), die im Anschluss an eine schriftliche Befragung durchgeführt wurde. Nach der Studie treffen Personalentwickler bei der Umsetzung ihrer Ideale auf großen Widerstand im Unternehmen (Oostvogel, Koornneef & Poell, 2011, S. 11). Das niederländische Forscherteam Koornneef, Oostvogel und Poell (2005) führte eine weitere qualitative Studie mit 18 australischen PE-Praktikern durch, um Einblick zu erhalten, mit welchen Strategien die Handelnden ihre PE-Rollen ausgestalten. Die Studie bestätigt Erkenntnisse aus vorherigen Studien: Die Rollen von Personalentwicklern sind eher traditionell, mit einem Fokus auf der Bedarfsanalyse und dem Angebot von Trainings. Die Rollen sind lediglich innovativer, wenn das Unternehmen insgesamt innovativere Ansätze lebt (Koornneef, Oostvogel & Poell, 2005, S. 367).

Der Fülle von normativen, von der Außensicht geprägten Vorstellungen über Personalentwicklung und dem zu leistenden Beitrag von Personalentwicklern (vgl. u. a. M. Becker, 2008, 2010, 2012, 2013; Bittlingmaier, 2010, S. 333 ff.; Döring, 2008; Eckel, 2011; Jochmann, 2010; Meifert, 2010; Müller-Vorbrüggen, 2010a, 2010b; Robes, 2011; Stiefel, 2010; Thom & Zaugg, 2008; Thom, 2008) steht ein empfindlicher Mangel an zuverlässigen empirischen Daten über die Innensicht der Personalentwickler gegenüber. Die wichtige Problemfacette der handelnden Hauptakteure wurde im deutschsprachigen Raum bisher weitgehend ohne empirische Fundierung beleuchtet, obschon ihrem auf subjektiven Theorien basierendem Handeln für die Weiterentwicklung der Personalentwicklung eine zentrale Rolle zukommt. Die vorliegende Arbeit möchte deshalb durch die Erforschung der subjektiven Sichtweisen von Personalentwicklern und der damit verbundenen Perspektivenerweiterung auf den Gegenstand Personalentwicklung einen Beitrag zur Schließung dieser Forschungslücke leisten und hierdurch neue Ansatzpunkte zur Weiterentwicklung der Personalentwicklung bieten.

1.2. Erkenntnisinteresse und Zielsetzung

Das Forschungsinteresse der vorliegenden Arbeit richtet sich übergreifend auf die Frage, wie Personalentwicklung von Personalentwicklern in Anbetracht künftiger Anforderungen gestaltet und zu einer zukunftsorientierten PE-Praxis weiter entwickelt werden kann. Der Fokus liegt dabei zunächst auf der Analyse des Forschungsstands der wissenschaftlichen Außensicht und der theoriegeleiteten Grundlegung eines eigenen PE-Verständnisses. Dabei wird ein besonderes Augenmerk auf den PE-Praxis-ausschnitt der Gestaltung und Leitung von PE-Projekten[8] gelegt. Sie bilden einen wichtigen Hebel für

8 Von Projekten zu unterscheiden sind Prozesse, die in der Praxis kontinuierlich wiederkehren. Sie sind von Projekten dahingehend abgrenzbar, dass sie nicht durch eine Einmaligkeit der Bedingungen charakterisiert sind. (Gareis & Stummer, 2006, S. 53 ff.)

einen erfolgreichen Wandel der PE-Gestaltungspraxis und sind dadurch von besonderem Interesse in dieser Arbeit.

Durch die anschließende Beschreibung und theoriegeleitete Interpretation der subjektiv-theoretischen Vorstellungen von Personalentwicklern über Personalentwicklung sowie die Gestaltung und Leitung von PE-Projekten werden tiefe Einblicke in die PE-Praxis ermöglicht. In dieser weitgehend unerforschten Facette dienen die subjektiven Theorien als Heuristik, um die wissenschaftlichen Theorien zu erweitern, zu differenzieren oder zu vereinfachen (vgl. Scheele & Groeben, 1988a, S. 78). Der bisherige Diskussionsstand, der hauptsächlich auf der (wissenschaftlichen) Außensicht über den Gegenstand Personalentwicklung beruht, erfährt durch eine Analyse der Innensicht in Form der subjektiv-theoretischen Vorstellungen der Personalentwickler eine Erweiterung. Die Erkenntnisse zur Innensicht der Personalentwickler bieten einerseits wertvolle Ergänzungen zu den theoretischen Modellierungen dieser Arbeit, andererseits auf Basis eines Abgleichs mit den wissenschaftlichen Theorien eine solide Grundlage für die Formulierung von Handlungsempfehlungen zur Entwicklung einer dem PE-Verständnis dieser Arbeit angepassten PE-Gestaltungspraxis. Im Konkreten leiten die folgenden Fragen den Forschungsprozess:

1) Wie kann Personalentwicklung in Anbetracht künftiger Anforderungen konzeptualisiert werden? Welche Handlungsanforderungen leiten sich hieraus mit besonderem Bezug zur Gestaltung und Leitung von PE-Projekten für Personalentwickler ab?
2) Welche subjektiv-theoretischen Vorstellungen über Personalentwicklung sowie die Gestaltung und Leitung von PE-Projekten prägen das berufliche Handeln von Personalentwicklern?
3) In welchem Verhältnis stehen die subjektiv-theoretischen Vorstellungen der Personalentwickler zu den wissenschaftlichen Vorstellungen von PE-Arbeit in dieser Arbeit?
4) Welche Handlungsempfehlungen leiten sich aufgrund der gewonnenen Erkenntnisse für die Gestaltung und Weiterentwicklung der Personalentwicklung ab?

Das übergeordnete Ziel der Arbeit besteht darin, den Diskussions- und Kenntnisstand zur Weiterentwicklung der Personalentwicklungsfunktion in der Forschung und Praxis perspektivisch zu erweitern und hierdurch neue Interpretationsangebote und Handlungsmöglichkeiten zu schaffen. Im Wesentlichen werden drei Forschungsziele verfolgt:

1) Die Forschungsarbeit zielt in einem ersten Schritt auf die Entwicklung eines theoretisch fundierten Verständnisses von Personalentwicklung und die Ableitung von Handlungsanforderungen für Personalentwickler ab. Um dieses Forschungsziel zu erreichen, erfolgt zunächst eine intensive Auseinandersetzung mit dem

Forschungsstand der Personalentwicklung. Auf Basis eines intensiven Literaturstudiums, eigener Plausibilitätsüberlegungen und unter Rückgriff auf den Ansatz des ganzheitlichen Denkens der St. Galler Schule (vgl. H. Ulrich & Probst, 2001; H. Ulrich, 2001) wird ein Verständnis von ganzheitlicher Personalentwicklung als PE-Verständnis dieser Arbeit konzeptualisiert. Anknüpfend an dieses PE-Verständnis wird eine Vorstellung von ganzheitlich orientierter PE-Projektgestaltung und -leitung entwickelt. Durch eine interdisziplinäre Analyse von Literatur der Personalentwicklung, der Organisationsentwicklung, des Change Managements, des Projektmanagements und eigenständiger Überlegungen wird in Anlehnung an das Situationstypenmodell von Euler und Bauer-Klebl (2009, S. 40 f.) der Situtationstyp „Ganzheitlich orientiert PE-Projekte gestalten und leiten" modelliert. Dieses Forschungsziel verfolgt ein theoretisches Erkenntnisinteresse und resultiert in einer Weiterentwicklung bestehender Theorien bzw. deren Anpassung an künftige Anforderungen an Unternehmen.

2) Das zweite Forschungsziel verfolgt die Erhebung und Analyse von subjektiven Theorien über Personalentwicklung mit einem besonderen Fokus auf der Gestaltung und Leitung von PE-Projekten. Dabei sollen auch implizite Wissensbestandteile, die den Befragten nicht immer bewusst sind und damit nicht automatisch in Interviewsituationen expliziert werden, mit erfasst werden. Das Forschungsprogramm Subjektive Theorien (vgl. Groeben & Scheele, 2010) sowie das problemzentrierte Rekonstruktionsinterview (vgl. Keller, 2008; Witzel & Reiter, 2012) bieten als Erhebungsmethodik die für die Rekonstruktion notwendigen Instrumente und Interventionsformen (siehe Kapitel 3). Aus einer idiografischen, induktiven Perspektive werden subjektiv-theoretische Vorstellungen von Personalentwicklern über Personalentwicklung sowie die Gestaltung und Leitung von PE-Projekten rekonstruiert und fallübergreifend verdichtet. Hiermit ist das Interesse verbunden, einen Beitrag zur Schließung der bestehenden Forschungslücke zu leisten. Zugleich erfährt die normativ geprägte Sicht auf die Situation der Personalentwicklung durch die Perspektive der Personalentwickler in der Praxis eine wichtige Erweiterung.

3) Das dritte Forschungsziel ist die Ableitung von Handlungsempfehlungen für die Gestaltung von PE-Arbeit. Die Ergebnisse der Analyse der Akteursperspektive sowie die Identifikation von Unterschieden und Gemeinsamkeiten in den subjektiv-theoretischen und wissenschaftlichen Vorstellungen über PE-Arbeit führen zur Formulierung von Handlungsempfehlungen für die PE-Praxis sowie zu einer Erweiterung und Differenzierung der theoretischen Bezugsrahmen. Im Sinne der Perspektivenerweiterung basieren die schlussendlich identifizierten Handlungsfelder auf der Interpretation der subjektiven Deutungen der Personalentwickler unter Rückbindung an die Theorie.

1.3. Aufbau der Arbeit

Zur Dokumentation der Forschungsarbeit folgt der Aufbau der Arbeit insgesamt sieben Kapiteln. Das erste Kapitel führt in die Problemstellung, das Erkenntnisinteresse, die Zielsetzung und den Aufbau der Arbeit ein.

Das zweite Kapitel erarbeitet die theoretischen Grundlagen. Im Sinne einer theoretisch fundierten Annäherung an die Forschungsfragen wird im Kapitel 2.1 der derzeitige Kenntnisstand zur Personalentwicklung erarbeitet und kritisch gewürdigt. Dabei liegt zunächst ein Fokus auf verschiedenen Zugängen zur Konzeptualisierung von Personalentwicklung, der Zielsetzung von Personalentwicklung und den Rollen von Personalentwicklern als Hauptakteure von PE-Arbeit in Unternehmen. Auf Basis dieser Ausgangslage erfolgt durch eine Darstellung von Entwicklungsphasen der Personalentwicklung eine erste Annäherung an Anforderungen für die Konzeptualisierungen eines PE-Verständnisses. Mit der Erarbeitung von zentralen Herausforderungen und Problemen der PE-Funktion sowie zentraler Entwicklungstendenzen wird der Bedarf für einen Paradigmenwechsel zu einer ganzheitlichen, organisationsgestaltenden Personalentwicklung abschließend begründet. Kapitel 2.2 greift den Stand der Personalentwicklung, künftige Anforderungen sowie eigene Überlegungen auf und konzeptualisiert auf dieser Basis einen Vorschlag für ein ganzheitliches PE-Verständnis. Daran anschließend wird in Kapitel 2.3 mit dem Situationstyp „Ganzheitlich orientiert PE-Projekte gestalten und leiten“ ein Verständnis einer PE-Projektleitungspraxis modelliert, die mit dem PE-Verständnis dieser Arbeit harmoniert. Der Situationstyp dient als Ausgangspunkt für eine begründete Ableitung von Handlungsanforderungen. Zum Abschluss der theoretischen Auseinandersetzung werden in Kapitel 2.4 das Konzept der subjektiven Theorien und dessen besonderer Erkenntniswert für die vorliegende Arbeit herausgearbeitet.

Die Erkenntnisse der theoretischen Auseinandersetzung werden im dritten Kapitel für die Forschungskonzeption genutzt. Neben einer Klärung des wissenschaftstheoretischen Ausgangspunkts sowie etwaiger Grenzen des gewählten Forschungszugangs werden Fallanalysen als Basisdesign der empirischen Untersuchung eingeführt und die Fallauswahl begründet. Darüber hinaus werden die Erhebungs- und Auswertungs-methoden offengelegt.

Im vierten Kapitel werden die Ergebnisse der empirischen Untersuchung vorgestellt und mit den wissenschaftlichen Vorstellungen dieser Arbeit in Beziehung gesetzt. Im Anschluss an eine Charakterisierung des Kontexts der Studie werden in Kapitel 4.2 vier ausgewählte Einzelfälle exemplarisch dargestellt. Daran anknüpfend führt Kapitel 4.3 in die fallübergreifenden Untersuchungsergebnisse ein.

Das fünfte Kapitel diskutiert die zentralen Ergebnisse der Arbeit und leitet zu den Handlungsempfehlungen über. Diese zielen auf Vorschläge für die Weiterentwicklung des PE-Systems auf der individuellen, funktionalen, organisationalen sowie wissenschaftlichen Ebene.

Daran anschließend führt das sechste Kapitel einen Gestaltungsvorschlag zur Weiterentwicklung der PE-Funktion im Unternehmen ein. Mit einer integrativen Personen- und Systementwicklungsarchitektur wird ein Ansatz vorgestellt, mit dem Personalentwickler PE-Arbeit im Unternehmen zukunftsorientiert ausrichten und dabei sich selbst sowie die Organisation entwickeln können.

Die Arbeit wird mit dem siebten Kapitel durch eine kritische Schlussbetrachtung abgeschlossen. Es werden der Forschungsprozess reflektiert und daran anknüpfend Forschungsdesiderata formuliert.

Das fünfte Kapitel diskutiert die zentralen Ergebnisse der Arbeit und leitet zu den Handlungsempfehlungen über. Diese zielen auf Vorschläge für die Weiterentwicklung des PE-Systems auf der individuellen, funktionalen, organisationalen sowie wissenschaftlichen Ebene.

Daran anschließend führt das sechste Kapitel einen Gestaltungsvorschlag zur Weiterentwicklung der PE-Funktion im Unternehmen ein. Mit einer integrativen Personen- und Systementwicklungsarchitektur wird ein Ansatz vorgestellt, mit dem Personalentwickler PE-Arbeit im Unternehmen zukunftsorientiert ausrichten und dabei sich selbst sowie die Organisation entwickeln können.

Die Arbeit wird mit dem siebten Kapitel durch eine kritische Schlussbetrachtung abgeschlossen. Es werden der Forschungsprozess reflektiert und daran anknüpfend Forschungsdesiderata formuliert.

In diesem Kapitel werden die theoretischen Grundlagen der vorliegenden Arbeit expliziert. Dazu wird zunächst der Gegenstand Personalentwicklung bestimmt. Hierzu wird in Kapitel 2.1 einerseits der Forschungsstand der Personalentwicklung dargelegt, andererseits in Kapitel 2.2 in Anlehnung an die Problemstellung der vorliegenden Arbeit ein eigenes Verständnis von Personalentwicklung, die so genannte ganzheitliche Personalentwicklung, begründet. Daran anknüpfend finden eine Modellierung des Situationstyps „Ganzheitlich orientiert PE-Projekte gestalten und leiten"sowie eine Bestimmung von normativen Handlungsanforderungen statt (siehe Kapitel 2.3). Die Modellierung des Situationstyps basiert auf dem Forschungsstand der Personalentwicklung sowie den Kerngedanken ganzheitlicher Personalentwicklung. In Kapitel 2.4 wird das Konzept subjektive Theorien und dessen besonderer Erkenntniswert für die vorliegende Arbeit geklärt.

Abbildung 1 veranschaulicht abschließend den Gesamtaufbau der Arbeit.

1. Einführung	
Problemstellung, Erkenntnisinteresse, Aufbau der Arbeit (Kapitel 1.1 bis 1.3)	
2. Theoretische Grundlagen	
Stand der Personalentwicklung (Kapitel 2.1)	Grundlegung eines ganzheitlichen PE-Verständnisses (Kapitel 2.2)
Situationstyp „Ganzheitlich orientiert PE-Projekte gestalten und leiten" (Kapitel 2.3)	Subjektive Theorien (Kapitel 2.4)
3. Forschungskonzeption	
Wissenschaftstheoretische Grundausrichtung und Grenzen idiografischer Forschung (Kapitel 3.1 und 3.2)	Fallanalysen, Triangulation und Fallauswahlstrategie (Kapitel 3.3 und 3.4)
Methoden der Datenerhebung (Kapitel 3.5)	Strategie der Datenauswertung (Kapitel 3.6)
4. Ergebnisse der Untersuchung	
Untersuchungsablauf, Stichprobe und Datenmaterial (Kapitel 4.1)	Individuelle subjektive Theorien – vier Fallbeispiele (Kapitel 4.2)
Interindividuelle subjektive Theorien über Personalentwicklung (Kapitel 4.3)	Interindividuelle subjektive Theorien über die Leitung und Gestaltung von PE-Projekten (Kapitel 4.4)
5. Implikationen der Ergebnisse	
6. Gestaltungsvorschlag für die PE-Praxis	
7. Schlussbetrachtung	

Abbildung 1: Aufbau der Arbeit[9] Theoretische Grundlagen

[9] Sofern bei den verwendeten Abbildungen und Tabellen dieser Arbeit keine Quelle angegeben wird, handelt es sich um eigene Darstellungen der Autorin.

2. Theoretische Grundlagen

2.1. Diskussionsstand zur Personalentwicklung

In den folgenden Kapiteln werden die normativen, von der Außensicht geprägten Vorstellungen über Personalentwicklung und dem zu leistenden Beitrag von Personalentwicklern herausgearbeitet und ein Überblick über den Diskussionsstand der Personalentwicklung aus wissenschaftlicher Sicht gegeben. Zur Annäherung an ein erstes Verständnis von Personalentwicklung werden in Kapitel 2.1.1 die Begriffsverständnisse zentraler Vertreter der deutschsprachigen PE-Disziplin (M. Becker, 2002, 2013; Mentzel, 2012; Mudra, 2004; Müller-Vorbrüggen, 2010a; Thom, 2008) gegenübergestellt und um Perspektiven aus der strategischen Personalentwicklung (Garavan, 2007; Meifert, 2010) erweitert Daran anknüpfend werden zur Vertiefung Zielsetzungen der Personalentwicklung (siehe Kapitel 2.1.2) und der Terminus Personalentwickler präzisiert (siehe Kapitel 2.1.3). Anschließend erfolgt eine Aufarbeitung von Entwicklungsphasen der Personalentwicklung (siehe Kapitel 2.1.4), typischen Herausforderungen und Problemen (siehe Kapitel 2.1.5) sowie zukünftigen Anforderungen an die Personalentwicklung (siehe Kapitel 2.1.6). Kapitel 2.1.7 zieht auf Basis der gewonnenen Erkenntnisse ein Zwischenfazit für die Konzeptualisierung eines eigenen PE-Verständnisses[10].

2.1.1. Begriffsverständnisse von Personalentwicklung

Seit den 1980er Jahren hat sich die Personalentwicklung in den meisten mittleren und großen Unternehmen als begriffliche Bezeichnung sowie als betriebliche Funktion etabliert (Mudra, 2004, S. 10 f.). Je nach disziplinärem Zugang (betriebswirtschaftlich, psychologisch oder berufs- bzw. betriebspädagogisch) ist der Begriff Personalentwicklung jedoch unterschiedlich akzentuiert und es existieren eine Vielzahl an Definitionen (vgl. Mudra, 2004, S 137 ff., für eine umfassende Darstellung verschiedener Definitionen von Personalentwicklung). Die Mannigfaltigkeit von Definitionen des Gegenstandsbereichs Personalentwicklung ist bisher in kein einheitliches Verständnis von Personalentwicklung zusammengeführt worden. Personalentwicklung ist aus wissenschaftlicher Perspektive ein interdisziplinäres, komplexes Konstrukt (Niedermair, 2005, S. 30 ff.).

---

10 Die Auswahl der in diesem Kapitel zitierten Autoren und Studien erfolgte entlang ihres Stellenwerts in der PE-Forschung und PE-Praxis sowie ihrer Aktualität. Das von ihnen vertretene PE-Verständnis wird als Ausgangs- und Bezugspunkt für die Konzeptualisierung eines eigenen Begriffsverständnisses verwendet. Da die jeweiligen PE-Verständnisse nicht völlig wertfrei sind, beeinflusst die Auswahl der Quellen das in Kapitel 2.1.7 gezogene Zwischenfazit. Es ist nicht auszuschließen, dass eine Auswahl anderer Autoren zu einem inhaltlich verschiedenen Ergebnis führen kann.

Ausgehend von der großen Diversität der Definitionen unterscheidet M. Becker (2013, S. 4 ff.) Personalentwicklung zunächst in ein enges Verständnis (Bildung), erweitertes Verständnis (Bildung und Förderung) und weites Verständnis (Bildung, Förderung und Organisationsentwicklung). M. Becker (2013) selbst lehnt sich an ein weites Verständnis von Personalentwicklung an und versteht darunter „alle Maßnahmen der Bildung, Förderung und der Organisationsentwicklung, die von einer Person oder Organisation zur Erreichung spezieller Zwecke zielgerichtet, systematisch und methodisch geplant, realisiert und evaluiert werden" (S. 5). Die Erhaltung und Verbesserung von Wettbewerbs- und Beschäftigungsfähigkeit bilden zentrale Zielkategorien der Personalentwicklung.

Die Inhalte der Personalentwicklung lassen sich nach M. Becker (2002, S. 6; 2013, S. 4) wie folgt konturieren (siehe Abbildung 2):

Inhalte der Personalentwicklung		
Bildung	**Förderung**	**Organisations-entwicklung**
• Berufsausbildung • Weiterbildung • Führungskräfte-entwicklung • Anlernen • Umschulung •	• Auswahl und Einarbeitung • Arbeitsplatzwechsel • Auslandseinsatz • Nachfolge- und Karriereplanung • Leistungsbeurteilung • Coaching, Mentoring •	• Teamentwicklung • Projektarbeit • Sozio-technische Systemgestaltung • Gruppenarbeit • ....

Abbildung 2: Inhalte der Personalentwicklung (in Anlehnung an M. Becker, 2002, S. 6, 2013, S. 4)

Einen ebenfalls inhaltsorientierten Zugang zur Fassung des Gegenstandsbereichs wählt Müller-Vorbrüggen (2010a, S. 8 ff.), der, ausgehend von Instrumenten der Personalentwicklung, drei zentrale Kernbereiche identifiziert: (1) Bildung, (2) Förderung und (3) Arbeitsstrukturierung. Die Säule der Arbeitsstrukturierung definiert Müller-Vorbrüggen als eine Gestaltung von Inhalt, Umfeld und Bedingungen der Arbeit, die bei bewusster und planerischer Gestaltung mit dem Ziel der Kompetenzentwicklung (z. B. Job Rotation) zu einem Aufgabengebiet der Personalentwicklung wird. Organisationsentwicklung wird von Müller-Vorbrüggen (2010a), im Gegensatz zu M. Becker (2002, 2013), als eigenständiges Instrument der organisationalen Veränderung im Verantwortungsbereich der Unternehmensführung von der Personalentwicklung abgegrenzt, auch wenn er bei der Umsetzung eines OE-Prozesses eine enge Verzahnung mit der Personalentwicklung betont.

Mentzel (2012, S. 1 ff.) stützt sich in seinem Begriffsverständnis vor allem auf die Aufgaben der Personalentwicklung. Diese liegen in dem Erkennen, der Entwicklung und der Harmonisierung vorhandener Fähigkeiten und Neigungen der Mitarbeitenden in Bezug auf die jeweiligen Erfordernisse des Arbeitsplatzes. Personalentwicklung umfasst hierfür die systematische Förderung und Weiterbildung der Belegschaft und somit alle zur Durchführung ihrer Aufgaben erforderlichen qualifizierenden Maßnahmen der individuellen beruflichen Entwicklung von Mitarbeitenden.

Nach Meinung von Mentzel (2012, S. 2) leiten sich hieraus die folgenden Teilfunktionen der Personalentwicklung ab: (1) Verantwortung für die bestmögliche Übereinstimmung zwischen vorhandenen Kompetenzprofilen der Mitarbeitenden und den Anforderungen der Arbeitsplätze, (2) Förderung geeigneter Mitarbeitender für aktuelle und zukünftige Veränderungen der Arbeitsplätze unter Einbezug ihrer persönlichen Erwartungen, (3) Angebot der erforderlichen Förder- und Bildungsangebote und Festlegung von Entwicklungsmaßnahmen in Abstimmung mit den Mitarbeitenden sowie (4) Verantwortung für die Planung, Durchführung und Kontrolle der beschlossenen Förder- und Bildungsmaßnahmen im Unternehmen.

Es wird deutlich, dass Personalentwicklung gemäß Mentzel (2012, S. 2) nicht nur über Fort- und Weiterbildung hinausgeht, sondern auch Förderung und Bildung als gemeinsamen Inhalt umfasst. Förderung schließt dabei vor allem Maßnahmen ein, die sich auf die Position im Betrieb und das berufliche Weiterkommen des Einzelnen richten, Bildung hingegen bezieht sich auf die Vermittlung von Qualifikationen zur Wahrnehmung der jeweiligen Aufgaben.

Darüber hinaus stellt Mentzel (2012, S. 3 ff.) die enge Verwobenheit mit Personalmarketing und Organisationsentwicklung heraus. Personalentwicklung leistet nach Mentzel die Voraussetzungen für ein internes Personalmarketing, das als Teilbereich der Personalentwicklung gilt. In Bezug auf Organisationsentwicklung folgt Mentzel einem vergleichbaren Verständnis wie M. Becker (2013) und betont, dass im Zuge einer strategischen Orientierung des unternehmerischen Handelns in der PE-Praxis Personal- und Organisationsentwicklung Hand in Hand gehen müssen. PE-Maßnahmen, die nicht das Arbeitsumfeld (Organisation, Kollegen, Vorgesetzte) berücksichtigen, seien ebenso unzureichend wie Veränderungen der Arbeitsbedingungen ohne angemessene Einbindung der Betroffenen.

Neben diesen inhaltsbezogenen Zugängen von M. Becker (2002, 2013), Mentzel (2012) und Müller-Vorbrüggen (2010a) wählt Thom (2008, S. 5 ff.) zur Fassung des

Begriffs Personalentwicklung einen Zugang über Zieldimensionen. Personalentwicklung leistet nach Meinung von Thom (2008) einen entscheidenden Beitrag zum Ausbau der erforderlichen Fähigkeitspotenziale, die in den seltensten Fällen von außen oder innen bereits absolut fertig rekrutiert werden. Zur Erlangung dieser Fähigkeiten unterscheidet Thom bildungs- und stellenbezogene PE-Maßnahmen. Bildungsbezogene PE-Maßnahmen beinhalten eine ausdrückliche Qualifizierungsabsicht und unterscheiden sich in betriebliche Ausbildung (z. B. Lehre), Weiterbildung (z. B. Nachdiplomkurse) und Umschulung. Stellenbezogene Personalentwicklungsmaßnahmen haben hingegen eine eher implizite Qualifizierungsabsicht und erfolgen immer im Prozess der Arbeit. Hierzu zählt Thom als Grundbausteine die Verwendungsplanung und -steuerung (horizontale Stellenwechsel), die Aufstiegsplanung und -steuerung (vertikale Stellenwechsel), Stellvertretungsregelungen, Lernpatenschaften, qualifikationsfördernde Arbeitsgestaltung sowie Maßnahmen bei Stellenaufgabe.

Thoms Verständnis von Personalentwicklung und die exemplarisch aufgeworfenen Instrumente spiegeln sich grundsätzlich auch in den drei Kernbereichen (Bildung, Förderung, Arbeitsstrukturierung) von Müller-Vorbrüggen (2010a, S. 7 ff.) wider. Organisationsentwicklung findet hingegen als Handlungsfeld der Personalentwicklung bei Thom (2008, 2012a, 2012b) keine explizite Erwähnung. Mit dem Verweis darauf, dass Personalentwicklung durch den Abgleich von Anforderungsprofil und Ist-Stand der Fähigkeiten vor allem Bedarfe decken bzw. Defiziten begegnen soll, lehnt sich Thom aus Sicht der Autorin tendenziell an einen Anpassungsansatz und weniger an einen Gestaltungsansatz von Personalentwicklung an (vgl. Arnold, 1997, S. 71).

Mudra (2004, S. 145 ff.) greift mit dem Begriffsverständnis von „ganzheitlich orientierter Personalentwicklung“ eine systemisch orientierte Perspektive auf. Lern- und Veränderungsprozesse stellen seiner Meinung nach komplexe Phänomene dar, die nur aus einer ganzheitlichen Perspektive gelöst werden können. Personalentwicklung umfasst gemäß Mudra (2004) folglich

> „als Gesamtsystem alle Informationen, Institutionen, Entscheidungen und Maßnahmen in einem Unternehmen, die Bildungs- und Förderungsprozesse bei den Mitarbeitern bewirken, um diese hierdurch in die Lage zu versetzen und zu motivieren, gegenwärtige und zukünftige berufliche Anforderungen zu erfüllen“ (S. 145).

Neben der Bildung und Förderung ergänzt Mudra (2004, S. 151) im Vergleich zu den vorgängigen Zugängen zu Personalentwicklung den Aspekt der Motivation. Mitarbeitende müssten nicht nur befähigt werden künftige Anforderungen zu erfüllen, sondern auch dazu bewegt werden, PE-Maßnahmen mitzutragen.

Zusätzlich unterscheidet Mudra (2004, S. 246 ff.) operative und strategische Personalentwicklung. Während die operative Personalentwicklung alle Aktivitäten umfasst, die gegenwärtig oder kurzfristig erfolgen, zeichnet sich strategische Personalentwicklung im Verhältnis zur operativen Personalentwicklung gemäß Mudra durch einen längeren Planungshorizont aus. Mudra siedelt auf der operativen Ebene alle konkreten PE-Aktivitäten mit einem kurzfristigen Planungshorizont (z. B. die Durchführung von Seminaren) an, auf der strategischen Ebene die zukunftsbezogenen Aktivitäten mit einer mittel- bis langfristigen Zielperspektive (z. B. länger angelegte Projekte und Konzeptionen). Die Kernaufgabe der strategischen Personalentwicklung, als Bestandteil des strategischen Personalmanagements, liegt darin, Handlungsmöglichkeiten zu erarbeiten und dabei die Erfordernisse einer Erschließung, Sicherung und Fortentwicklung personenbezogener Erfolgspotenziale im Unternehmen zu berücksichtigen.

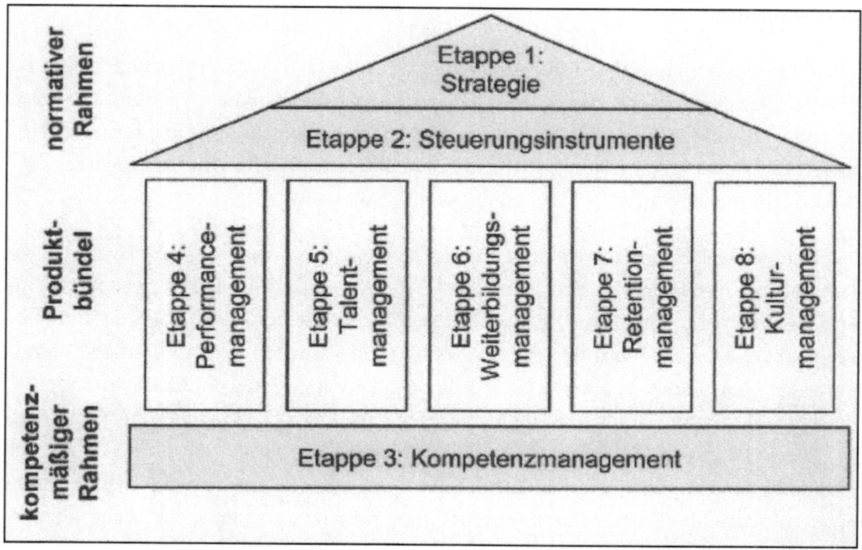

Abbildung 3: Modell der strategischen Personalentwicklung (Meifert, 2013, S. 67)

In der deutsch- und englischsprachigen Literatur wird die strategische Ausrichtung der Personalentwicklung bereits seit mehr als zwei Jahrzehnten diskutiert (vgl. M. Beck, 1991; F. G. Becker, 1988; Garavan, 2007; Rothwell & Kazanas, 1989; Thielenhaus, 1981; Walton, 1999), gilt jedoch immer noch nicht als erfolgreich vollzogen (vgl. u. a. Meifert, 2013; Stiefel, 2010).

Meifert (2013, S. 63 ff.) benennt die konsequente und nachhaltige Ausrichtung sämtlicher Personalentwicklungspraktiken an der Unternehmensstrategie als zentrales Merkmal strategischer Personalentwicklung. Um ein strategisches PE-System im Unternehmen zu gestalten, empfiehlt Meifert (2013, S. 65 ff.) den Unternehmen ein Acht-Etappen-Konzept (siehe Abbildung 3).

Dieses Konzept umfasst laut Meifert die Schaffung einer normativen Basis durch die Formulierung einer Personalentwicklungsstrategie und der Klärung von Steuerungsinstrumenten, die Auskunft über die Wirksamkeit der Strategie geben. Ein weiteres zentrales Element sei die Verständigung auf einheitliche Soll-Vorstellungen von idealen Mitarbeitenden im Kompetenzmanagement. Die PE-Instrumente werden in dem Konzept von einem normativen Rahmen sowie von einheitlichen Kompetenzvorstellungen (der so genannte „kompetenzmäßige Rahmen") umspannt. Als zentrale instrumentelle Handlungsfelder bündelt Meifert in dem Modell fünf PE-Themen: Performancemanagement, Talent-Management, Weiterbildungsmanagement, Mitarbeiterbindung und Kulturmanagement.

Im anglo-amerikanischen Raum betont Garavan (2007, S. 17), vergleichbar zu Mudra (2004), eine systemische Perspektive. Die strategische Personalentwicklung verankert gemäß Garavan (2007, S. 25) ein kohärentes, vertikal abgestimmtes und horizontal integriertes Gesamtkonzept von Lern- und Entwicklungsaktivitäten im Unternehmen, das die Erreichung strategischer Unternehmensziele unterstützt.

Strategische Personalentwicklung bezieht sich nach Garavan (2007, S. 16 ff.) vor allem auf die Wechselwirkungen zwischen PE-Praktiken und der Bedingungen im Umfeld des Unternehmens (Level 1), der Unternehmensstrategie/-struktur/-kultur und Führung (Level 2), den Jobprofilen (Level 3) sowie individuellen Erwartungen, Beschäftigungsfähigkeit und Karriere (Level 4). Personalentwickler und ihr Handeln bilden in diesem Modell die Schlüsselkomponenten für Personalentwicklung (siehe Abbildung 4). Die strategische Orientierung der Personalentwickler zeigt sich hier u. a. an der Grundhaltung einer strategischen Partnerschaft und eines „change agents". Die Haltung einer strategischen Partnerschaft erfordert die Übersetzung strategischer Prioritäten in Schwerpunkte und Aktivitäten der operativen Personalentwicklung. Die Haltung eines „change agents" führt zu einem Engagement der Personalentwickler für Aktivitäten, die das Unternehmen auf die Zukunft ausrichten. Darüber hinaus hebt Garavan (2007) die proaktive Rolle eines strategisch agierenden Personalentwicklers hervor:

> „[…] HRD professionals will be involved in linking HRD issues with challenges to the business, shaping of the strategic direction of the firm, developing innovative solutions and approaches to enhance organizational effectiveness, and enabling line management to ensure that things happen" (S. 22).

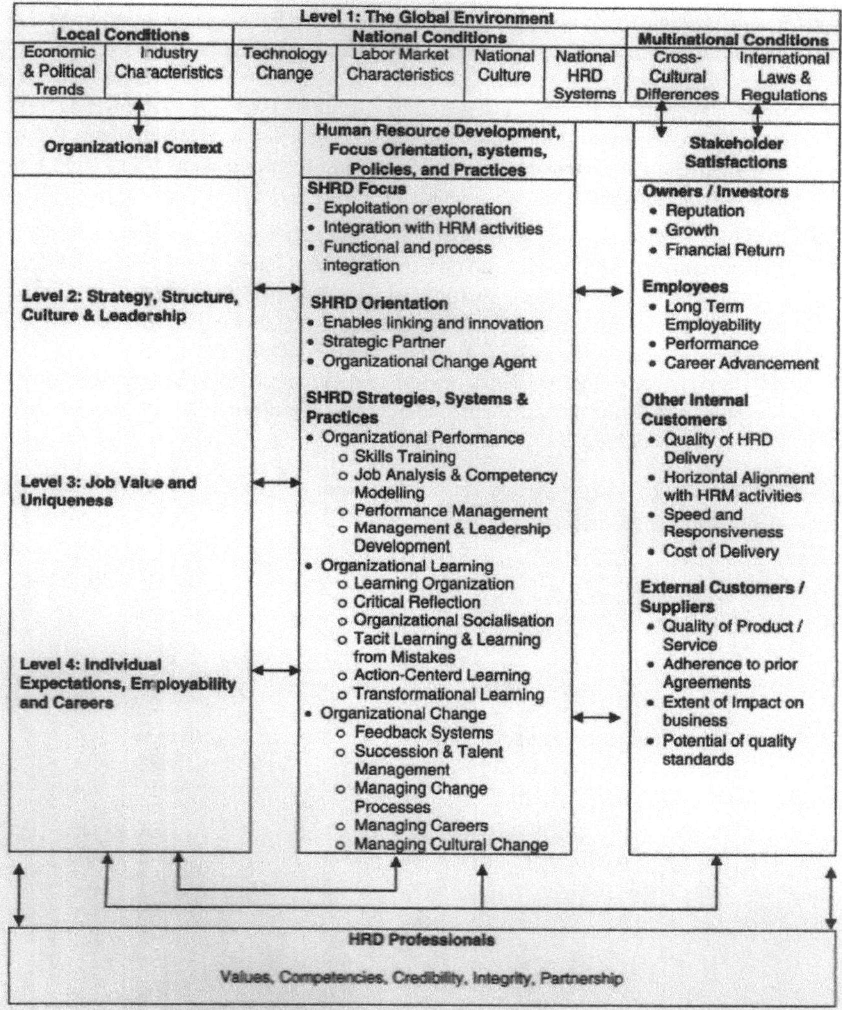

Abbildung 4: Strategische Personalentwicklung (Garavan 2007, S. 17)

Garavan (2007, S. 23) sowie Meifert (2013, S. 409 ff.) erweitern die Kernbereiche von Personalentwicklung einerseits um eine zukunftsbezogene Perspektive sowie andererseits um Komponenten des Kultur- und Wissensmanagements.

Der aufgefächerte Stand zur Konzeptualisierung der Personalentwicklung führt abschließend zu folgenden Eingrenzungen für die Bestimmung eines PE-Verständnisses:

- Personalentwicklung umfasst alle Maßnahmen der Bildung, Förderung und Arbeitsstrukturierung, die zielgerichtet, systematisch und methodisch geplant, realisiert sowie evaluiert werden und darauf zielen, die Fähigkeitspotenziale der Mitarbeitenden im Hinblick auf gegenwärtige und zukünftige Anforderungen zu entwickeln. In einem stärker strategischen, erweiterten Verständnis wird Personalentwicklung als horizontal und vertikal verankertes Gesamtsystem von Lern- und Entwicklungsaktivitäten verstanden.
- Bildung, Förderung und Arbeitsstrukturierung gehören übergreifend betrachtet zu den zentralen Kernbereichen von Personalentwicklung. Der Kernbereich „Arbeitsstrukturierung" umfasst Instrumente der Personalentwicklung zur Gestaltung von Inhalt, Umfeld und Bedingungen der Arbeit und ergänzt als eine weitere Säule von Personalentwicklung die Handlungsfelder Bildung und Förderung. Die Handlungsfelder Organisationsentwicklung, Veränderungsmanagement sowie Wissens- und Kulturmanagement sind in einem erweiterten Verständnis Teil von Personalentwicklung.

Abbildung 5 fasst die vergleichende Zusammenschau der verschiedenen Zugänge zu Personalentwicklung zusammen:

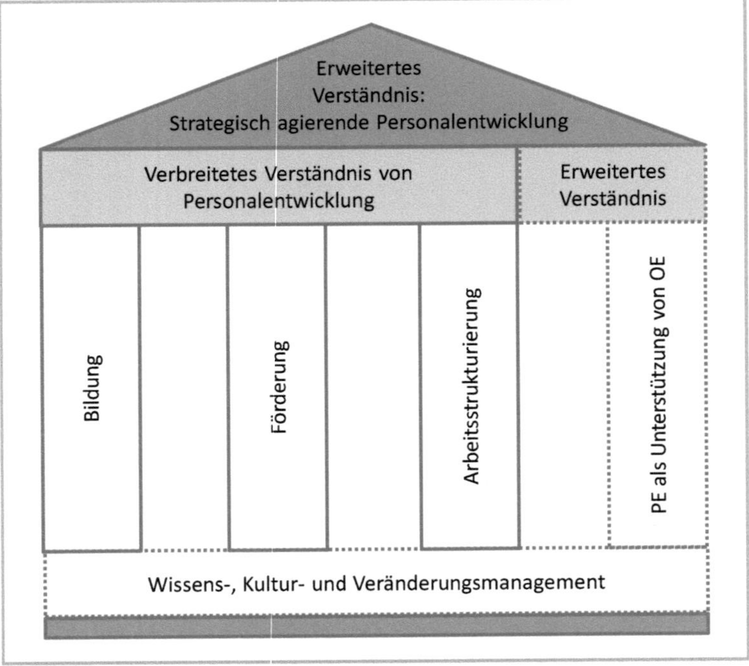

Abbildung 5: Zusammengeführtes Begriffsverständnis von Personalentwicklung (in Anlehnung an M. Becker, 2013; Garavan, 2007; Mentzel, 2012; Mudra, 2004; Müller-Vorbrüggen, 2010a; Thom, 2008)

2.1.2. Zielsetzungen der Personalentwicklung

Für die Ziele der Personalentwicklung ist charakteristisch, dass sie sich in einem permanenten Spannungsfeld von Interessen des Unternehmens und Interessen der Mitarbeitenden befinden. Mudra (2004, S. 130 f.) unterscheidet (1) unternehmensbezogene Ziele, die sich vor allem an dem Postulat der Erhaltung und Entwicklung des Unternehmens ausrichten, (2) mitarbeiterbezogene Ziele, die das Bedürfnis der Mitarbeitenden nach Selbstentfaltung und Ausschöpfung des individuellen Entwicklungspotenzials einbeziehen, sowie (3) gesellschaftliche Ziele, die gesellschaftspolitische Vorstellungen vom Verhalten eines Unternehmens aufnehmen.

Aus Mitarbeitenden- sowie Unternehmensperspektive zählen gemäß Mudra (2004, S. 133 ff.) einerseits die Erhöhung der Wettbewerbsfähigkeit, die Erhöhung der Flexibilität sowie die Erhöhung der Motivation und Integration, andererseits die Sicherung bzw. Anpassung der Qualifikationen sowie die Berücksichtigung individueller Befähigungen und Erwartungen zu den übergreifenden Zielen der Personalentwicklung. Diese Oberziele müssen in ein annehmbares und für den jeweiligen Unternehmenskontext stimmiges Verhältnis gebracht werden. Das Herbeiführen einer Zielharmonie im Sinne einer Dualität zwischen Mitarbeitenden- und Unternehmenszielen wird mit Verweis auf die kapitalistische Struktur von Unternehmen als Illusion betrachtet. Als Alternative zu den Diskussionen um Zielharmonie und divergierende Unternehmens- und Mitarbeiterinteressen führt Mudra die inhaltlich orientierte Zieldimension „Institutionelle Verstetigung des Lernens" an, die als ganzheitlicher Zielbereich individuelle, organisationale und gesellschaftliche Ziele miteinander verzahnt.

Eine Studie von M. Becker (2008, S. 45) verdeutlicht jedoch, dass in Unternehmen vor allem unternehmerische Interessen im Vordergrund von PE-Zielen stehen. Der Einbezug von Interessen der Mitarbeitenden hat in erster Linie den instrumentellen Charakter, die Wirksamkeit und Akzeptanz der unternehmensbezogenen PE-Ziele und PE-Maßnahmen zu erhöhen, wie das Verständnis von Thom (2012b) verdeutlicht:

> „PE-Ziele sind Unterziele des Personalmanagements, und diese stellen wiederum Subziele der Unternehmung dar (Hentze/Kammel 2001). Allerdings sollen im Interesse von Wirksamkeit und Akzeptanz auch Ziele der Mitarbeiter berücksichtigt werden" (S. 196).

Aus der Sicht von Thom (2012b, S. 196 f.) bilden die Wettbewerbsfähigkeit, die Anpassung an das Unternehmensumfeld und der Erhalt der Beschäftigungsfähigkeit[11] relevante Zielgrößen der Personalentwicklung.

Personalentwicklung befindet sich folglich hinsichtlich ihrer Zielsetzungen in einem Spannungsfeld zwischen den Bedürfnissen des Unternehmens (z. B. Wettbewerbs- und Innovationsfähigkeit), der Beteiligten (z. B. Persönlichkeitsentwicklung) und den Anforderungen, die sich aus der (zukünftigen) Unternehmensumwelt stellen (siehe Abbildung 6).

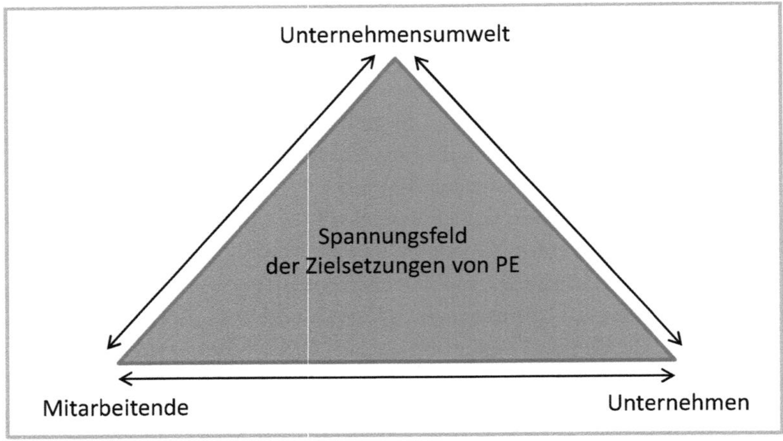

Abbildung 6: PE-Zielsetzungen im Spannungsfeld (in Anlehnung an Mudra 2004, S. 130 ff.)

Zur Formulierung von PE-Zielen schlägt M. Becker (2010, S. 372 f.) eine Zielkaskade zur Deduktion von PE-Zielen aus den Unternehmenszielen vor. Hiernach werden die PE-Ziele sukzessive aus den Unternehmenszielen als Basisziele, Richtziele, Grobziele, Feinziele und operationale Ziele abgeleitet (siehe Abbildung 7).

M. Becker (2010, S. 373) folgt zur Definition von PE-Zielsetzungen einem Top-down-Ansatz, der Fokus liegt auf der Umsetzung der Unternehmensziele. Auch Meifert (2010, S. 17 ff.) und Stiefel (2010, S. 13) betonen einen Fokus auf der Umsetzung der Unternehmensstrategie bzw. der Unterstützung anderer Organisationseinheiten bei der

---

11 Der Begriff Beschäftigungsfähigkeit hat das Potenzial, das Spannungsfeld der PE-Zielsetzungen aufzulösen. Beschäftigungsfähigkeit wird definiert als „kompetentes Tätigsein-Können in allen Lebenslagen, um am wirtschaftlichen und sozialen Leben teilzuhaben" (Seiler, 2009, S. 3), und von Fischer et al. (2013, S. 66) als zentrales Anliegen der Personalentwicklung gesehen.

Erfüllung ihrer strategischen Vorgaben. Dieses Verständnis entspricht einem verbreiteten Ansatz des strategischen Managements, nach dem sich die Bereichsstrategie (oder Funktionalstrategie) aus der Unternehmensstrategie ableitet (vgl. Haake & Seiler, 2010, S. 1 f.).

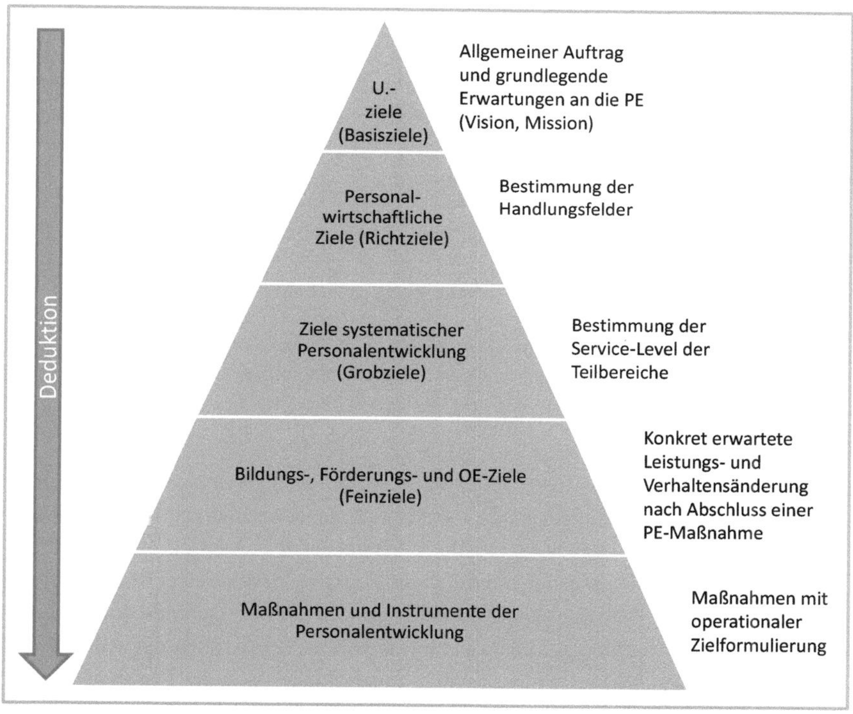

Abbildung 7: PE-Zielkaskade (in Anlehnung an M. Becker, 2010, S. 373, 2012, S. 229)[12]

Für die Konzeptualisierung eines PE-Verständnisses kann abschließend festgehalten werden, dass sich die Ziele der Personalentwicklung im Spannungsfeld zwischen den Bedürfnissen des Unternehmens, der Mitarbeitenden und den Anforderungen, die sich aus der (zukünftigen) Unternehmensumwelt stellen, konstituieren. Die PE-Ziele leiten sich deduktiv aus den Unternehmenszielen ab, der Fokus des personalentwicklerischen Handelns liegt auf der Strategieumsetzung.

[12] Die Abkürzung „U.-ziele“ steht für „Unternehmensziele“.

2.1.3. Rolle(n) der Personalentwickler

Der Terminus „Personalentwickler“ hat sich in den vergangen Jahren, insbesondere in der Praxis, als Berufsbezeichnung durchgesetzt. In der PE-Forschung fand eine Betrachtung des Personenkreises der Personalentwickler – trotz ihrer bedeutenden Rolle in einer Lern- und Wissensgesellschaft – jedoch bisher kaum statt (Niedermair, 2005, S. 51 ff.). Um für den weiteren Forschungsprozess zu einem Grundverständnis des Begriffs „Personalentwickler“ zu gelangen, findet in diesem Kapitel eine erste Begriffsbestimmung in Anlehnung an Niedermair (2005) statt. Anschließend wird das Verständnis des Begriffs „Personalentwickler“ durch eine aufgaben- und rollenbezogene Annäherung[13] an die Berufsgruppe Personalentwickler erweitert.

Begriffsbestimmung nach Niedermair (2005)

Niedermair (2005) zählt Personalentwickler zu einer Personengruppe,

> „die in privaten und öffentlichen Organisationen Personalentwicklungsaktivitäten planen, organisieren, realisieren und evaluieren und die Vermittlung und Entwicklung von Kompetenzen bei den Mitarbeitern beeinflussen“ (S. 52).

Niedermair (2005, S. 52 ff.) führt weiter aus, dass Personalentwickler in hauptamtlich und nebenamtlich Tätige unterschieden werden können. Der hauptamtliche Personalentwickler hat die Zuständigkeit für sämtliche Personalentwicklungsaktivitäten, der nebenberufliche Personalentwickler nimmt diese Funktion neben seiner Haupttätigkeit wahr. Nach hierarchischer Zuordnung differenziert sich die Berufsgruppe der Personalentwickler weiter in Leitungs- und Mitarbeiterfunktion. Hinsichtlich der Art und des Umfangs der Personalentwicklungsaufgaben unterscheidet sich die Funktion in eine Makro- und Mikroebene. Auf der Makroebene ist z. B. die Planung, Organisation und Qualitätskontrolle von Personalentwicklungsmaßnahmen zu verorten, auf der Mikroebene sind Durchführungsmaßnahmen wie Trainings und Workshops angesiedelt. Die Berufsgruppe „Personalentwickler“ ist jedoch nicht mit Aus- und Weiterbildnern gleichgesetzt.

---

13 In der Soziologie wird unter „Rolle“ ein Bündel von Erwartungen an das Verhalten eines Inhabers einer Position (Stelle mit Rechten und Pflichten) verstanden, das aus den Einzelerwartungen verschiedener Anspruchsgruppen besteht (M. Becker, 2008, S. 55 f.). Mead (zit. in Herman & Reynolds, 1994, S. 42 ff.) unterscheidet zwischen „role-taking“ sowie „role-making“ und betrachtet Personen als aktive Gestalter ihrer Rolle/n. Diese Sichtweise betont den individuellen Spielraum, die in der Organisation vorgegebenen Anforderungen und Aufgaben ausgestalten zu können (Niedermair, 2005, S. 207 f.).

Aufgaben- und rollenbezogene Annäherung

Die in der Literatur vorzufindenden Aufgaben- und Rollenverständnisse fallen äußerst heterogen aus (vgl. u. a. M. Becker, 2013; Krämer, 2012; Müller-Vorbrüggen, 2010b; Niedermair, 2005; Reinhardt, 2000). Je nach Ausgangsdefinition von Personalentwicklung reicht das Aufgaben- und Rollenspektrum von der operativen Unterstützung der Linienbereiche über die Gestaltung und Durchführung von Bildungsaktivitäten bis hin zu der Beratung in OE-Prozessen oder der Gestaltung organisationaler Lernprozesse.

Müller-Vorbrüggen (2010b, S. 768 f.) unterscheidet beispielsweise zur Bewältigung der Praxisanforderungen Personalentwickler als (1) Lehrende in der Personalbildung, (2) Förderer in der Personalförderung, (3) Gestalter in der Arbeitsstrukturierung und (4) als Organisationsberater in OE-Prozessen. M. Becker (2002, S. 465 ff.) trifft eine vergleichbare Unterscheidung und beschreibt den Personalentwickler (1) als Lehrenden in der Erwachsenenbildung, (2) als Förderer von Fach- und Führungskräften und (3) als Berater von Organisationsfamilien. In einer neueren Auflage seines Standardwerks bindet M. Becker (2013, S. 844 f.) die genannten Rollen an den Reifegrad des Unternehmens an: In traditionellen Unternehmen dominiere die Rolle des Lehrenden, in transitionalen Unternehmen die des Planers und Designers von systematischer Personalentwicklung und in transformierten Unternehmen die des Beraters mit dem Kerngedanken „Hilfe zur Selbsthilfe" für Organisationsfamilien zu leisten.

Inhaltlich vergleichbar, aber noch vielfältiger ist die Unterscheidung von DeSimone und Werner (2012, S. 19 f.), die in die Rollen (1) strategischer Berater in Personalfragen, (2) Entwickler von Personalsystemen, (3) treibende Kraft in Veränderungsprozessen, (4) Berater zu Strukturen und Arbeitssystemen, (4) Konzeptentwickler, (5) Lehrer und Förderer, (5) Karriereberater, (6) Leistungssteigerer oder Coach sowie (7) Datenlieferant und Evaluierer unterscheiden. Krämer (2012, S. 45 f.) typisiert die Rollen des Personalentwicklers nach den jeweiligen Herangehensweisen an PE-Aufgaben in (1) Experten oder Fachspezialisten mit Fokus auf Anwendung und theoretische Fundierung, (2) Trainer oder Moderatoren mit Fokus auf Anwendung und pragmatische Umsetzung, (3) Analytiker oder Konzeptentwickler mit Fokus auf Konzeption und theoretische Fundierung und/oder (4) Berater mit stark ausgeprägter Dienstleistungsmentalität und Fokus auf der Konzeption sowie pragmatischen Umsetzung.

Die Vielfalt der normativen Vorstellungen über Aufgaben und Rollen in der Personalentwicklung führt aber nicht zu der Erwartung, dass die vielfältigen subjektiven Rollenerwartungen auch alle eingelöst werden können und sollen (Krämer, 2012, S. 46; Müller-Vorbrüggen, 2010b, S. 768 f.).

In der Unternehmenspraxis findet sich dennoch eine Vielzahl an Rollen. Eine europäische Studie zum Selbstverständnis der Personalentwicklung von Reinhardt (2000, S. 217) stellte Anfang der 2000er Jahre eine zunehmende Differenzierung der Aufgaben und Rollen in der Personalentwicklung fest. In Ergänzung zu den traditionellen Rollen des PE-Spezialisten, des operativen Unterstützers und des Initiators innovativer Personalkonzepte verbreiteten sich gemäß Reinhardt die Rollen des Strategen/Generalisten, des Beraters, des Managers der PE-Funktion und des Beziehungsmanagers zunehmend. Diese steigende Heterogenität und Ambiguität der Rollen und Aufgaben der Personalentwicklung unterstreicht auch eine Blitzumfrage der Martin-Luther-Universität Halle-Wittenberg aus dem Jahr 2003[14] anhand der Vielfalt von Nennungen zukünftiger Herausforderungen (M. Becker, 2008, S. 46 ff.).

Eine qualitative Analyse der Rollen österreichischer Personalentwickler von Niedermair (2005, S. 206 ff., S. 226) stellt wenige Jahre später eine noch größere Komplexität heraus. Personalentwickler begegnen gemäß den Studienergebnissen von Niedermair in der Praxis keiner klaren Rollentrennung, sondern sind vielmehr Multirollenträger, die ihre verschiedenen Rollen je nach Situation, Aufgabe, Erwartung und Kontext flexibel anpassen. Niedermair typologisiert acht Rollenauffassungen von Personalentwicklern, die in der Regel in einem Rollenbündel in der Praxis vorgefunden wurden:

1) Rolle „Hofnarr“: Personalentwickler nehmen die Rolle des konstruktiven Feedbackgebers für ihre Anspruchsgruppen ein und artikulieren Dinge, die sonst niemand im Unternehmen ansprechen darf.
2) Rolle „Wanderprediger“: Personalentwickler transportieren kontinuierlich Botschaften und leisten Überzeugungsarbeit bei Mitarbeitenden und Führungskräften bei unterschiedlichen Vorhaben und Veränderungsprojekten.
3) Rolle „Berater“: Diese Rolle wird als Schlüsselrolle des Personalentwicklers bezeichnet. Personalentwickler als Berater in Personalentwicklungsfragen agieren nah an den Bedürfnissen der Kunden, geben Inputs, Verbesserungs- und Lösungsvorschläge, richten sich aber konsequent nach ihren Kunden. Moderation, Animation und Begleitung stehen im Vordergrund.
4) Rolle „Prozessbegleiter/Coach“: In dieser Rolle findet eine Begleitung individueller, interpersonaler und organisationaler Entwicklungsprozesse sowie die Unterstützung von Problemlösungen durch die Klienten statt. Der Personalentwickler agiert als Verfahrensspezialist für den Entwicklungsprozess.

[14] Es wurden 66 Fragebögen aus einer Befragung der 500 größten Unternehmen in Deutschland ausgewertet. Die Ergebnisse unterstreichen ein sehr heterogenes und sich dynamisch entwickelndes Aufgabenspektrum der Personalentwicklung. Ein Schwerpunkt der Instrumente liegt im Bereich der Förderung (75 Prozent), es folgen der Bereich Bildung (20 Prozent) sowie Organisationsentwicklung (5 Prozent). (M. Becker, 2008, S. 46)

5) Rolle „Interner Dienstleister“: Der Personalentwickler ist Dienstleister in Bezug auf Training, Weiterbildung und Personalentwicklung. Ziel ist es, den internen und externen Kunden möglichst hochwertige Dienste in Form von standardisierten und maßgeschneiderten Lösungen anzubieten.
6) Rolle „Gestalter“: Die Rolle des gestaltenden Personalentwicklers wird als Gegenstück zur Rolle des dienstleistenden Personalentwicklers betrachtet und beschreibt eine proaktive, selbstbestimmte Rolle, die sich auf die verschiedensten Personalentwicklungsthemen beziehen kann. Als Gestalter setzen Personalentwickler Aufträge um, die mit dem eigenen Personalentwicklungsverständnis einhergehen und oft Pionier- oder Experimentierbereiche umfassen.
7) Rolle „Helfer“: In dieser Rolle agiert der Personalentwickler als Helfer in Problemsituationen für Mitarbeitende, Führungskräfte und die Geschäftsführung in den verschiedensten Personalentwicklungsthemen. Die Hilfe zur Selbsthilfe nimmt einen besonderen Stellenwert ein.
8) Rolle „Change Manager“: Das Initiieren, Fördern und Modellieren von Veränderungsprozessen stellt eine zentrale Rolle des Personalentwicklers dar, mit dem Ziel, die Effektivität und Effizienz eines Unternehmens zu erhöhen und zu optimieren. Insbesondere Kulturveränderungen werden als wesentlicher Teil dieser Rolle betrachtet.

Niedermair (2005) stellt in Anbetracht der im Praxisfeld vorgefundenen Vielfalt fest, dass „Personalentwicklung ein fragiles, facettenreiches, geradezu wildwüchsiges Berufsfeld“ (S. 577) ist, das mit einem breiten Verständnis von Personalentwicklung, einer Heterogenität der Aufgaben und einer enormen Rollenkomplexität einhergehe. Die Kernaufgaben der Personalentwicklung in der Praxis fasst Niedermair (2005, S. 227 ff.) in (1) die Führung einer Organisationseinheit (sofern eine Leitungsfunktion ausgeübt wird), (2) die Lösung von organisatorischen Problemstellungen, (3) die Realisierung von Personalmanagementaufgaben, (4) das Durchführen von Beratungen, (5) die Gestaltung von Bildungsaktivitäten, (6) die Verwirklichung organisationaler Lernprozesse und (7) die Abwicklung von eher PE-untypischen Aufgaben, so genannte Orchideenaufgaben (z. B. die Abwicklung von Auslandsentsendungen).

Abschließend lässt sich feststellen, dass eine aufgaben- und rollenbezogene Annäherung an den Begriff des „Personalentwicklers“ zwar ein Verständnis für die verschiedenen, multiplen Dimensionen des Berufsbilds Personalentwicklung vermittelt, nicht aber zu einer einheitlichen Bestimmung des Begriffs Personalentwickler führt. Dies scheint angesichts der Multipluralität der Rollen und Aufgaben auch kaum möglich zu sein. Aufgrund der geringen Trennschärfe des Begriffs lehnt sich die vorliegende Arbeit an das breite Begriffsverständnis von Niedermair (2005) an. Es wird für die empirische Untersuchung der Zugang zu einem möglichst breiten Feld hauptamtlich in der Personalentwicklung Tätiger gesucht, um die Heterogenität der Berufsgruppe einzubeziehen (siehe Kapitel 3.4). Zudem wird aufgrund des Erkenntnisinteresses dieser Arbeit die Auswahl davon geleitet, dass die Befragten mit der Leitung von PE-Projekten betraut sind.

2.1.4. Entwicklungsphasen der Personalentwicklung

Die konkrete Ausgestaltung der Personalentwicklung in der Praxis wird maßgeblich von den Rahmenbedingungen des jeweiligen Unternehmens und seinem Entwicklungsstand bestimmt (Niedermair, 2005, S. 31). Zur Beschreibung des Entwicklungsstands von Unternehmen gibt es verschiedene Modelle: ökonomische Modelle, Phasenmodelle und Evolutionsmodelle (vgl. Marek, 2010, S. 34 ff. für eine ausführliche Darstellung).

In der Personalentwicklung dominieren Evolutionsmodelle (vgl. M. Becker et al., 2009; Mudra, 2004). Mudra (2004, S. 288 ff.) teilt beispielsweise die Reifegrade der Personalentwicklung in drei Stufen ein: in reaktive Personalentwicklung (1. Stufe), synchronisierte Personalentwicklung (2. Stufe) und proaktive/innovationsorientierte Personalentwicklung (3. Stufe). Eine direkte Verbindungslinie zum Entwicklungsstand des Unternehmens wird hier aber nicht hergestellt. Eine integrative Perspektive nehmen M. Becker et al. (2009, S. 11 ff.) ein, die drei Generationen der Unternehmensführung (1. Reaktive Unternehmensführung, 2. Unternehmensführung im Übergang, 3. Strategische Unternehmensführung) und, daran ankoppelnd, drei Generationen der Personalentwicklung (1. Institutionalisierungsphase, 2. Differenzierungsphase und 3. Integrationsphase) unterscheiden.

Beide Modelle lassen jedoch neuere Entwicklungen in Unternehmen außen vor, die Glasl und Lievegoed (2011, S. 121 ff.) durch die Ergänzung einer vierten Entwicklungsphase von Unternehmen, der so genannten Assoziationsphase, aufgreifen. Für eine Illustration der Wechselwirkung zwischen der Entwicklung eines Unternehmens und der Personalentwicklung wird deshalb in diesem Kapitel das Phasenmodell von Glasl und Lievegoed (2011) zu Grunde gelegt. Als in der deutschsprachigen Literatur zur Unternehmensentwicklung besonders stark verbreitetes Modell (Marek, 2010, S. 45) und durch die systemische Perspektive bietet es in dieser Arbeit eine ideale Ausgangsbasis, um das Verhältnis zwischen Unternehmensreifegrad und dem Reifegrad der Personalentwicklung herauszuarbeiten. Die unterschiedlichen Lebensphasen dienen darüber hinaus als Ausgangspunkt für die Bestimmung eines PE-Verständnisses in Kapitel 2.2.

Im Folgenden werden die unterschiedlichen Phasen eines Unternehmens sowie der Personalentwicklung in Anlehnung an Glasl und Lievgoed (2011, S. 47 ff., S. 61 ff.) und Niedermair (2005, S. 44 ff.) näher vorgestellt sowie die vierte Phase für die Personalentwicklung ausgearbeitet. Jede der vier Entwicklungsphasen des Modells von Glasl und Lievgoed (2011, S. 49 ff.) birgt Gefahren, die Krisen verursachen können, zu einer

Transformation des Systems führen und eine Neuausrichtung sowie eine neue Lebensphase bedeuten.

(1) Pionierphase

In dieser Phase kann das Unternehmen als Großfamilie charakterisiert werden, der oder die Firmengründer stehen im Zentrum. Sie haben auf Grund einer Idee allein oder mit wenigen Mitarbeitenden das Unternehmen gegründet und treiben es mit hohem Engagement und Ausstrahlungskraft voran. Die Führung ist charismatisch und es herrscht ein von Aufbruch, Leistung, Hilfsbereitschaft und Engagement geprägtes Betriebsklima in informellem Rahmen. Die Mitarbeitenden sind eng mit dem Erfolg des Unternehmens verbunden, haben ein eher generalistisches Kompetenzprofil und hohe Entwicklungsmöglichkeiten. Die Struktur des Unternehmens ist flexibel und richtet sich vor allem an dem/n Gründer/n aus. Gefahren in dieser Phase sind Chaos, Willkür und Personenkult. Insbesondere durch ein schnelles Wachstum entstehen komplexere Unternehmensprozesse und Aufgabenstellungen, die aus der Kontrolle geraten und bei zunehmender Spezialisierung zu einem ausgeprägten Abteilungsdenken führen können. (Glasl & Lievegoed, 2011, S. 50, S. 63 ff.; Niedermair, 2005, S. 45)

Im Unternehmen ist in der Regel keine systematische Personalentwicklung vorzufinden. Lernen und Entwicklung finden in erster Linie im Prozess der Arbeit durch Anwendung statt, Wissensaustausch und wechselseitiges Lernen in informellen Zirkeln oder Gesprächen. Hohe Motivation und Engagement seitens der Mitarbeitenden sowie flache Hierarchien begründen ein lernförderliches Betriebsklima. Falls PE-Maßnahmen stattfinden, sind sie in der Regel ad hoc und auf den Einzelfall ausgerichtet. Eine überblickartige Kenntnis über die PE-Bedarfe des Unternehmens und der Mitarbeitenden besteht nicht. Mit steigendem Wachstum des Unternehmens steigt aber auch der Bedarf der Mitarbeitenden, ihre Qualifikationsdefizite in ihrer generalistisch geprägten Rolle zu beseitigen. Infolgedessen entsteht eine defizitorientierte, äußerst kostenbewusste Personalentwicklung mit einem deutlichen Fokus auf Bildung. Die Unternehmensleitung bzw. Personalverantwortlichen stellen die organisierende Kraft dar. Bei weiterem Wachstum des Unternehmens werden in der Regel nebenberufliche Personalentwickler eingestellt, die entweder als Fachexperten für die Vermittlung von Inhalten oder als Organisatoren für PE-Maßnahmen zuständig sind. (Niedermair, 2005, S. 47)

(2) Differenzierungsphase[15]

Das Unternehmen fungiert als (rationaler) Apparat mit einer organisatorischen Regelungslogik. Um Effizienz zu gewährleisten, stehen Formalisierung, Standardisierung, Normierung und Spezialisierung im Vordergrund. Die Führung ist sachorientiert, die Mitarbeitenden bewegen sich in einem geordneten Arbeitsumfeld mit rationaler Aufgabenteilung, Spezialisierung und einer Trennung von Planung, Ausführung und Kontrolle. Die formalisierten und standardisierten Abläufe im Unternehmen folgen einer Routine und sind in der Regel zentral kontrolliert. Gefahren in dieser Phase sind ein Überorganisieren sowie Bürokratie bis hin zur Erstarrung. Die Spezialisierungs- und Formalisierungsbemühungen können zu Bereichs- und Abteilungsdenken, komplizierten Parallelorganisationen, Machtkämpfen und mangelnder Innovationskraft führen (Glasl & Lievegoed, 2011, S. 51, S. 73 ff.; Niedermair, 2005, S. 45 f.)

Die Personalentwicklungsfunktion folgt dem Prinzip der Systematisierung und Rationalisierung und wird grundsätzlich als Investition in die Zukunft der Mitarbeitenden gesehen. Hauptamtliche PE-Experten in PE-Abteilungen bündeln ihre Aktivitäten in Form von Bildungsprogrammen und -katalogen. Lernen findet zunehmend „off the job" in Kursen und Seminaren statt. Der Logik eines rationalen Apparats folgend, wird Personalentwicklung als ein Instrument zur Lenkung und Kontrolle von Menschen mit einem rationalen Menschenbild verstanden. Die PE-Abteilung wird vordergründig als „Erfüllungsgehilfe" angesehen. Durch die Tendenz zur Systematisierung und Rationalisierung steht das Theoriewissen im Vordergrund. In der Differenzierungsphase arbeiten deshalb weniger Praktiker und eher Theoretiker in den PE-Abteilungen. Die PE-Arbeit wird im Rahmen der Systematisierung aufgeteilt in Planung, Organisation und Kontrolle. Standardisierung und Normierung sind handlungsleitend und zielen auf Ordnung sowie Sicherstellung von Effizienz und Effektivität. Für Führungskräfte im Unternehmen bedeutet diese Phase eine Bewilligungsfunktion von PE-Maßnahmen, die Verantwortung für Personalentwicklung liegt beim Funktionsbereich. Bei weiterem Wachstum besteht in dieser Phase die Gefahr, dass sich die Personalentwicklung immer weiter von den Fachbereichen und Kunden abkoppelt. Es entstehen Kommunikations- und Informationsdefizite und durch zunehmende Spezialisierung werden Angebote lanciert, die an den Bedürfnissen der Mitarbeitenden und des Unternehmens vorbeigehen. Die Personalentwickler sind darauf fokussiert, Kunden für ihre Angebote zu finden, und es

15 Ergänzend kann hinzugefügt werden, dass die Differenzierungsphase der Personalentwicklung zudem an die von M. Becker et al. (2009, S. 18) erwähnte transitionale Phase der Unternehmensführung anschlussfähig ist. Die Rolle des Lehrenden in der Erwachsenenbildung wird in dieser Phase durch die Rolle des Planers und Designers systematischer Personalentwicklung abgelöst (M. Becker, 2013, S. 845).

mangelt an der Entwicklung innovativer Bildungs- und Förderungsangebote sowie der Ausrichtung an neuen Bedürfnissen. (Niedermair, 2005, S. 48 f.)

(3) Integrationsphase[16]

In dieser Phase entwickelt das Unternehmen einen ganzheitlichen Organismus und besinnt sich wieder auf den ursprünglichen Unternehmenszweck. Ausufernde Bürokratie wird beschränkt, die Struktur weist eine Mischung formaler sowie informaler Organisation auf und es wird ein hierarchisch schlankes Unternehmen anvisiert. Die Führung ist agogisch-situativ und Führungskräfte sind verantwortlich für die Schaffung lernförderlicher und sinnstiftender Rahmenbedingungen. Mitarbeitende werden wieder stärker in Entscheidungen und Situationen einbezogen und sollen eigenverantwortlich und innovativ handeln können. Weiterhin haben Kooperation, Wissensaustausch sowie wechselseitiges Lernen einen zentralen Stellenwert. Es werden explizit humane Wertorientierungen wie Freiheit, Wertschätzung, Selbstständigkeit und Eigenverantwortlichkeit verfolgt. In der Integrationsphase stellen die potenzielle Verselbstständigung und Ziele als Selbstzweck typische Gefahren dar. (Glasl & Lievegoed, 2011, S. 52, S. 90 ff.; Niedermair, 2005, S. 46 f.)

Durch hohe Formalisierung und Standardisierung findet die personalentwicklerische Tätigkeit zu ihren Wurzeln zurück. Lernen und Entwicklung im Prozess der Arbeit erhalten wieder Relevanz, die Führungskraft wird wieder zum Personalentwickler vor Ort, der systematisch Bildungsbedarfe erhebt. In Anlehnung an ein humanistisches Menschenbild erhält die Führung zunehmend kooperativen Charakter, die Schaffung lernförderlicher und sinnstiftender Rahmenbedingungen rückt in den Vordergrund und von Mitarbeitenden wird eigeninitiatives Handeln und Problemlösen erwartet. Personalentwickler entwickeln auf Basis der Bedarfserhebungen der Führungskräfte Bildungsangebote und beraten die Leitenden in ihrer Rolle als Personalentwickler vor Ort. Personalentwicklung agiert als Berater und Gestalter mit strategischer Orientierung, baut die Kernkompetenzen des Unternehmens aus und leistet damit einen sichtbaren Beitrag zur Entwicklungsfähigkeit des Unternehmens. Inhaltlich umfasst PE-Arbeit in dieser Phase überdies die Förderung von organisationalem Lernen, in dem lernförderliche Umgebungen und Rahmenbedingungen bewusst gestaltet und Räume für eigeninitiatives, selbstgesteuertes Lernen der Mitarbeitenden geschaffen werden. Ganz wesentlich ist die Strategieorientierung und infolgedessen eine konsequente Ausrichtung der PE-Aktivitäten

[16] M. Becker et al. (2009, S. 18 f.) schreiben dieser Phase der Personalentwicklung einen partiellen Paradigmenwechsel zu, in der die Grundsätze der Personalentwicklung um Gestaltungsprinzipien der Organisationsentwicklung ergänzt werden. Die Autoren heben insbesondere die Gestaltungsprinzipien hervor, Betroffene zu Beteiligten zu machen und Hilfe zur Selbsthilfe zu geben. Neben der Anschlussfähigkeit an die transformierte Phase eines Unternehmens steht die Rolle des Beraters von Organisationsfamilien im Vordergrund (M. Becker, 2013, S. 845).

an der Unternehmensstrategie und der gegenwärtigen wie zukünftigen Anforderungen des Unternehmens. Die Zielsetzung der Personalentwicklung integriert Interessen der Mitarbeitenden nach individueller Entwicklung sowie Interessen des Unternehmens. Als Konsequenz rücken Teamentwicklungs- und Organisationsentwicklungsaktivitäten zur Weiterentwicklung des Unternehmens in das Aufgabenfeld der Personalentwicklung. (Niedermair, 2005, S. 49 f.)

(4) Assoziationsphase

Das Unternehmen ist geprägt von Durchlässigkeit und Vernetzung mit den jeweiligen Umwelten. Das Unternehmen wird in dieser Phase auch als „Glied im Biotop" verstanden. Die Struktur des Unternehmens ist gekennzeichnet durch durchlässige Grenzen, Vernetzung und sich selbst steuernde Bereiche. Die Führung ist agogisch-situativ und beinhaltet die Übernahme gesellschaftlicher Verantwortung. Im Sinne eines Nahtstellenmanagements findet eine enge Zusammenarbeit zwischen Abteilungen und externen Bereichen statt. Die Mitarbeitenden arbeiten in einem Umfeld mit erweitertem Aufgaben- und Prozesshorizont und erfahren ein „Job Enrichment". Gefahren in dieser Phase stellen die Entstehung von Machtblöcken oder strategischen Allianzen dar. (Glasl & Lievegoed, 2011, S. 53, S. 121 ff.)

Die Personalentwicklungsarbeit bezieht verstärkt die Umwelt des Unternehmens mit ein und erfordert eine enge Zusammenarbeit mit externen Bereichen (z. B. Lieferanten). Da die Struktur des Unternehmens von Durchlässigkeit, Vernetzung und Selbststeuerung gekennzeichnet ist, wird die Unterstützung und Entwicklung dieser Aspekte zum Aufgabenfeld der Personalentwicklung. PE-Aktivitäten sind darauf ausgerichtet, Mitarbeitende für ihr Arbeitsumfeld mit erweitertem Aufgaben- und Prozesshorizont vorzubereiten und sie hinsichtlich gegenwärtiger und zukünftiger Anforderungen in ihrer Entwicklung zu unterstützen. Insbesondere die Förderung organisationalen Lernens, aber auch das Ermöglichen von Durchlässigkeit sowie abteilungsübergreifender Netzwerker sind hier zentral. Durch die stärkere Öffnung zur externen Umwelt erhalten Aspekte wie die Bindung von Mitarbeitenden und ihrer Interessen eine enorme Relevanz, um Mitarbeitende im durchlässigen System zu halten und ihnen immer wieder neue Entwicklungschancen zu geben. PE-Aktivitäten müssen als Konsequenz proaktiv mit der internen Umwelt abgestimmt und eine deutliche Orientierung an der Unternehmensstrategie und der externen Umwelt aufweisen. (in Anlehnung an Glasl & Lievegoed, 2011, S. 53, S. 121 ff.)

Die folgende Tabelle 1 fasst die vier herausgearbeiteten Reifegrade von Personalentwicklung sowie deren Merkmale bzw. Merkmalausprägungen zusammen.

Reifegrad / Merkmal	Pionierphase	Differenzierungsphase	Integrationsphase	Assoziationsphase
Verständnis von PE	Lernen und Entwicklung im Prozess der Arbeit, ergänzt um singuläre PE-Maßnahmen; Fokus auf Bildung	Lernen und Entwicklung vornehmlich „off the job" in Seminaren und Programmen; Fokus auf Bildung und Förderung	Lernen und Entwicklung im Prozess der Arbeit und Schaffung von Räumen für selbstgesteuertes Lernen, ergänzt um formelle Bildungs- und Förderangebote sowie Team- und Organisationsentwicklung	Lernen und Entwicklung findet nicht nur im Prozess der Arbeit statt, sondern verstärkt in abteilungsübergreifenden Netzwerken sowie außerhalb des Unternehmens; Organisations- und Kulturentwicklung sowie die Begleitung bei Veränderung
Ziele der PE	Beseitigung von Qualifikations-defiziten mit geringem Kostenaufwand	Systematisierung und Rationalisierung	Schaffung lernförderlicher und sinnstiftender Rahmenbedingungen; Ausrichtung an der Unternehmensstrategie und zukünftigen Bedarfen	Rahmung der Lern- und Entwicklungsaktivitäten im Prozess der Arbeit; Begleitung von Mitarbeitenden und Unternehmen bei Veränderung; Bindung von Mitarbeitenden; Ganzheitliche Ausrichtung
Zentrale Handlungs-felder	Bildungsmaßnahmen	Bildungs- und Fördermaßnahmen	Bildungs- und Fördermaßnahmen, Maßnahmen der Arbeitsstrukturierung, Maßnahmen zur Unterstützung der Organisationsentwicklung	Bildungs- und Fördermaßnahmen, Maßnahmen der Arbeitsstrukturierung, Maßnahmen zur Unterstützung der Organisationsentwicklung, Wissens-, Kultur- und Veränderungsmanagement, Ausrichtung an der externen Umwelt
Träger der PE	Unternehmensleitung bzw. Personalverantwortliche;	Hauptamtliche PE-Experten in PE-Abteilungen;	Hauptamtliche PE-Experten in PE-Abteilungen	Hauptamtliche PE-Experten und Mitarbeitende aus

Reifegrad / Merkmal	Pionierphase	Differenzierungsphase	Integrationsphase	Assoziationsphase
	später: nebenberufliche Personalentwickler	Führungskräfte nur in einer Bewilligungsfunktion	bzw. „Centers of Expertise“; Führungskräfte als erste Personalentwickler; Mitarbeitende mit Eigenverantwortung für ihre Entwicklung	relevanten Schnittstellenbereichen; Führungskräfte als Entwicklungsbegleiter; Mitarbeitende als erste Personal-entwickler
Rolle der PE-ler	Fachexperte für die Vermittlung von Inhalten oder Organisator für PE-Maßnahmen	Planer und Designer von Bildungsprogrammen und -katalogen; Erfüllungsgehilfe bzw. Dienstleister	Berater und Gestalter mit strategischer Orientierung; Vermittler zwischen Unternehmens- und Mitarbeiterinteressen	Proaktive Gestalter und Organisationsberater mit ganzheitlicher Orientierung; Fachliche Experten
Adressaten der PE	Einzelne Mitarbeitende	Einzelne Mitarbeitende bzw. Mitarbeitergruppen; Abhängig von einer systematischen Bedarfsanalyse	Organisationsfamilien (Gruppe, Abteilung); Abhängig von der Bedarfsmeldung der Führungskräfte	Alle Mitarbeitenden
Menschenbild	Mensch als Träger von Defiziten	Rationales Menschenbild	Humanistisches Menschenbild	Humanistisches Menschenbild
Zentrale Herausforderungen und Probleme	Fehlende Kenntnis der PE-Bedarfe; Unsystematische PE mit Fokus auf der Beseitigung von Qualifikationsdefiziten	Gefahr der Abkopplung der PE von den Fachbereichen und Kunden; Spezialisierung führt zu bedarfsfernen Angeboten; Mangel an innovativen Bildungs- und Förderungsangeboten	Gefahr der Abkopplung der PE von anderen Personalbereichen; Gefahr der Substituierung durch Führungskräfte; Mangel an strategischer Einbindung	Gefahr der Abwanderung von Mitarbeitenden durch mangelnde Entwicklungsangebote oder fehlendem Raum für individuelle Interessen; Innovations- und Abgrenzungsdruck durch den stärkeren Einbezug der externen Umwelt

Tabelle 1: Reifegrade der Personalentwicklung im Überblick (in Anlehnung an M. Becker et al., 2009, S. 18 f.; M. Becker, 2013, S. 845; Glasl & Lievegoed, 2011, S. 42 ff.; Marek, 2010, S. 42 ff.; Niedermair, 2005, S. 47 ff.)

Die Studienergebnisse von M. Becker et al. (2009) und El Ganady et al. (2008) deuten darauf hin, dass die Personalentwicklung in vielen Unternehmen noch nicht in der Integrations- und Assoziationsphase angekommen ist. So heben M. Becker et al. (2009, S. 211 f.) in ihrer Studie hervor, dass Unternehmen zwar Personalentwicklung als ganzheitliche Organisationsentwicklungsaufgabe verstehen, dieser Anspruch aber nicht in die Realität umgesetzt wird. Die meisten Personalentwicklungsbereiche fokussieren gemäß der Studie von M. Becker et al. (2009) auf Instrumente und Methoden der Bildung und Förderung, eine Integration von Maßnahmen der Organisationsentwicklung findet eher selten statt.

Im Sinne des Evolutionsgedanken setzt eine Konzeptualisierung von Personalentwicklung daher an der Zukunft, also dem höchsten Reifegrad von Personalentwicklung an. Für die Grundlegung eines PE-Verständnisses kann daher als Zwischenfazit festgehalten werden, dass Personalentwicklung ein Gesamtsystem von Lernen und Entwicklung im Unternehmen umfasst. Die Lern- und Entwicklungsprozesse erfolgen nicht nur im Prozess der Arbeit, sondern auch in abteilungsübergreifenden Netzwerken sowie außerhalb des Unternehmens. Der Auftrag von Personalentwicklung liegt folglich verstärkt in der Rahmung dieser Prozesse sowie der Begleitung von Mitarbeitenden und Unternehmen bei Veränderungen. Organisations- und Kulturentwicklung sowie die Begleitung bei Veränderungen sind in einem künftigen Anforderungen gerechten PE-Verständnis Teil der PE-Arbeit.

2.1.5. Herausforderungen und Probleme der Personalentwicklung

Die Personalentwicklungsfunktion hat sich durch das gestiegene Bewusstsein, dass die Umsetzung von Unternehmensstrategien und der nachhaltige Erfolg im Wettbewerb maßgeblich von der Kompetenz und Motivation der Mitarbeiterschaft abhängen, im Unternehmen gemäß Jochmann (2010, S. 29 f.) etabliert. Nach Jochmann werden ausgewählte Prozesse und Konzepte der Personalentwicklung auch von internen Anspruchsgruppen als erfolgsentscheidend für die Unternehmensentwicklung betrachtet. Dennoch wird laut Meifert (2010, S. 5 f.) die Personalentwicklungsfunktion von Fachbereichen und der Unternehmensleitung nicht durchgängig positiv wahrgenommen und kämpft immer wieder organisationsintern um Ansehen und Einfluss hinsichtlich der eigenen Positionierung, strategischen Einbindung und des Geschäftsbeitrags.

Einen Erklärungsansatz hierfür stellen bereichsspezifische Herausforderungen und Probleme der Personalentwicklung dar, die im vorliegenden Kapitel durch eine umfassende Literaturanalyse herausgearbeitet werden. Aufgrund der Einbettung der Personalentwicklung in das Personalmanagement[17] erfolgt die Annäherung an zentrale Herausforderungen und Probleme der Personalentwicklung nicht nur aus der funktionsspezifischen Perspektive, sondern auch aus der Perspektive des Personalbereichs[18]. Am Ende des Kapitels werden die Ergebnisse der Analyse zusammengeführt.

Die Ergebnisse der Studie „HR-Image 2011“ [19] von C. Beck und Bastians (2011, S. 9, S. 18 ff.) unterstreichen, dass die Positionierung eins der größten Handlungsfelder des Personalbereichs darstellt. Bei der Frage nach der Zufriedenheit und dem Ruf des Personalbereichs im Unternehmen bestätigten nur 43 Prozent der befragten Mitarbeitenden, dass die Personalabteilung in der Belegschaft einen guten Ruf hat. Die Mitarbeiterschaft des Personalbereichs schätzt sich hingegen mit 67 Prozent besser ein als sie wahrgenommen wird. Die Zufriedenheit mit den Leistungen und den Ansprechpartnern im Personalbereich wird lediglich von 50 Prozent der befragten Mitarbeitenden ohne Führungsverantwortung bzw. 60 Prozent der befragten Mitarbeitenden mit Führungsverantwortung bestätigt. Die Fremdeinschätzung spiegelt somit ein Wahrnehmungs- und Akzeptanzproblem des Personalbereichs wider. Dies schlägt sich auch in der Einschätzung des Wertschöpfungsbeitrags nieder, der je von einem Drittel der Mitarbeiterschaft gar nicht erkannt wird bzw. nur „teils-teils“ bestätigt wird. Der Personalbereich sieht hingegen den Wertschöpfungsbeitrag überwiegend bestätigt. Bei der existenziellen Frage nach der Notwendigkeit einer Personalabteilung bestätigen immerhin 67 Prozent der Befragten und hieraus immerhin 86 Prozent der Führungskräfte die Relevanz. Trotzdem waren fast ein Drittel der Befragten Mitarbeitenden nicht von der Notwendigkeit überzeugt, 10 Prozent zweifelt sie sogar an. Darüber hinaus wird dem Personalbereich wenig Entscheidungskompetenz von Seiten der Mitarbeitenden zugesprochen. Nur 26 Prozent trauen der Personalabteilung Einfluss auf Entscheidungen zu (im Vergleich dazu 46 Prozent aus Sicht der Mitarbeitenden des Personalbereichs).

---

17 Personalmanagement wird gemäß Lindner-Lohmann, Lohmann und Schirmer (2012, S. 1) definiert als die Gesamtheit der mitarbeiterbezogenen Gestaltungs- und Verwaltungsaufgaben im Unternehmen. Nach F.G. Becker (2002, S. 435) ist Personalentwicklung ein Teilbereich der Personalbedarfsdeckung im Rahmen des Personalmanagements.

18 Aufgrund einer wissenschaftlich wenig gesicherten Befundlage zu Herausforderungen und Problemen in der Personalentwicklung nutzt dieses Kapitel zur Darstellung der Außensicht ebenfalls Studien von Beratungsunternehmen. Diese Studien sind nicht mit einem wissenschaftlichen Erkenntnisinteresse durchgeführt worden, prägen aber dennoch den Diskussionsstand und die Vorstellungen über Personalentwicklung maßgeblich mit.

19 Die Studie „HR-Image 2011“ erhob das Fremd- und Selbstbild über Personalarbeit im Unternehmen und untersuchte die wesentlichen Einflussfaktoren auf das HR-Image. Es wurden Daten von 1.387 Personen ausgewertet, von denen 1.056 zu den Kunden des Personalbereichs (davon 409 Führungskräfte und 647 Mitarbeitende ohne Führungsverantwortung) und 331 zum Personalbereich selbst (davon 234 Führungskräfte und 97 Mitarbeitende ohne Führungsverantwortung) gehörten. (C. Beck & Bastians, 2011, S. 6 ff.)

Die Ergebnisse der Folgestudie „HR-Image 2013“[20] (C. Beck & Bastians, 2013, S. 18) zeigen, dass sich auch zwei Jahre später an der Wahrnehmung des Personalbereichs durch die Mitarbeitenden kaum etwas verändert hat. So schätzen nur 34 Prozent der Mitarbeitenden den Beitrag des Personalbereichs zum Unternehmenserfolg als sehr hoch ein. Die Studie betont zudem erneut, dass die Dienstleistungen des Personalbereichs nicht durchgängig positiv wahrgenommen werden. Trotz einer Einschätzung der unbedingten Notwendigkeit einer Personalabteilung von 66 Prozent der Mitarbeitenden bestätigen nur 29 Prozent, dass die angebotenen Dienstleistungen sie unterstützen und persönlich weiter bringen. Ebenso bestätigen nur 33 Prozent, dass ihre Abteilung durch das Angebot des Personalbereichs weiter gebracht wird.

Zusätzlich zu einer gewissen Geringschätzung der Leistungen wird der Personalbereich laut der Studie „HR Strategie & Organisation 2010/2011“[21] in vielen befragten Unternehmen nach wie vor als vordergründig kostenproduzierende Einheit mit einer reinen Dienstleistungsfunktion betrachtet (Sattler & Werthschütz, 2010, S. 15) und kämpft scheinbar unternehmensintern mit einem Imageproblem.

Das Imageproblem ist eng mit spezifischen Herausforderungen verwoben, die den Nachweis des Beitrags für das Unternehmen erschweren. Eine Studie von Kahnweiler (2006, S. 24 ff.) identifizierte unter erfolgreichen Akteuren der Personalfunktion (1) Mangel an Einfluss, (2) einen Drahtseilakt vollführen, (3) Umgang mit skeptischen Kunden, die den Personalbereich negativ betrachten, (4) Angreifbarkeit und (5) „überschüttet werden“ als fünf zentrale Herausforderungen. Die Studie unterstreicht, wie sehr Mitarbeitende von Personalbereichen mit schwierigen Rahmenbedingungen und einer Marginalisierung kämpfen.

Ähnliche Ansichten vertreten Kern und Köbele (2011), die im Rahmen der Studie „HR Barometer 2011“ darauf hinweisen, dass dem Berater „starke Hebel für die Durchsetzung der von ihr vertretenen Positionen, insbesondere im Fall von unpopulären oder unverstandenen Themen und knappen Ressourcen“ (S. 13) fehlen. Sie konstatieren, dass lediglich politisch-taktisch Erfahrene in der Lage seien, als „Schlangenbeschwörer der

---

[20] Die Studie „HR-Image 2013“ folgt in ihrem Grundaufbau weitgehend der Studie „HR Image 2011“. Es wurden im Rahmen einer Online-Befragung Daten von insgesamt 1.417 Studienteilnehmer ausgewertet. Die Stichprobe setzt sich zusammen aus 1.017 Kunden von Personalbereichen (davon 324 in Führungsverantwortung) sowie aus 400 Mitarbeitenden des Personalbereichs (davon 230 in Führungsverantwortung). (C. Beck & Bastians, 2013, S. 6 ff.)

[21] Die Studie „HR Strategie & Organisation“ 2010/2011 untersucht die Herausforderungen zur Positionierung und Ausrichtung der Personalarbeit und der Personalbereiche. An der Befragung nahmen Personalleitungen, Geschäftsführungen und Personalvorstände aus 232 Unternehmen verschiedener Branchen des deutschsprachigen Raums teil. Der Großteil der Befragten kam aus Personalbereichen mit bis zu 50 Personen (76 Prozent) oder mehr (24 Prozent). (Sattler & Werthschütz, 2010, S. 7 ff.)

Entscheidungsprozesse" die Beraterrolle im Personalbereich erfolgreich auszufüllen (Kern & Köbele, 2011, S. 13).

Die Personalentwicklung ist als Teilfunktion des Personalbereichs im Unternehmensalltag mit den genannten Herausforderungen ebenfalls konfrontiert. Der PE-Funktion wird tendenziell ein „Reputationsdefizit" mit einem Mangel an Akzeptanz und defizitärer Unterstützung durch die Geschäftsführung sowie die Linienbereiche zugeschrieben (u. a. Döring, 2008; Reinhardt, 2000; Stiefel, 2010). Als einen wesentlichen Faktor für die geringe Reputation der Personalentwicklung bei oberen Führungskräften führt Reinhardt (2000, S. 211 f.) den aufgrund fehlender Messgrößen unklaren Wertschöpfungsbeitrag an. Döring (2008, S. 45) hält fest, dass in keinem anderen betrieblichen Handlungsfeld ein derartig weites Auseinanderklaffen von Anspruch und Wirklichkeit zu beobachten sei, wie in der Personalentwicklung. Personalentwicklung würde zwar von allen Seiten eine große Bedeutung zugesprochen, den Worten würden jedoch selten oder nur halbherzig Taten folgen, so Döring (2008). Hieran sind nach Meinung von Stiefel (2010, S. 18) die Personalentwickler maßgeblich beteiligt, da sie sich in der Praxis häufig auf eine „Sowohl-als-auch-PE" zurückziehen und ihren schriftlichen Aussagen keine Taten folgen lassen würden. M. Becker (2008, S. 47) stellt heraus, dass insbesondere das vielfältige Aufgabenspektrum von Personalentwicklern zu Schwierigkeiten führe, den Beitrag der PE-Funktion im Unternehmen deutlich zu machen.

Stippler und Burger (2007, S. 107 ff.) beschreiben die Personalentwicklung als „besonders spannungsgeladene Position im Bereich Personal" (S. 107), die diversen Dilemmata ausgesetzt sei. So bestünden u. a. Spannungsfelder zwischen (1) Humanität und wirtschaftlicher Rationalität, (2) Unternehmensleitung und Mitarbeitenden, (3) Qualität und Geschwindigkeit sowie (4) langfristigem Entwicklungsbedarf und Tagesgeschäft. Zum erfolgreichen Umgang mit diesen spezifischen Dilemmata qua Funktion wird ein sehr umfangreiches Kompetenzprofil als erforderlich angesehen.

Die Spezialisierungs- und Outsourcingbewegungen der vergangenen zwei Jahrzehnte beeinflussen zudem die Legitimität der Personalentwicklung (vgl. Dilger, 2010; Haimerl & Hölzle, 2010; Reinhardt, 2000). Obschon PE-Aufgaben aufgrund ihrer Sensibilität und strategischen Bedeutung in der Regel innerhalb des Unternehmens verbleiben, wird die Aus- und Weiterbildung als bisheriges Herzstück der Personalentwicklung gemäß der Studie „HR Outsourcing 2010"[22] zunehmend ausgegliedert (Haimerl &

---

[22] Die Studie „HR Outsourcing 2010" wertete im Rahmen einer Online-Befragung 178 vollständige Datensätze (von 1.114 gezielt Kontaktierten) aus. In der Stichprobe waren 79 Prozent in leitender Tätigkeit (davon 3 Prozent im Personalvorstand, 41 Prozent in Personalleitung, 10 Prozent in Abteilungsleitung, 21 Prozent Mitarbeitende oder Leitende anderer Fachbereiche, 25 Prozent Unternehmensführung). Die teilnehmenden Unternehmen spiegeln das gesamte Unternehmensgrößenspektrum wider. (Haimerl & Hölzle, 2010, S. 10 ff.)

Hölzle, S. 22). Die Seminardurchführung wurde bereits von 30 Prozent der Befragten ausgelagert (15 Prozent der Befragten planen die Auslagerung), die Trainingsadministration von 9 Prozent, (11 Prozent planen die Auslagerung) (Haimerl & Hölzle, 2010, S. 16). Hierdurch wankt zugleich die Legitimität der Personalentwicklung innerhalb des Unternehmens, die sich über viele Jahre über die Aus- und Weiterbildung definiert hat.

Die wankende Legitimität wird durch eine Dezentralisierung der Personalentwicklung verstärkt. Die direkte Einflussmöglichkeit auf Lern- und Entwicklungsprozesse kommt den Linienvorgesetzten zu, bei denen untrennbar die Personalverantwortung (und damit auch die Verantwortung für Personalentwicklung) mit der Rolle der Leitung verbunden ist (Reinhardt, 2000, S. 210 f.). Dem Personalbereich bleibt zur Legitimitätssicherung nur der Rückzug in Form von Spezialisierung und die Erfüllung von Aufgaben, die weitgehend aus dem operativen Kontext herausgelöst wurden (Dilger, 2010, S. 214). Hierdurch entsteht gemäß Dilger (2010) die Gefahr, als Spezialistenfunktion ausgegliedert oder rationalisiert zu werden.

Für die Personalentwicklung hat der Trend zur Spezialisierung eine größere Distanz zum eigentlichen Wirkungsfeld im Prozess der Arbeit zur Folge. Um die eigene Legitimität und den Wertschöpfungsbeitrag innerhalb des Unternehmens zu sichern, bedarf es folglich Strategien zur Ankopplung, die das Nähe-Distanz-Problem verringern. Eine dieser Strategien könnte beispielsweise das Agieren als hochqualifizierter Experte sein. Die zunehmende Spezialisierung und das Outsourcing von administrativen Tätigkeiten (z. B. Trainingsadministration) produziert nach Einschätzung von Dilger (2010, S. 216) schlankere, aber dadurch nicht weniger wichtige Personalbereiche, die hochqualifizierte Experten benötigen. Diese Ansicht deckt sich mit der Meinung von M. Becker (2008, S. 51), der die PE-Abteilung zunehmend als Arbeitsplatz für PE-Spezialisten mit betriebswirtschaftlicher, sozialwissenschaftlicher und pädagogischer Ausbildung sowie mit einem zunehmenden Anteil an konzeptionellen Arbeiten betrachtet.

Für eine Aufgabe als PE-Spezialisten gelten Personalentwickler jedoch nicht als hinreichend professionalisiert. M. Becker (2008, S. 463 ff.) hebt hervor, dass die Personalentwicklung nach wie vor eher als strategieerfüllende denn als strategiegestaltende Einheit fungiere und damit häufig von einer Ausfüllung der in der Literatur seit den 1990er Jahren postulierten Rollen (vgl. D. Ulrich, 1997) und dem eigenen Wunschbild entfernt sei. So zeichnet sich gemäß einer Studie von M. Becker (2008, S. 50 f.) in Hinblick auf die erforderlichen Kompetenzen für die Erfüllung der Rolle des Dienstleisters eine positive Selbsteinschätzung ab: 62 Prozent der befragten Personalleitenden geben an, gut gerüstet zu sein; als sehr gut gerüstet sehen sich 6 Prozent an, als nicht ausreichend aufgestellt 3 Prozent und als teils/teils gerüstet 29 Prozent.

Oostvogel et al. (2011, S. 11) stellen fest, dass eine deutliche Rollenverschiebung zur Ermöglichung von selbstgesteuertem Lernen von Mitarbeitenden in internationalen Studien zu Rollen von Personalentwicklern bisher nicht nachgewiesen wurden. Stattdessen scheint das Gros der Mitarbeitenden in der Personalentwicklung noch immer damit beschäftigt, Weiterbildungsmaßnahmen zu entwickeln und sicherzustellen, anstatt sich auf die Unterstützung von Lernen und Entwicklung der Mitarbeitenden im Prozess der Arbeit zu konzentrieren.

Die vorgängigen Ausführungen haben deutlich gemacht, dass die Personalentwicklung (und hinsichtlich vieler Facetten auch der Personalbereich im Allgemeinen) im Unternehmen mit folgenden zentralen Herausforderungen und Problemen konfrontiert ist:

1) Eine gering ausgeprägte strategische Orientierung und Positionierung (eher Strategieerfüller als Strategiegestalter), die sich an einer verhältnismäßig geringen Einbindung in strategische Entscheidungsprozesse festmachen lassen (z. B. Einbindung in den Vorstand). Dadurch ist der Einflussspielraum innerhalb des Unternehmens begrenzt.
2) Die Problematik eines unscharfen Wertschöpfungsbeitrags durch fehlende oder nicht genutzte Nachweise des Geschäftsbeitrags.
3) Die potenzielle Substituierung durch Führungskräfte als „Personalentwickler vor Ort", dem damit einhergehenden geringeren Einfluss auf Lern- und Entwicklungsprozesse „on the job" und dem zunehmenden Bedarf eines Richtungswechsels in der Personalentwicklung.
4) Die Tendenz zu Spezialisierung, Outsourcing und dezentralen Strukturen führt durch eine immer größer werdende Distanz zu der Problematik einer Ankopplung an die Lern- und Entwicklungsprozesse im Prozess der Arbeit.
5) Eine vornehmlich beratende Rolle erschwert eine erfolgreiche Positionierung im mikropolitischen Geflecht des Unternehmens und stellt hohe Kompetenzanforderungen an Personalentwickler.
6) Eine noch nicht abgeschlossene Professionalisierung der Personalentwicklung und ihrer Mitarbeitenden sowie die Problematik den Nachweis des eigenen Beitrags zur Weiterentwicklung des Unternehmens angesichts eines breiten Aufgabenspektrums zu erbringen.
7) Ein aus den vorgängig skizzierten Punkten resultierendes Reputations- und Legitimationsdefizit innerhalb des Unternehmens, das dazu führt, dass der Beitrag der Personalentwicklung innerhalb des Unternehmens weniger anerkannt wird und dadurch ein geringerer Einfluss vorhanden ist.

Diese sieben Aspekte bilden aus der Außensicht auf Personalentwicklung einen bereichsspezifischen Handlungsrahmen, der besondere Anforderungen an die Akteure der

Personalentwicklung und ihr Handeln stellt. Für die Konzeptualisierung eines PE-Verständnisses in dieser Arbeit wird daher ein besonderes Augenmerk auf die Frage gelegt, wie den genannten Herausforderungen und Problemen angemessen begegnet werden kann.

2.1.6. Entwicklungstendenzen der Personalentwicklung

Für die gegenwärtige wie künftige Ausrichtung der Personalentwicklung im Unternehmen ist die Kenntnis von Veränderungen und Entwicklungstendenzen in der Arbeitswelt von enormer Bedeutung (vgl. Mudra, 2004, S. 161 f.). Ein wertschöpfender Beitrag der Personalentwicklung kann in einem sich kontinuierlich entwickelnden Unternehmensumfeld nur erfolgen, wenn die Zukunft bereits in der Gegenwart in den Blick genommen wird. Das vorliegende Kapitel arbeitet daher die wesentlichen Entwicklungslinien (1) in der Arbeitswelt und (2) in der Personalentwicklung heraus.

Zentrale Entwicklungslinien in der Arbeitswelt

Aus der Perspektive von Unternehmen und in Hinblick auf die Zukunft prägen verschiedene technisch-ökonomische, demografische und gesellschaftliche Entwicklungen die künftige Arbeitswelt (Rump & Eilers, 2013, S. 13 ff.). Die folgenden Ausführungen stellen entlang der wichtigsten Mega-Trends zentrale Entwicklungsthemen und ihre Implikationen für die Personal- bzw. PE-Arbeit im Unternehmen heraus.

1) *Globalisierung und Internationalisierung*
   Die zunehmende Globalisierung der Arbeitswelt wird sich in den kommenden Jahren verstärkt auf die Unternehmensrealitäten und die PE-Arbeit auswirken. Die Auslagerung von Unternehmensbereichen sowie die Verlegung von Produktionsschritten und Dienstleistungen an Standorte mit geringeren Kosten führen zu Verlust oder Veränderung von Arbeitsplätzen, aber auch zu einer Zunahme internationaler Zusammenarbeit und Zuwanderung auf den heimischen Arbeitsmärkten (vgl. Fischer et al., 2013, S. 62 f.; Rump & Eilers, 2013, S. 14 f.; Opaschowski, 2013, S. 206 f.). Für die PE-Arbeit gewinnt hierdurch die Begleitung von Mitarbeitenden in den damit verbundenen Veränderungsprozessen, aber auch die Befähigung der Mitarbeitenden zu internationaler Zusammenarbeit zunehmend an Bedeutung.
2) *Digitalisierung der Arbeitswelt*
   Die zunehmende Globalisierung und Internationalisierung wird nach Meinung von Rump und Eilers (2013, S. 16 f.) von einer immer stärkeren Durchdringung aller Lebensbereiche durch das Internet getragen. Als Folge nimmt in der Arbeitswelt die virtuelle Vernetzung zu, Kooperations- und Organisationsformen werden flexibler und wissensbasierte Systeme unterstützen künftig verstärkt den kompletten Geschäftsprozess. Die zunehmende Digitalisierung birgt die Chance, unterschiedliche Kenntnisse, Erfahrungen und Kompetenzen in der Arbeitswelt

optimal zu verbinden und so Anzeichen für Veränderungen des relevanten Umfelds schnell zu erkennen.

Die technisch-ökonomischen Entwicklungen haben zudem nach Rump und Eilers (2013, S. 18) mit den „Digital Natives“ (auch Generation Y genannt) eine gesamte Generation geprägt, die ihre Affinität zu Technologien und ihr großes Bedürfnis nach Austausch von Wissen, Ideen und Fähigkeiten in die Unternehmen tragen (werden).

Die Digitalisierung geht aber auch mit einer Kehrseite einher. In virtuellen Teams können negative Begleiterscheinungen wie z. B. Qualitätsmängel im Arbeitsergebnis oder ein gering ausgeprägtes Zusammengehörigkeitsgefühl auftreten, was Führungskräfte, Mitarbeitende und Personalbereiche vor besondere Herausforderungen stellen wird (Fischer et al., 2013, S. 62 f.). Die zunehmende Verbreitung sozialer Medien birgt zudem für Unternehmen die Gefahr, dass über hochgeladene Inhalte kaum noch Kontrolle besteht und im Unternehmen, insbesondere auf Seiten der Mitarbeitenden, der Bedarf an adäquaten Strategien im Umgang mit der Datenflut und persönlichen Daten steigt.

Für die Personalarbeit stellen sich hierdurch neue Herausforderungen: Einerseits in der Befähigung von Führungskräften, Mitarbeitende in einer zunehmend digitalisierten Arbeitswelt zu führen, andererseits in der Befähigung von Mitarbeitenden im Umgang mit neuen Technologien, in der Zusammenarbeit in virtuellen Teams sowie der Arbeit in einer fluider werdenden Arbeitswelt im Allgemeinen.

3) *Entwicklung zur Wissens- und Innovationsgesellschaft*
In einer Wissens- und Innovationsgesellschaft wird sich nach Einschätzung von Rump und Eilers (2013, S. 18 f.) Wissen immer globaler verteilen und zu einer zunehmenden Spezialisierung, (internationalen) Arbeitsteilung und Bedeutung spezifischer Dienstleistungen sowie einem verstärkten sektoralen Strukturwandel führen. Zu den Gewinnern zählen die technologieintensiven und innovationsorientierten Branchen, welche die Trends zu internationaler Arbeitsteilung, intensivierter Nutzung von Informations- und Kommunikationstechnologien sowie verstärkter Forschung und Entwicklung in den vergangenen Jahren für sich nutzen konnten.

Hinzu kommt nach Annahme von Fischer et al. (2013, S. 60 ff.), dass sich Unternehmen im immer schneller werdenden Wettbewerb künftig nicht mehr auf die etablierten Ablauf- und Aufbauorganisationen verlassen können. Die Organisationstypen Hierarchie, Matrix und Netzwerk werden künftig gleichbedeutend nebeneinanderstehen und innerhalb des Unternehmens potenziell parallel vorkommen. Dies führt zu Prozessen und Strukturen, die, insbesondere in wissensintensiven Unternehmen, künftig in Form von variablen Arbeitsbeziehungen, flexiblen Arbeitsmodellen, virtuellen Teams und Strukturen, Open Innovation und Projektwirtschaft gestaltet sein werden.

In Anbetracht dieser Verschiebungen werden aus Sicht von Rump und Eilers (2013, S. 20) Wissen, Kompetenzen, Fertigkeiten und die Motivation der Mitarbeitenden als Humankapital und Basis für Innovation in absehbarer Zeit zum wichtigsten Produktionsfaktor. Auch Papmehl (2013, S. 230) betont den zunehmend erfolgskritischen Faktor von Personalarbeit im Unternehmen, da unternehmerische Lösungen z. B. in Bezug auf die Unternehmenskultur, Personalmanagement und Führung nicht ohne weiteres kopierbar seien.

4) *Alterung der Belegschaften, Verknappung der Nachwuchskräfte und Verlängerung der Lebensarbeitszeit*
Die Veränderung der demografischen Struktur in Deutschland sowie in anderen OECD-Ländern geht mit einer Alterung der Gesellschaften und der Belegschaften, einer Schrumpfung der Bevölkerung, einer Verknappung der Nachwuchskräfte sowie einer Verlängerung der Lebensarbeitszeit einher (vgl. Bruch, Kunze & Böhm, 2010, S. 30 ff.; Rump & Eilers, 2013, S. 13 ff.). Die Herausforderungen für die Unternehmen liegen einerseits in dem Erhalt und der Entwicklung von Beschäftigungsfähigkeit und der flexiblen Gestaltung des Übergangs in den Ruhestand, andererseits der Gewinnung, Entwicklung und Bindung qualifizierter (Nachwuchs-)arbeitskräfte in einem zunehmend globalisierten, stärker anbietergetriebenen Arbeitsmarkt (vgl. Bruch et al., 2010, S. 42 ff.; Papmehl, 2013, S. 205 f.; Stock-Homburg, 2013, S. 619).

5) *Sensibilisierung für Nachhaltigkeitsthemen*
Die gesellschaftlichen Entwicklungen führen darüber hinaus für Rump und Eilers (2013, S. 22 ff.) zu einer höheren Sensibilisierung der Gesellschaft für Nachhaltigkeitsthemen und damit auch einer größeren Bedeutung, die Beschäftigungsfähigkeit der Mitarbeitenden zu unterstützen. Nachhaltigkeit bedeutet, neben den ökologischen Aspekten auch, lebenslang lern- und arbeitsfähig zu sein, sich mit der eigenen Arbeit zu identifizieren, motiviert zu sein und eine Balance zwischen Arbeit und Gesundheit bzw. Wohlbefinden zu finden.

6) *Feminisierung der Arbeitswelt*
Die künftige Arbeitswelt wird durch eine zunehmende Feminisierung geprägt sein. Für die Unternehmen liegt darin die Chance, dem Fachkräfteengpass durch Ausschöpfen des Potenzials an weiblichen, gut qualifizierten Arbeitskräften zu begegnen. Für die Personalarbeit bedeutet dies, noch stärker in die Vereinbarkeit von Beruf und Familie zu investieren, um Frauen in die Fach- und Führungspositionen von Unternehmen zu bringen. (Opaschowski, 2013, S. 204; Rump & Eilers, 2013, S. 24 f.)

7) *Individualisierung*
Rump und Eilers (2013, S. 25 ff.) stellen heraus, dass Mitarbeitende immer stärker nach Selbstfindung und Selbstverwirklichung in ihrem Berufs- und Privatleben streben und dabei auch zunehmend die Möglichkeiten haben, ihren Lebensweg selbst zu suchen. Die Tendenz zur Individualisierung führt zu immer vielfältigeren und sich kontinuierlich wandelnden Lebenswelten, Rollenmodellen,

biografischen Mustern und einem entsprechenden Bedürfnis hiernach. Die Autoren nehmen an, dass die generationenspezifischen Sozialisationsmuster und damit verbundene Wertvorstellungen künftig vielfältiger sowie traditionelle und moderne Werte gleichermaßen geschätzt und gelebt werden.

Die Personalentwicklung im Unternehmen wird gefordert sein, diese Individualisierungsbedarfe in ihr Unterstützungsportfolio zu integrieren bzw. Angebotsformen zu finden, welche den wandelnden Mitarbeiterbedürfnissen entgegenkommen, ohne die Unternehmensbedarfe zu vernachlässigen.

8) *Wertewandel in der Gesellschaft*
Die unterschiedlichen Wertvorstellungen verschiedener Generationen in der Arbeitswelt führen zu unterschiedlich gelagerten Bedarfen und Bedürfnissen, die in der Führungs- und Personalarbeit von Unternehmen angemessen berücksichtigt werden müssen (vgl. Bruch, Kunze & Böhm, 2010, S. 87 ff.). Auf die PE-Arbeit kommt hierdurch einerseits die spezifische Anforderung zu, Führungskräfte und Mitarbeitende auf die damit verbundenen Herausforderungen in der Zusammenarbeit vorzubereiten, andererseits das Unternehmen in einem enger werdenden Arbeitsmarkt auf die Bedürfnisse jüngerer Generationen vorzubereiten. Insbesondere der Weichenstellung für die so genannte Generation Y, der das Potenzial zur maßgeblichen Veränderung der Arbeitswelt zugeschrieben wird (vgl. Bruch et al., 2010, S. 108 ff.; Dahrendorf, 2013, S. 35 f.; Rump & Eilers, 2013, S. 27 f.) gewinnt in den kommenden Jahren an Bedeutung.

Die aufgeführten Entwicklungslinien bestätigen die Annahme von Granados und Ehrhardt (2012, S. 9, S. 22 f.), dass künftig ganzheitliche Führungskräfteentwicklung, eine möglichst optimale Gewinnung, Entwicklung und Bindung von Mitarbeitenden (Talent-Management) sowie die Unterstützung bei Veränderungs- und Organisationsentwicklungsprozessen zu den Zukunftsthemen der Personalarbeit mit dem größten Wertschöpfungspotenzial für Unternehmen werden. Sie verdeutlichen aber auch, dass sich die Rolle der Personalentwicklung im Unternehmen neu definieren muss, wenn sie als Unterstützungsfunktion weiter Bestand haben soll.

Abbildung 8 fasst die Mega-Trends und ihre potenziellen Folgen für die Personalarbeit in Unternehmen abschließend zusammen.

Technisch-ökonomische Entwicklungen	Demografische Entwicklung	Gesellschaftliche Entwicklungen
• Globalisierung → Verlegung von Unternehmensstandorten → Zunahme internationaler Zusammenarbeit → Verlust oder Veränderung von Arbeitsplätzen • Fortschritt in Bezug auf die Informations- und Kommunikationstechnologien → Virtualisierung und weltweite Vernetzung der Arbeitswelt → Verbreitung flexibler Kooperations- und Organisationsformen → Integration der „Digital Natives" ins Unternehmen → Vermittlung von Strategien zum Umgang mit der Datenflut und persönlichen Daten • Entwicklung zur Wissens- und Innovationsgesellschaft → Zunehmende Spezialisierung und (internationale) Arbeitsteilung → Humankapital als Produktionsfaktor Nr. 1	• Alterung der Belegschaften, Verknappung der Nachwuchskräfte und Verlängerung der Lebensarbeitszeit → Entwicklung und Erhalt von Beschäftigungsfähigkeit → Anziehen, entwickeln und binden von qualifizierten Arbeitskräften → Zunehmende Globalisierung des Arbeitsmarkts durch Verknappung der Nachwuchskräfte im Inland → Flexible Gestaltung des Übergangs in den Ruhestand	• Sensibilisierung für Nachhaltigkeit → Lebenslange Beschäftigungsfähigkeit sicherstellen • Feminisierung → Gestaltung von Vereinbarkeit von Beruf und Familie durch flexible Arbeits- und Arbeitszeitmodelle → Ausschöpfen des Potenzials an qualifizierten, weiblichen Fach- und Führungskräften • Individualisierung → Individuellere Gestaltungsoptionen und Karrierewege • Wertewandel → Entwicklung und Erhalt der Beschäftigungsfähigkeit von bis zu fünf Generationen am Arbeitsplatz → Zusammenarbeit und Führung verschiedener Generationen

Abbildung 8: Mega-Trends und ihre zentralen Folgen für die Personalarbeit (in Anlehnung an Fischer et al., 2013, S. 17 ff., S. 60 ff.; Opaschowski, 2013, S. 206 f.; Rump & Eilers, 2013, S. 13 ff.)

Entwicklungslinien in der Personalentwicklung[23]

M. Becker (2003) liefert bezüglich der neuen Anforderungen an die Personalentwicklung eine äußerst heterogene Liste von Schlagworten: „Kompetenzentwicklung, Wissensmanagement, Zielgruppenorientierung, Blended Learning-Konzepte, E-Learning, Training-Camps, Verbundpersonalentwicklung, emotionale Intelligenz, HR-Due-Dilligence, Intervision, Metakognitives Lernen, Ältere Mitarbeiter, Diversity Management, Reciprocal Management und Human Asset Management" (S. 55). Diese Aufzählung gibt einen ersten Einblick in das Themenspektrum, aber keinen direkten Aufschluss über Entwicklungstendenzen der Personalentwicklung. Durch eine Analyse PE-relevanter Literatur und Studien konnten sieben zentrale Entwicklungsannahmen der Personalentwicklung herausgearbeitet werden, die im Folgenden dargestellt werden:

[23] Eine frühere Version dieses Abschnitts ist im Oktober 2013 unter dem Titel „Personalentwicklung – Quo vadis?" in dem Fachmagazin Personalführung erschienen (vgl. Fäckeler, 2013a, S. 52-57).

1) *Vom Gießkannenprinzip zu einer vorausschauenden Bedarfsorientierung*
Sattler und Werthschütz (2010, S. 62) leiten aus den Ergebnissen der Studie „HR Strategie & Organisation 2010/2011“ ein Ende der Gießkannensystematik offener Seminarprogramme ab. Eine bedarfsgerechte Weiterbildung wird als strategischer Erfolgsfaktor angesehen.

Die konsequente Bedarfsorientierung unterstreicht auch M. Becker (2008, S. 56 f.): Personalentwicklung solle den Fachbereichen bedarfsgerecht Konzepte, Methoden, Beratung und Training bieten sowie im Unternehmen an die Strategie, die Strukturen, die Prozesse und die Kultur anschlussfähig sein. Als „kreativer Impulsgeber“ leiste sie, so M. Becker (2008), im Rahmen einer Expanderfunktion einen Beitrag zur Unternehmens- und Mitarbeiterentwicklung.

Arnold und Bloh (2009, S. 14 f.) heben zudem heraus, dass in Zeiten einer steigenden Halbwertszeit von Wissen und sich kontinuierlich verändernder Anforderungen, ein proaktives, antizipierendes Vorgehen der Personalentwicklung entscheidend sei. Die systematische Analyse, Entwicklung und Mobilisierung von Mitarbeiterpotenzialen sei deshalb ein entscheidender Bezugspunkt für die Bestimmung von Personal- und Bildungsbedarfen.

2) *Von kollektiver zu individualisierter Personalentwicklung*
Gemäß Fischer et al. (2013, S. 65 ff.) müssen Unternehmen künftig verstärkt Beschäftigten ein Arbeitsumfeld bieten, in dem sie sich im eigenen Interesse sowie im Interesse des Unternehmens entfalten und entwickeln können. Die Personalentwicklungs- und die Führungsarbeit richten sich dabei auf die Stärken und Talente des Einzelnen und erfahren eine deutliche Individualisierung. Die Individualisierungsbedürfnisse, beispielsweise als Folge lebenslaufbedingter Phasen, Präferenzen und Stärken der Mitarbeitenden, müssten deshalb in der Personalarbeit künftig verstärkt berücksichtigt werden.

Die Vervielfältigung der individuellen Lebensentwürfe führt gemäß Fischer et al. (2013, S. 68 ff.) dazu, dass rein vertikale Karrierepfade sowie die Fokussierung auf einen Arbeitgeber und ein Berufsfeld von Mitarbeitenden zunehmend in Frage gestellt würden. Als Folge hiervon sollten Karrieremodelle und -pfade im Unternehmen den individuellen Kontext von Mitarbeitenden (z. B. Begabung, Lebenshintergrund) integrieren, sich über die gesamte berufliche Laufbahn erstrecken, um Zielkonflikte und Disbalancen zu vermeiden, und die Übernahme verantwortungsvoller Positionen in Teilzeit ermöglichen. Neben einer altersgerechten Personalentwicklung mit einem stärkeren Fokus auf erfahrungsbasiertem Lernen beschreiben die Autoren den zunehmenden Bedarf an flexiblen Arbeitszeitmodellen für ältere Mitarbeitende sowie der Wertschätzung ihres vorhandenen Erfahrungswissens durch Einbindung in verschiedene PE-Aktivitäten (z. B. als Coach, Mentor oder Berater). Um Beschäftigungsfähigkeit zu gewährleisten, sollte Personalentwicklung deshalb künftig einen vorausschauenden Ansatz verfolgen. Dies schließt für Fischer et al., neben den Bedürfnissen des Unternehmens und der Mitarbeitenden, eine Ausrichtung an gegenwärtig wie künftig auf dem Arbeitsmarkt nachgefragten Kompetenzen und Fähigkeiten sowie die Inklusion niedrig qualifizierter Arbeitskräfte in PE-Aktivitäten ein.

3) *Von der Qualifizierung zur formellen und informellen Kompetenzentwicklung*
Fischer et al. (2013, S. 65 ff.) betonen die zunehmende Relevanz einer Lernkultur, welche sowohl die Lernmotivation und Lernkompetenz der Beschäftigten steigere als auch informelle Lernsettings einbeziehe und anerkenne. Diese Ansicht deckt sich mit der von Arnold und Bloh (2009, S. 15), die eine Wende der qualifikationsorientierten Personalentwicklung zu einer ganzheitlichen Orientierung in Form von Kompetenzentwicklung beobachten. Diese kompetenzorientierte Wende führt gemäß Sausele-Bayer (2011, S. 43 f.) zu einer Betonung der Selbstbestimmtheit und der Fähigkeiten der Akteure sowie des informell gerahmten Kompetenzerwerbs im Prozess der Arbeit.

4) *Von zentraler zu dezentraler Personalentwicklung*
Durch eine Betonung arbeitsplatznahen Lernens findet nach Sausele-Bayer (2011, S. 43 ff.) eine Dezentralisierung und Verschiebung der PE-Aufgaben in den Prozess der Arbeit statt. Führungskräfte würden hierdurch zum direkt im Umfeld agierenden Personalentwickler mit pädagogisch orientierten Rollen (z. B. Lernunterstützer und Berater). Die Personalentwicklung übernimmt die Rolle des Coachs und Unterstützers von Führungskräften, die zur Ausfüllung ihrer PE-orientierten Rollen und Aufgaben von der Personalentwicklung befähigt würden.

M. Becker (2008, S. 57) betont, dass sich die Verantwortung für die Personalentwicklung von einer Bringschuld der Unternehmen zu einer Holschuld der Mitarbeitenden verlagere. Die Dezentralisierung rückt für Arnold und Bloh (2009, S. 23 f.) verstärkt Beratungs- und Organisationsentwicklungsstrategien in das Verantwortungsgebiet der Personalentwicklung und verändern die Rolle der Personalentwicklung.

5) *Von einem Trainingsdienstleister zu einem proaktiven Gestalter der Lern- und Arbeitskultur*
Mitarbeitende messen ihr Unternehmen künftig stärker an ihrer „Gesamtleistung“ und weniger an entgeltlichen Faktoren. Die Gestaltung der Lern- und Arbeitsbedingungen rückt damit stärker ins Zentrum von Personalentwicklungsarbeit. Der Bedarf der Förderung einer Kultur des selbstgesteuerten Lernens und der proaktiven Gestaltung der Lernkultur durch die Personalentwicklung wächst aber auch durch eine zunehmende Einführung digitaler und kollaborativer Lernformen.

Für die Personalentwicklung stellen sich hierdurch, in Zusammenarbeit mit anderen Teilbereichen des Personalmanagements künftig wichtige Aufgaben, wie z. B. die Prägung einer Arbeitgebermarke für den internen und externen Arbeitsmarkt, die Mitarbeitergewinnung und -bindung, die Befähigung der Führungskräfte zum Führen gemischter Teams oder die Integration und Qualifizierung von

Arbeitskräften aus dem Ausland. (vgl. Bruch et al., 2010, S. 87 ff.; Fischer et al., 2013, S. 70 ff.; Sattler & Werthschütz, 2010, S. 62)

6) *Vom Bildungsmanagement zu ganzheitlicher, organisationsgestaltender Personalentwicklung*
Arnold und Bloh (2009, S. 9 ff.) plädieren für einen Wandel von klassischen Formen des „Belehrens und Führens“ zu einer systemorientierten Personalentwicklung, die sich von der „Illusion der Machbarkeit“ verabschiedet. Personalentwicklung solle sich angesichts der Entwicklungsdynamik und der Vernetztheit der komplexen Strukturen in Unternehmen, nicht mehr einzelnen Lernprozessen, sondern einem systemischen Gestalten von Lern- und Entwicklungsprozessen im Gesamten widmen.

Diese Verschiebung zu einem ganzheitlichen, organisationsgestaltenden Ansatz wird auch von anderen Autoren sowie von PE-Praktikern betont (u. a. Mudra, 2004; Sausele-Bayer, 2011; Schemuly, Schröder, Nachtwei, Kauffeld & Gläs, 2012). So beschreibt beispielsweise Sausele-Bayer (2011, S. 43 ff.) Personalentwicklung als verantwortlich für die Gestaltung individueller und organisationaler Lern- und Entwicklungsprozesse und Mudra (2004) hebt hervor, dass „eine Abgrenzung der Lernbereiche vor dem Hintergrund der zunehmend realer werdenden Verzahnung unterschiedlicher Entwicklungsebenen im Unternehmen nicht nur nicht sinnvoll, sondern letztlich auch nicht haltbar wäre“ (S. 482).

Dies bestätigen auch Studienergebnisse von Schemuly et al. (2012, S. 115 ff.)[24]. Die in der Studie befragten PE-Experten prognostizieren, dass sich Personalentwicklung sehr stark mit der Eignungsdiagnostik sowie der Organisationsentwicklung verzahnen und Wissensmanagement zu einer Aufgabe der Personalentwicklung wird. Überdies stellen die Experten es als wünschenswert heraus, dass sich Personalentwicklung in Verbindung mit Organisationsentwicklung und Personalauswahl künftig zu einem der wichtigsten Bereiche im Unternehmen entwickelt und sich systematisch mit anderen Steuerungsfunktionen vernetzt.

7) *Von „Patchworkern“ zu einer Profession*
Die Verbesserung der Professionalität des Personalentwicklungspersonals ist nach Ansicht von M. Becker (2008, S. 58) künftig eine konkrete Aufgabe der Personalentwicklung. M. Becker (2008) nimmt an, dass eine zunehmende Professionalisierung in Form von fachlicher Kompetenz, personaler Wirksamkeit

[24] Im Rahmen einer Delphi-Studie wurden Praxisexperten mit qualitativen und quantitativen Methoden befragt. In der ersten Runde wurden 15 Praxisexperten mit einer mindestens zehnjährigen Tätigkeit in der Personalentwicklung über offene Fragen schriftlich zu den wichtigsten Themenfeldern und Zukunftserwartungen befragt und in einem eintägigen Workshop verschiedene Zukunftsszenarien entwickelt. In der zweiten Delphi-Runde wurden 217 Personen mittels einer internetbasierten, schriftlichen Befragung die Zukunftsszenarien mit Schätzskalen präsentiert. In der dritten Runde wurde allen Teilnehmenden der zweiten Runde eine grafisch aufbereitete Rückmeldung der Ergebnisse der zweiten Runde mit der Bitte um erneute Einschätzung zugesandt. (Schemuly et al., 2012, S. 113 ff.)

und einer zunehmenden Einbindung in das unternehmensweite Beziehungsnetzwerk Ansehen und Einfluss der Personalentwicklung im Unternehmen sichern werden.

Nach Niedermair (2005, S. 579 ff.), der den Beruf des Personalentwicklers aufgrund ungeregelter Zugangswege als „Anything goes"-Beruf bezeichnet, wird sich die Professionalisierung der Berufsgruppe Personalentwickler über den Weg der Verwissenschaftlichung kontinuierlich fortsetzen.

Die Entwicklungslinien der Personalentwicklung zeigen eine deutliche Verschiebung von einem klassischen PE-Verständnis als Trainingsdienstleister oder Bildungsmanager zu einem ganzheitlichen, organisationsgestaltenden PE-Verständnis auf, das immer stärker die Gestaltung der Arbeits- und Handlungsbedingungen inkludiert. Dies korrespondiert mit den steigenden Anforderungen an die Personal- bzw. PE-Arbeit, die sich aus den (künftigen) Veränderungen der Arbeitswelt ergeben. Eine Personal- bzw. PE-Arbeit, die künftigen Anforderungen gerecht wird, erfordert eine ganzheitliche, organisationsgestaltende Ausrichtung und eine enge Verzahnung mit den Gesamtaktivitäten des Unternehmens.

2.1.7. Zwischenfazit

Die Explikation des Stands der Personalentwicklung in den vorgängigen Kapiteln stellt heraus, dass ein enges Verständnis von Personalentwicklung als Aus- und Weiterbildung künftigen Anforderungen in der Arbeitswelt nicht mehr gerecht wird. Obschon das enge PE-Verständnis nach wie vor in der Unternehmenspraxis ein verbreitetes Verständnis von Personalentwicklung darstellt (vgl. El Ganady et al., 2008, S. 12), stößt es angesichts künftiger Anforderungen an Grenzen. Um auch künftig im Unternehmen als Unterstützungsfunktion einen Wertbeitrag leisten zu können, bedarf es daher eines deutlich erweiterten, ganzheitlichen Verständnisses der Personalentwicklung. In einem erweiterten Verständnis wird Personalentwicklung als ganzheitlich zu verankerndes Gesamtsystem von Lern- und Entwicklungsaktivitäten betrachtet, das eine deutliche strategische Ausrichtung aufweist. Hierbei bilden Kultur- und Wissensmanagement zentrale Schnittstellenbereiche. Insbesondere in Unternehmen mit hohem Reifegrad kommen der Schaffung lernförderlicher und sinnstiftender Rahmenbedingungen für Lern- und Entwicklungsaktivitäten im Prozess der Arbeit, der Begleitung von Mitarbeitenden und Unternehmen bei Veränderung, der Bindung von Mitarbeitenden und einer ganzheitlichen Ausrichtung der PE-Aktivitäten eine zunehmende Bedeutung zu.

Ein Wandel zu einem ganzheitlichen PE-Verständnis erfordert eine grundsätzliche Änderung der Arbeitsweise und Perspektive auf und in der Personalentwicklung. Dies erscheint vor allem deshalb so dringend notwendig, da das Handeln von Personalentwicklern nach wie vor als deutlich verbesserungsfähig gilt (vgl. u. a. Bittlingmaier,

2010; Jochmann, 2010; Meifert, 2010, 2013; Stiefel, 2010). Der von Arnold (1997) geforderte Wandel „von einem Anpassungs- zu einem Gestaltungsansatz“ (S. 61) und „von einer ‚konsekutiven‘ bzw. ‚reaktiven‘ zu einer ‚simultanen‘, wenn nicht gar ‚antizipierenden‘ Personalentwicklung“ (S. 62) kann auch mehr als 15 Jahre später nicht als vollzogen gelten. Dies unterstreichen die in Kapitel 2.1.5 herausgearbeiteten PE-spezifischen Herausforderungen und Probleme.

Abbildung 9 fasst den zu vollziehenden Wandel zu einem proaktiven, ganzheitlichen Verständnis von Personalentwicklung in Anlehnung an die Ausführungen in den vorgängigen Kapiteln zusammen:

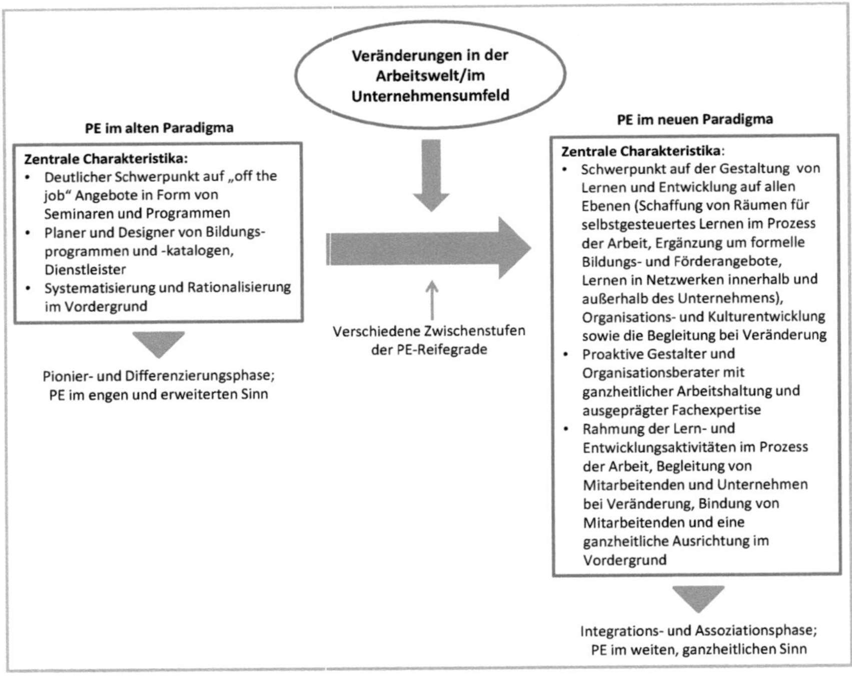

Abbildung 9: Wandel zu einem ganzheitlichen PE-Verständnis (in Anlehnung an Kapitel 2.1.1 bis 2.1.6)

Zur Unterstützung eines Wandels zu einer modernen, zukunftsfähigen Gestaltungspraxis von Personalentwicklung erscheint es daher notwendig, nicht nur ein zeitgemäßes PE-Verständnis zu konzeptualisieren, sondern auch konkrete Implikationen dieses Verständnisses für das Handeln in der Personalentwicklung herauszuarbeiten. Als Handlungs- und Gestaltungsansatz gewinnen nach Ansicht der Autorin hierfür systemumfassende ganzheitliche Lösungsprozesse verstärkt an Bedeutung (vgl. u. a. Mudra, 2004, S.

147; Scharmer, 2013, S. 83; H. Ulrich & Probst, 2001, S. 108 ff.). Die Lösung von komplexen, interdisziplinären Problemen[25] in der Personalentwicklung erfordert ein Durchbrechen gewohnheitsmäßiger Denk- und Problemlösungsprozesse (vgl. u.a. H. Ulrich & Probst, 2001; Martin, 2009; Scharmer, 2013). In der vorliegenden Arbeit wird deshalb in einer ganzheitlichen Leitvorstellung (vgl. Sailer, 2012; Steinle, 2005; H. Ulrich & Probst, 2001; H. Ulrich, 2001) ein besonders nützlicher und fruchtbarer Ausgangspunkt für die Konzeptualisierung eines PE-Verständnisses gesehen, das künftigen Anforderungen gerecht wird. Es wird in den folgenden Kapiteln zur Ausarbeitung des PE-Verständnisses dieser Arbeit genutzt.

2.2. Grundlegung eines ganzheitlichen PE-Verständnisses

In den folgenden Kapiteln wird in Anlehnung an die Erkenntnisse aus den vorgängigen Kapiteln und an eine Leitvorstellung von Ganzheitlichkeit (siehe Kapitel 2.2.1) ein eigenes Begriffsverständnis von Personalentwicklung konzeptualisiert (siehe Kapitel 2.2.2). Im Anschluss an die Begriffsbestimmung wird das PE-Verständnis dieser Arbeit anhand zentraler Dimensionen (siehe Kapitel 2.2.3) und Handlungsebenen (siehe Kapitel 2.2.4) weiter präzisiert. Kapitel 2.2.5 zieht zum Abschluss der Konzeptualisierung ein Zwischenfazit. Das in den folgenden Kapiteln entwickelte Begriffsverständnis „ganzheitliche Personalentwicklung“ bildet anschließend den theoretischen Ausgangspunkt für die Modellierung des Situationstyps „Ganzheitlich orientiert PE-Projekte gestalten und leiten“ (siehe Kapitel 2.3). Das Begriffsverständnis wird in Kapitel 5.3 auf Basis der Erkenntnisse der empirischen Untersuchung präzisiert und erweitert.

2.2.1. Ganzheitlichkeit als Leitvorstellung

Bereits Aristoteles wies darauf hin, dass das Ganze mehr sei als die Summe seiner Teile, und prägte damit einen Leitsatz des Holismus, der sich in verschiedenen Forschungsfeldern der Betriebswirtschafts- und Managementlehre wiederfindet (Ahlers, Eggers &

---

[25] H. Ulrich und Probst (2001, S. 105 ff.) unterscheiden die Problemsituationen des Alltags in einfache, komplizierte und komplexe Problemsituationen. Die Bewältigung einfacher Problemsituationen ist vergleichbar mit einem Routinehandeln, einem Vorgang, bei dem das Handeln nicht bewusst ist. Es handelt sich um Situationen, die im Wesentlichen immer gleichbleiben. Komplizierte Probleme kennzeichnen sich dadurch, dass eine Situation neu ist und hierdurch weitgehend unbekannt und unklar ist, worauf konkret geachtet werden muss bzw. welche Handlungsalternative die Beste darstellt. Derartige Situationen können durch Einbezug von Experten oder Aneignung von Wissen gelöst werden. Komplexe Probleme und Situationen heben sich hingegen dadurch ab, dass die Beschaffung des notwendigen Wissens für eine richtige Entscheidung unmöglich ist, auch wenn sich die Handelnden noch so sehr bemühen. Sie weisen eine hohe Dynamik auf, können jedoch in ihrer Komplexität durch einen ganzheitlichen Denk- und Problemlösungsansatz erfasst und bearbeitet werden. Hierdurch kann die Gefahr vermieden werden, dass Menschen komplexen Problemsituationen mit gewohnheitsmäßigem Handeln begegnen.

Eichenberg, 2011, S. 4). Ganzheitlichkeit bzw. Holismus als Leitvorstellung für moderne Personalentwicklung schließt sich damit einer vielfältig vertretenen Perspektive auf Unternehmen und Management an (vgl. Eggers, 1994; Steinle, 2005; H. Ulrich & Probst, 2001; H. Ulrich, 2001).

Im vorliegenden Kapitel wird der Begriff der Ganzheitlichkeit als Leitvorstellung für Personalentwicklung präzisiert, um der Gefahr einer „inhaltsleeren ‚Labelung'" (Ahlers, Eggers & Eichenberg, 2011, S. 4) zu entgehen. Der Begriff „ganzheitlich" wird in dieser Arbeit von folgenden Grundgedanken geleitet:

- Das Handeln des Unternehmens als Ganzes ist mehr als die Summe der einzelnen Handlungen ihrer Mitarbeitenden (H. Ulrich & Probst, 2001, S. 225 ff.).
- Es bestehen Wechselwirkungen zwischen den Teilen und dem Ganzen, weshalb sie sich gegenseitig bedingen (H. Ulrich & Probst, 2001, S. 225 ff.). Das Ganze geht aus den Teilen hervor und wirkt auf sie zurück (Steinle, 2005, S. 20).
- Unternehmen sind vernetzte Systeme, die aus verschiedenartigen Netzwerken bestehen, die analytisch nicht (vollständig) erklärt werden können. Es ist unmöglich, das soziale System „Unternehmen" in seiner Ganzheit darzustellen (Steinle, 2005, S. 20; H. Ulrich & Probst, 2001, S. 227 ff.).

Steinle (2005, S. 20 f.) weist darauf hin, dass ein rein holistischer Fokus auf die äußere Gestalt, also das Ganze, wichtige Interdependenzen zwischen dem Ganzen und seinen Teilen nicht erfasst und eine ganzheitliche Analysemethodik deshalb aus einem Wechselspiel von ganzheitlich-synthetischem und elementaristischem Denken bestehen sollte.

Ganzheitliche Personalentwicklung zeichnet sich folglich durch eine Leitvorstellung aus, die darauf abzielt, etwas zu einem Ganzen zu bilden, zu ergänzen und zu vervollständigen bzw. in ein übergeordnetes Ganzes aufzunehmen (vgl. Ahlers et al., 2011, S. 3). Der Blick richtet sich auf das Ganze, seine Teile sowie die vielfältigen Wechselwirkungen zwischen dem Ganzen und den Teilen. Ganzheitliche Personalentwicklung meint daher in Anlehnung an H. Ulrich (2001, S. 251 f.) auch, dass für die Bearbeitung der Problemstellungen die für die Lösung des Problems oder die Erfüllung der Anforderungen relevanten Aspekte interdisziplinär einbezogen werden.

Die hohe Relevanz von Ganzheitlichkeit als Leitvorstellung in der Personalentwicklung begründet sich aus ihrem Gegenstand, Personal und Entwicklung. Die individuellen Lern- und Entwicklungsprozesse finden in einem rekursiven Wechselspiel mit der Unternehmensphilosophie, Unternehmenskultur, den Begabungen des Menschen sowie im Kontext der externen Umwelt statt (Hülshoff, 2010, S. 71). Lern- und Entwicklungsprozesse können daher nur aus einer ganzheitlichen Perspektive im Sinne eines Wechselspiels von ganzheitlich-synthetischem und elementaristischem Denken verstanden und bearbeitet werden (vgl. Steinle, 2005, S. 20 f.).

Im System ganzheitlichen Denkens sind gemäß H. Ulrich und Probst (2001, S. 29 ff.) sieben Komponenten zentral, welche die Grundpfeiler einer ganzheitlichen Denkmethodik bilden (siehe Abbildung 10).

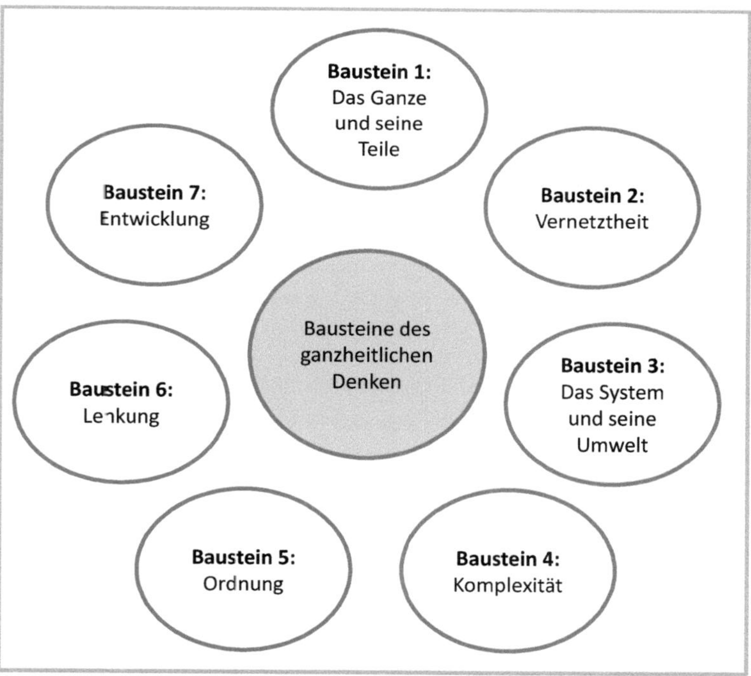

Abbildung 10: Bausteine ganzheitlichen Denkens (in Anlehnung an H. Ulrich & Probst, 2001, S. 29)

Den ersten Baustein des ganzheitlichen Denkansatzes der St. Galler Schule bildet „Das Ganze und seine Teile“. Kerngedanke dieses Grundpfeilers ist, dass der Vorgang der Analyse, also das Zerlegen des Ganzen in seine Einzelteile, bei komplexen Problemen scheitern wird. Komplexe Probleme können, vergleichbar zu der Betrachtung eines Bildes, am besten von außen, mit Abstand und aus verschiedenen Blickwinkeln betrachtet werden. Durch das Durchspielen verschiedener Szenarien und etwaiger Reaktionen, das umfassende Beobachten und Durchdenken wird ein komplexes Problem immer besser erkennbar. (H. Ulrich & Probst, 2001, S. 31 ff.)

Der zweite Grundpfeiler, die Vernetztheit, geht davon aus, dass ein komplexes System durch vielfältige, teils zirkuläre Beziehungen charakterisiert ist. Wird ein Element verändert, kann sich diese Veränderung auf viele andere Elemente auswirken, bis sogar das verursachende Element selbst wiederum betroffen ist. Dies kann zu einer Stärkung oder Schwächung des Veränderungsprozesses führen oder sich im zeitlichen Verlauf in seiner Wirkung verändern. Insbesondere komplexe Systeme lassen sich nicht durch rein lineare Ursache-Wirkungs-Beziehungen beschreiben, sondern nur durch die zahlreichen zirkulären Beziehungen, die sich gegenseitig beeinflussen und dynamisch verändern. (Sailer, 2012, S. 121; H. Ulrich & Probst, 2001, S. 39 ff.) Im Rahmen der dritten Komponente „System und Umwelt" wird die Perspektive auf die vielfältigen Austauschbeziehungen gelegt, die zwischen einem System und seiner Umwelt bestehen. Diese Austauschbeziehungen sind nicht nur störende Faktoren, sondern eine Voraussetzung für die Lebensfähigkeit. So ist ein Unternehmen eingebettet in ein Geflecht von Kunden, Lieferanten, Arbeitnehmern, Konkurrenten, Kapitalgebern und beispielsweise dem Staat. Folglich ist es unerlässlich, die Umwelt eines Systems mit zu betrachten, da das jeweilige Systemverhalten nur verstanden werden kann, wenn es in Verbindung mit seiner Umwelt, als Teil eines umfassenden Systems, gesehen wird. (Sailer, 2012, S. 121 f.; H. Ulrich & Probst, 2001, S. 51 ff.)

Als vierten Baustein nennen H. Ulrich und Probst (2001, S. 58 ff.) die Komplexität. Als komplex gilt etwas, wenn es nicht nur in seinem Zusammenhang kompliziert ist, sondern seinen Zustand auch noch kontinuierlich verändert. Um mit der Komplexität umzugehen, darf gemäß Sailer (2012, S. 122) nicht nur mit Vereinfachung reagiert werden, Komplexität sollte bewusst eingesetzt oder sogar noch gesteigert werden. So heben H. Ulrich und Probst (2001) hervor:

> „Komplexitätsbewältigung bedeutet daher nicht in jedem Fall Komplexitätsreduktion, sondern kann je nach Situation auch Komplexitätserhöhung bedeuten. Komplexitätsreduzierende Maßnahmen sind richtig, wenn es um die rationelle und sichere Erreichung bekannter Ziele auf bekannten Wegen geht, aber falsch, wenn es darum geht, nach neuen Zielen und Wegen zu suchen. Was uns noch nicht bekannt ist, können wir auch nicht vernünftig regeln! [...] Aus dieser Sicht besteht die Kunst [...] im Beherrschen dieses Wechselspiels, das heisst im Treffen von komplexitätsreduzierenden oder -erhöhenden Massnahmen im richtigen Ausmass und zur richtigen Zeit" (S. 64).

Der fünfte Grundpfeiler, Ordnung, deutet gemäß Sailer (2012, S. 122) darauf hin, dass komplexe Systeme, wie Unternehmen, bestimmte Verhaltensweisen aufweisen und in ihnen Regeln existieren, die das Verhalten des Systems beschränken und in einer gewissen Regelmäßigkeit erscheinen lassen. Die hierdurch entstehenden Muster können durch Beobachtung des Systems aus verschiedenen Perspektiven erkannt und verstanden werden (Sailer, 2012, S. 122). Eine wesentliche Aufgabe in Organisationen ist es, gestaltend Ordnung zu schaffen und lenkend Ordnung aufrechtzuerhalten (H. Ulrich & Probst, 2001, S. 74). Muster können damit nach H. Ulrich und Probst (2001, S. 75) auch bewusst entworfen werden.

Die Lenkung bildet den sechsten Baustein des ganzheitlichen Denkens und bietet mit der direkten und indirekten Lenkung zwei Möglichkeiten zum Lenken eines Systems. So zielt die direkte Lenkung auf einen Eingriff in das System, vorausgesetzt, es liegt eine genaue Kenntnis der Funktionsweise des Systems vor. Die indirekte Lenkung zielt hingegen auf die Schaffung von förderlichen Bedingungen, damit sich ein System von selbst in eine gewünschte Richtung entwickelt. Wesentlich ist, dass komplexe Probleme nicht alleine durch direkte Eingriffe gelöst werden können. (Sailer, 2012, S. 122 f.)

Die siebte Komponente des ganzheitlichen Denkansatzes ist die Entwicklung von Systemen und ist vergleichbar mit dem Ansatz der lernenden Organisation (Sailer, 2012, S. 125). Ein entwicklungsfähiges System passt sich selbstständig an Veränderungen an und verbessert sich dabei laufend (Sailer, 2012, S. 125). Die Urheber des ganzheitlichen Denkens, H. Ulrich und Probst (2001), heben in diesem Zusammenhang die Wichtigkeit hervor, einen Kontext zu schaffen, der Entwicklung erlaubt und fördert:

> „Wenn Lernen nicht gemacht werden kann, dann stellt sich die Frage, wie wir als Gestalter und Lenker in sozialen Systemen einen Kontext schaffen können, der Entwicklung erlaubt und fördert. Dazu gehört sicher in grundlegender Weise ein ganzheitliches Denken. Zu den Faktoren eines positiven Feldes für die Entwicklung gehören:
>
> - Eine Vielzahl an Perspektiven oder Wahrnehmungsstandpunkten
> - Offenheit des Systems
> - Förderung von Interaktionen in quantitativer und qualitativer Hinsicht
> - Erkennen und Denken in Chancen und Möglichkeiten
> - Kontinuierliches Reflektieren über die materiellen und geistigen Strukturen und Funktionen“ (S. 92).

Die Kerngedanken einer Ganzheitlichkeit als Leitvorstellung werden im folgenden Kapitel zur Grundlegung eines eigenen Begriffsverständnisses von Personalentwicklung genutzt.

2.2.2. Begriffsbestimmung „Ganzheitliche Personalentwicklung“

In Anlehnung an die theoretische Exploration des Gegenstands Personalentwicklung (siehe Kapitel 2.1), der Leitvorstellung von Ganzheitlichkeit (siehe Kapitel 2.2.1), das Begriffsverständnis ganzheitlich orientierter Personalentwicklung nach Mudra (2004, S. 145), die Definition strategischer Personalentwicklung nach Garavan (2007, S. 25) und ein Modell des strategischen Managements nach Schwaninger (2000, S. 216) wird folgendes Begriffsverständnis von Personalentwicklung in dieser Arbeit zu Grunde gelegt:

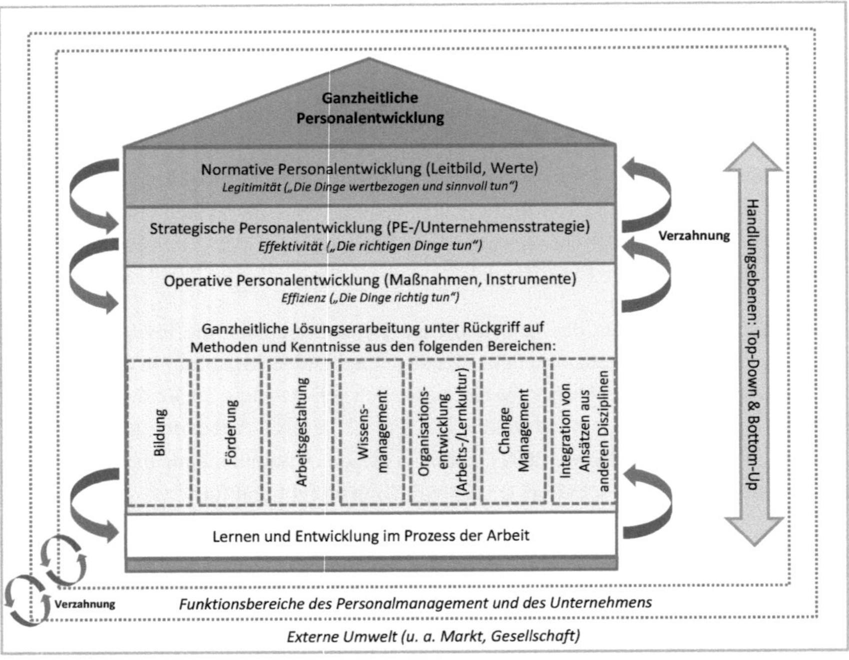

Abbildung 11: Ganzheitliche Personalentwicklung[26]

Ganzheitliche Personalentwicklung umfasst als Gesamtsystem alle Informationen, organisatorischen Einheiten (z. B. Unternehmensleitung, PE-Abteilung), Lernorte, Entscheidungen und Maßnahmen, die für die Initiierung von Lern- und Entwicklungsprozessen bei den Mitarbeitenden als relevant zu erachten sind. Das übergreifende Ziel ganzheitlicher Personalentwicklung ist es, in Anbetracht gegenwärtiger und künftiger Anforderungen die Wettbewerbsfähigkeit des Unternehmens und die Beschäftigungsfähigkeit von Mitarbeitenden auszubauen und zu sichern.

Das Gesamtsystem ganzheitliche Personalentwicklung ist normativ und strategisch als kohärentes, vertikal abgestimmtes und horizontal integriertes Gesamtkonzept von Lern- und Entwicklungsaktivitäten verankert, mit den Gesamtaktivitäten im Personalbereich harmonisiert und unterstützt explizit die Erreichung strategischer Unternehmensziele. Zur Verfol-

[26] Eine frühere Version des Verständnisses von ganzheitlicher Personalentwicklung wurde im November 2013 in der Zeitschrift Personalwirtschaft publiziert (vgl. Fäckeler, 2013b, S. 44 f.).

gung einer einheitlichen Zieldimension von Lernen und Entwicklung im Unternehmen bezieht Personalentwicklung alle für die Problemlösung oder Zielerreichung erforderlichen Handlungsfelder wie z. B. Wissens-, Kultur- und Veränderungsmanagement sowie Organisationsentwicklung proaktiv und grenzübergreifend ein (z. B. über Abteilungsgrenzen oder disziplinäre Grenzen hinweg).

Die organisatorische Einheit der PE-Funktion agiert infolgedessen potenzial- und gestaltungsorientiert. Sie befähigt und motiviert Mitarbeitende die gegenwärtigen und zukünftigen beruflichen Anforderungen im Sinne des Unternehmens zu erfüllen und gestaltet die Wettbewerbsfähigkeit des Unternehmens aktiv mit.

Abbildung 11 fasst das Begriffsverständnis von ganzheitlicher Personalentwicklung in einem Beschreibungsmodell zusammen.

2.2.3. Dimensionen ganzheitlicher Personalentwicklung

Die folgenden Ausführungen erläutern entlang acht zentraler Dimensionen (siehe Abbildung 12) die Implikationen des im vorherigen Kapitel zusammengefassten Verständnisses von ganzheitlicher Personalentwicklung für das Handeln in der Praxis.

Dimension 1: Zusammenspiel der operativen, strategischen und normativen Ebene

Ganzheitliche Personalentwicklung beschreibt Personalentwicklung als ein Gesamtsystem im Unternehmen (siehe Kapitel 2.2.2). Dieses Gesamtsystem besteht in Anlehnung an den ganzheitlichen Denkansatz von H. Ulrich und Probst (2001, S. 34) aus verschiedenen Teilen (z. B. organisatorische Einheiten wie die PE-Abteilung und Geschäftsführung), die eng miteinander verknüpft sind und sich gegenseitig beeinflussen. Das Beschreibungsmodell (siehe Abbildung 11) betont deshalb das Zusammenwirken verschiedener Teile.

Für das Handeln in der PE-Praxis wird hierdurch ein Verständnis von Personalentwicklung als Gesamtsystem indiziert, in dem die normative, strategische und operative Ebene aufeinander einwirken und miteinander verknüpft sind (vgl. Schwaninger, 2000, S. 216). Keine der Ebenen agiert autark oder losgelöst von den anderen Ebenen. Es ist folglich ein wesentliches Merkmal ganzheitlicher Personalentwicklung, dass die drei genannten Ebenen nicht voneinander isoliert bearbeitet werden, sondern vielmehr aktive Verbindungen zwischen den Ebenen hergestellt werden. Aus der Blickrichtung der operativen Personalentwicklungsebene bedeutet das, dass alle Aktivitäten einerseits in ein normativ und strategisch stimmiges Gesamtkonzept von Lernen und Entwicklung im Unternehmen eingebunden sind, andererseits die Aktivitäten auf der operativen Ebene einen deutlichen Bezug zur normativen und strategischen Ebene aufweisen. Damit einher geht eine konsequente Harmonisierung mit anderen Personalaktivitäten und eine Einbettung in das Gesamtkonzept des Personalbereichs.

Ganzheitliche Personalentwicklung			
Dimension 1: Zusammenspiel der operativen, strategischen und normativen Ebene	**Dimension 2:** Verzahnung der Personen- und Systemqualifikation	**Dimension 3:** Potenzial- und Gestaltungs-orientierung	**Dimension 4:** Innen-, Außen- und Zukunfts-orientierung
Dimension 5: Ganzheitliche Zielformulierung	**Dimension 6:** Inklusion aller Gruppen von Mitarbeitenden	**Dimension 7:** Integration in und Verzahnung mit dem Personalbereich	**Dimension 8:** Überwindung künstlicher Grenzen

Abbildung 12: Dimensionen ganzheitlicher Personalentwicklung

Um eine Ausrichtung der PE-Aktivitäten an der normativen und strategischen Ebene zu begünstigen, ist die Existenz einer Unternehmensstrategie bzw. einer Personalstrategie ein zentraler Ausgangspunkt, die in Anlehnung an die gegenwärtigen und zukünftigen Bedarfe des Unternehmens eine Richtung vorgibt. So gestaltet sich Personalentwicklungsarbeit beispielsweise im Rahmen einer Talent-Management-Strategie mit dem Ziel, talentierte Mitarbeitende zu gewinnen, zu entwickeln und zu binden, in der operativen und strategischen Ausrichtung anders als im Rahmen einer High Performance-Strategie, die darauf zielt, strategische Unternehmensziele durch eine Verankerung eines High Performance-Arbeitssystems zu erreichen (Armstrong, 2011, 155 ff., S. 236 ff.).

Dabei kommt insbesondere der normativen Ebene des Unternehmens eine hohe Relevanz zu, da PE-Aktivitäten in der Regel kulturprägend sind. Sattelberger (1995, S. 24 f., S. 255 f.) stellte bereits vor zwanzig Jahren die kulturprägende Rolle und die Relevanz von Sinnstiftung in der Personalentwicklung heraus. Auch Rüegg-Stürm (2004) betont die Bedeutung der kulturellen Ebene für das Management des Unternehmens, die sich ebenfalls auf PE-Arbeit übertragen lässt:

> „Zusätzlich bedarf es eines gemeinsamen Sinnhorizonts, eines gemeinsamen expliziten und impliziten Hintergrundwissens, das es je neu erlaubt, Festlegungen und Vorgaben angemessen zu verstehen und anzuwenden, unvorhersehbare, schwer verständliche, mehrdeutige Ereignisse und Entwicklungen sinnhaft in den Gesamtzusammenhang einzuordnen und auf dieser Grundlage als Kollektiv handlungsfähig zu bleiben.“ (S. 98).

Durch die Integration der normativen Basis in PE-Aktivitäten werden ein gemeinsamer Sinnhorizont und eine Grundlage für kollektives Handeln geschaffen. In der PE-Praxis impliziert dies beispielsweise, dass bei jedem Projekt und Prozess auf der operativen Ebene zur Schaffung eines gemeinsamen Sinnhorizonts die Anbindung an die strategische *und* normative Ebene des Unternehmens sichergestellt wird.

Dimension 2: Verzahnung der Personen- und Systemqualifikation

Ein ganzheitliches PE-Verständnis bezieht sich neben individueller Lern- und Entwicklungsprozesse auch auf die Gestaltung organisationaler Lern- und Entwicklungsprozesse (siehe Kapitel 2.2.2). Personalentwicklung verantwortet demgemäß nicht nur die Gestaltung von Kompetenzentwicklungsmaßnahmen, sondern auch die Gestaltung der Arbeits- und Handlungsbedingungen (siehe Abbildung 13).

Die hohe Relevanz der Gestaltung beider Ebenen begründet sich darin, dass berufliches Handeln in einem sich rekursiv beeinflussenden Spannungsfeld von Handeln und Lernen sowie den Arbeits- und Lernbedingungen stattfindet (Dehnbostel, 2007, S. 36 ff.). Auch Mentzel (2012, S. 4) betont den wechselseitigen Zusammenhang von Personal- und Organisationsentwicklung. Personalentwicklungsmaßnahmen seien nach Ansicht von Mentzel ohne gleichzeitige Berücksichtigung des Arbeitsumfelds (Organisation, Kollegen, Vorgesetzte) ebenso unzureichend wie einseitige Veränderungen der Arbeitsbedingungen ohne Einbindung der Betroffenen. Ganzheitliche Personalentwicklungsarbeit berücksichtigt folglich die Wechselseitigkeit von Lernen bzw. Arbeitshandeln und Strukturen.

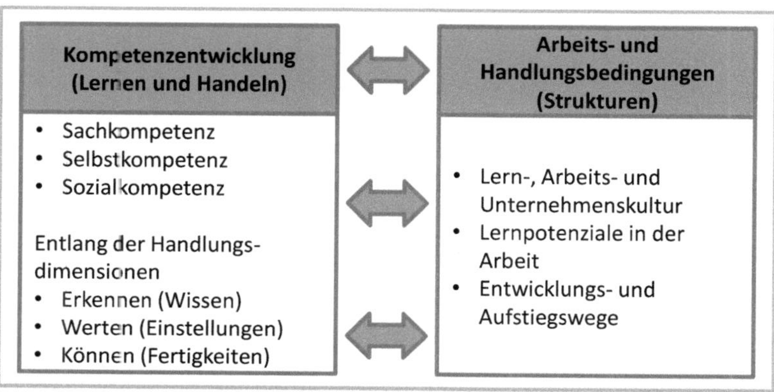

Abbildung 13: Ganzheitliche Perspektive auf Lernen und Entwicklung (in Anlehnung an Dehnbostel, 2007, S. 34; Euler & Hahn, 2004, S. 131)

Schmid und Messmer (2009, S. 83) unterscheiden diesbezüglich zwischen der Personen- und Systemqualifikation. Die Personenqualifikation ist vergleichbar mit der Ebene der

Kompetenzentwicklung und die Systemqualifikation mit der Ebene der Strukturen in Abbildung 13. Personenqualifikation zielt gemäß Schmid und Messmer darauf ab, Personen so zu qualifizieren, dass sie die Fähigkeit entwickeln, bestimmte Aufgaben wahrzunehmen. Systemqualifikation bezieht sich hingegen auf die Gestaltung von Strukturen, Prozessen, Funktionen und Unterstützungssystemen, mit dem Ziel, geeignete Voraussetzungen für angestrebte Leistungen zu erbringen.

Im Sinne eines ganzheitlichen Personalentwicklungsverständnisses übernimmt die PE-Funktion zur Problemlösung und Anforderungserfüllung eine Gestaltungsverantwortung für die Kompetenzentwicklung und Gestaltung der Arbeits- und Handlungsbedingungen bzw. die Personen- und Systemqualifikation. Dementsprechend rücken nicht nur alle Maßnahmen zur Förderung und Bildung, sondern auch der Arbeitsgestaltung, Kultur- und Organisationsentwicklung, Change Management und Wissensmanagement als potenzielle Gestaltungsfelder ins Zentrum ganzheitlicher Personalentwicklung. Neben der individuellen Kompetenzentwicklung in formellem und informellem Rahmen wird durch eine Gestaltung lernförderlicher Rahmenbedingungen, ergo der Arbeits- und Lernkultur, auch organisationales Lernen gefördert. Dies fordern ebenfalls Fischer et al. (2013, S. 67), die in der Schaffung einer Lernkultur im Unternehmen, welche die Lernmotivation und -kompetenz der Beschäftigten erhöht, eine wichtige Aufgabe der Personalentwicklung sehen.

Dimension 3: Potenzial- und Gestaltungsorientierung

Ganzheitliche Personalentwicklung wendet sich von einer reaktiven, defizitorientierten Personalentwicklung, wie sie Stiefel (2010, S. 56 ff.) kritisiert, ab und legt einen potenzial- sowie gestaltungsorientierten Ansatz zu Grunde.

Mit dem Handlungsansatz einer Potenzialorientierung wird in einem ganzheitlichen PE-Verständnis in Anlehnung an Mudra (2004, S. 178 f.) die längerfristige Entwicklung von Mitarbeiterpotenzialen und die Einbindung der Mitarbeiterbedürfnisse in PE-Aktivitäten betont. Das individuelle Entwicklungspotenzial von Mitarbeitenden wird gemäß dem Vorschlag von Mudra durch eine Orientierung an den latent vorhandenen begabungs- und fähigkeitsbezogenen Entwicklungsressourcen sowie den Neigungen und Wünschen von Mitarbeitenden aktiv in die PE-Aktivitäten integriert.

Eine Gestaltungsorientierung zeichnet sich nach Arnold (1997, S. 71) durch die Einbindung von eigenen Konzeptionen und Leitideen sowie eine wertbezogene und eigenständige Gestaltung durch die Personalentwickler aus. Diese Arbeit geht in ihrem Verständnis von Gestaltungsorientierung jedoch noch weiter und schließt unternehmerisches Handeln mit ein. In Anlehnung an Stiefel (2010, S. 61 ff.) zeichnet sich unternehmerisches Handeln durch ein eigeninitiatives Tätigwerden, das Einschlagen eigener

Wege, das Schaffen innovativer Lösungen und mutiges Vorangehen aus. Ein unternehmerisch handelnder Personalentwickler erkennt laut Stiefel (2010) Chancen, setzt sie innovativ durch, orientiert sich an den Entwicklungen außerhalb des Unternehmens, geht bewusst Risiken ein, füllt Freiräume aus und entwickelt PE-Maßnahmen kontinuierlich sowie proaktiv weiter, bevor die Zufriedenheit der Kunden nachlässt.

Dimension 4: Innen-, Außen- und Zukunftsorientierung

Das PE-System ist offen gegenüber seiner Umwelt (innerhalb und außerhalb des Unternehmens) und steht mit dieser in Wechselwirkung (vgl. H. Ulrich & Probst, 2001, S. 51 ff.). Im Sinne einer ganzheitlichen Personalentwicklung wird demgemäß der Handlungsbedarf durch eine Innen-, Außen- und Zukunftsorientierung bestimmt. Ganzheitliche Personalentwicklung nutzt für die Bestimmung von Bedarfen den Blick (1) auf das Marktumfeld des Unternehmens sowie den Kenntnisstand der für Personalentwicklungsarbeit relevanten Disziplinen (Außenorientierung), (2) auf Entwicklungstendenzen im Unternehmen, im jeweiligen Marktumfeld sowie in der Personalarbeit (Zukunftsorientierung) und (3) in das Unternehmen (Innenorientierung).

Arnold und Bloh (2009, S. 13 f.) unterstreichen ebenfalls die Wichtigkeit einer Innen- und Außenorientierung zur Ermittlung der Planungsgrundlage der Personalentwicklung. In dem vorliegenden Verständnis von ganzheitlicher Personalentwicklung wird jedoch der antizipierenden Personalentwicklung noch eine gewichtigere Bedeutung eingeräumt, indem die Orientierung an den Entwicklungen im Unternehmen, im Marktumfeld sowie in der Personalarbeit (u. a. Erkenntnisse der Wissenschaft, veränderte Lerngewohnheiten) zu einem konstituierenden Merkmal personalentwicklerschem Handelns erhoben wird. Hierdurch knüpft die Gestaltungspraxis ganzheitlicher Personalentwicklung an die des strategischen Managements an, in der in Anlehnung an das „concept of fit“ das Bestreben besteht, das Profil des Unternehmens an den Anforderungen der Unternehmensumwelt auszurichten und miteinander in Passung zu bringen (vgl. Bea & Haas, 2009, S. 16 ff.).[27]

Eine zukunftsorientierte Personalentwicklung richtet damit die Aktivitäten in der Praxis nicht nur, wie auf der operativen Ebene üblich, an kurzfristigen Zielen, sondern immer auch an mittel- bis langfristigen Zielen (d. h. mindestens über das laufende Geschäftsjahr hinaus) aus (Mudra, 2004, S. 246 f.). Wird dieses Verständnis konsequent auf Projekte auf der operativen Ebene übertragen, so müssen auch Projekte mit kurzfristigem Zielhorizont ihren Beitrag zu mittel- bis langfristigen Zielen ausweisen. Eine

[27] Auch D. Ulrich et al. (2008, S. 204 f.) unterstreichen die Wichtigkeit einer Innen- und Außenorientierung. Zudem dehnen sie das Verständnis von Außenorientierung auch auf den Einbezug der Kunden des Unternehmens aus, in dem die besten Personalbereiche in ihren Studien auch für Kunden Angebote unterbreiten und damit die Stimme des Kunden ins Unternehmen bringen.

ganzheitlich agierende Personalentwicklung leistet in dieser Form einen Beitrag zur Überwindung einer reaktiven Praxis in der Personalentwicklung.

Dimension 5: Ganzheitliche Zielformulierung

Aus der in Dimension zwei aufgeworfenen Gestaltungsverantwortung für Lernen und Entwicklung auf individueller und organisationaler Ebene ergibt sich als Konsequenz, dass sich die PE-Aktivitäten an einer einheitlichen Zieldimension von Lernen und Entwicklung (z. B. Entwicklung und Erhalt von Beschäftigungs- und Wettbewerbsfähigkeit) ausrichten sollten. Beschäftigungsfähigkeit bedeutet in diesem Zusammenhang nicht, eine große Fülle an PE-Maßnahmen anzubieten, sondern vielmehr die Mitarbeitenden gezielt an das Unternehmen zu binden und ihnen einen fruchtbaren Boden zur Weiterentwicklung im Sinne ihrer eigenen Interessen sowie des Unternehmens zu bieten (Fischer et al., 2013, S. 66). So verstanden, trägt die Förderung und Erhaltung der Beschäftigungsfähigkeit von Mitarbeitenden als einer der wichtigsten Wettbewerbsfaktoren zur Wettbewerbsfähigkeit des Unternehmens bei.

Es sind aber auch andere Zieldimensionen denkbar. Charakteristisch für eine einheitliche Zieldimension ist schlussendlich ihre Ganzheitlichkeit, durch die individuelle Ziele (z. B. lebenslanges Lernen der Mitarbeitenden), organisationale Ziele (z. B. die Vision der lernenden Organisation) und gesellschaftliche Ziele (z. B. Mitgestaltung und Mitbestimmung am Arbeitsplatz) miteinander verzahnt werden (Mudra, 2004, S. 130 ff.). Gemäß Mudra (2004, S. 135) bietet eine einheitliche Zieldimension somit das Potenzial, unterschiedliche, mitunter auch polarisierende Interessenslagen durch eine ganzheitliche Betrachtung miteinander zu verbinden.

Für eine ganzheitliche Zielbestimmung greift nach Ansicht der Autorin der deduktive Ansatz von M. Becker (2013, S. 831) in Anbetracht eines erweiterten PE-Verständnisses mit gestalterischem Anspruch zu kurz. Die logische Folge einer proaktiven, gestaltenden und strategisch agierenden Funktion der Personalentwicklung ist eine initiative, gestaltende Rolle bei der Zielformulierung. Personalentwicklung sollte aufgrund ihrer Fachexpertise und Kenntnis des Unternehmens auch auf Unternehmensebene die Formulierung von Zielen mitgestalten, Herausforderungen interner und externer Natur proaktiv benennen und einer Verankerung in den Unternehmenszielen bewirken. Daher entsteht der Bedarf, Ziele in der Personalentwicklung auf Basis eines induktiven *und* deduktiven Ansatzes zu formulieren.

Dimension 6: Inklusion aller Gruppen von Mitarbeitenden

Ein ganzheitliches PE-Verständnis schließt die Forderung von Mentzel (2012, S. 5 f.) ein, alle Mitarbeitenden in Maßnahmen der Personalentwicklung zu integrieren. Ganzheitliche Personalentwicklung hat daher den Erhalt von Beschäftigungsfähigkeit aller Mitarbeitenden als Ziel. Dabei ist eine Förderung von Schlüsselgruppen, wie sie Sattelberger (1995, S. 26 f.) herausstellt, nicht ausgeschlossen, es werden jedoch einseitige Übersteigerungen im Sinne einer zu starken Fokussierung der PE-Aktivitäten auf einzelne Gruppen von Mitarbeitenden vermieden. Eine einseitige Übersteigerung wäre beispielsweise gegeben, wenn Personalentwicklung im Unternehmen sich nur auf die Unterstützung der Lern- und Entwicklungsprozesse von Führungskräften und speziell selektierten Mitarbeitenden mit besonders hohem Potenzial fokussierte und der breiten Masse der Mitarbeitenden keinerlei Unterstützungsangebote unterbreiten würden. In Anbetracht des demografischen Wandels und längerer Arbeitszeiten darf jedoch die Förderung und Erhaltung der Beschäftigungsfähigkeit von niedrig qualifizierten Mitarbeitenden nicht aus dem Blick verloren werden (Fischer et al., 2013, S. 66 f.).

Dimension 7: Integration in und Verzahnung mit dem Personalbereich

Die ganzheitliche Leitvorstellung impliziert, wie bereits hervorgehoben, dass das Gesamtsystem Personalentwicklung aus verschiedenen, eng miteinander verzahnten Teilen (z. B. organisatorische Einheiten wie die PE-Abteilung und Geschäftsführung) besteht und in Wechselwirkung mit seiner Umwelt steht. In größeren Unternehmen mit segregierten Strukturen im Personalbereich (z. B. im Rahmen eines HR Business Partner-Modells) ist aus einer ganzheitlichen Sicht die PE-Abteilung folglich in das Gesamtsystem des Personalbereichs eingebunden und unterhält vielfältige Verbindungen zu den anderen Funktionsbereichen des Personalbereichs.

Ganzheitliche Personalentwicklung bedeutet daher, PE-Aktivitäten nicht zu einseitig aus dem eigenen Funktionsbereich zu gestalten. Es bedarf vielmehr einer Einbettung in ein Gesamtkonzept von Lernen und Entwicklung im Unternehmen sowie einer engen Verzahnung mit den Aktivitäten anderer Personalbereiche und Stakeholder (vgl. Garavan, 2007, S. 25, Jochmann, 2010, S. 38 ff.). So kann beispielsweise Talententwicklung nicht isoliert aus der Personalentwicklung betrieben werden (vgl. Bödeker & Hübbe, 2012, S. 219). Die PE-Funktion muss ihre Aktivitäten deshalb noch stärker unternehmens- und bereichsstrategisch verankern (vgl. Jochmann, 2010, S. 38 ff.). Ganzheitliche PE-Arbeit zielt deshalb auf eine Harmonisierung der PE-Aktivitäten mit denen des Personalbereichs, eine enge Zusammenarbeit mit den verschiedenen organisatorischen Einheiten des Personalbereichs und eine vorausschauende Einbindung aller erforderlichen Schnittstellen und Kompetenzen im Personalbereich zur Entwicklung bestmöglicher Unternehmenslösungen.

Dimension 8: Überwindung künstlicher Grenzen

Eine ganzheitliche Lösungserarbeitung ist durch analysierendes und integrierendes Denken geprägt (H. Ulrich & Probst, 2001, S. 36 f.). Hierzu wird nach H. Ulrich und Probst (2001) das zu erklärende Objekt in seine Teile zerlegt und analysiert, aber insbesondere auch geprüft, wie die Passung zum größeren Ganzen ist. Bei Problemstellungen wie Talent-Management führt eine derartige Herangehensweise zu der Erkenntnis, dass für eine erfolgreiche Bearbeitung verschiedene Handlungsfelder der Personalentwicklung und/oder Funktionsbereiche im Unternehmen miteinander verzahnt werden müssen. Bödeker und Hübbe (2010, S. 218 f.) heben beispielsweise den holistischen Charakter von Talent-Management hervor, das verschiedene Subprozesse (z. B. Talententwicklung, Anziehung externer Talente) verzahnt und Schnittstellen zu allen anderen Kernprozessen der Personalarbeit aufweist. Eine ganzheitliche Lösungserarbeitung umfasst deshalb alle für die Bearbeitung einer Problemstellung oder Zielerfüllung erforderlichen Maßnahmen und Schnittstellen innerhalb und außerhalb des Unternehmens. Im Sinne einer bestmöglichen Lösung werden künstliche Grenzen überwunden.

Die vorgestellten acht Dimensionen ganzheitlicher Personalentwicklung bilden den theoretischen Bezugspunkt für die Modellierung des Situationstyps „Ganzheitlich orientiert PE-Projekte gestalten und leiten“ (siehe Kapitel 2.3) und dienen in dieser Arbeit als Idealverständnis von PE-Arbeit.

2.2.4. Handlungsebenen ganzheitlicher Personalentwicklung

Ganzheitliche Personalentwicklung umfasst als Gesamtsystem alle Informationen, organisatorischen Einheiten (z. B. Unternehmensleitung, PE-Abteilung), Lernorte, Entscheidungen und Maßnahmen, die für die Initiierung von Lern- und Entwicklungsprozessen bei den Mitarbeitenden als relevant zu erachten sind (siehe Kapitel 2.2.2). Innerhalb dieses Gesamtsystems können im Wesentlichen die Geschäftsleitung, die PE-Abteilung (bzw. Personalabteilung), die Führungskräfte sowie die Arbeitnehmervertretung als Funktionseinheiten und -träger unterschieden werden, die sich aufgrund ihrer Aufgabenstellung mit Personalentwicklung befassen (Mudra, 2004, S. 202). Eine umfassende Gestaltungs- und Lenkungsrolle des PE-Gesamtsystems durch unternehmensweite, PE-spezifische Maßnahmen kommt jedoch, wie die Ausführungen von Mudra (2004, S. 203 ff.) unterstreichen, vor allem der Geschäftsleitung und der PE-Funktion zu.

Es werden deshalb in dieser Arbeit zwei Handlungsebenen ganzheitlicher Personalentwicklung als besonders prägend für die PE-Praxis im Unternehmen betrachtet: Einerseits die Ebene der Geschäftsleitung, die eine gemeinsame Richtung im Unternehmen vorgibt und gezielt Impulse setzt, und andererseits die Ebene der Personalentwickler, die ihr Praxishandeln ganzheitlich orientiert ausrichten.

In der Unternehmenspraxis bilden strategische Initiativen auf der Handlungsebene der Geschäftsleitung und PE-Projekte auf der Handlungsebene der operativen Personalentwicklung typische Organisationsformen für die Bearbeitung neuartiger, komplexer Problemstellungen (vgl. Schelle, 2010, S. 20; Schiersmann & Thiel, 2011, S. 168; T. Schmid, Müller-Stewens & Lechner, 2009, S. 81). Als strategische Initiative werden Programme mit Teilprojekten oder Großprojekte bezeichnet, die funktions-, organisations- und/oder länderübergreifend sowie in der Regel von der Unternehmensführung initiiert und verantwortet werden (T. Schmid et al., 2009, S. 81). Nach T. Schmid et al. (2009, S. 81) unterscheiden sich strategische Initiativen von Projekten durch ihre Initialisierungsrichtung (Ursprung auf der operativen Ebene vs. initiiert von der Unternehmensleitung), die damit verbundene hierarchische Leitungsebene (Geschäftsführung vs. Mitarbeitende aus Funktionsbereichen) und durch ihre Spannweite im Unternehmen (einzelnes Projekt vs. Programm). In der Praxis sind Projekte, die von den Funktionsbereichen geleitet werden, ein wichtiger Bestandteil von Initiativen (T. Schmid et al., 2009, S. 81). Sie bilden gemäß Schiersmann und Thiel (2011, S. 168) den Kern organisationaler Veränderungsstrategien. Tabelle 2 fasst die genannten Handlungsebenen zusammen.

Für die vorliegende Forschungsarbeit, die auf die Personalentwickler selbst fokussiert, ist die operative Handlungsebene und damit insbesondere die Projektarbeit als „Kernstrategie bzw. das Herzstück einer Weiterentwicklung von Organisationen" (Schiersmann & Thiel, 2011, S. 167) von besonderem Interesse. In PE-Projekten werden neuartige, innovative Aufgabenstellungen bearbeitet, die nicht dem alltäglichen Routinehandeln entsprechen (vgl. Schiersmann & Thiel, S. 169) und die, aufgrund ihrer Bedeutsamkeit für das Unternehmen, die Wahrnehmung von PE-Arbeit besonders prägen.

Handlungs-ebene	Organisations-form[28]	Ausprägung	Akteure	Typische Initiali-sierungsrichtung[29]
Geschäftsleitung	Strategische Initiativen	Setzen strategischer Impulse	Geschäftsleitung	Top-down[30]
PE-Funktion	PE-Projekte	Ganzheitlich orientiert PE-Projekte gestalten und leiten	Personalentwickler	Bottom-up[31]

Tabelle 2: Zentrale Handlungsebenen ganzheitlicher Personalentwicklung (in Anlehnung an Schmid, Müller-Stewens & Lechner, 2009, S. 81; Schwaninger, 2000, S. 216)

2.2.5. Zwischenfazit

Die Exploration des Stands der Personalentwicklung führte in Kapitel 2.1.7 zu dem Zwischenfazit, dass die Funktion Personalentwicklung einen Wandel zu einem proaktiven, ganzheitlichen PE-Verständnis vollziehen muss, um den künftigen Anforderungen gerecht zu werden. Die vorgängigen Kapitel unterbreiten unter Bezugnahme auf eine Leitvorstellung von Ganzheitlichkeit (vgl. u. a. Sailer, 2012; H. Ulrich & Probst, 2001; H. Ulrich, 2001) einen Vorschlag für eine Konzeptualisierung von ganzheitlicher Personalentwicklung. Mit dieser Ausarbeitung wurde die Forschungsfrage nach einem PE-Verständnis, das künftigen Anforderungen gerecht wird (siehe Kapitel 1.2), theoriegeleitet beantwortet.

Gelingt der PE-Praxis die Weichenstellung zu einem neuen PE-Verständnis, so ist anzunehmen, dass sie weiterhin einen erfolgsentscheidenden Beitrag für Unternehmen leisten kann. Die PE-Abteilung trifft in Anbetracht einer wissens- und innovationsgetriebenen Arbeitswelt, in der gut qualifizierte Mitarbeitende zunehmend zum Schlüssel für Wettbewerbsfähigkeit werden (Fischer et al., 2013, S. 57), auf einen fruchtbaren Boden. So heben die Autoren Fischer et al. (2013, S. 57 f.) in Bezug auf die Arbeitswelt 2030 hervor, dass die Gewinnung und Bindung gut qualifizierter Arbeitskräfte sowie

28 Es sind prinzipiell auch andere Organisationsformen (z. B. Prozesse, vgl. Gareis & Stummer, 2006, S. 53 ff.) auf den verschiedenen Handlungsebenen denkbar. Für die vorliegende Arbeit liegt jedoch der Fokus auf Organisationsformen, in denen neuartige und komplexe Problemstellungen bearbeitet werden.

29 Petry (2012, S. 247 ff.) weist darauf hin, dass bei beiden Initialisierungsrichtungen ein so genanntes Gegenstromverfahren sicherzustellen sei, um Einzellösungen zu vermeiden sowie Vereinheitlichung und Integration herzustellen. Dies heißt konkret, dass top-down initiierte Aktivitäten, immer auch bottom-up Aktivitäten erfordern und vice versa.

30 Top-down initiierte Initiativen zielen auf das Erreichen übergreifender Unternehmensziele und werden als intendierter und deduktiv-visionsgeleiteter Prozess verstanden (Petry, 2012, S. 241 ff.).

31 Bottom-up Elemente werden im Sinne von Emergenz aus leitender Sicht bewusst zugelassen und gefördert (Petry, 2012, S. 241 ff.). Neben den genannten Initialisierungsrichtungen kommen gemäß Thom (2012b, S. 22) auch bipolare Ansätze sowie Keil- und multiple Nukleusstrategien – je nach Ausgangslage und Standort geeigneter Promotoren – in Frage.

deren Entwicklung in Anbetracht eines steigenden Bedarfs an Fachkräften mit zugleich sinkender Verfügbarkeit im Fokus stehen werden. In Anbetracht der Kritik an dem Verhalten des Personalentwicklungspersonals (vgl. u. a. Meifert, 2013; Stiefel, 2010) wird jedoch die entscheidende Frage sein, wie Personalentwickler ihre Arbeit mit Mehrwert für das Unternehmen ausrichten. Im folgenden Kapitel wird daher die Perspektive gewechselt und eine Sichtweise auf die handelnden Akteure, die Personalentwickler, eingenommen.

2.3. Situationstyp „Ganzheitlich orientiert PE-Projekte gestalten und leiten"

Handeln und soziale Kommunikation finden in einem situationsspezifischen Kontext statt, dessen Merkmale nicht nur das Handeln beeinflussen, sondern auch maßgeblich die Anforderungen an die Handelnden bestimmen (Euler & Hahn, 2004, S. 236 f.). Jede Situation erfordert zur Bewältigung der darin enthaltenen Praxisanforderungen spezifische Handlungskompetenzen (Euler, 2004, S. 35). Subjektübergreifend charakterisieren sich Situationen über ihre äußeren Bedingungen (z. B. zeitlich, räumlich, institutionell) sowie über die in der Situation handelnden Personen mit ihrem Wissen, ihren Werten etc. (Euler & Bauer-Klebl, 2009, S. 39 f.). Einzelne Situationen, die im Hinblick auf verschiedene Situationsmerkmale ähnliche Anforderungen an die Handelnden stellen, können zu so genannten Situationstypen zusammengefasst werden (Euler & Bauer-Klebl, 2009, S. 35).

Situationstypen sind ein Bündel an Situationen, die hinsichtlich verschiedener Merkmale vergleichbare Anforderungen an die Interaktion und die in der Interaktion Handelnden stellen (Euler, 2004, S. 35). Sie werden nach didaktischen Erwägungen bewusst konstruiert und nicht objektiv vorgefunden (Euler & Hahn, 2004, S. 237). Das Instrument des Situationstyps präzisiert Situationsmerkmale und die Möglichkeit, die Anforderungen an die in der Situation Handelnden abzuleiten (Euler & Bauer-Klebl, 2009, S. 40 f.).

Insbesondere vor dem Hintergrund der Leitung von PE-Projekten ist die Konstruktion eines Situationstyps für diese Arbeit von zentraler Bedeutung. So weisen El Arbi und Ahlemann (2013, S. 11) darauf hin, dass die Methoden und Standards im Projektmanagement zum größten Teil generisch sind. Die Adaptation der Prozesse und Methoden an den spezifischen Projektkontext und -typus gelten als erfolgsentscheidend (El Arbi & Ahlemann, 2013, S. 11).

Das Instrument des Situationstyps wurde bisher in erster Linie zur Bestimmung von Sozialkompetenzen und der Gestaltung von Lernprozessen bzw. der Curriculumsentwicklung verwendet (u. a. Brahm, 2009; Euler & Bauer-Klebl, 2009; Gomez, 2004;

Hasanbegovic, 2008; Keller, 2008). In der vorliegenden Arbeit dient die Modellierung eines Situationstyps der Präzisierung normativer Handlungsanforderungen in der Gestaltung und Leitung von PE-Projekten, ausgehend von einem ganzheitlichen PE-Verständnis.

Der Situationstyp wird, in Anlehnung an Euler und Bauer-Klebl (2009, S. 41 f.), entlang einer umfassenden Literaturanalyse[32] und Plausibilitätsüberlegungen der Forscherin modelliert. Die konkrete Modellierung erfolgt entlang der in Abbildung 14 genannten Kategorien (Euler & Bauer-Klebl, 2009, S. 40 f.; Euler & Hahn, 2004, S. 239 f.; Keller, 2008, S. 103 ff.).

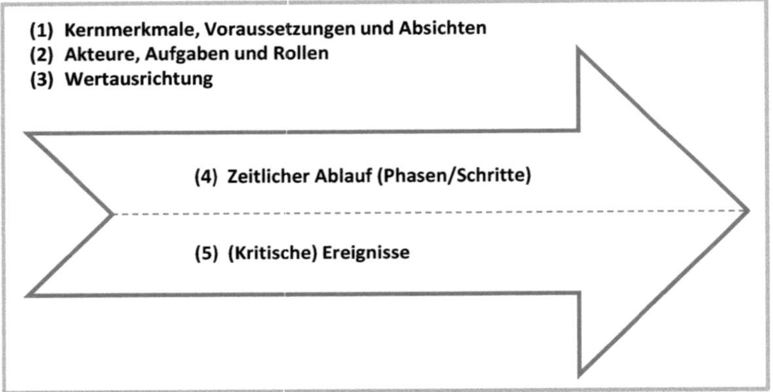

Abbildung 14: Situationstypenmodell (in Anlehnung an Euler & Bauer-Klebl, 2009, S. 40, S. 52; Euler & Hahn, 2004, S. 239 ff.; Keller, 2008, S. 103 ff.)

Kategorie (1) präzisiert die Kernmerkmale, Voraussetzungen und Absichten, die für den Situationstyp relevant sind. In Kategorie (2) wird festgelegt, welche sozialen Aufgaben und Rollen die Akteure im Situationstyp innehaben und welche Erwartungen an ihr Handeln herangetragen werden. Anschließend werden in Kategorie (3) die das Handeln beeinflussenden Werte bestimmt und in Kategorie (4) der zeitliche Ablauf präzisiert (Phasen, Schritte), der die Interaktion bzw. das Handeln im Situationstyp strukturiert. Entlang der zeitlichen Struktur werden zur weiteren Konkretisierung in Kategorie (5) potenziell kritische Ereignisse herausgearbeitet, die bei Eintreten besonders hohe Handlungsanforderungen an die Akteure stellen.

[32] Aufgrund von Plausibilitätsüberlegungen auf Basis der Konzeptualisierung von ganzheitlicher Personalentwicklung (siehe Kapitel 2.2) findet eine Analyse von Literatur der Personalentwicklung, des Projektmanagements, des Change Managements, des strategischen Managements sowie der Organisationsentwicklung statt. Es werden vornehmlich Literaturquellen genutzt, die mit dem Verständnis von ganzheitlicher Personalentwicklung sowie dem Veränderungscharakter von PE-Projekten (vgl. Bittlingmaier, 2010, S. 334) harmonieren.

Im Folgenden werden die Kategorien des Situationstyps „Ganzheitlich orientiert PE-Projekte gestalten und leiten“ einzeln dargelegt (siehe Kapitel 2.3.1 bis 2.3.7), die resultierenden Handlungsanforderungen bestimmt (siehe Kapitel 2.3.8) und die Modellierung abschließend in Kapitel 2.3.8 vollständig dargestellt.

Die empirische Untersuchung des Projekthandelns von Personalentwicklern erfolgte entlang der Struktur des Situationstyps, um die Untersuchungsergebnisse mit dem theoretischen Verständnis in Bezug setzen zu können (siehe Kapitel 4.4). In Kapitel 5.3 wird eine Neugestaltung des zeitlichen Ablaufs des Situationstyps auf Basis der Erkenntnisse der empirischen Untersuchung vorgestellt.

2.3.1. Kernmerkmale

Die Identifikation konstitutiver Merkmale des Situationstyps ist ein wesentlicher Schritt für dessen Zuschnitt. Gemäß Euler und Hahn (2004, S. 239 f.) beschreiben die Kernmerkmale essenzielle Bestandteile, ohne sie bereits hinsichtlich der möglichen Ausprägungen näher zu bezeichnen. Die Kernmerkmale werden in Tabelle 3 aus den Ausführungen zu (1) den Handlungsebenen (siehe Kapitel 2.2.4) sowie (2) den Dimensionen ganzheitlicher Personalentwicklung (siehe Kapitel 2.2.3) abgeleitet.

Ausgangspunkt für den Zuschnitt	**Kernmerkmale des Situationstyps**
Handlungsebenen ganzheitlicher Personalentwicklung: PE-Projekte auf der operativen Ebene	PE-Projekte zeichnen sich durch eine Einmaligkeit der Bedingungen in ihrer Gesamtheit und eine innovative und komplexe Aufgabenstellung aus.
Dimension 1: Zusammenspiel der operativen, strategischen und normativen Ebene	Die Projektinhalte und -ziele zeigen einen deutlichen Beitrag zur Erreichung der Unternehmensziele auf, sind an der normativen Basis (u. a. Leitbild, Werte) des Unternehmens ausgerichtet und in ein Gesamtkonzept von Lernen und Entwicklung im Unternehmen eingebettet.
Dimension 2: Verzahnung von Personen- und Systemqualifikation	Zur Bearbeitung komplexer Problem- und Aufgabenstellungen wird die Ebene der Personen- und Systemqualifikation einbezogen. Als Folge dieser Perspektive weisen die Projektinhalte und -ziele einen (lern)kulturverändernden, organisationsgestaltenden Charakter auf.
Dimension 3: Potenzial- und Gestaltungsorientierung	Die Bewältigung des Situationstyps erfordert einen potenzial- und gestaltungsorientierten Handlungsansatz.
Dimension 4: Innen-, Außen- und Zukunftsorientierung	Im Rahmen der Bedarfsorientierung wird der Blick (1) nach innen (Bedarfe der Mitarbeitenden und des

Ausgangspunkt für den Zuschnitt	Kernmerkmale des Situationstyps
	Unternehmens), (2) nach außen und (3) prospektiv in die Zukunft gerichtet.
Dimension 5: Ganzheitliche Zielformulierung	Es liegt eine einheitliche Zieldimension vor, die unterschiedliche Interessenslagen harmonisiert. Es sind idealerweise individuelle, organisationale und ggf. auch gesellschaftliche Ziele miteinander verzahnt.
Dimension 6: Inklusion aller Gruppen von Mitarbeitenden	Es sind alle oder begründet ausgewählte Mitarbeitergruppen eines Unternehmens Zielgruppen des Situationstyps. Einseitige Übersteigerungen im Gesamtkonzept von Lernen und Entwicklung werden vermieden.
Dimension 7: Integration und Verzahnung mit dem Personalbereich	Maßgeblich für eine proaktive Integration und Verzahnung mit anderen Personalbereichen sind die Projektziele, die den Korridor für eine Integration von vorhandenen Kompetenzen und/oder eine Zusammenarbeit mit anderen Personalbereichen vorgeben.
Dimension 8: Überwindung künstlicher Grenzen	Je nach Problem- oder Aufgabenstellung sind Schnittstellenbereiche einbezogen. Für die Lösungserarbeitung werden etwaige künstliche Grenzen zwischen verschiedenen Handlungs-feldern aufgelöst.

Tabelle 3: Kernmerkmale des Situationstyps (in Anlehnung an Kapitel 2.2.3 und 2.2.4)

2.3.2. Voraussetzungen

Die Voraussetzungen, die das Zustandekommen des Situationstyps ermöglichen, sind in ihrer Zahl theoretisch unbeschränkt (Keller, 2008, S. 104). Im Folgenden wird deshalb der Versuch einer Präzisierung durch drei theoretische Perspektiven unternommen: erstens durch eine Bezugnahme auf die Bedingungen des Handelns in Organisationen nach von Rosenstiel (2000, S. 110 f.), zweitens durch die Erarbeitung zentraler, mikropolitischer Voraussetzungen für PE-Projekte und drittens durch die Betrachtung von Reifegraden des Unternehmens bzw. der Personalentwicklung.

Bedingungen des Handelns in Organisationen

Das Handeln in Unternehmen ist von dem individuellen Wollen (Motivation, Volition, Werte) und dem persönlichen Können (Fähigkeiten, Fertigkeiten) einer Person abhängig, aber auch von den situativen Gegebenheiten, also des sozialen Dürfens und Sollens sowie der situativen Ermöglichung (von Rosenstiel, 2000, S. 110 f.). Eine Übertragung dieser Perspektive führt in Anlehnung an von Rosenstiel (2000, S. 110 f.) zu den folgenden Voraussetzungen für das Zustandekommen des Situationstyps:

- Personalentwickler haben innerhalb ihrer unternehmensspezifischen Rollen, Aufgaben und der vorherrschenden Unternehmensstruktur und -kultur die Legitimation, PE-Projekte ganzheitlich orientiert voranzutreiben („soziales Dürfen und Sollen").
- Personalentwickler sind gewillt und motiviert, PE-Projekte trotz etwaiger Widerstände ganzheitlich orientiert umzusetzen, und ein derartiges Handeln steht prinzipiell mit ihren Werten und Einstellungen in Einklang („individuelles Wollen").
- Personalentwickler begegnen im Unternehmen situativen Gegebenheiten, die ein ganzheitlich orientiertes Handeln in PE-Projekten begünstigen („situative Ermöglichung"). Hier kommt insbesondere der Projektgenehmigung und kontinuierlichen Unterstützung durch die jeweiligen Vorgesetzten bzw. die Geschäftsführung eine besonders kritische Rolle zu.
- Personalentwickler verfügen über die notwendigen Kompetenzen, um PE-Projekte, die auf den Ebenen der Personen- und Systemqualifikation ansetzen und einen interdisziplinären Charakter haben, im Unternehmen zu verankern („persönliches Können").

Mikropolitik in Organisationen

Darüber hinaus wirken in Unternehmen zusätzlich implizite, politische Faktoren (die so genannte Mikropolitik[33]) auf das organisationale Handeln von Individuen (Lies, 2011, S. 109 ff.). So gelten Machtfragen gemäß Lies in Veränderungsmaßnahmen als erfolgskritisch. Unterschiedliche Interessen im Unternehmen beeinflussen persönliche „Hidden Agendas" (engl.: verdeckte Pläne) von Personen oder Gruppierungen (Lies, 2011, S. 112 ff.).

Zur erfolgreichen Realisierung ganzheitlich orientierter PE-Projekte benötigen Personalentwickler insbesondere Positionsmacht und personale Macht im Unternehmen. Die Positionsmacht bezieht sich auf die strukturellen Rahmenbedingungen, die durch eine Position gegeben sind und dem Positionsinhaber formal qua Position und Einordnung in die Hierarchie in der Organisation gewisse Möglichkeiten der Macht (-ausübung) verleihen (Dörr, 2006, S. 72 ff.). Sie ist auf der Ebene des „sozialen Dürfens und Sollens" angesiedelt. Für die Realisierung ganzheitlich orientierter PE-Projekte müssen Personalentwickler mit den erforderlichen Rollen und Verantwortlichkeiten ausgestattet sein und mindestens eine fachliche Weisungsbefugnis gegenüber Projektmitgliedern als

[33] Mikropolitik bezeichnet nach Lies (2011, S. 109 ff.) Methoden, mit denen innerhalb von Unternehmen Macht (als Ergebnis der Durchsetzungskompetenz geplanter Handlungen) aus Eigen- und/oder Unternehmensinteressen aufgebaut und eingesetzt wird.

Projektleitende innehaben, wie Pfetzing und Rohde (2011, S. 50 f.) in Bezug auf Projekte im Allgemeinen betonen. Dieser Aspekt ist von doppelter Bedeutung, da Personalentwickler zum einen in einem Unternehmensbereich arbeiten, der geprägt ist von Schnittstellenmanagement ohne Weisungsbefugnis, und zum anderen die Rolle des Projektleitenden gemäß Kerzner (2008, S. 30 f.) tendenziell mit einer hohen Verantwortung mit wenig Weisungsbefugnissen und lediglich lateraler Führungsbefugnis ausgestattet ist.

Es ist anzunehmen, dass Personalentwickler, die eine geringe Positionsmacht haben, auch weniger Möglichkeiten haben, ganzheitlich orientierte PE-Projekte zu lancieren. Eine Kompensationsmöglichkeit stellt die personale Macht bzw. Reputation[34] dar, die das Fehlen einer formalen Machtposition auffangen kann (Solga & Blickle, 2012, S. 153). Eine ausgeprägte personale Macht und Reputation ist auf der Ebene des individuellen Handelns eine wesentliche Voraussetzung für die Realisierung des Situationstyps „Ganzheitlich orientiert PE-Projekte gestalten und leiten“.

Reifegrad des Unternehmens

Die äußeren Umstände begünstigen oder hemmen das Handeln in Unternehmen (von Rosenstiel, 2000, S. 110 f.) und gleichermaßen die Entstehung des Situationstyps. Eine Präzisierung ist aufgrund der potenziellen Vielfältigkeit in der Praxis nur idealtypisch über die in Kapitel 2.1.4 dargelegten Entwicklungsphasen von Unternehmen möglich. Die dort herausgearbeiteten Charakteristika von Unternehmen bzw. der Personalentwicklung verdeutlichen, dass günstige Bedingungen für die Realisierung des Situationstyps in der Integrations- und Assoziationsphase bzw. an der Schwelle zur Integrationsphase vorliegen. Dies begründet sich aus den förderlichen strukturellen und kulturellen Rahmungen im Unternehmen, aber auch dem vorherrschenden weiten bzw. ganzheitlichen Verständnis von Personalentwicklung und den damit verbundenen Autonomiezonen in der Personalentwicklung. In der Pionier- und Differenzierungsphase erscheint das Zustandekommen derartiger PE-Projekte aufgrund der wenig förderlichen strukturellen und kulturellen Rahmungen unwahrscheinlich.

[34] Die personale Macht beruht auf den Kompetenzen einer Person (Dörr, 2006, S. 72 ff.). Die Reputation einer Person gilt als der „Gesamteindruck, der innerhalb eines Beziehungsnetzwerks aus den Einzelwahrnehmung der Interaktionspartner resultiert“ (Solga & Blickle, 2012, S. 153).

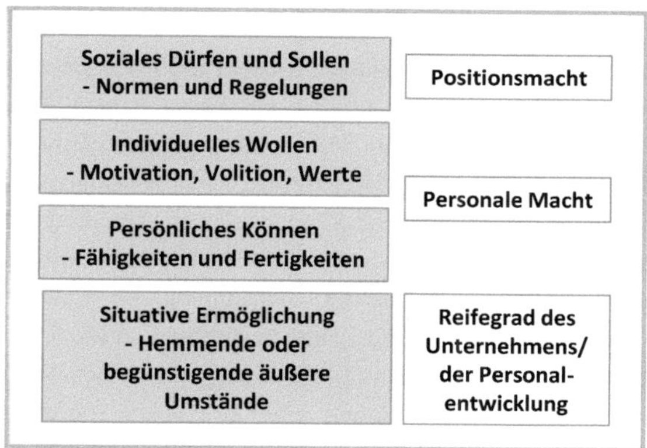

Abbildung 15: Voraussetzungen für den Situationstyp (in Anlehnung an Dörr, 2006, S. 72 ff.; Solga & Blickle, 2012, S. 153; von Rosenstiel, 2000, S. 110 f.)

Abschließend können die Voraussetzungskategorien in **Fehler! Verweisquelle konnte nicht gefunden werden.** für ein Entstehen des Situationstyps als förderlich festgehalten werden. Sollen ganzheitlich orientierte PE-Projekte im Unternehmen begünstigt werden, sollte in den angeführten Voraussetzungskategorien die entsprechende, förderliche Ausgangsbasis vorhanden sein.

2.3.3. Absichten

Zur Bestimmung potenzieller Zielperspektiven des Situationstyps dienen die Dimensionen (1) persönliche und kollektive Absichten sowie (2) Projektziele. Diese Aufteilung wird von der Forscherin auf Basis der Annahme vorgenommen, dass es neben den inhaltlichen Projektzielen auch Ziele auf der individuellen und kollektiven Ebene der handelnden Akteure gibt, die direkt oder indirekt in die Projektgestaltung und Projektleitung hineinwirken[35]. Anschließend wird der zeitliche Endpunkt des Situationstyps festgelegt.

Potenzielle persönliche und kollektive Absichten

Bei der Bestimmung potenzieller Absichten auf der persönlichen und kollektiven Ebene stellt sich das Problem, dass das Spektrum möglicher Absichten groß und dadurch kaum fassbar ist. Zur Eruierung möglicher Zielsetzungen wird deshalb nur ein grundsätzlicher Blick auf mögliche Ziele von Menschen in Organisationen geworfen.

[35] Dies wird damit begründet, dass das individuelle Handeln einer Person als eine bewusste, willentliche und zielgerichtete Tätigkeit verstanden werden kann (siehe Kapitel 2.4.5.1) und in der Projektleitung Spielraum zum Erreichen individueller oder kollektiver Absichten vorhanden ist.

Einen ersten Zugang hierzu bietet das Streben nach Wirksamkeit und Selbstbestimmung. Das Streben nach Wirksamkeit ist nach Ansicht von J. Heckhausen und H. Heckhausen (2010, S. 1 f.) ein universelles Charakteristikum des menschlichen Handelns. Das Konzept der Selbstwirksamkeit bzw. Selbstwirksamkeitserwartung geht auf die sozial-kognitive Theorie von Bandura (1991) zurück, nach der Überzeugungen des Einzelnen sowohl Einfluss auf sein Verhalten als auch auf seine Umgebung haben. Es weist viele Gemeinsamkeiten mit dem Konzept der intrinsischen Motivation auf, die mit hohen Selbstwirksamkeitserwartungen und der Überzeugung einhergeht, das eigene Verhalten kontrollieren und in hohem Maße selbst bestimmen zu können (Mietzel, 2007, S. 363). Dies impliziert, dass nicht nur die Überzeugung von Personalentwicklern, ganzheitlich orientiert PE-Projekte gestalten und leiten zu können, sondern auch die Überzeugung selbstbestimmt handeln zu können, als maßgeblich für eine erfolgreiche Bewältigung ganzheitlich orientierter PE-Projekte angesehen werden kann. In der Theorie der Selbstbestimmung von Deci und Ryan (2002, S. 6 f.) sind drei angeborene Motivationstendenzen relevant: das Bedürfnis nach Kompetenz, nach Kontrolle und nach sozialer Zugehörigkeit. In Anlehnung an diese Motivationstendenzen lassen sich folgende potenzielle Zielkategorien auf persönlicher und kollektiver Ebene für den Situationstyp ableiten:

1) Die Absicht, die vorhandene persönliche oder kollektive Kompetenz anderen durch gute Arbeit im Projekt zu zeigen und weiter zu entwickeln (z. B. Nachweis vorhandener Kompetenzen, Ausbau der beruflichen Expertise oder beruflicher Aufstieg).
2) Die Zielsetzung, auf die bestehenden Gegebenheiten im Unternehmen maßgeblich einwirken zu können und mit dem Projekt einen gestalterischen Beitrag hinsichtlich eines Endzustands zu leisten, der persönlich oder aus der Sicht des Kollektivs als besser im Vergleich zum Startzustand eingeschätzt wird.
3) Das Ziel, von anderen Anerkennung und Akzeptanz zu erhalten. Denkbar sind beispielsweise Zielsetzungen, die darauf abzielen, Anerkennung innerhalb des Unternehmens von der Geschäftsführung, Führungskräften und Mitarbeitenden zu erhalten, ggf. aber auch von Personengruppen oder Organisationen außerhalb des Unternehmens (z. B. im Sinne von Awards oder Gütesiegeln).

Potenzielle Projektziele

Ganzheitlich orientierte PE-Projekte können inhaltlich sehr verschieden sein, da sich der ganzheitliche Charakter des Projekts nicht durch den konkreten Inhalt, sondern durch die Art und Weise der Gestaltung und Leitung ausdrückt. Tabelle 4 leitet mögliche, eher allgemeine Projektziele aus den Dimensionen ganzheitlicher Personalentwicklung (siehe Kapitel 2.2.3) ab.

Dimensionen ganzheitlicher Personalentwicklung	Potenzielle PE-Projektziele
Dimension 1: Zusammenspiel der operativen, strategischen und normativen Ebene	• Mit dem PE-Projekt einen maßgeblichen Beitrag zu den strategischen Zielen und Wertvorstellungen des Unternehmens leisten • Den Beitrag des PE-Projekts im Gesamtkonzept von Lernen und Entwicklung im Unternehmen sichtbar machen • Eine bestmögliche Lösung erarbeiten, indem das PE-Projekt mit anderen Projekten in Verbindung gesetzt und ggf. in Anlehnung an vorhandene Projektaktivitäten mehrwertorientiert ausgerichtet wird
Dimension 2: Verzahnung von Personen- und System-qualifikation	• Eine Lösung mit Mehrwert für das Unternehmen durch Adressieren der Ebenen der Personen- und Systemqualifikation im PE-Projekt generieren
Dimension 3: Potenzial- und Gestaltungsorientierung	• Die Potenziale und Bedürfnisse von Mitarbeitenden angemessen berücksichtigen • Eigene Konzeptionen und Leitideen proaktiv in die Projektgestaltung einbinden
Dimension 4: Innen-, Außen- und Zukunftsorientierung	• Den Bedarf durch eine innere, äußere sowie zukünftige Perspektive legitimieren und mit dem PE-Projekt einen nachweisbaren Beitrag zur Unternehmensentwicklung leisten • Nicht nur kurz-, sondern auch mittel- und langfristig Erfolge mit dem PE-Projekt sicherstellen
Dimension 5: Ganzheitliche Zielformulierung	• Die unterschiedlichen Interessen im PE-Projekt unter einer einheitlichen Zieldimension harmonisieren • Ziele deduktiv und induktiv bestimmen
Dimension 6: Inklusion aller Gruppen von Mitarbeitenden	• Mit dem PE-Projekt im Gesamtkonzept von Lernen und Entwicklung einen Beitrag zur ausgewogenen Entwicklung aller Gruppen von Mitarbeitenden leisten bzw. einseitige Fokussierung auf ausgewählte Personengruppen vermeiden
Dimension 7: Integration und Verzahnung mit dem Personalbereich	• Das PE-Projekt, je nach Auftrag, mit Aktivitäten in anderen Personalbereichen im Unternehmen verzahnen bzw. in diese integrieren
Dimension 8: Überwindung künstlicher Grenzen	• Das PE-Projekt, je nach Auftrag, interdisziplinär bearbeiten und eine bestmögliche Lösungsentwicklung sicherstellen

Tabelle 4: Ganzheitlich orientierte PE-Projektziele im Situationstyp

Zeitlicher Endpunkt

Ausgehend von der Dimension der Projektziele liegt der zeitliche Endpunkt des Situationstyps im offiziellen Abschluss des PE-Projekts bzw. im Erreichen der gesetzten Projektziele. Da ganzheitlich orientierte PE-Projekte aber einen organisationsgestaltenden Charakter aufweisen und sich nicht nur an kurzfristigen, sondern auch an mittel- und langfristigen Zielen ausrichten, ist anzunehmen, dass die Projektziele erst nach einer Phase der Verstetigung, wie sie Müller-Stewens und Lechner (2005, S. 611 ff.) im Kontext von Wandelprojekten herausstellen, als erreicht gelten können.

Kuster et al. (2011, S. 268 ff.) verweisen darauf, dass bei einer Änderung einer Strategie oder Vision immer auch eine Anpassung der Struktur und Prozesse erforderlich ist, was wiederum eine Veränderung der Kultur und des Verhaltens jedes Einzelnen erfordert. Alle Schritte können Bestandteil eines Projekts sein, gehen aber mit unterschiedlichen zeitlichen Dimensionen einher. Folgende Richtwerte können gemäß Kuster et al. gelten: Die Anpassung der Strukturen, Systeme und Prozesse erfolgt nach einer Fixierung einer umzusetzenden Veränderung innerhalb von drei bis sechs Monaten. Ein geistiger Wandel auf der Ebene der Kultur und des Verhaltens der Organisationsmitglieder nimmt im Verhältnis zwei bis drei Jahre in Anspruch.

2.3.4. Akteure, Rollen und Aufgaben

Im Folgenden werden (1) potenzielle Akteure, (2) Aufgaben und Rollen der Personalentwickler, die sich aus den Kernmerkmalen des Situationstyps ergeben (siehe Kapitel 2.3.1), und (3) das Verhältnis dieser Rollen zum derzeitig dominierenden Rollenbild des HR Business Partners (D. Ulrich, 1997) bestimmt.

Akteure

Personalentwickler bilden in dieser Arbeit die Hauptakteure von ganzheitlich orientierten PE-Projekten und übernehmen im jeweiligen PE-Projekt die Gestaltungs- und Leitungsverantwortung. Neben der Geschäftsführung des Unternehmens sowie der oder dem direkten Vorgesetzten des Personalentwicklers sind auch Promotoren, Mitarbeitende und Führungskräfte aus anderen Personal- oder Fachbereichen sowie, in deutschen Unternehmen, der Betriebsrat zentrale Akteure, die den Projektverlauf maßgeblich mitmoderieren (vgl. Mentzel, 2012, S. 13 ff.; Müller-Stewens & Lechner, 2005, S. 611 ff.).

Aufgaben und Rollen in Anlehnung an die Kernmerkmale

Angesichts des Verständnisses ganzheitlicher Personalentwicklung (siehe Kapitel 2.2) sind Personalentwickler gefordert, als Strategiegestalter und als weitsichtige Experten für Lernen und Entwicklung mit unternehmensentwicklerischem Anspruch zu agieren. Tabelle 5 leitet aus den Kernmerkmalen (siehe Kapitel 2.3.1) potenzielle Aufgaben von Personalentwicklern im Situationstyp ab:

Kernmerkmale ganzheitlich orientierter PE-Projekte	**Potenzielle Aufgaben von Personalentwicklern**
• Fokus auf die Gestaltung und Leitung von Projekten in der Personalentwicklung durch Personalentwickler • Einmaligkeit in Bezug auf ihre Bedingungen in ihrer Gesamtheit sowie eine innovative und komplexe Aufgabenstellung	• Als Projektleitung oder Teilprojektleitung Gestaltung- und Leitungsverantwortung im Projekt übernehmen, sicherstellen und sichtbar für alle Mitarbeitenden in das Unternehmen hineintragen • Das Erreichen der Projektziele im Rahmen der einmaligen Bedingungen des Projekts sicherstellen • Erfolgskritische Anspruchsgruppen (insbesondere Geschäftsführung und Betriebsrat) bereits in die Konzeption einbeziehen und potenzielle Einwände vorwegnehmen • Unterstützung der Geschäftsleitung und unternehmensübergreifende Relevanz sicherstellen, vorhandene Insellösungen in ein Gesamtkonzept integrieren
• Beitrag zur Erreichung der Unternehmensziele und der normativen Basis (Leitbild, Werte) des Unternehmens • Einbindung in das Gesamtkonzept von Lernen und Entwicklung im Unternehmen	• Ein kohärentes, strategisch und normativ verankertes Gesamtsystem von Lernen und Entwicklung im Unternehmen bzw. den Beitrag der Projekte hierzu sicherstellen, um einen gemeinsamen Sinnhorizont zu schaffen • Auf konzeptioneller Ebene Maßnahmen zu Lernen und Entwicklung ganzheitlich ausrichten und relevante Schnittstellenfelder bzw. Fachbereiche einbeziehen • Eigene Aktivitäten in unternehmensübergreifende Aktivitäten integrieren und eng miteinander verzahnen
• Einbezug der beiden Ebenen der Personen- und Systemqualifikation zur Problemlösung bzw. Aufgabenbearbeitung • (Lern)kulturverändernder, organisationsgestaltender Charakter der Projektinhalte und Projektziele	• Kritisch hinterfragen, wie die Projektziele bestmöglich erreicht werden können und welche Voraussetzungen hierfür auf individueller sowie organisationaler Ebene geschaffen werden müssen • Rollenveränderungen von allen betroffenen Anspruchsgruppen im Unternehmen gezielt unterstützen • Formelle und informelle Kompetenzentwicklung verzahnen

Kernmerkmale ganzheitlich orientierter PE-Projekte	**Potenzielle Aufgaben von Personalentwicklern**
	• Förderliche Rahmenbedingungen für Lernen und Entwicklung im Prozess der Arbeit aktiv gestalten
• Potenzial- und Gestaltungsansatz	• Die Bedürfnisse, Potenziale und Stärken von Mitarbeitenden im Prozess angemessen berücksichtigen • Proaktiv eigene Konzeptionen und Leitideen vorantreiben
• Legitimierung durch eine Innen-, Außen- und Zukunftsorientierung • Nachweise des Projektbeitrags zu kurzfristigen, mittel- und langfristigen Unternehmenszielen	• Den Beitrag von PE-Maßnahmen zu Unternehmensbedarfen sowie gegenwärtigen und zukünftigen Anforderungen sichtbar machen • Gesamtprojekt mit einem mittel- bis langfristigen Zeit- und Planungshorizont (z. B. drei bis fünf Jahre) hinterlegen und eine Verstetigungsphase einplanen, um nachhaltige Veränderungen zu ermöglichen
• Ganzheitliche Zieldimension	• Bei unterschiedlichen Interessenslagen eine Zielharmonisierung durch Ausrichtung an einer ganzheitlichen Zieldimension wie z. B. Beschäftigungsfähigkeit herstellen
• Vermeidung einseitiger Übersteigerungen im Rahmen eines Gesamtkonzepts von Lernen und Entwicklung im Unternehmen • Beitrag zur Weiterentwicklung der verschiedenen Mitarbeitergruppen	• Lernen und Entwicklung für alle Mitarbeitenden ermöglichen und demgemäß Lern- und Entwicklungsangebote auf alle Mitarbeitenden beziehen oder einseitige Übersteigerungen im Unternehmen vermeiden • Potenzielle Übersteigerungsgefahr im Sinne einer zu einseitigen Fokussierung auf ausgewählte Mitarbeitergruppen im Projekt reflektieren (z. B.: Wer hat auf welche Art und Weise Zugang? Gibt es für andere Zielgruppen bereits ausreichende Entwicklungsangebote oder müsste hier ein Gleichgewicht hergestellt werden?)
• Proaktive Integration und Verzahnung mit anderen Personalbereichen im Unternehmen	• Mit anderen Teilfunktionen des Personalbereichs zur Konzeption und Umsetzung übergreifender Projekte eng zusammenarbeiten bzw. das eigene Projekt entlang bereits vorhandener Aktivitäten ausrichten
• Einbezug von Schnittstellenbereichen und Anspruchsgruppen für die Lösungserarbeitung • Einnahme einer breiten Perspektive auf Lernen und Entwicklung und Auflösen	• Mit organisatorisch bereits vorhandenen, projektrelevanten Schnittstellenbereichen und Anspruchsgruppen zur Konzeption und Umsetzung übergreifender Projekte eng zusammenarbeiten

Kernmerkmale ganzheitlich orientierter PE-Projekte	Potenzielle Aufgaben von Personalentwicklern
künstlicher Grenzen zwischen verschiedenen Handlungsfeldern	• PE-Maßnahmen im Sinne einer bestmöglichen Lösung bei Bedarf handlungsfeldübergreifend gestalten

Tabelle 5: Aufgaben in ganzheitlich orientierten PE-Projekten (in Anlehnung an Kapitel 2.3.1)

Tabelle 5 verdeutlicht, dass die mit einer ganzheitlich orientierten Projektgestaltung und -leitung verbundenen Aufgaben mit anspruchsvollen Anforderungen an das Handeln der Personalentwickler einhergehen. So sind Personalentwickler beispielsweise auf der operativen Gestaltungsebene nicht nur gefordert, PE-Projekte zu implementieren, sie müssen diese auch auf normativer und strategischer Ebene zu einem kultursensitiven Gesamtkonzept von Lernen und Entwicklung innerhalb des Unternehmens verbinden. Ihnen kommt demgemäß ein klarer Gestaltungsauftrag zu. Um diesem Gestaltungsauftrag gerecht zu werden, sind Personalentwickler gefordert, nicht nur reaktiv Bedarfe zu befriedigen, sondern vorausschauend und eigeninitiativ strategisch relevante PE-Projekte ganzheitlich orientiert zu gestalten, zu leiten, damit einen Beitrag zur Bearbeitung komplexer Problemstellungen im Unternehmen zu leisten und die Mitarbeitenden sowie das Unternehmen systematisch weiterzuentwickeln.

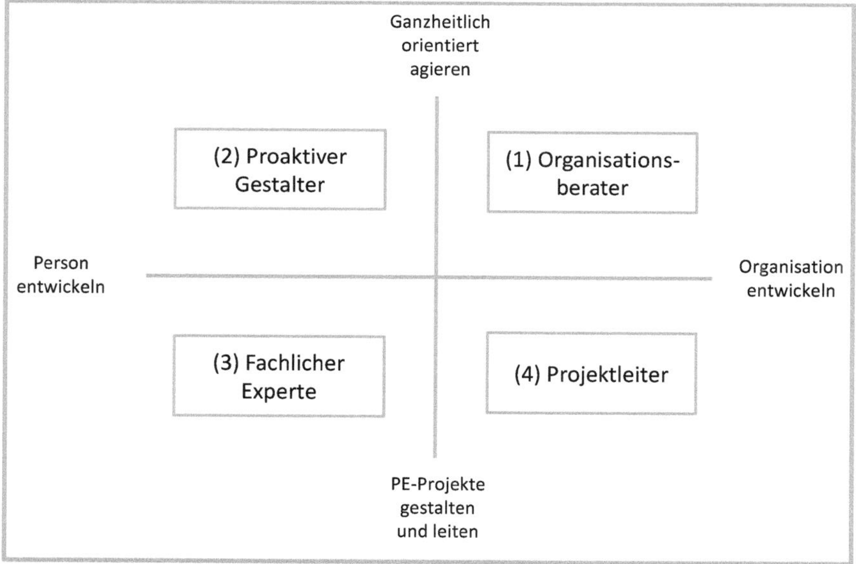

Abbildung 16: Rollen in ganzheitlich orientierten PE-Projekten

Entlang der skizzierten Aufgaben werden die Rollen (1) des Organisationsberaters in Organisationsentwicklungsprozessen, (2) des proaktiven Gestalters, (3) des fachlichen

Experten für Lernen und Entwicklung und (4) des Projektleiters für eine erfolgreiche Gestaltung und Leitung ganzheitlich orientierter PE-Projekte als besonders zielführend[36] eingestuft. Abbildung 16 fasst entlang der zentralen Aufgabendimensionen „ganzheitlich orientiert agieren", „PE-Projekte gestalten und leiten", „Person entwickeln" sowie „Organisation entwickeln" die für eine erfolgreiche Bewältigung des Situationstyps als wesentlich anzusehenden Rollen zusammen.

Der ganzheitlich orientierte Personalentwickler als *(1) Organisationsberater* in der Organisationsentwicklung ist direkt an der Entwicklung des Unternehmens beteiligt (Müller-Vorbrüggen, 2010b, S. 768) und richtet das PE-Projekt konsequent an den strategischen Zielen und künftigen Anforderungen des Unternehmens aus. Für die Unternehmensführung ist er aufgrund seiner spezifischen Kenntnisse der Unternehmensorganisation und Unternehmenskultur interner Berater und weist fundierte Kenntnisse über Organisationsentwicklung, Veränderungsmanagement, Gruppendynamik, Wissensmanagement und die Gestaltung von Kommunikationsprozessen auf (Müller-Vorbrüggen, 2010b, S. 768). Er folgt in seiner Grundhaltung einem evolutionären Ansatz (vgl. M. Becker, 2002a, S. 414) und legt PE-Projekte auf einen entsprechenden Veränderungszeitraum an.

Als interner Organisationsberater agiert er als Prozessbegleiter, indem er durch sein prozessuales Wissen und Können die Problemlösekompetenz der Beteiligten fördert und damit Selbstorganisationsprozesse unterstützt (vgl. Schiersmann & Thiel, 2011, S. 81 f.). Überdies obliegt dem Organisationsberater in der Organisationsentwicklung die proaktive Initiierung, Förderung und Modellierung von Veränderungsprozessen im Sinne einer Erhöhung der Effektivität und Effizienz des Unternehmens (Niedermair, 2005, S. 222). Seine Aufgabe ist es, bei Bedarf etablierte Strukturen aufzubrechen und kulturelle Veränderungen zu bewirken (Niedermair, 2005, S. 222 f.).

Insbesondere Kulturveränderungen können ein wichtiger Gestaltungsaspekt ganzheitlich orientierter PE-Projekte sein. Die Rolle des Organisationsberaters in der Organisationsentwicklung muss hier mit Kernkompetenzen im Veränderungsmanagement verbunden werden. Pfetzing und Rohde (2011, S. 28) betonen, dass Strukturwechsel immer auch Auswirkungen auf die Kultur haben, was von Beginn an beachtet werden müsse.

[36] Es ist durchaus denkbar, dass auch andere Rollen im Rahmen einer ganzheitlich orientierten PE-Projektleitung und -gestaltung förderlich sein können. Die vier Rollen wurden entlang der Dimensionen operative Projekte gestalten und leiten, ganzheitlich orientiert agieren, Organisation entwickeln und Person entwickeln (siehe Abbildung 16) abgeleitet und werden in der vorliegenden Arbeit als Kernrollen ganzheitlich orientierter Projektgestaltung und -leitung angesehen.

Die Integration in das Unternehmensgeflecht und die damit verbundene Kenntnis der Struktur, Kultur und Muster des Unternehmens birgt nach Schiersmann und Thiel (2011, S. 82 ff., S. 90 f.) Vorteile bei der Organisationsberatung, aber auch Nachteile. Sie heben die Rolle des Organisationsberaters als „[...] die eines ‚Mitspielers' in einem komplexen, nicht linear zu planenden Prozess mit vielen Einflussfaktoren [...]" (S. 90) hervor und der Schwierigkeit, Nähe und Distanz zum Unternehmen auszubalancieren. Die Rolle des Organisationsberaters zeichnet sich folglich durch eine ausgeprägte Prozess-, Kommunikations- und Reflexionskompetenz aus sowie der Fähigkeit, mit Komplexität, Unsicherheit und Dilemmata umgehen zu können.

Eine erfolgreiche Leitung und Gestaltung ganzheitlich orientierter PE-Projekte ist ohne die Rolle des Gestalters, der sich vor allem durch Umsetzungskompetenz und die Fähigkeit auszeichnet, soziale Netzwerke aufzubauen (Niedermair, 2005, S. 219), nicht denkbar. *(2) Proaktive Gestalter* agieren vorausschauend, selbstbestimmt, pionierhaft und integrieren relevante Organisationsangehörige aktiv in das Projekt (vgl. Niedermair, 2005, S. 218 ff.). Hierbei adressieren sie explizit und frühzeitig Herausforderungen und Dilemmata, die sich aus der Rolle des internen Organisationsberaters und Change Managers ergeben. So sorgen proaktiv gestaltende Personalentwickler zum einen dafür, dass kontinuierlich Klarheit und Transparenz hinsichtlich ihrer Rolle, des Auftrags und der Kommunikation im Projekt herrschen, zum anderen kennen sie die Machtbeziehungen im Unternehmen, gestalten sie zu ihren Gunsten und nutzen gezielt ihre Autonomiezonen innerhalb des Machtgefüges eines Unternehmens im Sinne des Projekts (vgl. Röttger, 2010, S. 125 ff.; Schiersmann & Thiel, 2011, S. 91 ff.).

Es lassen sich aber nicht alle wichtigen Einflussfaktoren direkt gestalten (siehe Abbildung 17). Es besteht in ganzheitlich orientierten PE-Projekten, in Anlehnung an Schneider und Wastian (2012, S. 32 ff.), für Personalentwickler, trotz ggf. begrenzter Positionsmacht, direkter Gestaltungsspielraum in Bezug auf die eigene Rolle sowie das Projektteam. Darüber hinaus liegt eine indirekte Gestaltungsmöglichkeit durch Überzeugen der Rahmengeber und angemessenes Berücksichtigen der nicht änderbaren zeitlichen und kontextspezifischen Rahmenbedingungen vor (Schneider & Wastian, 2012, S. 36 ff.).

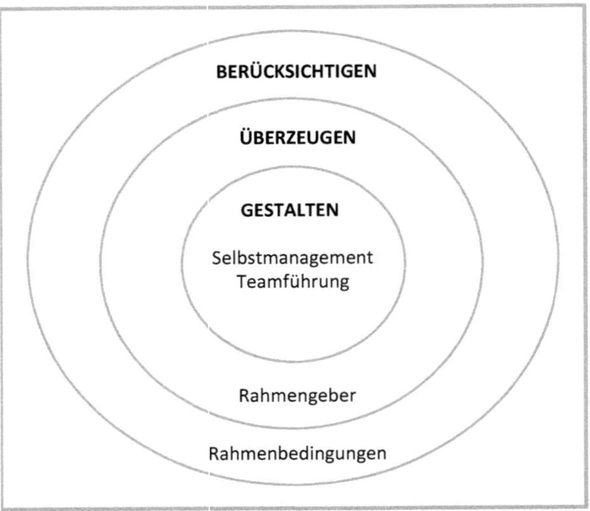

Abbildung 17: Proaktive Gestaltung von Projekten (in Anlehnung an Schneider & Wastian, 2012, S. 32)

Da ganzheitlich orientierte PE-Projekte durch ihren organisationsgestaltenden, (lern-) kulturverändernden Charakter potenziell Widerstand im Unternehmen hervorrufen, ist es unerlässlich, dass der Personalentwickler als *(3) fachlicher Experte* auch eine für das PE-Projekt relevante Fachkenntnis im Kernthema Lernen und Entwicklung einbringen und seine Expertise überzeugend im Projekt einsetzen kann. Gemäß Lawler III und Boudreau (2012, S. 4) sollten sich Personalfachleute nicht nur in Bezug auf das Kerngeschäft des Unternehmens auskennen, sondern zudem Experten in der Arbeits- und Organisationsgestaltung sein. Dies betont auch Krämer (2012, S. 45 f.) in Bezug auf die Personalentwicklung. Kuster et al. (2011, S. 103 f.) heben zudem im Rahmen der Projektleitung die Wichtigkeit von Fach-, Methoden- und Führungswissen hervor. Fachliche Expertise ist zudem im politischen Kräftespiel eines Unternehmens als Expertenmacht[37] eine wichtige Grundlage von Macht und Einfluss (French & Raven 1959, zit.

[37] Die Typologie der Machtbasen von French und Raven (1959, zit. in Solga & Blickle, 2012, S. 152 f.) gilt als die am weitesten verbreitete Klassifikation von Machtgrundlagen. Die Typologie unterscheidet in (1) die Belohnungsmacht (Fähigkeit des Machtausübenden, Belohnungen zu vergeben), (2) die Bestrafungsmacht (Fähigkeit des Machtausübenden, den Interaktionspartner zu bestrafen), (3) die Legitimationsmacht (entsteht, sobald ein rechtmäßiger Anspruch vorhanden ist, Einfluss zu nehmen, und ist vergleichbar zur Positionsmacht), (4) die Expertenmacht (entsteht durch situationsbezogene, wertvolle Kenntnisse und Fähigkeiten), (5) die Identifikations-/Beziehungsmacht (Fähigkeit, bei Bezugspersonen ein Gefühl der Verbundenheit hervorzurufen) und (6) die Informationsmacht (entsteht bei Verfügbarkeit über relevante Informationen und bei einer besonderen Argumentationskraft).

in Solga & Blickle, 2012, S. 153 f.). Gemäß Solga und Blickle (2012, S. 153) ist es für Projektleitende deshalb unerlässlich, ihre Expertenmacht im Unternehmen zu stärken.

Die skizzierten Rollen entfalten allerdings nur ihre gesamte Kraft in ganzheitlich orientierten PE-Projekten, wenn Personalentwickler auch die Kompetenz zur Gestaltung und Leitung von PE-Projekten mitbringen. Das erfolgreiche Management von PE-Projekten als *(4) Projektleiter* erfordert einerseits die Fähigkeit, Projektmanagementtechniken anzuwenden, andererseits die Fähigkeit zur Leitung eines kompetenten Projektteams und der Gestaltung sozialer Prozesse (vgl. Kuster et al., 2011, S. 104; Thomas & Mengel, 2008, S. 308). Der Projektleiter ist verantwortlich für die operative Führung des Projekts und damit Führungskraft und Sachbearbeiter zugleich (Kuster et al., 2011, S. 103 f.).

Zu den erforderlichen Kompetenzen eines Projektleiters gehören gemäß Thomas und Mengel (2008, S. 308) eine geteilte Führung, Sozialkompetenz, emotionale Intelligenz, kommunikative und politische Fähigkeiten sowie Visionen, Werte und innere Überzeugungen. Pant und Baroudi (2008, S. 124 f.) heben hervor, dass für eine erfolgreiche Projektleitung eine Kombination von zwischenmenschlichen Fähigkeiten, fachlichen Kompetenzen, Begabung, einem Verständnis von Situationen und Personen sowie eine schnelle Anpassungsfähigkeit des Führungsstils erforderlich ist. Erfolgreiche Projektleitende erkennen folglich, dass Menschen die wichtigsten Hebel für das Erreichen der Projektziele sind (Thomas & Mengel, 2008, S. 308). Der Vermittlung des Nutzens, der Sinnhaftigkeit des Projekts sowie der formellen und informellen Projektkommunikation kommen eine weitaus höhere Relevanz zu als den traditionellen Techniken der Kontrolle von Projekten (Freitag, 2011, S. 11 ff, ; Kuster et al., 2011, S. 268 ff.). Personalentwickler in ganzheitlich orientierten PE-Projekten fokussieren sich infolgedessen nicht nur auf ihre fachlichen Aufgaben als Projektleiter, sondern auch auf die Gestaltung sozialer Prozesse. Halstead (1999, zit. in Pant & Baroudi) verdeutlicht die hohe Relevanz von Prozess- und Sozialkompetenz:

> „Whilst a project manager must focus on the task, real success comes from knowing how to get things done through others. Whilst some may see managing the human issues within a project as a soft option it is neither soft, nor an option, if a project manager wants the project to succeed." (2008, S. 127)

Für die Gestaltung und Leitung von ganzheitlich orientierten PE-Projekten ist, schlussendlich, eine Kombination der skizzierten vier Rollen als erfolgsrelevant anzunehmen.

Verhältnisbestimmung zur Rolle des Business Partners

Die Rolle des Business Partners wurde Ende der 1990er Jahre von D. Ulrich (1997) mit folgender Formel geprägt:

> „Today, a more dynamic, encompassing equation replaces the simple concept of business partner. Business Partner = Strategic Partner + Administrative Expert + Employee Champion + Change Agent. Business partner exist in all four roles defined in the multiple-role model, not just in the strategic role" (D. Ulrich, 1997, S. 37 f.).

D. Ulrich et al. (2008, S. 161 ff.) haben vom Rollenbegriff des HR Business Partners jedoch wieder Abstand genommen und proklamieren stattdessen die Rolle des „Business Ally", die mit einem noch stärker unternehmensgestaltenden Verständnis einhergeht. Der „Business Ally" hat nach Ulrich et al. ein tiefes Verständnis des Kerngeschäfts und besitzt gleichzeitig die Fähigkeit, wichtige Themen für das Unternehmen zu antizipieren und Lösungen anzubieten, die das Kerngeschäft voranbringen. Dieses Rollenverständnis korrespondiert mit den Kerngedanken eines ganzheitlichen PE-Verständnisses dieser Arbeit (siehe Kapitel 2.2.3) und wird als eine wichtige Grundhaltung für eine erfolgreiche Gestaltung und Leitung ganzheitlicher PE-Projekte betrachtet.

2.3.5. Wertausrichtung

Das Handeln von Menschen wird, insbesondere in sozialen Kommunikationssituationen, gemäß Euler und Hahn (2004, S. 242) von einer übergreifenden Wertebasis beeinflusst. Sie wird häufig auch als Menschenbild bezeichnet, das dem Menschen eine moralische Ausrichtung gibt und die Bestimmung seiner Ziele in konkreten Situationskontexten maßgeblich beeinflusst.

Ziele und Absichten sowie die Einstellung von Personalentwicklern gegenüber ihrer eigenen Rolle oder anderen Gesprächspartnern werden also im Situationstyp von einer Wertausrichtung geleitet. Um den Situationstyp aus dieser Perspektive zu präzisieren, findet hier eine Klärung der normativen Grundhaltung statt, die Personalentwickler für eine erfolgreiche Bewältigung des Situationstyps vertreten müssen.

Die Wertausrichtung im Situationstyp „Ganzheitlich orientiert PE-Projekte gestalten und leiten" präzisiert sich vor allem über die Frage, was unter dem Begriff „ganzheitliche Personalentwicklung" verstanden wird. Tabelle 6 stellt in Anlehnung an die Ausführungen in Kapitel 2.1 und Kapitel 2.2 die wichtigsten Spannungsfelder im Sinne eines Kontinuums mit zwei Extrempolen („Reaktives, anpassungsorientiertes PE-Paradigma" und „Proaktives, ganzheitliches PE-Paradigma") gegenüber.

Grundhaltungen in einem reaktiven, anpassungsorientierten PE-Paradigma	**Grundhaltungen in einem proaktiven, ganzheitlichen PE-Paradigma**
Fokus auf der operativen Ebene, entkoppelt von der strategischen und normativen Ebene	Fokus auf dem Zusammenspiel der operativen, strategischen und normativen Ebene

Grundhaltungen in einem reaktiven, anpassungsorientierten PE-Paradigma	Grundhaltungen in einem proaktiven, ganzheitlichen PE-Paradigma
Kurzfristiger Fokus und aktionistische Arbeitsweise	Langfristiger Fokus und nachhaltige Arbeitsweise
Gestaltungsverantwortung für die Ebene der Personenqualifikation	Gestaltungsverantwortung für die Ebene der Personen- und Systemqualifikation
Fokus auf Formalisierung und Standardisierung (u. a. Schaffung formalisierter und standardisierter Angebote)	Fokus auf Flexibilisierung und Individualisierung (u. a. Schaffung lernförderlicher und sinnstiftender Rahmenbedingungen)
Selbstverständnis eines Dienstleisters und Erfüllungsgehilfen	Selbstverständnis eines Organisationsberaters und proaktiven Gestalters mit strategischer Orientierung
Orientierung an der internen Umwelt	Orientierung an der internen und externen Umwelt
Orientierung an der Vergangenheit und/oder Gegenwart	Orientierung an der Zukunft (unter Berücksichtigung der Vergangenheit und Gegenwart)
Kundenanliegen bei der Lösungserarbeitung maßgeblich	Kombination von Kundenanliegen und PE-Expertise (u. a. Kenntnis künftiger Anforderungen) bei der Lösungserarbeitung maßgeblich
Einseitige Unterstützung unternehmensbezogener oder mitarbeiterbezogener Ziele	Unterstützung einer Zieldimension, die unternehmens-, mitarbeiter- und gesellschaftsbezogene Ziele integriert
Einseitige Advokatenhaltung (z. B. für die Mitarbeitenden, Führungskräfte oder Geschäftsführung)	Fachkundiger Berater der Geschäftsführung und der Mitarbeitenden sowie proaktiver Gestalter des Unternehmens
Festhalten an einem Silodenken und einer einseitigen Fokussierung auf die PE-Funktion	Ganzheitliche Arbeitsweise und Bearbeitung von Problemstellungen und Kooperation mit Schnittstellenbereichen

Tabelle 6: Grundhaltungen personalentwicklerischen Handelns

Zur Darstellung und Präzisierung von potenziell handlungsleitenden Wertausrichtungen führen Euler und Hahn (2004, S. 234 ff.) in Anlehnung an Schulz von Thun (1998, S. 47 ff.) das „Werte- und Entwicklungsquadrat" als Instrument ein, um das Spektrum von denkbaren Werten und Einstellungen zu kennzeichnen (siehe Abbildung 18). Dem Instrument liegt die Annahme zu Grunde, dass sich Handeln in der Balance von als positiv geschätzten Werten vollzieht (oberer Bereich des Quadrats) sowie immer auch ein ablehnungswürdiges Handeln beinhaltet (unterer Bereich des Quadrats). Zudem werden, neben der Wertestrukturierung, Entwicklungsrichtungen integriert, die Hinweise darauf geben, in welche Richtung gegenzusteuern ist, falls ein eher abzulehnendes Handeln in der Praxis gezeigt wird.

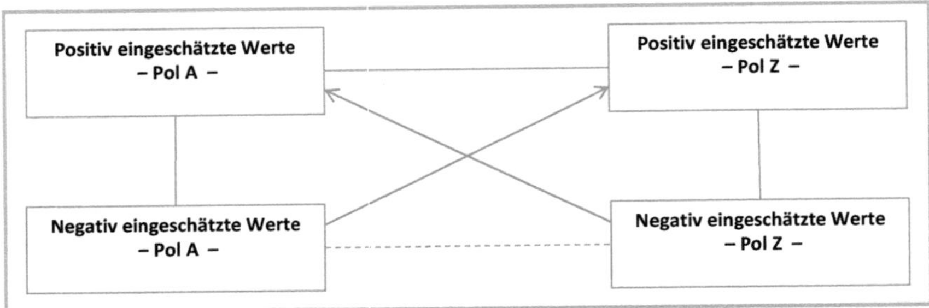

Abbildung 18: Instrument „Werte- und Entwicklungsinstrument" (Euler & Hahn 2004, S. 244)

Die in Tabelle 6 dargelegten Grundhaltungen ergeben eine Vielzahl an „Werte- und Entwicklungsquadraten". In Tabelle 7 werden, im Sinne einer Komplexitätsreduktion, die genannten Spannungsfelder in zwei übergreifende Gegensatzpole zusammengeführt und anschließend in jeweils ein Werte- und Entwicklungsquadrat übertragen.

Grundhaltungen in einem reaktiven, anpassungsorientierten PE-Paradigma	Grundhaltungen in einem proaktiven, ganzheitlichen PE-Paradigma
Ausrichtung an einem ökonomischen Menschenbild	Ausrichtung an einem humanistischen Menschenbild
Defizit- und Anpassungsorientierung mit rein operativer Ausrichtung	Potenzial- und Gestaltungsorientierung mit ganzheitlicher Ausrichtung

Tabelle 7: Aggregierte Grundhaltungen personalentwicklerischen Handelns

Balance zwischen Mitarbeitenden- und Unternehmensbedürfnissen

Ganzheitliche Personalentwicklung soll, in Anlehnung an einen potenzial- und gestaltungsorientierten Handlungsansatz, Lern- und Entwicklungsprozesse bei den Mitarbeitenden initiieren, um diese in die Lage zu versetzen und zu motivieren, gegenwärtige und zukünftige berufliche Anforderungen zu erfüllen (siehe Kapitel 2.2.2). Ein solches Verständnis der Zusammenarbeit mit Menschen impliziert ein Menschenbild mit humanistischen oder konstruktivistischen Grundannahmen. Der Humanismus betont eine Hinwendung zum Individuum und den Verhältnissen, die es umgibt (Abels, 2006, S. 94), der Konstruktivismus betrachtet den Menschen als erkennendes, aktiv konstruierendes Subjekt (Flick, 2012a, S. 152 ff.).

Wird der Mensch auf diese Art und Weise in den Mittelpunkt gestellt, so rückt der Bedarf in den Vordergrund, nicht nur ökonomische Ziele, sondern auch auf Mitarbeitende bezogene Ziele im Rahmen von Personalentwicklung anzustreben. Die Leitung und Gestaltung ganzheitlich orientierter PE-Projekte orientiert sich daher an den Bedürfnissen der Mitarbeitenden, ohne dabei die Unternehmensinteressen zu vernachlässigen. Ganzheitliches Handeln in der Personalentwicklung strebt als Ideal eine Balance zwischen den Interessen der Mitarbeitenden und den Unternehmensinteressen an. Wesentliches Merkmal ist zudem, dass ein potenzialorientiertes Verständnis zu Grunde gelegt wird (siehe Kapitel 2.2.3). Eine Verabsolutierung der Geschäftsinteressen hingegen bedingt eine defizitorientierte Sicht auf Mitarbeitende, die im Sinne eines ökonomischen Menschenbilds ihren Zweck bestmöglich erfüllen sollen (vgl. Negri, Braun, Werkmann-Karcher & Moser, 2010, S. 27). Abbildung 19 fasst das resultierende Werte- und Entwicklungsquadrat zusammen.

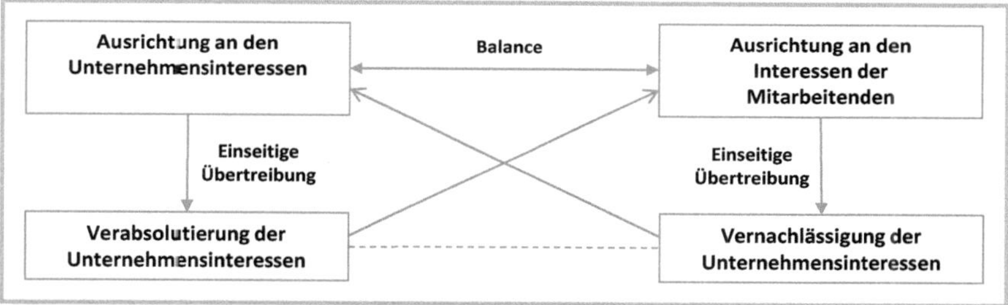

Abbildung 19: Werte- und Entwicklungsquadrat „Menschenbild"

Balance der operativen Bedürfnisse und eines ganzheitlichen Gestaltungsansatzes

Ganzheitlich orientierte PE-Projektarbeit ist durch einen ganzheitlichen Gestaltungsansatz charakterisiert, in dem das Ganze und seine Teile in den Blick genommen werden (siehe Kapitel 2.2.1). Dieses Selbstverständnis beinhaltet folglich auch, dass operative Bedürfnisse akzeptiert, ernst genommen und nicht zugunsten einer holistischen Orientierung aufgegeben werden. Es ist ein positives Spannungsverhältnis zwischen operativen Bedürfnissen sowie der Vertretung eines ganzheitlichen Gestaltungsansatzes im Situationstyp anzustreben (siehe Abbildung 20). Der Inhalt ganzheitlich orientierter PE-Projekte muss operativ *und* strategisch bedeutsam sein. Eine Überbetonung eines ganzheitlichen Gestaltungsansatzes kann zu einem Verlust der operativen Bedeutsamkeit führen. Auf der anderen Seite kann eine zu starke Ausrichtung an den operativen Bedürfnissen zu einem reaktionären, anpassungsorientierten Vorgehen führen, bei dem eine ganzheitliche Einbettung außer Acht gelassen wird.

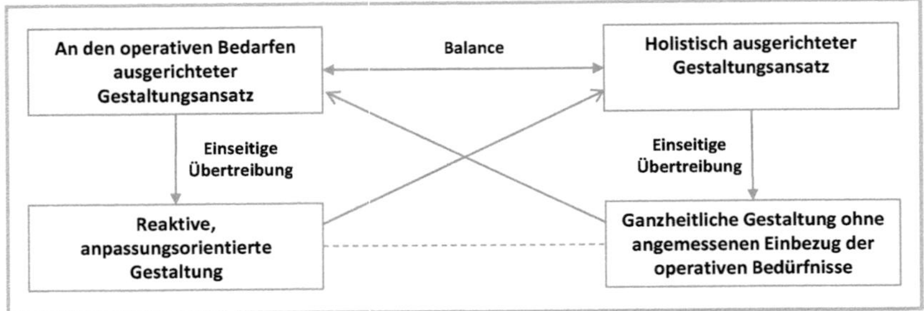

Abbildung 20: Werte- und Entwicklungsquadrat „Gestaltungsansatz“

2.3.6. Zeitlicher Ablauf (Phasen/Schritte)

Im vorliegenden Kapitel wird die Prozessstruktur des Situationstyps durch eine Bestimmung von Phasen bzw. Schritten erfasst (siehe Abbildung 21 und Tabelle 8). Die Konzeptualisierung des zeitlichen Ablaufs ganzheitlich orientiert gestalteter und geleiteter PE-Projekte fand durch eine Analyse der folgenden Phasenmodelle[38] des Projekt- und Veränderungsmanagements sowie der Organisationsentwicklung[39] statt:

1) Das *Vorgehensmodell von Projekten gemäß Probst und Haunerdinger (2007, S. 26 f.)* gilt als ein übergreifendes, für alle Projekttypen gültiges Vorgehensmodell. Es unterscheidet in die Phasen „Projektstart“, „Projektdurchführung“ und „Projektabschluss“. In der ersten Phase finden eine Analyse der Ausgangssituation, die Projektdefinition und die Grobplanung des Projekts statt. In der zweiten Phase erfolgt eine Projektfeinplanung, die Aufgaben werden durchgeführt und das Projekt laufend hinsichtlich seiner Zielerreichung überwacht. Die dritte Phase umfasst in der Regel eine Auswertung des Projektverlaufs hinsichtlich kritischer und erfolgreicher Ereignisse (z. B. Lessons Learned), den offiziellen Projektabschluss sowie ggf. eine Übergabe des Projekts.

---

38 Phasenmodelle sind Ordnungs- und Denkschemata, die dem schrittweisen Verhalten von Menschen bei der Problemlösung entsprechen (Schelle, 2001, S. 200 f.). Als Idealvorstellungen bedürfen die entsprechenden Prozesse und Methoden einer Adaptation auf den spezifischen Projektkontext und -typus (El Arbi & Ahlemann, 2013, S. 11).

39 Die Auswahl der Literaturbezüge begründet sich zum einen durch die ganzheitliche Sicht auf Personalentwicklung sowie zum anderen durch den organisationsgestaltenden Charakter ganzheitlich orientierter PE-Projekte. Der Funktionszyklus für PE-Maßnahmen von M. Becker (2013, S. 823 ff.) wird dabei für die Modellierung nicht berücksichtigt. Der Zyklus widerspricht zentralen Kerngedanken ganzheitlich orientierter Personalentwicklung (z. B. deduktiver Zielbildungsprozess) und ist im Kern auf Weiterbildungsmaßnahmen ausgerichtet.

2) In der Organisationsentwicklung[40], die aufgrund des organisationsgestaltenden Charakters ganzheitlich orientierter PE-Projekte als relevant anzusehen ist, sind Phasenmodelle ebenfalls verbreitet. Besonders gebräuchlich ist das *Drei-Phasen-Schema von Lewin (zit. in M. Becker, 2002, S. 434)*, welches Verhaltensänderungen auf der individuellen Ebene beschreibt.

   Der Veränderungsprozess wird in die Phasen (1) Unfreezing, (2) Moving und (3) Refreezing geteilt. In der ersten Phase soll das vorherrschende Sozialsystem eines Individuums aufgetaut werden. Die Maßnahmen zielen darauf ab, den Gleichgewichtszustand eines Individuums zu stören und hierdurch für die Entwicklung von Einstellungen, Werten und Verhaltensweisen durch die Überprüfung ihrer Zweckmäßigkeit hinsichtlich der Zielerreichung zu öffnen und ggf. zu modifizieren. Die zweite Phase bildet eine Änderungsphase, in der neue Verhaltensweisen, Einstellungen und Werte sowie organisatorische Regelungen erlernt werden, die in der abschließenden Phase stabilisiert und konsolidiert werden. (M. Becker, 2002, S. 434; Thom, 2012b, S. 21)

3) Der organisationsgestaltende, (lernkultur)verändernde Charakter wird durch die *Phasenmodelle von Veränderungsprozessen*[41] *von Kundinger (2009) und Müller-Stewens und Lechner (2005)* integriert.

   Kundinger (2009, S. 62 f.) unterscheidet die Gestaltung von Veränderungsprozessen in eine Phase (1) der Initiierung, (2) der Vorbereitung der Realisierung (Analyse, Konzeption und Planung), (3) der Umsetzung (Durchführung, Ausgestaltung und Überwachung des Veränderungsprozesses) sowie (4) einer Erfolgskontrolle hinsichtlich der Zielerreichung.

   Dieses generische Ablaufmodell wird von Müller-Stewens und Lechner (2005, S. 611 ff.) feinkörniger dargelegt. Da Veränderungsprozesse in der Regel langfristig angesetzt sind und das Unternehmen sich auf den Wandel erst vorbereiten

---

[40] Organisationsentwicklung ist nach M. Becker (2002) eine „integrative Strategie der Veränderung, die alle zielbezogenen, strukturalen, prozessualen und personalen Maßnahmen zur Gestaltung, Erhaltung und Erweiterung von Organisation bezeichnet, die eine Organisation systematisch plant, realisiert und evaluiert“ (S. 418 f.).

[41] Thom (2012b, S. 18 ff.) betrachtet Veränderungen auf einem Kontinuum von radikal bis evolutionär und unterscheidet einerseits das „Business Reengineering“, das eine revolutionäre Veränderung mit großen Veränderungsschritten beschreibt, andererseits „Organisationsentwicklung“, die einen evolutionären Veränderungs-prozess umfasst. Die vorliegende Arbeit lehnt sich an diese Unterscheidung an und verwendet den Begriff „Change Management“ für radikale Veränderungsprozesse sowie den Begriff „Organisationsentwicklung“ für evolutionäre Veränderungsprozesse.

muss, führen Müller-Stewens und Lechner aus der Beobachtung von Wandelprogrammen als erstes eine Phase der „Sensibilisierung“ ein, die von einer Phase des Auftakts, des Rollouts, der Verstetigung und der Konsolidierung gefolgt werden.

In der ersten *Phase der Sensibilisierung* werden Betroffene sowie Promotoren durch die Anregung von Diskursen im Unternehmen auf die Gründe und den Nutzen des Wandels für das Unternehmen vorbereitet und ein „Resonanzboden“ geschaffen. Neben der Entwicklung des Grobkonzepts findet eine Ortung der Rhythmusgruppe statt, die im Unternehmen das Regelsystem überwacht, welches das kollektive Verhalten generiert. Zudem ist es in dieser Phase wesentlich, die politische Unterstützung des Vorhabens durch eine Anspruchsgruppenanalyse sicherzustellen und wichtige Stakeholder zu gewinnen. (Müller-Stewens & Lechner, 2005, S. 611 ff)

Nach diesen Vorarbeiten findet der „Auftakt“ statt, in dem alle Betroffenen darüber informiert werden, was der Inhalt, die Legitimation und der Nutzen des Veränderungsprojekts sind. Ziel ist, neben der Schaffung von Sichtbarkeit für das Projekt, ein „shared understanding“ bei den Beteiligten zu generieren, ein Klima der Dringlichkeit zu etablieren sowie eine Projektorganisation einzurichten. (Müller-Stewens & Lechner, 2005, S. 614 f.)

In der dritten Phase, dem „Rollout“, in der ein Spannungsfeld zwischen Widerstand und Unterstützung typisch ist, findet die Umsetzung statt. Neben der Umsetzung der Maßnahmen sind die aktive Auseinandersetzung mit Widerstand und Konflikten, die Glaubwürdigkeit der Führung sowie eine Fokussierung der Aktivitäten zentral, um ein „issue ownership“42 seitens der Betroffenen sicherzustellen und Veränderung möglich zu machen. (Müller-Stewens & Lechner, 2005, S. 619 ff.)

In der Phase der „Verstetigung“ soll die bereits eingesetzte kulturelle Veränderung für das Unternehmen auch nachhaltig gesichert werden und abschließend in der letzten Phase der Veränderung konsolidiert und das Projekt abgeschlossen werden. (Müller-Stewens & Lechner, 2005, S. 639 ff.)

[42] „Issue Ownership“ wird von Müller-Stewens und Lechner (2005, S. 624) als eine Annahme des Problems durch die betroffenen Mitarbeitenden und deren Verpflichtung für die Suche nach einem Weg zur Lösung verstanden.

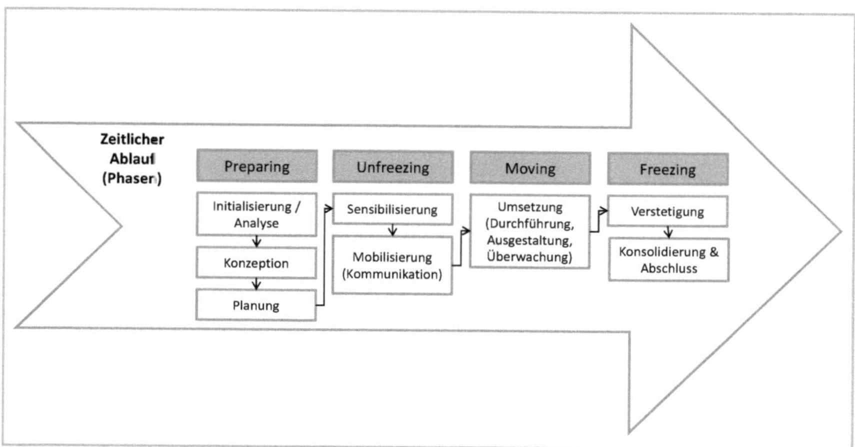

Abbildung 21: Idealtypischer Ablauf des Situationstyps (in Anlehnung an Lewin zit. in M. Becker, 2002; Kundinger, 2009; Müller-Stewens & Lechner, 2005; Probst & Haunerdinger, 2007)

Abbildung 21 fasst das idealtypische Vorgehensmodell des Situationstyps zusammen. Die methodische Ausgestaltung der Phasen erfordert in der Anwendung eine kontext- und problemspezifische Ausgestaltung (vgl. El Arbi & Ahlemann, 2013, S. 11). Die Phasen, Schritte sowie Teilschritte müssen zudem in der Praxis nicht linear ablaufen, sondern können sich überschneiden oder rückkoppeln (vgl. Schiersmann & Thiel, 2011, S. 64 f.)

Das idealtypische Phasenmodell kann zudem entlang der vorgängigen Ausführungen, den Empfehlungen zum Projektmanagement von Litke, Kunow und Schulz-Wimmer (2012, S. 27-132) sowie der Organisationsentwicklung von Schiersmann und Thiel (2011, S. 28 ff.) und der ganzheitlichen Problemlösungsmethodik von H. Ulrich und Probst (2001, S. 29 ff.)[43] in die folgenden Teilschritte differenziert werden (siehe Tabelle 8).

Phase	**Teilschritte**
Preparing	
Initialisierung/Analyse	• Kick-off Workshop mit Projektteam durchführen • Zielvorstellung prüfen und konkretisieren

43 Es wird der These des ganzheitlichen Denkens gefolgt, dass Misserfolge bei der Problemlösung, die sich aufgrund der Nutzung von überholten Problemlösungstechniken einstellen, durch einen ganzheitlichen Denk- und Problemlösungsansatz vermieden werden können (H. Ulrich & Probst, 2001, S. 16). Die ganzheitliche Problemlösungsmethodik wird in Anhang 1 skizziert.

Phase	**Teilschritte**

	• Problemstellung für das Unternehmen bestimmen und modellieren
	• Ziele des Projekts definieren
	• Themenvielfalt und Breite im Unternehmen klären
	• Auftrag der Geschäftsführung bzw. des Sponsors sicherstellen
	• Mehrwert des Projekts im Hinblick auf das Erreichen von Unternehmenszielen und die normative Ausrichtung des Unternehmens sicherstellen
	• Ausgangssituation analysieren
	  ○ Bedarfsklärung durch Innen-, Außen- und Zukunftsperspektive
	  ○ Analysieren der Wirkungsverläufe (gemäß der ganzheitlichen Problemlösungsmethodik)
	  ○ Analyse weiterer Rahmenbedingungen im Unternehmen, z. B. Ursachenanalyse, Risikoabschätzung, Aktivitäten in anderen Bereichen, Gefahr einer einseitigen Übersteigerung (Inklusion) abschätzen
	• Erfassen und Interpretieren der zukünftigen Veränderungsmöglichkeiten der Situation (gemäß der ganzheitlichen Problemlösungsmethodik)
	• Abklären der Lenkungsmöglichkeiten (gemäß der ganzheitlichen Problemlösungsmethodik)
	• Planen von Strategien und Maßnahmen (gemäß der ganzheitlichen Problemlösungsmethodik)
	• Exemplarische Vorstellung von Strategien und spezifischen Methoden entwickeln
	• Klarheit und Transparenz hinsichtlich der Rolle und des Auftrags sicherstellen
	• Anspruchsgruppen analysieren (u. a. Erwartungen, Interessen, Machtverhältnisse)
	• Wichtige Stakeholder für das Projektvorhaben gewinnen
	• Politische Unterstützung wichtiger Personen und Personengruppen für das Vorhaben sicherstellen
	• Handlungsbereitschaft beim Top Management auslösen
	• Betriebsrat frühzeitig einbeziehen und potenzielle Einwände vorwegnehmen
	• Relevante Schnittstellen und Kooperationspartner im Unternehmen einbeziehen und ihre Kompetenzen für das Projektvorhaben nutzen

Konzeption	• Projektgrobplanung bzw. -konzeption erstellen • Projektziele spezifizieren

Phase	Teilschritte
	○ An einer einheitlichen Zieldimension von Lernen und Entwicklung ausrichten ○ Beitrag zu Unternehmenszielen bzw. der Unternehmensstrategie sowie gegenwärtigen und zukünftigen Anforderungen sichtbar machen (Formulierung von kurz-, mittel- und langfristigen Zielen) ○ Verstetigungsphase von Beginn an einplanen und im Rahmen mittel- bis langfristiger Projektziele hinterlegen ○ Integration in und Harmonisierung mit vorhandenen Maßnahmen oder Gesamtkonzept herausstellen • Ausrichtung an der normativen Ebene des Unternehmens sicherstellen • Unternehmensübergreifende Relevanz und Verzahnung sicherstellen, ggf. Insellösungen in ein Gesamtkonzept integrieren • Je nach Projekt enge Zusammenarbeit mit anderen Personal- und Fachbereichen sicherstellen • Für Lösungserarbeitung Personen- und Systemebene in den Blick nehmen und eine ganzheitliche Lösungsbearbeitung sicherstellen • Kritisch prüfen, an welchen Stellen im Unternehmen auf der individuellen wie organisationalen Ebene noch Voraussetzungen für das Erreichen der Projektziele geschaffen werden müssen • Einen vernetzenden Blick auf die verschiedenen Handlungsfelder der Personalentwicklung einnehmen sowie innovative Ansätze und Methoden aus anderen Disziplinen für die Konzeption nutzen und Silodenken vermeiden • Projektauftrag fixieren und mit den Auftraggebern abstimmen
Planung	• Projektorganisation einrichten (Eingliederung in die Unternehmensstruktur sowie Befugnisse und Verantwortungen klären, Organisationsform und Einflussspielraum des Projektleitenden bestimmen) • Projektteam zusammenstellen (je nach Projekt unter Einbezug anderer Fachbereiche oder Personalbereiche) • Informationswege und Dokumentation festlegen • Kontrollinformationssystem schaffen (gemäß der ganzheitlichen Problemlösungsmethodik) • Mechanismen zur Selbstlenkung entwerfen (gemäß der ganzheitlichen Problemlösungsmethodik) • Lernprozesse gestalten (gemäß der ganzheitlichen Problemlösungsmethodik) • Projektfeinplanung erarbeiten (Meilensteinplan erstellen, Projektphasenplan und Projektstrukturplan erstellen, Arbeitspakete beschreiben, Ablaufplan erstellen, Aufwand und Kapazitäten planen, Termine planen, Kosten kalkulieren)

Phase	Teilschritte
Unfreezing	
Sensibilisierung	• Betroffene sowie Promotoren durch die Anregung von Diskursen im Unternehmen für die Gründe und den Nutzen des Projekts für das Unternehmen vorbereiten (z. B. Kick-off Meeting oder Großgruppenverfahren initiieren, schriftliche Informationen einleiten) • Rhythmusgruppe identifizieren, die im Unternehmen das Regelsystem überwacht, welches das kollektive Verhalten generiert • Resonanzboden für das Projekt sicherstellen
Mobilisierung (Kommunikation)	• Sichtbarkeit des Projekts/Vorhabens im Unternehmen generieren • „Shared understanding" bei den Beteiligten entwickeln • Klima der Dringlichkeit etablieren • Einwände vorwegnehmen und Nutzen für Unternehmen und Personen herausstellen • Je nach Bedarf OE-Maßnahmen zur Entwicklung von adäquaten Einstellungen, Werten und Verhaltensweisen durch Störung des Gleichgewichtszustands von Individuen initiieren • Etwaige Rollenveränderungen von allen betroffenen Anspruchsgruppen im Unternehmen gezielt unterstützen
Moving	
Umsetzung (Durchführung, Ausgestaltung und Überwachung)	• Kontrollinformationssystem in Gang setzen (gemäß der ganzheitlichen Problemlösungsmethodik) • Aufgaben und Maßnahmen des Projekts durchführen • Projektteam operativ führen • Kontinuierliche Projektkommunikation sicherstellen • Laufende Überwachung der Zielerreichung sicherstellen (im Rahmen des so genannten magischen Dreiecks Budget/Kosten, Zeit/Termin und Ergebnis/Qualität) • Erlernen neuer Verhaltensweisen, Einstellungen und Werte sowie organisatorischer Regelungen gezielt unterstützen/Individuelle Kompetenzentwicklung ermöglichen • Förderliche Arbeits- und Handlungsbedingungen (durch etwaige Anpassung von Strukturen und Prozessen) sicherstellen • Mechanismen zur Selbstlenkung einführen (gemäß der ganzheitlichen Problemlösungsmethodik) • Lernprozesse in Gang setzen (gemäß der ganzheitlichen Problemlösungsmethodik) • Aktiv mit Widerstand und Konflikten umgehen • Aktivitäten fokussieren und Glaubwürdigkeit der Führung sicherstellen, mit dem Ziel ein „Issue ownership" seitens der Betroffenen zu entwickeln

Phase	Teilschritte
	• Projekterfolge im Prozess kontinuierlich an Auftraggeber, Beteiligte sowie je nach Projekt unternehmensweit kommunizieren
Freezing	
Verstetigung	• Erlernte neue Verhaltensweisen, Einstellungen und Werte sowie organisatorische Regelungen durch geeignete Maßnahmen verstärken und stabilisieren • Projekterfolge nach innen und ggf. auch nach außen (zur Imagebildung des Unternehmens) kommunizieren
Konsolidierung und Abschluss	• Erlernte neue Verhaltensweisen, Einstellungen und Werte sowie organisatorische Regelungen konsolidieren • Projektverlauf hinsichtlich kritischer und erfolgreicher Ereignisse (z. B. Lessons Learned) auswerten • Ggf. Abschlussbericht erstellen • Projekt offiziell abschließen (u. a. Abschlusssitzung durchführen, Abschlussevent durchführen) • Projekt ggf. intern übergeben

Tabelle 8: Teilschritte ganzheitlich orientierter PE-Projekte (in Anlehnung an Kapitel 2.3.6)

2.3.7. Kritische Ereignisse

Durch die Hervorhebung potenziell kritischer Ereignisse können zur weiteren Konkretisierung des Situationstyps Anforderungen in das Modell aufgenommen werden, deren Gestaltung für die Personalentwickler schwierig oder herausfordernd werden können. Ereignisse können gemäß Euler und Hahn (2004, S. 240) dann als kritisch angesehen werden, wenn sachliche, personale oder interaktionale Bedingungen Schwierigkeiten in einer Situation hervorrufen.

Zur Identifikation potenziell kritischer Ereignisse werden in Anlehnung an Literatur aus dem Projektmanagement, Change Management sowie der Organisationsentwicklung, den Kernmerkmalen ganzheitlich orientierter PE-Projekte (siehe Kapitel 2.3.1) und den funktionsspezifischen Charakteristika der Personalentwicklungsfunktion (siehe Kapitel 2.1.5) im Folgenden pro Phase herausfordernde Situationen abgeleitet. Diese ergeben abschließend ein Gesamtbild kritischer Ereignisse in ganzheitlich orientierten PE-Projekten (siehe Abbildung 22).

Phase „Preparing“

Aus dem Projektmanagement ist bekannt, dass insbesondere eine systematische Vorbereitung von Projekten wesentlich für deren Erfolg ist. Eine eher oberflächliche Vorbereitung ohne eine solide Analyse (insbesondere potenzieller Risiken), Konzeption und

Planung des Vorhabens kann in der Durchführung zu hohen Korrekturkosten, Akzeptanzproblemen oder zum Scheitern des Projekts führen (Schelle, 2010, S. 35 ff.). Um derartige Probleme zu vermeiden, sind zudem eine klare Ziel- und Problemdefinition, eine offene Kommunikation mit den Beteiligten sowie ein transparentes Projektmanagement essenziell (Probst & Haunerdinger, 2007, S. 173; Schelle, 2010, S. 38 f., S. 220 f., S. 223 ff.). Hinsichtlich der Projektorganisation ist auf die Zusammensetzung eines kompetenten und organisationsintern anerkannten Projektteams zu achten. Für den Erfolg der Projekte ist es wesentlich, relevante Stakeholder zu identifizieren, zu informieren und an Entscheidungen zu beteiligen (Schelle, 2010, S. 101 ff.).

Darüber hinaus führen Projekte auf der operativen Ebene gemäß Petry (2012, S. 238 f.) zum Erfolg, wenn kritische Ereignisse wie Mitarbeiterpartizipation oder Top-Management-Unterstützung erfolgreich bewältigt werden. Bei fehlender Unterstützung der Unternehmensführung bergen nach Ansicht von Petry Projekte auf der operativen Ebene die Gefahr von Silolösungen im Unternehmen, die nicht unter einem normativen und strategischen Dach vereint werden und/oder den Beitrag zu strategischen Zielen vermissen lassen. Aus einer ganzheitlichen Personalentwicklungsperspektive ist es deshalb in der Vorbereitungsphase zentral, Vereinheitlichung und Integration des Projekts mit anderen Projekten im Unternehmen sicherzustellen.

Aus den Kernmerkmalen von ganzheitlich orientierten PE-Projekten ergeben sich zusätzlich die folgenden potenziell kritischen Ereignisse:

- Keine ausreichende Harmonisierung des Projektvorhabens mit der normativen Ebene und daraus resultierende Akzeptanzprobleme auf Seiten der Betroffenen
- Keine oder unzureichende Berücksichtigung einer einheitlichen Zieldimension, welche eine schnittstellenübergreifende Projektkonzeption ermöglicht
- Fehlende Integration von bestehenden projektrelevanten Insellösungen im Unternehmen in das Gesamtkonzept und Schaffung eines gemeinsamen Sinnhorizonts
- Kurzfristig reaktive statt langfristige Ausrichtung des Projekts
- Unscharfer Wertschöpfungsbeitrag des Projekts
- Keine Legitimierung von Ressourcen für eine nachhaltige Verankerung gewinnen
- Fehlende oder zu späte Gewinnung der Geschäftsführung und des Betriebsrats
- Mangelhafte Verankerung in der Strategie bzw. den strategischen Handlungsfeldern des Unternehmens und folglich fehlende Legitimität und Unterstützung des für das Strategiefeld Verantwortlichen aus dem Top Management (vgl. Bittlingmaier, 2010, S. 335)

Phase „Unfreezing"

Im Rahmen der Sensibilisierung und Mobilisierung von Beteiligten und Betroffenen stellt die unzureichende Sensibilisierung von Sponsoren, Treibern, Auftraggebern und anderen projektrelevanten Personen ein potenziell kritisches Ereignis dar (Bittlingmaier, 2010, S. 334).

Gemäß Müller-Stewens und Lechner (2005, S. 614 ff.) kommt der ausreichenden Berücksichtigung der Projektumwelt und der Gewinnung von Promotoren für das Vorhaben in der Anfangsphase des Projekts eine kritische Rolle zu. Insbesondere bei Veränderungsvorhaben sind Promotoren ein wichtiger Baustein, um Betroffene erfolgreich zu sensibilisieren und zu mobilisieren. Beim Auftakt sollte neben einem gemeinsamen Verständnis über Gründe, Ziele und Nutzen der Veränderung bei allen Beteiligten eine inhaltliche Legitimierung sowie die Legitimation seitens der Geschäftsleitung und anderer relevanter Anspruchsgruppen (z. B. Betriebsrat) für das Vorhaben sichergestellt werden. Ebenso kommt der Inszenierung und Nutzenkommunikation bei erstmaliger Einführung des Veränderungsvorhabens eine erfolgskritische Rolle zu.

Vor allem bei sehr lange vorherrschenden Denk- und Verhaltensmustern ist die Öffnung für neue Aspekte eine große Herausforderung (Müller-Stewens & Lechner, 2005, S. 617). Um Partizipation und Engagement zu fördern, ist die Schaffung eines Gefühls der Dringlichkeit sowie die Überzeugung der Belegschaft von der Sinnhaftigkeit der Veränderung zentral, um Effekte der „inneren Kündigung" zu vermeiden (Krämer, 2012, S. 85 f.; Müller-Stewens & Lechner, 2005, S. 609 ff.). Es müssen Verbindlichkeiten im Projekt geschaffen, Sensibilitäten von Personen berücksichtigt, erforderliche Fähigkeiten entwickelt und Commitment von Seiten der Betroffenen generiert werden (Krämer, 2012, S. 85 f.).

Die zielgruppengerechte Kommunikation des Vorhabens auf allen betroffenen Ebenen ist eines der kritischsten Ereignisse in der Sensibilisierungs-, der Mobilisierungs- und der Umsetzungsphase (Müller-Stewens & Lechner, 2005, S. 620). Die Kommunikation mit Betroffenen findet bei groß angelegten Projekten vor allem über Mittel der Massenkommunikation statt. Eine direkte Verständigungsorientierung ist in der Regel nicht möglich. Bei kleiner angelegten Projekten ist zwar eher eine direkte Kommunikation möglich, doch auch hier kommt der Projektkommunikation eine kritische Rolle zu.

Phase „Moving"

In der Umsetzung von Projekten können tatsächliche oder potenzielle Projektstörungen auftreten, bei denen ein schnelles Gegensteuern erforderlich ist (Probst & Haunerdinger,

2007, S. 176; Schelle, 2010, S. 39). Da Veränderungen im Spannungsfeld zwischen Unterstützung und Widerstand stattfinden, ist nach Ansicht von Krämer (2012, S. 86 f.) der Umgang mit Widerständen ein weiterer erfolgskritischer Faktor. Widerstände müssen laut Krämer von den Projektverantwortlichen ernst genommen, ihre mögliche „hidden agenda“ herausgestellt und proaktiv umgelenkt werden.

Hinzu kommt, dass nach Müller-Stewens und Lechner (2005, S. 622 ff.) radikal eingeführte Veränderungen ohne Ankopplung an die Vergangenheit und Gegenwart wenige Erfolgschancen haben. Die Würdigung der Vergangenheit und Gegenwart in der Kommunikation sowie die schnelle Gewinnung einer kritischen Masse an Menschen für die Vision und die Grundsätze des eigenen Vorhabens stellen eine wichtige Anforderung dar. Zur Gewinnung einer kritischen Masse müssen von Beginn an auch die „späten Mitmacher“ gezielt angesprochen werden. Idealerweise entsteht ein Gefühl der Solidarität, bei dem die aktive Unterstützung durch die Führungskräfte erfolgs-kritisch ist.

Ebenso sollten die vom Projekt Betroffenen bei der Veränderung durch adäquate Kompetenzentwicklungsangebote unterstützt werden, damit die Übernahme neuer Verhaltensweisen nicht an der Dimension des Könnens scheitert (Müller-Stewens & Lechner, 2005, S. 622). Bittlingmaier (2010, S. 236 ff.) führt in Bezug auf die Umsetzungsphase von PE-Projekten u. a. folgende Erfolgsfaktoren ein: (1) Erkennen und Nutzung des richtigen Zeitfensters für die Implementierung, (2) Schaffung von „quick wins“, also kurzfristig erzielbaren Erfolgen mit relativ geringem Aufwand, um eine positive Grundstimmung für das Projekt zu schaffen und (3) eine Orientierung an den Interessen des Auftraggebers.

Aus den Kernmerkmalen von ganzheitlich orientierten PE-Projekten ergeben sich zudem die folgenden, weiteren potenziell kritischen Ereignisse:

- Einseitige Gestaltung der Personen- und Systemqualifikationsebene
- Keine oder unzureichende Zusammenarbeit mit Mitarbeitenden aus relevanten Schnittstellenbereichen (z. B. Unternehmenskommunikation, HR Business Partner).

Phase „Freezing“

In der Phase der Verstetigung und Konsolidierung führt in erster Linie die zu frühe Entlassung der Verantwortlichen und Promotoren aus dem Projekt oder eine hohe Auslastung mit anderen Projekten zu einer sinkenden Aufmerksamkeit und Weiterarbeit an dem Thema, was die nachhaltige Verankerung im Unternehmen gefährden kann (Müller-Stewens & Lechner, 2005, S. 629 ff.).

Phasenübergreifende kritische Ereignisse

Überdies können zu Beginn eines Projekts sowie in der Realisierung von Maßnahmen politische Prozesse und Machtkämpfe zu kritischen Ereignissen führen. Der Umgang mit Machtfragen in Veränderungsprozessen ist als Konsequenz im gesamten Projektverlauf eine erfolgskritische Anforderung (Lies, 2011, S. 109 ff.; Strohm, 2008, S. 349 ff.). Gemäß Solga und Blickle (2012) ist

> „politisches Verhalten [...] im Projektalltag allgegenwärtig. Ursächlich hierfür sind erstens das Vorliegen von Handlungs-, Planungs- und Entscheidungsunsicherheiten, zweitens die häufig unzureichende Ausstattung mit notwendigen Ressourcen und drittens die Abhängigkeit von unterschiedlichen Stakeholdergruppen, die häufig sich widersprechende Interessen verfolgen. Das Wesen der Projektarbeit erfordert somit von der Projektleitung ein hohes Maß an politischem Geschick" (S. 146).

Da Projektleitende durch ihre eingeschränkte Weisungsbefugnis häufig nur über eingeschränkte Machtquellen verfügen, fehlt eine formale Machtposition. Das Erlangen von Einfluss als die gezielte Realisierung von Macht ist folglich ein kritisches Ereignis, das im Projektverlauf immer wiederkehrt. Gemäß Solga und Blickle (2012, S. 153) ist es für Projektleitende unerlässlich, ihre Expertenmacht, Identifikationsmacht und Reputation im Unternehmen zu stärken und ein Gespür für die im Projektverlauf divergierenden Machtverhältnisse zu entwickeln. Angesichts des im Personalbereich tendenziell verbreiteten Reputations- und Legitimationsdefizits (siehe Kapitel 2.1.5) und dem organisationsgestaltenden Charakter ganzheitlich orientierter PE-Projekte gewinnt dieser Aspekt besonders an Relevanz.

Aus den Kernmerkmalen von ganzheitlich orientierten PE-Projekten ergeben sich zudem weitere potenziell kritische Ereignisse:

- Nicht ausreichende Kenntnis des Unternehmens durch den Personalentwickler und fehlende Nähe zum Business (vgl. Krämer, 2012, S. 50)
- Fehlende oder nicht ausreichend ausgeprägte Kompetenzen als Organisationsberater und Gestalter sowie folglich fehlendes Spezialistenwissen (vgl. Mudra, 2004, S. 283)

Die in den vorherigen Ausführungen erarbeiteten kritischen Ereignisse in ganzheitlich orientierten PE-Projekten werden abschließend entlang des idealtypischen Phasen-modells in der folgenden Abbildung zusammengefasst:

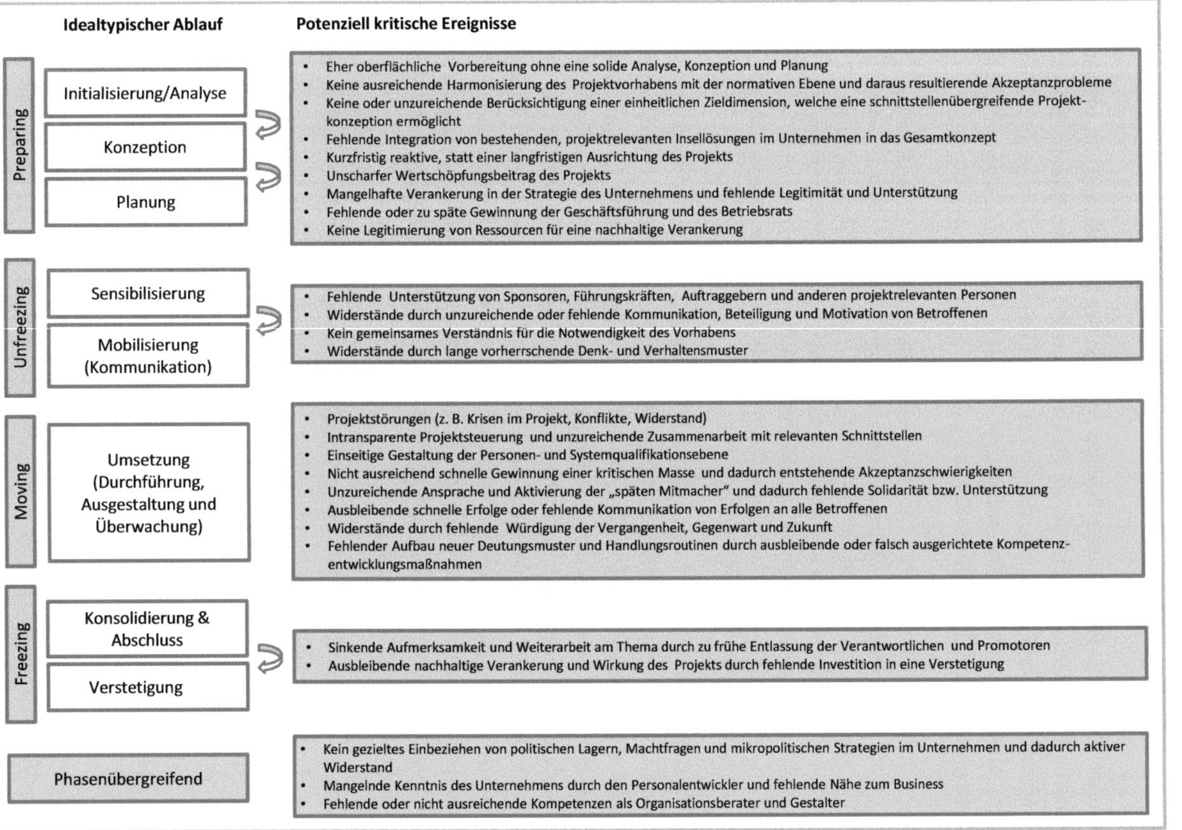

Abbildung 22: Kritische Ereignisse in ganzheitlich orientierten PE-Projekten (in Anlehnung an Bittlingmaier, 2010; Krämer, 2012; Lies, 2011; Müller-Stewens & Lechner, 2005; Petry, 2012; Probst & Haunerdinger, 2007; Schelle, 2010; Solga & Blickle, 2012; Strohm, 2008)

2.3.8. Handlungsanforderungen

Die Präzisierung des Situationstyps ermöglicht abschließend die Bestimmung von Handlungs- bzw. Kompetenzanforderungen für eine ganzheitlich orientierte Gestaltungspraxis in PE-Projekten. Die folgenden Ausführungen in Tabelle 9 lehnen sich hierfür an das Kompetenzverständnis von Euler und Hahn (2004, S. 129 ff.) [44] an und beschreiben die wichtigsten Kompetenzen, über die Personalentwickler verfügen sollten, um den Situationstyp erfolgreich zu bewältigen[45].

Handlungsanforderungen in der Dimension „Wissen"

- Das Kerngeschäft des Unternehmens verstehen, Zukunftsthemen antizipieren, proaktiv Lösungen entwickeln und sich mit anderen Fachbereichen zur Lösungserarbeitung formell und informell vernetzen
- Den Reifegrad des eigenen Unternehmens und damit verbunden die potenziellen Grenzen einer ganzheitlichen Gestaltung erkennen
- Die Wichtigkeit einer Gestaltung der Ebenen der Personen- und Systemqualifikation für wirksame PE-Maßnahmen sowie Methoden und Gestaltungsansätze kennen, verstehen und anwenden
- Die Kernideen, Methoden und Instrumente der Organisationsentwicklung und des Veränderungsmanagements kennen, ihre Bedeutung für die eigene Arbeit beurteilen und anwenden
- Die Kernideen einer ganzheitlichen Personalentwicklung kennen, in Bezug auf die eigene Arbeit reflektieren und verstehen
- Die Grundideen ganzheitlichen Denkens und einer ganzheitlichen Problemlösungsmethodik kennen, in Bezug auf die eigene Arbeit reflektieren und verstehen
- Erkennen, welche Mittel und Strategien eingesetzt werden können, um bei einem begrenzten Einflussbereich den eigenen Gestaltungsspielraum zu erweitern (u. a. Aufbau von Reputation und personaler Macht)
- Das Potenzial von PE-Projekten für den Nachweis eigener Kompetenzen und die Reputationsbildung erkennen und geeignete Strategien bestimmen
- Die Methoden und Instrumente einer erfolgreichen Projektgestaltung und Projektleitung (u. a. hinsichtlich der Gestaltung sozialer Prozesse) kennen, für den eigenen Arbeitskontext adaptieren und anwenden
- Die für eine ganzheitlich orientierte Projektleitung wichtigen Rollen, Aufgaben und methodischen Grundlagen kennen

---

44 Die Handlungsdimension Wissen umfasst kognitive Handlungsschwerpunkte, d. h. das Wissen über eine Beziehung zu anderen Menschen, bestimmte Dinge oder die eigene Person. In der Handlungsdimension der Fertigkeiten steht das handhabendgestaltende Wirken im Vordergrund, in der Dimension Einstellungen die affektiven und moralischen Schwerpunkte des Handelns, d. h. erforderliche Einstellungen gegenüber Sachen, Beziehungen zu anderen Personen oder Facetten der eigenen Person. (Euler & Hahn, 2004, S. 130 f.)

45 Eine eindeutige Zuordnung zu einer der Handlungsdimensionen ist nicht immer möglich. Bei Überschneidungen erfolgt eine Einordnung in die als prioritär anzusehende Dimension (vgl. Brahm, 2009, S. 117).

• Die grundsätzlichen Phasen von ganzheitlich orientierten PE-Projekten kennen und ihr Potenzial und ihre Grenzen verstehen • Die Einflussfaktoren im Projektprozess und Unternehmen kennen, die zu kritischen Ereignissen führen können
Handlungsanforderungen in der Dimension „Einstellungen" • Die Kernideen ganzheitlichen Denkens, ganzheitlichen Problemlösens und ganzheitlicher Personalentwicklung in Bezug auf die eigenen Werthaltungen reflektieren und die Bereitschaft zeigen, das eigene Handeln vor dem Hintergrund dieser Kernideen zu gestalten • Die Kernideen eines humanistischen Menschenbilds in Bezug auf die eigenen Werthaltungen reflektieren und die Bereitschaft zeigen, das eigene Handeln vor dem Hintergrund dieser Kernideen zu gestalten • Die Kernideen einer Potenzial- und Gestaltungsorientierung in Bezug auf die eigenen Werthaltungen reflektieren und die Bereitschaft zeigen, das eigene Handeln vor dem Hintergrund dieser Kernideen zu gestalten • Das Selbstverständnis und die Rollen eines Organisationsberaters, proaktiven Gestalters, Fachexperten und Projektleiters mit strategischer Orientierung erkennen und vertreten • Die Bereitschaft zeigen, bei der Lösungserarbeitung die eigenen PE-Expertise einzubringen und bei Bedarf auch gegenüber Kundenanliegen durchzusetzen • Die Bereitschaft zu einem langfristigen Fokus und einer nachhaltigen Arbeitsweise zeigen
Handlungsanforderungen in der Dimension „Fertigkeiten" • Die Kernideen einer ganzheitliche Personalentwicklung anwenden • Die Relevanz eines Zusammenspiels der operativen, strategischen und normativen Ebene für die Wirksamkeit von PE-Maßnahmen erkennen und in der Gestaltung von PE-Projekten angemessen berücksichtigen • Die Projektziele ganzheitlich formulieren (Integration der unternehmens-, mitarbeiter- und gesellschaftsbezogenen Ziele, kurz-, mittel-, langfristiger Fokus) sowie eigene Zielvorstellungen ermitteln und einbringen • Den Nutzen und Beitrag des PE-Projekts für das Unternehmen ermitteln und die Gestaltung des PE-Projekts hieran ausrichten • Die Phasen und Ansätze ganzheitlich orientierter PE-Projektgestaltung (u. a. Berücksichtigung einer Verstetigungsphase) für den eigenen Arbeitskontext adaptieren und anwenden • Die interne und externe Umwelt sowie zukünftige Entwicklungstendenzen kennen, in ihrer Relevanz für den eigenen Arbeitskontext verstehen und die Erkenntnisse und Lösungsideen für die Projektgestaltung nutzen • Strategien zur proaktiven Gestaltung von Projekten und der Überzeugung anderer in Bezug auf den eigenen Arbeitskontext ermitteln und anwenden • Die Einflussfaktoren im Projektprozess und Unternehmen kennen, die zu kritischen Ereignissen führen können, und ihnen durch geeignete Handlungsstrategien begegnen • Das PE-Projekt, je nach Auftrag, mit Aktivitäten in anderen Personalbereichen im Unternehmen verzahnen bzw. in diese integrieren

Tabelle 9: Handlungs- bzw. Kompetenzanforderungen im Situationstyp „Ganzheitlich orientiert PE-Projekte gestalten und leiten"

2.3.9. Zwischenfazit

Mit der Modellierung des Situationstyps „Ganzheitlich orientiert PE-Projekte gestalten und leiten" konnten die Grundideen ganzheitlicher Personalentwicklung (siehe Kapitel 2.2) auf PE-Projekte, als Ausschnitt der (künftigen) Praxis von Personalentwicklern, angewendet werden. Mit dem Situationstyp wurde theoriebasiert ein spezifischer Typ des Projekthandelns konstruiert, der für die komplexen Problemstellungen in der PE-Arbeit einen theoretischen Bezugsrahmen bietet. Als Denk- bzw. Ordnungsschema gibt der Situationstyp als Idealvorstellung eine Richtung für das Handeln von Personalentwicklern vor. Personalentwickler, die dieses Verständnis pflegen, haben damit Leitvorstellungen, um ihr Arbeitshandeln zu professionalisieren und den Anforderungen komplexer Problemstellungen in der Praxis gerecht zu werden. Tabelle 10 führt den modellierten Situationstyp zusammen:

Voraussetzungen	**Akteure, Rollen und Aufgaben**
• Soziales Dürfen und Sollen, individuelles Wollen, persönliches Können, situative Ermöglichung • Positionsmacht, personale Macht, förderlicher Reifegrad des Unternehmens bzw. der Personalentwicklung	• Hauptakteure: Personalentwickler • Rollen und Aufgabenbereiche: (1) Organisationsberater, (2) Proaktiver Gestalter, (3) Fachlicher Experte, (4) Projektleiter
Absichten	**Kernmerkmale**
• PE-Projekt an kurz-, mittel- und langfristigen sowie ganzheitlichen Zielen ausrichten • Persönliche oder kollektive Kompetenz nachweisen • Organisationsgestalterischen Beitrag leisten • Anerkennung und Akzeptanz erhalten • Mit dem PE-Projekt einen maßgeblichen Beitrag zu den strategischen Zielen und Wertvorstellungen des Unternehmens leisten • Den Beitrag des PE-Projekts im Gesamtkonzept von Lernen und Entwicklung im Unternehmen sichtbar machen • Eine bestmögliche Lösung erarbeiten, indem das PE-Projekt mit anderen Projekten in Verbindung gesetzt und ggf. in Anlehnung an vorhandene Projektaktivitäten mehrwertorientiert ausgerichtet wird • Eine Lösung mit Mehrwert für das Unternehmen durch Adressieren der Ebenen der Personen- und Systemqualifikation im PE-Projekt generieren • Die Potenziale und Bedürfnisse von Mitarbeitenden angemessen einbeziehen • Mit dem PE-Projekt im Gesamtkonzept von Lernen und Entwicklung einen Beitrag zur	• Fokus auf der Gestaltung und Leitung von Projekten in der Personalentwicklung durch Personalentwickler • Einmaligkeit in Bezug auf ihre Bedingungen in ihrer Gesamtheit sowie eine innovative und komplexe Aufgabenstellung • Beitrag zur Erreichung der Unternehmensziele und der normativen Basis (u. a. Leitbild, Werte) des Unternehmens • Einbindung in das Gesamtkonzept von Lernen und Entwicklung im Unternehmen • Einbezug der Ebenen der Personen- und Systemqualifikation zur Problemlösung bzw. Aufgabenbearbeitung • (Lern)kulturverändernder, organisationsgestaltender Charakter der Projektinhalte und -ziele • Potenzial- und gestaltungsorientierter Handlungsansatz • Legitimierung durch eine Innen-, Außen- und Zukunftsorientierung • Nachweise des Projektbeitrags zu kurzfristigen, mittel- und langfristigen Unternehmenszielen

ausgewogenen Entwicklung aller Gruppen von Mitarbeitenden leisten bzw. einseitige Fokussierung auf ausgewählte Personengruppen zu vermeiden • Eigene Konzeptionen und Leitideen vorausschauend in die Projektgestaltung einbinden • Den Bedarf durch eine innere, äußere sowie zukünftige Perspektive legitimieren und mit dem PE-Projekt einen nachweisbaren Beitrag zur Unternehmensentwicklung leisten • Das PE-Projekt je nach Auftrag mit Aktivitäten in anderen Personal- und Fachbereichen im Unternehmen verzahnen bzw. in diese integrieren	• Zielharmonisierung der evtl. unterschiedlichen Interessenslagen durch die Ausrichtung an einer einheitlichen Zieldimension • Vermeidung einseitiger Übersteigerungen im Rahmen eines Gesamtkonzepts von Lernen und Entwicklung im Unternehmen • Beitrag zur Weiterentwicklung der verschiedenen Mitarbeitergruppen • Proaktive Integration und Verzahnung mit anderen Personalbereichen im Unternehmen • Einbezug von Schnittstellenbereichen und Anspruchsgruppen für die Lösungserarbeitung • Einnahme einer breiten Perspektive auf Lernen und Entwicklung und Auflösen künstlicher Grenzen zwischen verschiedenen Handlungsfeldern

Zeitlicher Ablauf und kritische Ereignisse

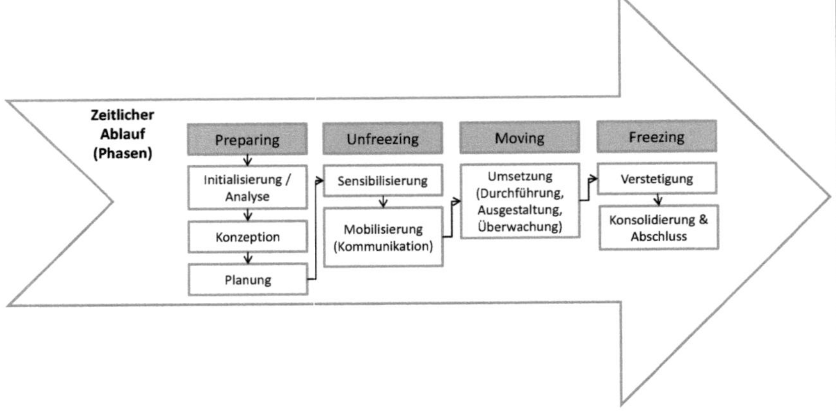

Phase „Preparing"

- Eher oberflächliche Vorbereitung ohne eine solide Analyse, Konzeption und Planung
- Keine ausreichende Harmonisierung des Projektvorhabens mit der normativen Ebene und daraus resultierende Akzeptanzprobleme Keine oder unzureichende Berücksichtigung einer einheitlichen Zieldimension, welche eine schnittstellenübergreifende Projektkonzeption ermöglicht
- Fehlende Integration von bestehenden, projektrelevanten Insellösungen im Unternehmen in das Gesamtkonzept
- Kurzfristig reaktive, statt einer langfristigen Ausrichtung des Projekts
- Unscharfer Wertschöpfungsbeitrag des Projekts
- Mangelhafte Verankerung in der Strategie des Unternehmens und fehlende Legitimität und Unterstützung

• Fehlende oder zu späte Gewinnung der Geschäftsführung und des Betriebsrats • Keine Legitimierung von Ressourcen für eine nachhaltige Verankerung
Phase „Unfreezing"
• Fehlende Unterstützung von Sponsoren, Führungskräften, Auftraggebern und anderen projektrelevanten Personen • Widerstände durch unzureichende oder fehlende Kommunikation, Beteiligung und Motivation von Betroffenen • Kein gemeinsames Verständnis für die Notwendigkeit des Vorhabens • Widerstände durch lange vorherrschende Denk- und Verhaltensmuster
Phase „Moving"
• Projektstörungen (z. B. Krisen im Projekt, Konflikte, Widerstand) • Intransparente Projektsteuerung und fehlende proaktive Zusammenarbeit mit relevanten Schnittstellen • Einseitige Gestaltung der Personen- und Systemqualifikationsebene • Nicht ausreichend schnelle Gewinnung einer kritischen Masse und dadurch entstehende Akzeptanzschwierigkeiten • Unzureichende Ansprache und Aktivierung der „späten Mitmacher" und dadurch fehlende Solidarität bzw. Unterstützung • Ausbleibende schnelle Erfolge oder fehlende Kommunikation von Erfolgen an alle Betroffenen • Widerstände durch fehlende Würdigung der Vergangenheit, Gegenwart und Zukunft • Fehlender Aufbau neuer Deutungsmuster und Handlungsroutinen durch ausbleibende oder falsch ausgerichtete Kompetenzentwicklungsmaßnahmen
Phase „Freezing"
• Sinkende Aufmerksamkeit und Weiterarbeit am Thema durch zu frühe Entlassung der Verantwortlichen und Promotoren • Ausbleibende nachhaltige Verankerung und Wirkung des Projekts durch fehlende Investition in eine Verstetigung
Phasenübergreifend
• Kein gezieltes Einbeziehen von politischen Lagern, Machtfragen und mikropolitischen Strategien im Unternehmen und dadurch aktiver Widerstand • Nicht ausreichende Kenntnis des Unternehmens durch den Personalentwickler und fehlende Nähe zum Business • Fehlende oder nicht ausreichende Kompetenzen als Organisationsberater und Gestalter

Tabelle 10: Zusammenfassende Darstellung des Situationstyps (in Anlehnung an Kapitel 2.3.1 bis 2.3.7)

2.4. Subjektive Theorien

Die Studie „HR Strategie & Organisation 2010/2011" hebt hervor, dass eine Veränderung des Personalbereichs in erster Linie an unklaren Schnittstellen sowie einer fehlenden Verhaltensänderung und Kompetenzdefiziten von Mitarbeitenden im Personalbereich scheitert (Sattler & Werthschütz, 2010, S. 33). Auch in der Personalentwicklung gilt das Handeln von Personalentwicklern als deutlich verbesserungswürdig (vgl. u. a. Bittlingmaier, 2010; Jochmann, 2010; Meifert, 2010, 2013; Stiefel, 2010). In einer Veränderung des beruflichen Handelns von Personalentwicklern wird daher in dieser Arbeit ein wichtiger Stellhebel für eine Weiterentwicklung zu einer ganzheitlichen, organisationsgestaltenden Personalentwicklung (siehe Kapitel 2.2) gesehen. Eine nachhaltige Änderung des Handelns der Personalentwickler setzt jedoch eine Veränderung ihrer handlungsleitenden Kognitionen voraus (vgl. Wahl, 2002, S. 229 f.). Die subjektiv-theoretischen Vorstellungen werden von den Personalentwicklern als Alltagstheoretiker verwendet, um das eigene Handeln, das Handeln anderer sowie Situationen zu erklären, vorherzusagen und ggf. auch gezielt zu beeinflussen (vgl. König & Volmer, 2008, S. 141). Sie sollen in der empirischen Untersuchung der vorliegenden Arbeit für die Berufsgruppe Personalentwickler erstmalig untersucht werden.

Die folgenden Kapitel präzisieren hierfür die theoretischen Grundlagen. Das Konzept subjektive Theorien wird zunächst hinsichtlich des Begriffs, der Inhaltsbereiche und der Funktionen erläutert (siehe Kapitel 2.4.1 bis 2.4.3) und anschließend vom verwandten Konzept mentaler Modelle abgegrenzt (siehe Kapitel 2.4.4). Daran anknüpfend wird der Zusammenhang von subjektiven Theorien und beruflich kompetenten Handeln näher bestimmt (siehe Kapitel 2.4.5). Im Zwischenfazit (siehe Kapitel 2.4.6) findet abschließend eine Zusammenfassung der zentralen Erkenntnisse der folgenden Kapitel statt.

2.4.1. Begriffsbestimmung „subjektive Theorien“

Der Ursprung des Konzepts „subjektive Theorien“ liegt in der Sozialpsychologie und geht bis in die 1950er Jahre zurück (Aretz, 2007, S. 29). Die Arbeiten von Heider (1958) und Kelly (1991) belegen die verstärkte Durchsetzung der Annahme, dass der Alltagsmensch über mehr oder weniger ausgeprägte Konzeptsysteme verfügt und auf diese in seinem alltäglichen Handeln zurückgreift (Aretz, 2007, S. 29). Im deutschsprachigen Raum wurde, stimuliert von den Veröffentlichungen zur „naiven Verhaltenstheorie“ von Laucken (1974), seit den 1980er Jahren verstärkt geforscht (vgl. u. a. Birkhan, 1987; U. Flick, 1987; Groeben, 1986, 1988a; Scheele & Groeben, 1988a). Der Begriff „subjektive Theorien“ hat sich dabei durchgesetzt. Es finden sich aber auch Arbeiten unter Terminologien wie z. B. Alltagstheorien, Laientheorien, naive, intuitive und implizite Theorien (Aretz, 2007, S. 29). Allen Terminologien ist der Verweis auf reflexive Kognitionssysteme des Alltagsmenschen sowie seine Wissensbestände und subjekttheoretischen Überzeugungssysteme gemeinsam (Dann, 1983, S. 77). Am weitesten verbreitet hat sich aber die Definition von Groeben (1988a), der subjektive Theorien als „komplexe Kognitionssysteme des Erkenntnisobjekts, als komplexes Aggregat mit (zumindest impliziter) Argumentationsstruktur, das auch die zu objektiven (wissenschaftlichen) Theorien parallele Funktionen der Erklärung, Prognose und Technologie[46] erfüllt“ (S. 19), versteht.

Dem Verständnis von Groeben (1988a, S. 17 ff.) folgend sind subjektive Theorien nicht in Form vergleichsweiser einfacher Phänomene (z. B. Erwerb von Begriffen) zu verstehen. Sie sind vielmehr grundsätzlich aktualisierungsfähige, handlungsleitende und relativ überdauernde Kognitionen der Welt- und Selbstsicht eines Individuums, die in Form komplexer Aggregate mit einer impliziten Argumentationsstruktur vorliegen. Im Sinne dieses so genannten weiten Verständnisses[47] des Forschungsprogramms Subjektive Theorien, erfüllen subjektive Theorien vergleichbare Funktionen wie wissenschaftliche Theorien. Groeben schreibt dieser weiten Begriffsvariante ein enormes Integrationspotenzial zu, mit der die Fülle von Ansätzen, die ohne expliziten Rückgriff auf das Konzept der subjektiven Theorie entwickelt wurden (z. B. die Personal-Construct-Theorie, Attributionstheorie), subsumiert werden können.

Subjektive Theorien sind gemäß Groeben (1988a, S. 18 f.) und Dann (1983, S. 82 f.) im Wesentlichen durch folgende Aspekte charakterisiert:

- Es handelt sich um verhältnismäßig überdauernde mentale Strukturen, was bei Einzelkognitionen nicht der Fall sein muss.
- Die in der subjektiven Theorie enthaltenen (kognitiven) Konzepte sind in Form von (mindestens) impliziten Argumentationsstrukturen verbunden, die Schlussfolgerungen zulassen. Dies wird durch die Verwendung des Begriffs der „Theorie“ betont.
- Die Struktur und Funktion der komplexeren Aggregate von Konzepten in Form subjektiver Theorien weisen eine Struktur- und Funktionsparallelität zu wissenschaftlichen Theorien auf. Subjektive Theorien haben daher nicht nur hinsichtlich ihrer Struktur, sondern auch hinsichtlich ihrer Funktion der Situations-definition, Erklärung, Prognose und Technologie für das reflexive Subjekt „Mensch“ Parallelen zu objektiven Theorien.
- Die Funktionen richten sich inhaltlich, wie auch die Kognitionen, auf das eigene Ich (Selbstsicht) sowie auf die ich-unabhängigen Ereignisse in der externen Welt (Weltsicht).

Nach Groeben (1988a, S. 18 f.) ist die Annahme der Struktur- und Funktions-parallelität zu objektiven, also wissenschaftlichen Theorien ein wesentliches Charakteristikum sub-

---

46 Unter Technologie wird die Generierung von Handlungen bzw. Handlungsempfehlungen und infolgedessen die praktische Anwendung subjekttheoretischer Überzeugungen verstanden, was den handlungssteuernden Einfluss widerspiegelt. (Aretz, 2007, S. 34)

47 Siehe Kapitel 3.1 für eine Erläuterung der engen Begriffsvariante gemäß Groeben (1988a).

jektiver Theorien. Die Konzepte sind aber dennoch nicht gleich. Im Verhältnis zu objektiven Theorien halten subjektive Theorien einer wissenschaftlichen Kritik nicht stand (Patry & Gastager, 2011, S. 23). Das Konzept subjektive Theorien grenzt sich in Rekurs auf Furnham (1988, S. 2 ff.) entlang der folgenden Kriterien von objektiven Theorien ab:

- Subjektive Theorien rekurrieren auf Alltagswissen, welches zum einen aus persönlichem Erfahrungswissen, zum anderen aus tradiertem Wissen besteht. Dieses Wissen liegt weitgehend implizit vor, kann aber expliziert werden.
- Subjektive Theorien weisen eine gewisse Komplexität auf, da potenziell alles verfügbare Wissen einbezogen wird.
- Herleitung und Formulierung subjektiver Theorien sind eher informeller und vager Natur und können demgemäß durchaus auch in Teilen inkohärent oder sogar widersprüchlich sein. Wesentlich ist, dass sie ihre Argumentations- und Erklärungsfunktion erfüllen.
- Vor allem in Bezug auf Personen (und weniger auf situative oder strukturelle Zusammenhänge) werden Ursache-Wirkungs-Zusammenhänge auch ohne das Vorliegen einer überzeugenden Beweisstruktur zugewiesen.
- Durch die Tendenz des Alltagsmenschen, die bestehenden Theorien zu bestätigen, sind subjektive Theorien relativ stabil. Auch das Bestreben nach Überprüfung der vorliegenden subjektiven Theorien hinsichtlich ihrer Richtigkeit ist in der Regel nicht vorhanden. Stattdessen werden neue, ggf. diskrepante Informationen in bestehende (durchaus fehlerhafte) Strukturen eingebettet, um diese nicht ändern zu müssen.
- Subjektive Theorien können sich speziell auf bestimmte Ausschnitte der Wirklichkeit richten, ohne daraus allgemeine Prinzipien abzuleiten, oder relativ unspezifisch eher allgemein eine Reihe von Phänomenen abdecken.
- Affektive Bewertungen wie Emotionen und Einstellungen sind Bestandteil subjektiver Theorien.

In der vorliegenden Arbeit wird dem weiten Begriffsverständnis subjektiver Theorien von Groeben (1988a) gefolgt. Dieses Verständnis geht mit einem epistemologischen Subjektmodell einher, das Ausgangsbasis für die Analyse von Handeln im Forschungsprogramm Subjektive Theorien ist (Obliers, Vogel & von Scheidt, 1996, S. 79) und in Kapitel 3.1 dieser Arbeit erläutert wird.

2.4.2. Inhaltsbereiche subjektiver Theorien

Die Inhalte subjektiver Theorien beziehen sich nach der Definition von Groeben (1988a, S. 19) auf jegliche Kognitionen der Welt- und Selbstsicht. Sie sind prinzipiell auf jeden

Gegenstandsbereich beziehbar (Aretz, 2007, S. 36). Die Erforschung subjektiver Theorien fand bisher in verschiedenen Disziplinen statt (vgl. u. a. D. Beck, Fisch & Müller, 2008; D. Beck & Fisch, 2009; Bernhart, 2014; Frohn, 2005; Fussangel, 2008; Graner, 2009; Keller, 2008; Kolbe & Boos, 2009; Manchen Spörri, 2000; Oehme, 2007; Patry & Gastager, 2002; Rank, 2008; Schilling, 2001; Schöbel & Manzey, 2011). Ein Schwerpunkt der Forschungsarbeiten liegt im Kontext der pädagogischen und klinischen Psychologie (vgl. u. a. Levke Brütt, 2012; Mehring, 2009; Oehme, 2007; Rank, 2008). Forschungsarbeiten im betrieblichen Kontext beziehen sich mehrheitlich auf das Thema Führung (vgl. u. a. Aretz, 2007; Biedermann, 1989; Schilling, 2001), sind aber im Verhältnis zu der Anzahl der Arbeiten in den Schwerpunktbereichen als eher gering anzusehen. Im Kontext Personalentwicklung liegt nach Kenntnisstand der Autorin lediglich eine Arbeit zu subjektiven Eignungstheorien von Graner (2009) vor. Dass dennoch ein großer Nutzen von subjektiven Theorien zur Untersuchung von Praxishandeln in Unternehmen vorhanden ist, stellen unter anderem Untersuchungen von Beck et al. (2009) zu subjektiven Theorien von Führungskräften oder subjektiven Theorien über die Gestaltung von Veränderungsvorhaben heraus. Auch Manchen Spörri (2000), die den Umgang von Führungskräften mit Widerständen analysiert, sowie Aretz (2007), die subjektive Führungstheorien und die Umsetzung von Führungsgrundsätzen in Unternehmen beleuchtet, nutzen subjektive Theorien als Zugang in organisationalen Kontexten. Den Wert von subjektiven Theorien zur Untersuchung von Handeln in Organisationen heben ebenfalls Obliers et al. (1996, S. 89) und von Rosenstiel (2000, S. 110 f.) hervor: Ihre Besonderheit bestehe darin, die Subjektivität nicht als Störfaktor zu betrachten, sondern gezielt zu erfassen.

Scheele und Groeben (1988b, S. 47 ff.) sowie König und Volmer (2008, S. 141 ff.) unterscheiden als Inhaltsbereiche von subjektiven Theorien

- subjektive Konstrukte (Begriffe), die als begriffliche Unterscheidungen zur Deutung einer Situation verwendet werden
- subjektive Definitionen bzw. Explikationen, welche direkte oder indirekte sprachliche Erläuterungen der verwendeten subjektiven Konstrukte umfassen
- subjektive Daten, welche als Ereignisse oder Zustände der Innen- und Außenwelt einer Person zur Erläuterung von Phänomen und Ereignissen, und damit als Belege oder Bezugspunkte für subjektive Konstrukte verwendet werden
- subjektive Hypothesen, die eine Kombination von subjektiven Konstrukten bzw. Daten in mehr oder weniger generellen Sätzen darstellen und an zentraler Stelle der (zumindest impliziten) Argumentationsstruktur einer Person stehen
- subjektive Erklärungshypothesen, die in Form von kausalen Aussagen Auskunft über Ursachenvermutungen einer Person für eine bestimmte Situation geben

- subjektive Diagnosehypothesen, die beschreibende und bewertende Aussagen einer Situation umfassen
- subjektive Prognosen bzw. Technologien, die zur Voraussage von Ereignissen bzw. zur Ableitung von Handlungen und Maßnahmen unter Rückgriff auf subjektive Hypothesen dienen. König und Volmer (2008, S. 142) verwenden in diesem Kontext den Begriff der subjektiven Strategien, die als Um-zu-Sätze persönliche Annahmen über Mittel zur Zielerreichung beinhalten
- subjektive Ziele, die zukünftig zu erreichende Zustände darstellen.

Die gegenstandsbezogene Reichweite subjektiver Theorien kann gemäß Obliers und Vogel (1992, S. 299) von einer geringen bis hin zu einer großen differieren. Die größere Reichweite umfasst „ganze Welt- und Lebensentwürfe bis hin zu Lebensphilosophien" (Obliers & Vogel, 1992, S. 299). Sie können als raum- und zeitübergreifende Wissensstrukturen verstanden werden und gelten bisher als wenig untersucht, aber auch nur im geringen Maße handlungswirksam (Aretz, 2007, S. 41). Für die vorliegende Arbeit haben sie deshalb keine besondere Relevanz. Subjektive Theorien kurzer Reichweite weisen hingegen durch ihren Bezug auf konkrete, unmittelbar erlebte Handlungssituationen eine besondere empirische Relevanz für die Untersuchung von Handeln auf (Keller, 2008, S. 77; Schilling, 2001, S. 35). Ihr Erklärungskonzept bezieht sich auf eine singuläre Situation oder Handlung und kann nur für diesen engen Ausschnitt Geltung beanspruchen (Aretz, 2007, S. 40; Keller, 2008, S. 77). Subjektive Theorien mittlerer Reichweite sind in ihrem Geltungshorizont breiter angelegt und beziehen sich als eher übergreifende Erklärungskonzepte auf eine größere Anzahl von Erklärungsschritten bzw. Handlungskategorien und mehrere Situationen (Aretz, 2007, S. 41; Keller, 2008, S. 77).

Schilling (2001, S. 35 f.) weist darauf hin, dass subjektive Theorien kurzer Reichweite das handlungsrelevante Herstellungswissen umfassen und subjektive Theorien mittlerer Reichweite das Funktionswissen[48]. Nach Keller (2008, S. 77) enthalten subjektive Theorien mittlerer Reichweite nicht nur Handlungsschritte im engeren Sinne und Einzelsituationen, sondern auch die relevanten Handlungskonstrukte wie z. B. Handlungsvoraussetzungen, Absichten, Werte und Einstellungen sowie mehrere Situationen. Für die vorliegende Arbeit sind subjektive Theorien mittlerer Reichweite von besonderer empirischer Relevanz, da sie eine größere Anzahl von Erklärungsschritten als subjektive Theorien kürzerer Reichweite umfassen und damit enge Bezüge zum Situationstypenmodell haben (siehe Kapitel 2.3). Der Situationstyp umfasst Handlungskonzepte,

[48] Subjektive Theorien enthalten neben Funktionswissen das so genannte Handlungswissen, dem eine handlungsleitende Funktion zugesprochen wird (Aretz, 2007, S. 65). Der Begriff Handlungswissen wird von Laucken (1982, S. 95 ff.) in Fall-, Herstellungs-, Regel-, Funktions- und Grundwissen unterschieden werden.

die sich auf ein Bündel von Situationen und nicht nur auf eine einzelne Situation oder Handlung beziehen (Euler, 2004, S. 35).

2.4.3. Funktionen subjektiver Theorien

Groeben und Scheele (1988, S. 17 ff.) weisen darauf hin, dass subjektive Theorien einen Beitrag leisten, fremde oder eigene Handlungen zu erklären (Funktion der Erklärung), auf der Grundlage von Erfahrungen und subjektivem Wissen Handlungen vorherzusagen (Funktion der Prognose künftiger Ereignisse) und diese gezielt zu beeinflussen (Funktion der Technologie). Die Funktion der Technologie ermöglicht die Generierung von Handlungen bzw. Handlungsempfehlungen und infolgedessen die praktische Anwendung subjekttheoretischer Überzeugungen (Aretz, 2007, S. 34). Zudem erlauben subjektive Theorien Personen, als reflexive Subjekte, Ereignisse in ihrem subjektiven Zusammenhang und Entstehungskontext einzuordnen und zu deuten (Funktion der Situationsdefinition) (Aretz, 2007, S. 59). Subjektiven Theorien wird deshalb eine Funktion der Handlungssteuerung bzw. Handlungsleitung zugeordnet, eine Kernannahme des Forschungsprogramms Subjektive Theorien (Dann, 1983, S. 82 f.).

Weitere Funktionen werden in der Selbstvalidierung und Problemlösung gesehen (Aretz, 2007, S. 65 ff.). Zu der Selbstvalidierungstendenz gehören laut Aretz (2007, S. 65 ff.) auch die so genannten selbst erfüllenden Prophezeiungen, die aus subjektiv-theoretischen Überzeugungen, Erwartungen oder Hypothesen bestehen. Diese können potenziell auch fehlerhaft sein, beeinflussen aber dennoch das Handeln und bestätigen sich selbst hierdurch als gültig. Aus der Lehrerforschung ist der „Pygmalioneffekt“ als Spezialform selbsterfüllender Prophezeiungen bekannt, demnach sich Schüler den Erwartungen ihrer Lehrer entsprechend verhalten.

Nach Aretz (2007, S. 65) weisen daher subjektiv-theoretische Überzeugungen und Erwartungshaltungen von Individuen eine hohe Handlungsorientierung auf und führen zu einer entsprechenden Handlung. Die Funktion der Problemlösung wird als eine eher übergeordnete Funktion subjektiver Theorien verstanden. Die bereits eingeführten Teilfunktionen Situationsdefinition, Erklärung und Prognose sollen die Bewältigung von Problemen ermöglichen. Dies wird durch empirische Ergebnisse bestätigt, indem hervorgehoben wird, dass die Problemlösung in hohem Maße von der Zusammenhangsanalyse anhand subjektiver Theorien abhängig ist.

Abschließend kann festgehalten werden, dass subjektive Theorien also handlungswirksam sein können, dies aber nicht zwingend sind. Die Handlungswirksamkeit ist vielmehr von verschiedenen Bedingungen (kurzfristiger und langfristiger Natur) abhängig, die in der Person des Handelnden selbst sowie in der Situation liegen können (Dann, 1983, S. 85). Eine Rekonstruktion subjektiver Theorien im Rahmen der vorliegenden

Arbeit bietet die Möglichkeit, nicht nur an der Oberfläche beobachtbaren Handelns zu bleiben, sondern die innen liegenden, impliziten Argumentations-strukturen zu erfassen. Hierin liegt die Chance, subjektive Theoriebestände zu rekonstruieren, die anschließend nicht nur dichte Beschreibungen, sondern auch wichtige Aufschlüsse über die Lernvoraussetzungen[49] für eine Kompetenzentwicklung von Personalentwicklern sowie Impulse für die Weiterentwicklung der Personal-entwicklung liefern.

2.4.4. Abgrenzung zu mentalen Modellen

Der Begriff mentales Modell hat sich in der betrieblichen Praxis unter anderem durch die Arbeiten von Senge (1997) verbreitet. In seinem Modell zur Entwicklung einer lernenden Organisation bilden mentale Modelle als tief in der Person verwurzelte, handlungsleitende Annahmen, eine zentrale Säule (Senge, 1997, S. 214). Im vorliegenden Kapitel wird der im Organisationskontext verbreitete Begriff mentales Modell bestimmt und daran anknüpfend von subjektiven Theorien abgegrenzt.

Der Begriff „mentales Modell" wird in der Forschung unterschiedlich konzeptionell operationalisiert und methodisch erhoben (Schröer, 2005, S. 63 f.). Nach Dutke (1994, S. 12) und Seel (1991, S. 9) finden sich Auffassungen von mentalen Modellen als naive, implizite Formen der Wissensrepräsentation, als monolithische Wissenseinheiten, phänomenologische Primitive, als intuitive Theorien oder als das, was eine Person in Bezug auf die Welt verinnerlicht hat. Die Tradition der Kognitionspsychologie, in welcher der Mensch als ein System verstanden wird, das aktiv Informationen aus der Umwelt aufnimmt, speichert, modelliert und z.T. zielgerichtet weiterverwendet, prägt die Auffassung von mentalen Modellen (Dutke, 1994, S. 10 ff.).

Die Perspektive auf mentale Modelle als Abbildung von Sachverhalten der externen Welt im Gedächtnis greift nach Seel (1991, S. 10) aus konstruktivistischer Sicht zu kurz. Mentale Modelle sind als kognitive Konstruktionen Resultat einer Interaktion von Wahrnehmung und Gedächtnis (Dutke, 1994, S. 10 ff.). So ist Wissen mit Kognitionen verbunden und durch Prozesse der Aufnahme, Verarbeitung und der Speicherung von Informationen im Gedächtnis sowie dem Wiederauffinden und Nutzen gekennzeichnet (Seel, 1991, S. 10). Individuelles Handeln greift für die Handlungsplanung und Handlungsausführung auf erworbene kognitive Strukturen zurück, in denen Wissen in mentalen Modellen repräsentiert ist (Dutke, 1994, S. 2). Somit sind mentale Modelle einerseits ein Ausdruck des Verstehens eines Ausschnitts der Realität und andererseits

[49] Gemäß Euler und Hahn (2004) bezeichnen Lernvoraussetzungen „diejenigen Handlungskompetenzen, die vor Beginn eines Lernprozesses beim Lernenden als lernbedeutsam vermutet werden" (S. 154). Keller (2008, S. 54) führt weiter aus, dass für die Erweiterung von Handlungskompetenzen eine Vernetzung des Neuen mit den Vorerfahrungen bzw. den bestehenden mentalen Repräsentationen wesentlich ist, damit ein Elaborationsprozess bei den Lernenden stattfinden kann.

Grundlage zur Handlungsplanung und -steuerung (Dutke, 1994, S. 2). Dabei haben sie ähnliche Funktionen wie subjektive Theorien: Die des Verständnisses, der Erklärung und der Vorhersage von Phänomenen in der Umwelt sowie der Steuerung des eigenen Handelns (Tergan, 1986, S. 166 f.).

Mentale Modelle eines Individuums sind folglich handlungsleitend für den Umgang mit anderen Menschen und befinden sich im Rahmen der Interaktion in einem kontinuierlichen Modifikationsprozess (Brauner, 1994, S. 14). Der Nutzen mentaler Modelle liegt vor allem in ihrer heuristischen, simulativen und pragmatischen Funktion (Brauner, 1994, S. 101). Mentale Modelle bilden analoge Repräsentationen von bestimmten Gegenstandsbereichen, die gleichzeitig die Basis und das Ergebnis kognitiver Aktivitäten einzelner Personen zur Bewältigung einer Anforderungssituation sind (Schröer, 2005, S. 64).

Subjektive Theorien haben im Gegensatz zu mentalen Modellen vielfache strukturelle Bezüge zu anderen kognitionspsychologischen Konstrukten wie z. B. Schemata, kognitiven Karten, sozialen Repräsentationen und mentalen Modellen (Schilling, 2001, S. 43 ff.).

In Anlehnung an Aretz (2007, S. 56) unterscheiden sich die beiden Konstrukte vor allem hinsichtlich ihrer Bezugspunkte und der Repräsentationsart. So beschränken sich mentale Modelle vor allem auf technische oder physikalische Systeme, während subjektive Theorien auf inhaltlicher Ebene vorrangig psychologische und soziale Phänomene umfassen. Zudem stehen bei mentalen Modellen hinsichtlich der Repräsentationsart wahrnehmungsnahe visuelle Modalitäten im Vordergrund, subjektive Theorien weisen hingegen eine Dominanz verbal-semantischer Repräsentationsformen auf.

Der größte Unterschied besteht aber nach Ansicht der Autorin in den anthropologischen Kernannahmen des Forschungsprogramms Subjektive Theorien (vgl. Schlee, 1988a), die mit der Konzeptualisierung subjektiver Theorien verbunden sind. Im Gegensatz zu mentalen Modellen gelten subjektive Theorien als in ihrer Struktur parallel zu wissenschaftlichen Theorien. Sie sind mit einem epistemologischen Subjektmodell, also einem spezifischen Menschenbild, verbunden. Die Strukturparallelität zu wissenschaftlichen Theorien, die normativen Kernannahmen sowie die inhaltliche Dimension grenzen subjektive Theorien folglich deutlich von mentalen Modellen ab. Für die vorliegende Arbeit, die sich vorrangig auf psychologische und soziale Phänomene bezieht, wird aufgrund der Enge des Gegenstandsbereichs mentaler Modelle, aber auch aufgrund des moralischen Standpunkts des Forschungsprogramms Subjektive Theorien, das Konzept subjektive Theorien bevorzugt.

2.4.5. Subjektive Theorien und berufliches Handeln

Subjektive Theorien enthalten neben Funktionswissen das so genannte Handlungswissen, dem eine handlungsleitende Funktion zugesprochen wird (Aretz, 2007, S. 65). Die Handlungswirksamkeit ist jedoch von verschiedenen Bedingungen (kurzfristiger und langfristiger Natur) abhängig, die in der Person des Handelnden selbst sowie auch in der Situation liegen können (Dann, 1983, S. 85). Die folgenden Ausführungen klären deshalb die Bedeutung subjektiver Theorien beim beruflichen Handeln. Hierfür wird in Kapitel 2.4.5.1 zunächst der Begriff „Berufliches Handeln“ bestimmt, um anschließend den Zusammenhang zwischen subjektiven Theorien, Wissen und Handeln in Kapitel 2.4.5.2 zu präzisieren. Kapitel 2.4.5.3 befasst sich abschließend mit der Frage der Veränderbarkeit subjektiver Theorien und der Entwicklung kompetenten Handelns.

2.4.5.1. Begriffsbestimmung „berufliches Handeln“

Handlungen werden gemäß Schlee (1988a, S. 12) als absichtsvolle, sinnhafte Verhaltensweisen beschrieben, die einer konstruktiven Planung unterliegen und als Mittel zur Erreichung von (selbst gewählten) Zielen durchgeführt werden. Sie sind nach Schlee resultatorientiert, motiv- und interessengeleitet. Eine derartige Definition von Handeln greift Gemeinsamkeiten von verbreiteten Begriffsverständnissen auf, die im Wesentlichen Handeln als etwas intentionales, volitionales, zielgerichtetes sowie Wirklichkeit gestaltendes Tun auffassen (vgl. Gollwitzer, 1996; Groeben, 1986; H. Heckhausen, 1996; J. Heckhausen & H. Heckhausen, 2010; Schlee, 1988a; von Rosenstiel, 2000).

Nach Euler und Hahn (2004, S. 78, S. 88) wird Handeln durch erworbenes und verarbeitetes Wissen, den so genannten Handlungskompetenzen, befähigt. Handlungskompetenzen gelten, in Anlehnung an Euler und Bauer-Klebl (2009, S. 33), innerhalb eines Typus von Situationen als Möglichkeiten des Handelns. Der Erwerb oder die Entwicklung von beruflichen Handlungskompetenzen erfolgt entweder zielgerichtet durch Lernen oder nicht zielgerichtet durch Sozialisationsprozesse (Euler & Hahn, 2004, S. 78 f.). Diesem Verständnis von Handeln und Handlungskompetenzen folgend, gelten Menschen als kompetent handelnd, wenn sie komplexe, neuartige und mäßig strukturierte Situationen erfolgreich bewältigen können (Hanft & Müskens, 2003, S. 59).

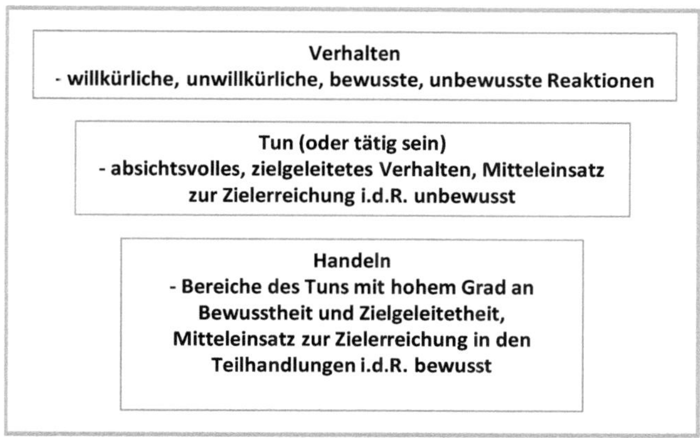

Abbildung 23: Zusammenhang von Verhalten, Tun und Handeln (Aebli 1980, S. 18 ff.)

Darüber hinaus unterscheiden Aebli (1980, S. 18 ff.) und Groeben (1986, S. 163 ff.) die Begriffe Verhalten, Tun und Handeln entlang unterschiedlicher Bewusstheitsgrade. Das Verhalten umfasst nicht nur willkürliche und unwillkürliche, sondern auch bewusste und unbewusste Reaktionen eines Menschen. Durch die Weite des Begriffs können auch Reaktionen (wie z. B. Erröten, Panik), die dem Menschen nicht bewusst sind, unter den Begriff des Verhaltens subsumiert werden. Zur Abgrenzung der willentlichen und daher bewussten Verhaltensweisen wird der Begriff „Tätigkeit" bzw. „Tun" eingeführt, das als intentionales, zielgerichtetes Verhalten verstanden wird. Der Mitteleinsatz zur Zielerreichung ist in der Regel unbewusst, das Ziel bewusst. Handeln umfasst Bereiche des Tuns mit hohem Grad der Bewusstheit und der Zielgerichtetheit. Die Realisierung eines Handlungsablaufs erfordert viele Teilhandlungen mit jeweils spezifischen Zielsetzungen, bei denen der Mitteleinsatz weitgehend bewusst erfolgt. Die folgende Abbildung 23 fasst den Zusammenhang von Verhalten, Tun und Handeln zusammen:

Schlee (1988a, S. 13) stellt heraus, dass sich das Verhalten auf das unmittelbar von außen Beobachtbare an einem Menschen bezieht, also vordergründig motorische Bewegungen. Handeln hingegen lasse sich jedoch nicht direkt beobachten, so Schlee, und existiere nur als subjektiv-interpretative Beschreibungen. Soll Handeln sichtbar gemacht werden, bedürfe es folglich einer interpretativen Erschließung der Innenaspekte oder einer Rekonstruktion im Dialog zwischen Forscher und Handelndem.

Zur Erklärung menschlichen Handelns gibt es verschiedene Ansätze (vgl. Widulle, 2009, S. 20 ff.), die den Ablauf menschlichen Handels darlegen. So teilt beispielsweise das so genannte Rubikon-Modell (Gollwitzer, 1996, S. 533 ff.) den Handlungsablauf in (1) eine prädezisionale Phase, in der das Wünschen und Abwägen im Vordergrund stehen, (2) die Phase der Zielentscheidung, in der präaktional das Handeln geplant wird

(Handlungsvorsätze) und (3) die aktionale Phase, in der zielorientiertes Handeln initiiert wird. Die dritte Phase ist stark von der Stärke des Willens einer Person geprägt, das anvisierte Ziel zu erreichen, sowie von den Gegebenheiten der Situation selbst. In (4) der postaktionalen Phase findet eine Bewertung der Zielrealisierung statt, inwieweit das anvisierte Ziel erreicht werden konnte und ob der tatsächliche Wert der Zielerreichung mit dem erwarteten Wert übereinstimmt. Die Ergebnisse der postaktionalen Bewertung fließen in die prädezisionale und präaktionale Phase zukünftiger Handlungsabläufe ein.

Ferner finden sich in der Psychologie Entscheidungstheorien, Willensmodelle, Regulationsmodelle und so genannte dynamische Handlungsmodelle, um jeweils verschiedene Aspekte des Handelns zu beschreiben (Westermann & Heise, 1996, S. 275 ff.). Sie untersuchen einzelne Merkmale von Handeln, die an dieser Stelle aber nicht ausführlich aufgearbeitet werden können. Vielmehr seien zwei zentrale Aspekte herausgegriffen: Handeln selbst ist nach J. Heckhausen und H. Heckhausen (2010, S. 3 ff.) von der Person (ihren Bedürfnissen, Motiven und Zielen) und der jeweiligen Situation (und ihren spezifischen Gelegenheiten und möglichen Anreizen[50]) abhängig. Die folgende Abbildung 24 fasst die Interaktion von Person und Situation, bevor eine Handlung ausgeführt wird, zusammen.

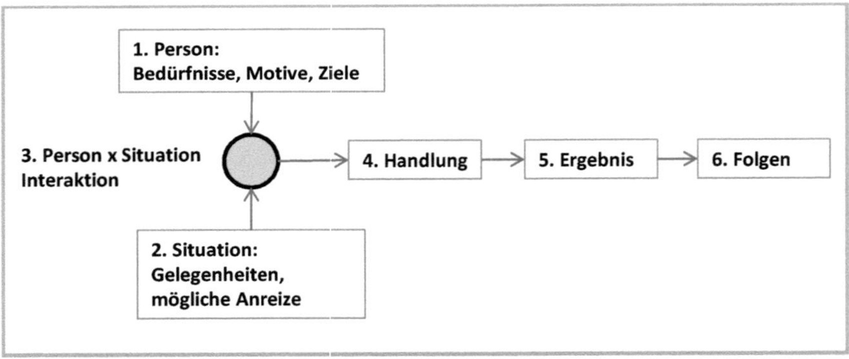

Abbildung 24: Überblicksmodell zu Determinanten und Abfolge von motiviertem Handeln (in Anlehnung an J. Heckhausen & H. Heckhausen, 2010, S. 3)

Von Rosenstiel (2000, S. 110 f.) hebt in Hinblick auf das Handeln innerhalb von Organisationen ebenfalls den situativen Bezug des Handelns hervor (siehe Abbildung 25).

[50] Nach J. Heckhausen und H. Heckhausen (2010, S. 5) wird unter Anreizen folgendes verstanden: „Alles, was Situationen an Positivem oder Negativem einem Individuum verheißen oder andeuten, wird als ‚Anreiz' bezeichnet, der einen ‚Aufforderungscharakter' zu einem entsprechenden Handeln hat. Dabei können Anreize an die Handlungstätigkeit selbst, das Handlungsergebnis und verschiedene Arten von Handlungsergebnisfolgen geknüpft sein" (S. 5).

Praxishandeln ist in seinem Verständnis zum einen vom individuellen Wollen (Motivation, Volition, Werte) und persönlichen Können (Fähigkeiten, Fertigkeiten) einer Person abhängig, zum anderen von den situativen Gegebenheiten. Als Bestandteile der Situation werden insbesondere das soziale Dürfen und Wollen (Normen, Regelungen) sowie die situative Ermöglichung (hemmende oder begünstigende äußere Umstände) gesehen.

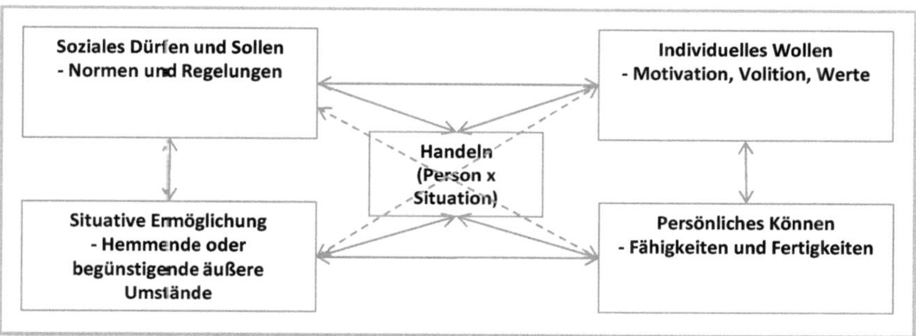

Abbildung 25: Bedingungen des Handelns in Organisationen (von Rosenstiel 2000, S. 111)

Die vorgängigen Ausführungen zum grundlegenden Verständnis von Handeln führen für die vorliegende Arbeit zu wichtigen Erkenntnissen. So ist das Handeln von Personalentwicklern als ein Prozess zu sehen, in dem willentlich, zielgerichtet, bewusst sowie immer unter Einfluss der spezifischen Bedingungen der Situation ein Ergebnis (ein gewünschter Zielzustand) unter Planung erreicht werden soll. Es bezeichnet einen Bereich des Tuns mit hohem Grad an Bewusstheit und Zielgeleitetheit. Auch der Mitteleinsatz zur Zielerreichung in den jeweiligen Teilhandlungen gilt als bewusst. Die Ausführung von Handeln erfolgt intraindividuell in Form verschiedener Handlungsphasen, die von der Zielauswahl über die Ausführung bis zur Bewertung reichen. Das Handeln ist dabei immer abhängig von der Person (von individuellem Wollen, persönlichem Können) sowie der jeweiligen Situation (von sozialem Dürfen und Sollen, situativer Ermöglichung). Im Gegensatz zu Verhalten ist es nicht von außen beobachtbar. Um das Handeln von Personalentwicklern zu untersuchen, ist daher ein Zugang erforderlich, der eine interpretative Erschließung der Innensicht der Personalentwickler ermöglicht. Dieser wird in Kapitel 3 im Rahmen der Forschungskonzeption festgelegt.

2.4.5.2. Rekursivität von Wissen und Handeln

Alle wissenschaftlichen Theorien, die Handeln als zielgerichtet und intentionsgeleitet konzeptualisieren, basieren gemäß H. Heckhausen (1996) auf der Kernannahme einer „mentalen Repräsentation des auszuführenden Handelns, auf jeden Fall der zu erreichenden Handlungsergebnisse und vielleicht auch der sich daraus ergebenden Handlungsfolgen als angestrebte Zielzustände“ (S. 818). Subjektive Theorien in Form mentaler Repräsentationen haben demnach auf das Handeln von Personen einen großen Einfluss. Nach Schlee (1988a, S. 13) bilden und verwerfen Menschen Hypothesen sowie entwickeln Konzepte und kognitive Schemata, die interne Prozesse und Strukturen abbilden, die wiederum handlungsleitend wirken. Um das Handeln von Personalentwicklern durch eine interpretative Erschließung der Innensicht zu verstehen, bedarf es somit einer Erschließung handlungsleitender Repräsentationen.

Hierbei spielen die innerlich angelegten Wissensbestandteile einer Person eine zentrale Rolle. In den Kognitionswissenschaften gelten mentale Repräsentationen als die Grundlage für die Strukturierung und Organisation von Wissen (Schmidthals, 2005, S. 37), welches wiederum für das Handeln eine handlungsleitende Wirkung hat (von Rosenstiel, 2000, S. 111). Wissen (bzw. die mentale Repräsentation von Wissen) und Handeln sind folglich in einem rekursiven Wechselspiel verbunden (von Cranach & Bangerter, 2000, S. 222). Handeln erfolgt geleitet von Wissen und bringt wiederum Wissen hervor.

Wissen erhält folglich nach Gerstenmaier und Mandl (2000, S. 291 f.) primär durch seine Anwendung, also durch Handeln, Bedeutung und grenzt sich damit von Informationen ab. Erst wenn Wissen durch Handeln für den Einzelnen durch Sinn bzw. auf der Ebene sozialer Systeme durch Bedeutung charakterisiert ist, kann also von Wissen gesprochen werden.

Die meisten Handlungen erfordern nach von Cranach und Bangerter (2000, S. 229 f.) Wissen verschiedenster Art, das aber nur in Zusammenhang mit einem größeren Wissenssystem sinnvoll verwendet werden kann. Nach Gerstenmaier und Mandl (2000, S. 291) besteht eine Form von Grundkonsens über bestimmte Unterscheidungen von Wissen. So führen die Autoren die verbreitete Klassifikation von Wissen nach Ryle (1969, S. 30 ff.) an, der prozedurales Wissen (knowing how) und deklaratives Wissen (knowing what) voneinander unterscheidet. Insbesondere das prozedurale Wissen weist eine direkte Handlungswirkung auf, da es „direkt in die Form von Handlungsanweisungen gekleidet ist“ (von Cranach & Bangerter, 2000, S. 236).

Kesseler (2004, S. 122) ergänzt diese Wissensarten durch das konditionale Wissen (knowing when)[51]. Das konditionale Wissen beinhaltet das Wissen über das wann und unter welchen Bedingungen gehandelt wird und wird gemeinsam mit dem prozeduralen

---

[51] Von Cranach und Bangerter (2000, S. 235 ff.) unterscheiden deklaratives Wissen (Faktenwissen, das im Gedächtnis gespeichert und bewusstseinsfähig ist), prozedurales Wissen (Basis für die Durchführung komplexer kognitiver und motorischer Handlungen) und episodisches Wissen (Wissen um Ereignisse und Folgen vergangener Handlungen), die einen Zusammenhang zum Handeln aufweisen. Das prozedurale Wissen gilt als direkt handlungsbezogenes Wissen, deklaratives Wissen als eher indirekt handlungsleitend (Schröer, 2005, S. 65).

Wissen auch als Handlungswissen bezeichnet (Keller, 2008, S. 57). Menschen greifen für ihr Handeln folglich auf dieses Handlungswissen zurück. Das prozedurale Wissen wirkt dabei handlungsleitend, indem es vorgibt, wie gehandelt werden soll (Keller, 2008, S. 57). Es wird deshalb auch häufig als Strategie- oder Verfahrenswissen bezeichnet (Kesseler, 2004, S. 123). Zur Anwendung des prozeduralen Wissens, abgestimmt auf die Situation, gibt das konditionale Wissen nach Kesseler (2004, S. 123) vor, unter welchen Bedingungen man was wie situationsadäquat anwenden kann. Es kann damit ebenfalls als handlungssteuernd verstanden werden.

Die Erfassung von mental repräsentiertem Wissen ist für das Verständnis des beruflichen Handelns von Personalentwicklern in dieser Arbeit folglich von besonderer Bedeutung. Die Rekonstruktion subjektiver Theorien ermöglicht einen Zugriff auf die implizit vorliegenden Wissensbestandteile. Dieses Wissen kann auf verschiedenen Stufen der Bewusstheit mental repräsentiert sein (von Cranach & Bangerter, 2000, S. 226). Um Wissen rekonstruieren zu können, muss es bewusstseinsfähig sein. Dies trifft laut von Cranach und Bangerter (2000, S. 227) auf vollbewusste und unterbewusste Kognitionen, die leicht ins Bewusstsein gelangen, uneingeschränkt zu, nicht aber auf die impliziten Wissensbestandteile. Diese nichtbewussten Kognitionen benötigen zur Bewusstwerdung spezifische Dekodierprozesse, gelten aber als prinzipiell rekonstruierbar. Nicht rekonstruierbar sind hingegen unbewusste Kognitionen.

Abbildung 26 fasst den Einfluss der genannten Wissensarten auf das Handeln von Personen zusammen.

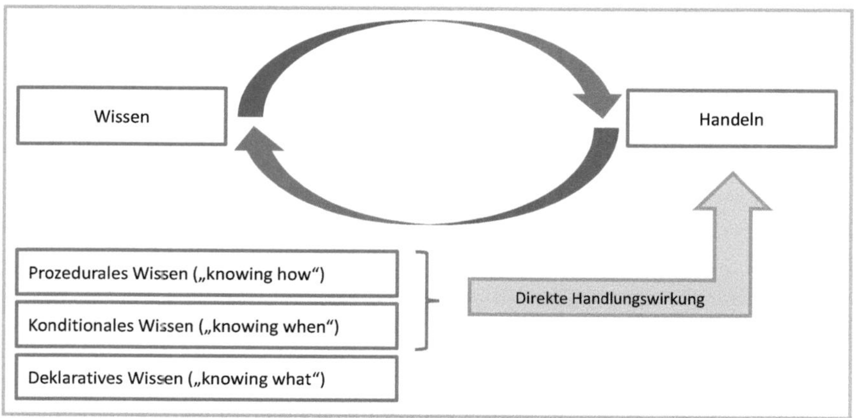

Abbildung 26: Zusammenhang von Wissen und Handeln (in Anlehnung an Kesseler, 2004, S. 123; Ryle, 1969, S. 30 ff.; von Cranach & Bangerter, 2000, S. 222)

Da das Handeln von Personalentwicklern immer auch unter Rückgriff auf implizites, nicht bewusstes Wissen stattfindet und damit spezifischer Dekodierprozesse zur Bewusstwerdung bedarf, sind in den empirischen Methoden der vorliegenden Untersuchung bestimmte Rekonstruktionsverfahren für nichtbewusste Kognitionen erforderlich.

Abbildung 27 fasst den Zusammenhang von Bewusstheitsgraden von Wissen und ihrer Rekonstruierbarkeit abschließend zusammen.

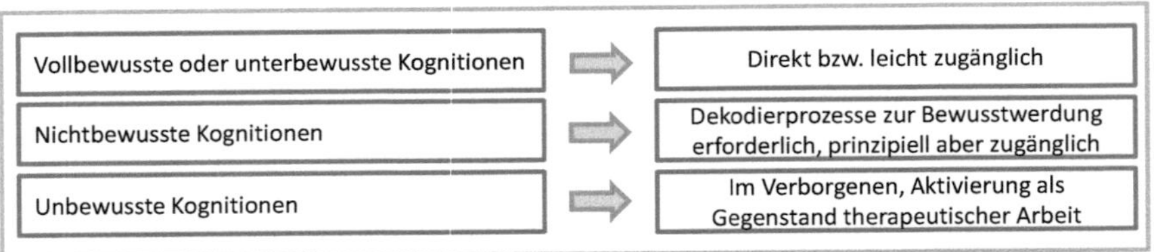

Abbildung 27: Bewusstheitsgrade von Wissen und Rekonstruierbarkeit (in Anlehnung an Keller, 2008, S. 57 f.; von Cranach & Bangerter, 2000, S. 226 ff.)

2.4.5.3. Veränderung subjektiver Theorien

Die Arbeit verfolgt das übergreifende Ziel, Handlungsempfehlungen für die Gestaltung der PE-Arbeit zu unterbreiten. Das berufliche Handeln von Personalentwicklern stellt hierfür eine Schlüsselkomponente dar. Handeln setzt jedoch Wissen voraus, welches in Form von subjektiven Theorien repräsentiert, verstanden werden kann (Wahl, 2002, S. 229 ff.). Im vorliegenden Kapitel wird deshalb der Frage nachgegangen, wie berufliches Handeln durch das Bearbeiten von Alltagskonzepten und subjektiven Überzeugungen verändert werden kann.

Um Handeln zu verändern, ist eine Veränderung der subjektiven Theorien erforderlich. Diese Veränderungen können jedoch nicht von außen bewirkt werden, sondern müssen intrinsisch von der Person selbst angestoßen werden (Keller, 2008, S. 82). Eine zentrale Herausforderung hierbei ist, dass die zu verändernden Strukturen dem Handelnden selbst verborgen sind und für eine Veränderung expliziert werden müssen (Wahl, 2013, S. 27 f.). Der Kompetenzentwicklung kommt infolgedessen die Gestaltung innovativer Lernumgebungen zu, die Bedingungen schafft, mit denen die Kluft zwischen Wissen und Handeln überwunden werden können (Keller, 2008, S. 82; Wahl, 2013, S. 28).

Für eine erfolgreiche Veränderung von subjektiven Theorien muss die Lernumgebung so gestaltet sein, dass sie die Inhalte und Strukturen subjektiver Theorien bewusstseinsfähig und reflexiv bearbeitbar macht (Wahl, 2013, S. 28). Dies begründet Wahl (2002, S. 229 ff.) mit den folgenden Annahmen:

- Handeln ist im Gegensatz zu Verhalten eine besondere Form des Agierens, die als zielgerichtet und bewusst aufgefasst wird. Das reflexive Bewusstsein wird im Sinne einer Kontrolle des eigenen Agierens als „höchstes Selbstüberwachungssystem" verstanden. Wenn Handeln verändert werden soll, so muss auf der Ebene des reflexiven Bewusstseins angesetzt werden.
- Die Handlungsorganisation ist hierarchisch-sequentiell gegliedert, d. h., dass die höheren Ebenen der Handlungsorganisation (z. B. situationsübergreifende Ziele und Planungen) die unteren Ebenen umfassen. Eine Beeinflussung der unteren Ebenen wird als nicht möglich angesehen, ohne vorher die situationsübergreifenden Ziele und Pläne verändert zu haben.
- Zur Abgrenzung von Handeln und Tun ist es wesentlich, dass Kognitionen, Emotionen und Aktionen eine bestimmte Mindestintegration aufweisen. Dies führt dazu, dass ebenfalls verändernd auf emotionale Strukturen und Prozesse eingewirkt werden muss.

Diese Annahmen führen zu zwei zentralen Gestaltungsansätzen für Maßnahmen der Kompetenzentwicklung: erstens die Bewusstwerdung impliziter Wissensbestandteile und zweitens die Unterstützung einer Transformation der unbewussten Inkompetenz zur bewussten Inkompetenz, um auf dieser Grundlage Veränderungen subjektiver Theorien und den Aufbau notwendiger Kompetenzen zu ermöglichen.

Explikation und Reflexion impliziter Wissensbestandteile

Die Entwicklung kompetenten Handelns setzt eine Veränderung der impliziten Handlungsstrukturen voraus (Wahl, 2002, S. 230 f.). Wird in Lernumgebungen nicht in einem ausreichenden Maße an den impliziten Handlungsstrukturen angesetzt, so kann es zu einem zusätzlichen Wissenserwerb ohne eine Änderung des Handelns kommen (Wahl, 2013, S. 28).

Implizites Wissen ist den Handelnden jedoch nicht als handlungsleitend bewusst (Büssing, Herbig, Ewert, 2002, S. 3 ff.). Es wirkt unterhalb einer subjektiven Schwelle. Trotz der mangelnden Bewusstheit können handlungssteuernde, subjektive Strukturen und Erfahrungsmuster mit Hilfe bestimmter Dekodierprozesse bewusst gemacht werden (von Cranach & Bangerter, 2000, S. 227, S. 232). Nach der Ansicht von Wahl (2002, S. 233 ff.; 2013, S. 43 ff.) dienen hierzu vielfältige Formen der Reflexion und Konfrontation[52].

Die hohe Relevanz der Bewusstwerdung impliziter Wissensbestandteile begründet sich in der potenziellen Fehlerhaftigkeit von Wissen. Trotz der positiven Konnotation als Erfahrungswissen kann es halbwertig sein (Büssing, Herbig, Ewert, 2002, S. 3). So

52 Weiterführende Ausführungen zu konkreten, methodischen Herangehensweisen finden sich in den angegebenen Quellen von Wahl (2001, S. 160 ff.; 2013, S. 43 ff.).

hält Neuweg (2004, S. 345) fest, dass der Berufserfahrene ohne intensives, bewusstes Überlegen seine Aufgaben erledige, dabei aber auch intuitiv das Falsche machen könne. Für kompetentes Handeln birgt insbesondere die fehlende Bewusstheit und Reflexion eine Gefahr (Neuweg, 2004, S. 347). Fehlerhafte oder nicht mehr aktuelle implizite Wissensbestandteile werden durch fehlende Bewusstheit nicht explizit hinterfragt (Büssing et al., 2002, S. 4). Die so genannte „implizite Blindheit“ oder „Tunnelperspektive“ verhindert die Einnahme anderer Perspektiven und den Blick auf Phänomene, die nicht den erlernten Kategorien und Schemata entsprechen (Neuweg, 2004, S. 345).

Für die Kompetenzentwicklung bedeutet dies, in Anlehnung an Büssing et al. (2002, S. 4), dass erst eine Explikation und der bewusste Zugriff auf diese Wissensbestandteile die Reflexion und Modifikation falscher und richtiger Inhalte ermöglichen. Es besteht die Notwendigkeit, die impliziten Anteile möglichst weit aufzudecken, um die zu Grunde liegenden Alltagskonzepte und subjektiven Überzeugungen bearbeiten und Handeln nachhaltig verändern zu können. So weist Messner (2007, S. 375) darauf hin, dass es in der Aus- und Weiterbildung Raum zur Entwicklung von wissenschaftlichem Wissen und Denken sowie zur Reflexion der eigenen beruflichen Identität geben müsse.

> „Praktisches Können erfordert indessen auch den gezielten Aufbau von beruflichen Handlungsschemata und deren Erprobung in der Praxis. Allerdings ist damit nicht der Aufbau von ‚blinden‘ (mechanischen) Handlungsroutinen gemeint, sondern die Entwicklung von intelligenten, d. h. zielgerichteten und situationsgerechten Handlungsmustern ‚im Feld‘. Erfahrung allein garantiert noch kein professionelles Handeln. Erst in Verbindung mit bewusster Planung und Reflexion wird das berufliche Handeln professionell“ (Messner, 2007, S. 375).

Transformation der unbewussten Inkompetenz zur bewussten Inkompetenz

Den Handelnden ist häufig auf der Ebene des Tuns der Blick auf die eigene Motivation verstellt und es herrscht kein Bewusstsein darüber, warum auf eine bestimmte Art und Weise agiert wird (Wahl, 2002, S. 229). Für den Aufbau neuer Kompetenzen und einer Veränderung des beruflichen Handeln ist eine Transformation der unbewussten Inkompetenz zu einer bewussten Inkompetenz erforderlich (Euler & Hahn, 2004, S. 216).

Nach Wahl (2002, S. 229 f.) sind reflexive Prozesse und Prozesse der Bewusstwerdung für eine erfolgreiche Veränderung des Handelns zentral. Auch wenn beim Handeln nicht alle internen Prozesse bewusstseinspflichtig sind, so müssen sie es beim Lernprozess für eine nachhaltige Wirkung gewesen sein. Für die Entwicklung kompetenten Handelns müssen Maßnahmen der Kompetenzentwicklung daher auf der Ebene des reflexiven Bewusstseins ansetzen. Neben kognitiven und aktionalen Veränderungen ist ebenso eine angemessene Einbindung und Veränderung der affektiven und moralischen Ebene erforderlich.

Die bestehenden subjektiven Theorien müssen mit neuen Wissensbeständen oder neuartigen Erfahrungen konfrontiert werden, um die Bildung neuer Theorieelemente oder eine Neustrukturierung bestehender Elemente anzuregen (Fussangel, 2008, S. 84). Hierfür sind reflexive Prozesse und die Bewusstwerdung wesentlich.

Für die vorliegende Arbeit heißt dies, dass Maßnahmen der Kompetenzentwicklung, die Handeln verändern sollen, zum einen darauf abzielen sollten, (implizite) subjektive Theoriebestände zu explizieren und zum anderen durch Maßnahmen der Reflexion und Konfrontation zu verändern. Darüber hinaus bestätigt sich, dass eine solide Kenntnis der subjektiven Theoriebestände von Personalentwicklern eine wichtige Grundlage für den Aufbau einer adäquaten und nachhaltig wirksamen Entwicklung von Handlungskompetenzen darstellt.

2.4.6. Zwischenfazit

In den vorgängigen Kapiteln wurde die Bedeutung des Konzepts subjektiver Theorien für beruflich kompetentes Handeln und dessen Erforschung herausgearbeitet. Die gesammelten Erkenntnisse führen in Anlehnung an die vorgängigen Kapitel zu folgenden Eingrenzungen für die vorliegende Arbeit:

- Handeln von Personalentwicklern wird als ein komplexes Bündel vieler Teilhandlungen gesehen, die willentlich, zielgerichtet, mit einem hohen Grad an Bewusstheit sowie unter Einfluss der spezifischen Bedingungen der Situation einen gewünschten Zielzustand anstreben. Für die Analyse des Handelns von Personalentwicklern als Interaktion zwischen Situation und Person ist es wesentlich, die spezifischen Bedingungen der Situation zu erfassen sowie intrapersonelle Aspekte einzubeziehen. Es bedarf folglich in der empirischen Untersuchung eines Zugangs, der zum einen den Praxisausschnitt bzw. die Situationsmerkmale erfasst (z. B. Verständnis von Personalentwicklung im Unternehmen, Erfassung der Voraussetzungen und Ziele des Projekts), zum anderen den Zugang zur Person selbst ermöglicht (z. B. Werte und Einstellungen, persönliches Verständnis von Personalentwicklung).
- Die Erforschung subjektiver Theorien gestattet einen beschreibenden und verstehenden Zugang zu den Gründen, Zielen und Intentionen des Handelns von Personalentwicklern. Aufgrund der inhaltlichen Ausrichtung auf soziale und psychologische Phänomene, des epistemologischen Subjektmodells sowie verschiedener dekodierender Rekonstruktionsverfahren bietet das Forschungsprogramm Subjektive Theorien einen geeigneten Zugang für das primäre Erkenntnisinteresse der Arbeit, die kognitiven Hintergründe des Handelns von Personalentwicklern aus einer Innensicht zu beschreiben und zu verstehen. Subjektive The-

orien werden in dieser Arbeit als Kognitionen der Selbst- und Weltsicht verstanden, die als komplexes Aggregat mit (zumindest impliziter) Argumentationsstruktur das menschliche Handeln leiten. Sie liegen als mentale Repräsentationen explizit oder implizit vor und sind mit Hilfe spezifischer Dekodierprozesse prinzipiell rekonstruierbar.

- Für Maßnahmen der Kompetenzentwicklung lässt sich festhalten, dass eine nachhaltige Veränderung von Handeln möglich ist, wenn auf der Ebene der subjektiven Theorien angesetzt wird. Diese liegen zum Teil implizit vor. Für eine Veränderung müssen die subjektiven Theorien expliziert und durch eine Konfrontation mit neuen Wissenselementen, der Sammlung neuer Erfahrungen oder der Betrachtung der bisherigen Annahmen unter einer neuartigen Perspektive verändert werden, welche mit den bisher bestehenden Theorieelementen nicht vereinbar ist

3. Konzeption der empirischen Untersuchung

Nachdem in Kapitel 2 die Ausarbeitung der theoretischen Grundlagen den Forschungsgegenstand möglichst unabhängig von bestimmten Forschungsmethoden definierte, widmet sich das vorliegende Kapitel nun der Konzeption der empirischen Untersuchung, um den normativen, von der Außensicht geprägten Forderungskatalog (vgl. u. a. M. Becker, 2008, 2010, 2012, 2013; Bittlingmaier, 2010, S. 333 ff.; Döring, 2008; Eckel, 2011; Jochmann, 2010; Müller-Vorbrüggen, 2010a, 2010b; Stiefel, 2010; Thom & Zaugg, 2008) um die Perspektive der Personalentwickler zu erweitern.

Der Fokus der empirischen Untersuchung liegt auf der Frage, welche subjektiv-theoretischen Vorstellungen über Personalentwicklung sowie die Gestaltung und Leitung von PE-Projekten das berufliche Handeln von Personalentwicklern prägen. Die Erhebung der subjektiv-theoretischen Sichtweisen ermöglicht differenzierte Einblicke in die Innensicht von Personalentwicklern und wird von den folgenden Fragen geleitet:

1. Welche subjektiv-theoretischen Vorstellungen über Personalentwicklung prägen das Handeln von Personalentwicklern?

   Beschreibende Darstellung der subjektiven Theorieinhalte

   1.1 Was verstehen Personalentwickler unter Personalentwicklung?

   1.2 Wie nehmen Personalentwickler das PE-Verständnis in ihrem Unternehmen wahr?

   1.3 Welche Vorstellungen über künftige Handlungsfelder der Personalentwicklung liegen vor?

   1.4 Welche Einstellungen und Werte werden in der Personalentwicklungsarbeit als handlungsleitend gesehen?

   1.5 Welche (in-)offiziellen Rollen betrachten Personalentwickler als Teil ihres beruflichen Rollenspektrums? Wie schätzen Personalentwickler ihre strategische Rolle ein?

   1.6 Welche Herausforderungen und Probleme der Personalentwicklung beschreiben Personalentwickler?

2. Welche subjektiv-theoretischen Vorstellungen über die Gestaltung und Leitung von PE-Projekten prägen das Handeln von Personalentwicklern?

   Beschreibende Darstellung der subjektiven Theorieinhalte und Theoriestrukturen

   2.1 Welche Voraussetzungen lagen für die Entstehung der PE-Projekte vor?

   2.2 Welche Ziele wurden mit den PE-Projekten verfolgt?

   2.3 Durch welche Phasen waren die PE-Projekte bestimmt und mit welchen zentralen Handlungen wurden die einzelnen Phasen gestaltet?

2.4 Welche kritischen Ereignisse lagen im Projektverlauf vor?

2.5 Wie sind die PE-Projekte formal beschaffen?

Die folgenden Ausführungen erläutern die Forschungskonzeption der Untersuchung. Nach einer Klärung der wissenschaftstheoretischen Positionierung dieser Arbeit (siehe Kapitel 3.1) und den Grenzen eines idiografischen, introspektiven Forschungsansatzes (siehe Kapitel 3.2), wird in den Fallstudien-Ansatz als Basisdesign und die Fallauswahlstrategie eingeführt (siehe Kapitel 3.3 und 3.4). Daran anknüpfend werden die Methoden der Datenerhebung (siehe Kapitel 3.5) und der Datenauswertung (siehe Kapitel 3.6) festgelegt. Eine Zusammenfassung der Forschungskonzeption (siehe Kapitel 3.7) schließt das Kapitel ab. Die Erhebungsinstrumente sowie die konkrete Auswertungsprozedur werden im Anhang 2 und 0, die zur Qualitätssicherung angesetzten Gütekriterien in Kapitel 7.2.1 aufgegriffen.

3.1. Wissenschaftstheoretische Grundausrichtung

Mit der vorliegenden Dissertation sollen begründete Aussagen über ihren Objektbereich formuliert werden. Wissenschaftliche Erkenntnis ist jedoch immer nur ein Bild der Wirklichkeit aus einer bestimmten Sichtweise (König & Bentler, 2013, S. 174 f.). Die Wissenschaftstheorie legt hierfür für den Erkenntnisprozess Regeln fest und bestimmt damit auch, was als wissenschaftliche Erkenntnis gelten kann (Lamnek, 2010a, S. 43). Im Folgenden wird für das Verständnis dieser Arbeit als wissenschaftstheoretischer Ausgangspunkt das epistemologische Subjektmodell des Forschungsprogramms Subjektive Theorien (Schlee, 1988a) und dessen Implikationen für den Erkenntnis- und Verstehensprozess offen gelegt.

Epistemologisches Subjektmodell

Das Begriffsverständnis subjektiver Theorien von Scheele und Groeben (1988a, S. 3 f.) impliziert durch die Annahme einer Strukturparallelität zwischen subjektiven und objektiven (wissenschaftlichen) Theorien eine Parallelität zwischen dem Menschenbild, das der Wissenschaftler von sich selbst hat, und dem Subjektmodell, das er von den Erkenntnis-Objekten hat. Der Mensch gilt in der vorliegenden Arbeit, in Anlehnung an Kelly (1955, zit. in Groeben & Scheele, 2010, S. 151), als Wissenschaftler.

In Abgrenzung zur behavioristischen Tradition, in der das Erkenntnis-Objekt als in erster Linie reaktiv und von seiner Umwelt kontrolliert verstanden wird, charakterisiert das epistemologische Subjektmodell den Menschen als sprach- und kommunikationsfähig, reflexiv, potenziell rational und handlungsfähig (Groeben & Scheele, 2010, S. 151; Schlee, 1988a, S. 11 ff.). Der Mensch handelt absichtsvoll und sinnhaft unter Einsatz konstruktiver Planung, um (selbst gewählte) Ziele zu erreichen (Schlee, 1988a, S.

11 ff.). Da sich Handlungen auf Ergebnisse richten und von Motiven und Interessen der Handelnden abhängig sind, sind sie lediglich auf der Basis eines Erfahrungs- und Wissenssystems denkbar. Es wird angenommen, dass der Mensch seine Umwelt durch selbst konstruierte Kategorien beschreibt, erklärt, mit Bedeutung versteht und sich dadurch von ihr distanziert und unabhängig macht.

Mutzeck (2000, S. 59) hält hierzu fest, dass Menschen nicht aufgrund der Informationen handeln, die sie von der sozialen und situativen Umwelt erhalten, sondern aufgrund ihrer internen, konstruierten Bilder von der Welt und sich selbst. Der Handelnde wird dem Verständnis von Mutzeck folgend zum empirischen Ort der Konstruktion von Wirklichkeit und zum Ort der Sinnhaftigkeit seiner (subjektiv-individuellen) Handlungen. Als kognitiv konstruierendes Subjekt kann der Mensch seine internen Abläufe und subjektiven Sichtweisen, also die Innensicht seines Handelns, explizieren und sie anderen interpretativ zugänglich machen (Schlee, 1988a, S. 15, 1988b, S. 16 u. 25).

Neben Sprach-, Kommunikations-, Reflexions- und Handlungsfähigkeit unterstellt das epistemologische Subjektmodell gemäß Schlee (1988a, S. 16) zudem eine potenzielle Rationalität. So habe der Mensch in seinem Planen und Handeln die Möglichkeit zur Entscheidung, ob und wie er sein Handeln vollzieht, und wird deshalb dem Selbstbild des Wissenschaftlers gleichgesetzt.

Allerdings schränkt Groeben (1988b, S. 97 ff.) die Zielidee eines Menschen, der aus Vernunft Handlungsziele bestimmt, in zwei Aspekten ein: So seien zum einen bei der Bewertung subjektiver Theorien stufenweise Abstufungen des Verfehlens bzw. Erreichens der (idealen) Zielvorstellung der Rationalität erwartbar, zum anderen müsse trotz einer Strukturparallelität berücksichtigt werden, dass der wissenschaftliche Theoretiker wesentlich mehr Zeit hat, um seine Theorie zu entwickeln und zu elaborieren, da er vom unmittelbaren Handlungsdruck befreit ist. Die Rationalitätskriterien zur Bewertung wissenschaftlicher Theorien dienen somit zwar als Heuristik für die Bewertung der Rationalität subjektiver Theorien, nicht aber mit der gleichen Anspruchshöhe (siehe Groeben, 1988b, S. 97 ff. und Keller, 2008, S. 85 für eine Darlegung von Rationalitätskriterien für die Bewertung subjektiver Reflexivität).

Beim beruflich kompetent handelnden Personalentwickler stehen jedoch nicht nur kognitive Handlungsschwerpunkte im Vordergrund. Hohe Relevanz kommen insbesondere dem Werten zu, also affektiven und moralischen Schwerpunkten des Handelns, sowie der Selbstkompetenz, mit eigenen Emotionen umzugehen (Euler & Hahn, 2004, S. 129 ff.). Diese zentralen Aspekte der Einstellung und Emotionalität werden in dieser Arbeit, im Rahmen der grundlegenden und handlungsleitenden Annahmen der Forscherin über den Menschen, integriert. Der Mensch wird daher als sprach- und kommunikationsfähig, reflexiv, potenziell rational, handlungsfähig, aber eben auch potenziell emotional verstanden. Es wird die Kernannahme getroffen, dass das Erkenntnis-Objekt die Fähigkeit besitzt, u. a. die Voraussetzungen, Motive, Ziele, Pläne und Werte für das eigene Handeln zu explizieren, und dass diese rationalen Erklärungen aus der Außensicht der Forschenden akzeptiert werden können (vgl. Keller, 2008, S. 88). Diese Erklärungen schließen auch das emotionale Erleben ein.

Implikationen für den Erkenntnis- und Verstehensprozess

Wird der Mensch als autonom, aktiv konstruierend und reflexiv betrachtet, als jemand, der Hypothesen bildet und verwirft, Konzepte und kognitive Schemata entwickelt und dessen Handeln von eben diesen Prozessen und Strukturen gesteuert wird, hat diese Sichtweise Folgen für den Forschungsprozess (Schlee, 1988a, S. 13 ff.). Einerseits hat dies eine konstruktivistische Wirklichkeitssicht zur Folge, andererseits lassen sich die wesentlichen Bestimmungsmerkmale von Handeln nach Schlee (1988a, S. 13) nicht wie Verhalten von außen beobachten. Sie bedürfen deshalb einer interpretativen Erschließung im Dialog zwischen Akteur und Forscher, wie das folgende Zitat von Mutzeck (2000) hervorhebt:

> „Die Zielorientiertheit und Sinnhaftigkeit von Handlungen kann ein Außenstehender, ein Beobachter, aber nur erschließen, indem er das von ihm Beobachtete interpretiert. Der Handelnde selbst (jedoch) kann, soweit er sich der Inhalte seiner mentalen Prozesse bewusst ist, Auskunft über sie geben. Indem er sein Handeln in Verbindung setzt zu seinen Zielen, Plänen und Entscheidungen, interpretiert auch er, da er die Wirklichkeit nur so darstellen (konstruieren) kann, wie er sie sieht und erlebt“ (S. 60 f.).

In der Forschung zu subjektiven Theorien richtet sich damit das Interesse darauf, wie der Handelnde sein Handeln selbst gemeint hat, wie er die Wirklichkeit konstruiert (subjektiv-interpretative Beschreibungen) und nicht wie es von außen als manifestierter Verhaltensaspekt wahrgenommen wurde (intersubjektiv beobachtbar) (Schlee, 1988, S. 14 f.).

Zudem führen die anthropologischen Kernannahmen nach Groeben und Scheele (2010, S. 153 ff.) zu einer Erweiterung des weiten Begriffsverständnisses subjektiver Theorien, das dieser Arbeit zu Grunde liegt (siehe Kapitel 2.4.1). In der „engen“ Begriffsvariante von Groeben und Scheele wird ergänzt, dass die subjektive intentionale Sinndimension des Handelns nicht von außen beobachtbar, sondern nur vom Handelnden selbst kommunikativ mitgeteilt werden kann. Dies erfordert eine systematische Verstehensmethodik, den Dialog-Konsens, der eine Rekonstruktion von Inhalten und Strukturen ermöglicht, die der Handlungsentscheidung, -planung und -ausführung zu Grunde liegen. Da die subjektiv-theoretischen Reflexionen auch inadäquat sein können, muss laut Groeben und Scheele die Realitäts-Adäquanz (Akzeptanz als wissenschaftliche Erklärung) überprüft werden. Diese beiden zusätzlichen Merkmale führen zu einer enger gefassten Definition, die subjektive Theorien als Kognitionen der Selbst- und Weltsicht versteht,

> „[...] die im Dialog-Konsens aktualisier- und rekonstruierbar sind, als komplexes Aggregat mit (zumindest impliziter) Argumentationsstruktur, das auch die zu objektiven (wissenschaftlichen) Theorien parallelen Funktionen der Erklärung, Prognose, Technologie erfüllt, deren Akzeptierbarkeit als 'objektive' Erkenntnis zu prüfen ist" (Groeben & Scheele, 2010, S. 154).

Dieses Verständnis weist gemäß Groeben und Scheele (2010, S. 154 ff.) auf eine zweiphasige Forschungsstruktur hin. Die zwei Phasen der kommunikativen Validierung und explanativen Validierung (siehe Abbildung 28) zielen auf die Verbindung von Innen- und Außensicht, die für die Erforschung von (intentional-reflexiven) Handlungen unverzichtbar sind.

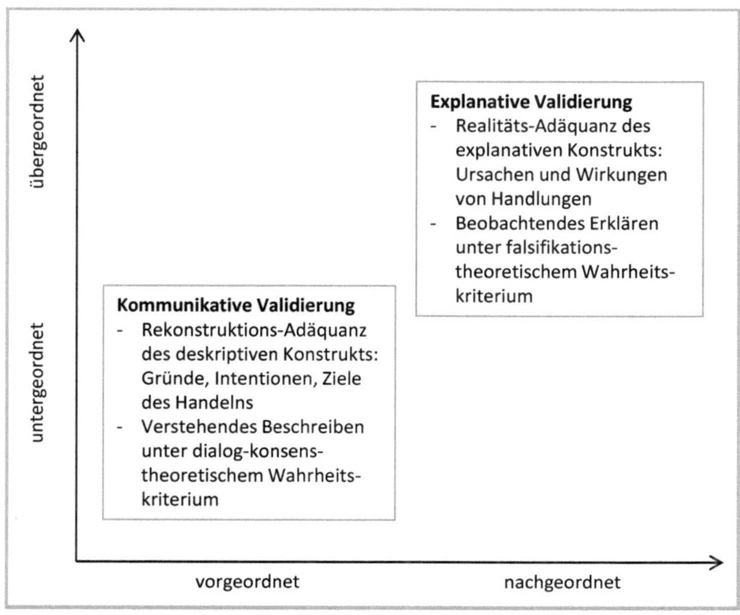

Abbildung 28: Zweiphasige Forschungsstruktur des Forschungsprogramms Subjektive Theorien (Scheele & Groeben, 2010, S. 155).

In der vorliegenden Arbeit zielte das Erkenntnisinteresse auf eine verstehende Beschreibung der Innensicht von Personalentwicklern und nicht auf die Erklärung von Ursachen und Wirkungen von Handeln. Eine explanative Validierung im Rahmen einer zweiten Forschungsphase wurde deshalb für diese Arbeit ausgeschlossen. Die empirische Gültigkeit der erhobenen subjektiven Theorien für die Erklärung von psychologischen Sachverhalten, welche intersubjektiv beobachtbar sind, verbleibt hierdurch offen (Schlee, 1988b, S. 28). Diese Einschränkung der Aussagekraft der erhobenen subjektiven Theorien wurde jedoch zugunsten einer angemessenen Beschreibung der Innensicht hingenommen.

Ausgehend von einem epistemologischen Subjektmodell sind die kommunikative Validierung, die Rekonstruktions-Adäquanz sowie das dialogkonsens-theoretische Wahrheitskriterium für den Erkenntnis- und Verstehensprozess dieser Arbeit maßgeblich (siehe Abbildung 29).

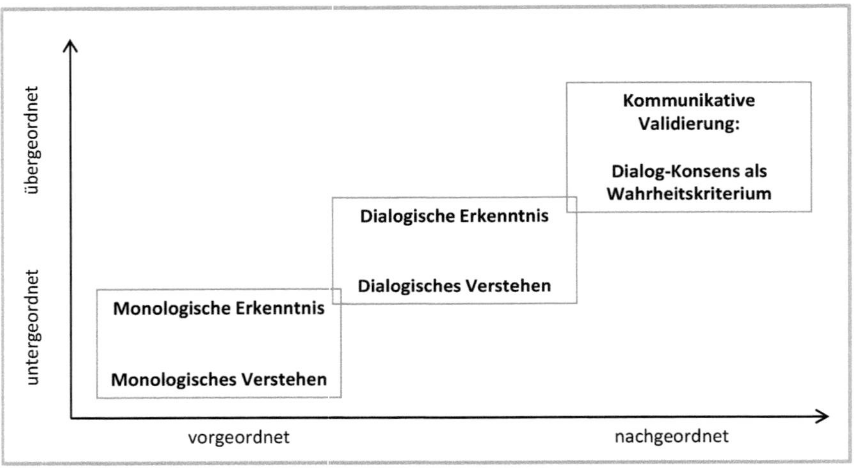

Abbildung 29: Erkenntnis- und Verstehensprozess (Oehme, 2007, S. 129)

Gelingt es, die Kernannahmen des Forschungsprogramms Subjektive Theorien zu berücksichtigen und die Interviewpartner in ihrer Reflexivität und Rationalität nicht zu beeinträchtigen sowie eine kommunikative Validierung herbeizuführen, dann wird ein theoretisches Konstrukt gewonnen, das in seiner Beschreibung und Qualität auf der Innensicht der Interviewpartner basiert und ihre Sinnbezüge sowie Intentionen einschließt (Schlee, 1988b, S. 27).

3.2. Grenzen idiografischer Forschung

Die vorliegende Arbeit erhebt den Anspruch, die subjektiv-theoretischen Sichtweisen der Erkenntnis-Objekte, also ihre Innensicht, zu rekonstruieren und fallübergreifend zu verdichten. Ein derartiger Zugang zur Innensicht im Sinne eines Beschreibens und Verstehens lehnt sich damit eng an das idiografische[53] Kulturverständnis der Kultur- und Geisteswissenschaften an (Lamnek, 2010a, S. 218). Diese idiografische Ausrichtung geht jedoch auch mit methodischen Herausforderungen und Grenzen einher, die im Folgenden expliziert werden.

Die experimental ausgelegten Forschungsarbeiten von Nisbett und Wilson (1977) haben für den Zugang zur Innensicht des Erkenntnis-Objekts eine besondere Relevanz. Nisbett und Wilson (1977, S. 247) kommen in ihren empirischen Untersuchungen zu dem Resultat, dass die Erkenntnis-Objekte keinerlei Zugang zu komplexen kognitiven Vorgängen ihrer Innensicht besitzen und ihre Selbstauskünfte unbrauchbar sind. In Reaktion auf die Ergebnisse wurde deutliche Kritik an der Untersuchung von Nisbett und Wilson (1977) auf methodischer wie theoretischer Ebene geäußert. Scheele (1988, S. 131) kritisierte beispielsweise die theoretisch ungenügende Offenlegung zentraler Begriffe und Relationen, die Anwendung gegenstandsreduzierender Verfahren und eine nicht zulässige weitgreifende Generalisierung der Resultate. So ist es nach Scheele und Groeben (2010, S. 519 f.) einerseits unbestritten, dass kognitive Überlastungen den Untersuchungspersonen einen umfassenden, verzerrungsfreien Zugang zu ihren Kognitionen be- oder verhindern können, andererseits gilt ein Zugang unter möglichst optimalen Untersuchungsbedingungen als möglich.

Aus der kritischen Auseinandersetzung mit den Arbeiten von Nisbett und Wilson (1977) wurden wichtige Ziel- und Realisierungsvorstellungen für den Zugang des Menschen zu seinen eigenen kognitiven Prozessen abgeleitet. Die ideale Sprechsituation gilt im Forschungsprogramm Subjektive Theorien als Bedingung für die Adäquanz der Rekonstruktion und der deskriptiven Validität der Beschreibungen der Innensicht (Scheele & Groeben, 2010, S. 520). So weist Scheele (1988, S. 134) darauf hin, dass zur Überwindung der Implizitätsproblematik Befragungsmethoden eingesetzt werden müssen, welche die Reflexions-, Rationalitäts- und Kommunikationsfähigkeit des Menschen zulassen und die Überwindung von Zugangsschwierigkeiten gezielt stützen. Hierfür bedarf es gemäß Keller (2008, S. 179 ff) Erhebungsmethoden, die u. a. konkrete Verbalisierungshilfen zulassen, das Subjekt in den Mittelpunkt stellen und einen hinreichend offenen und flexiblen Umgang mit den Verbalisierungen der Untersuchungspersonen ermöglichen.

[53] Die idiografische („idio“ = „das Individuelle, Singuläre“) Forschungssicht, die soziale Phänomene in ihrem Kontext, ihrer Komplexität und Individualität begreifen möchte, steht dem nomothetischen Verständnis der Naturwissenschaften gegenüber, in dem soziale Erscheinungen kausal erklärt werden sollen (Lamnek, 2010a, S. 218 f.).

Auch in dieser Arbeit liegt ein besonderes Augenmerk auf der Gestaltung der Untersuchungsbedingungen. Ziel ist es, Bedingungen zu schaffen, die dazu beitragen, Introspektionsschwierigkeiten zu überwinden. In Kapitel 3.5.2 wird präzisiert, wie sich in dieser Arbeit an möglichst ideale Untersuchungsbedingungen angenähert wurde.

Trotz optimaler Untersuchungsbedingungen sind jedoch der Rekonstruktion von Routinen und Automatismen, die introspektiv aufgrund ihrer tendenziellen Unbewusstheit als schwer zugänglich gelten, deutliche Grenzen gesetzt (Keller, 2008, S. 182 f.). Es muss auch in dieser Arbeit davon ausgegangen werden, dass automatisierte und routinisierte Handlungsabläufe nicht zugänglich sein werden. Diese Grenze bekräftigt die Relevanz, PE-Projekte als einen ergänzenden Zugang zur Innensicht von Personalentwicklern zu wählen. Durch den hohen Anspruch von PE-Projekten kann weitgehend ausgeschlossen werden, dass die Bewältigung der damit verbundenen Anforderungen zu den routinierten Alltagshandlungen gehört.

Darüber hinaus verbleibt bei der Einordnung der Forschungsergebnisse die Einschränkung, dass die rekonstruierte Sicht der Befragten mehr oder weniger von der Situation und Interaktion im Rekonstruktionsprozess zwischen Forscher und Beforschtem geprägt ist und vordergründig kognitive Aspekte eines Phänomens abbildet (vgl. Flick, 1987, S, 138 ff.).

3.3. Fallanalysen und Triangulation

Die Fallstudienforschung eignet sich insbesondere bei neuen, eher wenig bearbeiteten Fragestellungen und bietet der vorliegenden Arbeit einen idiografischen, auf Einzelfälle bezogenen Ansatz (vgl. Eisenhardt, 1989, S. 532; Mayring, 2010a, S. 41). Dieser ist aufgrund des handlungstheoretischen Ausgangspunkts des Forschungsprogramms Subjektive Theorien impliziert (vgl. Groeben & Scheele, 2010, S. 156).

Fallanalysen zielen auf eine genaue Beschreibung oder Rekonstruktion von Einzelfällen in ihrer Ganzheit und Komplexität und sind hinsichtlich des Gegenstands sowie der Methoden vielfältig und offen angelegt (vgl. Flick, 2010a, S. 176 f.; Lamnek, 2010a, S. 272 ff.; Mayring, 2002, S. 41). Die vorliegende Arbeit lehnt sich an die Vorgehensweise zur Entwicklung von Fallstudien in Abbildung 30 an.

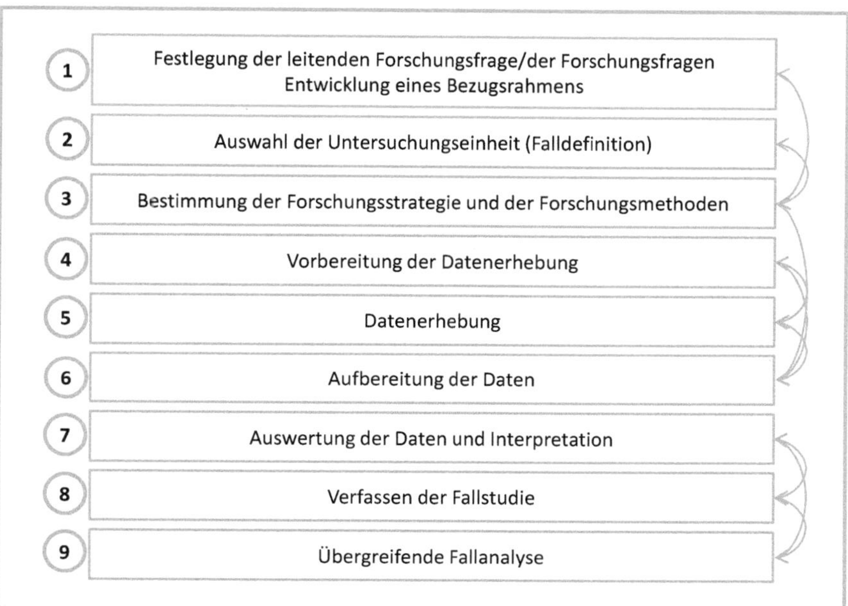

Abbildung 30: Vorgehensweise zur Entwicklung von Fallstudien (in Anlehnung an Zaugg, 2006, S. 15)

Die möglichst ganzheitliche Untersuchung einer abgegrenzten sozialen Einheit mit einer spezifischen Fragestellung unter Einsatz der Triangulation von Methoden und Perspektiven gilt als Charakteristikum von Fallstudien (Zaugg, 2006, S. 13). Das Sammeln von verschiedenen Datenquellen und das Ineinanderfließen dieser Daten durch Triangulation hebt auch Yin (2009, S. 18, S. 114 f.) als konstituierendes Merkmal und als eines der drei Prinzipien bei der Datenerhebung von Fallstudien hervor.

Nach Denzin (1977, zit. in Schründer-Lenzen, 2010, S. 150) können grundsätzlich vier Formen der Triangulation unterschieden werden:

1) Die Triangulation von Daten, bei der dasselbe Phänomen zu verschiedenen Zeitpunkten sowie an verschiedenen Orten und mit verschiedenen Probanden untersucht wird.
2) Die Triangulation von Forschenden, bei der verschiedene Beobachter bzw. Interviewer gezielt eingesetzt werden, um den Einfluss verschiedener Forscher auf die Ergebnisse der Untersuchung kontrollieren zu können.
3) Die Triangulation von Theorien, bei der die Daten unter Einbezug verschiedener theoretischer Modelle interpretiert werden.

4) Die Triangulation von Methoden, bei der zum einen verschiedene Methoden bei der Datenerhebung eingesetzt werden („between method“) und zum anderen innerhalb einer Methode verschiedene Messinstrumente zum Einsatz kommen („within method“).

Insbesondere die Triangulation von Methoden hat als Strategie zur Geltungsbegründung in der Forschung die höchste Verbreitung gefunden, ist jedoch je nach wissenschaftstheoretischem Standpunkt umstritten (vgl. Flick, 2012b, S. 310 f.; Lamnek, 2010a, S. 142 f.; Schründer-Lenzen, 2010, S. 150). Aus der Perspektive qualitativer Forschung wird beispielsweise der Einsatz der Methodentriangulation als Validierungsstrategie im Sinne einer Suche nach dem objektiv Richtigen kritisiert:

> „Die skizzierten Triangulationstechniken richteten sich in seinem Verständnis darauf, die *eine* Realität zum Vorschein zu bringen, die *eine* Wahrheit der Interpretation zu finden, um das objektiv Richtige eines Forschungsprozesses präsentieren zu können. Diese Zielperspektive ist aber mit Grundannahmen qualitativer Forschung nicht vereinbar, denn Realität befindet sich ebenso wie die Theorien über Realität in einem kontinuierlichen Herstellungs- und Veränderungsprozess. Interpretationen von Realität sind immer subjekt- und erfahrungsgebunden“ (Schründer-Lenzen, 2010, S. 150).

Die darin enthaltene Kritik führte zu einer Reformulierung des Konzepts und der Ziele der Triangulation (vgl. Flick, 2010c, S. 280). Nach Flick (2010c) wird unter Triangulation „die Einnahme unterschiedlicher Perspektiven auf einen untersuchten Gegenstand oder allgemeiner: bei der Beantwortung von Forschungsfragen“ (S. 281) verstanden. Für den Einsatz einer Triangulation als ein Instrument der Geltungsbegründung oder der Hypothesenentwicklung ist die jeweilige erkenntnistheoretische Ausgangsposition maßgebend (vgl. Lamnek, 2010a, S. 143).

In dieser Arbeit kommt der Triangulation die Funktion einer Hypothesengenerierung zu, die durch eine Mehrperspektivität sowie den Einsatz von Techniken der Sinngenerierung (u. a. Struktur-Lege-Verfahren) in die Untersuchung integriert wird (vgl. Lamnek, 2010a, S. 143; Schründer-Lenzen, 2010, S. 151 ff.). Die kommunikative Validierung zielt auf die Rekonstruktion eines subjektiven Sinns und folgt damit der Tradition des auf Habermas zurückgehenden dialogkonsenstheoretischen Wahrheitskriteriums (vgl. Schründer-Lenzen, 2010, S. 153). Im Forschungsprozess dieser Arbeit begegnen sich durch das Dialog-Konsens-Verfahren kontinuierlich subjektive und wissenschaftliche Theorien. Hierdurch werden unterschiedliche Perspektiven auf den untersuchten Gegenstand bzw. bei der Beantwortung der Forschungsfragen im Forschungsprozess eingenommen (vgl. Flick, 2010b, S. 281). Als Ergebnis der Perspektiventriangulation werden in dieser Arbeit mittels des Dialog-Konsens-Verfahrens Hypothesen generiert, die mit dem Interviewpartner reflektiert und kommunikativ validiert werden (vgl. Keller, 2008, S. 269).

3.4. Fallauswahlstrategie

Qualitative Forschungsprojekte erfordern im Prozess Auswahlentscheidungen hinsichtlich der Bestimmung des Falles. Insbesondere vor der Datenerhebung hat die Auswahl der Untersuchungseinheiten für die Fallstudienforschung große Bedeutung (Mayring, 2010a, S. 43). Welche Fälle in die Untersuchung einbezogen werden und wie das Sample zusammengesetzt ist, hat wesentliche Konsequenzen für die Möglichkeiten der Verallgemeinerung der Ergebnisse am Ende der Untersuchung (Przyborski & Wohlrab-Sahr, 2010, S. 172). Zur Fallauswahl (engl. „sampling“) liegen in der qualitativen Forschung verschiedene Verfahren vor, die auf eine Auswahl informationshaltiger Fälle und der Abbildung der Heterogenität des Untersuchungsfeldes im Sinne einer qualitativen Repräsentation zielen (Kruse, 2014, S. 244 f., 2010, S. 83; Schreier, 2010, S. 241). Flick (2010a, S. 155 ff.) unterscheidet im Wesentlichen die theoretisch begründete Vorab-Festlegung der Sample-Struktur und das theoretische Sampling von Glaser und Strauss[54] als Sampling-Strategien.

Für die vorliegende Untersuchung wurden die Merkmale, die Merkmalausprägungen und die Größe der Stichprobe anhand der Forschungsfragestellung, den theoretischen Vorüberlegungen und dem Vorwissen über das Forschungsfeld mittels eines qualitativen Stichprobenplans vorab festgelegt (Kelle & Kluge, 2010, S. 50 ff.). Die Vorabfestlegung der qualitativen Stichprobe dieser Arbeit ermöglichte, die im Untersuchungsfeld vorhandene und für die Forschungsfragestellung relevante Heterogenität und Varianz einzubeziehen (Kelle & Kluge, 2010, S. 109). Die Fallauswahl erfolgte anhand verschiedener, für die Forschungsfragestellung relevanter Merkmalausprägungen, die nach dem Prinzip einer bewusst heterogenen Auswahl möglichst alle relevanten Merkmalkombinationen in der Stichprobe integrierte (Kelle & Kluge, 2010, S. 52). Ziel für die vorliegende Untersuchung war es, den Kern des Untersuchungsfeldes abzubilden und abweichende Fälle mit in das Sample aufzunehmen (Helfferich, 2011, S. 153 f.). Durch den Einbezug typischer sowie maximal unterschiedlicher Fälle, sollte die Rekonstruktion

[54] Das theoretische Sampling legt die Fallauswahl zunächst ergebnisoffen an und wählt die Fälle im Forschungsprozess nach ihrer konzeptuellen Relevanz für die Theorienentwicklung aus (Schreier, 2010, S. 244 f.). Nach dem Prinzip der Minimierung und Maximierung von Kontrasten wird die Fallauswahl erst abgebrochen, wenn die Theorie eine „theoretische Sättigung“ erreicht hat (Flick, 2010a, S. 158 ff.; Schreier, 2010, S. 239 ff.).

typischer Muster ermöglicht und die Gefahr reduziert werden, relevante Fälle nicht in das Sample zu integrieren (Helfferich, 2011, S. 153; Lamnek, 2010a, S. 169).

In dieser Arbeit galten Einzelpersonen als Fall, die als Personalentwickler zum Zeitpunkt des Interviews hauptamtlich in der Personalentwicklung eines Unternehmens tätig waren sowie auf Erfahrung in der Gestaltung und Leitung von PE-Projekten zurückblicken konnten (siehe Kapitel 2.1.3). Die in dieser Arbeit durchgeführten Fallstudien zählen gemäß der Unterscheidung von Lamnek (2010a, S. 294 f.) zum Fallstudientyp 1, also Fallstudien auf der Ebene von Einzelpersonen mit einem primären Interesse an der Innensicht der Befragten.

Für die Fallauswahl wurden durch eine Variation der Fälle nach individuellen, organisations- und projektbezogenen Kriterien typische sowie maximal unterschiedliche Fälle gezielt in die Stichprobe integriert. Auf der Ebene der individuellen Kriterien war zunächst ein wesentliches Auswahlprinzip, möglichst viele verschiedene Perspektiven in die Stichprobe einzubeziehen (Euler, 1994, S. 268). Hierfür wurde bei der Auswahl ein Schwerpunkt auf Personen gelegt, die ihren Tätigkeitsbereich in der Personal- und Führungskräfteentwicklung oder der betrieblichen Weiterbildung verorteten. Die Eingrenzung erfolgte auf Basis theoretischer sowie empirischer Vorkennnisse über typische Handlungsfelder der Personalentwicklung (vgl. M. Becker & Schwertner, 2002, S. 94 ff.; M. Becker, 2013, S: 5; El Ganady et al., 2008, S. 12; Müller-Vorbrüggen, 2010a, S. 7 ff.). Zusätzlich wurden männliche und weibliche Personalentwickler aus unterschiedlichen Hierarchie-, Alters- bzw. Professionalitätsstufen einbezogen und eine möglichst breite Abdeckung typischer Ausbildungshintergründe (vgl. M. Becker, 2013, S. 854) angestrebt. Dabei wurden gezielt Extremfälle berücksichtigt (z. B. Berücksichtigung von Quereinsteigern ohne PE-typischen Ausbildungshintergrund oder von Personen mit einer eher geringen Berufserfahrung in der Personalentwicklung). Eine weitere Eingrenzung erfolgte in Bezug auf den Arbeitsort, indem ausschließlich Personalentwickler aus Deutschland und der Schweiz angesprochen wurden. Diese Eingrenzung erfolgte einerseits aufgrund des Nachweises länderspezifischer Unterschiede im PE-Selbstverständnis von Personalentwicklern durch eine Studie von Valkeavaara (1998, S. 178), andererseits aufgrund forschungspraktischer Überlegungen (u. a. guter Feldzugang durch die Forscherin in Deutschland und der Schweiz).

Auch bei den unternehmensbezogenen Kriterien wurde auf eine Abbildung der Varianz des Untersuchungsfelds durch eine maximale Variation der Fälle nach Branche und Unternehmensgröße gezielt. Um zu gewährleisten, dass Personalentwicklung und PE-Projektarbeit im Unternehmen auch einen entsprechenden Stellenwert hat, wurden nur Interviewpartner aus Unternehmen mit einer Beschäftigtenzahl von größer als 2.000 in die Stichprobe integriert. Eine Studie von M. Becker und Schwertner (2002, S. 100) unterstreicht die Relevanz dieses Kriteriums für die vorliegende Arbeit: Mit steigender Größe des Unternehmens steigt die inhaltliche Breite der PE-Arbeit, die Organisation als eigenständiger funktionaler Bereich sowie das Vorkommen von PE-Projektarbeit.

Die projektbezogenen Kriterien folgten hinsichtlich des Kernthemas der PE-Projekte ebenfalls dem Prinzip der Abbildung typischer und extremer Fälle und bezogen eine Bandbreite verschiedener PE-Aufgabenstellungen ein. Um die Wahrscheinlichkeit zu erhöhen, ähnliche Daten zum Themenbereich PE-Projekte zu gewinnen und dadurch die theoretische Relevanz zu bestätigen (Kelle & Kluge, 2010, S. 48), wurde bei den Merkmalen „Definition eines PE-Projekts“, „Rolle der Interviewpartner“, „Abgeschlossenheit und zeitliche Nähe“ sowie „Komplexität und Anspruch des PE-Projekts“ eine Minimierung von Unterschieden angestrebt. Die Untersuchungspersonen mussten ein zum Interviewzeitpunkt abgeschlossenes, von ihnen selbst geleitetes PE-Projekt in die Untersuchung einbringen können, das ihrer Ansicht nach das herausforderndste oder komplexestes PE-Projekt der vergangenen drei Jahre darstellte und in seinen Bedingungen einmalig war (vgl. D. Beck et al., 2008; Schelle, 2010; Schiersmann & Thiel, 2011).

Tabelle 11 zeigt den vorab festgelegten Stichprobenplan. In Kapitel 4.1 wird die final gezogene Stichprobe beschrieben.

Merkmal	**Merkmalsausprägung**
Individuelle Kriterien	
Aufgabenbereich	Personal- und Führungskräfteentwicklung, betriebliche Aus- und Weiterbildung
Geschlecht	Männlich, weiblich
Alter	Ca. 25 bis 67 Jahre
(Universitäre) Ausbildung	Wirtschafts- und Sozialwissenschaften, Jura, Pädagogik, Psychologie, Sonstige
Hierarchieebene	Leitend, Nichtleitend
Arbeitsort	Deutschland, Schweiz
Unternehmensbezogene Kriterien	
Unternehmensgröße (Beschäftigte)	2.000 bis 5.000 Beschäftige, 5.001 bis 10.000 Beschäftigte, ab 10.001 Beschäftigte
Branchenzugehörigkeit (Fokus auf Privatwirtschaft)	Technologie/IT, Telekommunikation, Consulting, Logistik, Automobil, Banken, Versicherungen, Handel, Chemie, Pharmazie, Energie und Versorgung, Sonstige

Merkmal	**Merkmalsausprägung**
Projektbezogene Kriterien	
Definition eines PE-Projekts	Einmaligkeit der Bedingungen (z. B. Zielvorgabe, Zeit, Finanzen, Beteiligte) und innovative und komplexe Aufgabenstellung
Kernthema	Expliziter Bezug auf Themenbereiche der Personalentwicklung in einem engen bis weiten PE-Verständnis
Rolle der Interviewpartner	Projektleitung oder Teilprojektleitung in einem größeren Gesamtprojekt
Abgeschlossenheit und zeitliche Nähe	Das PE-Projekt musste zum Zeitpunkt der Erhebung abgeschlossen sein, um es retrospektiv rekonstruieren zu können. Es durfte nicht länger als drei Jahre zurückliegen, um gröbere Erinnerungsfehler oder -lücken weitgehend ausschließen zu können.
Komplexität und Anspruch des PE-Projekts	Das PE-Projekt musste nach Einschätzung der Interviewpartner von den fünf genannten, wichtigsten PE-Projekten der vergangenen drei Jahre das herausforderndste bzw. komplexeste PE-Projekt sein.

Tabelle 11: Stichprobenplan für die Fallauswahl

Als Maßstab für die Auswahl und Anzahl der Fälle galten in dieser Arbeit die Theoriegenerierung und ihr Grad der Sättigung (vgl. Przyborski & Wohlrab-Sahr, 2010, S. 182). Durch das Ziel einer Rekonstruktion subjektiver Theorien mit einer möglichst dichten Beschreibung war die Fallanzahl aus forschungspraktischen Gründen begrenzt. Die Stichprobengröße in Forschungsarbeiten zur Erhebung subjektiver Theorien mittels qualitativer Verfahren variiert von 7 bis hin zu 42 Einzelfällen (vgl. u. a. Bentler, 2005; Keller, 2008; Mehring, 2009; Oehme, 2007; Schilling, 2001). Die größeren Stichproben (über 10 Fälle) wurden im Lehrumfeld (Schule, Universität, betriebliche Weiterbildungsmaßnahmen) mit einem guten Zugang zum Feld erhoben. Der Zugang zum betrieblichen Feld ist aufgrund der zeitlichen Limitationen der Interviewpartner im Verhältnis als herausfordernder einzuschätzen. Für die vorliegende Untersuchung wurde deshalb in Anlehnung an Kruse (2014, S. 244 f., 2010, S. 83) in Abwägung der Faktoren Feldzugang und Anforderungen an die Theoriebildung ein Minimum von zehn Fällen für eine relative Verallgemeinerung festgelegt. Diese Entscheidung rechtfertigt sich neben der Replizierbarkeit des Falles durch praktische Kriterien wie Verfügbarkeit, Zugänglichkeit und Ergiebigkeit (inkl. Kosten-Nutzen-Abwägungen) (vgl. Zaugg, 2006, S. 18).

Die Gewinnungsstrategie zielte darauf ab, Interviewpartner in die Stichprobe einzubeziehen, zu denen die Forscherin bereits im beruflichen Kontext einen Erstkontakt hatte. Die bereits bestehende professionelle Beziehung gab, durch den gemeinsamen Hintergrund, einen wichtigen Vertrauensvorschuss (vgl. Helfferich, 2011, S. 120 ff.). Neben einer höheren Teilnahmebereitschaft, war der Zugang zu den Personen im Interview leichter und eine hinreichende Offenheit vorhanden, auch kritische Aspekte zu thematisieren (vgl. Helfferich, 2011, S. 120 ff.). Hierdurch konnte eine Grundlage für eine vertrauensvolle und offene Atmosphäre in den Interviews geschaffen werden, was als eine wesentliche Gelingensbedingung für die Rekonstruktion subjektiver Theorien gilt (siehe Kapitel 3.5.2).

3.5. Methoden der Datenerhebung

Zur Rekonstruktion von subjektiven Theorien wird in der vorliegenden Arbeit das problemzentrierte Rekonstruktionsinterview von Keller (2008, S. 205 ff.) angewendet. In Bezug auf das Erkenntnisinteresse der Untersuchung, zu beschreiben und zu verstehen, welche Vorstellungen dem Handeln von Personalentwicklern in der Personalentwicklung im Allgemeinen und in PE-Projekten im Besonderen zu Grunde liegen, bietet das Verfahren die Möglichkeit, neues Wissen induktiv zu entdecken. Als qualitative Methode ermöglicht es, im Gegensatz zu quantitativen Zugängen, die Untersuchung des Gegenstands in seiner Komplexität und Ganzheit im alltäglichen Kontext und setzt beim Handeln und Interagieren der Subjekte im Alltag an (vgl. Flick 2010a, S. 27).

In den folgenden Kapiteln werden zunächst verbreitete Methoden zur Erhebung subjektiver Theorien aufgefächert und daran anknüpfend die Entscheidung für das problemzentrierte Rekonstruktionsinterview nach Keller (2008) begründet (siehe Kapitel 3.5.1). Abschließend wird das Erhebungsinstrument konstruiert und der konkrete Ablauf des Interviews vorgestellt (siehe Kapitel 3.5.2).

3.5.1. Erhebungsmethoden subjektiver Theorien

Die Erforschung subjektiver Theorien hat seit den 1980er Jahren nicht nur eine Vielzahl an Forschungsarbeiten in verschiedenen wissenschaftlichen Disziplinen produziert, sondern auch eine enorme methodische Diversität (Schilling, 2001, S. 89). So variiert die methodische Bandbreite zur Erhebung subjektiver Theorien von rein qualitativen Zugängen ohne Einsatz von Struktur-Lege-Verfahren (SLV) über den so genannten „Königsweg“ mündlicher Befragung kombiniert mit SLV bis hin zu Fragebogenstudien (vgl. u. a. Biedermann, 1989; Schilling, 2001; Metzger, 2006; Oehme, 2007; Aretz, 2007; Keller, 2008; Rank, 2008; Scheufelen, 2008; Aschenbrenner, 2009; Mehring, 2009). Abbildung 31 fasst das vielfältige Methodenspektrum zusammen.

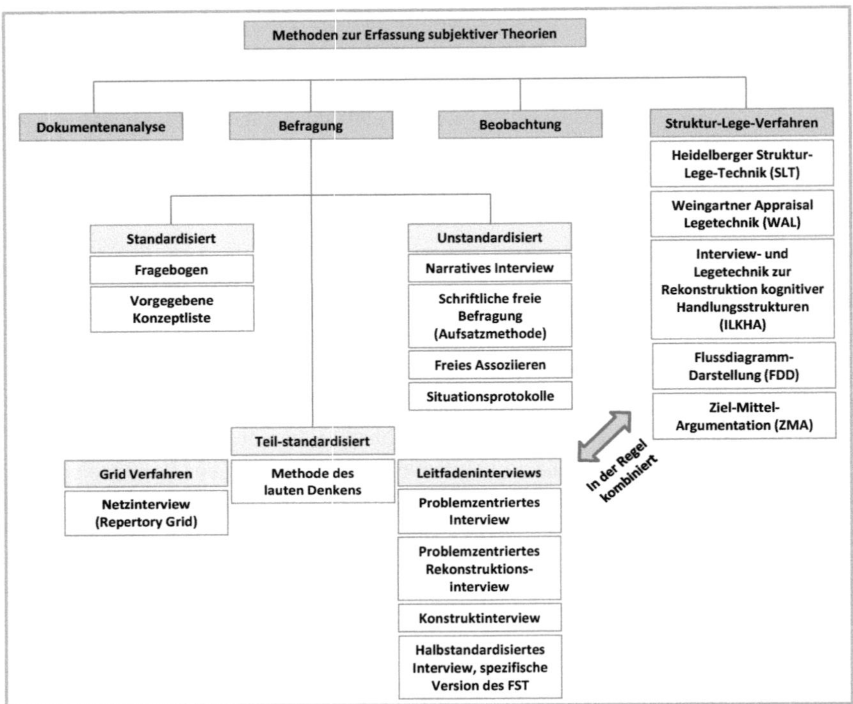

Abbildung 31: Methoden zur Erfassung subjektiver Theorien (in Anlehnung an Schilling, 2001, S. 89 ff.; König, 2002, S. 55 ff.; Keller, 2008, S. 236 ff.; Flick, 2010a, S. 194 f.)

Am weitesten ist die Kombination von Leitfadeninterviews mit Struktur-Lege-Verfahren verbreitet (vgl. u. a. Keller, 2008; Oehme, 2007). Die Kombination einer schriftlichen und mündlichen Befragung wurde ebenfalls häufiger eingesetzt (vgl. u. a Aretz, 2007; Rank, 2008). Der Einsatz von Beobachtungsverfahren fand in der Regel dann statt, wenn im Sinne der zweiten Phase des Forschungsprogramms Subjektive Theorien auch eine Aufklärung der Handlungswirksamkeit mit Befragungsmethoden angestrebt wurde (Schilling, 2001, S. 89). Am wenigsten Verbreitung gefunden haben Dokumentenanalysen (vgl. u. a. Bettman & Weitz, 1983).

Die meisten der in Abbildung 31 dargelegten Verfahren sind für das Untersuchungsvorhaben dieser Arbeit ungeeignet. So stellen beispielsweise Dokumentenanalysen keine Explikationshilfen zur Verfügung, wodurch die genaue Bedeutungszuschreibung von Begriffen oder Formulierungen unscharf bleibt (Schilling, 2001, S. 89 f.). Standardisierte Zugänge über Fragebögen oder eine vorgegebene Konzeptliste bieten zu wenig Offenheit für den bisher wenig erforschten Gegenstand der vorliegenden Arbeit. Ebenso können Beobachtungsverfahren ausgeschlossen werden, da sie keinen Aufschluss über die Innensicht der Handelnden geben.

Da in der vorliegenden Arbeit auch implizite Wissensanteile gehoben werden sollen, erweisen sich zudem mündliche, unstandardisierte Verfahren, wie das narrative Interview, als ungeeignet. Sie lassen erst zu einem späten Zeitpunkt im Interviewprozess Interventionen des Interviewers zu, was aber mit Blick auf die impliziten Anteile im gesamten Prozess wünschenswert wäre (Keller, 2008, S. 197 f.; Przyborski & Wohlrab-Sahr, 2010b, S. 98 ff.). Aus vergleichbaren Gründen ist die Aufsatzmethode zur Erhebung subjektiver Theorien mittlerer Reichweite auszuschließen (vgl. u. a. Keller, 2008; Lehmann, 1995).

Ein geeignetes Erhebungsverfahren muss folglich eine Rekonstruktion der Innensicht, also der subjektiven Theorieinhalte und Theoriestrukturen, in Einklang mit den zu Grunde gelegten Kernannahmen des Forschungsprogramms Subjektive Theorien ermöglichen. Von der Vielzahl an Verfahren bietet das Leitfadeninterview in Kombination mit Struktur-Lege-Verfahren die geforderten Voraussetzungen. Es gilt nach König (2002, S. 59) als die klassische Methode zur Erhebung subjektiver Theorien und hat sich in diversen Studien der vergangenen Jahre bewährt (vgl. Bentler, 2005; Metzger, 2006; Oehme, 2007; Keller, 2008; Rank, 2008; Mehring, 2009). Es ist durch einen Leitfaden mit vorformulierten Fragen zu bestimmten Themenbereichen gekennzeichnet (Mayer, 2009, S. 37). Innerhalb dieses Ansatzes haben sich zur Erforschung subjektiver Theorien das Konstruktinterview (König & Volmer, 2008), das problemzentrierte Interview (Witzel & Reiter, 2012) und das halbstandardisierte Interview (Scheele & Groeben, 1988a), als eine spezifische Weiterentwicklung des Leitfadeninterviews durch das Forschungsprogramm Subjektive Theorien, etabliert. Eine neuere Variante, die auf Elemente der vorgängig erwähnten Verfahren aufsetzt, ist das problemzentrierte Rekonstruktionsinterview (Keller, 2008).

Eine Kombination von Interviews mit Struktur-Lege-Verfahren (SLV) ermöglicht zudem die Rekonstruktion struktureller Elemente der subjektiven Theorien. Struktur-Lege-Verfahren bieten hinsichtlich ihrer Funktionsweise für die Zielsetzung dieser Arbeit eine probate Methode zur Erhebung der Theoriestrukturen. Sie erlauben durch den dialog-konsensualen Ansatz und als grafische Verfahren die Explikation impliziter Wissensanteile (König, 2002, S. 60 f.; Keller, 2008, S. 236 f.; Flick, 2010a, S. 203). Der Methodik werden sechs zentrale Funktionen zugewiesen:

1) *Funktion der Veranschaulichung:* Durch das grafische Verfahren wird die Struktur mit ihren Begriffen und Relationen visualisiert und infolgedessen im Erhebungsprozess als Strukturbild übersichtlicher und verständlicher (Dann, 1992, S. 3 f.). Es wird zudem angenommen, dass die Visualisierungen nicht nur zu einer

Aktualisierung (z. B. bei der Explikation fehlerhafter Zusammenhänge), sondern auch zu einer konsistenteren Artikulation (z. B. impliziter Anteile) beitragen (Keller, 2008, S. 236).

2) *Funktion der Präzisierung der Struktur:* SLV ermöglichen nicht nur die Veranschaulichung des bereits vorhandenen Wissens, sondern auch dessen Präzisierung und Weiterentwicklung (Dann, 1992, S. 4). Durch die Aktivität des Strukturlegens können somit elaborierte Reflexionen und Kognitionen des Befragten in einen „expliziteren und präziseren Zustand überführt werden" (Dann, 1992, S. 4).

3) *Funktion der Direktheit und kommunikativen Validierung:* Diese Funktion stellt für die vorliegende Untersuchung, in welcher der Dialog-Konsens als Wahrheitskriterium zu Grunde gelegt wird, einen sehr zentralen Aspekt dar. So stellen SLV Beziehungen zwischen Konzepten direkt dar und ermöglichen damit dem Befragten selbst die Entscheidung „über die sinngebende Interpretation im Rahmen des Dialogs" (Dann, 1992, S. 4). Das so gewonnene, kommunikativ validierte Strukturbild ist nach Obliers und Vogel (1992) von der Frage der „Abbildungsangemessenheit zwischen dem Repräsentationssystem und der zu repräsentierenden Wissenswelt [befreit, da diese] direkt von demjenigen beantwortet [wird], um dessen ‚implizite Wissenswelt' es letztlich auch geht" (S. 215).

4) *Funktion der Korrigierbarkeit:* SLV ermöglichen nach Dann (1992, S. 4) während des Erhebungsvorgangs jederzeit Veränderungen der Konzepte und Relationen. Diese kontinuierliche Möglichkeit zur Korrektur, Erweiterung, Differenzierung oder Reduktion der Struktur, bis zu ihrer endgültigen Vereinbarung, unterstützt den Rekonstruktionsvorgang und gewährleistet durch die Befähigung der Befragten zu einer argumentativen Auseinandersetzung über die Angemessenheit der Struktur-Rekonstruktionen einen realen Dialog.

5) *Funktion der Auswertungsfähigkeit:* Ergebnisse von Struktur-Lege-Verfahren sind Strukturrekonstruktionen in Form von kommunikativ validierten Strukturbildern. Sie können zur Deskription der individuellen subjektiven Theorie auf Einzelfallebene genutzt werden, ohne diese im Anschluss auf der Aussagenebene zu verdichten und diskursiv validieren zu müssen (Keller, 2008, S. 272 f.). Die auf Einzelfallebene inhaltsanalytisch ausgewerteten Strukturbilder können dann weiteren Auswertungsschritten in Form einer fallübergreifenden Analyse sowie einer Aggregierung der individuellen subjektiven Theorien zu einer interindividuellen subjektiven Theorie dienen (Keller, 2008, S. 272 ff.).

6) *Funktion der diagnostischen Rekonstruktion:* SLV ermöglichen eine Bestandsaufnahme der eigenen Handlungsoptionen sowie Problemlösungsmöglichkeiten und bieten durch die Anregung zur Reflexion eine „gute Basis für die Einleitung von Veränderungsprozessen" (Dann, 1992, S. 6). Diese Funktion bietet den Interviewpartnern in der vorliegenden Untersuchung einen entsprechenden Nutzen für sich selbst und rechtfertigt den Einsatz von Zeitressourcen, die über die Teilnahme an klassischen Interviewverfahren hinausgehen.

Die neuere Erhebungsvariante des problemzentrierten Rekonstruktionsinterviews nach Keller (2008) kombiniert die Vorzüge der verschiedenen Interview- und Strukturlegeverfahren. Diese Interviewmethode adaptiert das problemzentrierte Interview von Witzel (2000), indem es Elemente erzählgenerierender Interviewverfahren sowie eine erweiterte Variante der Fluss-Diagramm-Darstellung (FDD) als Struktur-Lege-Verfahren integriert (vgl. Keller, 2008, S. 205 ff.). Es wurde von Keller (2008) im Rahmen einer Untersuchung von subjektiven Handlungskonzepten zur Bewältigung von Konfliktsituationen entwickelt. Das Verfahren wird in der vorliegenden Untersuchung aufgrund der folgenden Vorzüge den anderen Verfahren vorgezogen:

1) Das Verfahren eignet sich zur Erhebung subjektiver Theorien mittlerer Reichweite durch das differenzierte Regelsystem der FDD (vgl. Dann, 1992, S. 7 ff.). Die erweiterte FDD ist zudem die einzige Verfahrensvariante, die für die Erfassung subjektiver Theorien mittlerer Reichweite, für die Rekonstruktion von Herstellungswissen sowie die Rekonstruktion des prozessualen Ablaufs von PE-Projekten geeignet ist. Die erzählgenerierenden Elemente, z. B. durch das Setzen von narrativen Sequenzen, schließen ein Nachfragen des Interviewers ein und ermöglichen kontinuierliche Explikationshilfen durch den Interviewer (Keller, 2008, S. 211 f.).

2) Weitere Vorzüge liegen in der konsequenten Ausrichtung des Verfahrens an den Kernannahmen des Forschungsprogramms Subjektive Theorien (vgl. Keller, 2008, S. 205 f.). Hierdurch werden die Vorzüge des problemzentrierten Interviews (u. a. Kombination aus Erzählung und Fragen) mit den erprobten Verfahrensweisen der kommunikativen Validierung nach Scheele und Groeben (1988a, S. 21) kombiniert. So wurden mit der Formulierung einer „idealen Interviewsituation" als normatives Grundverständnis, Gelingensbedingungen formuliert, die mit den Menschenbildannahmen des Forschungsprogramms Subjektive Theorien übereinstimmen, die auch in dieser Arbeit zu Grunde gelegt werden (Keller, 2008, S. 255).

3) Die erweiterte FDD bietet der Untersuchung in der vorliegenden Arbeit ein vereinfachtes Regelwerk, einen postreflexiven Ansatz und eine Harmonisierung des Regelwerks mit dem Situationstypenmodell (vgl. Keller, 2008, S. 239 ff.). Durch die Verzahnung der klassischen FDD[55] mit der Heidelberger Struktur-Legetechnik enthält das Regelwerk Regeln und Symbolen zur Darstellung prozessual ausgerichteter Konzepte und zur Erfassung statischer Konzepte (Keller, 2008, S. 241). Die FDD eignet sich, um Prozessaspekte von Handlungsstrukturen und -abläufen abzubilden (Dann, 1992, S. 7 ff.; Scheele & Groeben, 1988a, S. 148),

[55] Das Regelwerk lehnt sich eng an die Flussdiagramm-Zeichen für die Visualisierung von Computerprogrammen des Deutschen Instituts für Normung an (Dann, 1992, S. 31). Eine ausführliche Auseinandersetzung zum Verfahren der klassischen FDD findet sich bei Scheele und Groeben (1988a, S. 122 ff.).

und korrespondiert in der erweiterten Form mit der Prozessperspektive im Situationstyp.

1) Die FDD erfordert zudem keine unmittelbare Anknüpfung an konkrete Handlungssituationen zur Darstellung des Strukturaspekts von Handlungsabläufen (Dann, 1992, S. 31). Das vergleichsweise einfache Regelwerk ermöglicht, dass die Befragten lediglich Grundkenntnisse über die Rekonstruktionsregeln besitzen müssen und sie selbstständig anwenden können (Scheele & Groeben, 1988a, S. 151).

2) Die Zielgruppe „Personalentwickler" hat durch die Einbindung in einen betrieblichen Kontext nur begrenzte Zeitressourcen für die Erhebung zur Verfügung. Die meisten Erhebungsverfahren subjektiver Theorien sind jedoch durch das zentrale methodische Prinzip der Inhalt-Struktur-Trennung im Forschungsprogramm Subjektive Theorien (vgl. Dann, 1992, S. 2 f.), der den Rekonstruktionsprozess in zwei getrennte Sitzungen teilt, enorm zeitaufwendig. Das problemzentrierte Rekonstruktionsinterview löst diese Problematik zugunsten eines iterativen Prozesses auf (Keller, 2008, S. 242 f.). Keller (2008) argumentiert, dass „nicht unmittelbar einzusehen [ist,] weshalb die Entscheidung, wie das Legen der Strukturen und Inhalte zeitlich sequenziert werden sollte, nach Möglichkeit nicht den Befragten selbst überlassen wird" (S. 243). Durch die Bewährung des Verfahrens in der Arbeit von Keller (2008) und den kognitiv hohen Voraussetzungen der Untersuchungspersonen wird sich in dieser Arbeit der liberalisierten Variante angeschlossen.

Im folgenden Kapitel wird die konkrete Adaption der Methode in der vorliegenden Arbeit expliziert und aufgezeigt, mit welchen Interventionsformen und Instrumenten in der Erhebung gearbeitet wurde.

3.5.2. Konstruktion des Erhebungsinstruments

Das vorliegende Kapitel konkretisiert den Ablauf, die Instrumente und die Interventionsformen, mit deren Hilfe eine möglichst ideale Sprechsituation zur Überwindung der Implizitätsproblematik (siehe Kapitel 3.2) angestrebt wurde. Für den Interviewprozess in der vorliegenden Untersuchung wurden der Ablauf und das Instrumentarium des problemzentrierten Rekonstruktionsinterviews von Keller (2008) adaptiert und weiter entwickelt. Abbildung 32 zeigt das angewendete Erhebungsinstrument. Anschließend findet eine Erläuterung statt.

Einführungsphase

Im Vorfeld eines jeden Interviews fand ein telefonisches Vorabgespräch zur Herstellung von Transparenz über das Forschungsvorhaben (u. a. Umgang mit Daten), zur Überprüfung der Eignung der Interviewpartner und der terminlichen Koordination statt. Anschließend füllte der Interviewpartner einen Vorabfragebogen (siehe Anhang 2.2) sowie ein Informationsblatt zum Datenschutz inklusive einer Datenschutzvereinbarung (siehe Anhang 2.3) aus. Der Vorabfragebogen diente der Erfassung soziodemografischer Daten und der Initiierung einer Auseinandersetzung mit dem Gegenstand des Interviews (vgl. Flick, 2010a, S. 210; Lamnek, 2010a, S. 335).

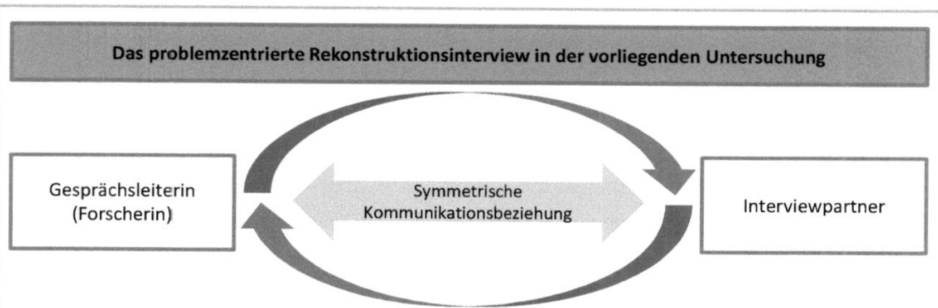

Allgemeine Gelingensbedingungen:
- Wertschätzende und respektvolle Haltung der Gesprächsleiterin gegenüber dem Interviewpartner als Experten seiner subjektiven Theorien
- Transparenz über das Anliegen der Untersuchung
- Schaffung einer vertrauensvollen und angenehmen Atmosphäre
- Handelnde Teilhabe des Interviewpartners
- Gewähr von Anonymität und Freiwilligkeit (Prinzip der informierten Einwilligung bzw. Nicht-Schädigung)

Einführungsphase
1. Joining: Smalltalk zum Ankommen und Klären der Befindlichkeit des Interviewpartners
2. Einleitung: Gesprächseröffnung, Vorstellung der Interviewerin, Erläuterung des Untersuchungszwecks und des Rollenverständnisses der Forscherin
3. Interviewinstruktion: Schaffung von Transparenz hinsichtlich des Vorgehens mittels eines Instruktionsleitfadens, Einführung in den Ablauf, den Gegenstandsbereichs, die Interventionsformen und den Regelkorpus der erweiterten FDD mittels eines Instruktions- und Strukturlegeleitfadens
4. Klärung offener Fragen

Rekonstruktionsdialog
1. Rekonstruktion der subjektiv-theoretischen Vorstellungen über Personalentwicklung (u. a. persönliches PE-Verständnis Werte und Einstellungen, Rollen), Fokus auf der inhaltlichen Ebene → Zwischenvalidierung der Kernaussagen
2. Rekonstruktion der subjektiv-theoretischen Vorstellungen über die Gestaltung und Leitung von PE-Projekten (Voraussetzungen, Absichten , Phasen, kritische Ereignisse), Fokus auf der inhaltlichen und strukturellen Ebene → Kommunikative Validierung des Strukturbilds
3. Abschluss: Bestimmung des Nutzens für den Interviewpartner

Realisierungsmittel:
- Idealbild einer symmetrische Kommunikationsbeziehung und eines vertrauens- und respektvollen Dialogs
- Zentrale Instrumente: Vorabfragebogen, Datenschutzvereinbarung, Instruktionsleitfaden, Interviewleitfaden, Interviewinstruktion, Beiblatt zum Interview, Strukturlegeleitfaden, Tonbandaufzeichnung, Postskriptum
- Interventions- und Frageformen

Abbildung 32: Überblick über das adaptierte problemzentrierte Rekonstruktionsinterview (in Anlehnung an Helfferich, 2011, S. 104; Keller, 2008, S. 257; Oehme, 2007, S. 183; Przyborski & Wohlrab-Sahr, 2010, S. 80 f.)

In Ergänzung zu Keller (2008, S. 231 f.) wurde zum Einstieg des Interviews eine Phase des „Joinings" integriert, um von Beginn an eine vertrauensvolle Gesprächs-atmosphäre aufzubauen. Ziel dieser Smalltalk-Phase war es, dem Interviewpartner die Möglichkeit zu geben, sich auf die Interviewsituation einzulassen, etwaigen Befindlichkeiten Raum zu geben sowie eine persönliche Bindung aufzubauen (vgl. Przyborski & Wohlrab-Sahr, 2010, S. 80 f.). Nach dieser ersten Gewöhnungsphase erfolgte die Einleitung in Form einer Gesprächseröffnung, einer Vorstellung der Forscherin sowie einer Erläuterung des Untersuchungszwecks und des Rollenverständnisses der Gesprächsleiterin[56]. In der anschließenden Interviewinstruktion stellte die Gesprächsleiterin durch die Erklärung des Untersuchungsfokus den Gegenstandsbezug her. Es wurden der Ablauf, die Interventionsformen und ihre Funktion sowie die Regeln des Strukturlegens erläutert. Für die Einleitung und die Interviewinstruktion wurde ein Instruktionsleitfaden (siehe Anhang 2.1) sowie ein Strukturlegeleitfaden (siehe Anhang 2.6) verwendet.

Die Einführungsphase legte in dieser Form einen wesentlichen Grundstein für eine von Wertschätzung und Respekt geprägte gleichwertige Kommunikationsbeziehung. Sie orientierte sich hierfür in Anlehnung an Keller (2008, S. 232 f.) an den Strukturelementen der themenzentrierten Interaktion (TZI). Folgende Themenbereiche wurden in Anlehnung an die TZI im Instruktionsleitfaden für die Gestaltung der Einführung und Instruktion in konkrete Fragen bzw. Maßnahmen ausformuliert (siehe Anhang 2.1):

1) „ICH", also der Person des Interviewten und der Gesprächsleiterin,
2) „WIR", dem Interviewverfahren,
3) „ES", den subjektiven Theorien über Personalentwicklung sowie über die Gestaltung und Leitung von PE-Projekten als Gegenstandsbereich sowie
4) „GLOBE", dem äußeren Rahmen des Interviewgeschehens.

Ziel einer derartig aufgebauten Einführung war die Schaffung größtmöglicher Transparenz sowie der Aufbau einer symmetrischen Kommunikationsbeziehung, was als zentrale Gelingensbedingung für die Erhebung subjektiver Theorien gilt (Oehme, 2007, S. 183).

---

56 Das Rollenverständnis der Gesprächsleiterin ist im Wesentlichen von den im weiteren Verlauf dieses Kapitels explizierten Gelingensbedingungen geprägt. So wird die Kommunikationsbeziehung als symmetrisch und der Interviewpartner als Experte seiner subjektiven Theorien anerkannt. Rolle der Interviewerin ist es, den Interviewpartner bestmöglich bei der Explikation seiner subjektiven Theorien zu unterstützen (Oehme, 2007, S. 181). Zudem handelt die Gesprächsleiterin vor dem Hintergrund eines epistemologischen Menschenbildes, das um den Aspekt der Emotionalität ergänzt wurde (siehe Kapitel 3.1).

Rekonstruktionsdialog

Der Rekonstruktionsdialog selbst gliederte sich in zwei Teile. Der erste Teil fokussierte die Rekonstruktion von allgemeinen, handlungsleitenden subjektiven Konzepten (u. a. persönliches PE-Verständnis, Werte und Einstellungen, (in)offizielle Rollen), der zweite Teil des Interviews betraf die Rekonstruktion des aus Sicht der Interviewpartner komplexesten bzw. herausforderndsten PE-Projekts der vergangenen drei Jahre ihrer PE-Tätigkeit. Der konkrete Zeitaufwand für die einzelnen Teile des Interviews betrug ca. 45 bis 60 Minuten für die Erhebung der subjektiven Konzepte im ersten Teil des Interviews sowie ca. 90 bis 120 Minuten für die Rekonstruktion des PE-Projekts im zweiten Teil des Interviews.

Es kamen bedarfsorientiert hypothesengerichtete und hypothesenungerichtete Fragen, Störfragen[57], Präzisierungs- und Aufrechterhaltungsfragen, kleinere Fallbeispiele als Verbalisierungshilfen sowie die Techniken des zentrierten Zusammenfassens und der Metakommunikation zur Anwendung (vgl. Helfferich, 2011, S. 104; Keller, 2008, S. 226 ff.; Przyborski & Wohlrab-Sahr, 2010, S. 83 ff.; Scheele, 1988, S. 149 f.). Als Instrumente dienten im Rekonstruktionsdialog ein teilstandardisierter Interviewleitfaden, ein Beiblatt zur Protokollierung und ein Strukturlegeleitfaden[58].

Abbildung 33 zeigt die Verbindung zwischen dialogischen Zielen zum Erreichen einer idealen Sprechsituation und den eingesetzten Mitteln im Interview. Die Mittel des problemzentrierten Rekonstruktionsinterviews (Keller, 2008) wurden zur Schaffung einer vertrauensvollen Gesprächsatmosphäre auf der Zielebene V um ein Bündel kleinerer Interventionen und Maßnahmen (z. B. aktives Zuhören, Gestaltung des Interviewsettings, Joining-Phase zu Beginn des Interviews) unter den Oberbegriffen „Symmetrische Kommunikationsbeziehung“ und „Vertrauens- und respekt-voller Dialog“ sowie auf der Zielebene I um Aufrechterhaltungsfragen als Verbalisierungshilfe (vgl. Helfferich, 2011, S. 104) ergänzt.

Zum Einstieg in den iterativen Rekonstruktionsdialog wurde wie bei Keller (2008, S. 289) eine erzählauffordernde Eröffnungsfrage gestellt, um die Aktualisierung subjektiv-theoretischer Vorstellungen über den Gegenstand Personalentwicklung anzuregen.

---

[57] Der Einsatz von hypothesenungerichteten Fragen, hypothesengerichteten Fragen und Störfragen hat sich zur Unterstützung der Aktualisierung von Kognitionen und ihrer Explikation bei subjektiven Theorien mittlerer Reichweite bewährt. Die Fragen werden nacheinander gestellt und haben die Funktion (1) zu öffnen (hypothesenungerichtet), (2) mit gegenstandsspezifischen Hypothesen zu konfrontieren (hypothesengerichtet) und (3) mit alternativen bzw. widersprüchlichen Aussagen zur kritischen Reflexion der eigenen Konzepte anzuregen (Störfragen). (Scheele, 1988, S. 149 f.)

[58] Der Leitfaden orientierte sich an der erweiterten Flussdiagramm-Darstellung von Keller (2008, S. 239, S. 489 ff.) und der Flussdiagram-Darstellung von Scheele und Groeben (1988a, S. 122 ff.).

In diesem Kontext wurden die Befragten gebeten, ihr persönliches Verständnis von Personalentwicklung zu explizieren. Anschließend wurden die Interviewpartner im Rahmen des ersten Teils des Interviews aufgefordert, das gelebte Verständnis von Personalentwicklung in ihrem Unternehmen, ihre Vorstellungen von zukünftiger Personalentwicklungsarbeit, für sie handlungsleitende Werte, Einstellungen und Glaubenssätze sowie ihre offiziellen wie inoffiziellen Rollen zu explizieren. Zudem sollten sie Konzepte präzisieren oder erläutern.

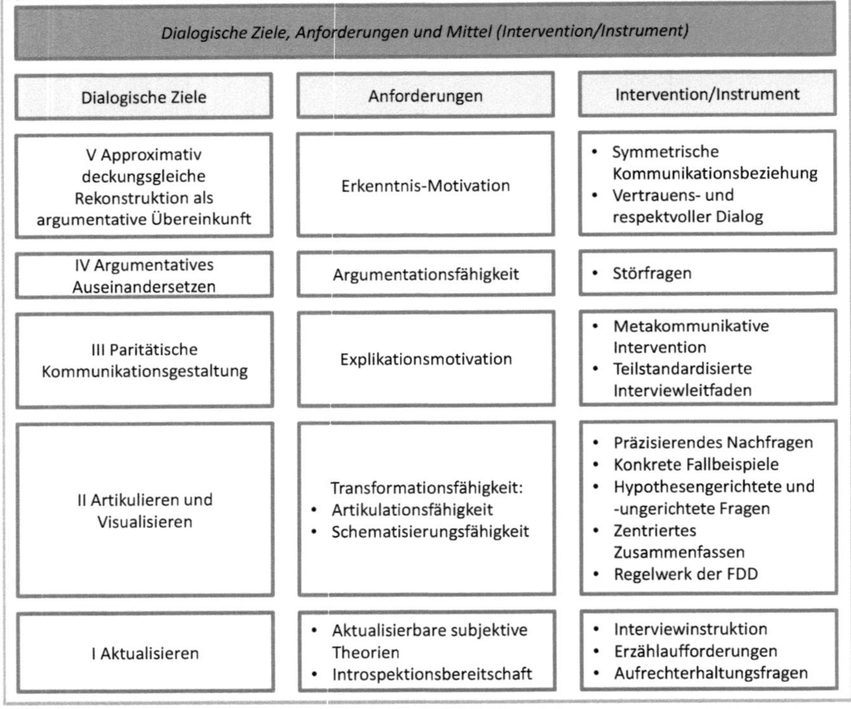

Abbildung 33: Dialogische Ziele, Anforderungen und Mittel (in Anlehnung an Keller, 2008, S. 217; Przyborski & Wohlrab-Sahr, 2010, S. 80 f.; Scheele, 1988, S. 143 ff.)

Im Interviewprozess wurden die zentralen subjektiven Konzepte bzw. Aussagen der Interviewpartner möglichst originalgetreu auf einem Beiblatt (siehe Anhang 2.5) notiert. Zur Herstellung des Dialog-Konsensus und zur Sicherstellung einer kommunikativen Zwischenvalidierung der erhobenen inhaltlichen Elemente wurde auf eine kontinuierliche Paraphrasierung und Zusammenfassung geachtet. Diese gingen mit einer Bitte an den Interviewpartner einher, zu den Notizen auf dem Beiblatt Stellung zu nehmen. Dieser Prozess vollzog sich so lange, bis die Geltungsansprüche diskursiv eingelöst waren.

Der Erhebungsprozess galt als abgeschlossen, wenn aus Sicht des Interviewpartners alle wesentlichen Antworten zu einem bestimmten Fragenbereich gegeben waren und diese von der Interviewerin interpretativ verstanden wurden.

Daran anschließend fand die Erhebung des PE-Projekts statt. Anhand der im Vorabfragebogen genannten fünf wichtigsten PE-Projekte der Interviewpartner in den vergangenen drei Jahren wurde im Dialog zwischen Forscherin und Interviewpartner ein PE-Projekt für die Rekonstruktion im Interview entlang der folgenden Kriterien selektiert:

- Das PE-Projekt musste der folgenden Definition entsprechen: „Ein PE-Projekt kann inhaltlich sehr unterschiedlich ausgestaltet sein, bezieht sich aber explizit auf Themenbereiche der Personalentwicklung. Wesentliche Merkmale sind die Einmaligkeit der Bedingungen sowie eine innovative und komplexe Aufgabenstellung. Die PE-Projekte können einzeln lanciert oder Teil einer größer angelegten strategischen Initiative sein. Sie unterscheiden sich von Prozessen, die in der Praxis kontinuierlich wiederkehren." (vgl. Gareis & Stummer, 2006; Schelle, 2010; Schiersmann & Thiel, 2011)
- Der Interviewpartner musste zum Zeitpunkt des PE-Projekts in einer Projektleitungs- oder Teilprojektleitungsrolle sein. Sofern er lediglich eine Teilprojektleitungsrolle innehatte, war es erforderlich, dass er im Gesamtprozess des PE-Projekts weitgehend involviert war und dort umfassende Gestaltungsmöglichkeiten hatte.
- Das PE-Projekt musste zum Zeitpunkt der Erhebung abgeschlossen sein, um es postreflexiv rekonstruieren zu können.
- Das PE-Projekt musste nach Einschätzung des Interviewpartners von den genannten wichtigsten Projekten der vergangenen drei Jahre das herausforderndste bzw. komplexeste Projekt darstellen (vgl. D. Beck et al., 2008, S. 186 für eine ähnliche Vorgehensweise). Wurden zwei PE-Projekte als annähernd gleich komplex bzw. herausfordernd empfunden, fand eine Entscheidung zu Gunsten des PE-Projektes statt, das für den Aufgabenbereich des Interviewpartners am typischsten galt.

Mit Hilfe der erweiterten Flussdiagrammdarstellung und dem davon abgeleiteten Regelsystem (siehe Strukturlegeleitfaden im Anhang 2.6) fand im zweiten Teil des Interviews die Rekonstruktion des PE-Projekts entlang der Hauptkategorien „Voraussetzungen", „Absichten", „Phasen" und „kritische Ereignisse" statt. Die Vorgehensweise des Rekonstruktionsprozesses folgte im Wesentlichen der Ablaufstruktur gemäß Keller (2008, S. 289 ff.):

- Im ersten Teilschritt wurden die „Voraussetzungen" erhoben, also die Bedingungen, die aus Sicht des Interviewpartners gegeben waren, damit das PE-Projekt entstehen konnte. Entlang von hypothesenungerichteten Fragen wurde der Interviewpartner gebeten, Konzepte innerhalb dieser Kategorie zu präzisieren. Die Gesprächsleiterin notierte prozessbegleitend die interpretativ verstandenen Elemente der subjektiven Theorien im Bereich der Hauptkategorie auf Moderationskarten, spiegelte die erfassten Konzepte und ihr Verständnis verbal zurück und forderte den Interviewpartner zur Stellungnahme auf. In einem intersubjektiven Verständigungsprozess wurden die Konzepte so lange mit dem Interviewpartner abgeglichen, bis eine kommunikative Zwischen-validierung erreicht war. Bei Aktualisierungsschwierigkeiten wurde die erforderliche Unterstützung angeboten. Der Erhebungsprozess für diese Hauptkategorie war abgeschlossen, wenn der Interviewpartner alle aus seiner Sicht wesentlichen Voraussetzungen genannt und die Interviewerin diese interpretativ verstanden hatte. Abschließend wurden die kommunikativ validierten Konzepte auf dem Moderationspapierbogen fixiert.

- Im Anschluss fand analog zur Rekonstruktion der „Voraussetzungen" die Erhebung der Kategorie „Absichten", also den mit dem PE-Projekt verbundenen Zielen, statt.

- Durch die Erhebung der statischen Hauptkategorien „Voraussetzungen" und „Absichten" schlug der Interviewpartner gedanklich eine Brücke zwischen der Eingangs- und der Ausgangssituation des jeweiligen PE-Projekts. Dies erleichterte den Einstieg in den Rekonstruktionsdialog zum prozessualen Verlauf des PE-Projekts. Mit Hilfe einer Erzählaufforderung wurde der Interviewpartner gebeten, je nach persönlichem Bedürfnis entweder in einem ersten Schritt die Hauptphasen des Projekts zu nennen oder gedanklich an den Anfangspunkt des PE-Projekts zurückzugehen und davon ausgehend zentrale Handlungen (also handlungsleitende subjektive Konstrukte, die zum Tragen gekommen sind) zu explizieren. Der Rekonstruktionsdialog erfolgte weitgehend analog zu den bereits unter der Hauptkategorie „Voraussetzungen" beschriebenen Schritte. Die auf Moderationskarten festgehaltenen, intersubjektiv verstandenen Konzepte wurden in dieser Phase von dem Interviewpartner mithilfe der Formalrelationen und Sinnbilder des Strukturlegeleitfaden (siehe Anhang 2.6) in eine Struktur gebracht. Die Forscherin moderierte diesen Prozess. Nach jeder gelegten Teilstruktur fand eine kommunikative Zwischenvalidierung zur Überprüfung der gelegten Inhalte und Strukturen statt. In dieser Erhebungsphase greift die Idee der Liberalisierung, indem die Inhalte sowie die Struktur parallel in einem iterativen Prozess rekonstruiert werden (siehe Kapitel 3.5.1).

- Daran anknüpfend wurde der Interviewpartner gebeten, kritische Ereignisse im PE-Projekt zu benennen und im Strukturbild an eine für ihn sinnvolle Stelle anzubringen. Die Rekonstruktion der letzten Hauptkategorie erfolgte analog der bereits unter den Hauptkategorien „Voraussetzungen" und „Absichten" beschriebenen Schritte.

- Zum Abschluss des Rekonstruktionsdialogs wurde der Interviewpartner gebeten, die Inhalte sowie die Struktur des rekonstruierten PE-Projekts noch einmal gesamthaft zu prüfen und die definitive Zustimmung zu geben (kommunikative Validierung). Eine kritische Betrachtung des erarbeiteten Strukturbilds durch den Interviewpartner zielte auf das Aufdecken offener Stellen, Unstimmigkeiten und Widersprüche. Ergebnis dieser kritischen Betrachtungen war entweder eine Bestätigung des Gelegten oder eine nachträgliche Modifikation. Auch die Forscherin prüfte abschließend die Konstruktionsentwürfe aus einer kritischen Distanz u. a. vor dem Hintergrund ihrer Vorinterpretationen und stellte Fragen in Bezug auf Lücken, Unklarheiten und Widersprüche. Mit diesem letzten Validierungsschritt galt die gemeinsame Rekonstruktionsarbeit als abgeschlossen. Das Interview wurde durch eine gemeinsame Bestimmung des Nutzens für den Interviewpartner beendet.
- Im Anschluss an das Interview fand ohne weiteren Eingriff der Forscherin[59] eine Digitalisierung des rekonstruierten PE-Projekts statt. Zudem wurden die kommunikativ zwischenvalidierten Notizen im handschriftlich erstellten Beiblatt als Vorbereitung für die Datenanalyse elektronisch erfasst und nachbearbeitet (siehe Anhang 3.2).

Reflexion und Dokumentation des Interviewprozesses

Im Anschluss an jedes Interview wurde ein Postskriptum erstellt (siehe Anhang 2.7). Das Postskriptum diente zur Dokumentation des Gesprächsverlaufs aus der Perspektive der Gesprächsleiterin und der Förderung einer selbstreflexiven Haltung. Es wertete das geführte Gespräch aus und enthält Informationen zum Inhalt der Einstiegs- und Pausengespräche, zu relevanten Rahmenbedingungen des Gesprächs oder zu nonverbalen Reaktionen des Interviewpartners.

3.6. Methoden der Datenauswertung

Die vorliegende Arbeit lehnt sich zur Generierung von Antworten auf die Forschungsfragen für die Datenauswertung an die Unterscheidung in eine Einzelanalyse und eine generalisierende Analyse gemäß Lamnek (2010a, S. 367 f.) an. Die Einzelanalyse der Interviews zielt auf eine Materialreduktion. In der generalisierenden Analyse werden die Interviews dann fallvergleichend und fallübergreifend ausgewertet, um generische (theoretische) Erkenntnisse in Form von Gemeinsamkeiten und Unterschieden zu gewinnen. Durch die Analyse und Darstellung der Einzelfälle in Kombination mit einer anschließenden generalisierenden Analyse wird der Anspruch der Individualisierung und Generalisierung erfüllt (vgl. Przyborski & Wohlrab-Sahr, 2010, S. 322 ff.).

59 Die Digitalisierung erfolgt mit Microsoft Visio 2013.

Das Ausgangsmaterial besteht im Wesentlichen aus Text. Für die Auswertung des Datenmaterials werden daher Auswertungsverfahren eingesetzt, die geeignet sind, unterschiedliche Textsorten zu verarbeiten. Gemäß der Ziele der Forschungsarbeit, subjektive Theorieinhalte und Theoriestrukturen von Personalentwicklern strukturiert zu beschreiben und zu klassifizieren, wird die Methode der qualitativen Inhaltsanalyse nach Kuckartz (2012) und eine Methode der Aggregierung von Theoriestrukturen in Anlehnung an Schreier (1997, S. 51 f.), Stössel und Scheele (1992, S. 364 f.) sowie Keller (2008, S. 409 ff.) angewendet. Zudem dienen quantitative Verfahren wie beispielsweise Frequenzanalysen als Hilfsmittel zum Erkennen von Mustern (Kuckartz, 2010, S. 227 f.).

In den folgenden Kapiteln wird in die Methoden der Datenerhebung (siehe Kapitel 3.6.1) und die Methoden der Datenauswertung (siehe Kapitel 3.6.2) eingeführt. In Anhang 3.2 ist die konkrete Anwendung der Auswertungsstrategie (u. a. die Bestimmung der Analyseeinheiten und das Kategoriensystem) beschrieben.

3.6.1. Einzelfallanalyse

Aus Gründen der Übersichtlichkeit werden vier exemplarische Einzelfälle im Ergebnisteil dieser Arbeit dargestellt. Die Fallauswahl orientiert sich hierbei zum einen am Umfang der Strukturbilder (z. B. hinsichtlich der Konzepthäufigkeiten) und zum anderen an einer Auswahl nach qualitativen Gesichtspunkten (vgl. Keller, 2008, S. 313 für ein ähnliches Vorgehen). Die Auswahlkriterien werden in der Einführung von Kapitel 4.2 präzisiert. Die beispielhaften Einzelfälle bieten Einblick in die subjektiv-theoretischen Vorstellungen der Personalentwickler und in deren Verhältnis zum theoriegeleiteten Vorverständnis dieser Arbeit.

Um den Grundannahmen des Forschungsprogramms Subjektive Theorien zu folgen (u. a. Gegenstandsangemessenheit, „konstruierte“ Wirklichkeit, Strukturparallelität von wissenschaftlichen und subjektiven Theorien), wurde bei der Analyse jede subjektive Auffassung und Gegenstandsbeschreibung als gültig akzeptiert (vgl. Niedermair, 2005, S. 192) und die Struktur des Falles vornehmlich induktiv, aus dem Fall heraus entwickelt (vgl. Flick, 2010a, S. 124 f.). In Bezug auf die Geltungsbegründung in der dialogischen Hermeneutik (vgl. Groeben, 1986, S. 198) bilden die dialogisch erhobenen und kommunikativ validierten Mitschriften in den Beiblättern sowie die Strukturbilder die primäre Ausgangsbasis für die Deskription der Einzelfälle.

Die Darstellung der Einzelfälle orientiert sich aus Gründen der Lesbarkeit an den Untersuchungsfragen bzw. der Grobstruktur des Interviewleitfadens (siehe Anhang 2.4). Ziel der Aufbereitung ist eine zusammenfassende Darlegung der Gesamtgestalt des Falls (vgl. Bohnsack, 2010, S. 139). Die Falldarstellung folgt deshalb einer Zusammenfassung der Kernaussagen über Personalentwicklung sowie über die Gestaltung und Leitung des selektierten PE-Projekts. Die Strukturbilder werden für die Darstellung in ihren wesentlichen Aspekten in Textform dargestellt. Zur Erhöhung der Authentizität im Sinne einer ergänzenden Dokumentation werden Interviewausschnitte[60] und das elektronisch aufbereitete Strukturbild in die Einzelfalldarstellung einbezogen.

Dem deskriptiven Teil folgt ein abgleichender Teil. Die subjektiven Theorien werden mit dem theoretischen Bezugsrahmen „Ganzheitliche Personalentwicklung" sowie dem Situationstyp „Ganzheitlich orientiert PE-Projekte gestalten und leiten" ins Verhältnis gesetzt. Die Kontrastierung zielt auf eine Prüfung, ob und wie weit die von den Interviewpartnern vertretenen subjektiven Theorien mit dem theoretischen Bezugsrahmen übereinstimmen oder zumindest kompatibel sind (vgl. Patry, Gastager & Gollackner, 2011, S. 196). Sofern subjektive Theorien im Widerspruch zum Bezugsrahmen stehen, kommt dies aber nicht einer Kritik gleich. Es wird in Anlehnung an Patry et al. (2011, S. 196) die Position vertreten, dass das Kriterium, praktische Theorien dürften nicht inkompatibel mit dem aktuellen Stand der Wissenschaft sein, nicht haltbar ist.

Zusammenfassend betrachtet besteht folglich die Darstellung eines Falls aus

1) einer Zusammenfassung der subjektiven Theorien über Personalentwicklung entlang der Kategorien des Interviewleitfadens und unter Einbindung repräsentativer Interviewausschnitte,
2) einer Verbalisierung des individuellen Strukturbilds entlang der Kategorien des Situationstypenmodells und der Abbildung des Original-Strukturbilds,
3) einer Verhältnisbestimmung der subjektiven Theorien und dem wissenschaftlichen Verständnis ganzheitlicher Personalentwicklung sowie ganzheitlicher PE-Projektgestaltung und -leitung.

3.6.2. Fallübergreifende Analyse

Die Einzelfallanalyse wird von einer fallübergreifenden Analyse begleitet, die in Form einer qualitativen Inhaltsanalyse auf der Ebene der Theorieinhalte (siehe Kapitel 3.6.2.1) und in Bezug auf die rekonstruierten PE-Projekte in Form einer Aggregierung auf der Ebene der Theoriestrukturen erfolgt (siehe Kapitel 3.6.2.2). Die fallübergreifende Ana-

---

[60] Die ergänzend eingeflochtenen Interviewausschnitte dienen nicht der Geltungsbegründung von Aussagen, sondern sollen lediglich die Ausführungen der Interviewpartner verdeutlichen (vgl. Kuckartz, 2012, S. 172).

lyse identifiziert somit fallübergreifende Muster auf der inhaltlichen Ebene und modelliert eine interindividuelle Theoriestruktur der Gestaltung und Leitung von PE-Projekten.

In Anhang 3.2 ist die konkrete Anwendung der Auswertungsstrategie (u. a. Charakterisierung des Ausgangsmaterials, Festlegung der Analyseeinheiten, Kategoriensystem) näher beschrieben.

3.6.2.1. Qualitative Inhaltsanalyse

Das Verfahren der qualitativen Inhaltsanalyse hat gemäß Groeben und Rustmeyer (2002, S. 233, S. 242) menschliche Kommunikationsprozesse zum Gegenstand und versucht vor allem „latente" Bedeutungsaspekte herauszuarbeiten. Im Gegensatz zum offen angelegten Auswertungsverfahren der Grounded Theory Methodologie (vgl. Przyborski & Wohlrab-Sahr, 2010, S. 184 ff.) ermöglicht die qualitative Inhaltsanalyse ein systematisches, regelgeleitetes Vorgehen und kommt damit der Forderung nach Transparenz und Nachvollziehbarkeit der Ergebnisse qualitativer Forschung nach (Mayring, 2012, S. 474).

Lamnek (2010a, S. 460) unterscheidet zwischen zwei Formen der qualitativen Inhaltsanalyse: einerseits einer Variante, die sich von der quantitativen Inhaltsanalyse nur dahingehend unterscheidet, dass sie nicht oder in Teilbereichen nicht quantifiziert, andererseits einer Form, die ohne im Vorfeld formulierte theoretische Analysekriterien das Datenmaterial stärker im Sinne interpretativer Sozialforschung analysiert.

Einer der am meisten verbreiteten Ansätze der qualitativen Inhaltsanalyse ist das regelgeleitete Verfahren von Mayring (2010a, S. 48 ff.). Diese Form der Inhaltsanalyse versteht das Material grundsätzlich in seinem Kommunikationszusammenhang und zieht dabei den Stand der Forschung zum Gegenstandsbereich bzw. vergleichbaren Gegenstandsbereichen für Verfahrensentscheidungen heran. Es ist gemäß Lamnek (2010a, S. 460) der ersten Variante qualitativer Inhaltsanalyse zugeordnet. Ziel dieser Analyse ist die Entwicklung eines Kategoriensystems in einem rekursiven Wechselspiel zwischen der Theorie (bzw. der Fragestellung) und dem konkreten Material (Mayring, 2010a, S. 49 f.).

Der Ansatz von Mayring (2010a, 2010b, 2012) ist jedoch immer wieder Kritik ausgesetzt. Gläser und Laudel (2010, S. 198 f.) kritisieren beispielsweise Mayring dafür, dass nach Sichtung von 30 bis 50 Prozent des Materials ein nicht mehr veränderbares Kategoriensystem auf die Texte angewendet wird. Da mehr als die Hälfte des Materials mit einem feststehenden Kategoriensystem analysiert wird, ohne zu wissen, ob das Kategoriensystem geeignet ist, wird das Vorgehen von Gläser und Laudel als problematisch eingestuft. Zusätzlich wird die Zielsetzung, Häufigkeitsanalysen von Kategorien anschließen zu können, kritisiert:

> „Viel schwerer wiegt aber, dass das Mayringsche Verfahren letztlich Häufigkeiten analysiert, statt Informationen zu extrahieren. Ohne Zweifel verbessert der Einbau qualitativer Schritte in die Entwicklung des Kategoriensystems die ursprüngliche quantitative Inhaltsanalyse. Die Anwendung eines geschlossenen Kategoriensystems und die darin enthaltene Standardisierung für Häufigkeitsanalysen machen es jedoch unmöglich, den Texten die komplexen Informationen zu entnehmen, die wir für die Aufklärung von Kausalmechanismen brauchen“ (Gläser & Laudel, 2010, S. 199).

Ramsenthaler (2013, S. 39) verweist auf die Gefahr, dass das in Texten Gesagte lediglich beschrieben wird und der Text in seiner Ganzheit durch den Fokus auf Kategorien aus den Blick gerät, auch wenn bei Mayring die Kategorien induktiv am Material revidiert werden. Auch Mayring (2010b, S. 611) weist auf die Grenzen der Auswertungsmethode hin, wenn die Tiefenstrukturen des Textes stärker angestrebt werden.

Angesichts der begrenzten Offenheit der Mayringschen Variante wird für die vorliegende Untersuchung das ebenso regelgeleitete, aber offener angelegte Verfahren der qualitativen Inhaltsanalyse von Kuckartz (2012, S. 5 f., S. 72 ff.) angewendet. Kuckartz führt eine stärker an den Prinzipien interpretativer Sozialforschung ausgerichtete Form der qualitativen Inhaltsanalyse ein, die im Vergleich zu der Mayringschen Variante mit einer größeren Offenheit einhergeht. Das Verfahren eignet sich zur Reduktion, Zusammenfassung und Klassifizierung vorhandenen Textmaterials. Es bietet die Vorzüge größerer Offenheit, methodischer Kontrolliertheit sowie Regelgeleitetheit und integriert Vorarbeiten der klassischen Inhaltsanalyse, bewährte Schritte von Mayring sowie Erkenntnisse anderer inhaltsanalytisch vorgehender Forschungs-arbeiten. Statt eines starren Konzepts vertritt Kuckartz explizit die Haltung, dass die inhaltsanalytischen Verfahren für die Auswertungen in einem Forschungsprojekt modifiziert, erweitert und ausdifferenziert werden müssen.

Für die Zielsetzungen dieser Arbeit bietet der Ansatz von Kuckartz (2012) somit einen Auswertungsansatz, der hinreichend offen angelegt ist, um Neues zu entdecken, einen Blick für die Ganzheit des Textes und der Fälle ermöglicht sowie die am häufigsten eingesetzten, themen- sowie fallorientierten Verfahren integriert. Für die Auswertungsarbeit schlägt Kuckartz (2012, S. 72 ff.) drei Basismethoden vor: die inhaltlich strukturierende, die evaluative und die typenbildende Inhaltsanalyse. In der vorliegenden Arbeit finden die inhaltlich strukturierende und die typenbildende qualitative Inhaltsanalyse Anwendung.

Die inhaltlich strukturierende qualitative Inhaltsanalyse hat sich in diversen Forschungsprojekten bewährt und erlaubt eine Reduktion, Zusammenfassung und Klassifizierung des vorhandenen Textmaterials (Kuckartz, 2012, S. 72), was mit der inhaltsanalytischen Zielrichtung dieser Arbeit harmoniert. Sie ähnelt der Technik der Zusammenfassung von Mayring (2010a, S. 63 ff.). Der Bezug zu Fallanalysen als Forschungsstrategie durch beispielsweise fallbezogene thematische Zusammenfassungen, die Erstellung von Fallübersichten sowie die Offenheit für eine deduktive und induktive Kategorienbildung (vgl. Kuckartz, 2012, S. 77 ff.) erscheinen als ein fruchtbarer Ansatz für die qualitative Inhaltsanalyse des vorliegenden Datenmaterials. Abbildung 34 fasst den Ablauf einer inhaltlich strukturierenden qualitativen Inhaltsanalyse zusammen.

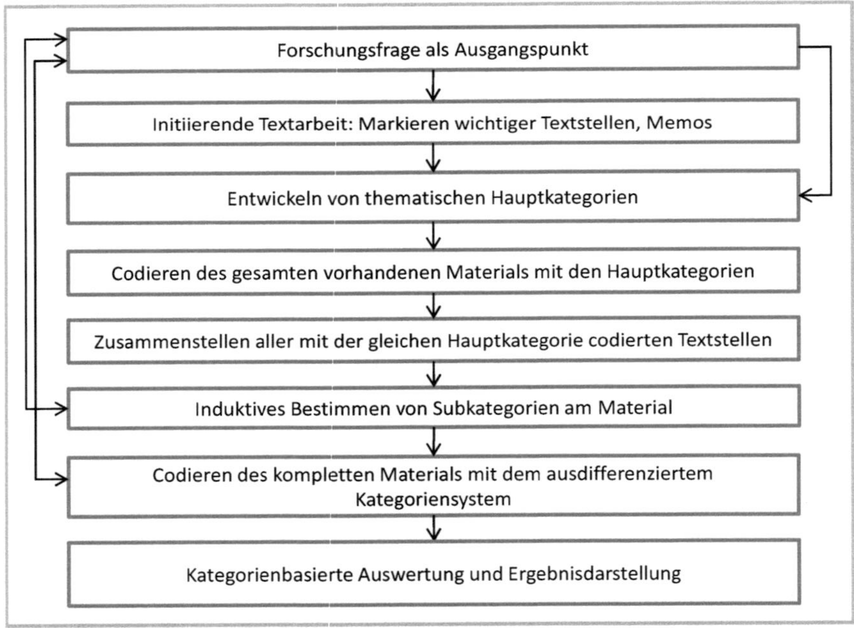

Abbildung 34: Ablauf einer inhaltlich strukturierenden Analyse (in Anlehnung an Kuckartz, 2012 S. 78)

Nach Kuckartz (2012, S. 126) kann einem inhaltlich strukturierenden Verfahren eine typenbildende Inhaltsanalyse angeschlossen werden. Die typenbildende Inhaltsanalyse gilt für viele Vertreter der qualitativen Methodik als wesentliches Ziel einer qualitativen Analyse (vgl. Kelle & Kluge, 2010; Lamnek, 2010; Przyborski & Wohlrab-Sahr, 2010) und bietet auch für die vorliegende Arbeit interessante Anknüpfungspunkte. Durch die qualitative Inhaltsanalyse ist die Bildung von Typen in einer methodisch kontrollierten Form möglich. Abbildung 35 skizziert den Ablauf der typenbildenden Inhaltsanalyse nach Kuckartz (2012, S. 115 ff.).

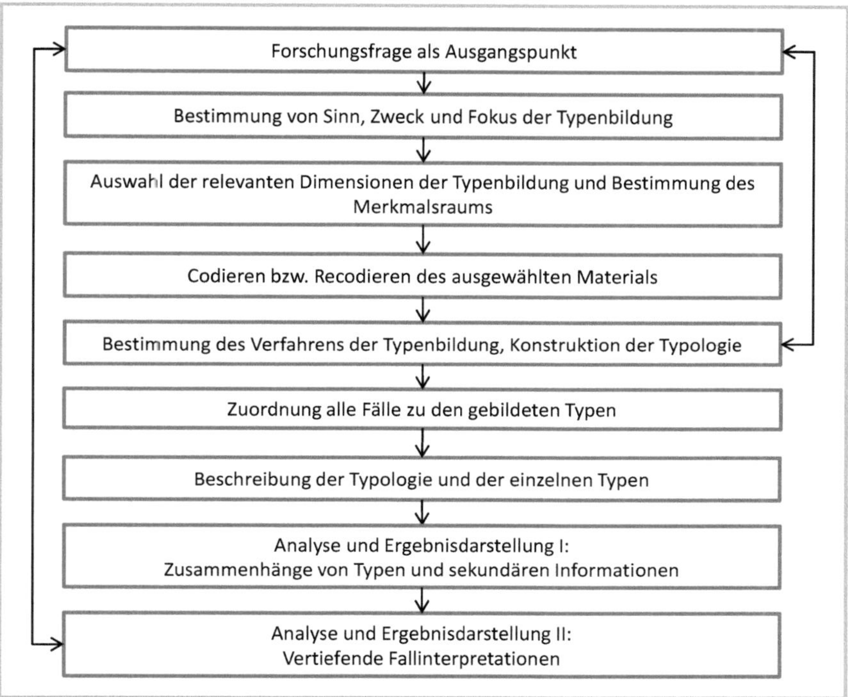

Abbildung 35: Ablauf einer typenbildenden Inhaltsanalyse (in Anlehnung an Kuckartz, 2012, S. 124)

Doch auch die von Kuckartz (2012, S. 71 ff.) vorgeschlagenen Basismethoden haben Grenzen. So bleibt auch hier die Kritik gültig, dass sich die Verfahren vornehmlich auf eine „Abbildung" und weniger auf die Rekonstruktion von Sinnstrukturen richten (Przyborski & Wohlrab-Sahr, 2010, S. 183). Dies muss bei der Anwendung als genereller Limitation qualitativ inhaltsanalytischer Auswertungsmethoden in Kauf genommen werden.

Ebenso muss für die vorliegende Untersuchung die Kritik an der Verbindung mit quantitativen Auswertungsschritten ernst genommen werden. Ramsenthaler (2013) führt hierzu an:

> „Häufig wird in der Qualitativen Inhaltsanalyse die Stärke einer Kategorie anhand der Paraphrasen beschrieben (Mayring, 2007). Diese fälschliche Gleichsetzung von Quantität mit Bedeutsamkeit oder Wichtigkeit reduziert die Bedeutung und das Erleben des Einzelfalls zugunsten eines Interpretationsmodells, in dem die Masse der Aussagen bestimmt, was ein Ergebnis ist. Auch die von Mayring (2007) vorgeschlagene anschließende quantitative Auswertung, in der zum Beispiel Antwortmuster von Männern und Frauen

> gegenübergestellt werden können, muss problematisch bewertet werden“ (Ramsenthaler, 2013, S. 39 f.).

Meyen, Löblich, Pfaff-Rüdiger und Riesmeyer (2011, S. 38 ff.) vertreten die Haltung, dass qualitative Methoden und quantitative Auswertungsverfahren unvereinbar seien. Diese grundsätzliche Position gegen quantifizierende Verfahren und Aussagen in qualitativen Forschungsarbeiten wird in dieser Arbeit, aber auch von anderen Autoren (vgl. u.a. Kuckartz, 2010, S. 229; Oswald, 2013, S. 188 ff.), nicht geteilt. Kuckartz et al. (2008, S. 48) unterstreichen den Nutzen von Quantifizierungen zur Unterfütterung, Verdeutlichung oder dem Beleg einer Theorie oder einer Generalisierung und weisen darauf hin, dass es durchaus einen Unterschied mache, ob eine bestimmte Position von einer oder der Mehrheit der Befragten vertreten wird. Die Grenzen von Quantifizierungen in qualitativen Forschungsarbeiten (vgl. Gläser & Laudel, 2010, S. 199; Ramsenthaler, 2013, S. 39 f.) werden dabei in dieser Arbeit aber nicht völlig außer Acht gelassen. Auch wenn in dieser Arbeit die Position vertreten wird, dass die Analyse und der Bericht von Häufigkeitsverteilungen einen Beitrag zu einer höheren intersubjektiven Nachvollziehbarkeit leisten, haben die ermittelten Häufigkeitsverteilungen nicht den gleichen Stellenwert wie das Zahlenmaterial standardisierter Forschungsarbeiten. Da der Erhebungsweg nicht mit geschlossenen Verfahren stattgefunden hat, haben die Ergebnisse der Frequenzanalysen in dieser Arbeit die primäre Funktion eines Hilfsmittels zur Erkennung von Mustern und zur Erhöhung von Transparenz in der Berichterstattung. Die Ermittlung von Häufigkeitsverteilungen erfolgte deshalb auch erst im Anschluss an qualitative Auswertungsverfahren und eine intensive Auseinandersetzung mit dem qualitativen Datenmaterial. Die mit Hilfe von Frequenzanalysen erkannten Muster wurden anschließend interpretativ gefüllt. Ein derartiges Vorgehen verstößt nach Kuckartz (2010, S. 229) nicht gegen die Ansprüche einer interpretativen Analyse.

Die Analyse von Häufigkeitsverteilungen war in dieser Arbeit zudem Teil einer notwendigen Vorarbeit für die Aggregierung fallübergreifender Theoriestrukturen der rekonstruierten PE-Projekte (siehe Kapitel 3.6.2.2) und fand, wie auch in vielen anderen Arbeiten über subjektive Theorien (vgl. u. a. Aretz, 2007; Keller, 2008; Oehme, 2007; Schilling, 2001), Eingang in den Ergebnisbericht. In der Ergebnisdarstellung wurden folglich quantifizierende Aussagen in Form von Häufigkeiten der Kategoriennennungen gezielt zur Unterfütterung und Verdeutlichung der Interpretationen genutzt (vgl. Kuckartz, Dresing, Rädiker & Stefer, 2008, S. 47 f.). Die konsequente Offenlegung von Häufigkeitsverteilungen sowie von Mehrheits- und Minderheitsmeinungen ermöglicht einen intensiven Einblick in die Varianz der subjektiv-theoretischen Vorstellungen der befragten Personalentwickler und erhöht die intersubjektive Nachvollziehbarkeit der Ergebnisse.

3.6.2.2. Aggregierung der Theoriestruktur

Die qualitative Inhaltsanalyse der erhobenen Fälle zielt auf eine Auswertung der inhaltlichen Dimensionen der subjektiven Theorien. Da die strukturellen Anteile der erhobenen subjektiven Theorien in Bezug auf die Gestaltung und Leitung von PE-Projekten nicht auf eine zufriedenstellende Art und Weise über Verfahren der qualitativen Inhaltsanalyse ausgewertet werden können (Schreier, 1997, S. 46), ist ein anderes Auswertungsverfahren erforderlich. Im Forschungsprogramm Subjektive Theorien wurden hierzu verschiedene Verfahren der Aggregierung entwickelt. Sie zielen auf die „Zusammenfassung individueller subjektiver Theorien zu einer überindividuellen Theoriestruktur“ (Schreier, 1997, S. 46). Die folgenden Ansätze sind verbreitet:

- Qualitative Aggregierungsverfahren
  - Generierung Intersubjektiver Theorien nach Birkhan (1987, S. 230 ff.)
  - Intraindividuelle Generierung von Makro- und Superstrukturen nach Obliers und Vogel (1992, S. 306 ff.)[61]
  - Qualitativ-systematisches Aggregierungsverfahren auf Inhalts- und Strukturebene zur Bildung von Modalstrukturen nach Stössel und Scheele (1992, S. 333 ff.)
- Quantitative Aggregierungsverfahren
  - Computergestützte Generierung von Modalstrukturen auf der Grundlage des Netzwerkmodells zur Repräsentation kognitiver Strukturen nach Oldenbürger (Schreier, 1997, S. 50 f.)[62]

Von den genannten Verfahren zur Aggregierung subjektiver Theorien wird in der vorliegenden Arbeit dem qualitativ-systematischen Aggregierungsverfahren gemäß Stössel und Scheele (1992) gefolgt. Die Methodik zielt auf die Entwicklung so genannter Modalstrukturen. Unter Modalstrukturen werden überindividuelle Strukturen verstanden, die auf der Ebene von Subgruppen eine möglichst hohe inhaltliche und strukturelle Gemeinsamkeit abbilden (Schreier, 1997, S. 48). Im Gegensatz zur Methodik von Birkhan (1987) hat dieser Ansatz den Vorteil, stärker regelgeleitet vorzugehen. Darüber hinaus arbeitet das Verfahren mit einer typenbildenden Grundidee, in der Modalstrukturen in Subgruppen generiert werden, was mit dem Ansatz einer Typisierung der inhaltlichen

---

[61] Die intraindividuelle Generierung von Makro- und Superstrukturen nach Obliers und Vogel (1992, S. 306 ff.) aggregiert die subjektiven Theorien intraindividuell und ist dadurch nur eingeschränkt für eine nomothethische Auswertung nutzbar (Schreier, 1997, S. 48). Es wird deshalb für die vorliegende Untersuchung ausgeschlossen.

[62] Das Verfahren generiert computergestützt Modalstrukturen auf der Basis von Netzwerkmodellen (Schreier, 1997, S. 50 f.) und wurde für Netzwerke als eine spezifische Form von subjektiven Theoriestrukturen entwickelt (Schreier, 1997, S. 50 f.). Es ist für die Form subjektiver Theorien in dieser Arbeit, die keine Netzwerke darstellen, nicht geeignet.

Theorieaspekte in der fallübergreifenden Analyse dieser Arbeit korrespondiert. So hebt Schreier (1997, S. 56) die Möglichkeit hervor, theoriegeleitet oder induktiv relevante Subgruppen individueller Theoriestrukturen zu identifizieren und für diese je eine Modulstruktur zu erstellen. Ziel des Ansatzes ist die Identifikation strukturgleicher subjektiver Theorien, die über die Herausarbeitung einer gemeinsamen Struktur (den so genannten Strukturkern) zu einer interindividuellen subjektiven Theorie verdichtet werden (Schreier, 1997, S. 47).

Der Prozess der Aggregierung der individuellen subjektiven Theorien über PE-Projektgestaltung und -leitung zu einer überindividuellen Theoriestruktur folgt, in Anlehnung an Schreier (1997, S. 51 f.), Stössel und Scheele (1992, S. 364 f.) sowie Keller (2008, S. 409 ff.), folgenden Arbeitsschritten:

1) Inhaltliche Zusammenfassung durch eine qualitative Inhaltsanalyse der individuellen Handlungskonzepte in den Strukturbildern (siehe Kapitel 3.6.2.1)
2) Bestimmung der Anzahl der inhaltsanalytischen Kategorien
3) Bestimmung der Kategorienkombinationen[63]
4) Ermittlung der Verwendungshäufigkeit von Kategorienkombinationen[64]
5) Modellierung einer ersten Modalstruktur unter Aufnahme der Kategorien, die bei mindestens der Hälfte der Interviewpartner vertreten sind
6) Optimierung der Modalstruktur durch Integration der weiteren Fälle[65]

Der Ansatz geht jedoch auch mit Grenzen einher. So besteht bei der Aggregierung die Gefahr eines Verlusts der Repräsentativität, indem die übergreifend modellierte Theorie nicht mehr den Aussagen der Einzelfälle entspricht (Caspari, 2003, S. 75 f.). Eine weitere Grenze des qualitativ-systematischen Aggregierungsverfahrens stellt die eher unpräzise Bestimmung der Kategorienkombinationen dar:

> „So kann die Frage nicht beantwortet werden, in wie vielen Prozent der Subjektiven Theorien, in welchen zwei (oder mehreren Kategorien) vorhanden sind, diese zugleich gemeinsam auftreten. Stössel und Scheele bemerken hierzu selbstkritisch, dass das Verfahren in gewissen Punkten noch nicht ausgereift ist“ (Keller, 2008, S. 412).

---

63 Die Kategorienkombinationen sind das Ergebnis einer Auszählung, bei welchen Interviewpartnern welche Kategorien auftreten (Keller, 2008, S. 412).

64 Die Verwendungshäufigkeit ist das Ergebnis einer Bestimmung, welche Interviewpartner häufig dieselben Kategorien verwenden (Keller, 2008, S. 412)

65 Die Modalstruktur gilt als optimal, wenn möglichst viele Gemeinsamkeiten der individuellen subjektiven Theorien enthalten sind und möglichst wenige Rest-Kategorien, die nicht aufgenommen werden können, übrig bleiben (Stössel & Scheele, 1992, S. 364).

Da eine stärkere Standardisierung durch die Anwendung quantitativer Verfahren wegen der geringen Fallzahl in den in Kapitel 4.4 dargelegten Projekttypen nicht möglich ist, muss diese Unschärfe für die vorliegende Arbeit hingenommen werden. Es wird deshalb zur Nachvollziehbarkeit der Aggregierungsprozedur im Rahmen der Ergebnisdarstellung ein besonderes Augenmerk auf Transparenz gelegt.

3.7. Zwischenfazit

Abbildung 36 fasst die gewählte Forschungskonzeption zusammen:

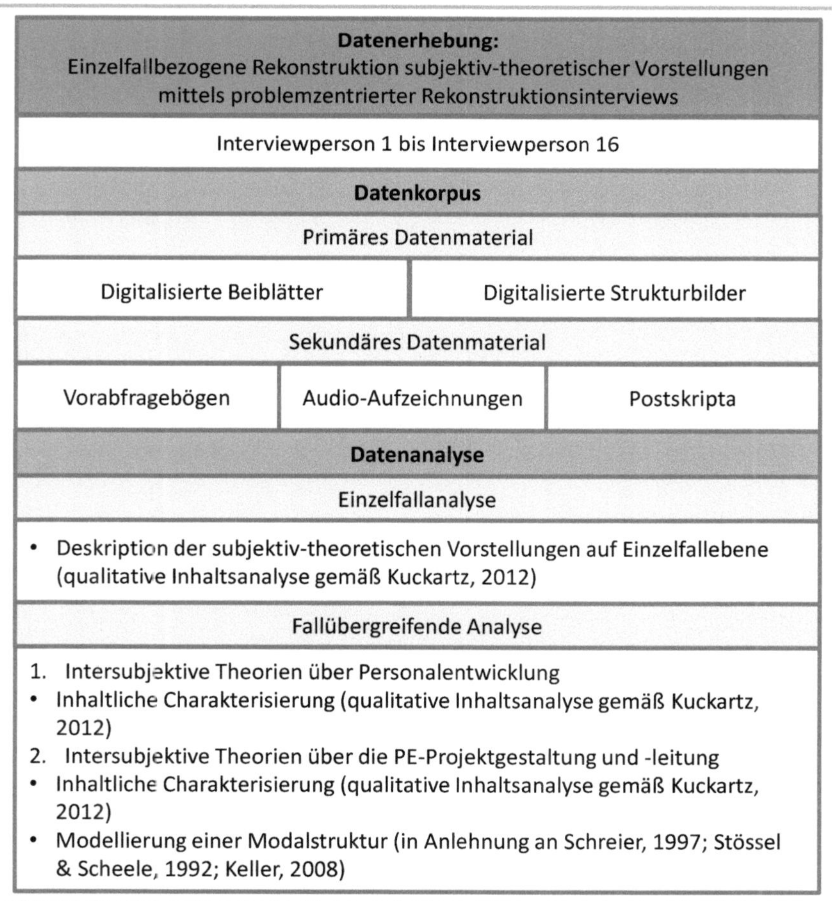

Abbildung 36: Forschungskonzeption im Überblick

4. Ergebnisse der Untersuchung

Die empirische Untersuchung dieser Arbeit erfasste subjektiv-theoretische Vorstellungen über Personalentwicklung sowie die Gestaltung und Leitung von PE-Projekten, die das Handeln von Personalentwicklern prägen. Hiermit wurde das Ziel verfolgt, einen empirisch fundierten Einblick in die Innensicht von Personalentwicklern zu erhalten. Die folgenden Kapitel stellen die subjektiv-theoretischen Vorstellungen der Interviewpartner sowohl in ihrer inhaltlichen (und strukturellen) Gemeinsamkeit und Varianz, als auch in ihrem Verhältnis zu den wissenschaftlichen, von der Außensicht geleiteten Vorstellungen dar. Dabei besteht der Anspruch, die Ergebnisse einzelfallbezogen sowie fallübergreifend zu präsentieren.

Abbildung 37 fasst den Verlauf der Ergebnispräsentation und -diskussion zusammen.

Ergebnispräsentation und -diskussion	
Kontext der Untersuchung	
• Überblick über den Untersuchungsablauf und Charakterisierung der realisierten Stichprobe	Kapitel 4.1
Darstellung von vier ausgewählten Einzelfällen	
• Deskription der individuellen subjektiven Theorieinhalte und -strukturen • Verhältnis der subjektiv- und objektiv-theoretischen Vorstellungen	Kapitel 4.2
Fallübergreifende Ergebnispräsentation	
Interindividuelle subjektive Theorien über Personalentwicklung • Deskription der interindividuellen subjektiven Theorieinhalte • Verhältnis der subjektiv- und objektiv-theoretischen Vorstellungen	Kapitel 4.3
Interindividuelle subjektive Theorien über die PE-Projektgestaltung und -leitung • Übersicht über die wichtigsten PE-Projekte der Interviewpartner • Projekttyp Bildungsmaßnahme: Inhaltliche Charakterisierung, formale Charakterisierung und Modellierung einer Modalstruktur • Projekttyp Fördermaßnahme: Inhaltliche Charakterisierung, formale Charakterisierung und Modellierung einer Modalstruktur • Verhältnis der subjektiv- und objektiv-theoretischen Vorstellungen	Kapitel 4.4
Diskussion der Ergebnisse und Ableitung von Handlungsempfehlungen	
• Implikationen der Ergebnisse und Ableitung von Handlungsempfehlungen für die Gestaltung und Weiterentwicklung der Personalentwicklung	Kapitel 5
• Gestaltungsvorschlag für die PE-Praxis	Kapitel 6

Abbildung 37: Übersicht über die Ergebnispräsentation

Nach einer Charakterisierung des Untersuchungsablaufs und der Stichprobe (siehe Kapitel 4.1) werden daher vier ausgewählte Einzelfälle in ihrer Individualität dargelegt (siehe Kapitel 4.2). Daran anknüpfend ermöglichen die fallübergreifenden Auswertungsergebnisse Einblicke in die gemeinsamen Facetten der subjektiv-theoretischen Vorstellungen, aber auch in ihre Varianz und Unterschiedlichkeit (siehe Kapitel 4.3 und Kapitel 4.4). Die Präsentation der fallübergreifenden Ergebnisse orientiert sich dabei an den in der Einführung zu Kapitel 3 genannten Untersuchungsfragen. In den Zwischenfazits der Kapitel 4.2 bis 4.4 werden Gemeinsamkeiten und Diskrepanzen zu den wissenschaftlichen Vorstellungen von Personalentwicklung dieser Arbeit herausgearbeitet (siehe Kapitel 2.1 und 2.2). Die in diesem Kapitel dargelegten Ergebnisse werden in Kapitel 1 in Bezug auf ihre Implikationen für die Gestaltung von PE-Arbeit diskutiert und in Handlungsempfehlungen überführt. In Kapitel 6 wird abschließend ein konkreter Gestaltungsvorschlag für die PE-Praxis unterbreitet.

4.1. Untersuchungsablauf, Stichprobe und Datenmaterial

Die Untersuchung erstreckte sich von der Konzeption der Instrumente bis hin zur Datenanalyse von Januar 2013 bis Februar 2014 (siehe Abbildung 38).

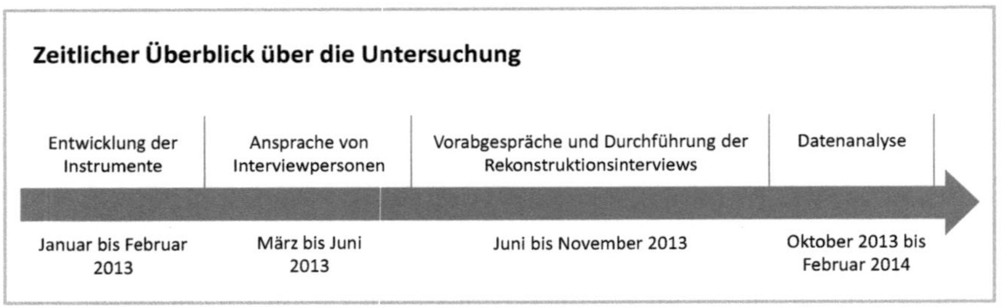

Abbildung 38: Untersuchung im zeitlichen Überblick

Es wurden insgesamt 16 Rekonstruktionsinterviews im Zeitraum vom 20.06.2013 bis 08.11.2013 geführt. Die Länge der Interviews variierte zwischen ca. 2,5 und 4 Stunden und betrug durchschnittlich 3,18 Stunden.

Die auswertbare Stichprobe umfasst 15 auswertbare Fälle[66] und liegt damit über dem Mindestmaß von zehn Fällen für eine relative Verallgemeinerung (vgl. Kruse, 2014, S. 244 f., 2010, S. 83). Das Ziel der Vorabfestlegung der Stichprobe, die Heterogenität des Untersuchungsfelds möglichst weit zu repräsentieren, wurde entlang der in Kapitel 3.4 gesetzten Kriterien weitgehend erfüllt.

---

66 Der Fall von Interviewperson 03 konnte aufgrund einer fehlenden Freigabe der Daten nicht in die Auswertung einbezogen werden und wird in der weiteren Betrachtung ausgeschlossen.

In der Stichprobe sind acht weibliche und sieben männliche Personalentwickler vertreten. Die männlichen Interviewpartner in Leitungsfunktion überwiegen mit sechs zu vier weiblichen Interviewpartnern mit Leitungsfunktion. Die Altersspanne im Untersuchungsfeld variiert von 30 bis 55 Jahren (siehe Abbildung 39).

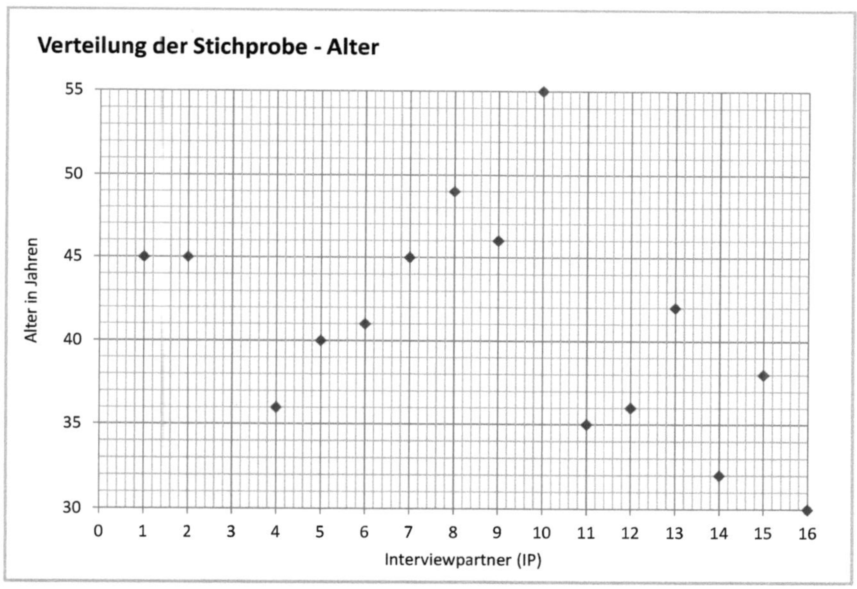

Abbildung 39: Altersverteilung in der Stichprobe

Alle interviewten Personalentwickler weisen eine mehrjährige, zum Teil jahrzehntelange einschlägige Berufserfahrung in verschiedenen Feldern der Personalentwicklung (u. a. Rekrutierung, Personalmarketing, betriebliche Aus- und Weiterbildung, Führungskräfteentwicklung) auf. Das Minimum liegt bei drei Jahren.

In der Stichprobe zeigt sich zudem eine Vielfalt, aber auch Dominanz von universitären Ausbildungshintergründen. Alle Gesprächspartner haben einen akademischen Hintergrund. Sechs Personen haben Psychologie studiert, fünf Personen Pädagogik, zwei Personen Wirtschaftswissenschaften und je eine Person Naturwissenschaften bzw. Design. Zwei Personen sind promoviert.

Von den 15 Interviewpartnern sind zehn in leitender und fünf in nicht-leitender Funktion tätig. Von den leitend Tätigen sind drei Interviewpersonen mit dem Aufgabenbereich Führungskräfteentwicklung, Personal- und Führungskräfteentwicklung oder betriebliche Ausbildung und Personalmarketing betraut. Vier der leitend Tätigen geben an, im Aufgabenbereich Personalentwicklung zu arbeiten, und drei in der betrieblichen

Weiterbildung. Von den nicht-leitend Tätigen arbeiten vier Personen mit Aufgabenschwerpunkt in der Personalentwicklung und eine Person mit Schwerpunkt in der betrieblichen Weiterbildung.

Die interviewten Personalentwickler haben in der Regel eine mehrjährige Erfahrung in der Leitung einer Vielzahl verschiedenartiger PE-Projekte gesammelt (siehe Kapitel 4.4.1 für eine Übersicht über die PE-Projekterfahrung der vergangenen drei Jahre). Lediglich die unter 35-jährigen in der Stichprobe bringen eine geringere Projektleitungserfahrung ein.

Die Kernthemen der 14 rekonstruierten PE-Projekte[67] beziehen sich in acht Fällen auf Bildungsmaßnahmen, in fünf Fällen auf Fördermaßnahmen und in einem Fall auf die Begleitung eines Veränderungsprozesses im Unternehmen. Tabelle 12 gibt einen Überblick über die Projektthemen der in dieser Arbeit rekonstruierten und ausgewerteten PE-Projekte.

Kernthema[68]	**Projektthema**
Bildungsmaßnahme	Neukonzeption einer Führungsausbildung
	Einführung einer Spezialisierung in der betrieblichen Ausbildung
	Einführung von Workshops zur Standortbestimmung
	Einführung einer neuen Verkaufsschulung
	Einführung eines Führungskräftetrainings im Rahmen von Restrukturierungsprozessen im Unternehmen
	Einführung eines weltweiten Trainingskonzepts im Bereich Karriereplanung
	Konzeption eines Kursangebots zur Vorbereitung auf e-Learning
	Design von Welcome Days für neue Mitarbeitende

67 Im Fall von Interviewperson 10 konnte kein vollständiger PE-Projektablauf rekonstruiert werden. Der Fall wurde deshalb lediglich in Kapitel 4.3 und 4.4.1 in die Datenauswertung einbezogen.

68 Die Strukturierung folgt einer Unterscheidung in die Handlungsfelder Bildung, Förderung und Organisationsentwicklung bzw. Change Management. Bildungsmaßnahmen umfassen Instrumente wie z. B. die Berufsausbildung, die Integration und Einarbeitung von (neuen) Mitarbeitenden, Präsenztrainings, Online-und Blended Learning-Angebote und Führungsbildung (M. Becker, 2002, S. 109 ff., S. 247 ff.; Müller-Vorbrüggen, 2010a, S. 8). Fördermaßnahmen umfassen Maßnahmen zur Beschaffung und Auswahl von Mitarbeitenden, Methoden zur Einführung neuer Mitarbeiter, positions- und aufstiegsfördernde Methoden sowie Methoden der Karriere- und Nachfolgeplanung (M. Becker, 2002, S. 109 ff., S. 247 ff.; Müller-Vorbrüggen, 2010a, S. 8). CM- bzw. OE-Maßnahmen zielen auf die Unterstützung von radikalen Veränderungen (Change Management) bzw. evolutionären Veränderungen (Organisationsentwicklung) (Thom, 2012b, S. 18 ff.).

Kernthema[68]	Projektthema
Fördermaßnahme	Neukonzeption des Performancemanagement-Systems
	Einführung von Assessment Centern zur Beförderung
	Einführung einer Zielvereinbarungssystematik
	Einführung von Karrierepfaden
	Einführung eines Potenzialidentifizierungsprozesses
Change Management	Begleitung eines Veränderungsprozesses im Rahmen einer Restrukturierung

Tabelle 12: Übersicht über die PE-Projekte in der Stichprobe

Hinsichtlich der Branchenzugehörigkeit wurde im Sektor der Privatwirtschaft eine maximale Varianz angestrebt, die durch Gewinnung von Interviewpartnern in Unternehmen verschiedenster Branchen eingelöst werden konnte. **Fehler! Verweisquelle konnte nicht gefunden werden.** zeigt die Branchenverteilung in der Stichprobe auf.

Abbildung 40: Unternehmensbranchen in der Stichprobe

Die Stichprobe ist auf deutsch-schweizerische Unternehmen mit einer Beschäftigtenzahl von mindestens 2.000 beschränkt. Die Beschäftigtenzahl der im Sample vertretenen Unternehmen reicht von 2.500 bis 300.000 Mitarbeitenden. Der Arbeitsort der befragten Personalentwickler liegt in elf Fällen in Deutschland und in vier Fällen in der Schweiz. Es ist in allen deutschen Unternehmen ein Betriebsrat vorhanden.

Abbildung 41 gibt abschließend einen Überblick, welches Datenmaterial den Ergebnissen zu Grunde liegt.

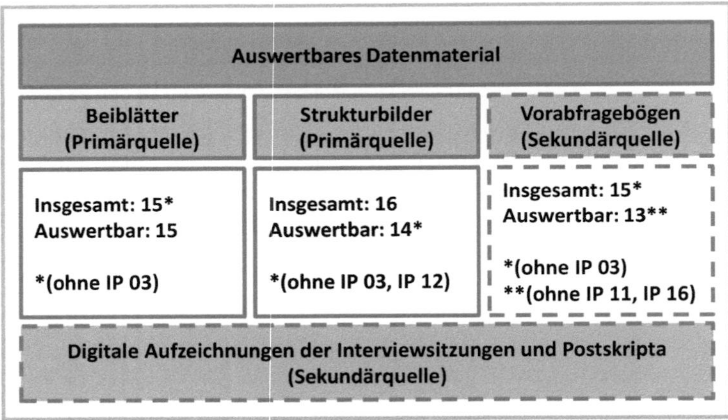

Abbildung 41: Auswertbares Datenmaterial

4.2. Individuelle subjektive Theorien – vier Fallbeispiele

Das vorliegende Kapitel exploriert vier exemplarisch ausgewählte Einzelfälle und ermöglicht einen Einblick in die individuellen subjektiv-theoretischen Vorstellungen über verschiedene Facetten von Personalentwicklungsarbeit (u. a. Begriffsverständnis, Rollen, Werte) sowie der PE-Projektgestaltung und -leitung.

Die Auswahl der in den folgenden Kapiteln illustrierten Einzelfälle erfolgte entlang der folgenden Kriterien:

- Auswahl von Fällen, die nach Einschätzung der Forscherin einerseits als typisch für die Stichprobe gelten können und anderseits sich durch spezifische Besonderheiten von den anderen Fällen abheben (vgl. Kuckartz, 2012, S. 97).
- Berücksichtigung der thematischen Varianz von PE-Projekten durch Darstellung mindestens eines PE-Projekts im Handlungsfeld „Bildung“, „Förderung“ und „Change Management“.

- Berücksichtigung der Kriterien des qualitativen Stichprobenplans (siehe Kapitel 3.4) mit dem Ziel einer gewissen empirischen Varianz.
- Auswahl anhand des Umfangs der subjektiven Theorien (siehe Abbildung 42), also der Gesamtzahl aller rekonstruierten Codiereinheiten[69] innerhalb einer subjektiven Theorie (vgl. Bonato, 1990, S. 92 f.), mit dem Ziel, Fälle mit einer ausgeprägten und hoch ausgeprägten Komplexität darzustellen.

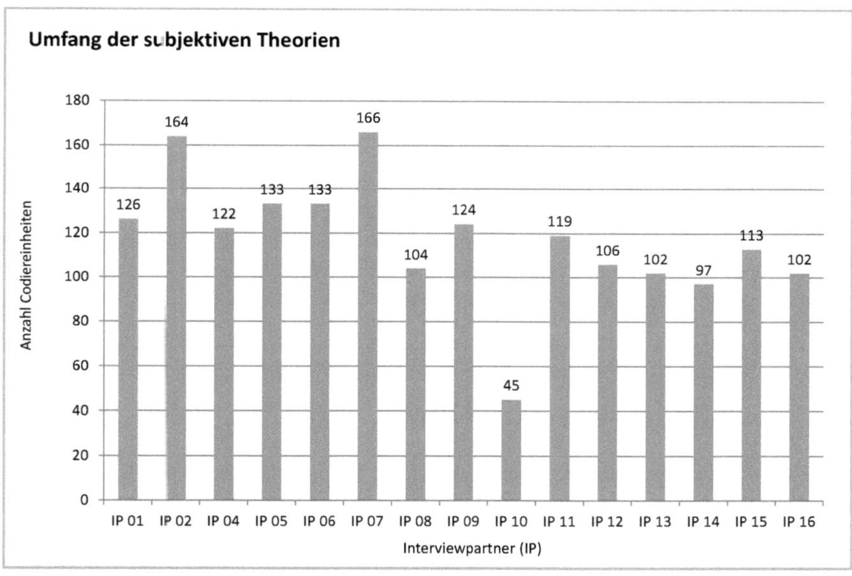

Abbildung 42: Umfang der subjektiven Theorien (n = 15)

Anhand der genannten Kriterien wurden die Fälle von Marianne Meier (IP 01, siehe Kapitel 4.2.1), Karl Becker (IP 02, siehe Kapitel 4.2.2), Kai Burkhard (IP 09, siehe Kapitel 4.2.3) und Miriam Keller (IP 15, siehe Kapitel 4.2.4) selektiert[70].

Die Darstellung der Einzelfälle folgt einer einheitlichen Struktur. Nach einer Zusammenfassung der subjektiven Vorstellungen über Personalentwicklung wird das rekonstruierte PE-Projekt eingeführt und mit einer Darstellung des Strukturbilds[71] ergänzt. Aus Platzgründen werden in der Einzelfalldarstellung besonders bedeutsame As-

---

[69] Die Gesamtzahl der Codiereinheiten setzt sich aus der absoluten Häufigkeit der vergebenen Codes zusammen und enthält auch doppelt oder mehrfach codierte Textstellen.

[70] Es wurden von der Forscherin fiktive Namen gewählt, um die Anonymität der Interviewpartner zu wahren.

[71] Um die Strukturbilder eindeutig verstehen zu können, ist eine Kenntnis der verwendeten Symbole und Formalrelationen erforderlich. In Anhang 3.7 findet sich hierfür eine Lesehilfe.

pekte ausgewählter Fälle und nicht jeder Einzelfall sowie jedes einzelne Konzept gewürdigt. Daran anschließend werden die subjektiv-theoretischen Vorstellungen des Interviewpartners mit dem Verständnis von ganzheitlicher Personalentwicklung (siehe Kapitel 2.2) und dem Situationstyp „Ganzheitlich orientiert PE-Projekte gestalten und leiten" (siehe Kapitel 2.3) in Beziehung gesetzt. In Kapitel 4.2.5 werden abschließend die Gemeinsamkeiten der Fälle unter Bezug auf die Vorstellung von ganzheitlicher Personalentwicklung (siehe Kapitel 2.2) diskutiert.

4.2.1. Fallbeispiel „Marianne Meier"

Marianne Meier (IP 01) arbeitete zum Zeitpunkt des Interviews in leitender Funktion in der Führungskräfteentwicklung. Das rekonstruierte PE-Projekt liegt im Themenbereich „Bildung" und hat eine Neukonzeption der Führungsausbildung zum Gegenstand. Der Fall zeichnet sich durch einen hohen Anspruch bei der Entwicklung von Mitarbeitenden aus, der nach Selbsteinschätzung der Interviewperson weit über das verbreitete Handeln von Führungskräften hinausgeht. Durch den persönlichen Anspruch, Vorbild in der Entwicklung zu sein, und einen hohen Stellenwert von Kommunikation im PE-Projekt, hebt sich der Fall von den anderen Fällen ab.

4.2.1.1. Subjektive Theorien über Personalentwicklung

Begriffsverständnis von Personalentwicklung

Marianne Meier beschreibt Personalentwicklung als die stärkenorientierte Weiterentwicklung von Personal, angebunden an das Unternehmen und seinen Zweck. Die Ausrichtung am Unternehmensinteresse steht bei der Personalentwicklung im Vordergrund, der Mitarbeitende und dessen pflegliche Behandlung stellen ein Mittel zur Zielerreichung dar. Durch die Anbindung an die Unternehmensinteressen wird die Entwicklung von Menschen für Marianne Meier erst zu Personalentwicklung, wie der folgende Interviewausschnitt unterstreicht:

> „Das weiter Bringen, weiter Entwickeln von Personal, und Personal nennt man Menschen, die in einer Unternehmung einen Beitrag leisten, das heißt, das sind nicht einfach Menschen, die weiter gebracht werden, sondern es ist wirklich auch eine Anbindung an die Firma und damit auch eine Anbindung an den Zweck der Firma, an die Firmenstrategie als Zweck und dann die Strategie abgeleitet, und da muss das passen. Das ist Personalentwicklung. Nicht nur Entwicklung, sondern Personalentwicklung." (IP 01, ID 1:38[72])

Die Aufgabe der Personalentwicklung ist die Berücksichtigung der Interessen von Mitarbeitenden und dem Unternehmen. Als typisches Beispiel für dieses Verständnis von

[72] Die Quellenangaben der Originalzitate geben die Nummer der Interviewpartner (IP) sowie die Fundstelle im Datenmaterial (ID) durch die Quotation ID der verwendeten QDA-Software Atlas.ti an.

Personalentwicklung führt die Gesprächspartnerin die Talententwicklung im Bereich Führung an. Für die Talente stünden die persönlichen Entwicklungsziele im Vordergrund und für das Unternehmen die Identifikation, Förderung und Platzierung guter Arbeitskräfte. Marianne Meier hebt hervor, dass die Entwicklung von Führungskräften und Talenten in ihrem PE-Verständnis aufgrund der kulturellen Besonderheiten eines Unternehmens immer intern erfolgen sollte.

Trotz der Betonung einer Ausrichtung an den Unternehmensinteressen stellt Marianne Meier heraus, dass ihr primäres PE-Interesse bei der Entwicklung von Menschen liegt, unabhängig vom Unternehmensinteresse:

> „Ich bin absolut an Entwicklung interessiert. Mir ist es eigentlich egal, mir ganz persönlich, was die Firma möchte. Also, ich würde auch Leute entwickeln, die ein persönliches Entwicklungsziel haben. Ist also weiter gefasst, das kann sich die Firma aber so nicht leisten" (IP 01, ID 1:49)

Personalentwicklung im Unternehmen

Im Unternehmen liegt der Fokus aus Sicht der Interviewpartnerin auf der Führungskräfteentwicklung und der fachlichen Weiterbildung (insbesondere die Fach- und Verkaufsausbildung). Die Führungskraft gilt als erster Personalentwickler, die durch die Abteilung Führungskräfteentwicklung für ihre Rolle befähigt wird. Die Führungskräfteentwicklung hat den Auftrag, qualifizierten Nachwuchs zu sichern und vorhandene Funktionsträger weiter zu befähigen. Einen Seminarkatalog für alle Mitarbeitenden gibt es aus Kostengründen nicht, stattdessen werden Wege über alternative Angebote wie „Lunch & Learn"-Sessions gesucht. Laut Marianne Meier liegen Maßnahmen der Organisationsentwicklung oder zur Gestaltung der Unternehmenskultur nicht im Verantwortungsbereich der Personalentwicklung. Die Einbindung in Projekte mit OE-Charakter findet spät oder gar nicht statt.

Werte und Einstellungen

Marianne Meier ist davon überzeugt, dass es in der Personalentwicklung wichtig ist, Vorbild zu sein, und begründet damit den hohen Anspruch an sich selbst bei der Entwicklung ihrer Mitarbeitenden. Sie beschreibt ihre Einstellung als Führungskraft als „extremer individuumszentriert als eine Führungskraft das sein muss oder sein kann" (ID 1:47). Ihre Vorstellung, wo Entwicklung möglich ist, empfindet sie als sehr weit, nicht immer unternehmerisch, aber dennoch als in der Umsetzung erfolgreich. Marianne Meier gibt an, dass ihr Handeln durch einen persönlichen Ehrgeiz geprägt ist und sie grundsätzlich länger als andere Führungskräfte versucht, Mitarbeitende zu entwickeln. Ihr Handeln wird getragen von der Überzeugung, dass Entwicklung ein Grundbedürfnis von Menschen und lebenslang möglich ist, wie der folgende Gesprächsausschnitt zeigt:

> „Ich habe öfter mit Führungskräften zu tun, die mir weismachen wollen, bei einem ihrer Mitarbeiter sei Hopfen und Malz verloren. Der lässt sich nicht entwickeln. Das glaube ich dann einfach nicht. Wir schauen dann, was sind die Umstände, und versuchen diese sture Haltung aufzuweichen. Ich muss das Selbstverständnis auch mal explizit machen und die Führungskraft fragen, ob er an Entwicklung glaubt. Falls nicht, ist kein weiteres Unterhalten erforderlich." (IP 01, ID 1:22)

In der PE-Arbeit folgt sie dem Grundsatz, stärkenorientiert vorzugehen und Schwächen so zu reduzieren, dass sie keinen Schaden anrichten. Ebenso ist sie davon überzeugt, dass bei steigenden Ansprüchen an die Mitarbeitenden vom Unternehmen berücksichtigt werden muss, was Mitarbeitenden zugemutet wird und wie sie unterstützt werden können (z. B. durch flexible Arbeitszeitmodelle). Trotz des starken Fokus auf das Individuum handelt Marianne Meier aber nach dem Wissen, dass sie in einer profitorientierten Firma arbeitet, die für ihre Kunden einen Nutzen stiften will.

> „Wir sind eine leistungsorientierte und keine soziale Organisation. Wir haben aber ein soziales Verständnis und wissen, wenn wir Leute pfleglich behandeln, ist das zum Zweck, dass wir möglichst lang leistungsfähig bleiben und möglichst großen Nutzen generieren." (IP 01, ID 1:23)

(In-)offizielle, berufliche Rollen und strategischer Einfluss

In ihrer beruflichen Tätigkeit übt Marianne Meier die Rollen eines Experten, Konzeptentwicklers, Coachs, Moderators von Veranstaltungen, einer Führungskraft und Projektverantwortlichen für Projekte aus („Habe einzelne kleine Kleinstprojekte, aber keine offizielle Projektleiter-Rolle", ID 1:36). Marianne Meier hebt hervor, dass die PE-Projekte in ihrem Bereich keine Budgets und keine langfristige Zielperspektive haben. Stattdessen dominieren PE-Projekte mit gut überschaubaren Zeiträumen und Aufgaben mit kleinem Investitionsvolumen. Das Wissen über Projektmanagement sieht sie als wichtig an, es müsse aber verhältnismäßig angewendet werden. Im Handlungsfeld Organisationsentwicklung und Kulturentwicklung hat Marianne Meier keinen Gestaltungsauftrag, obschon sie gerne einen Auftrag hätte. Sie versucht ihre Kenntnisse in diesen Feldern implizit in ihre Arbeit einzubringen. Eine strategische Einflussnahme auf Unternehmensentscheidungen gilt als nicht vorhanden. Marianne Meier hat nach eigener Einschätzung eine vornehmlich strategieerfüllende Rolle. Die Ausrichtung an Unternehmenszweck und -zielen ist für sie wesentlich, die strategische Rolle beschränkt sich aber hierauf.

Vorstellungen über zukünftige PE-Arbeit

In Bezug auf das Unternehmen liegt aus Sicht von Marianne Meier ein Zukunftsthema im Wandel der Führungskultur von einem Management- zu einem Leadership-Verständnis. Insbesondere die Verankerung von Werten in der Führungsarbeit sollte ihrer Ansicht nach im Unternehmen, z. B. in Bezug auf die Arbeit in Teams, künftig greifbarer gemacht werden. Neben der Verankerung von Motivation und Begeisterung im Unternehmen gilt das unternehmensspezifische Spezialwissen als Thema, dass auch künftig nicht an Priorität verlieren darf. Nach der Streichung des großen Seminarkataloges kommt zudem alternativen, firmenspezifischen Angeboten für alle Mitarbeitenden eine wichtige Zukunftsaufgabe zu.

Herausforderungen und Probleme in der Personalentwicklung

Marianne Meier thematisiert im Interviewverlauf die folgenden zentralen Herausforderungen und Probleme:

- Die Gestaltung in den Handlungsfeldern Organisationsentwicklung und Unternehmenskultur ist durch eine fehlende Einbindung und Legitimation beschränkt, weshalb Marianne Meier versucht, ihre Kompetenz implizit einzubringen.
- Der steigende Kosten- und Leistungsdruck im Unternehmen führt dazu, dass mit minimalen Ressourcen mehr erreicht werden soll als vorher. Es wäre deshalb erforderlich, den Mitarbeitenden, denen viel zugemutet wird, einen Ausgleich z. B. in Form von flexiblen Arbeitszeitmodellen anzubieten.
- Durch die Reduktion von Seminarangeboten sind kaum noch firmenspezifische Angebote für alle Mitarbeitenden vorhanden. Es fehlt dadurch an Angeboten zur Platzierung und Vermittlung unternehmensspezifischer Themen.

4.2.1.2. PE-Projekt „Neukonzeption Führungsausbildung"

Das PE-Projekt „Neukonzeption Führungsausbildung" richtet eine bereits vorhandene Führungsausbildung von einem Management- auf ein Leadership-Verständnis aus. In Anlehnung an das PE-Verständnis von M. Becker (2013, S. 337 ff.) ist das PE-Projekt thematisch im Handlungsfeld Bildung verortet.

Voraussetzungen und Zielsetzungen

Damit das PE-Projekt zustande kommen konnte, beschreibt Marianne Meier die strategische Neuausrichtung im Unternehmen als ausschlaggebend. Strukturelle Veränderungen führten zu einer erhöhten Sensibilität der Geschäftsführung für „softere" Themen und zu einem mündlichen Auftrag des Geschäftsführers. Zudem wurde das Projekt durch personelle Wechsel in der Führungsebene des Personalbereichs und einer damit einhergehenden, größeren Unterstützung des Projekts begünstigt.

Die übergeordnete Projektzielsetzung war die Unterstützung der strategischen Neuausrichtung sowie die Stärkung der Reputation als attraktiver Arbeitgeber. Zudem verfolgte aus Sicht der Interviewpartnerin ihre Abteilung mit dem Projekt das Ziel, als kompetenter Ansprechpartner im Unternehmen wahrgenommen zu werden und die eigene Existenzberechtigung zu unterstreichen. Auf persönlicher Ebene verfolgte Marianne Meier das Ziel, ihre Kompetenz und ihren professionellen Anspruch im Unternehmen sichtbar zu machen.

Phasen

Das PE-Projekt zeichnet sich durch eine intensive Projektkommunikation im Gesamtunternehmen aus. Das Konzept wurde in erster Linie mit der Geschäftsführung und dem direkten Vorgesetzten entwickelt und abgestimmt. Als Analyse- und Evaluationsinstrumente wurden stichprobenhaft Interviews geführt. Im Gegensatz zu anderen PE-Projekten in der Stichprobe erwähnt Marianne Meier eine Transferphase, in der die Führungsausbildung laufend evaluiert und weiter entwickelt wurde. Abbildung 43 fasst den groben Ablauf des PE-Projekts zusammen.

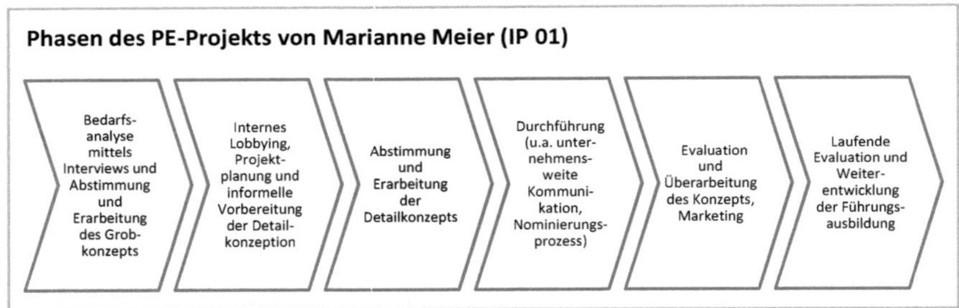

Abbildung 43: Phasen des PE-Projekts von Marianne Meier (IP 01)

Kritische Ereignisse

Als kritische Momente im PE-Projektverlauf thematisiert Marianne Meier die enge Zeitplanung des PE-Projekts, für das von der Konzeption bis zur Implementierung nur wenige Monate zur Verfügung standen, und die damit verbundene Belastung der eigenen Ressourcen. Ein weiterer kritischer Moment entstand zu Beginn der neu konzipierten Ausbildung, als sich die Unzufriedenheit der Teilnehmenden mit der alten Führungsausbildung entlud. Um die Implementierung der neuen Ausbildung nicht zu gefährden, musste sofortige Schadensbegrenzung durch persönliche Gespräche mit den Entscheidungsträgern im Unternehmen betrieben werden.

Strukturbild

Das folgende Strukturbild[73] (siehe Abbildung 44) zeigt die zentralen Handlungsschritte von Marianne Meier im PE-Projekt „Neukonzeption Führungsausbildung". Das PE-Projekt umfasst insgesamt 67 Handlungskonzepte.

[73] Anhang 3.7 führt als Lesehilfe in den Aufbau und die wichtigsten Bedeutungen der Symbole des Strukturbilds ein.

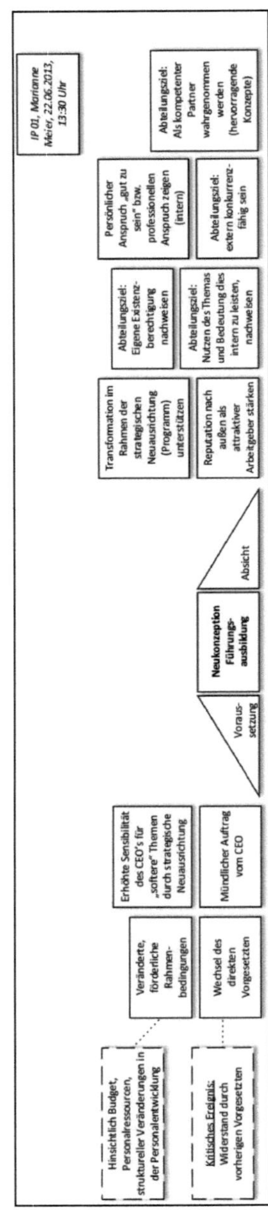

Abbildung 44: Strukturbild von Marianne Meier (IP 01)

Strukturbild von Marianne Meier (Fortsetzung)

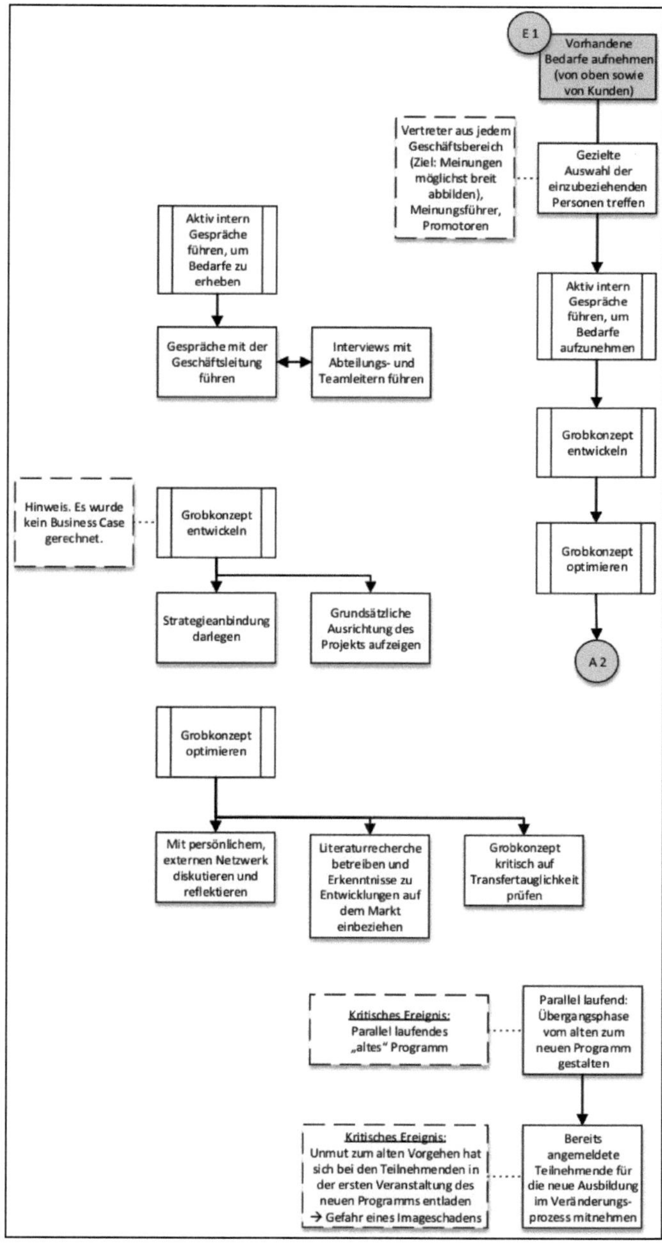

Strukturbild von Marianne Meier (Fortsetzung)

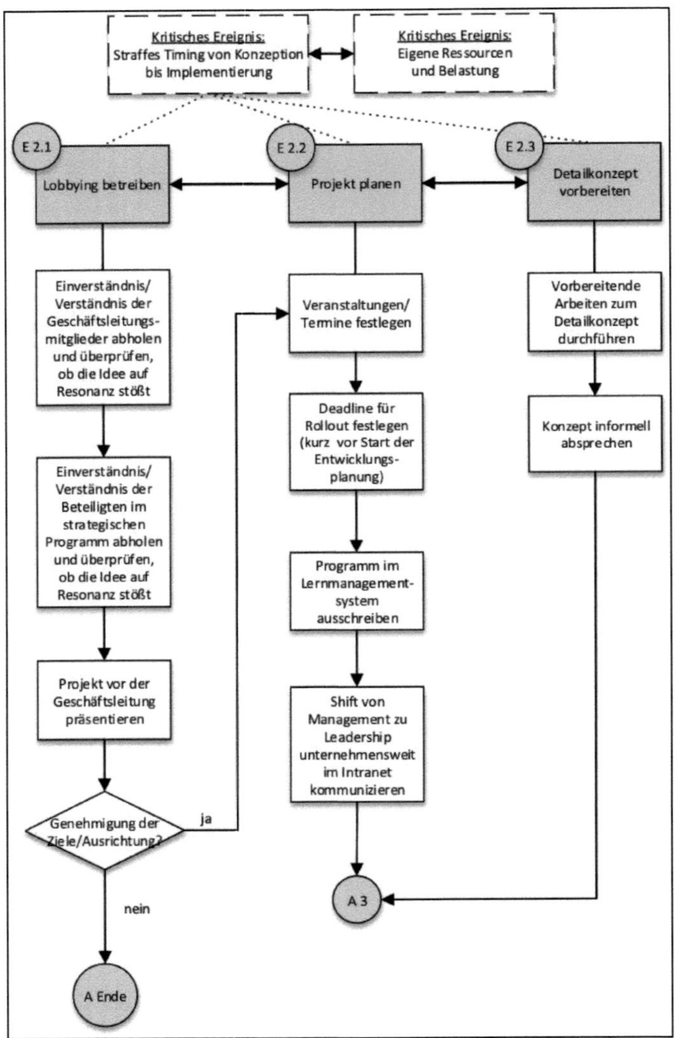

Strukturbild von Marianne Meier (Fortsetzung)

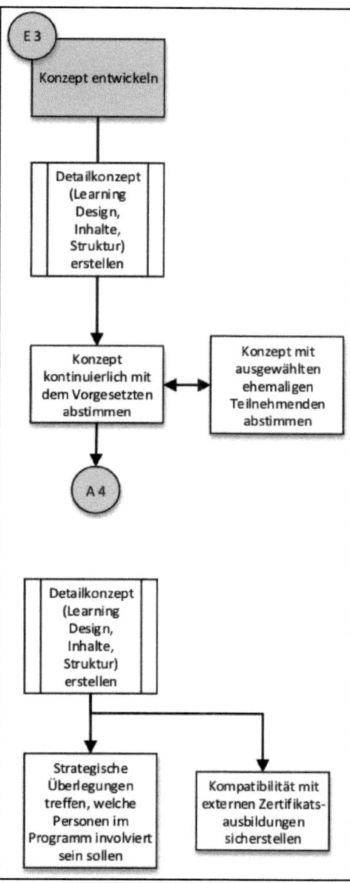

Strukturbild von Marianne Meier (Fortsetzung)

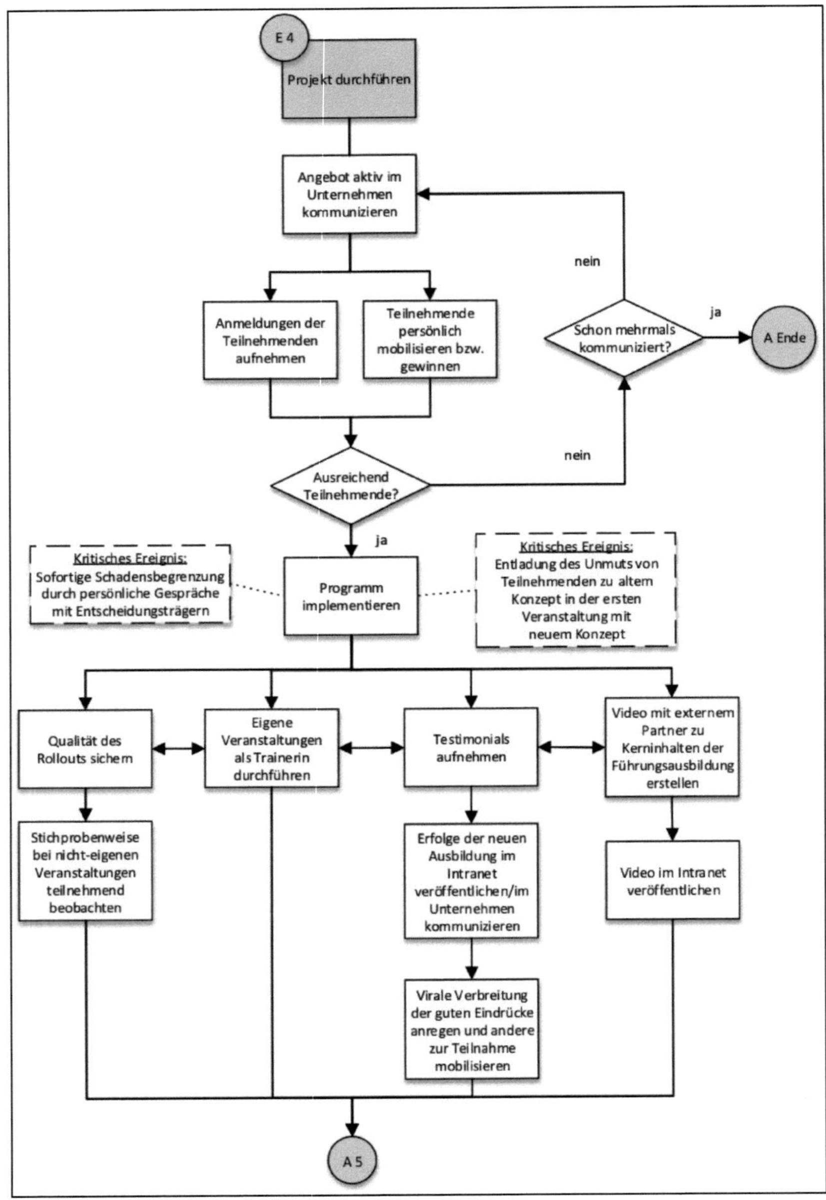

Strukturbild von Marianne Meier (Fortsetzung)

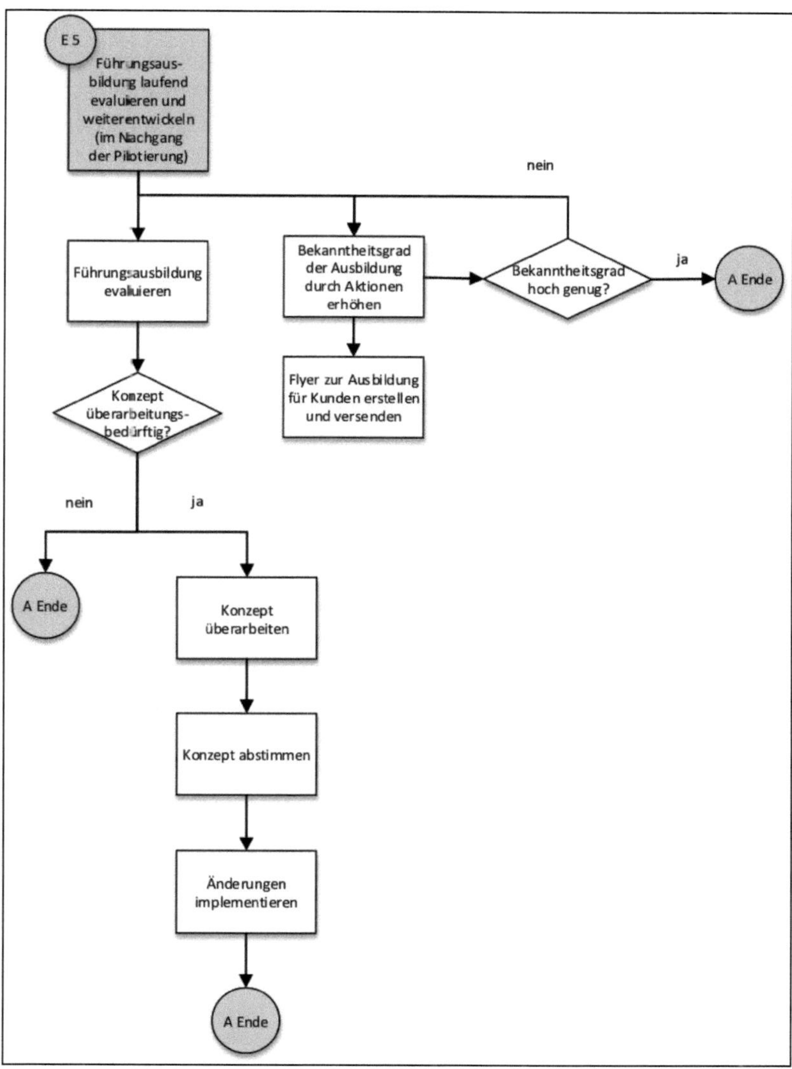

4.2.1.3. Verhältnis zu ganzheitlicher Personalentwicklung

Die Analyse des Falls verdeutlicht, dass Marianne Meier ihr Handeln in der Personalentwicklung strategisch fundiert. Es zeigt sich zudem, dass wichtige Aspekte ganzheitlicher Personalentwicklung in den subjektiv-theoretischen Vorstellungen von Marianne Meier verankert sind (z. B. Potenzialorientierung, humanistisches Menschenbild, ganzheitlicher Gestaltungsansatz, Inklusion aller Mitarbeitenden). Sie versteht Personalentwicklung in einem erweiterten Sinne als Bildung, Förderung sowie Organisations- bzw. Kulturentwicklung und agiert gestaltend, indem sie ihre OE-Kenntnisse trotz fehlendem Gestaltungsauftrag eigeninitiativ in ihre Arbeit einbindet.

Die PE-Projektgestaltung von Marianne Meier weist allerdings auch auf Diskrepanzen zu dem PE-Verständnis dieser Arbeit hin. Im PE-Projekt lag der Fokus durch die Konzeption einer Bildungsmaßnahme auf der Personenqualifikationsebene, eine proaktive Gestaltung und Integration der Systemebene z. B. durch eine Gestaltung der Handlungsbedingungen der Führungskräfte erfolgte anscheinend nicht. Die Interviewpartnerin wies selbst darauf hin, dass bisher vernachlässigt wurde, wie die neuen Werte durch die Führungskräfte im Berufsalltag umgesetzt werden können. Andere, potenziell relevante Schnittstellen (z. B. ein Bereich im Unternehmen, der eine eigene Führungsausbildung hat) wurden nicht einbezogen. Die weiter gefasste Systemqualifikationsebene wurde lediglich durch Kommunikationsmaßnahmen adressiert, andere Maßnahmen wurden nicht thematisiert. Es zeigt sich, dass Marianne Meier in ihrem beruflichen Handeln zwar Personal- und Organisationsentwicklung gerne miteinander verzahnen würde, die Möglichkeiten proaktiven Handelns nach eigener Angabe aber nicht vollumfänglich ausschöpfen kann. Ihre Äußerungen enthalten Hinweise darauf, dass ihr organisationsentwicklerisches Handeln durch die vorherrschenden Normen und Regelungen (u. a. keine offizielle Gestaltungsrolle in OE-Themen) sowie die äußeren Umstände des Unternehmens (u. a. starker Fokus auf Bildungsaktivitäten, kleine PE-Projekte ohne größere Budgets und mit geringem Planungshorizont) gehemmt wird.

4.2.2. Fallbeispiel „Karl Becker“

Karl Becker (IP 02) arbeitete zum Zeitpunkt des Interviews in leitender Funktion in der betrieblichen Ausbildung und dem Personalmarketing. Das rekonstruierte PE-Projekt liegt im Themenbereich „Bildung“ und hat eine Einführung einer innerbetrieblichen Spezialisierung im Rahmen der betrieblichen Ausbildung in einen Geschäftsbereich des Unternehmens zum Gegenstand. Der Fall zeichnet sich durch die Betonung von quantitativen Analysemethoden und Kennzahlen aus. Die Zahlenorientierung und informelle Vernetzung mit wichtigen Entscheidungsträgern im Unternehmen heben den Fall von anderen Fällen ab.

4.2.2.1. Subjektive Theorien über Personalentwicklung

Begriffsverständnis von Personalentwicklung

Die optimale Entwicklung findet für Karl Becker im Prozess der Arbeit durch die Bearbeitung herausfordernder Aufgaben unter Einsatz der individuellen Stärken statt. Obschon Führungskräfte für ihn Begleiter von Entwicklung „on the job“ sind, sieht er die Hauptverantwortung bei den Mitarbeitenden. Die Personalentwicklung befähigt die Führungskräfte seiner Ansicht nach zur Umsetzung der Unternehmenswerte und zur Unterstützung der Selbstentwicklung ihrer Mitarbeitenden.

> „In erster Linie Führungskräfte befähigen, die Unternehmenswerte so umzusetzen, dass sich Mitarbeiter in diesem Unternehmen entwickeln können. [...] Dabei geht es grundsätzlich darum, die Balance zwischen Fördern und Fordern zu vermitteln und dabei Mitarbeitern zu helfen, ihre eigene Karriere zu steuern und die eigenen Kompetenzen optimal einzubringen und weiter zu entwickeln.“ (IP 02, ID 2:78)

Die Hauptaufgabe der Personalentwicklung verortet er im Aufbau einer Talent Pipeline und der Bindung von Mitarbeitenden u. a. durch Entwicklungsoptionen. In Ergänzung unterbreitet die PE-Abteilung unterstützende Entwicklungsmaßnahmen (z. B. Programme).

Personalentwicklung im Unternehmen

Im Unternehmen gehören Personal- und Organisationsentwicklung zusammen. Der Hauptfokus im PE-Verständnis des Unternehmens liegt laut Karl Becker auf der Leistung in der Arbeit und weniger auf Trainings. Die normative Ausrichtung von PE-Projekten ist Standard („Wir definieren bei jedem unserer Projekte, wie hoch lädt das Projekt auf die einzelnen Werte.“, ID 2:52).

Werte und Einstellungen

Als Führungskraft fördert Karl Becker seine Mitarbeitenden vor allem „on the job“. Er ist dabei besonders von der Wirksamkeit von Aufgaben überzeugt, die den Mitarbeitenden herausfordern und über die Komfortzone hinausgehen lassen, wie der folgende Interviewausschnitt verdeutlicht:

> „So kleine Komfortzonenprojekte sind einfach nicht die Kür, darin entwickelt man sich viel langsamer. Was einer wirklich kann, das siehst du, wenn du ihn richtig herausforderst. Man muss nur da sein, um den aufzufangen, damit er nicht ins Messer läuft. Das ist die optimale Personalentwicklung!“ (IP 02, ID 2:23)

Karl Becker handelt nach der Überzeugung, dass jeder Mensch grundsätzlich immer entwickelbar ist, hinsichtlich seiner Voraussetzungen jedoch auch auf Grenzen stößt.

> „Jeder ist immer entwicklungsfähig, die Frage ist, wie weit? Es gibt Leute, die sind da gelandet, wo sie von ihrem Können her optimal platziert sind, und die können nicht noch in die höhere Position gehen." (IP 02, ID 2:43)

Als Personalentwickler sind für ihn die Unternehmensziele maßgebend. Seine Zusammenarbeit mit anderen folgt der Einstellung, dass ein wertschätzender, ehrlicher und transparenter Umgang zu einem guten Unternehmensklima führt („[...] hart in der Sache, aber dem Menschen wertschätzend gegenüber", ID 2:40). Er beschreibt die Vorstellung als prägend, dass man mit Ehrlichkeit im Leben weiter kommt. Seine handlungsleitenden Werte stehen für ein potenzialorientiertes Menschenbild und den Anspruch, als Personalentwickler durch gute Arbeit zu überzeugen und hierdurch an Reputation zu gewinnen.

Der Fall von Karl Becker sticht zudem durch eine ausgeprägte Überzeugung von dem Sinn der Nutzung von Kennzahlen im Personalbereich hervor („Viele Personaler scheuen sich davor, sich messen zu lassen, was bei guter Arbeit nicht nötig ist.", ID 2:70). In der Erarbeitung von Kennzahlen wird eine wichtige Aufgabe gesehen. Karl Becker beschreibt es als ein Armutszeugnis, wenn Personalorganisationen nicht belegen, was sie versprechen.

> „Es gibt Dinge, wo man mit Kennzahlen arbeiten kann und dann sollte man es auch nutzen. Ich finde, man muss als Personaler auch dazu stehen, dass gewisse Dinge messbar sind und dann soll man sich auch messen lassen. Alles andere wäre ein Betrug gegenüber den Unternehmensbereichen, die sich wirklich messen lassen. Da, wo aber eine Kennzahl keinen Sinn macht, hinzugehen und zu sagen, okay, wir haben Werte und etwas soll auf diese Werte laden und da geht es zum Beispiel um Erwartungen oder dergleichen, da sollte man auch den Mut haben, wir machen das so. Es ist nur immer so, wenn es mal irgendwann um Kosten geht, dann wird am ehesten da gestrichen, wo man halt keine Kennzahlen dahinter hat." (IP 02, ID 2:69)

Neben einer Fundierung der eigenen Arbeit durch quantitative Daten orientiert sich Karl Becker in seiner Arbeit konsequent an der Unternehmensstrategie und arbeitet mit einem Blick auf Trends und Entwicklungen im Markt. Er legt dabei ein besonderes Augenmerk auf den Nachweis des Beitrags der eigenen Abteilung.

(In-)offizielle, berufliche Rollen und strategischer Einfluss

Karl Becker zählt zu seinem Rollenspektrum die Rollen eines weitsichtigen Experten, Projektentwicklers, Wegbereiters und schnellen Entscheiders für Mitarbeitende, Ansprechpartners für PE-Themen und Beraters. Die Einflussnahme in Bezug auf strategische Unternehmensentscheidungen beschreibt Karl Becker als verhältnismäßig gering und auf die eigene Abteilung beschränkt. Die Beraterrolle sowie Aufmerksamkeitsverschiebungen der Geschäftsführung gibt er als Gründe für eine eher geringe strategische Einflussnahme an. Nach Einschätzung der Interviewperson ist die eigene, im Verhältnis zu anderen Kollegen als gut empfundene Positionierung stark von der (informellen) Vernetzung mit wichtigen Entscheidungsträgern (u. a. der Geschäftsführung) und der Überzeugungsfähigkeit als Personalentwickler abhängig.

Vorstellungen über zukünftige PE-Arbeit

Zukünftige Anforderungen verortet Karl Becker im Angebot flexibler Arbeitsmodelle und der Entwicklung eines transparenten Arbeitszeitsystems entlang der Interessen des Unternehmens und der Mitarbeitenden (u. a. Teilzeit, Langzeitkonten), in der Sicherstellung einer strukturierten Nachfolgeplanung sowie in der Zentralisierung der Führungsausbildung.

Herausforderungen und Probleme in der Personalentwicklung

Karl Becker thematisiert im Interviewverlauf die folgenden zentralen Herausforderungen und Probleme:

- Es gibt sinnvolle Kennzahlen in der Personalentwicklung, die genutzt werden sollten, um die Qualität der eigenen Arbeit zu belegen. Die Nutzung von Kennzahlen ist zudem ein Schutz vor Kosteneinsparungen im Unternehmen, der in erster Linie in den Fachbereichen stattfinde, in denen keine Kennzahlen vorgewiesen werden können. Viele Personalentwickler scheuen sich hingegen nach Ansicht von Karl Becker vor Messungen.
- Der Personalbereich ist in Wellenbewegungen immer wieder Spielball von Veränderungen, wodurch sich die Arbeits- und Handlungsbedingungen in der Personalentwicklung ebenso wellenartig ändern und das Handeln in der Personalentwicklung beeinflussen.
- Im Prozess der Arbeit übernehmen Führungskräfte häufig nicht die erforderliche Verantwortung für die Entwicklung im Prozess der Arbeit. Es ist nach wie vor die Vorstellung bei Führungskräften anzutreffen, dass PE-Maßnahmen einfach umsetzbare Reparaturmaßnahmen seien.

- Eine Individualisierung der Personalentwicklung z. B. in Form von flexiblen Arbeitsmodellen sieht Karl Becker künftig in Anbetracht des engen Arbeitsmarkts als ein „Muss“ an.

4.2.2.2. PE-Projekt „Einführung einer Spezialisierung“

Das PE-Projekt „Einführung einer Spezialisierung“ für Auszubildende in einem Geschäftsbereich des Unternehmens befindet sich an der Schnittstelle zwischen betrieblicher Ausbildung und Personalmarketing. Das PE-Projekt zielt einerseits auf die Spezialisierung von Auszubildenden für einen unternehmensspezifischen Geschäftsbereich im Rahmen der betrieblichen Ausbildung ab, andererseits auf die Bindung guter Auszubildender an das Unternehmen. In Anlehnung an das PE-Verständnis von M. Becker (2013, S. 265 ff.) ist das PE-Projekt thematisch im Handlungsfeld Bildung verortet.

Voraussetzungen und Zielsetzungen

Damit das PE-Projekt entstehen konnte, beschreibt Karl Becker Ergebnisse von Analysen und ein Gefühl der Dringlichkeit auf Seiten der Geschäftsführung als ausschlaggebend. Die Geschäftsführung wurde auf informellem Weg für die Dringlichkeit des Themas sensibilisiert. Der Handlungsbedarf wurde durch eine rückläufige Übernahmequote, eine hohe zeitliche Investition in die bereichsspezifische Ausbildung, die Ergebnisse einer Ursachenanalyse sowie die Ergebnisse einer Marktanalyse (mit einem Fokus auf Benchmarking) gestützt.

Das übergeordnete Ziel des PE-Projekts war die Entwicklung einer ressourcenneutralen Maßnahme, die von den betroffenen Geschäftsbereichen akzeptiert wird und die Rückgänge aufhebt.

Phasen

Die Projektgestaltung zeichnete sich durch fundierte, quantitative Analysen zu Beginn sowie am Ende des PE-Projekts aus. Es fanden Abstimmungsprozesse, auch informeller Natur, mit wichtigen Interessensgruppen wie z. B. dem Betriebsrat statt. Abbildung 45 fasst den groben Ablauf des PE-Projekts zusammen.

Kritische Ereignisse

Als kritische Erfolgsfaktoren thematisiert Karl Becker in der Anfangsphase des PE-Projekts das Gewinnen von Verbündeten in den Geschäftsbereichen sowie die Kommunikation der Sinnhaftigkeit und des Nutzens des PE-Projekts bei den Betroffenen. Im weiteren Verlauf kamen laufende Änderungen, verursacht durch Veränderungen im Geschäftsbereich, als kritische Momente hinzu, die in der Umsetzungsphase einen Zeitdruck auslösten. Ebenso gab es Widerstände von anderen Bereichen, welche die Auszubildenden als Mitarbeitende gewinnen wollten, sowie personelle Wechsel (u. a. Wechsel des wichtigsten Ansprechpartners im Geschäftsbereich).

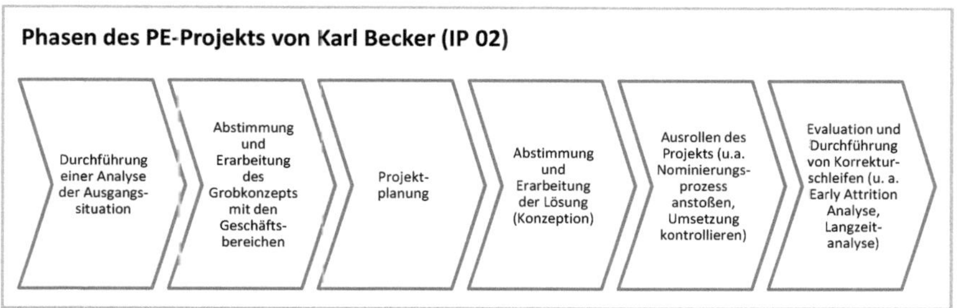

Abbildung 45: Phasen des PE-Projekts von Karl Becker (IP 02)

Strukturbild

Das folgende Strukturbild[74)] zeigt die zentralen Handlungsschritte von Karl Becker im PE-Projekt „Einführung einer Spezialisierung". Das PE-Projekt umfasst insgesamt 82 Handlungskonzepte.

---

74 Anhang 3.7 führt als Lesehilfe in den Aufbau und die wichtigsten Bedeutungen der Symbole des Strukturbilds ein.

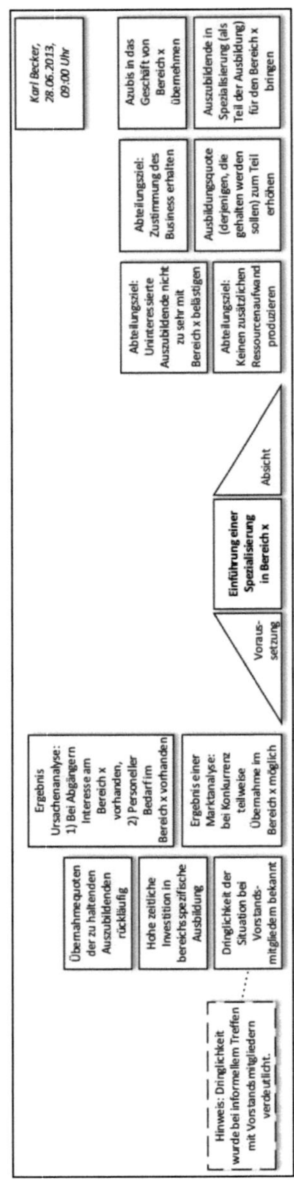

Abbildung 46: Strukturbild von Karl Becker (IP 02)

Strukturbild von Karl Becker (Fortsetzung)

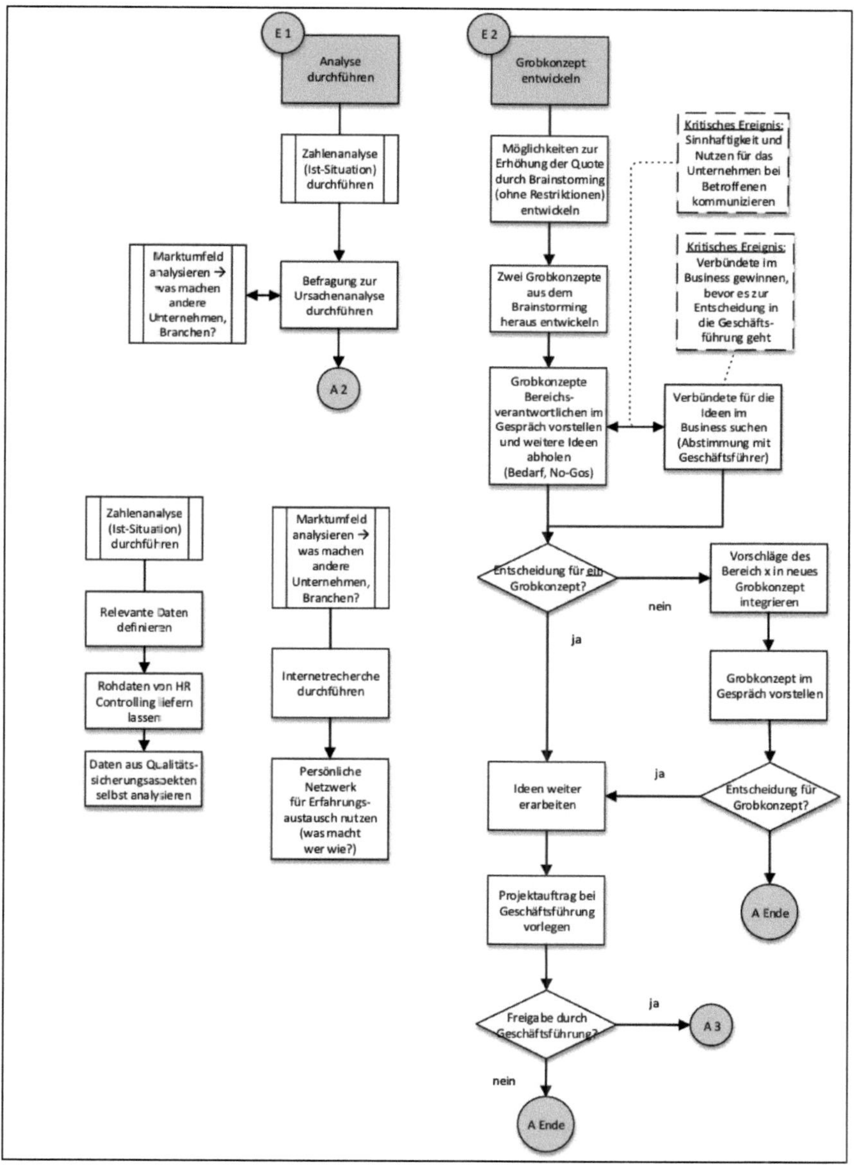

Strukturbild von Karl Becker (Fortsetzung)

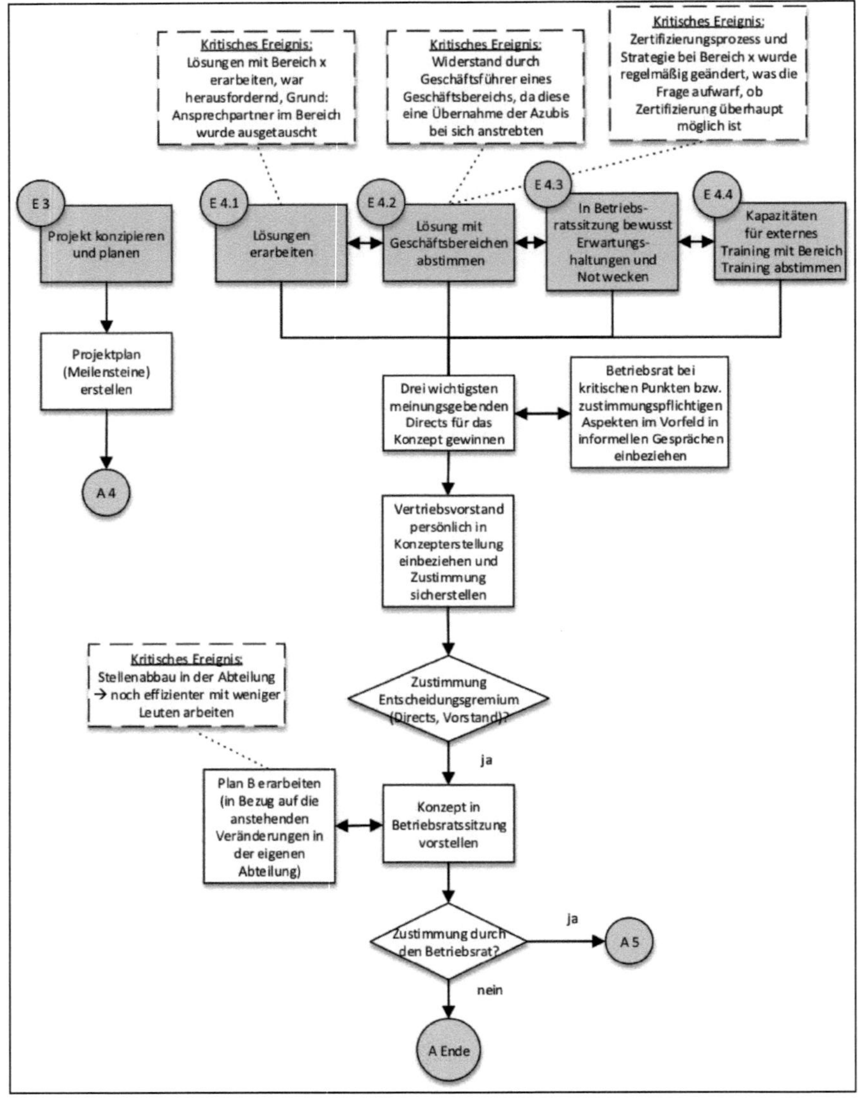

Strukturbild von Karl Becker (Fortsetzung)

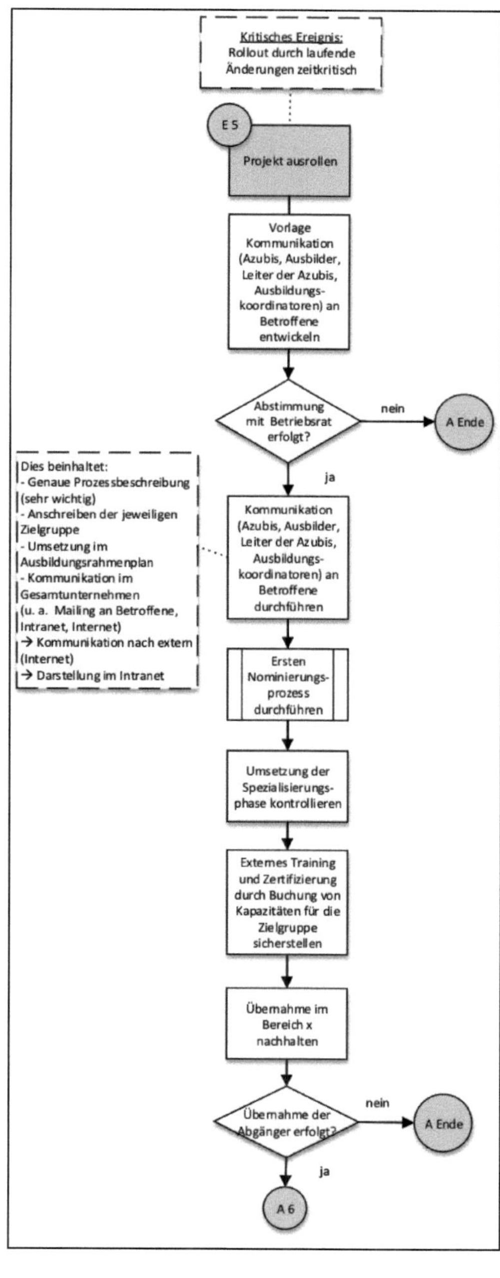

Strukturbild von Karl Becker (Fortsetzung)

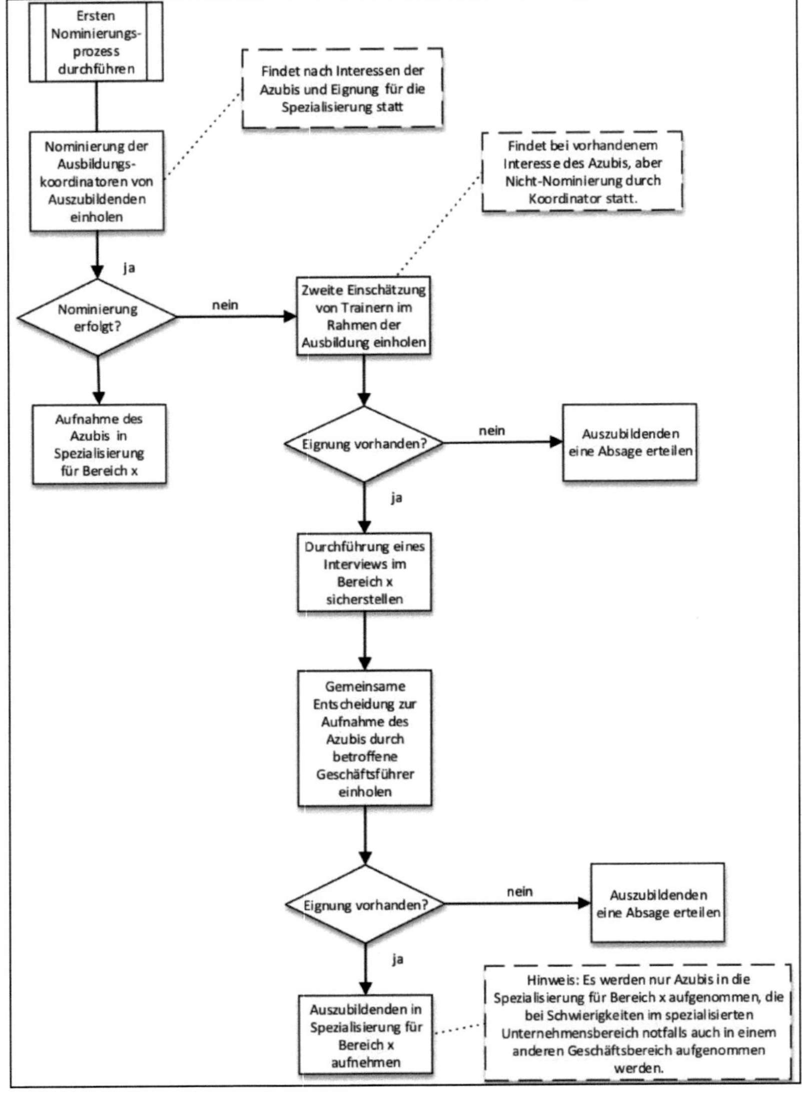

Strukturbild von Karl Becker (Fortsetzung)

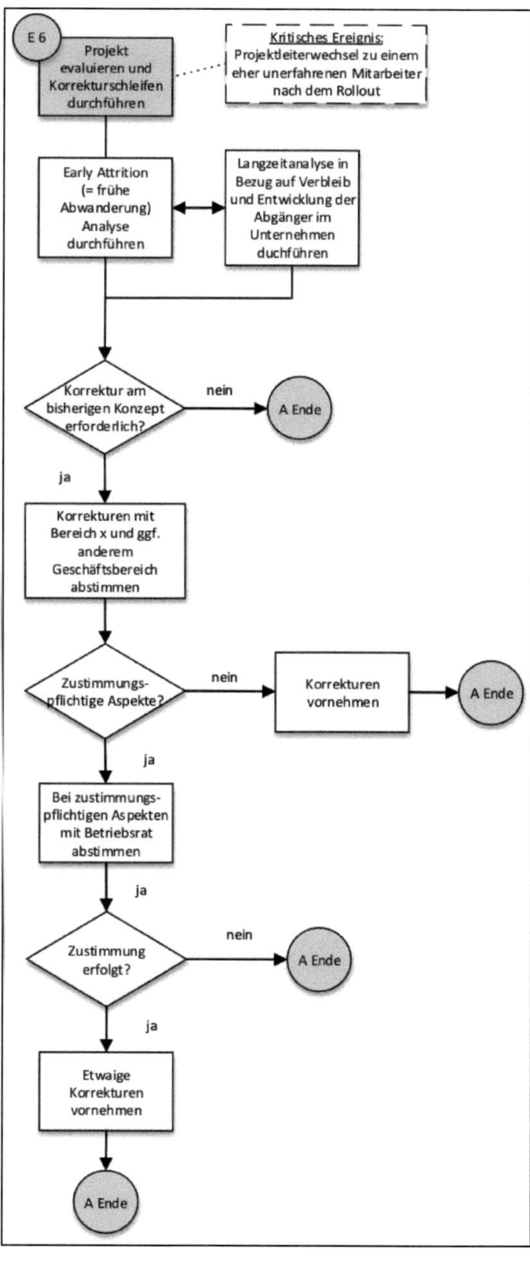

4.2.2.3. Verhältnis zu ganzheitlicher Personalentwicklung

Die Analyse des Falls verdeutlicht, dass zentrale Aspekte der Dimensionen ganzheitlicher Personalentwicklung (siehe Kapitel 2.2.3) in den subjektiv-theoretischen Vorstellungen über Personalentwicklung von Karl Becker verankert sind. Die handlungsleitenden Einstellungen und Werte weisen auf einen potenzial- und gestaltungsorientierten Handlungsansatz hin (u. a. Fokus auf Entwicklungspotenziale von Mitarbeitenden, Menschen wertschätzen, Wegbereiter und schneller Entscheider sein). Die Verbindung der operativen, normativen und strategischen Ebene ist Teil von Karl Beckers Kernverständnis von Personalentwicklung, auch in der PE-Projektarbeit (u. a. Definition des Beitrags von Projekten zu Unternehmenswerten). Karl Becker thematisiert jedoch bei der Umsetzung seiner Überzeugungen auch Handlungsbarrieren, die beispielsweise durch eine nicht ausreichende Verantwortungsübernahme von Führungskräften bedingt sind. Diese vertreten nach Einschätzung von Karl Becker noch teilweise die Vorstellung von Personalentwicklung als Reparaturbetrieb.

Das PE-Projekt wurde durch einen Blick nach innen, auf Entwicklungen im Markt sowie in die Zukunft qualitativ und quantitativ legitimiert (siehe Prozessstrang E 1). Zudem wurde das Erreichen der Projektziele nicht nur hinsichtlich der kurzfristigen, sondern auch hinsichtlich der langfristigen Wirkung überprüft (siehe Prozessstrang E 6). Der Anspruch, den Wertbeitrag des PE-Projekts nachzuweisen, wurde umfassend eingelöst. In der Lösungserarbeitung wurden die für das PE-Projekt relevanten Perspektiven (u. a. Betriebsrat, Geschäftsführung, Partner im Business) vorausschauend integriert. Die Lösung selbst verzahnte formelle wie informelle Kompetenzentwicklung (u. a. informelles Lernen im Prozess der Arbeit, begleitet von externen Trainings und einer Zertifizierung).

4.2.3. Fallbeispiel „Kai Burkhard“

Kai Burkhard (IP 09) arbeitete zum Zeitpunkt des Interviews in leitender Funktion in der Personalentwicklung. Das rekonstruierte PE-Projekt liegt im Themenbereich „Förderung“ und hat eine Überarbeitung des Leistungsbeurteilungs- und Leistungshonorierungssystems zum Gegenstand. Das PE-Projekt zeichnet sich durch die Arbeit mit zwei Pilotierungsrunden vor der Implementierung aus. Die Betonung der Verantwortung der Mitarbeitenden für Personalentwicklung, die starke Überzeugung, dass erfahrungsorientiertes Lernen am wirksamsten sei, sowie die Art der Projektgestaltung heben den Fall von anderen Fällen ab.

4.2.3.1. Subjektive Theorien über Personalentwicklung

Begriffsverständnis von Personalentwicklung

Für Kai Burkhard ist Personalentwicklung eine Zunahme an Fähigkeiten und Fertigkeiten bzw. die Erweiterung von Handlungskompetenzen von Menschen in einem organisationalen Kontext. Der organisationale Rahmen ermöglicht oder begrenzt das Wachstum von Menschen. Personalentwicklung findet aus Sicht von Kai Burkhard in erster Linie im Prozess der Arbeit durch herausfordernde Aufgaben statt, der Mitarbeitende ist verantwortlich für seine Entwicklung und wird dabei von seiner Führungskraft begleitet. Personalentwicklung zielt dabei auf den Erhalt und den Ausbau der Arbeitsmarktfähigkeit der Mitarbeitenden und der Wettbewerbsfähigkeit des Unternehmens. Die PE-Abteilung gestaltet einen entwicklungsförderlichen Rahmen (z. B. durch individualisierte Angebote) und befähigt Mitarbeitende zur Selbstentwicklung durch verschiedene Maßnahmen der Kompetenzentwicklung sowie der Entwicklung der Organisation.

> „Ich denke mal, Personalentwicklung ist so der Versuch, ein Umfeld, einen Rahmen zu gestalten, damit Menschen Fertigkeiten und Handlungskompetenzen und Fähigkeiten erweitern können. Also so, eigentlich was so in ihnen liegt an Potenzial, an Intentionen, dass sie das entfalten können.“ (IP 09, ID 8:2)

Das PE-Verständnis von Kai Burkhard umfasst Change Management, Kulturentwicklung, Wissensmanagement sowie die Rahmung informeller Lern- und Entwicklungsprozesse.

> „Und, Personalentwicklung ist für mich genauso, die Menschen, ihnen Mittel zu geben, dass sie selbst intendiert sich zur rechten Zeit die Infos holen können, die sie für die Arbeit brauchen. Also, dann ist Wissensmanagement und sich selber die Infos holen auch ein Teil Personalentwicklung. Eben zu sagen, machen wir kein dezidiertes, formales Training, sondern wir müssen die Voraussetzungen schaffen, damit die Menschen sich das Wissen selber holen und wir es zeitgerecht, in der richtigen Qualität, richtigen Sprache etc. zuordnen.“ (IP 09, ID 8:2)

Personalentwicklung im Unternehmen

Die Führungskraft gilt im Unternehmen von Kai Burkhard als erster Personalentwickler, die Mitarbeitenden sind selbstverantwortlich für ihre Entwicklung. Die PE-Abteilung gestaltet einen lern- und entwicklungsförderlichen Rahmen. Der Schwerpunkt der Personalentwicklung liegt im Unternehmen auf der Berufsbildung sowie der Führungskräfte- und Nachwuchsentwicklung. Punktuell werden auch Veränderungsprozesse begleitet.

Es fand zudem im Unternehmen eine deutliche Abkehr von Seminarkatalogen statt. Die neue PE-Strategie betont eine Verschiebung zu informellen Lernformen. Darüber hinaus wurden Kernthemen von Personalentwicklung wie Diagnostik und Rekrutierung weitgehend extern vergeben.

Werte und Einstellungen

Für Kai Burkhard ist die Integration der individuellen Bedürfnisse und Voraussetzungen der Mitarbeitenden für ihre Weiterentwicklung eine zentrale Handlungsgrundlage („Dem Menschen individuell zu begegnen, das ist für mich zentral, in der Personalentwicklung. So als Glaubenssatz, diese Individualität.“, ID 8:33). Er betont, dass Effizienz, Unternehmensinteresse und die Bedürfnisse von Mitarbeitenden immer miteinander abzuwägen sind. Den Menschen sieht er als prinzipiell lernfähig an, die Entwicklungsfähigkeit und -geschwindigkeit sei jedoch von den Potenzialen und der Bereitschaft des Einzelnen abhängig.

Der Fall von Kai Burkhard sticht durch die tiefe Überzeugung hervor, dass Entwicklung im „Tun und Bewegen“ entsteht. Für ihn gilt Erfahrungslernen als die wirksamste Form von Personalentwicklung. Weiterentwicklung ist am wirksamsten, wenn Lernerfahrungen im Arbeitsfeld bei der Bewältigung herausfordernder Aufgaben gewonnen werden.

> „Das (...) nur darüber reden, mit dem ganzen Transfer und so. Mir ist fast lieber, dass die Leute zuerst Erfahrungen machen und gar nicht haargenau wissen, was sie für Erfahrungen gemacht haben. Anstelle sie ein Training, eine Befähigung, eine Qualifizierung bekommen, aber dann das nicht anwenden können. Ich denke, Erfahrungslernen first, Lernen im Tun, an Herausforderungen wachsen, an Aufgaben wachsen. Das ist für mich eine sehr starke Überzeugung, dass das am wirksamsten ist. Und eigentlich, dass es braucht, damit es [Hinweis: der Lernzyklus] abgeschlossen ist.“ (IP 09, ID 8:30)

Um andere, z. B. Führungskräfte, von dieser Position zu überzeugen, sieht die Interviewperson ihre Rolle darin, auch mal „nein“ zu Maßnahmen wie Trainings zu sagen.

(In-)offizielle, berufliche Rollen und strategischer Einfluss

In seiner beruflichen Tätigkeit übt Kai Burkhard die Rollen eines Zuhörers und Beraters, Gestalters, Botschafters sowie Vermittlers und Übersetzers von Anliegen aus und legt dabei ein besonderes Augenmerk auf das Unternehmensinteresse. Die Einflussnahme auf strategische Unternehmensentscheidungen wird durch einen direkten Zugang zum Personalvorstand als verhältnismäßig hoch angegeben. Die Geschäftsleitung beschreibt er als sehr affin für PE-Themen. Dennoch sei die strategische Gestaltungsmöglichkeit stark vom Thema abhängig: Aufträge direkt aus der Geschäftsleitung sind mit viel Freiraum besetzt, wird jedoch ein Thema auf der operativen Ebene angestoßen, muss Überzeugungsarbeit geleistet werden.

Vorstellungen über zukünftige PE-Arbeit

Kai Burkhard beschreibt die folgenden Zukunftsthemen in der Personalentwicklung:

- Die Individualisierung der Personalentwicklungsangebote und das Eingehen auf die verschiedenen Bedürfnisse von Mitarbeitenden (u. a. Karrierebedürfnisse nach Lebensphase, Teilzeit).
- Die Schaffung einer nachhaltigen Leistungskultur im Unternehmen.
- Die Verschiebung der PE-Angebote von Seminarkatalogen und formellen Angeboten zu neuen Lernformen.
- Ein zunehmend mobiles, digitales und netzwerkorientiertes Lernen und der damit einhergehende Bedarf, diesem zunehmenden Bedürfnis als PE-Abteilung gerecht zu werden.
- Die Befähigung von Mitarbeitenden zu einem kompetenten Umgang mit der zunehmenden Masse an Informationen.
- Ein Wandel der Formen der Zusammenarbeit im Unternehmen (u. a. weniger Hierarchien) und eine verstärkte Nutzung sozialer Kollaborationsplattformen, die durch den Schwerpunkt auf Vernetzung gewohnte Hierarchiestrukturen auflösen.
- Die Befähigung der Führungskräfte in einer digitalen, enthierarchisierten Arbeitswelt („Zweite große Herausforderung, wie sieht das neue Leadership der Zukunft aus, wenn Mitarbeiter so vernetzt arbeiten? Was genau für eine Aufgabe und Rolle hat die Führungskraft?“, ID 8:28).

Darüber hinaus sieht Kai Burkhard die Zukunft der Personalentwicklung in ihrer gewohnten Form als ungewiss an. Er stellt infrage, ob der Bereich zukünftig noch erforderlich ist, wenn Führungskräfte ihre Rolle als erste Personalentwickler kompetent ausgestalten.

Herausforderungen und Probleme in der Personalentwicklung

Kai Burkhard thematisiert die folgenden zentralen Herausforderungen und Probleme:

- Die PE-Abteilung begegnet immer wieder dem Wunsch von Mitarbeitenden und Führungskräften in den Fachbereichen, dass sie als Reparaturbetrieb agieren solle. Damit sei auf Seiten der Fachbereiche die Vorstellung verbunden, mit Trainings schnelle Lösungen für ihre Probleme zu erhalten. Nach Sicht von Kai Burkhard wünsche sich der große Anteil der Mitarbeitenden aus operativem Druck schnelle Lösungen, bleibe aber im Falle von Trainings nach der Teilnahme nicht mehr an den Themen dran.

- Führungskräfte werden immer besser in der Rolle des Personalentwicklers vor Ort. Je mehr Führungskräfte ihre Aufgaben in der Personalentwicklung gut erfüllen, desto stärker steht die Legitimität der Personalentwicklung infrage.
- In der PE-Arbeit herrscht ein Kosten- und Beweisdruck, was aus Sicht von Kai Burkhard den Möglichkeiten der Nachweisbarkeit in der Personalentwicklung widerspricht. Kai Burkhard sieht die Aktivitäten der Personalentwicklung als eine Investition mit nicht immer klar ausweisbarem Nutzen.
- Aufgrund politischer Lagen und damit verbundenen Machtverteilungen im Unternehmen müssen in der Personalentwicklung immer wieder Maßnahmen wie z. B. Trainings auf Wunsch anderer umgesetzt werden, obwohl bereits im Vorfeld für die PE-Verantwortlichen klar ist, dass sie nicht im gewünschten Maße wirksam sein werden
- Die heterogenen Bedürfnisse und Vorstellungen von Mitarbeitenden von Seiten der PE-Abteilung alle aufzunehmen und möglichst vollständig zu bedienen, ist für Kai Burkhard eine „Kunst, die niemand kann“.

4.2.3.2. PE-Projekt „Performance Management“

Das PE-Projekt „Performance Management“ fokussierte auf die Verbesserung des unternehmensweiten Systems zur Leistungshonorierung und -beurteilung. In Anlehnung an das PE-Verständnis von M. Becker (2013, S. 583 ff.) ist das PE-Projekt thematisch im Handlungsfeld Förderung verortet.

Voraussetzungen und Zielsetzungen

Damit das PE-Projekt entstehen konnte, beschreibt Kai Burkhard die Unterstützung der Geschäftsführung und den vorhandenen Handlungsdruck aufgrund fehlender Transparenz und ungleicher Verteilungspraxis der Aktienprämien als ausschlaggebend. Es lag ein expliziter Geschäftsführungsauftrag vor, dass das bestehende Prämienprogramm, das für jeden zugänglich war, durch ein neues Prämiensystem abgelöst werden sollte.

Das übergeordnete Ziel des PE-Projekts war die Entwicklung eines transparenten Systems zur Leistungsbewertung und -honorierung, in dem insbesondere die jeweils zehn Prozent besten und schlechtesten Leistungen sichtbar gemacht und monetär sowie nicht-monetär gewürdigt werden.

Phasen

Die Gestaltung des PE-Projekts ist auf möglichst breite Akzeptanz ausgerichtet, weshalb in der Phase der Konzeptentwicklung mehrere Workshops mit Linienführungskräften durchgeführt wurden. Im Verhältnis zu der in der Stichprobe verbreiteten Methode, Interviews und Gespräche zu führen, wurde eine zeitlich effizientere, effektivere und frühzeitigere Abstimmung erzielt. Vor der unternehmensweiten Implementierung des neuen Prozesses wurden für eine reibungslose Implementierung zwei Probeläufe in verschiedenen Unternehmensbereichen durchgeführt. Das finale Konzept, als Ergebnis der Pilotierung, wurde vor der effektiven Einführung mit der Geschäftsleitung abgestimmt. Abbildung 47 fasst den groben Ablauf des Projekts zusammen.

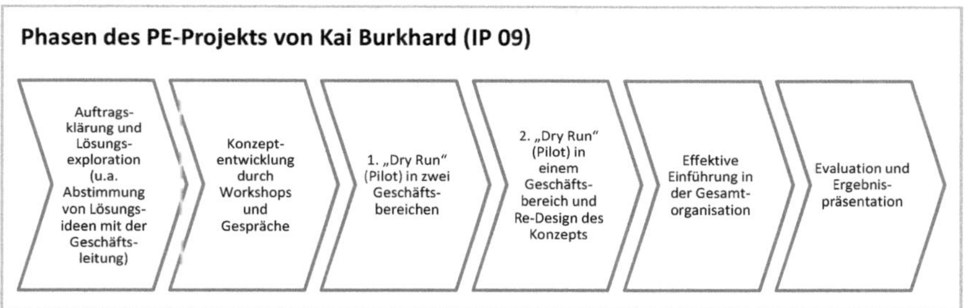

Abbildung 47: Phasen des PE-Projekts von Kai Burkhard (IP 09)

Kritische Ereignisse

Als kritischen Moment im PE-Projekt thematisiert Kai Burkhard ein äußerst heterogenes Verständnis von außergewöhnlichen Leistungen im Unternehmen, das auf ein gemeinsames Verständnis zusammengeführt werden musste. Im Projektverlauf verursachte eine straffe Projektzeitplanung eine extreme Belastung. Der Projektleiter musste zudem aufgrund uneinheitlicher Ergebnisse der Pilotierungsphase, bei der Empfehlung der bestmöglichen Lösung vor der Geschäftsführung ein persönliches Risiko übernehmen. Ein weiteres kritisches Ereignis lag in der Angst der Geschäftsführung vor der Etablierung einer Neidkultur durch das neue Honorierungssystem, die nach der Pilotierung das PE-Projekt zu kippen drohte.

Strukturbild

Das folgende Strukturbild[75] (siehe Abbildung 48) zeigt die zentralen Handlungsschritte von Kai Burkhard im PE-Projekt „Performance Management“. Das PE-Projekt umfasst insgesamt 54 Handlungskonzepte.

[75] Anhang 3.7 führt als Lesehilfe in den Aufbau und die wichtigsten Bedeutungen der Symbole des Strukturbilds ein.

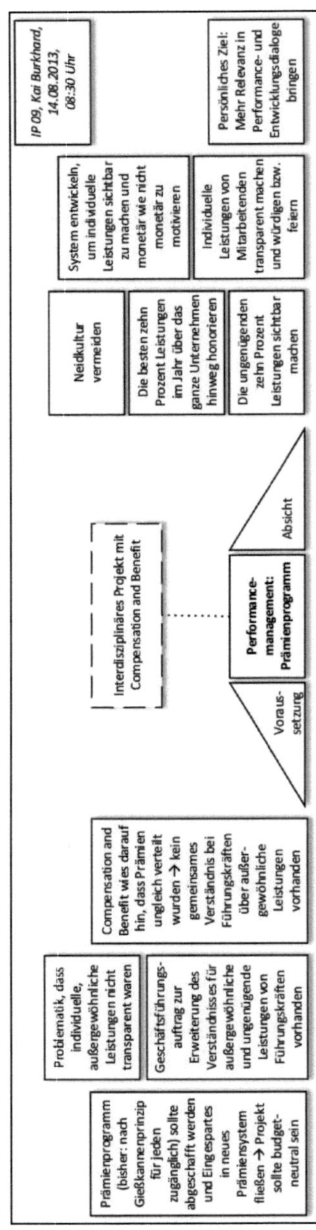

Abbildung 48: Strukturbild von Kai Burkhard (IP 09)

Strukturbild von Kai Burkhard (Fortsetzung)

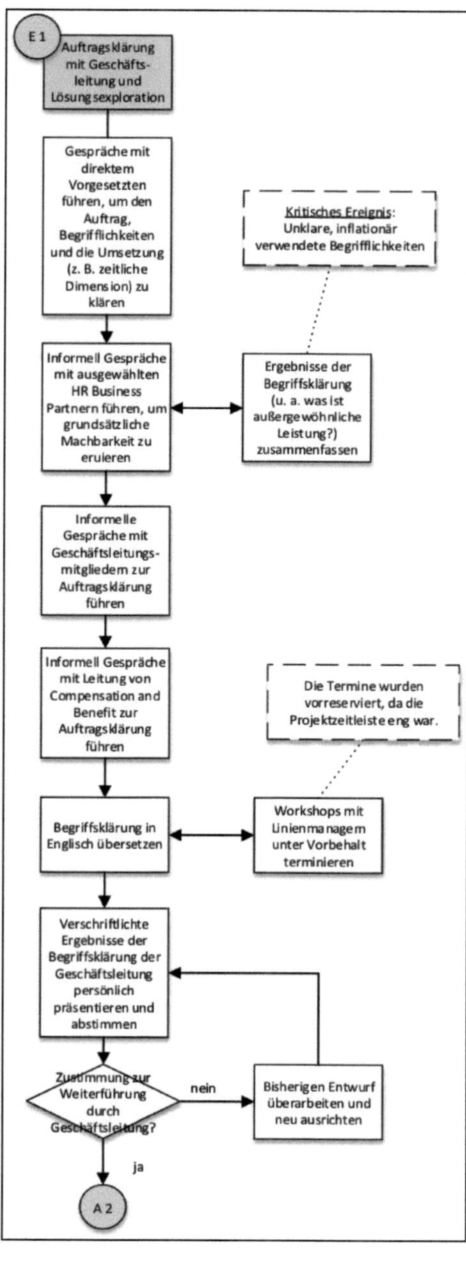

Strukturbild von Kai Burkhard (Fortsetzung)

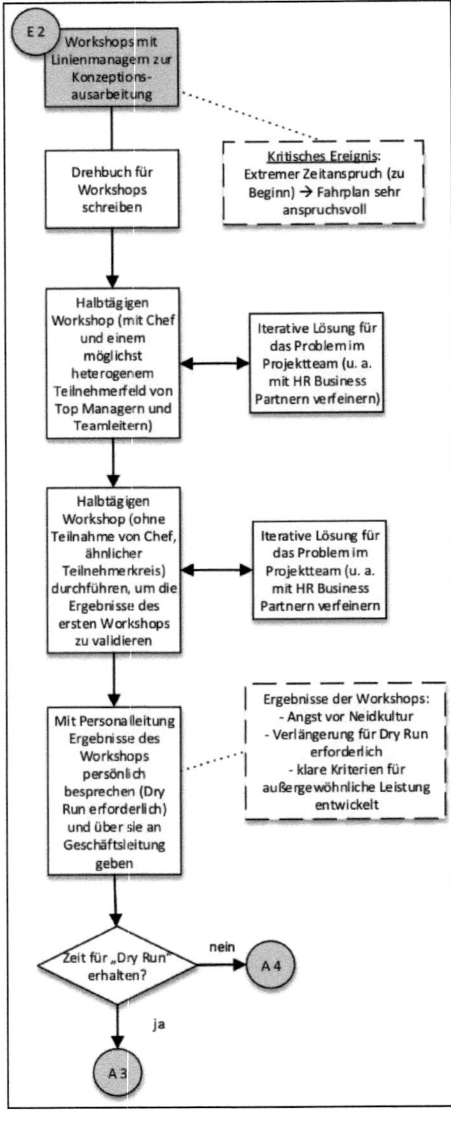

Strukturbild von Kai Burkhard (Fortsetzung)

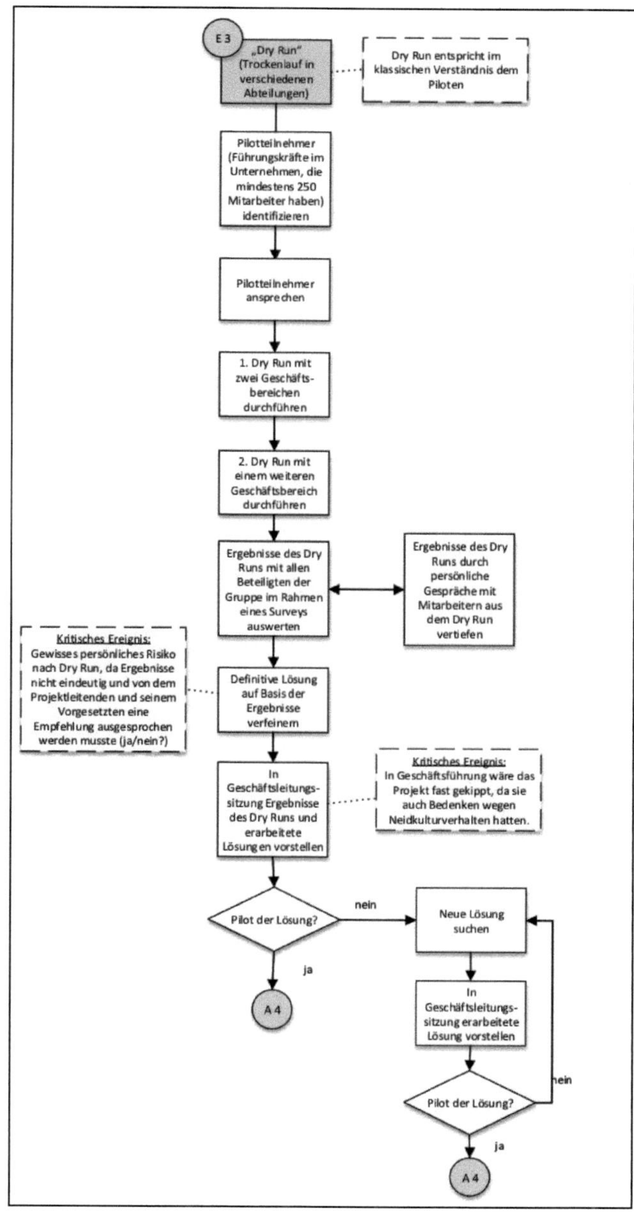

Strukturbild von Kai Burkhard (Fortsetzung)

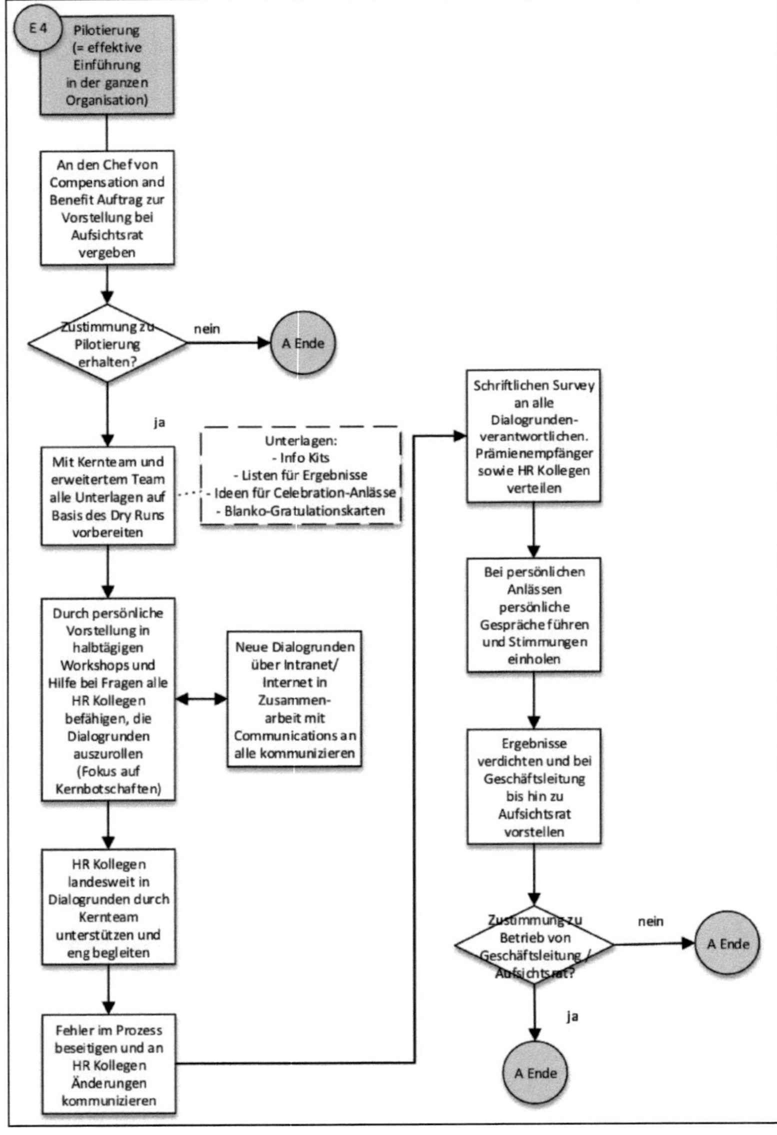

4.2.3.3. Verhältnis zu ganzheitlicher Personalentwicklung

Die subjektiv-theoretischen Vorstellungen über Personalentwicklung von Kai Burkhard deuten auf eine ganzheitlich orientierte Denkweise hin (u. a. erweitertes Verständnis von Personalentwicklung, ganzheitliche Zielsetzungen wie Arbeitsmarkt- und Wettbewerbsfähigkeit). Sein Handlungsansatz kann als potenzial- und gestaltungsorientiert charakterisiert werden (u. a. Individuum und Individualität im Zentrum, Betonung der Potenziale und Bedürfnisse des Einzelnen, Rolle des Gestalters). Je nach Problemstellung dienen die Handlungsfelder Bildung, Förderung, Change Management, Kulturentwicklung, Wissensmanagement sowie die Gestaltung formeller und informeller Lern- und Entwicklungsprozesse für Kai Burkhard einer adäquaten Lösungsfindung in der PE-Arbeit. Neben der tiefen Überzeugung, dass Entwicklung im Tun und Bewegen stattfindet, gibt Kai Burkhard an, zu populären Maßnahmen auch mal „nein" zu sagen. Im Gespräch beschreibt er Beispiele, in denen er eigeninitiativ und vorausschauend Bedarfe im Unternehmen aufgreift sowie die Geschäftsführung von der Sinnhaftigkeit in Bezug auf die strategischen Unternehmensziele überzeugt.

Das PE-Projekt bezog seine Legitimation durch den Unternehmensbedarf. Die Ausgangssituation wurde im Wesentlichen durch den Blick nach innen geklärt. Kai Burkhard thematisiert keine Handlungen, die den Blick nach außen sowie in die Zukunft richten und damit das PE-Projekt zusätzlich fundieren. Die weitere Projektgestaltung unterstreicht jedoch eine integrative Praxis. In der Lösungserarbeitung wurden die für das PE-Projekt relevanten Perspektiven in Workshops integriert. Zudem zielte das PE-Projekt auf die Befähigung der verantwortlichen Mitarbeitenden im Personalbereich und stellte durch Pilotierungsrunden sicher, dass die erforderlichen Strukturen, Prozesse, Funktionen und Unterstützungssysteme das Ziel einer gerechteren Leistungshonorierung begünstigten.

Die subjektiv-theoretischen Vorstellungen von Kai Burkhard verdeutlichen aber auch, dass sein Handeln in der Personalentwicklung auf organisationale Barrieren stößt. Trotz des persönlichen Anspruchs und der Expertise zeitgemäß zu handeln, setzt er nach eigener Einschätzung trotz Alternativangeboten auf (operativen) Druck von Fachbereichen regelmäßig Lösungen (z. B. Trainingsmaßnahmen) um, die bedingt oder gar nicht wirksam sind.

4.2.4. Fallbeispiel „Miriam Keller“

Miriam Keller (IP 15) arbeitete zum Zeitpunkt des Interviews in nichtleitender Funktion in der Personalentwicklung. Als Teilprojektleiterin begleitete Miriam Keller einen Restrukturierungsprozess im Rahmen einer umfassenden Change Architektur. Das rekonstruierte PE-Projekt liegt als einziges in der Stichprobe im Themenbereich „Change Management“, wodurch es sich von den anderen Fällen abhebt. Der Problemlösungsansatz von Miriam Keller ist von einer die Personen- und Systemqualifikation verzahnenden Perspektive geprägt.

4.2.4.1. Subjektive Theorien über Personalentwicklung

Begriffsverständnis von Personalentwicklung

Die Aktivitäten der Personalentwicklung richten sich im Verständnis von Miriam Keller an der von der Personalleitung formulierten Personalstrategie aus, die wiederum aus den Werten und der Unternehmensstrategie abgeleitet ist. Als Mitarbeitende in einer Tochtergesellschaft eines Konzerns sind die Vorgaben der Holding ebenfalls maßgebend.

> „[…] Es ist jetzt vielleicht nicht so, aber wenn ich beispielsweise sehe, eine Strategie wäre, wir wollen uns auf dem osteuropäischen Markt oder auf dem asiatischen Markt irgendwie ausdehnen, dann müsste ich mir als Personalentwicklerin ja Gedanken machen. Was brauchen meine Mitarbeiter dann dafür? Muss ich das Thema interkulturelle Kompetenz noch mal anschauen? [...]. Das ist mir total wichtig. Um einen Mehrwert zu generieren letztendlich auch. [...]“ (IP 15, ID 14:2)

Die Aufgabe der Personalentwicklung ist es, die Unternehmensstrategie und -werte in sichtbare Verhaltensweisen zu überführen. Gemäß Miriam Keller leistet Personalentwicklung hierdurch einen wichtigen Beitrag zur Unternehmensentwicklung. Personal- und Organisationsentwicklung sind für sie eng miteinander verzahnt. Zur Organisationsentwicklung zählt sie auch die bewusste Steuerung der Unternehmenskultur. Veränderungsprozesse sieht Miriam Keller als einen kontinuierlichen Aspekt in Unternehmen, der frühzeitig, langfristig und möglichst ganzheitlich von der Personalentwicklung unterstützt werden muss. Die Führungskräfte sind bei Veränderungen sowie in der Personalentwicklung in der Rolle eines Vorbilds.

> „[…] Das ist auch im Moment mein Plädoyer im Konzern, […]. Zu sagen, wenn wir drei oder fünf neue Leadership-Kriterien […] festlegen, dann erwarte ich, dass wir zumindest für zwei bis drei Jahre in jedem Projektauftrag genau zu diesen fünf Stellung nehmen. Das heißt, jeder Projektleiter und Führungskraft, die das unterschreiben, den Projektauftrag, sollten einen Satz mindestens dazu schreiben können und […] wie wird sich das in meinem Projekt zeigen. Weil ich glaube, dann, wenn man das mal über zwei bis drei Jahre

durchzieht, dass sie dann erstens verankert sind, in den Köpfen [...], und indem sich jeder mal Gedanken macht dazu, wird das auch eher beobachtbar und die Verhaltensweisen werden sich dann deutlich ändern. [...] Und das kann aber nur über den Vorstand, der muss da mitziehen und sagen, ja, so wollen wir das, und dann wird das auch funktionieren." (IP 15, ID 14:6)

Personalentwicklung im Unternehmen

Als Kernthemen der Personalentwicklung im Unternehmen beschreibt Miriam Keller Schulungen und Trainings, Anpassungsqualifizierung, Mentoring, Coaching, Kurzhospitationen und -rotationen, verschiedene Vortragsreihen in der Freizeit der Mitarbeitenden, betriebliche Ausbildung sowie Hochschulmarketing. Change Management und Organisationsentwicklung sind nicht bei der Personalentwicklung angesiedelt, auch wenn Miriam Keller in ein entsprechendes Projekt involviert war. Es findet nur punktuell ein Einbezug der Personalentwicklung bei Veränderungsprozessen im Unternehmen statt. Das PE-Verständnis von Miriam Keller geht somit deutlich über das PE-Verständnis im Unternehmen hinaus. Einen offiziellen Auftrag, Personal- und Organisationsentwicklung zur Lösung von Problemstellungen im Unternehmen zu verzahnen, hat Miriam Keller nicht.

Werte und Einstellungen

Miriam Keller beschreibt die Haltung eines Beraters mit einer ausgeprägten Kundenorientierung als handlungsleitend. Sie hat den Anspruch, ihre internen Kunden, in der Regel Führungskräfte, zufriedenzustellen. Um gut beraten zu können, ist es ihr wichtig, das Geschäft des Kunden zu verstehen, überzeugend aufzutreten und einen persönlichen Kontakt zu pflegen. In ihrer Rolle als Personalentwicklerin sieht sie sich als umsetzungsorientiert und in der Verantwortung, in zweiter Reihe zu begleiten und zu unterstützen. Die Hauptverantwortung für Personalentwicklung liegt ihrer Überzeugung nach bei der Führungskraft. Es ist ihr zudem wichtig, als Vertrauensperson aufzutreten, die verantwortungsvoll mit sensiblen Informationen wie Stellenstreichung und Leistungsbeurteilungen umgeht.

Darüber hinaus vertritt sie die Einstellung, dass für den Erfolg der PE-Arbeit Kontinuität wesentlich ist. Angesichts von Sparmaßnahmen in der Personalentwicklung und hierdurch drohenden Nachwuchsmangel, plädiert sie dafür, in Krisenzeiten im Unternehmen antizyklisch zu agieren und gezielt in die Personalentwicklung zu investieren, um nach der Krise hieraus Nutzen zu ziehen.

(In-)offizielle, berufliche Rollen und strategischer Einfluss

Das berufliche Rollenspektrum von Miriam Keller beinhaltet die Rollen eines Beraters, Ideen- und Impulsgebers, Ratgebers, kritischen Nachfragers, Begleiters, Unterstützers, Organisators, Moderators von Veranstaltungen und einer Vertrauensperson. Die Einflussnahme auf strategische Unternehmensentscheidungen schätzt Miriam Keller durch die Mitarbeit in Veränderungsprojekten und die daraus resultierende informelle Vernetzung mit dem Vorstand im Vergleich zu anderen Kollegen des Personalbereichs als hoch ein. Der Fokus liegt dennoch für sie auf der Umsetzung der Unternehmensstrategie.

Vorstellungen über zukünftige PE-Arbeit

Miriam Keller nennt die folgenden Zukunftsthemen in der Personalentwicklung:

- Verbesserung der Zusammenarbeit zwischen den personalrelevanten Schnittstellen im Unternehmen (u. a. Shared Service Center, Personalbetreuung, Personalentwicklung) und eine enge Zusammenarbeit und Verzahnung der Abteilungen Personalentwicklung und Personalbetreuung.
- Ausbau der Sachkompetenzen von Personalentwicklern hinsichtlich Personalmanagement (z. B. Interessensausgleich, betriebsbedingte Kündigungen), betriebswirtschaftlichen Grundlagen und Change Management
- Stärkung der Beraterkompetenz von Personalentwicklern, die nach Ansicht von Miriam Keller als Auftragsempfänger häufig keine gute Auftragsklärung machen.
- Systematische Arbeit mit Kennzahlen in der Personalentwicklung („Wir könnten mehr punkten, vor allem bei der Riege knapp unter dem Vorstand, die argumentieren auf Zahlenebene, wenn man in Zahlen spricht.“, ID 14:21).

Herausforderungen und Probleme in der Personalentwicklung

Miriam Keller thematisiert die folgenden zentralen Herausforderungen und Probleme:

- Die Personalentwicklung hat im Unternehmen keine permanente Gestaltungsrolle in Veränderungsprozessen. Die diesbezüglich vorhandenen Kompetenzen in der PE-Abteilung werden nur punktuell und selten vorausschauend genutzt.
- Personalentwicklung ist in Krisenzeiten bei den Führungskräften des Unternehmens mit einer eher geringen Priorität belegt und das erste, das eingestellt wird. Dies führt zu Diskontinuitäten in der PE-Arbeit. Die PE-Arbeit, die Kontinuität für ihren Erfolg benötigt, wird immer wieder durch drastische Einschnitte unterbrochen.

- PE-Maßnahmen „on the job“ (z. B. Job Rotation) sind im Unternehmen teilweise durch fehlende Kooperation und Weitsicht der Führungskräfte schwierig umzusetzen. Viele Führungskräfte sehen nach Ansicht von Miriam Keller nur den Erfolg ihres eigenen Bereichs und behindern hierdurch die unternehmensweite, bereichsübergreifende Entwicklung von Mitarbeitenden.
- Es fehlt der grundsätzliche Nachweis, dass Personalentwicklung langfristig wirksam ist.
- Die PE-Abteilung übernimmt oftmals zu viel Verantwortung für die Entwicklung von Mitarbeitenden im Unternehmen, weshalb Führungskräfte es gewöhnt sind, die Verantwortung bei den PE-Verantwortlichen „abzuladen“.
- Es besteht aus Sicht von Miriam Keller eine fehlende oder zu geringe Zusammenarbeit zwischen den verschiedenen Personalabteilungen, was aufgrund fehlender Informationen zu einem geringeren Mehrwert der Arbeit in der Personalentwicklung führt.

4.2.4.2. PE-Projekt „Change Management“

Das PE-Projekt „Change Management“ fokussierte auf die Unterstützung eines Restrukturierungsprozesses im Unternehmen. In Anlehnung an das PE-Verständnis vonM. Becker (2013, S. 787 ff.) ist das PE-Projekt thematisch im Handlungsfeld Organisationsentwicklung verortet.

Voraussetzungen und Zielsetzungen

Für das Zustandekommen des PE-Projekts war das Vorhandensein einer Vorstandsentscheidung bzw. eines Geschäftsführungsauftrags ausschlaggebend. Die Vorerfahrung von Miriam Keller im Bereich Change Management war für die Zuweisung einer Rolle als Teilprojektleiterin voraussetzend.

Das PE-Projekt zielte im Wesentlichen darauf ab, Betroffene im Veränderungsprozess zu Beteiligten zu machen und für Mitarbeitende Ansprechpersonen zu etablieren. Die Führungskräfte sollten durch verschiedene Maßnahmen für die emotionale Ebene der Veränderung sensibilisiert und beim Veränderungsprozess beraten werden.

Phasen

Als Teilprojektleiterin des PE-Projekts war Miriam Keller in die Auftragsklärung und Initialisierung des Gesamtprojekts eingebunden. Es wurde zu Beginn des Projekts ein externer Berater als Unterstützer des Change Management Teams ausgewählt, der aber lediglich eine Rolle im Hintergrund hatte. In der Projektdurchführung lag der Fokus auf der Konzeption und Durchführung von Dialog-, Führungskräfte- und Kick off-Veranstaltungen. Abbildung 49 fasst den groben Ablauf des PE-Projekts zusammen.

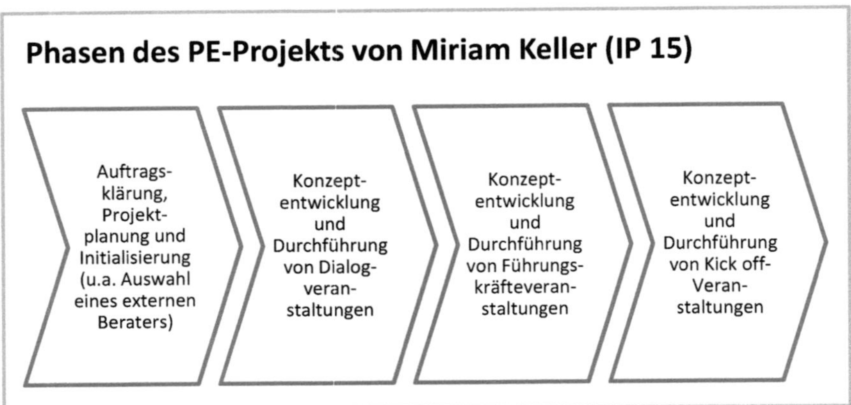

Abbildung 49: Phasen des PE-Projekts von Miriam Keller (IP 15)

Kritische Ereignisse

Als kritische Momente im PE-Projekt thematisiert Miriam Keller die teilweise fehlende Unterstützung durch die Geschäftsleitung (z. B. durch Absagen von Terminen, keine Freigabe der Unterstützung der Teamleitungsebene durch das Projektteam), was zu Abstimmungsproblemen und Zeitverlusten führte. Es herrschte zudem eine angespannte Atmosphäre im Unternehmen. Im Gesamtprojekt stellte ein uneinheitliches Führungsverständnis im Unternehmen einen Risikofaktor im Projektverlauf dar. Zudem war die Arbeitsbelastung durch kurzfristige Änderungen extrem hoch und besonders herausfordernd. Im Rückblick beschreibt Miriam Keller zudem das Fehlen einer Projektevaluation, eines offiziellen Projektabschlusses sowie einer offiziellen Auflösung des Change Teams als kritisch. Im Unternehmen führe dies teilweise zu der Annahme, dass das Gesamtprojekt immer noch laufe.

Strukturbild

Das folgende Strukturbild[76] zeigt die zentralen Handlungsschritte von Miriam Keller im PE-Projekt „Change Management". Aufgrund der Komplexität der Teilprojektverantwortung wurden lediglich die zentralen Maßnahmen von Miriam Keller rekonstruiert. Das PE-Projekt umfasst insgesamt 56 Handlungskonzepte.

---

[76] Anhang 3.7 führt als Lesehilfe in den Aufbau und die wichtigsten Bedeutungen der Symbole des Strukturbilds ein.

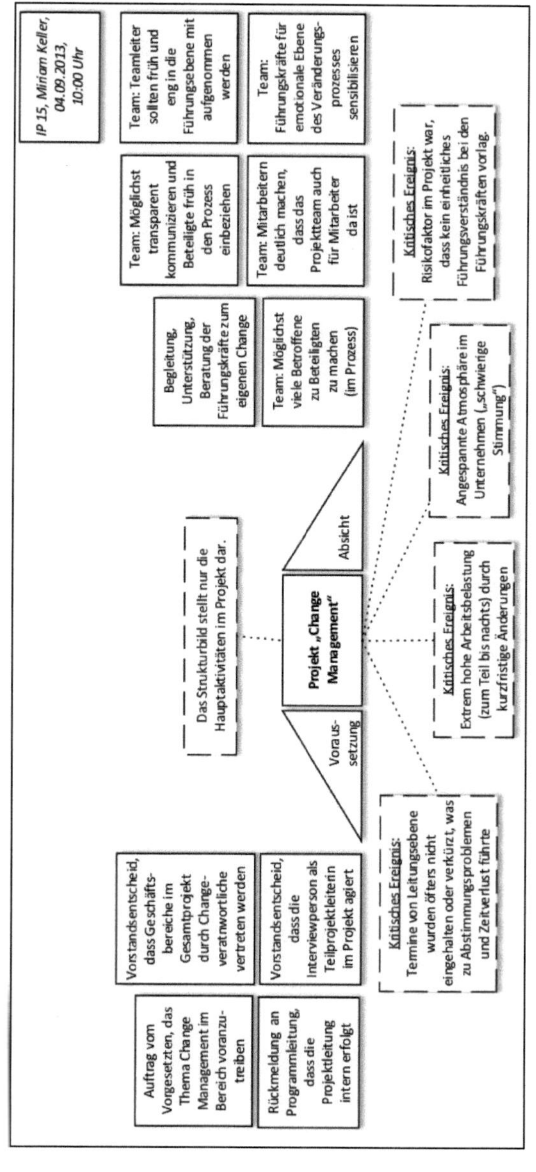

Abbildung 50: Strukturbild von Miriam Keller (IP 15)

Strukturbild von Miriam Keller (Fortsetzung)

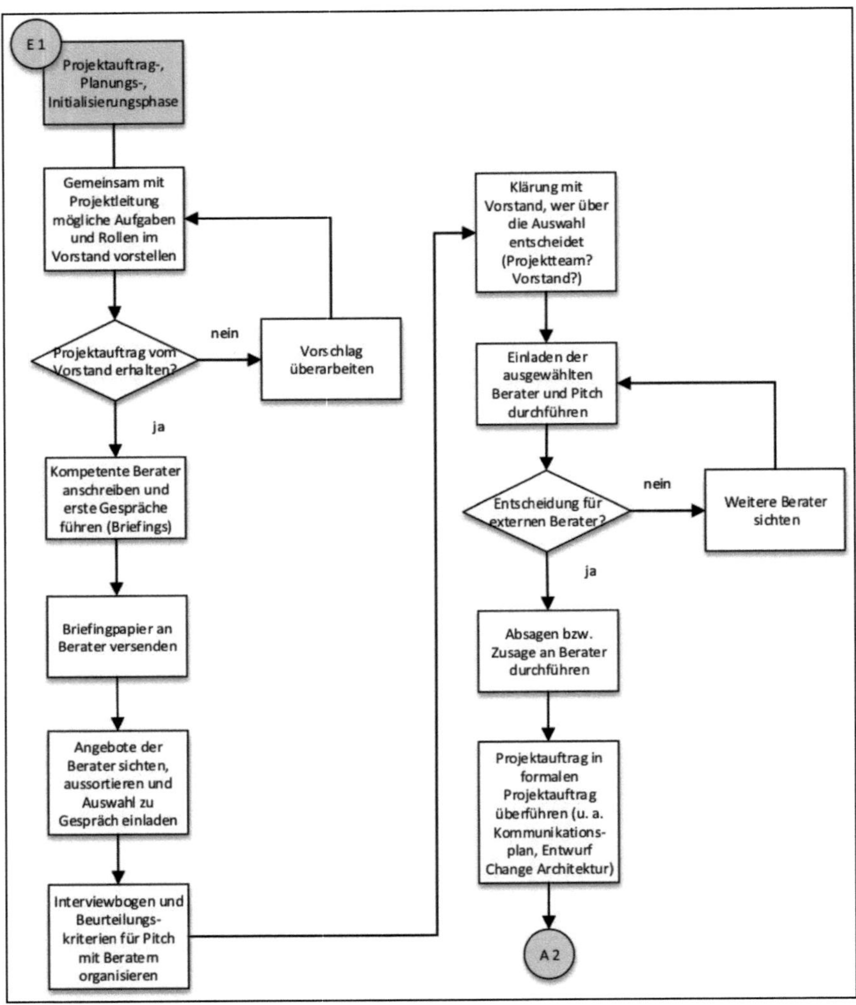

Strukturbild von Miriam Keller (Fortsetzung)

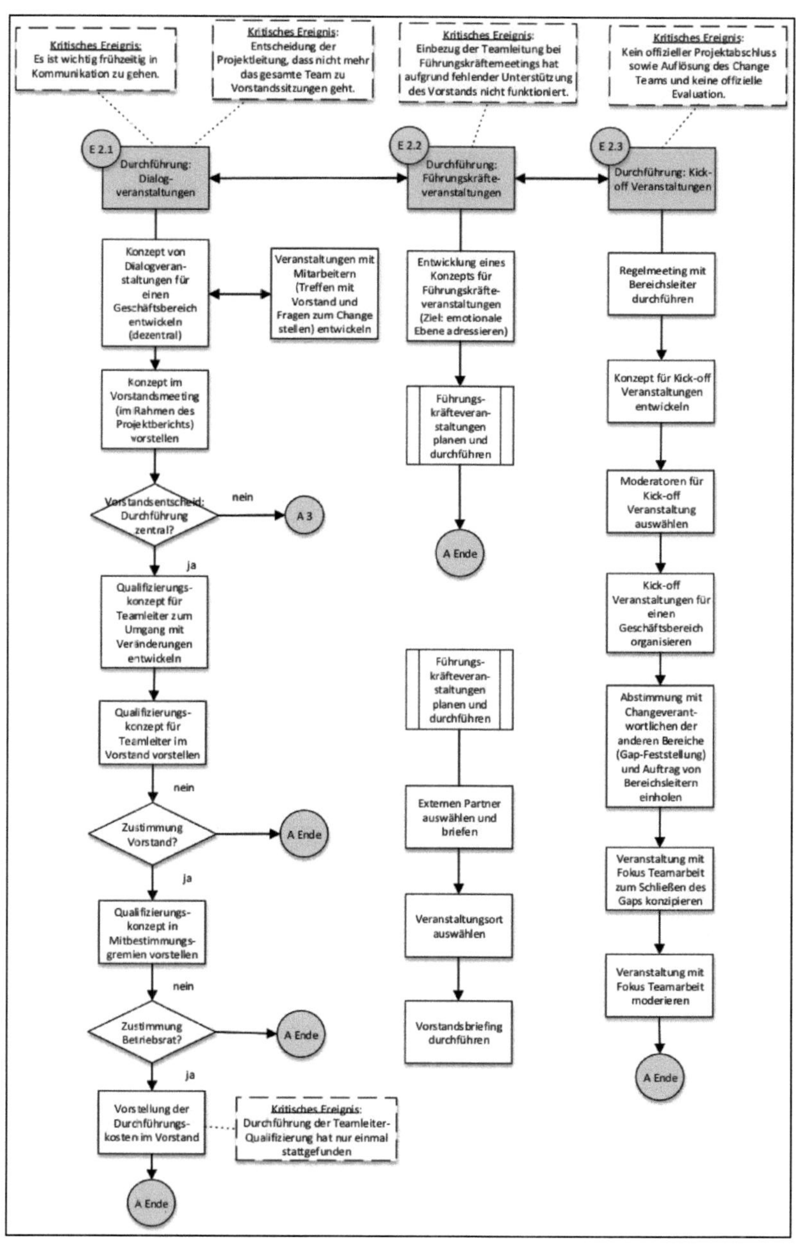

4.2.4.3. Verhältnis zu ganzheitlicher Personalentwicklung

Miriam Keller betont in ihrem Verständnis von Personalentwicklung, dass Personalentwicklungsaspekte nicht nur mit Maßnahmen der operativen Ebene, sondern auch mit der normativen und strategischen Ebene des Unternehmens verzahnt sein müssen. Die Entscheidung für adäquate PE-Aktivitäten ist für sie durch die Unternehmensstrategie, die Unternehmenswerte, aber auch durch den Blick auf Zukunftsthemen geprägt. Personal- und Organisationentwicklung gehören für Miriam Keller in der PE-Arbeit zusammen (z. B. bei Reorganisationen). PE-Arbeit bezieht sich somit nicht nur auf die Entwicklung von Personen, sondern auch auf die Entwicklung von Teams und die Organisation im Gesamten. Um dies zu erreichen, unterstreicht sie an verschiedenen Beispielen die Wichtigkeit einer integrativen Sicht für PE-Arbeit im Unternehmen. Die Verzahnung der Personal- und Organisationsentwicklung ist ihrer Ansicht nach, ebenso wie langfristige Zielsetzungen, für eine mehrwertbringende Personalentwicklung unerlässlich.

Das rekonstruierte PE-Projekt bezog seine Legitimation durch den Restrukturierungsbedarf im Unternehmen. Zu Beginn des PE-Projekts wurde die Ausgangssituation im Wesentlichen durch den Blick nach innen geklärt. Zur Integration des Blicks nach außen wurde ein externer Berater ins Change Team integriert. Im Rahmen der Change Architektur des Gesamtprojekts wurde eine Qualifikation des Systems sowie der Personen angestrebt.

Die Interpretation und Wahrnehmung der PE-Wirklichkeit zeigt aber auch, dass Miriam Keller Handlungsbarrieren im Unternehmen wahrnimmt. Die Interviewpartnerin beschreibt anhand verschiedener Beispiele, dass ihr organisationsgestalterischer Handlungsanspruch durch die organisationalen Barrieren auf der Ebene eines Anspruchs bleibt. Der Begriff der Organisationsentwicklung kommt nach Ansicht von Miriam Keller beispielsweise im Unternehmen nicht vor und die PE-Abteilung erbringt durch Schnittstellenprobleme mit anderen Bereichen der Personalfunktion einen geringeren Mehrwert. Ein PE-Gesamtkonzept, das horizontal und vertikal integriert ist, scheint im Unternehmen zu fehlen.

4.2.5. Zwischenfazit

Die Darstellung der vier ausgewählten Einzelfälle verdeutlicht, dass Personalentwicklung hauptsächlich im Prozess der Arbeit verortet wird. Die Verantwortung für Personalentwicklung liegt bei den Mitarbeitenden selbst sowie ihrer Führungskraft als Entwicklungsbegleiter. Die PE-Abteilung nimmt die Rolle eines Rahmengebers und Entwicklers von Führungskräften ein. Inhaltlich umfasst Personalentwicklung für die Gesprächspartner schwerpunktmäßig die Handlungsfelder Bildung, Förderung und Organisationsentwicklung. In zwei Fällen werden über diese Handlungsfelder hinaus Kulturentwicklung, Wissensmanagement, Change Management und/oder die Gestaltung von informellen Lern- und Entwicklungsprozessen genannt. In Bezug auf die Personalentwicklung im Unternehmen thematisieren die Befragten hingegen schwerpunktmäßig Bildungs- und Fördermaßnahmen. Lediglich in einem Fall gehören Personal- und Organisationsentwicklung im Unternehmen zusammen.

Die subjektiv-theoretischen Vorstellungen weisen auf ein strategisch orientiertes Handeln der Interviewpartner in Anlehnung an die Interessen und die Strategie des Unternehmens hin. Die PE-Projektgestaltung der Gesprächspartner unterstreicht den Anspruch einer Ausrichtung des Projekthandelns an den Unternehmensbedarfen und der Unternehmensstrategie. Die Personalentwickler beschreiben sich aber in ihrem Einfluss auf die strategische Ebene als begrenzt und sehen sich mehr als Erfüller und weniger als Gestalter von Strategien.

Die subjektiven Sichtweisen der Befragten geben zudem Hinweise darauf, dass die individuellen Handlungsansätze von organisationalen Rahmenbedingungen behindert werden (u. a. keine durchgängig Gestaltungsrolle in Veränderungs- oder Organisationsentwicklungsprozessen, „alte“ Vorstellungen über Personalentwicklung bei Führungskräften).

Zusammenfassend kann man festhalten, dass die subjektiv-theoretischen Vorstellungen der ausgewählten Einzelfälle in zentralen Aspekten mit den Facetten eines ganzheitlich orientierten Handlungsanspruchs korrespondieren (u. a. strategisch fundiertes Handeln, integrative Sicht auf Problemlösungen). Im Verhältnis zu den Vorstellungen ganzheitlicher Personalentwicklung bestehen aber auch Diskrepanzen. Die genannten Herausforderungen und Probleme deuten beispielsweise darauf hin, dass hinsichtlich einer proaktiven, von unternehmerischem Anspruch geprägten PE-Arbeit, Handlungsspielraum besteht. Die Befragten thematisieren selbst, dass in der PE-Arbeit immer wieder fundierte, kennzahlenbasierte Argumentationen fehlen oder dass sie populäre, aber wenig wirksame Maßnahmen umsetzen (müssen). Darüber hinaus erfolgt nur in einem Fall eine konsequente Innen-, Außen- und Zukunftsorientierung. Auch die Bearbeitung der individuellen und organisationalen Ebene zur Lösung von Problemstellungen hat einen geringen Stellenwert.

4.3. Interindividuelle subjektive Theorien über Personalentwicklung

Im Zentrum des vorliegenden Kapitels steht die Frage, welche subjektiv-theoretischen Vorstellungen über Personalentwicklung das Handeln der interviewten Personalentwickler prägen. Dabei wird vornehmlich einer interindividuellen Perspektive Raum gegeben.

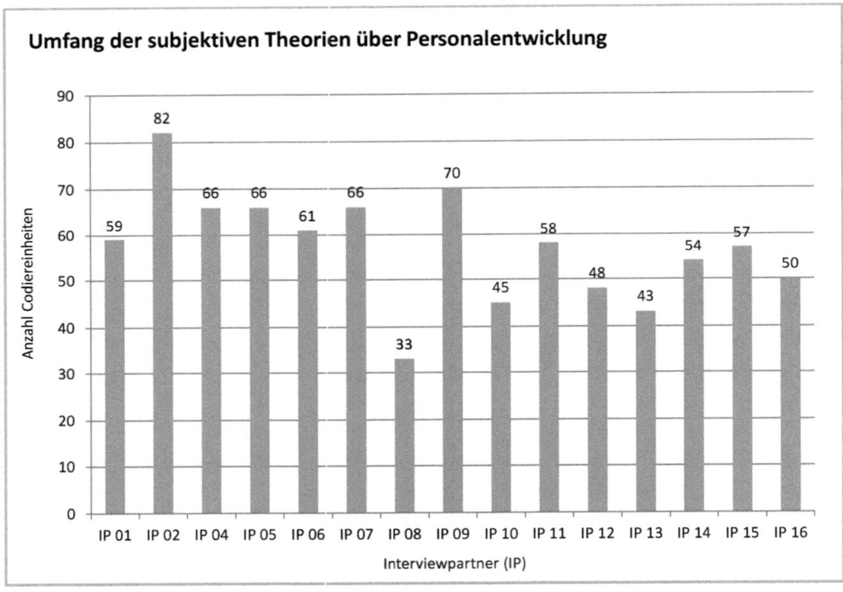

Abbildung 51: Umfang der subjektiven Theorien über Personalentwicklung (n = 15)

Die Präsentation der Ergebnisse der qualitativen Inhaltsanalyse erfolgt entlang der Leitfragen der empirischen Untersuchung (siehe Einführung von Kapitel 3). Es wird in den folgenden Kapiteln zunächst in das PE-Verständnis der Befragten (siehe Kapitel 4.3.1) und in ihre Vorstellungen über Personalentwicklung in ihrem Unternehmen (siehe Kapitel 4.3.2) eingeführt. Daran anknüpfend werden die subjektiv-theoretischen Sichtweisen über künftige Handlungsfelder der Personalentwicklung (siehe Kapitel 4.3.3), die zentralen Werte, Einstellungen und Rollen der Befragten in der PE-Arbeit (siehe Kapitel 4.3.4 bis 4.3.6) sowie zentrale Herausforderungen und Probleme der Personalentwicklung (siehe Kapitel 4.3.7) präzisiert. In Kapitel 4.3.8 werden abschließend die Ergebnisse zusammengefasst sowie Gemeinsamkeiten und Diskrepanzen zu den theoretischen Vorstellungen dieser Arbeit diskutiert. Anhang 3.3 und 3.4 geben zudem entlang von

Frequenzanalysen und thematischer Fallzusammenfassungen weiterführende Einblicke in die Daten.

Die folgenden Ausführungen basieren auf Daten von 15 Interviewpersonen. Der Umfang der rekonstruierten subjektiven Theorien über Personalentwicklungsarbeit rangiert von 33 bis 82 Codiereinheiten (siehe Abbildung 51).

4.3.1. PE-Verständnis der Personalentwickler

In der Untersuchung lag ein Fokus auf der Erfassung des persönlichen Begriffsverständnisses der Befragten von Personalentwicklung. Aus den subjektiven Auffassungen der Gesprächspartner konnten sechs fallübergreifende Muster extrahiert werden, die im Folgenden die Darstellung leiten: (1) Entwicklung im Interesse des Unternehmens, (2) integrative Betrachtung von Mensch und Unternehmen, (3) Vielseitigkeit der Interventionen, (4) „richtige" Entwicklung „on the job", (5) PE-Abteilung als System- und Rahmengeber sowie (6) Kernauftrag: Bildung, Förderung und Unterstützung der Unternehmensziele.

(1) Entwicklung im Interesse des Unternehmens

Personalentwicklung konstituiert sich für einen Großteil der befragten Personalentwickler (11 Fälle) durch die Ausrichtung der Personalentwicklungsaktivitäten an der Norm und Strategie des Unternehmens (siehe Abbildung 52). Die Einbettung in den organisationalen Kontext und die Anbindung der Entwicklung von Mitarbeitenden an den Unternehmenszielen gelten als Charakteristikum von Personalentwicklung.

Die befragten Personalentwickler äußern dabei zwei unterschiedlich konnotierte Grundüberzeugungen. Während die „Interessensvertreter des Unternehmens" die Unternehmensinteressen über die Interessen der Mitarbeitenden stellen, vertreten die „Vermittler von Mitarbeitenden- und Unternehmensinteressen" die Zielvorstellung einer Balance. Die folgenden Textsegmente veranschaulichen die Position der Interessensvertreter des Unternehmens.

> „Wir sind schon Interessensvertreter des Unternehmens. Wir sind nicht die Interessensvertreter der Mitarbeiter. Das ist auch noch einmal deutlich zu sagen. Wir sind nicht Betriebsrat. Wir führen die Veränderungen, die das Unternehmen beschlossen hat, durch oder wir streben Veränderungen an, aber das heißt nicht, dass das jetzt mitarbeiterorientiert ist, im Sinne von Betriebsratsarbeit." (IP 05, ID 4:75)

> „Wir sind eben zwar die Blümchenpflücker und die Netten und so weiter, aber wir tun das Ganze, um das Unternehmen weiter voranzubringen." (IP 05, ID 4:77)

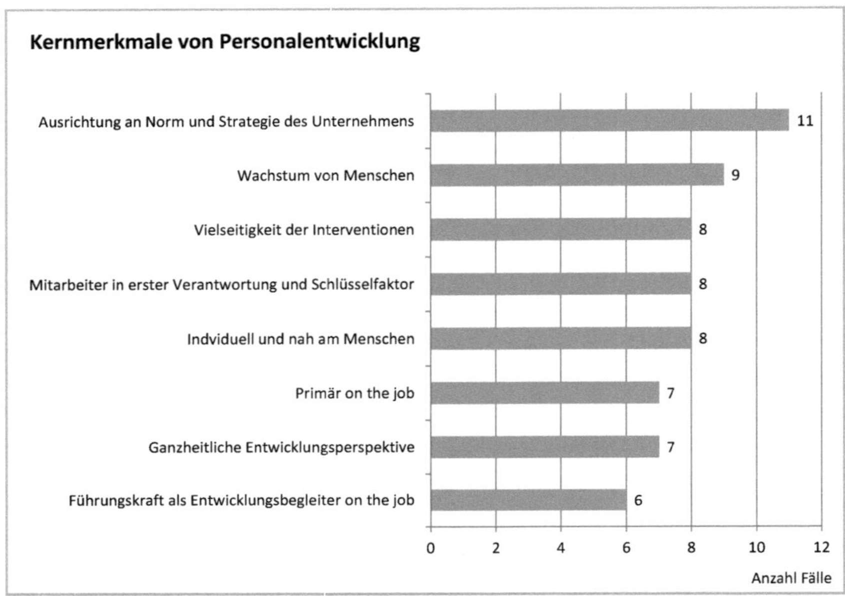

Abbildung 52: Kernmerkmale von Personalentwicklung (n = 15)

Die „Vermittler von Mitarbeitenden- und Unternehmensinteressen" nehmen eine harmonisierende, ausgleichende Perspektive ein. Die Verzahnung der Interessen beider Seiten wird nicht nur als ein konstituierendes Merkmal von Personalentwicklung betrachtet, sondern auch zur Erreichung der Unternehmensziele als erforderlich angesehen.

> „Ich habe zum einen das Business, das sagt, ich brauch gut ausgebildete Projektleiter, ich brauch die und die IT Skills. Und auf der anderen Seite habe ich Mitarbeiter, die unter Umständen ganz andere Bedürfnisse, also, wenn wir unsere Mitarbeiter fragen, kommt sehr viel in Richtung Zeit- und Stressmanagement, kommt sehr viel in ‚Ich lerne mich selbst kennen, ich mache meine Lebensplanung'. Da kommt sehr viel Richtung Kommunikation, Richtung Konfliktmanagement. Also, da kommen zwei unterschiedliche Bedürfnisse zusammen und die von beiden Seiten aufzunehmen und da ein sauberes Bild zu entwickeln, ich denk das ist so eine, so eine Kunst, der sich die Personalentwicklung stellen muss. Also, das ist einfach etwas, das ist eine richtige Herausforderung, diese beiden Seiten zusammenzubringen." (IP 07, ID 6:27)

Als Vermittler agieren Personalentwickler in einer Art Doppelagentenrolle, die für das Unternehmen arbeitet, aber auch die Anliegen der Mitarbeitenden einbezieht. Es gilt als

Auftrag der Personalentwicklung, zwischen Mitarbeiter- und Unternehmensinteressen, z. B. in Veränderungsprozessen, zu vermitteln.

(2) Integrative Betrachtung von Mensch und Unternehmen

Personalentwicklung konstituiert sich einerseits durch den organisationalen Kontext, in dem Entwicklung stattfindet, andererseits für einen großen Anteil der Befragten (8 Fälle) durch eine grundsätzliche Befähigung der Mitarbeitenden, die Anforderungen im Unternehmen zu bewältigen.

> „[...] Wenn ich so in mich jetzt selber hineinschaue, was so mein ganz persönliches Verständnis ist, würde ich sagen, es geht darum, Mitarbeiter auf die Herausforderungen, die im Unternehmen auf sie zukommen, bestmöglich vorzubereiten. [...].“ (IP 10, ID 9:1)

Die Unterstützung von Mitarbeitenden erfolgt dabei in Bezug auf den Bereich der persönlichen (z. B. Verhaltensänderung) und/oder der fachlichen (z. B. Aneignung von Fachwissen) Entwicklung. Das folgende Zitat gibt ein Beispiel für eine derartige Unterscheidung.

> „Für mich ist Personalentwicklung, die Mitarbeiter in unserem Unternehmen fachlich voranzubringen, weiterzuentwickeln, aber auch persönlich zu begleiten und da auch in der persönlichen Entwicklung, ja, zu unterstützen. Also, für mich geht das zusammen. Ich bin, würde ich sagen, da eher der ganzheitliche Typ. Ich weiß, dass es auch das Verständnis von eher fachlicher Weiterqualifizierung usw. gibt, aber Personalentwicklung hat für mich eher das Gesamte im Blick.“ (IP 14, ID 13:2)

Personalentwicklung umfasst demnach aus einer integrativen Perspektive die fachbezogene sowie die persönlichkeitsbezogene Entwicklung der Mitarbeitenden im Unternehmen. Dem Zitat folgend unterscheidet sich zudem Personalentwicklung von betrieblicher Weiterbildung durch eine ganzheitliche Entwicklungsperspektive auf den Mitarbeitenden. Während Personalentwicklung fachliche und persönliche Entwicklungsaspekte verzahnt, zielt die betriebliche Weiterbildung vordergründig auf die Vermittlung von fachlichen Kompetenzen ab. Der folgende Interviewausschnitt von Interviewperson 11 steht beispielhaft für diese begriffliche Differenzierung.

> „Also, für mich [...] betrachtet Personalentwicklung alles, was mit der Person zu tun hat und wie man sie weiterbringen kann und, wenn sie in ihrer Arbeit nicht ausreichend leisten, was man tun kann. Wohingegen in unserem Unternehmen, würde ich sagen, „Learning and Development“ einfach auf Fähigkeiten und Wissen und die Fähigkeit den Job zu tun, bezogen ist. Wir schauen nur darauf. Wir gucken nicht auf die Person in einer so ganzheitlichen Art

> und Weise. Was braucht diese Person, um in ihrer Rolle erfolgreich zu sein. Und manchmal geht es um die Kenntnis eines bestimmten Systems. Manchmal darum, wie sie eine Aufgabe machen. Manchmal ist es, wie sie sich selbst darstellen und wie sie arbeiten. […].“ (IP 11, ID 10:17)

Ein anderer Interviewpartner unterteilt sein Verständnis von Personalentwicklung in Weiterbildung, Personalentwicklung und Persönlichkeitsentwicklung, betont aber, dass alle Perspektiven in der Personalentwicklung verzahnt betrachtet werden.

> „Dann ist Weiterbildung das, wo es sehr stark um die, um das á jour halten von Kompetenzen geht. Also, irgendwas ist veraltet, du weißt nicht mehr, wie das funktioniert, oder hast es vergessen und du musst es irgendwie nachqualifizieren. Die Personalentwicklung ist eher so was auf eine Position hin. Also, du hast ein Förderprogramm, so. Du hast Assessment Center als Einstieg, dann weißt du, wo Bedarfe sind, und dann qualifizierst du jemanden hin. Die Persönlichkeitsentwicklung kann ja beides sein. Die Persönlichkeit kann sich ja auch entwickeln unabhängig von einer neuen Position oder unabhängig von vergessenen oder von nicht vorhandenen Kompetenzen oder Fähigkeiten. [...]“ (IP 05, ID 4:6)

> „Ich glaube nur, das ist deswegen künstlich, weil es oft, also, ich glaube es ist immer da, weil ich einen ganzheitlichen Blick habe, viele andere würden es gar nicht betrachten. Die sagen, ich mache eine fachliche Qualifikation. Wumms. Aber dass sich da eben durch die Netzwerke, die sich bilden, auch Persönlichkeiten bilden, ist ja nicht impliziert. [...] Wenn das stimmt, dass 80 Prozent aller Lernaktivitäten ebenso informell stattfindet, dann passt das genau in dieses Bild rein. Ja, es ist eine Trennung da zwischen formal, formell und informell, aber in Wirklichkeit spielt es total zusammen und wir denken es aber nicht so.“ (IP 05, ID 4:16)

Personalentwicklung ist gemäß den genannten Verständnissen der betrieblichen Weiterbildung durch den integrativen Blick auf die Mitarbeitenden übergeordnet. Während Personalentwicklung alle Aspekte zur Maximierung der Qualität von Mitarbeitenden einbezieht, bezieht sich die betriebliche Weiterbildung (oder das Bildungsmanagement) auf den Ausschnitt der Entwicklung von Kompetenzen. Lediglich eine Interviewperson in der Stichprobe, die in dem Trainingsbereich eines großen Unternehmens arbeitet, setzt Bildungsmanagement mit Personalentwicklung gleich.

> „Ich halte Training, in vielfältigster Form, da gibt es ja auch noch Möglichkeiten wie Coaching, Mentoring und diese Dinge, die schon noch dazu gehören, aber das gehört für mich auch in den Bereich Training, Weiterentwicklung. Das ist für mich Personalentwicklung. Ich wüsste jetzt ad hoc auch nicht, was Personalentwicklung sonst ist.“ (IP 08, ID 7:4)

Die integrative Sicht als Kernmerkmal von Personalentwicklung bezieht sich jedoch nicht nur auf das Individuum und dessen Entwicklung, sondern in Einzelfällen auch auf die Personalentwicklungsarbeit selbst, die durch einen ganzheitlichen, vernetzten Blick auf das Unternehmen charakterisiert ist. In beiden Ausprägungsformen steht „ganzheitlich" dafür, dass etwas als Ganzes und mit all seinen Vernetzungen betrachtet wird.

(3) Vielseitigkeit der Interventionen

Der Gegenstand Personalentwicklung wird von der Mehrheit der Gesprächspartner zudem durch eine Individualität und Nähe zum Menschen sowie ein vielseitiges Interventionsspektrum charakterisiert (jeweils 8 Fälle, siehe Abbildung 52). Um die individuellen Entwicklungsbedarfe von Menschen angemessen zu berücksichtigen, bedarf es individualisierter Maßnahmen und nicht nur Standardangebote.

> „Also, [...] das alte Verständnis war einfacher. So Gießkannenprinzip oder Katalog und wir haben da Seminare und standardmäßig werden alle, die jetzt auf eine Führungsfunktion dann wechseln, durch ein bestimmtes Seminar geschleust. Das gibt es bei uns auch noch, teilweise. Ich finde das teilweise auch gut, dass man so einen Grundstandard hat und eben alle gleich schult. Ich glaube aber, dass das Individuelle einfach dazu gehört. Menschen sind unterschiedlich, wenn ich, und in der Personalentwicklung, da gucke ich auf einzelne Menschen. Da kann ich nicht sagen, die sind alle gleich. Und da muss ich die Person mir angucken. Da gibt es Stärken, die man stärken kann, und Schwächen, die wir einfach, wo man dran arbeiten kann, oder Entwicklungsfelder. Und, ja, das ist aufwendiger, das ist auch was, wo wir, glaube ich täglich, uns damit beschäftigen, wie man das optimieren kann, weil das ist ein Riesenaufwand, wenn man es gut machen möchte. Aber ich glaube einfach, dass das der passendere Weg ist, in dem Sinne, dass das einfach den Menschen mehr gerecht wird. Und sie auch wirklich was davon haben. Und da, vielleicht muss man auch wieder ein bisschen unterscheiden zwischen fachlicher und persönlicher Weiterentwicklung. [...]" (IP 14, ID 13:5)

> „[...] Also, es gehören natürlich, es gehören zu der Personalentwicklung Standardangebote, die man einfach abklopfen muss, passt! Aber, ich denke, dass es viel mehr bedarfsorientiert sein muss, im Hinblick eben darauf, was braucht das Unternehmen mittelfristig bis sogar langfristig, nicht nur kurzfristig." (IP 16, ID 15:2)

Die Interventionen und Methoden der Personalentwicklung lassen sich folglich nicht auf formalisierte und standardisierte Trainingsangebote beschränken. Zur Entwicklung von Mitarbeitenden nutzt die Personalentwicklung vielfältige Zugänge. In der methodischen Vielfalt wird ein Mittel gesehen, Mitarbeitende möglichst bedarfsgerecht bei ihrer Entwicklung zu begleiten. Der folgende Interviewausschnitt zeigt ein Beispiel für die

Überzeugung von der Relevanz individualisierter PE-Maßnahmen und das damit verbundene Methodenspektrum auf.

> „Ich erinnere mich da an unser High Potential Programm auch bei Konzern [Name entfernt], wo du Leute entwickelt hast und nachher wusste keiner, was man mit denen eigentlich macht. Also, ja, Programme, ja, aber ich glaube, dass es schon immer erfolgreicher ist, auch das schon individuell zu gestalten, was denn für die Person jetzt irgendwie sinnvoll ist. Und das dann die Aufgabe natürlich von Personalentwicklung ist, so eine Art Toolbox zu haben oder so eine Art Instrumentenkasten und zu sagen, okay, für diese Person haben wir gesagt, dass irgendwie Mentoring gut ist, dass der irgendwie einen Mentor braucht. Aber dann brauchst du natürlich das Instrument, Mentoring. [...] Oder du sagst Coaching ist genau das richtige für <u>diese</u> Person, dann musst du natürlich als Personalentwicklungsabteilung im besten Sinne einen Coachpool haben, ausgesuchte Leute, die passen, die an den Kernkompetenzen <u>deines</u> Unternehmens aufgehangen sind. Oder du sagst wirklich, wir machen jetzt so ein Programm für High Potentials, wo wir sagen, die lernen jetzt gemeinsam, zusammen was über Führung [...] oder kriegen Projekte von der Geschäftsführung [...]." (IP 04, ID 3:22)

(4) „Richtige" Entwicklung „on the job"

Ein weiteres fallübergreifendes Muster ergibt sich hinsichtlich der Bewertung der Wirksamkeit von PE-Maßnahmen. So teilen sieben der befragten Personalentwickler die Ansicht, dass Entwicklung in erster Linie im Prozess der Arbeit und nicht in Trainings und Seminaren stattfindet (siehe Abbildung 52).

> „Wir propagieren hier, und das ist, glaube ich, auch so common sense, dass wir sagen, 70 Prozent sollte man ‚on the job' Entwicklungsmaßnahmen haben. Also, ob das jetzt eine erweiterte, also Projektaufgabe ist oder überhaupt mal eine Projektaufgabe ist, (...) Projektverantwortung. Dass, ob man auf eine Messe mitgeht, mit einem erfahrenen Mitarbeiter. Ob man in bestimmte Termine mit reingeht, in die man sonst nicht mit reinkommen würde. Das ist alles für mich ‚on the job' und das ist eigentlich der größte Teil der Personalentwicklung." (IP 12, ID 11:11)

Im Vergleich zu formalen Angeboten wie Trainings und Seminaren, wird das erfahrungsorientierte Lernen im Prozess der Arbeit als wirkungsvollster Lern- und Entwicklungsweg eingeordnet, wie die Zitate von Interviewpartner 09 und 16 beispielhaft verdeutlichen.

> „Das ist etwas, was ich so umschreibe mit, Entwicklung entsteht im Tun und Bewegen. Also wirklich, das Tun und die Erfahrung und das Angelesene, das Trainierte, das Mitbekommene und so weiter. Effektiv tun, erst dann ist der

Lernzyklus abgeschlossen. Also, Erfahrungen sammeln und so. Das (...) nur darüber reden, mit dem ganzen Transfer und so, mir ist fast lieber, dass die Leute zuerst Erfahrungen machen und gar nicht haargenau wissen, was sie für Erfahrungen gemacht haben. Anstelle sie ein Training, eine Befähigung, eine Qualifizierung bekommen, aber dann das nicht anwenden können. Ich denke, Erfahrungslernen first, Lernen im Tun, an Herausforderungen wachsen, an Aufgaben wachsen. Das ist für mich eine sehr starke Überzeugung, dass das am wirksamsten ist. Und eigentlich, dass es braucht, damit es abgeschlossen ist." (IP 09, ID 8:30)

„Personalentwicklung bedeutet für mich auch, right people on the right place. [...] Und dass man da einfach eben ein bisschen genauer hinschauen muss. Gut, was habe ich denn für Mitarbeiter in meinem Team und wo kann ich sie auch platzieren. Auch das ist für mich eine Personalentwicklung. Damit das Lernen eben nicht nur in Seminaren stattfindet, sondern, einfach beim doing, ja? Weil, wie wir wissen, see one, do one, teach one, ja? Also, wenn wir halt selber was machen, erleben, erfahren, das ist eigentlich der beste Lernweg, ja?" (IP 16, ID 15:7)

(5) PE-Abteilung als Rahmen- und Systemgeber

Bei zwölf Interviewpartnern (siehe Anhang 3.3) dominiert ein Verständnis von der PE-Abteilung als System- und Rahmengeber. Die Rolle der Personalentwicklung wird in dritter Instanz, in Form einer Begleitung der Lern- und Entwicklungsprozesse im Prozess der Arbeit, in einer vornehmlich unterstützenden Funktion charakterisiert.

Dem Verständnis der PE-Abteilung als System- und Rahmengeber liegt die zentrale Annahme zu Grunde, dass die Entwicklung von Mitarbeitenden nicht nur primär im Prozess der Arbeit erfolgt, sondern auch, dass eine optimale Entwicklung außerhalb von Trainings stattfindet.

„Entwicklung ist für mich primär ‚on the job'. Also, alles was ich von der Abteilung Training und Entwicklung machen kann, kann immer nur begleitend sein. Die optimale Entwicklung findet außerhalb von Trainings oder dergleichen statt. Entwicklung findet in der Regel ‚on the job' statt, durch Coaching. Also, man muss Führungskräfte auch befähigen zu begleiten, und das stößt im Unternehmen auf Unverständnis, weil es bequemer ist, jemanden in eine Maßnahme rein und fertig aus der Maßnahme rauszukriegen. Das ist etwas, das man nicht bedienen kann. Da muss man gut vermitteln, wie Entwicklung ‚on the job' stattfindet." (IP 02, ID 2:21)

Der Kernauftrag der PE-Abteilung liegt in der Befähigung von Führungskräften für ihre Rolle als Personalentwickler vor Ort, der Unterbreitung eines unterstützenden Angebots für die Führungskräfte sowie der Sicherstellung eines Rahmens für Personalentwicklung im Unternehmen (z. B. durch Online-Lernangebote, Rahmung von Mitarbeitergesprächen).

> „Personalentwicklung ist nicht, mit dem Bauchladen rumzugehen und die Leute irgendwas auswählen zu lassen, damit sie irgendwas lernen. Sondern genau das Gegenteil, Führungskräften zu helfen zu erkennen, was braucht mein Mitarbeiter im Hinblick auf seine Eigenentwicklung, was er selber anstrebt, und das, was das Unternehmen benötigt; und dann mit dem Mitarbeiter zusammen zu schauen, was wären geeignete Maßnahmen, um diese Kompetenzen auszubauen." (IP 02, ID 2:78)

Für ein Drittel der Personalentwickler (6 Fälle, Abbildung 52) stellen die Führungskräfte einen besonders wichtigen Hebel dar, um einerseits Personalentwicklung durch eine enge Unterstützung im Prozess der Arbeit durch den Vorgesetzten zu individualisieren und andererseits durch die Führungskräfte als Vehikel eine Ausrichtung an den Unternehmensinteressen sicherzustellen. Für die Mehrheit der Personalentwickler (8 Fälle, Abbildung 52) sind darüber hinaus die Mitarbeitenden hauptverantwortlich für ihre Entwicklung im Unternehmen. Eine Interviewperson stellt hierzu fest:

> „Es gibt doch diese schöne Frage, wer ist der erste Personalentwickler im Unternehmen? Und das bist du selber. Das ist nicht HR, das ist auch nicht dein eigener Chef, sondern Personalentwicklung in dem Sinne, aus meiner Meinung, startet eigentlich auch mit dem Mitarbeiter selber, der eben [...], wissen sollte, was er denn eigentlich möchte und wo er seine Stärken hat und wo er sich hin entwickeln möchte. [...]" (IP 04, ID 3:7)

Die Betonung der Verantwortung der Mitarbeitenden resultiert jedoch für einen Gesprächspartner auch aus den Grenzen der Leistungsfähigkeit einer zentralen PE-Abteilung, wie das folgende Textsegment illustriert.

> „Und, da haben wir es schlichtweg aufgegeben, diesen Ansprüchen zu entsprechen, sondern haben gesagt, okay, lass uns typenspezifisch das Angebot unterschiedlich designen, und zu sagen wähl du aus, was dir am besten entspricht. Also, weniger so nach dem nachfrageorientierten, sondern so ein bisschen wieder zurück und gesagt, okay, lass uns angebotsorientiert das designen, was wir können, auch unter Effizienzgesichtspunkten einigermaßen noch leistbar ist. Und viel stärker versuchen, den Mitarbeitenden wieder in den ‚driver seat' ihrer eigenen Entwicklung zu bringen." (IP 09, ID 8:11)

(6) Kernauftrag: Bildung, Förderung und Unterstützung der Unternehmensziele

Die fallübergreifende Analyse zeichnet ein facettenreiches Auftragskonstrukt, das von dem Anwerben qualifizierter Arbeitskräfte, der Weiterbildung von Mitarbeitenden und

Führungskräften über die gezielte Förderung bis zur Begleitung der Organisation bei Veränderungsprozessen reicht (siehe Abbildung 53).

Die Mehrheit der interviewten Personalentwickler (12 Fälle) thematisiert die Unterstützung der Unternehmensziele als Auftrag der PE-Abteilung (siehe Abbildung 53). Die Verzahnung der Interessen des Unternehmens mit den Interessen der Mitarbeitenden und das Angebot einer Toolbox bzw. Rahmens gilt mehrheitlich als wesentlicher Teil des Auftrags (jeweils 9 Fälle). Die PE-Abteilung wird, wie bereits herausgestellt, schwerpunktmäßig in der Rolle des Interessensvertreters des Unternehmens und als System- und Rahmengeber verstanden.

Daneben finden die klassischen Handlungsfelder der Personalentwicklung, Bildung und Förderung (M. Becker, 2013, S. 5) die breiteste Erwähnung. Mehr als die Hälfte der Befragten erwähnt die Gewährleistung der (fachlichen) Weiterbildung des Personals als Auftrag der Personalentwicklung (8 Fälle), obschon Trainings und Seminare hinsichtlich ihrer Wirksamkeit sowie hinsichtlich ihrer bisherigen Angebotsform als freier Seminarkatalog kritisch eingestuft werden (7 Fälle). Die Förderung ausgewählter Mitarbeitender wird von etwa der Hälfte der interviewten Personalentwickler angesprochen, eine mitarbeiternahe Gestaltung von Entwicklung von neun der Befragten.

Die Unterstützung der Mitarbeitenden und des Unternehmens in Veränderungs- und Organisationsentwicklungsprozessen ist für ein Drittel der Interviewpartner Teil ihres Auftragsverständnisses von Personalentwicklung. Personal- und Organisationsentwicklung gelten als eng miteinander verwoben.

> „Ich finde es immer ein bisschen schade, dass Personalentwicklung, vielleicht darf ich das noch sagen als Zusatz, so als einzelnes da steht. Ich finde, Personalentwicklung müsste eigentlich immer zusammen mit Organisationsentwicklung genannt werden, weil oft hängt das sehr, sehr, sehr eng zusammen. Gerade in Reorganisationen spüren wir das ganz deutlich. Es passiert irgendwie eine Reorganisation, weil sich irgendeine Abteilung auflöst, da sind wir in der Organisationsentwicklung und die Mitarbeiter kommen in eine neue Abteilung und brauchen dann irgendwie nochmal Teamentwicklungsworkshop oder irgendwas und dann zack, sind wir wieder in der Personalentwicklung. Oder sie brauchen ein neues Mentoring, also, ich finde das immer sehr schade." (IP 15, ID 14:4)

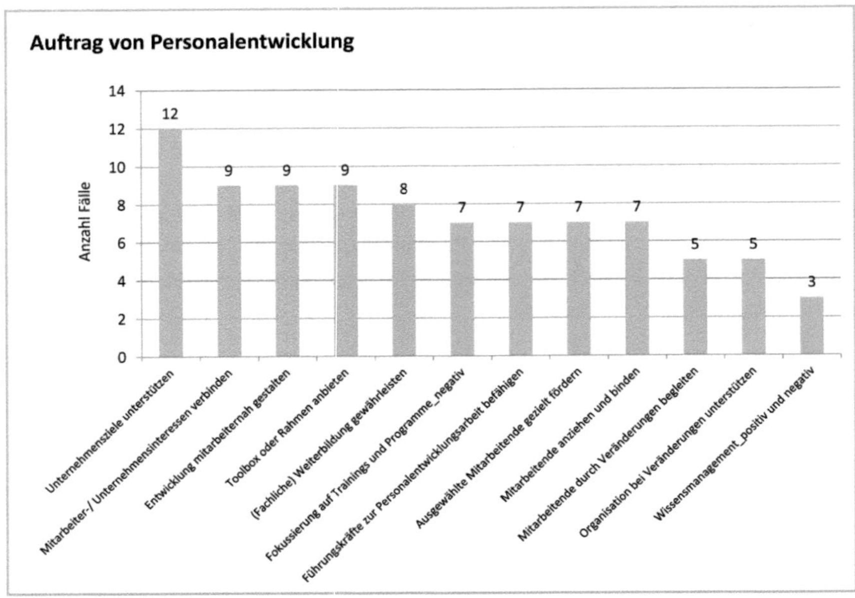

Abbildung 53: Auftrag von Personalentwicklung (n = 15)[77]

Daneben finden die klassischen Handlungsfelder der Personalentwicklung, Bildung und Förderung (M. Becker, 2013, S. 5) die breiteste Erwähnung. Mehr als die Hälfte der Befragten erwähnt die Gewährleistung der (fachlichen) Weiterbildung des Personals als Auftrag der Personalentwicklung (8 Fälle), obschon Trainings und Seminare hinsichtlich ihrer Wirksamkeit sowie hinsichtlich ihrer bisherigen Angebotsform als freier Seminarkatalog kritisch eingestuft werden (7 Fälle). Die Förderung ausgewählter Mitarbeitender wird von etwa der Hälfte der interviewten Personalentwickler angesprochen, eine mitarbeiternahe Gestaltung von Entwicklung von neun der Befragten.

Die Unterstützung der Mitarbeitenden und des Unternehmens in Veränderungs- und Organisationsentwicklungsprozessen ist für ein Drittel der Interviewpartner Teil ihres Auftragsverständnisses von Personalentwicklung. Personal- und Organisationsentwicklung gelten als eng miteinander verwoben.

---

77 Die Beschriftung „_positiv und negativ" weist auf Textsegmente in einem Themenbereich hin, die in positiver und negativer Ausprägung im Interview thematisiert wurden. Am Beispiel von „Wissensmanagement_positiv und negativ" bedeutet dies, dass in den drei vorgefundenen Textsegmenten Wissensmanagement als Teil oder nicht als Teil des Auftrags von Personalentwicklung aufgefasst wird.

> „Ich finde es immer ein bisschen schade, dass Personalentwicklung, vielleicht darf ich das noch sagen als Zusatz, so als einzelnes da steht. Ich finde, Personalentwicklung müsste eigentlich immer zusammen mit Organisationsentwicklung genannt werden, weil oft hängt das sehr, sehr, sehr eng zusammen. Gerade in Reorganisationen spüren wir das ganz deutlich. Es passiert irgendwie eine Reorganisation, weil sich irgendeine Abteilung auflöst, da sind wir in der Organisationsentwicklung und die Mitarbeiter kommen in eine neue Abteilung und brauchen dann irgendwie nochmal Teamentwicklungsworkshop oder irgendwas und dann zack, sind wir wieder in der Personalentwicklung. Oder sie brauchen ein neues Mentoring, also, ich finde das immer sehr schade.“ (IP 15, ID 14:4)

Darüber hinaus betonen die Befragten die kulturprägende Rolle der Personalentwicklung. Interviewpartner 05 hebt beispielsweise die Überzeugung hervor, dass eine tief in die Unternehmenskultur verankerte Personalentwicklung auch in Krisenzeiten nicht austauschbar sei. Andere sehen in der PE-Arbeit, insbesondere in stark von Veränderung betroffenen Unternehmen, das „Geheimnis“ für zufriedene Mitarbeitende (Interviewpartner 07) oder betonen, dass für erfolgreiche PE-Arbeit auch eine entwicklungsförderliche Unternehmenskultur etabliert werden müsse (Interviewpartner 12). Die PE-Abteilung oder zumindest der Personalbereich seien daher aus Sicht von Interviewpartner 12 der richtige Ort für Kultur-, Change- oder Wissensmanagement.

Der Bereich des Wissensmanagements hat innerhalb des Aufgabenverständnisses den geringsten Stellenwert und wird lediglich von drei Personen im Gespräch aufgeworfen. Dieser Aufgabenbereich sei, laut Interviewpartner 05, immer schwieriger zu beleben. Interviewpartner 09 und 12 heben jedoch die enge Verzahnung mit der Personalentwicklung hervor. Je nach Auftrag sei eine gute Informationskampagne oftmals besser geeignet als eine Trainingsmaßnahme, und die neueren e-Learning-Plattformen und Video-Kanäle ließen sich für den Wissensaustausch und damit auch für die Anregung informeller Lernprozesse nutzen.

Zusammenfassung

Abbildung 54 führt die vorgängig aufgeführten Facetten des persönlichen Begriffsverständnisses entlang der Sichtweisen von mindestens sieben der interviewten Personalentwickler zusammen.

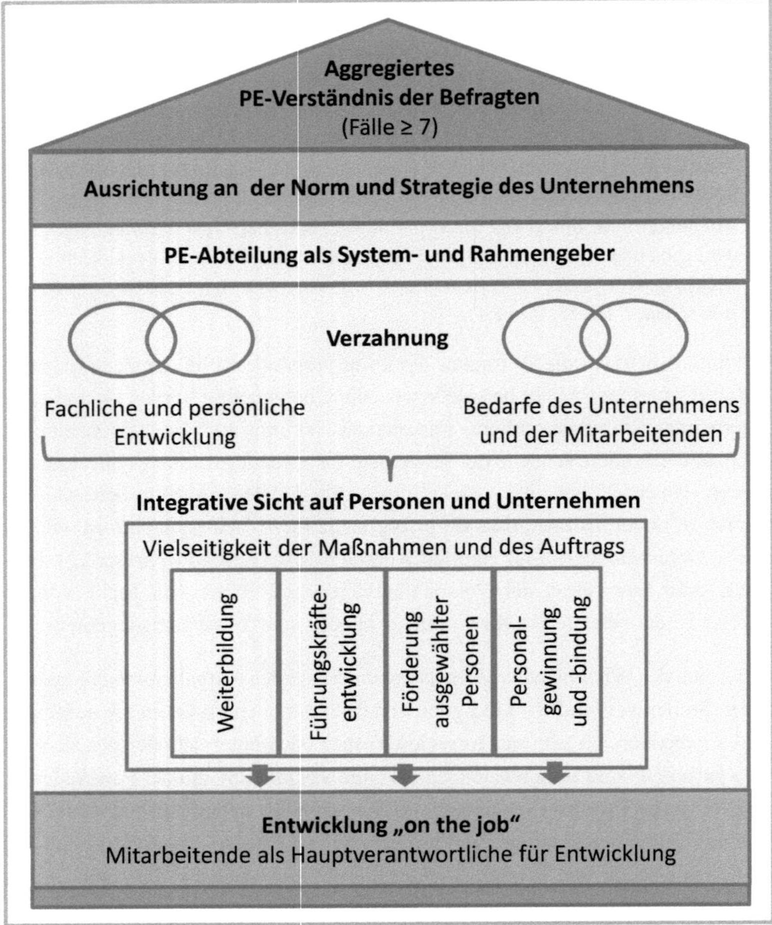

Abbildung 54: Aggregiertes PE-Verständnis der Befragten

Tabelle 13 vermittelt abschließend einen Eindruck von den unterschiedlichen thematischen Ausprägungen im Personalentwicklungsverständnis der Gesprächspartner.

Kategorie	**Thema bzw. Subkategorie**	**Interviewpartner**
Kernmerkmale von Personalentwicklung	Ausrichtung an Norm und Strategie des Unternehmens	01, 02, 05, 06, 07, 09, 10, 12, 13, 15, 16
	Führungskraft als Entwicklungsbegleiter „on the job"	02, 04, 06, 07, 12, 15
	Ganzheitliche Entwicklungsperspektive	05, 07, 09, 11, 13, 14, 15
	Individuell und nah am Menschen	02, 04, 06, 07, 08, 09, 10, 16
	Mitarbeiter in erster Verantwortung und Schlüsselfaktor	02, 04, 06, 07, 08, 09, 10, 16
	Primär „on the job"	02, 04, 09, 11, 12, 14, 16
	Vielseitigkeit der Interventionen	02, 04, 08, 10, 11, 12, 13,14
	Wachstum von Menschen	01, 02, 05, 06, 09, 10, 11, 13, 14
Auftrag von Personalentwicklung		
- Bildung	(Fachliche) Weiterbildung gewährleisten	04, 05, 06, 10, 11, 12, 14, 16
	Führungskräfte zur Personalentwicklungsarbeit befähigen	02, 04, 05, 06, 12, 14, 15
	Fokussierung auf Trainings und Programme → negativ	02, 04, 05, 09, 12, 14, 16
- Förderung	Ausgewählte Mitarbeitende gezielt fördern	01, 02, 03, 04, 05, 06, 07, 14
- Begleitung von Veränderung	Mitarbeitende durch Veränderungen begleiten	05, 07, 10, 12, 13
	Organisation bei Veränderung (Struktur, Kultur, Prozess) unterstützen	05, 10, 12, 13, 15
- Personalmarketing	Mitarbeitende anziehen und binden	02, 06, 07, 08, 10, 12, 13

Kategorie	Thema bzw. Subkategorie	Interviewpartner
- Allgemein	Unternehmensziele unterstützen	01, 02, 03, 04, 05, 06, 07, 09, 11, 12, 13, 15, 16
	Zwischen Mitarbeitenden- und Unternehmensinteressen vermitteln	01, 02, 05, 07, 08, 09, 10, 13,16
	Entwicklung mitarbeiternah gestalten	02, 03, 04, 05, 06, 07, 08, 09, 10, 14
	Toolbox oder Rahmen anbieten	02, 04, 05, 07, 09, 12, 14, 15, 16
- Weitere	Wissensmanagement → positiv und negativ	09, 12, 13

Tabelle 13: Themenmatrix – PE-Verständnis der Personalentwickler (n = 15)

4.3.2. Personalentwicklung im Unternehmen

Die folgenden Ausführungen erfassen die Sicht der interviewten Personalentwickler auf die PE-Aktivitäten in ihrem Unternehmen. In den subjektiven Sichtweisen der Gesprächspartner konnten zwei fallübergreifende Muster identifiziert werden, die den Verlauf dieses Kapitels leiten: (1) Schwerpunkt auf Bildungsmaßnahmen und (2) Zentralisierung und Standardisierung. Die Aussagen der Gesprächspartner bezogen sich vornehmlich auf die wichtigsten Facetten von Personalentwicklung im Unternehmen bzw. typische PE-Angebote.

(1) Schwerpunkt auf Bildungsmaßnahmen

Die Interviewpartner thematisieren vornehmlich PE-Aktivitäten als Teil dessen, was Personalentwicklung in ihrem Unternehmen ausmacht, die einen deutlichen Schwerpunkt im Bildungsmanagement haben. Maßnahmen zur Förderung von Mitarbeitenden und zur Begleitung von Veränderungsprozessen werden deutlich weniger aufgeworfen (siehe Abbildung 55).

Das Handlungsfeld „Bildung“ umfasst je nach Unternehmen aus Sicht der interviewten Personalentwickler Maßnahmen im Bereich der betrieblichen Ausbildung, der betrieblichen Weiterbildung unter besonderer Betonung fachlicher Trainings, der Führungskräfteentwicklung und des Angebots von Online-Lernmöglichkeiten. In einem Fall (IP 10) richten sich die Schulungsangebote auch an externe Kunden.

Förderungsmaßnahmen werden nur von circa einem Drittel der interviewten Personalentwickler thematisiert. Die erwähnten Maßnahmen beziehen sich beispielsweise auf die Nachfolgeplanung, die Sicherung und Förderung von qualifizierten Nachwuchskräften (Talent-Management), Performance Management, das Angebot verschiedener Karrieremodelle, Coaching, Mentoring und Hospitationen. In manchen Unternehmen zählt ein kleiner Teil der Befragten (siehe IP 05, IP 11) Assessment und Development Center zur Personalentwicklung, andere heben hervor, dass die Diagnostik komplett an externe Partner vergeben wurde und nicht mehr zur PE-Arbeit im Unternehmen gehört (siehe IP 09).

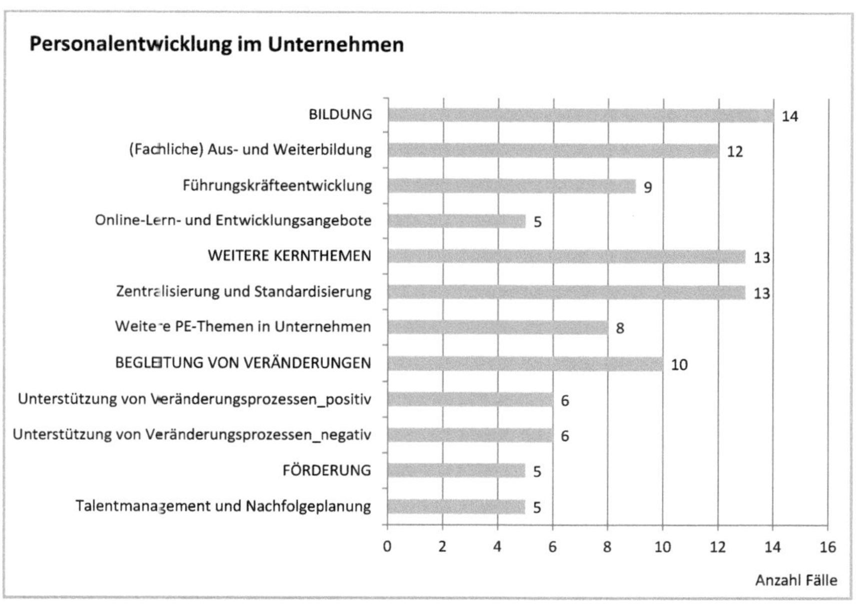

Abbildung 55: Personalentwicklung im Unternehmen (n = 15)

Zudem wird beschrieben, dass PE-Maßnahmen vereinzelt in den Prozess der Arbeit verlagert wurden (z. B. durch die Betonung, dass Entwicklung „on the job“ stattfindet, oder durch Vorträge in der Mittagspause).

> „Das ist bei uns auch in der Zielvereinbarung so mit drin, also in dieser Systematik. Dass wir da die Empfehlung aussprechen, wenn ihr Entwicklungsziele vereinbart, dann 70 Prozent bitte ‚on the job‘, 20 Prozent Mentoring durch die Führungskraft [...] und dann einfach 10 Prozent auch noch über den Tellerrand hinausschauen, in Bezug auf, was machen eigentlich andere Unternehmen oder was macht eigentlich, also durch Trainings und Coachings, was kann ich eigentlich da mal von extern mir noch an Informationen holen. [...]“ (IP 12, ID 11:10)

Die Betonung von Personalentwicklung im Prozess der Arbeit wird im Falle eines Unternehmens besonders in der betrieblichen Ausbildung verankert.

> „Wir haben ein wirklich spannendes Berufsbildungssystem, das eigentlich nur darauf basiert, dass du dich intern immer wieder auf neue Jobs bewirbst, und diese jungen Leute, diese [...] Lernenden, die sind sichtbare Rollenträger im Unternehmen, dass Entwicklung eigentlich ‚on the job' an immer wieder neuen Aufgaben, Herausforderungen erfolgt." (IP 09, ID 8:20)

Die Bestimmung von Anforderungs- und Stellenprofilen, Personalauswahl, Hochschulmarketing und Maßnahmen zur Mitarbeiterbindung oder dem Ausstieg von Mitarbeitenden werden nur vereinzelt als Teil von Personalentwicklung genannt.

Die Unterstützung von Veränderungsprozessen ist aus Sicht der Befragten kein selbstverständliches Kernthema der Personalentwicklung im Unternehmen und es herrschen große Unterschiede. Während in manchen Unternehmen Personal- und Organisationsentwicklung zusammengehören (z. B. IP 02, IP 04), ist in anderen das Thema nicht explizit bei der Personalentwicklung aufgehängt (z. B. IP 15, IP 16). Bei den PE-Abteilungen, die offiziell einen Auftrag für die Begleitung von Veränderungsprozessen haben (6 Fälle), bleibt die Kompetenz jedoch häufig ungenutzt. Die folgenden Textsegmente verdeutlichen dies anhand eines Beispiels von Interviewpartner 05.

> „Wenn der Laden umgebaut wird, warum ist dann kein Personalentwickler dabei? Wenn wir Veränderungen haben in Bezug auf Abläufe, was für eine Rolle spielt dann Personalentwicklung? Dieses Bewusstsein, [...], also dass Mitarbeiter eben auch ein Anrecht darauf haben, nicht nur verändert zu werden, sondern auch Veränderungen mitzugestalten. [...] Dass das wächst. Da können wir auch zu beitragen, indem wir kompetent sind, indem wir da sind, indem wir Ansprechpartner sind, indem wir in diesem Netzwerk drin sind. Aber eben von vorneherein, dass es klar ist, es geht nicht nur um Prozesse und Systeme, sondern es geht vor allen Dingen auch um Menschen." (IP 05, ID 4:28)

> „Dass wir es gerne sein würden [Anmerkung: Motor der Veränderung], aber dass das einfach gerade nicht möglich ist. Durch Restrukturierungen, durch Umorganisationen, durch großpolitische Lagen, durch kleinpolitische Lagen, durch auch eine, also, wenn es dem Unternehmen schlecht geht, ist Personalentwicklung nicht die erste Stelle, an der was verändert wird." (IP 05, ID 4:68)

Die nicht durchgängig vorhandene Verzahnung von Personal- und Organisationsentwicklung wird von manchen Gesprächspartnern ausdrücklich bedauert. Interviewpartner 01 hebt beispielsweise heraus, dass er gerne einen Gestaltungsauftrag in der

Organisationsentwicklung hätte. Eine andere Interviewperson, die als Personalentwickler bereits Veränderungsprozesse im Unternehmen begleitet hat, beklagt, dass Organisationsentwicklung nicht Teil des Leistungsportfolios der Personalentwicklung im eigenen Unternehmen sei.

> „Bei vielen Unternehmen heißen die Abteilungen auch oft schon Personal- und Organisationsentwicklung, bei uns ist das nicht so und wir haben diesen Begriff der Organisationsentwicklung gar nicht im Unternehmen. Auch nicht im Konzern. Ich finde, das ist so ein Gap, da fehlt irgendwie was, dass man das nicht mehr zusammen sieht. Wir machen das mehr so, da ist eine Reorganisation und dann wird die so als einzelnes betrachtet und dann ist sie weg, und dann gehen wir wieder, also, es wird so eher als Projekt und nicht als was, das wir eigentlich permanent brauchen." (IP 15, ID 14:4)

Zusätzlich beschreibt ein kleiner Anteil der Personalentwickler, dass im Unternehmen PE-Aktivitäten ohne Abstimmung mit der PE-Abteilung durchgeführt werden. Hierzu zählen

- Mitarbeiterbefragungen, die in Einzelbereichen des Unternehmens stattfinden (2 Fälle), weil sie durch Einsparungen aus dem Leistungsportfolio der Personalentwicklung gestrichen wurden oder als strategische Initiativen im Unternehmen lanciert werden, in welche die Personalentwicklung nicht einbezogen ist.
- die Anpassung von zentral erarbeiteten PE-Maßnahmen an die lokalen Bedürfnisse einer Landesgesellschaft (3 Fälle), weil die realen Bedarfe in den Ländern bei der Konzepterarbeitung von der Zentrale nicht eingeschätzt werden können.
- Trainings und Programme, die in anderen Unternehmensbereichen weitgehend ohne Abstimmung mit der Personalentwicklung umgesetzt werden (5 Fälle). Dies reicht von der Entwicklung eigener Führungsleitbilder mit Externen bis hin zu einer kompletten Gesellschaft, die eigene PE-Programme ohne Abstimmung mit der PE-Abteilung umsetzen, toleriert von der Geschäftsführung.

Insgesamt betrachtet, richtet sich ein Großteil der PE-Angebote in den Unternehmen der Befragten in erster Linie an Führungskräfte und Talente. Zusätzlich bestehen Angebote für alle Mitarbeitenden in Form von Weiterbildungsangeboten.

> „Wir unterscheiden hier mittlerweile für ausgewählte Individuen, also für unsere so genannten Talente, und dann hast du natürlich noch Personalentwicklung für ‚the masses', also die Massen, [...] also, für die Mitarbeiter im Unternehmen, und natürlich gehört zu Personalentwicklung auch fachliche Weiterbildung [...]." (IP 04, ID 3:24)

Die Einbindung aller Mitarbeitenden in die Personalentwicklung beschränkt sich in den Unternehmen der Gesprächspartner weitestgehend auf den Bereich Bildung. Dies wird vereinzelt kritisiert. Wie der folgende Interviewausschnitt unterstreicht, geht nach Interviewpartner 13 die unternehmerische Praxis mit einer unzureichenden Nutzung der Potenziale von Facharbeitern einher.

> „[…] Also, jeder hat seine Talente und seine Stärken und wenn wir es nicht schaffen, da mehr Nutzen von zu betreiben, dann haben wir hinterher das Nachsehen oder dann vergeben wir halt Möglichkeiten, die wir wirklich eigentlich nicht vergeben sollten. Also da weg von Kasten- und Klassendenken. Wenn man selber studiert hat, ist es möglicherweise einem gar nicht so präsent, aber es gibt schon immer ein Gefälle, also von denen in der klassischen Ausbildung ausgebildeten Menschen, die eine kaufmännische Ausbildung oder technische oder was auch immer haben, die so ein bisschen in Richtung der Akademiker, Absolventen von Hochschulen und so weiter schauen. Da gibt es wohl auch ein Gefälle, das von oben nach unten vielleicht weniger zu sehen ist [...] Das ist alles nicht günstig." (IP 13, ID 12:15)

Zentralisierung und Standardisierung

Aus Sicht der Befragten ist die PE-Abteilung im Unternehmen von Aktivitäten zur Zentralisierung und Standardisierung geprägt (13 Fälle, siehe Abbildung 55). Hierzu zählen strukturelle Veränderungen im Personalbereich wie die Gründung von „Corporate Universities" und Akademien, die Einführung des HR Business Partner-Modells sowie eine zunehmende Standardisierung durch die Holding des Unternehmens (z. B. durch die Einführung unternehmensweit gültiger Werte, Trainingskonzepte).

Die mit der Zentralisierung und Standardisierung verbundenen Entwicklungen werden von den Gesprächspartnern in ihrer Wirkung nicht durchgängig positiv wahrgenommen. So berichtet Interviewpartner 06 von einer gelungenen Zentralisierung durch Gründung einer Corporate University, die allerdings auch dazu führe, dass manche Fachbereiche als Folge selbst Mitarbeitende zur Trainingskonzeption beschäftigen. Interviewpartner 01 hebt hervor, dass große Teile des Seminarangebots aus Kostengründen gestrichen wurden, weshalb es an Möglichkeiten mangele, wichtige firmenspezifische Themen zu platzieren und zu vermitteln. Durch den Fokus auf effiziente Prozesse und Kosteneinsparungen bestehe zudem laut Interviewpartner 06 die Gefahr, dass der Beitrag für die Mitarbeitenden immer kleiner wird. Statt HR Business Partnern gibt es in dem betreffenden Unternehmen telefonische Services und die Führungskräfte werden als wiederentdeckte Hebel beschrieben, um trotz knapper Ressourcen Personalentwicklung im Unternehmen zu gewährleisten. Auch die Einführung des HR Business Partner-Modells scheint in der Umsetzung nicht in allen Unternehmen mit der erwünschten Effizienz und Effektivität einherzugehen und berge die Gefahr, Personalentwicklungsarbeit in ihrer Qualität zu minimieren:

> „Ich glaube, dass es ganz wichtig ist, dass Personalentwicklung und Personalbetreuung, so nennt man es bei uns, enger verzahnt sein müssten. Für die Personalentwickler, um ihre Arbeit und Tätigkeit wirklich ganz im Sinne und im Mehrwert für das Unternehmen zu machen, ist es wichtig, dass das mehr verzahnt wird, weil, wir brauchen auch Zugänge zu den Personalakten. Das ist oft schwierig, die zu haben, um einfach zu gucken, wer ist das, was hat der gemacht usw. Wir brauchen auch bestimmte Kennzahlen, die wir eher, die eher in den Betreuungsbereichen erhoben werden. Wir brauchen, ja, wir müssen uns stärker austauschen. Weil, klar, die Betreuer setzen es um, wenn jemand neu eingestellt wird, [...]. Das kriegen wir nur am Rande oder auf Nachfrage mit, zumindest ist es bei uns sehr stark so." (IP 15, ID 14:15)

Zusammenfassung

Die PE-Arbeit in den Unternehmen wird von der Mehrheit der Befragten als vordergründig aus betrieblicher Aus- und Weiterbildung sowie Führungskräfteentwicklung bestehend beschrieben. Zusätzlich prägen Zentralisierungs- und Standardisierungsaktivitäten für die meisten Interviewpartner das wahrgenommene Erscheinungsbild der Personalentwicklung in den Unternehmen. Die Wirkung der Zentralisierungs- und Standardisierungstendenzen wird nicht durchgängig positiv wahrgenommen.

Tabelle 14 vermittelt abschließend einen Eindruck von den unterschiedlichen subjektiv-theoretischen Sichtweisen auf Personalentwicklung im Unternehmen.

Kategorie	**Thema bzw. Subkategorie**	**Interviewpartner**
Kernthemen der PE im Unternehmen		
- Bildung	(Fachliche) Aus- und Weiterbildung	01, 05, 07, 08, 09, 10, 11,12, 13, 14, 15, 16
	Führungskräfteentwicklung	01, 05, 06, 07, 09, 11, 12, 14, 15
	Online Lern- und Entwicklungsangebote	04, 05, 06, 07, 08
- Förderung	Talentmanagement und Nachfolgeplanung	01, 04, 12, 13, 14
- Begleitung von Veränderungen	Unterstützung von Veränderungsprozessen → negativ	01, 05, 08, 09, 15, 16
	Unterstützung von Veränderungsprozessen → positiv	02, 04, 05, 06, 09, 13

Kategorie	**Thema bzw. Subkategorie**	**Interviewpartner**
- Weitere Kernthemen	Zentralisierung und Standardisierung	01, 04, 05, 06, 07, 08, 09, 10, 11, 12, 13, 15, 16
	Weitere PE-Themen in Unternehmen	02, 04, 05, 11, 12, 14, 15, 16
PE-Aktivitäten in anderen Unternehmensbereichen	Trainings und Programme	01, 02, 03, 07, 10
	Lokale Adaptionen	04, 05, 07
	Mitarbeiterbefragung	01, 02

Tabelle 14: Themenmatrix – Vorstellungen über Personalentwicklung im Unternehmen (n = 15)

4.3.3. Zukünftige PE-Arbeit

Zur weiteren Erfassung der subjektiv-theoretischen Vorstellungen über Personalentwicklung wurden die persönlichen Annahmen über die künftige Ausrichtung der Personalentwicklung in den kommenden fünf bis zehn Jahren erfragt. Die Aussagen der Personalentwickler spiegeln drei zentrale Zukunftsthemen wider, welche die Darstellung der Ergebnisse im Folgenden leiten: (1) Tendenz zur Selbstbestimmung und Individualisierung in der Personalentwicklung, (2) ein Wandel der Unternehmenskultur und (3) die künftige Ausrichtung der PE-Arbeit.

(1) Selbstbestimmung und Individualisierung

Dieses Kernthema umfasst die Überzeugung der Personalentwickler, dass bei den Mitarbeitenden künftig ein größeres Bedürfnis nach Selbstbestimmung bestehen wird, das eine stärkere Abstimmung der PE-Angebote auf die Bedarfe des Einzelnen erfordert.

> „Nur ein kleines Beispiel, [...]. Für einen Trainee, der nach fünf, sechs Jahren bei uns im Unternehmen ist, der sagt: Hey, wo ist Talent-Management? Wie werde ich befördert? Wo ist meine nächste Herausforderung? Und die Call Center Agent Kollegin […], für die ist Personalentwicklung: Kann ich nach dem Mutterschaftsurlaub 60 Prozent arbeiten, Teilzeit? Also, und für beide ist es eminent mit der Arbeit verbunden und zu sagen, wie entwickle ich mich. Ich habe jetzt ein anderes Gefüge." (IP 09, ID 8:54)

Im Kontext einer zunehmenden Individualisierung thematisieren die Interviewpartner drei zentrale Annahmen über künftige Veränderungen (siehe Abbildung 56):

- Das Angebot flexibler Arbeitszeit- und Arbeitsmodelle.
- Die Fokussierung auf eine informelle, selbstgesteuerte Entwicklung von Mitarbeitenden.

- Eine stärkere Ausrichtung an den individuellen Bedarfen der Mitarbeitenden.

Die Betonung von Selbstbestimmung geht mit einer Verschiebung des formalisierten, standardisierten Angebotsportfolios der Personalentwicklung zu einer stärkeren Individualisierung einher.

> „Ja, weg von diesem Gießkannenprinzip. Das sowieso. Also, Seminare. Sondern eher dieses individuelle Betreuen und das ist nicht immer Coaching, das kann eben auch eine Mentoring-Beziehung sein. Aber auch dieses Shadowing, mal mitlaufen, hospitieren, mehr also dieses über den Tellerrand blicken, in andere Bereich reingehen. Was, finde ich, sehr schwer zu organisieren ist. Seminare sind leichter zu organisieren. Aber ich glaube, dass der Mehrwert teilweise höher ist in der Personalentwicklung, weil die Praxisnähe einfach mehr da ist, und das meine ich mit anderen Maßnahmen, wo wir ein bisschen stärker hingucken." (IP 14, ID 13:4)

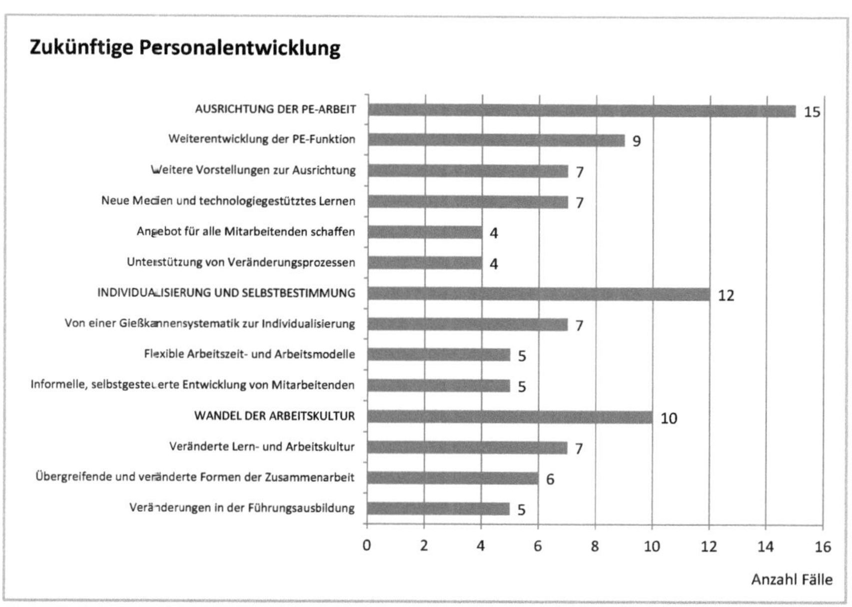

Abbildung 56: Vorstellungen über zukünftige Personalentwicklung (n = 15)

Die mit Seminarkatalogen und Programmen verbundene „Gießkannensystematik" im Sinne eines Angebots für alle wird nicht mehr als zukunftsweisend betrachtet. Stattdessen rückt das Individuum ins Zentrum.

> „Also, ich glaube, wir haben in den Unternehmen aktuell noch verbreitet eher eine, […], Gießkannensystematik, wo man sagt, wir haben große Programme,

> also, wir nehmen große Gruppen von Leuten, […] wer Manager und Führungskraft ist oder was auch immer, der muss im Programm „Muster“ gewesen sein und dann machen wir einen Haken dran, dann ist er eigentlich in unseren Augen ausgebildet für den Job, den er machen soll. Das ist nicht falsch, aber mit Blick auf die Zukunft ist das, glaube ich, nicht ausreichend. Also, die Zukunft wird die Forderung stellen, dass das Potenzial des Einzelnen, also die Eigenschaften des Einzelnen, stärker in den Fokus gerückt werden müssen und man dann eben (...) einen viel höheren, ich sage jetzt mal, Ertrag eigentlich erwirtschaften kann, wenn man sagt, ich nehme das als Basis und gucke dann, wer braucht welche Schärfung an welcher Stelle im Einzelnen.“ (IP 13, ID 12:11)

Im Kern wird die mit Seminaren und Programmen verbundene durchgängige Standardisierung kritisiert, die wenig Raum für den Einzelnen lässt. Interviewpartner 12 macht an einem Beispiel fest, wie künftig standardisierte und zugleich individualisierte Entwicklungsangebote der PE-Abteilung aussehen könnten:

> „Oder sagen wir mal so, da würde es die Einzelseminare von ein oder zwei Tagen, die würde es nur geben für fachliche Wissensvermittlung. Sage ich mal, BWL für Einsteiger oder so was oder Excel-Schulung oder so was. Dafür würde es die weiterhin geben und gleichzeitig gäbe es einen Teil in diesen Katalogen, der wäre nur mit Programmen gefüllt. Das heißt, wenn es um Führungskräfteentwicklung geht, dann hat man da nicht eine zweitägige Schulung, sondern man muss ein Programm durchlaufen von zwei Tagen, eine Praxisphase, zwei Tage oder so was. Dann vielleicht zwischendurch eine Begleitung von einem Coach. Also, alles was intensiviert an der Stelle, glaube ich, ist ein Stück weit ein Gewinn. Man muss immer dann den Kosten-Nutzen-Faktor im Hinterkopf haben. Wie weit gehe ich mit der Professionalität eigentlich an der Stelle. Aber man würde das dann wahrscheinlich zweiteilen, zwischen Input, fachlicher Art, und Verhaltensveränderungstrainings, wo man dann eher Programme halt hat.“ (IP 12, ID 11:15)

Der Mitarbeitende rückt aus Sicht eines Drittels der interviewten Personalentwickler künftig noch stärker in das Zentrum von Personalentwicklung, indem sie die Bedeutung von informellem, selbstgesteuerten Lernen betonen.

> „Wenn eine Führungskraft es schafft, ein angenehmes Arbeitsumfeld zu schaffen, dann würde ich auch so weit gehen, dass es vielleicht nicht immer die Personalentwicklungsmaßnahme und -abteilung braucht, sondern vielleicht eine Führungskraft, die mit ihrem Team arbeitet, aber vor allem auch irgendeine Pflicht vom Mitarbeiter. Wir hören viel durch die Surveys, es wird viel zu wenig für uns gemacht. Aber schöpfe ich denn mein ganzes Potenzial heutzutage mit tausend Möglichkeiten aus? Vielleicht könnte ich das initiieren? […]" (IP 06, ID 5:24)

(2) Wandel der Unternehmenskultur

Die etablierte Lern- und Arbeitskultur in deutschsprachigen Unternehmen wird von der Mehrheit der Befragten (10 Fälle) als im Wandel beschrieben (siehe Abbildung 56). Die subjektiv-theoretischen Vorstellungen der Interviewpartner verdeutlichen diesbezüglich drei zentrale Entwicklungsannahmen:

- Veränderte und zunehmend standortübergreifende Formen der Zusammenarbeit im Unternehmen (z. B. durch zunehmende Internationalisierung und Virtualisierung).
- Die Veränderung der etablierten Lern- und Arbeitskultur durch veränderte Arbeitsgewohnheiten bzw. -vorstellungen neuer Generationen am Arbeitsplatz (insbesondere der Generation Y).
- Veränderungen in der Führungsausbildung durch eine sich wandelnde Arbeits- und Führungskultur.

Eine zunehmende standort- und länderübergreifende Zusammenarbeit führt aus Sicht eines Teils der Befragten zu einer Zunahme der virtuellen und internationalen Zusammenarbeit. Zwei Gesprächspartner (IP 06, IP 08) erwarten künftig einen steigenden Bedarf im Bereich Kommunikation und Kollaboration. Im Vordergrund stehen Umgangsformen und eine professionellen Zusammenarbeit in heterogenen Teams, aber auch die Zusammenarbeit in virtuellen Teams oder jenen, die sich durch Home Office nicht regelmäßig sehen.

Der demografische Wandel und neue Generationen am Arbeitsplatz erhöhen den Bedarf, Mitarbeitende durch z. B. flexible Arbeitsmodelle anzuwerben und zu binden. Interviewpartner 16 hebt hervor, dass sich Angehörige der Generation Y zukünftig weniger in starren Strukturen wohlfühlen werden. Unternehmen stünden deshalb unter einem Anpassungsdruck, wenn sie künftig qualifizierte Mitarbeitende anziehen möchten. Der Arbeitsmarkt verändere sich, so Interviewpartner 13, in Richtung eines Bewerbermarkts.

Den veränderten Arbeitsgewohnheiten und -vorstellungen neuer Generationen wird zudem das Potenzial zugesprochen, etablierte Verhaltensweisen, Prozesse und Strukturen im Unternehmen zu verändern. Interviewpartner 07 zeichnet ein Bild einer Generation, die mit sehr viel Selbstbewusstsein und Selbstverantwortung ins Unternehmen komme und den Wandel der Firmenkultur zum autonomen, selbstverantwortlichen Mitarbeitenden unterstütze. Dies führe zu einem „Re-Design, wie wir arbeiten“ (ID 6:24), aber auch zu Herausforderungen für ältere Mitarbeitende.

> „Und ich beobachte das bei uns, wenn ich sehe, ich frage eine Kollegin in ihren 40ern: Du, ich glaube, in Griechenland hat jemand eine Lösung, ruf doch den einmal an. Pff. Frag ich einen von meinen Jungs in den 20ern: Du, jemand in Griechenland hat da, glaube ich, so was schon mal gemacht. Ok. Zehn Minuten später. Cool, du, funktioniert, habe ich. So schnell kann man gar nicht gucken. Und dieser Drive und dieses massive anders Arbeiten, anders denken. Globaler, schneller, direkter. Da müssen wir den Leuten helfen mitzukommen, die das nicht von sich aus mitbringen." (IP 07, ID 6:24)

In Anbetracht des Wandels der Arbeitskultur und einer zunehmenden Individualisierung der Personalentwicklung vertreten fünf Interviewpartner die Auffassung, dass sich künftig ebenso die Führungskräfteentwicklung verändern wird. Während ein Teil der Befragten keine Veränderungen auf einer grundsätzlichen Ebene erwartet, sondern eher eine Integration von Themen wie Arbeitsplatzgestaltung, flexible Arbeitszeitmodelle und Sinnstiftung betont, sehen andere in der Generation Y mit ihren veränderten Kommunikationsgewohnheiten eine große Herausforderung für die Führungsarbeit im Unternehmen. Im Vordergrund steht die Frage, welche neuen Anforderungen die Veränderungen in der Arbeitskultur an Führungskräfte stellen werden.

> „Also, zum Beispiel, Führung. Ein Lob für einen, der heute, sage ich mal, 55 Jahre ist, wenn der ein Lob per SMS kriegt, gut gemacht, ist das nicht, ist das für den möglicherweise: Mensch, der kann sich ja auch mal mit mir hinsetzen, wenn ich was gut gemacht habe, dann können wir darüber auch mal sprechen. Und für jemand aus der Generation Y oder weitere Generationen ist das halt okay so. Und das wird das Thema Führung einfach auch verändern und damit auch das Thema Personalentwicklung, glaube ich." (IP 12, ID 11:18)

Als Folge der angenommenen Veränderungen in der Unternehmenskultur werden auch etablierte Strukturen und Prozesse in der Personalentwicklung von den Befragten in Frage gestellt. So sieht Interviewpartner 14 nicht nur den Trend zu einer stärkeren Beteiligung und Befragung der Mitarbeitenden, sondern auch zum Selbstmeldeprozess für Entwicklungsprogramme anstelle des etablierten Nominierungsprozesses durch Führungskräfte.

(3) Künftige Ausrichtung der PE-Arbeit

Die künftige Ausrichtung der Personalentwicklungsarbeit wird von allen Gesprächspartnern als ein zentrales Handlungsfeld künftiger Personalentwicklung thematisiert (siehe Abbildung 56). Zu den am meisten thematisierten Entwicklungsthemen zählt die Weiterentwicklung der PE-Funktion (9 Fälle). Einerseits hinsichtlich der Professionalisierung ihrer Mitarbeitenden, insbesondere in der Rolle des Beraters, und andererseits hinsichtlich der Funktion insgesamt, z. B. durch eine Verankerung in Geschäftsprozesse, dem Nachweis des Geschäftsbeitrags, die Einbindung in Managementgremien oder die Klärung von Schnittstellen zu anderen Personalbereichen.

Außerdem gilt der Ausbau technologiegestützter Lernangebote als Entwicklungsfeld. Die Interviewpartner (7 Fälle) thematisieren vordergründig die Integration von e-Learnings, Web 2.0 und Social Media Anwendungen in das bestehende Weiter-bildungsangebot, aber auch neuen Technologien wie z. B. Augmented Reality. Die neuen Medien und Technologien ermöglichen aus Sicht der Interviewpartner nicht nur das Angebot von Online-Lernangeboten, sondern auch die Unterstützung von sozialen Lernprozessen und die Gestaltung von Kommunikationsprozessen.

> „[...] wir haben jetzt ein Projekt, das führt bis Ende des Jahres eine neue Collaborationplattform ein, und das Ziel ist eigentlich, e-Mail abzulösen und du hast eigentlich wie deine persönliche, individuelle Homepage. Und deine Daten, deine Projekte, deine Aufgaben, an was du arbeitest, dein Kalender, alles ist offen. Und in der Vision kann eigentlich jeder bei jedem surfen und sagen, hey, interessiert mich, ich möchte bei dir mitarbeiten, kann ich? Also, ein ganz neues Zusammenarbeitsmodell und dann ist die Frage ja, darf ich, kann ich, will ich? Finde ich genügend Leute, die mit mir zusammenarbeiten? Also, quasi internes Crowd Fund oder internes People Raising, und wie moderiere ich das?“ (IP 09, ID 8:27)

Darüber hinaus äußert ein Teil der interviewten Personalentwickler die Überzeugung, dass künftig der Bedarf bestünde, ein Angebot für alle Mitarbeitenden zu schaffen (4 Fälle). In manchen Unternehmen steht ein Großteil der PE-Angebote durch Talent-Management oder Einsparungsinitiativen nur ausgewählten Personengruppen offen. Die Unterstützung von Veränderungsprozessen gilt in vier Fällen ebenfalls als Zukunftsfeld.

Neben der Kompetenzentwicklung von Individuen vertreten zwei Interviewpartner die Sichtweise, dass Personalentwicklung künftig eine größere Rolle bei der Team-zusammensetzung und -entwicklung spielen wird.

> "Ich glaube, dass gerade in der Personalentwicklung mehr das Team in den Fokus rücken wird. Also, es gibt ja jetzt auch so die Idee des Teamcoachings vermehrt und, ich glaube, auch da muss man sich in der Personalentwicklung Gedanken machen, wie bringe ich Teams voran. Projektteams oder wie auch immer. Und ich finde, da gibt es noch nicht so viele Maßnahmen, bei uns zumindest nicht, die da passend sind." (IP 14, ID 13:11)

Zusammenfassung

Die Aussagen der Personalentwickler über künftige Personalentwicklung lassen sich aus einer fallübergreifenden Perspektive in drei Tendenzen subjektiv-theoretischer Vorstellungen zusammenführen, die in verschiedenen Facetten von der Mehrheit der Befragten thematisiert werden:

- Die Überzeugung, dass der Bedarf an Selbstbestimmung und Individualisierung bei den Mitarbeitenden zunimmt und sich PE-Maßnahmen künftig von der so genannten „Gießkannensystematik" zu stärker individualisierten Angeboten wandeln sollten.
- Die Vorstellung, dass sich die Kultur im Unternehmen, angetrieben durch neue Generationen am Arbeitsplatz wie die Generation Y, grundlegend verändern wird.
- Die Einschätzung, dass sich künftig einerseits Mitarbeitende der Personalentwicklung und die Funktion selbst weiter entwickeln müssen, andererseits, dass der Ausbau von Neuen Medien und technologiegestütztem Lernen künftig zunehmen wird.

Tabelle 15 vermittelt abschließend einen Eindruck, welche Interviewpartner sich zu welchen Zukunftsthemen geäußert haben.

Kategorie	**Thema bzw. Subkategorie**	**Interviewpartner**
Individualisierung und Selbstbestimmung	Von der Gießkanne zur Individualisierung	04, 07, 09, 12, 13, 14, 16
	Informelle, selbstgesteuerte Entwicklung von Mitarbeitenden	01, 06, 07, 10, 11
	Flexible Arbeitszeit- und Arbeitsmodelle	02, 06, 07, 09, 13
Wandel der Arbeitskultur	Veränderte Lern- und Arbeitskultur durch neue Generation (Generation Y)	06, 07, 11, 12, 13, 14, 16
	Übergreifende und veränderte Formen der Zusammenarbeit	05, 06, 07, 09, 14,16
	Veränderungen in der Führungsausbildung	01, 06, 09, 12, 14
Ausrichtung der PE-Arbeit	Angebot für alle Mitarbeitenden schaffen	01, 04, 13, 14

Kategorie	Thema bzw. Subkategorie	Interviewpartner
	Unterstützung von Veränderungsprozessen	06, 07, 12, 15
	Neue Medien und technologiegestütztes Lernen	05, 06, 07, 08, 09, 11, 12
	Weitere Vorstellungen zur Ausrichtung	01, 02, 05, 09, 10, 13, 16
	Weiterentwicklung der PE-Funktion	04, 05, 06, 08, 10, 13, 14, 15, 16

Tabelle 15: Themenmatrix – Vorstellungen über zukünftige Personalentwicklung (n = 15)

4.3.4. Werte und Einstellungen von Personalentwicklern

Einstellungen und Werte, aber auch Glaubenssätze beeinflussen das Handeln von Menschen, insbesondere in sozialen Kommunikationssituationen (Euler & Hahn, 2004, S. 242; König & Volmer, 2008, S. 140). In der Erhebung lag deshalb ein besonderes Augenmerk auf der Erfassung von Einstellungen, Werten und Glaubenssätzen, die aus Subjektsicht als handlungsleitend betrachtet werden.

Die Datenanalyse der subjektiven Auffassungen verdeutlicht, dass (1) ein optimistisches, humanistisches Menschenbild sowie (2) der Selbstanspruch, „vorbildlicher Personalentwickler“ zu sein, fallübergreifend die zentralen Bewertungsmaßstäbe bilden (siehe Abbildung 57). Diese werden im Folgenden näher ausgeführt.

Optimistisches, humanistisches Bild vom Menschen

Ein Großteil der Befragten (10 Fälle) charakterisiert den Menschen prinzipiell als lebenslang entwicklungsfähig. Die Entwicklung gilt als ein Bedürfnis eines jeden Einzelnen bzw. des Menschen als soziales, sinnsuchendes Wesen, das grundsätzlich bereit sei, sein Bestes in der Arbeit zu geben.

> „Es sind ja Menschen, die den Unterschied machen. Produktionsanlagen, Softwareprodukte, das sind alles Dinge, die können sie weltweit überall bekommen. Das ist mittlerweile überall verfügbar. Aber letztendlich der Umgang damit, das sind die Menschen und das macht den Unterschied.“ (IP 10, ID 9:5)

Eine weitere Facette in den subjektiv-theoretischen Vorstellungen der Befragten stellt die Sicht auf die Potenziale von Menschen dar. Diesen positiven, potenzialorientierten Blick auf Menschen umschreibt Interviewpartner 12 mit zwei Glaubenssätzen, welche im Kern auch die Grundeinstellung der Mehrheit der Befragten widerspiegeln:

„Wenn du anfängst, etwas zu sein, hast du etwas zu werden. Oder, wer grün ist, kann wachsen, wer sich bereits reif denkt, beginnt schon zu welken." (IP 12, ID 11:32).

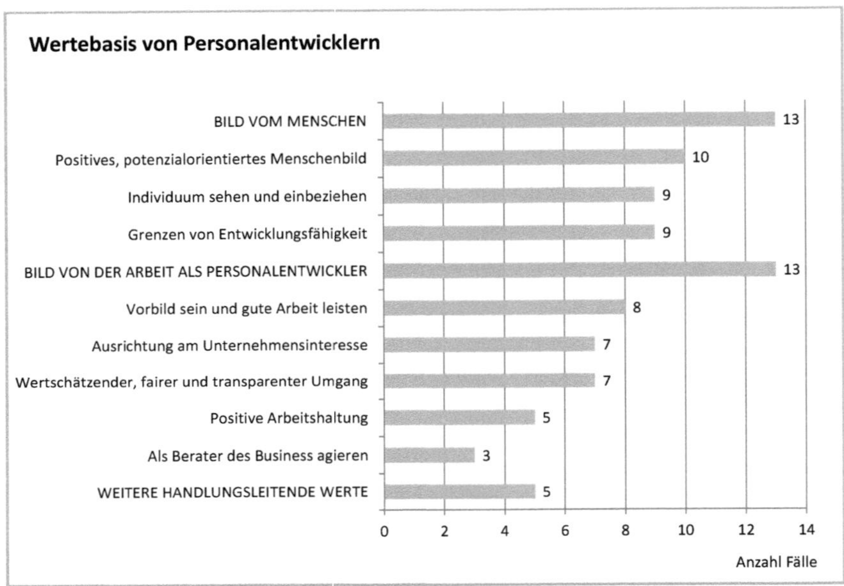

Abbildung 57: Wertebasis von Personalentwicklern (n = 15)

In Bezug auf die Entwicklungsfähigkeit ist die Vorstellung vorzufinden, dass Mitarbeitende, bei denen das Bedürfnis nach Entwicklung ggf. nicht mehr so groß oder verschüttet ist, ein Anrecht auf Entwicklung und ggf. eine andere, zu den Stärken passende Tätigkeit haben.

„Das sind wirklich meine fast schon sehr extremen Grundhaltungen, weil ich auch glaube, dass jemand, der eben ‚low performer' ist [...]. Dass ich schon glaube, dass das irgendwie Gründe hat, dass das so gekommen ist. Also, dass es sicherlich Erklärungsgründe dafür gibt und dass der Mitarbeiter vielleicht auch einfach an der falschen Stelle ist, [...] dass erst mal meine grundsätzliche Einstellung ist, der Mitarbeiter, der hier anfängt bei uns oder der hier arbeitet, der hat erst einmal eine gute Intention. Der will eigentlich erst mal was leisten [...]. Also, ich glaube super fest daran, dass Menschen sich verändern können, auch wenn sie schon älter sind, und da gibt es ja oft auch genau die andere Einstellung [...] Das macht es mir aber manchmal in Assessments irgendwie schwer, wo ich dann irgendwie oft dann diejenige bin, die sagt, komm, lass uns dem noch eine Chance geben und mit der richtigen Führung, mit der richtigen Förderung können wir das irgendwie gestalten, aber so Unternehmen

> wie unsere dafür keine Zeit haben. Die dann wirklich sagen, wir sind so zahlengetrieben, wir müssen morgen performen, wir müssen morgen die richtigen Zahlen bringen.“ (IP 04, ID 3:42)

Das Individuum zu sehen und in seiner Individualität einzubeziehen, wird von neun Befragten in den Interviews thematisiert. Die Interviewpartner werfen Aspekte auf wie Wertschätzung und Würde des Menschen, Respekt vor der Individualität, oder den Menschen in ihrer Unterschiedlichkeit grundsätzlich zu mögen und in die PE-Aktivitäten einzubeziehen.

> „Dem Menschen individuell zu begegnen, das ist für mich zentral, in der Personalentwicklung. So als Glaubenssatz, diese Individualität.“ (IP 09, ID 8:33)
> „Also, das ist etwas, was ich ganz oft erlebe, in diesen vielen Unternehmen, egal ob es bei Konzern [Name entfernt] war oder bei Konzern [Name entfernt], da gibt es dann Führungsnachwuchskreise und Talent Potenzialentwicklungsgespräche und Mitarbeiterförderung und oft ist es ja so, dass die Mitarbeiter diese Jobs angetragen bekommen. [...] Es hat aber niemals jemand diesen potenziellen Verkaufsleiter gefragt: Möchten Sie das eigentlich werden? Oder was haben Sie denn eigentlich für eine Lebensplanung? Was ist denn eigentlich Dein Weg, der Dich im Leben glücklich macht?“ (IP 04, ID 3:8)

Es werden aber auch Überzeugungen angesprochen, die auf Grenzen von Entwicklungsfähigkeit verweisen (9 Fälle). Diese Grenzen liegen für manche im Leistungs- und Zeitdruck des Unternehmens, der mitunter längere Entwicklungswege nicht zulasse. Das folgende Textsegment verdeutlicht die unternehmensbezogenen Grenzen der Entwicklungsmöglichkeiten.

> „Also, um nochmal auf den Sport zurückzukommen, das macht es immer schön plastisch. Bei mir war es eben Tanzen und es gibt Leute, die sagen, ich kann überhaupt nicht tanzen. Ich kann im Leben nicht tanzen lernen. Und, also, ich glaube, die gibt es, die gibt es tatsächlich, aber das ist vielleicht ein Prozent, vielleicht zwei. Und dann können die aber was anderes ganz toll und in einer Organisation gibt es glücklicherweise nicht nur Controlling, oder nicht nur Finanzen, oder nicht nur HR, sondern es gibt so viele, viele verschiedene Möglichkeiten, dass jeder die Möglichkeit hat, in einer Organisation eine sehr gute Rolle zu spielen. Manchmal ist der Weg einfach ein bisschen zu weit, als dass die Organisation das mitmacht. Das kann schon mal passieren.“ (IP 12, ID 11:22)

Das Textsegment zeigt aber auch, dass der Wille einer Person als wichtiger Faktor für Entwicklung gilt. Diese Überzeugung spiegelt die Annahme wider, dass mit starkem Willen fast alles erreichbar sei, wenn das Unternehmen den mitunter längeren Entwicklungsweg zulasse.

Das positive, potenzialorientierte Menschenbild gilt allerdings in der Unternehmensrealität als nicht immer umsetzbar. Neben der positiven Grundhaltung, dass jeder Mensch entwicklungsfähig ist, thematisiert mehr als die Hälfte der Interviewpartner auch Grenzen (9 Fälle). Die Entwicklung sei beispielsweise abhängig von der Entwicklungsbereitschaft und habe damit auch Einfluss auf die Entwicklungsgeschwindigkeit, wie es Interviewpartner 09 nennt.

> „Also einmal, böse gesagt, man wird durch die organisationelle Anpassung mit entwickelt. Kann auch manchmal ganz gut sein und sehr viele Mitarbeiter sagen, hey, ich bin happy, hätte ich nicht gedacht, danke. Oder wo sich jemand wirklich aus sich heraus in eine völlig neue Situation entwickelt. Und da sehe ich unterschiedliche Geschwindigkeiten, aber die prinzipielle Lernfähigkeit, die ist eigentlich bei allen Menschen gegeben. Der Anlass, bei einigen braucht es, ich sage mal, wie eine Mini-Krise. Und bei anderen, die sind halt sehr reflektiert, haben einen starken Plan, auch eine starke Ambition und die verfolgen diesen dann ganz dezidiert.“ (IP 09, ID 8:38)

Es werden weitere Grenzen aufgrund der Disposition des Menschen und des Kompetenzniveaus beschrieben. So wird angeführt, dass es optimal platzierte Menschen im Unternehmen gebe, denen kein Potenzial für höhere Positionen zugesprochen würde und bei denen die Entwicklung innerhalb der optimalen Tätigkeitsbandbreite stattfinde, aber auch, dass die Weite der Entwicklung von der Persönlichkeit des Menschen abhängig sei, wie das folgende Textsegment unterstreicht.

> „Also, ich, mein Chef sagt immer so einen schönen Satz, ich zitiere den so gerne, weil er gut ist: Du kannst aus einem Esel mit ganz, ganz viel Training trotzdem kein Rennpferd machen. Es bleibt ein Esel. Und das ist, glaube ich, auch die Beschränktheit von Entwicklung. Es gibt Menschen, die, also, ich glaube ich werde immer jemand sein, der ein leidenschaftlicher Mensch ist, so. Jetzt kann man mir ganz viel Training angedeihen, ganz viel Coaching, ganz viel Persönlichkeitsentwicklung, ich bleibe, hoffentlich, ein gewisses Stückchen ich selber. [...] Ich glaube, da gibt es eine Begrenztheit auch an Entwicklung. Wir haben immer so dieses amerikanische Modell, aus jedem kann alles werden, ich glaube daran nicht.“ (IP 05, ID 4:58)

(2) Anspruch „vorbildlicher Personalentwickler sein“

Die subjektiv-theoretischen Vorstellungen der Interviewpartner umfassen verschiedene Aspekte, die das Bild der Gesprächspartner von sich selbst, in ihrer Rolle als Personalentwickler betreffen (siehe Abbildung 57). Dabei stehen die Themen, Vorbild zu sein und gute Arbeit zu leisten, einen wertschätzenden, fairen und transparenten Umgang mit anderen zu pflegen sowie die Ausrichtung der eigenen Arbeit am Unternehmensinteresse im Vordergrund.

Die interviewten Personalentwickler führen in verschiedenen Facetten einen hohen Anspruch an sich selbst als handlungsleitend an. Interviewpartner 11 (ID 10:55) beschreibt dies beispielsweise mit ihrer Überzeugung, in der Personalentwicklung „weißer als weiß“ sein zu müssen und alles, was von anderen erwartet wird (z. B. in Bezug auf das Thema Führung), in entsprechender Qualität vorzuleben.

> „Ich denke, es ist wichtig, und das ist so ein Satz für mich, die Person vorzuleben, die du auch so von anderen im Unternehmen erwartest. Denn, wenn wir im ‚Learning and Development‘ Team nicht Rollenvorbilder sind, dann finde ich es fraglich, wie wir erfolgreich sein können.“ (IP 11, ID 10:34)

Zusätzlich zu der Einstellung, Vorbild sein zu wollen und gute Arbeit leisten zu möchten, beschreiben die Interviewpartner eine positive Arbeitshaltung als handlungsleitend. Eine positive Einstellung wird mit besseren Arbeitsergebnissen verbunden.

> „Ich glaube, es ist viel wichtiger, in der Psychologie sagt man ja, mit Hoffnung auf Erfolg kann man viel mehr erreichen als voller Angst vor Misserfolg. Und, ich glaube, das würde ich uneingeschränkt unterschreiben.“ (IP 10, ID 46:43)

Die positive Arbeitshaltung reicht von der Überzeugung, Veränderungen als Chance zu sehen, bis hin zu der Vorstellung, anderen Optimismus und Lösungsorientierung vorzuleben.

Im Umgang mit anderen ist einem Großteil der befragten Personalentwickler (8 Fälle) ein wertschätzender, fairer und transparenter Umgang mit anderen Menschen wichtig. Die Grundhaltung, ehrlich und vertrauenswürdig zu sein, spielt hier ebenfalls mit hinein. Dies heißt für manche zugleich, dass man als Personalentwickler nicht alles, was man weiß, auch sagen dürfe, weshalb ein wertschätzender Umgang mit Mitarbeitenden in schwierigen Situationen oder organisatorischen Veränderungen umso wichtiger sei.

> „Mein Bild als Personalentwickler ist eben wie gesagt von diesen beiden Achsen, den Menschen sehen und trotzdem Veränderungen auch anzustoßen, Leute durch die Dinge durchzuführen, schon sehr stark geprägt. Also, Fairnessgedanke, Offenheit (....), gemeinsame Entwicklung, aber trotzdem Leute auch in neue Situationen zu bringen als Auftrag.“ (IP 05, ID 4:72)

Als Personalentwickler herrscht aber auch der Anspruch vor, in der Rolle des Beraters auf Augenhöhe zu agieren. Ein Gesprächspartner stellt dies als eine wichtige Grundhaltung in der PE-Arbeit heraus, um gute Arbeit zu leisten:

> „Wenn ich mit Führungskräften spreche, auch zu Personalentwicklung, dann möchte ich das auf Augenhöhe. Dann bin ich jetzt nicht jemand, der da was

> zuliefert, sondern dann ist es z. B. jetzt ein Prozess zur Potenzialidentifizierung, dann ist das der HR Prozess. Und dann läuft das auch so, wie ich das sage. So hart das jetzt klingt. Aber das ist das Mandat des Personalbereichs dann und so hat jeder Fachbereich, glaube ich, so seinen Auftrag und den muss er auch leben wollen, aber dann auch dürfen. Und das muss, finde ich klar sein. Und das meine ich mit Augenhöhe. Jeder hat da so seine Expertise, wie auch immer Sie es jetzt auch nennen, und da möchte ich mir dann auch nicht reinreden lassen.“ (IP 14, ID 13:16)

Die Unternehmensinteressen leiten zudem aus Sicht von etwa der Hälfte der Interviewpartner (7 Fälle) das berufliche Handeln maßgeblich. Dies wird beispielsweise damit begründet, dass die Arbeitsplätze der Mitarbeitenden vom Erfolg des Unternehmens abhingen. Die Berücksichtigung von den Interessen der Mitarbeitenden gilt aber dennoch als wesentlich für den Unternehmenserfolg. Ein Gesprächspartner (IP 11) hebt als Überzeugung hervor, dass Produktivitätsaspekte und Menschlichkeit für den Unternehmenserfolg immer miteinander verzahnt werden müssen. Interviewpartner 09 beschreibt zudem das Abwägen von Effizienz, Unternehmensinteresse und den Interessen der Mitarbeitenden als handlungsleitend.

Zusammenfassung

Die übergreifende Wertebasis der interviewten Personalentwickler ist im Wesentlichen von ihrem Bild über den Menschen sowie ihr Bild über sich selbst in der Rolle des Personalentwicklers geprägt. Diese Kategorien sind in jeweils mindestens sieben Fällen von der subjektiv-theoretischen Vorstellung geleitet, dass

- der Mensch lebenslang entwicklungsfähig ist, es aber auch Grenzen z. B. aufgrund der Entwicklungsbereitschaft und -geschwindigkeit gibt.
- jeder Mensch Potenziale hat, die es auszuschöpfen gilt.
- der Mensch individuell ist und in seiner Individualität gewürdigt werden sollte.
- das, was auch von anderen erwartet wird, als Vorbild vorgelebt werden sollte.
- mit anderen Menschen wertschätzend, fair und transparent umzugehen ist.
- die Interessen des Unternehmens zu berücksichtigen sind.

Tabelle 16 vermittelt abschließend einen Eindruck, welchen Kategorien über handlungsleitende Werte und Einstellungen Aussagen von welchen Interviewpartnern zugeordnet wurden.

Kategorie	Thema bzw. Subkategorie	Interviewpartner
Bild vom Menschen	Positives, potenzialorientiertes Menschenbild	01, 02, 04, 06, 07, 08, 10, 12, 16
	Individuum sehen und einbeziehen	01, 02, 04, 05, 07, 09, 10, 12
	Grenzen von Entwicklungsfähigkeit	01, 02, 05, 06, 07, 08, 09, 10
Bild von Arbeit als Personalentwickler	Vorbild sein und gute Arbeit leisten	01, 02, 04, 06, 10, 11, 13, 14
	Wertschätzender, fairer und transparenter Umgang	02, 05, 07, 08, 10, 14, 15
	Ausrichtung am Unternehmensinteresse	01, 02, 05, 06, 08, 09, 13
	Positive Arbeitshaltung	06, 10, 11, 13, 15
	Als Berater des Business agieren	11, 14, 15
Weitere handlungsleitende Werte		09, 13, 14, 15, 16

Tabelle 16: Themenmatrix – Wertebasis von Personalentwicklern (n = 15)

4.3.5. Rollen von Personalentwicklern

Eine berufliche Rolle ist eng mit dem Handeln der Person verknüpft und umschreibt, welche Handlungsspielräume bestehen (vgl. M. Becker, 2013, S. 843) bzw. welche Verhaltenserwartungen sich an den Rolleninhaber richten (vgl. Miebach, 2014, S. 40). Die beruflichen Rollen gelten als aktiv gestaltbar und bieten Raum für eine subjektspezifische Interpretation (vgl. Arnold, 1997, S. 57 ff.). Vor diesem Hintergrund wurde der Frage nachgegangen, welche Rollen die interviewten Personalentwickler als Teil ihres Rollenspektrums erachten. Dabei wurde explizit nach den subjektiv wahrgenommenen Rollen gefragt, welche die Personalentwickler nach eigener Einschätzung im beruflichen Alltag verkörpern, und nicht nach etwaigen Rollen der Tätigkeitsbeschreibung.

Die von den Befragten angesprochenen Rollen sind in Abbildung 58 zusammengefasst und werden anschließend entlang der Häufigkeit ihrer Nennungen in ihrer inhaltlichen Ausprägung charakterisiert.

(1) Coach und Begleiter

Für zehn der interviewten Personalentwickler ist die Rolle des Coachs und Begleiters Teil ihres subjektiv wahrgenommenen Rollenspektrums und fester Bestandteil ihres beruflichen Handelns (siehe Abbildung 58). Einen Hauptteil dieser Rolle bilden das Coaching und die Begleitung von Einzelnen. Zielgruppe sind in der Regel Führungskräfte, aber auch die (eigenen) Mitarbeitenden, Kollegen oder Kunden. Für sie sind die befragten Personalentwickler Gesprächspartner, Vertrauensperson, Reflexionshilfe, kritisch Hinterfragender, persönlicher Zuhörer, Bezugsperson, Begleiter und/oder Unterstützer bei schwierigen Situationen und Problemen. Interviewperson 15 gibt an, Vertrauensperson und Berater sowie eine Stelle zu sein, bei der z. B. Führungskräfte „einmal alles abladen" können. Inhaltlich bezieht sich die Coach-Rolle hauptsächlich auf fachliche oder persönliche Themen, kann aber auch mit Entwicklungssituationen im Unternehmen zusammenhängen, z. B. bei der Vorbereitung für den nächsten Karriereschritt.

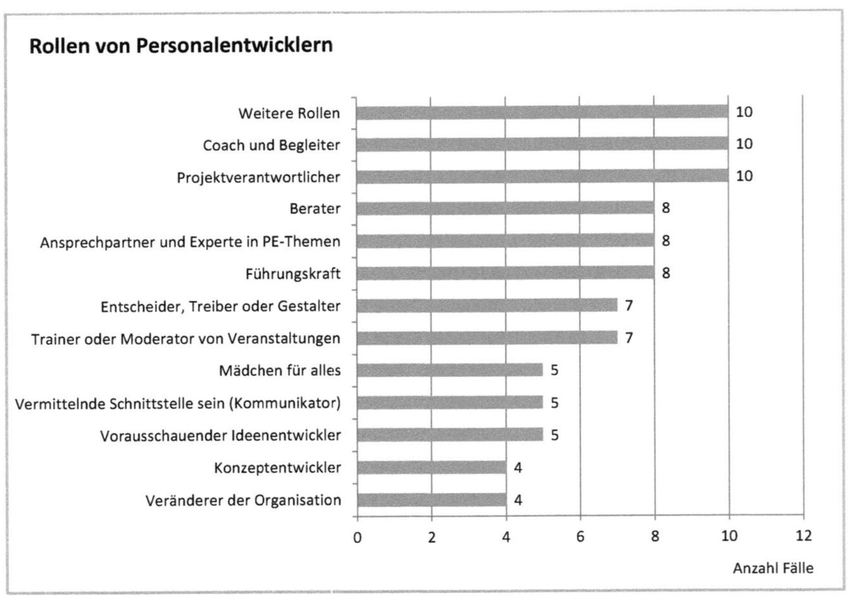

Abbildung 58: Rollen von Personalentwicklern (n = 15)[78]

---

[78] Die Kategorie „Weitere Rollen" umfasst ein Bündel von Einzelrollen, die im Folgenden aufgeführt, aber im Text nicht weiter erläutert werden: Assessor sowie Person mit neutraler Rolle in Beurteilungssituationen, indirekt einwirkende Rolle des Familienvaters und (Ehe-)manns, der/die Optimistische, Positive und Freundliche, PE-Verantwortlicher für den eigenen Bereich, Verhandler z. B. mit

Die Rolle des Coachs und Begleiters ist für einen Teil der Interviewpartner (IP 04, IP 07, IP 16) keine offiziell zugeteilte Rolle, sondern eine Rolle, die sie in ihrem Berufsalltag „ehrenamtlich" leben. Sie agieren informell als Coach, arbeiten ehrenamtlich in Coaching-Netzwerken des Unternehmens oder praktizieren die Rolle unterschwellig und zwischen den Zeilen in ihrer Führungsrolle. Die Rolle des Coachs und Begleiters ist damit fester Bestandteil des subjektiv wahrgenommenen Rollenspektrums, mitbedingt durch die vorhandene Nachfrage im Unternehmen, nicht aber des offiziell von der Organisation zugeteilten Rollenprofils. Es ist eine Form von Ehrenamt, das die Personalentwickler freiwillig und mitunter außerhalb ihrer Arbeitszeit zum Nutzen Einzelner, aber auch zum Nutzen der Organisation einbringen.

(2) Projektverantwortlicher

In der vorliegenden Untersuchung waren alle der befragten Personalentwickler in den vergangenen drei Jahren in einer projektleitenden Verantwortung. Die Rolle eines Projektverantwortlichen entspricht in den meisten Fällen der Rolle eines Projektleiters, wird aber lediglich von zehn Befragten explizit im Zusammenhang mit ihrem Rollenspektrum in der Personalentwicklung angesprochen (siehe Abbildung 58). Die Personalentwickler, die Projektverantwortung als Teil ihrer Rolle ansehen, beschreiben sich als verantwortlich für Prozesse und Projekte, als Projektleiter und Entscheidungsvorbereiter im Rahmen von strategischen Initiativen, als Koordinatoren, die Bälle in der Luft halten und schnelle Entscheidungen treffen, als Projektleiter ohne Ressourcen und Team oder als Verantwortliche für einzelne „kleine Kleinstprojekte" ohne offizielle Projektleiterrolle. Ein Interviewpartner (IP 06), der nach eigener Einschätzung stark in Projektarbeit involviert ist, gibt den Anteil an seiner Arbeit mit 15 bis 20 Prozent an.

(3) Berater

Die Rolle des Beraters gilt für acht der befragten Personalentwickler als Teil ihres Rollenprofils in der Personalentwicklung (siehe Abbildung 58). Sie beschreiben ihre Rolle als geprägt von dem Aufzeigen von Möglichkeiten und dem Unterbreiten von Lösungsvorschlägen entlang der Geschäftsziele, dem Geben von Impulsen und Ideen, um einen bisher nicht gesehenen Mehrwert zu bringen, oder als Warnen, kritisches Nachfragen und Aufzeigen von Grenzen. Die Rolle des Beraters wird von einem Interviewpartner aber auch gemeinsam mit der Rolle eines Ratgebers genannt. Die Beratungsleistung wird von den Personalentwicklern in der Gremienarbeit, in der Zusammenarbeit mit Kunden und Kollegen oder in Projekten als Begleiter von Projektleitern erbracht. Inhalt

externen Anbietern, Teamkollege, Mitarbeitender mit Berichtsfunktion an eine Führungskraft, Primus inter Pares und Stellvertretung bis zur Einstellung einer neuen Führungskraft und/oder klassischer Personalentwickler.

der Beratung sind fachliche Themen im Bereich Personal- und Team-entwicklung. Zu den Klienten gehören größtenteils Führungskräfte.

(4) Ansprechpartner und Experte in PE-Themen

Mehr als die Hälfte der interviewten Personalentwickler sieht sich selbst in der Rolle des Ansprechpartners und Experten für PE-Themen (in Bezug auf ihren Aufgabenbereich) im Unternehmen (siehe Abbildung 58). Die Rolle geht mit der subjektiven Vorstellung einher, innerhalb des zugewiesenen Kompetenzbereichs für alles verantwortlich zu sein, als fachkompetente Person Konzepte zu entwickeln und zu implementieren, mit Weitsicht und Expertise gegen kurzfristige Tendenzen zu halten, Sparringspartner oder Inputgeber in PE-Fragestellungen zu sein. Die mit der Rolle verbundenen Auffassungen über Aufgaben gelten für manche Interviewpartner (IP 06, IP 16) als Tagesgeschäft.

Adressaten bzw. Anfragende sind potenziell alle Mitarbeitendem im Unternehmen, es werden aber im Besonderen Führungskräfte, Personalleiter, Mitglieder der Geschäftsführung sowie aus der Sicht der Tochtergesellschaft die Holding genannt. Die Aussagen der Personalentwickler zeigen aber auch, dass diese Rolle eher passiv ist. Es wird nicht der Experte beschrieben, der ausgeprägte fachliche Kompetenzen in einem bestimmten Themenfeld hat und damit eine hohe Durchsetzungskraft genießt. Stattdessen haben die Führungskräfte häufig die Entscheidungsgewalt darüber, ob sie die Einschätzung des Experten annehmen oder ablehnen. Interviewpartner 11 schildert beispielsweise, dass er seine Verantwortung darin sehe, eine Expertenmeinung abzugeben und von dieser zu überzeugen, allerdings sich auch darüber bewusst sei, dass seine Kunden die Entscheidungsgewalt haben und er sich im Falle einer Ablehnung nach deren Entscheidungen richten müsse. Die Rolle des Ansprechpartners und Experten in der Personalentwicklung ähnelt diesbezüglich in den Grundzügen der Rolle des Beraters – die Entscheidung, einen Expertenrat zu befolgen, liegt beim Klienten.

(5) Führungskraft

Zehn der interviewten Personalentwickler befanden sich zum Zeitpunkt des Interviews in einer leitenden Funktion. Auf die Frage nach den offiziellen wie inoffiziellen Rollen, die im Berufsalltag der Personalentwickler praktiziert werden, warfen jedoch nur acht Befragte die Rolle der Führungskraft als Teil ihres Rollenspektrums auf (siehe Abbildung 58). Mit der Rolle der Führungskraft von Teams, Abteilungen oder Kompetenzzentren wird der Anspruch an sich selbst beschrieben, den eigenen Verantwortungsbereich innerhalb des Unternehmens zu platzieren und zu verkaufen, durch Qualitäts- oder Effizienzsteigerung den Beitrag des eigenen Bereichs im Unternehmen nachzuweisen, die Unternehmensstrategie umzusetzen, die Teammitglieder zu befähigen gute Arbeit zu leisten, oder die Ausrichtung der Abteilung oder des Bereichs zu klären und festzulegen.

Es gibt zudem vereinzelt Hinweise auf die Überzeugung, dass die Rolle des Personalentwicklers und die der Führungskraft in Bezug auf die Entwicklung von Mitarbeitenden unvereinbar seien. So fragt Interviewpartner 05, auf die Frage nach seinen handlungsleitenden Werten und Einstellungen in der PE-Arbeit:

> „Als Führungskraft oder als Personalentwickler? [...] ja, ja, das ist genau schwierig, weil, das muss man sehr trennen, finde ich. Im Sinne von das kann man nicht trennen, weil man ja eine Person ist. Ich finde schon als Führungskraft sind das Werte, die sich oft mit denen der Personalentwicklung decken, bei vielen anderen aber vielleicht genau nicht. [...]" (IP 05, ID 4:72)

Ein anderer Interviewpartner (IP 02) hebt hervor, dass er sich in seiner leitenden Personalentwicklerrolle stärker menschenbezogen einschätzt als Führungskräfte das seiner Vorstellung nach sein müssten. Als Begründung führt er das Spannungsfeld an, als Personalentwickler ein absolutes Interesse an Entwicklung zu haben und im Gegensatz dazu als Führungskraft Grenzen aufzeigen zu müssen, wenn etwas nicht unternehmerisch sei. Manche Personalentwickler scheinen sich demnach als Führungskraft in einem schwierigen Spannungsfeld zu befinden. Auf der einen Seite besteht der persönliche Anspruch, Mitarbeitende in ihrer Entwicklung bestmöglich zu begleiten, auf der anderen Seite scheint die Vorstellung vorzuherrschen, dass dies mit der Rolle der Führungskraft nicht in allen Facetten vereinbar sei.

(6) Entscheider, Treiber oder Gestalter

Die Rolle des Entscheiders, Treibers oder Gestalters (7 Fälle, siehe Abbildung 58) fasst Rollenauffassungen zusammen, die sich auf das Treffen von Entscheidungen, ein gestaltendes Handeln (z. B. in Bezug auf das eigene Portfolio) und/oder Vorantreiben von Themen (z. B. als Wegbereiter) beziehen. Die Befragten beschreiben sich als Wegbereiter für Projekte (durch Einbringen ihrer politischen Kenntnisse über mögliche Widerstände im Unternehmen oder wichtige Personen), als schnelle und umsetzungsorientierte Entscheider, als Portfoliomanager des eigenen Bereichs oder als Kontrolleur und Nachhalter von Maßnahmen (Wie hat sich etwas entwickelt? Wie ist das Ergebnis?). Interviewpartner 05 hebt hervor, dass die Rolle als Treiber ebenso beinhalte, an Mauern zu knallen und damit leben zu müssen, dass die Lösungen nicht immer passen.

(7) Trainer oder Moderator von Veranstaltungen

Die Rolle des Trainers oder Moderators von Veranstaltungen (7 Fälle, siehe Abbildung 58) bezieht sich auf Rollenbeschreibungen, welche die interviewten Personalentwickler als Trainer für Mitarbeitende, Führungskräfte und Kollegen oder als Moderator von Workshops, Konfliktgesprächen und Veranstaltungen charakterisieren.

(8) „Mädchen für alles“

Die Rolle „Mädchen für alles“ fasst als Oberbegriff Rollenauffassungen zusammen, die mit Begriffen wie „Depp vom Dienst“, Versorger, Helfer oder Feuerwehrfunktion versehen wurden (5 Fälle, siehe Abbildung 58). Die Rolleninhaber beschreiben sich als Personen, die in schwierigen Situationen einspringen oder wenn andere nicht mehr weiter wissen, die sich um ihre Teammitglieder sorgen, für alles eine Lösung finden, PE-fremde Aufgaben erledigen, als „Feuerwehr“ kurzfristig unterstützen oder sagen, wir kriegen das schon hin.

> „Und die Haltung, dass es immer eine Lösung für Sachen gibt und dass wir etwas dazu beitragen können. Ich bin nicht die Person, die nein sagt. Manchmal ist das nicht unbedingt hilfreich. Aber, ich bin eine Person, die, wenn jemand mit etwas zu mir kommt, die sagt, wir finden eine Lösung.“ (IP 11, ID 10:60)

Die unterschiedlichen Facetten der Rolle vereinen im Kern, dass den Personalentwicklern verschiedenste Anfragen außerhalb ihres Aufgabenspektrums gestellt werden oder solche, bei denen der richtige Ansprechpartner im Unternehmen unklar ist. Ein Gesprächspartner hält dies sehr deutlich fest:

> „Als Erstes ist mir durch den Kopf geschossen, Depp vom Dienst. Nach dem Motto, wenn einem niemand einfällt, wer zu einem Thema Ahnung haben könnte, dann fragt man mal mich. So. Was unsere weltweiten, aber auch natürlich hier in Europa ist es schon lang so, aber die weltweiten Kollegen. Oh, Mensch wir müssten mal eine Initiative starten. Wer könnte das denn machen? Ah, da fragen wir mal Christine. Christine oder jemand in ihrem Team. So dieses, ja, weil wir eben dieses ‚fluffy‘ Thema haben, Bildung und Beratung, wo im Prinzip alles drunter passt, haben wir von allem auch ein bisschen Ahnung, und sobald da was hoch poppt, sagen die, oh, die Consulting Leute, die wissen das bestimmt [...]. Deswegen bei mir kommt ganz viel, eigentlich täglich, irgendwelches Zeug. [...] Wenn Leute verzweifelt sind, im Zweifelsfall kommen sie irgendwo bei uns oder dann eben bei mir raus [...].“ (IP 07, ID 6:45)

(9) Vermittelnde Schnittstelle sein (Kommunikator)

Die Rolle einer vermittelnden Schnittstelle thematisieren fünf der befragten Personalentwickler als Teil ihres beruflichen Rollenspektrums (siehe Abbildung 58). Sie beschreiben sich als „linking pin“ zwischen verschiedenen Unternehmensbereichen, als

Vermittler zwischen verschiedenen Welten und Kulturen im Unternehmen, als Kommunikator in Richtung Management, Kollegen und anderen Abteilungen, als Vermittler bzw. Übersetzer von Anliegen, Erspürtem und Verdichtetem oder als Botschafter.

> „Es ist sehr viel so dieses, wenn du diese Soziogramme hast, bei mir und erst recht, wenn man das Team dahinter sieht, als Gesamt Bubble, da laufen ganz viele Fäden zusammen. [...].“ (IP 07, ID 6:45)

Das folgende Textsegment von Interviewpartner 11 illustriert die Sicht auf sich selbst als zentralen Knoten im Netzwerk des Unternehmens, der einen Überblick über die strategischen Ziele des Unternehmens hat und dem, woran die verschiedenen Gruppen im Unternehmen arbeiten.

> „Aber, ich denke, dass es wichtig ist, sich ein bisschen wie ein Berater des Geschäfts zu verhalten. Also, zu Meetings gehen und einbringen, was man weiß. Denn nur wenige Personen im Unternehmen wissen, was viele der anderen Personen machen. Denn sie sind in ihrem Geschäfts- oder Fachbereich. Und es ist ein Vorteil von uns, dass wir einen Schritt zurücktreten können und auf die Welt schauen und diese Verbindungen sehen. Und, ich denke, das ist etwas, das uns hilft, unseren Job zu machen. Denn wir können mit anderen darüber sprechen, wie die Dinge zusammenhängen.“ (IP 11, ID 10:33)

Eine spezifische Facette der Rollenauffassung einer vermittelnden Schnittstelle ist die Vermittlung in Konflikten und bei Widerständen in Projekten. Im Vordergrund dieser Facette steht die Vermittlung zwischen gegensätzlichen Positionen und das Lösen von Konflikten. Ein Gesprächspartner (IP 09) beschreibt dies mit einer Arbeit, die am Ende des Tages oder Jahres nicht sichtbar ist.

(10) Vorausschauender Ideenentwickler

Das vorausschauende Entwickeln von Ideen beschreiben in der PE-Praxis fünf Gesprächspartner als Teil ihres Rollenspektrums (siehe Abbildung 58). Die Rolle wird in dem Finden und Vorantreiben neuer Ideen sowie der Projektentwicklung verstanden, im Setzen von Impulsen, in der Beobachtung des Marktes und der Wissenschaft, im Aufspüren von Trends oder im Entdecken von zukünftigen Entwicklungen, die sich positiv auf das Geschäft auswirken. Die Rolleninhaber legen als vorausschauende Ideenentwickler fest, worauf hingearbeitet werden sollte, agieren in proaktiver Weise und prüfen, wo eine Vorreiterrolle eingenommen werden kann und übersetzen dies in Projekte.

(11) Konzeptentwickler

In der vorliegenden Untersuchung nennen vier der interviewten Personalentwickler (siehe Abbildung 58) die Entwicklung von Konzepten explizit als Teil ihrer Rollenauffassung. Im Vordergrund steht für die Rolleninhaber das themenbezogene Sammeln und Zusammenführen von Informationen und deren Übertragung in ein Konzept. Für die Konzeptentwicklung wird der Blick gezielt nach außen gerichtet (Was ist „state of the art"? Mit welchen Konzepten arbeiten andere Unternehmen?).

(12) Veränderer der Organisation

Die Rollenauffassung des Veränderers in der Organisation umfasst verschiedene Facetten, die alle mit einer Veränderungswirkung auf die Organisation einhergehen. Es handelt sich einerseits um die klassische Rolle des Organisationsentwicklers und Change Managers, andererseits, durch die Aktivitäten der Personalentwicklung, um die Rolle des implizit die Kultur Prägenden. Die Rolle wird von vier Interviewpartnern thematisiert. Interessant ist, dass in zwei von vier Fällen darauf hingewiesen wurde, dass die Rolle des Organisations- bzw. Kulturentwicklers im Unternehmen nicht offiziell legitimiert sei. Die Rollennennungen der Personalentwickler unterstreichen zudem, dass aus Sicht von elf der interviewten Personalentwickler die Unterstützung der Organisation in Veränderungen nicht zu ihrem Rollenspektrum gehört, obschon sich in den Interviews das Muster ergibt, dass zumindest ein Teil der Befragten diese Rolle gerne hätte. In Kapitel 4.3.7 wird dieser Aspekt im Zusammenhang mit Herausforderungen und Problemen der Personalentwicklung noch einmal aufgegriffen.

Zusammenfassung

Die interviewten Personalentwickler erfüllen in ihrer Arbeit die verschiedensten beruflichen Rollen in den unterschiedlichsten Kombinationen. Zu den Rollenauffassungen, die von der Hälfte der Interviewpartner thematisiert wurden, zählen (1) der Coach und Begleiter, (2) der Projektverantwortliche, (3) der Berater, (4) der Ansprechpartner und Experte in PE-Themen, (5) die Führungskraft, (6) der Entscheider, Treiber oder Gestalter sowie (7) der Trainer oder Moderator von Veranstaltungen.

Tabelle 17 vermittelt abschließend einen Eindruck, welche Rollenauffassungen von welchen Interviewpartnern genannt wurden.

Kategorie	Thema bzw. Subkategorie	Interviewpartner
Rollen	Coach und Begleiter	01, 04, 05, 06, 07, 09, 10, 11, 15, 16
	Projektverantwortlicher	01, 02, 05, 06, 08, 10, 12, 13, 14, 16
	Berater	02, 06, 07, 09, 11, 12, 15, 16
	Ansprechpartner und Experte in PE-Themen	01, 02, 05, 06, 11, 13, 14, 16
	Führungskraft	01, 02, 06, 07, 10, 12, 14, 16
	Entscheider, Treiber oder Gestalter	02, 04, 05, 06, 07, 09, 16
	Trainer oder Moderator von Veranstaltungen	01, 04, 07, 10, 11, 13, 15
	Mädchen für alles	07, 08, 11, 13,15
	Vermittelnde Schnittstelle (Kommunikator)	04, 07, 08, 09, 11
	Vorausschauender Ideenentwickler	02, 04, 05, 07, 15
	Konzeptentwickler	01, 04, 12, 13
	Veränderer der Organisation	01, 06, 12, 13
	Weitere Rollen	04, 06, 07, 08, 10, 11, 12, 14, 15, 16

Tabelle 17: Themenmatrix – Rollen von Personalentwicklern (n = 15)

4.3.6. Strategische Rolle der Personalentwicklung

Zentrale PE-Vertreter fordern eine strategische Personalentwicklung, die aktiv einen Beitrag zur Unternehmensentwicklung leistet (u. a. M. Becker, 2013, S. 843; Garavan, 2007, S. 17 ff.; Meifert, 2010, S. 3 ff.; Stiefel, 2010, S. 13 ff.). Auch im Sinne eines ganzheitlichen Personalentwicklungsverständnisses ist ein strategisch fundiertes Handeln von Personalentwicklern entscheidend (siehe Kapitel 2.2). Die Ergebnisse im vorliegenden Kapitel geben eine Antwort auf die Form der Einbindung in strategische Prozesse und des Einflusses auf strategische Prozesse des Unternehmens aus Sicht der Befragten.

Die Analyse der strategischen Rolle der Personalentwickler zeigt auf, dass die Mehrheit der Gesprächspartner ihren Gestaltungsspielraum im Wesentlichen auf die Umsetzung von Maßnahmen beschränkt sehen (siehe Abbildung 59).

Die befragten Personalentwickler beschreiben sich vordergründig als Strategieerfüller und nicht als Strategiegestalter. Ihre Aufgabe besteht in der Deduktion von konkreten Maßnahmen aus der, von der Geschäftsführung festgelegten Unternehmensstrategie. So beschreibt Interviewpartner 05, dass er seinen Einfluss deutlich auf die eigenen Programme, die eigene Abteilung und das eigene Selbstverständnis beschränkt sieht, auch wenn er sich das anders wünschen würde.

> „Niemand ist gerne Spielball, klar bin ich lieber gern Gestalter. Aber die Rolle gibt es manchmal nicht her. Punkt." (IP 05, ID 4:49)

Personalentwickler seien eher an den vielen anderen Rädern im Unternehmen beteiligt, das große Rad werde, laut Interviewpartner 05, von anderen gedreht. Der Beitrag der Personalentwicklung zur Unternehmensstrategie liegt damit weitgehend in der Beratung und der Identifikation von Maßnahmen, welche die Umsetzung der Strategie unterstützen. Auf dieses Handlungsfeld konzentriert sich die Mehrheit der befragten Personalentwickler, indem sie der Strategie angemessene Maßnahmen identifizieren und umsetzen.

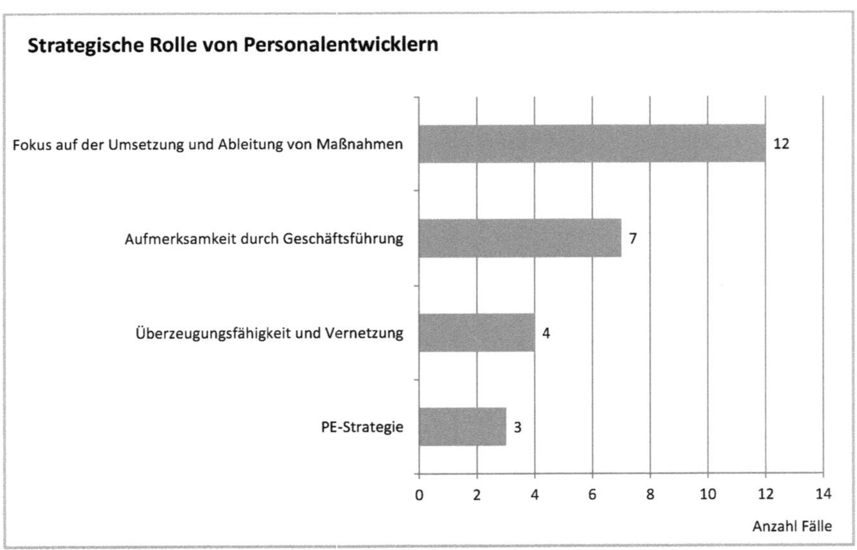

Abbildung 59: Strategische Rolle von Personalentwicklern (n = 15)

Die strategischen Grundsatz- und Richtungsentscheidungen werden von der Geschäftsführung offenbar aus Sicht einiger Interviewpartner weitgehend ohne Beteiligung der Personalentwicklung getroffen. Selbst bei Gesprächspartnern, die in der strategischen Personalentwicklung arbeiten, ist der Gestaltungsspielraum auf die unterstützende Rolle beschränkt, wie das folgende Textsegment illustriert.

> „Also, einen Beitrag zu leisten, zum Umsetzen ja. Einen Beitrag zu leisten zur Entwicklung der Strategie, nein. Also, die Strategie wird auf Vorstandsebene entwickelt, mit einem strategischen Bereich zusammen, und da sind wir dann im Austausch, um entsprechend die Strategie sauber abzuleiten. Aber es ist nicht so, dass wir die Strategie entwickeln. Als strategische Personalentwicklung sehe ich eher so, nicht dass wir die Strategie entwickeln, sondern dass wir die Strategie in die Organisation tragen. Und, also, im Unterschied zu Personalentwicklung, die sage ich mal, einfach nur irgendwelche Trainings anbietet." (IP 12, ID 11:31)

Die Ausrichtung der PE-Aktivitäten an der Personal- oder Unternehmensstrategie ist den meisten der Befragten, wie bereits in Kapitel 4.3.1 herausgestellt wurde, jedoch ein zentrales Anliegen. In Bezug auf den eigenen Verantwortungsbereich (z. B. die Formulierung einer PE-Strategie) und die Umsetzungsebene wird der vorhandene Handlungs- und Entscheidungsspielraum demgemäß gezielt genutzt.

> „Hier wird schon geguckt, dass auch eine Strategie von top-down dann auch überprüft wird von den Leuten. Also, die drücken das nicht einfach so durch und sagen, so, jetzt machen wir das auf Gedeih und Verderb. So kann man das nicht sagen." (IP 08, ID 7:27)

Nach Ansicht von Interviewpartner 08 steigt die Einflussmöglichkeit auf die strategische Ausrichtung des Unternehmens, wenn pioniermäßig agiert wird, im Sinne einer Rückkopplung. Die Erkenntnisse auf der Umsetzungsebene fließen an die Geschäftsführung zurück und beeinflussen damit indirekt die strategische Ausrichtung. Interviewpartner 09 hebt heraus, dass bei Vorlage guter Argumente und einer ausgeprägten Überzeugungsfähigkeit strategische Entscheidungen ebenfalls beeinflusst werden können. Der folgende Interviewausschnitt gibt hierfür ein Beispiel:

> „Hängt sehr stark vom Thema ab. Bei einigen Themen gibt es direkt einen Auftrag aus der Geschäftsleitung. Aus einem ‚pain', einem Vorfall, einer Analyse. Und dann mit viel Freiraum besetzt, mach mal. Und in einigen anderen Themen stellen wir in der Organisation durch unsere Arbeit etwas fest. Verdichten es. Machen etwas zum Thema und holen uns den Auftrag. Und versuchen dann, das auch wirklich zu verankern. Oder in einen strategischen Kontext zu bringen, in einer abgeleiteten Form. Also, was ist Vision, Strategie. Das und das braucht ihr, wir sehen das, also, hier ist der Match, der Fit.

> Aber dann müssen wir das abholen. Also, das ist weniger jetzt unser Rollenzuschrieb, sondern eher vom Thema. Also, Performance Management, hoch strategisch, hoch wichtig und direkter Auftrag der Geschäftsleitung, großes Gestaltungsfeld. Aber bei anderen Sachen, z. B. Sprachen, oder? So. Da kam der ‚pain' wirklich von der Basis. [...] Dann musst du halt gebetsmühlenartig nach oben alle überzeugen, jetzt müssen wir in die Sprachen investieren. Also, gibt es beides." (IP 09, ID 8:42)

Die informelle Vernetzung mit Entscheidungsträgern erhöht ebenfalls die Mitgestaltungsmöglichkeit der Strategie. Ein Teil der Interviewpartner (IP 02, IP 07, IP 09) hebt hervor, dass sie auf informellem Weg direkten Zugang zur Geschäftsführung haben und dies bei Bedarf vorausschauend nutzen. Eine direkte Anbindung wird als positiv für die eigene Arbeit beschrieben.

> „Doch, unser HR Chef ist in der Konzernleitung. Direkter Draht. Und das hilft. Du kriegst die Feedbacks sehr schnell zurück, wenn etwas nicht gut geht. Musst das auch aushalten. Und unsere Geschäftsleitung erlebe ich immer als sehr affin für Entwicklungsthemen. Also, es gibt auch Geschäftsleitungsmitglieder, die mailen mir Sachen weiter, wenn externe Partner über sie gehen, oder." (IP 09, ID 8:41)

Die strategische Einbindung liegt zudem aus Sicht von sieben Gesprächspartnern vor, wenn die Aufmerksamkeit der Geschäftsführung auf der Personalentwicklung liegt. Sie beschreiben, dass sie in diesen Zeitfenstern explizit auf der strategischen Ebene einbezogen wurden. In diesen Phasen ist Personalentwicklung ein „Roter Teppich"-Thema. Die Aufmerksamkeit der Geschäftsführung verschiebt sich aber nach Erfahrung von zwei Gesprächspartnern wieder und damit verschwindet auch die Einbindung. Ein anderer Gesprächspartner hebt hervor, dass der Einfluss mit dem Abbau des Personalvorstandsbereichs deutlich gesunken ist.

Es gibt zudem zwei Gesprächspartner, die angeben, gänzlich ohne strategische Fundierung zu arbeiten. Eine Interviewperson begründet dies damit, dass im Unternehmen strategisch fundiertes Handeln auch auf Geschäftsführungsebene nicht verbreitet ist und eher schnelle Maßnahmen im Zentrum stehen. Sie akzeptiert die Situation so, wie sie ist:

> „Wir sind nicht besonders langfristig, wir wissen genau, wir haben eine überalterte Arbeitnehmerstruktur, die Leute gehen in zehn Jahren alle in Rente. Wir tun nichts dagegen, obwohl wir es jetzt schon wissen. Also, wir sind nicht strategisch. Wir wissen, unser Vertrieb ist nicht richtig aufgestellt. Das wissen wir, wir können gut Analysen machen. Aber wir haben nicht in dem Sinne, was ich wirklich unter Strategie verstehen würde, dass man sich nochmal echt auch Gedanken macht. Guckt, was machen die Wettbewerber und was sind

> dann wirklich auch die Felder, in denen wir, ja, wir sind halt relativ schnell sofort bei Maßnahmen." (IP 04, ID 3:54)

Eine andere Interviewperson würde gerne strategisch fundierter handeln, ihr mangelt es aber an Orientierung, da es eine PE-Strategie für die Gesellschaft nicht gibt. Diese Lücke versucht die Interviewperson zu füllen, indem sie sich selbst Gedanken über die Strategie macht, ein „big picture" entwickelt und hiernach handelt. Sie beschreibt aber auch, dass sie bei Aufträgen von der Geschäftsführung häufig nach dem Sinn suche und sich mehr Einbindung wünschen würde.

> „Ja, genau, also, ich habe sehr oft, also nicht sehr oft, aber es wurde zum Beispiel ein Training, das war mittlerweile vor 1,5 Jahren aufgesetzt. Kam der Auftrag von ganz oben, bitte global ausrollen, alle Führungskräfte sollen daran teilnehmen. Völlig neues Thema und so weiter und so fort. Finde ich ein super klasse Training, ganz toll, finde ich wirklich super. Es läuft immer noch, wir planen immer noch [...] Trainings. Gut, jetzt kam vor 2 Monaten, kam wieder so eine Aktion. Jetzt bitte ein Training zum Thema Präsentieren nach einem bestimmten Prinzip ausrollen. Ausrollen auf eine bestimmte Zielgruppe. Da habe ich schon mal hinterfragt bzw. Überzeugungsarbeit geleistet. Ich finde das ist nicht nur für diese Zielgruppe interessant, es können auch viele andere Mitarbeiter davon profitieren, lasst uns daraus einfach ein offenes Angebot machen. Jeder, der vielleicht eine wichtige Präsentation hat, kann das nutzen, ja? Jetzt habe ich vor zwei Wochen ein Signal bekommen, ah ja, da wird noch dies und das kommen, lass uns mal das besprechen, ja? Und es kommen halt so tropfenweise so Themen von ganz oben, das heißt, ich gehe davon aus, jemand oben hat irgendwie eine Idee, aber warum kann ich nicht daran teilhaben? Als Verantwortliche von der Personalentwicklung?" (IP 16, ID 15:10)

Zusammenfassung

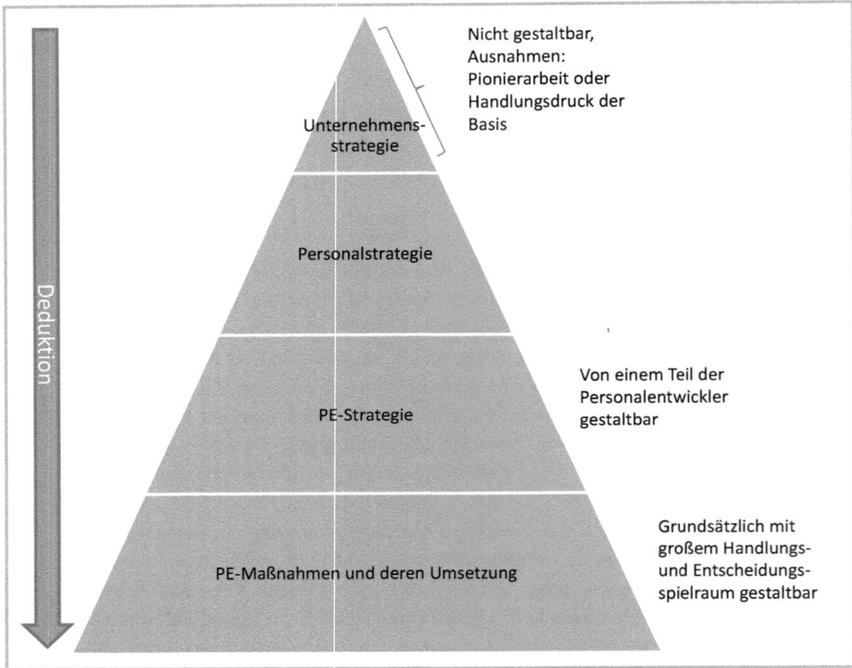

Abbildung 60: Strategische Gestaltungsmöglichkeiten von Personalentwicklern

Die Einbindung in Strategieentwicklungsprozesse ist in der Praxis der Interview-partner kaum gegeben. Ihre Gestaltungsmöglichkeit liegt in der Ableitung und Umsetzung von Maßnahmen auf der operativen Ebene und weniger in der Gestaltung von Strategien. Abbildung 60 fasst die Auffassungen der interviewten Personalentwickler über ihre Einflussmöglichkeiten auf die Strategieformulierung zusammen.

Tabelle 18 vermittelt abschließend einen Eindruck, welche Interviewpartner sich zu welchen thematischen Facetten der strategischen Rolle äußerten.

Kategorie	Thema bzw. Subkategorie	Interviewpartner
Strategische Rolle → Positiv ausgeprägt	Strategische Rolle → positiv: Aufmerksamkeit durch Geschäftsführung	01, 02, 06, 09, 10, 14, 15
	Strategische Rolle → positiv: PE-Strategie	06, 07, 11
	Strategische Rolle → positiv: Überzeugungsfähigkeit und Vernetzung	02, 07, 09, 11
Form der strategischen Einbindung	Fokus auf der Umsetzung und Ableitung von Maßnahmen	01, 02, 04, 05, 06, 07, 08, 09, 11, 12, 15, 16

Tabelle 18: Themenmatrix – Strategische Rolle von Personalentwicklern (n = 15)

4.3.7. Herausforderungen und Probleme in der PE-Arbeit

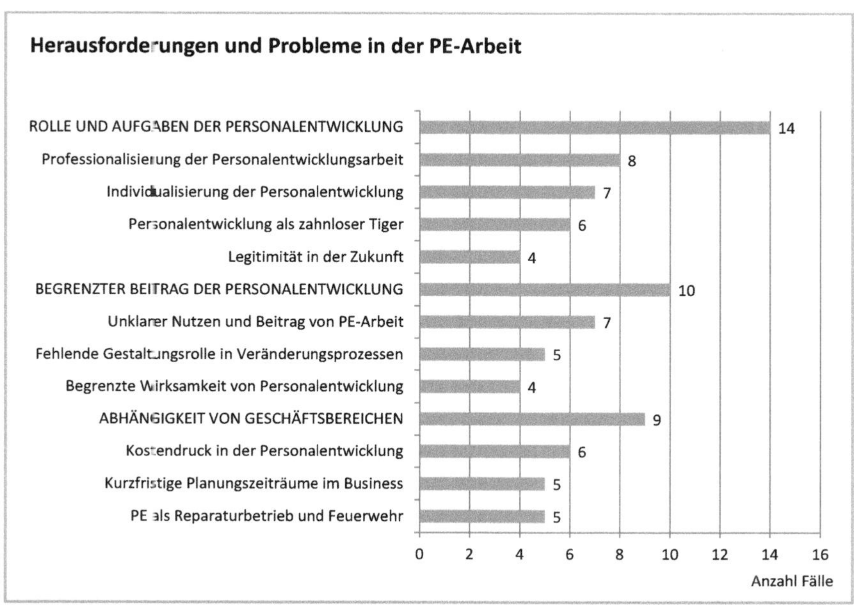

Abbildung 61: Herausforderungen und Probleme in der PE-Arbeit (n = 15)

Die folgenden Kapitel geben Einblick in die subjektiv-theoretischen Vorstellungen der interviewten Personalentwickler über Herausforderungen und Probleme in der PE-Arbeit. Die Ergebnisdarstellung wird dabei von drei Problemfeldern geleitet, die im Rahmen der fallübergreifenden Analyse induktiv aus dem Datenmaterial gewonnen wurden: (1) Ein begrenzter Beitrag der Personalentwicklung im Unternehmen (siehe

Kapitel 4.3.7.1), (2) eine Abhängigkeit von den Geschäftsbereichen (siehe Kapitel 4.3.7.2) sowie (3) Probleme bezüglich der Rolle und den Aufgaben der Personalentwicklung (siehe Kapitel 4.3.7.3). Kapitel 4.3.7.4 fasst abschließend die individuellen Sichtweisen der interviewten Personalentwickler über Herausforderungen und Probleme des PE-Bereichs zusammen.

Abbildung 61 veranschaulicht die verschiedenen thematischen Facetten der identifizierten Problemfelder entlang ihrer Häufigkeit.

4.3.7.1. Rolle und Aufgaben der Personalentwicklung

Im Problemfeld „Rolle und Aufgaben der Personalentwicklung“ lassen sich die subjektiv-theoretischen Sichtweisen der Interviewpartner in vier thematischen Facetten bündeln: Herausforderungen im Zusammenhang mit (1) der Professionalisierung der PE-Arbeit, (2) einer Individualisierung der Personalentwicklung, (3) einer Rolle als „zahnloser Tiger“ und (4) einer ungewissen Legitimität der PE-Abteilung in der Zukunft. Die subjektiven Deutungen der interviewten Personalentwickler werden im Folgenden näher dargestellt.

(1) Professionalisierung der PE-Arbeit

Die Äußerungen der Interviewpartner in Bezug auf Professionalisierungsfragen der Personalentwicklung beziehen sich einerseits auf das Kompetenzniveau von Personalentwicklern (7 Fälle) sowie andererseits auf die Zusammenarbeit mit anderen Personal- und Fachbereichen (2 Fälle).

Hinsichtlich des Kompetenzniveaus wird geäußert, dass die Kompetenzen von Personalentwicklern auf der Ebene des Fachwissens sowie der Interpretation der eigenen Rolle im Umgang mit sich selbst und mit anderen verbesserungsfähig seien (siehe Abbildung 62).

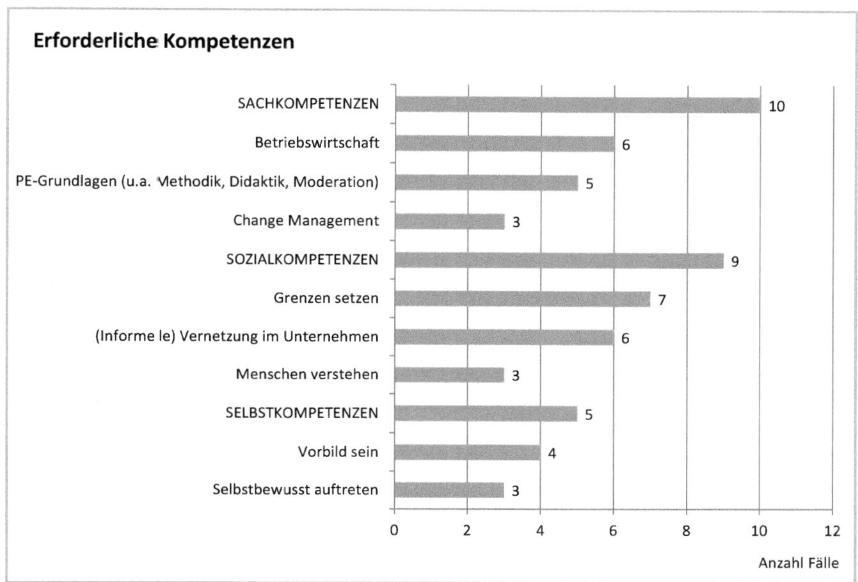

Abbildung 62: Erforderliche Kompetenzen von Personalentwicklern (n = 15)

Ein Teil der Interviewpartner (6 Fälle) thematisiert zu gering ausgeprägte betriebswirtschaftliche Kenntnisse von Personalentwicklern. Hierzu gehört sowohl das Lesen und Verstehen eines Geschäftsberichts als auch die kompetente Bestimmung geeigneter Kennzahlen und Messinstrumente für die verschiedenen PE-Aktivitäten. Zusätzlich wird eine ausreichende Kompetenz in den PE-Grundlagen (u. a. Trainingskonzeption, Moderation) angesprochen. Interviewpartner 05 kritisiert beispielsweise, dass es immer wieder Personalentwickler gebe, die nicht wüssten, wie ein Lernziel zu definieren sei. Drei Interviewpersonen sprechen die Relevanz von Kenntnissen im Change Management an, um Veränderungsprozesse im Unternehmen unterstützen zu können.

> „Personalentwickler müssen sich generell stärker den generellen HR Themen annähern. Insbesondere bei Change und Reorganisationsveränderungen ist die Frage nach Interessenausgleich, Sozialplan, betriebsbedingte Kündigungen dabei und solches Faktenwissen müssen wir uns mehr aneignen.“ (IP 15, ID 14:22)

Weiterer Handlungsbedarf bestehe in Bezug auf die Ausgestaltung der Rolle des Personalentwicklers. Aus Sicht von Interviewpartner 12 prägen die innere Haltung und das daraus resultierende Handeln die Außenwahrnehmung maßgeblich mit.

> „Es passiert schnell, als Personalbereich als administrative Funktion gesehen zu werden und wenn du das nicht bist, ich denke, es ist oft ein Fehler, aber es ist das, was in deinem Kopf ist. Wenn du dich selbst nicht als administrative Funktion siehst, dann verhältst du dich auch nicht so. [...] Also, ich denke, du musst immer sehen, es geht um Vorbild sein und zum Beispiel, wenn wir Performance Management trainieren. Dann müssen wir ‚weißer als weiß' sein in Bezug darauf, wie wir es selbst praktizieren. [...]." (IP 11, ID 10:35)

Die hohe Bedeutung eines selbstbewussten Auftretens mit einer entsprechenden inneren Haltung stellen auch andere Interviewpersonen heraus.

> „Ja, und ich glaube einfach an eine starke Personalabteilung generell oder Personalmanagement. Ich glaube, das ist das Zukunftsthema. Und ich finde, da muss man sich an der eigenen Nase fassen und das auch wollen und sagen, wir wollen die Prozesshoheit für den und den Prozess. Und wir wollen da auch auf Augenhöhe handeln und ja, das ist eine Grundhaltung, sehe ich aber wirklich als Zukunftsthema, dass das noch verstärkt kommt. Weil es gibt auch Kollegen, die, die da einfach sich eher als Zulieferer oder wie auch immer sehen. Das sehe ich z. B. nicht. [...]." (IP 14, ID 13:19)

Die Beraterkompetenz ist für Interviewpartner 15 ein großes Thema. Als Auftragsempfänger würden in der Personalentwicklung häufig Aufträge angenommen, ohne diese kritisch zu hinterfragen. Dies betont auch Interviewpartner 07:

> „Und auch der Personalentwickler muss ab einem Punkt sagen, jetzt ist mal gut mit Spezialwünschen. Die ‚xte' Version von wir brauchen ein spezielles Training ist auch mal gut. Wenn da ein Management anruft und sagt ja, aber, wir machen es ganz speziell und jetzt brauche ich eine ganz spezielle Version. Warum? Wieso? Was ist bei euch so speziell? Was ist bei euch anders wie bei den anderen?" (IP 07, ID 6:58)

Andere beschreiben die Anforderung, in der Personalentwicklung Grenzen zu setzen (7 Fälle). Es geht dabei nicht um ein striktes Nein-Sagen, sondern um eine selbstbewusste Positionierung bei Auftragsgesprächen, wenn die Anforderungen nicht zu erfüllen oder inhaltlich nicht sinnvoll sind. Das Aufzeigen von Grenzen betrifft aber nicht nur das Verhältnis zu Führungskräften, sondern auch das Verhältnis zu Mitarbeitenden, zum Beispiel in Bezug auf die Entwicklungspotenziale eines Mitarbeitenden, seiner Teilnahme an Seminaren oder Programmen oder seiner individuellen Bedürfnisse.

Eine weitere wichtige Kompetenz wird in der (informellen) Vernetzung von Personalentwicklern im Unternehmen und dem Aufbau stabiler, belastbarer Netzwerke mit den Führungskräften in den Fachbereichen und Entscheidungsträgern im Unternehmen gesehen (6 Fälle). Informelle Kontakte zu Entscheidungsträgern werden als hilfreich für die eigene Arbeit beschrieben.

Für zwei Gesprächspartner (IP 15, IP 16) ergeben sich zudem Probleme aus einer nicht oder nur unzureichend vorhandenen Zusammenarbeit mit anderen Personal- und Fachbereichen und einem damit einhergehenden Qualitätsverlust in der PE-Arbeit. Im folgenden Textausschnitt wird beispielsweise darauf hingewiesen, dass die Bedarfssituationen der Fachbereiche durch eine Rolle im Hintergrund nicht bekannt seien.

> „Es würde für mich dazu gehören, dass wir in einem viel engeren Kontakt sind mit dem Business. Also, mit unseren Facheinheiten quasi. Ja, um einfach, sage ich mal, ihre Bedarfe quasi aus erster Hand, sage ich mal, zu erfahren. […] Und dieser Austausch ist so offiziell nicht gegeben. Also, es sind einfach keine Rahmenbedingungen dafür da oder keine, wie sagt man, so Plattformen, Meetings. So was gibt es nicht, ja?“ (IP 16, ID 15:20)

Interviewpartner 15 illustriert am Beispiel des durch neu eingeführte Strukturen entstandenen HR Business Partner-Modells, wie wichtig es für eine mehrwertbringende PE-Arbeit sei, stärker mit der Personalbetreuung verzahnt zu sein.

> „Ich glaube, dass es ganz wichtig ist, dass Personalentwicklung und Personalbetreuung, so nennt man es bei uns, enger verzahnt sein müssten. Für die Personalentwickler, um ihre Arbeit und Tätigkeit wirklich ganz im Sinne und im Mehrwert, da für das Unternehmen zu fragen, ist es wichtig, dass das mehr verzahnt wird, weil, wir brauchen auch Zugänge zu den Personalakten. Das ist oft schwierig, die zu haben, um einfach zu gucken, wer ist das, was hat der gemacht usw. Wir brauchen auch bestimmte Kennzahlen, die wir eher, die eher in den Betreuungsbereichen erhoben werden. […], aber wir haben das Gefühl hier [Anmerkung: Zwischen PE und Personalbetreuung] ist eine zu starke Trennung. Wir kriegen nur auf Anfrage mit, wer wird denn neu eingestellt, auf welche Position, huch, wir haben einen neuen Teamleiter, braucht der vielleicht eine Führungsschulung? Braucht der vielleicht ein Mentoring am Anfang seiner? Das ist oft schwierig. Wir sind nicht gut verzahnt. [...].“ (IP 15, ID 14:16)

Beide Textausschnitte verdeutlichen, dass zumindest aus Sicht eines kleinen Teils der Befragten erheblicher Bedarf an einer Verbesserung der Zusammenarbeit mit anderen Personal- und Fachbereichen besteht.

(2) Individualisierung der Personalentwicklung

Derzeitige sowie künftige Individualisierungstendenzen werden von sieben Gesprächspartnern als herausfordernd oder problembehaftet charakterisiert (siehe Abbildung 61). Einerseits wird ein gewisser Handlungsdruck zur Individualisierung der PE-Angebote empfunden, andererseits beschreibt beispielsweise Interviewpartner 09 eine umfassende Individualisierung als eine Kunst, die niemand könne.

> „[...] wir haben jetzt wirklich so nach dem guten alten Kolb, diesen vier Typenanalogien versucht, in der Organisation ein bisschen auch auf die Typen zu schauen und dementsprechende Kombinationen an Lernsettings zu gestalten. Da stecken wir erst in den Anfängen, aber es allen recht zu machen, ist eine Kunst, die niemand kann. Das habe ich wirklich gelernt. Die einen schreien, ich möchte kein neues Training, ich möchte das selber nachschauen. Bitte stellt mir einfach nur die Info zur Verfügung. Dann entscheide ich, wann ich das brauche und nachschaue. Und der andere sagt, auch in einer doch sich so eingeschliffenen Konsumhaltung, ja, letztes Mal gab es da ein großes Training und so weiter und ich hatte einen halben Tag frei oder konnte reisen, wo ist jetzt das Training? Oder bereitet mir alles mundgerecht auf. Und, was ich wirklich feststelle ist, dass diese Individualisierung noch viel stärker auch in der Angebotsstruktur und Angebotsbereitstellung erfolgen muss. Das jeder dann eigentlich alles lernen kann, wie er es am besten gerne hätte. [...]“ (IP 09, ID 8:10)

In Bezug auf die Umsetzung einer individualisierten Personalentwicklung scheint aus Sicht mancher Befragten einiges noch ungeklärt. Es stehen Fragen im Raum, wie transparente Arbeitszeit- und Arbeitsmodelle eingeführt werden können, die möglichst viele Interessen abdecken oder wie mit der Förderung und Entwicklung von Mitarbeitenden in Zeiten des demografischen Wandels umgegangen werden solle. Die Talent-Management-Strategien der Unternehmen werden mitunter scharf kritisiert, wie die folgende Meinung eines Gesprächspartners illustriert.

> „[…] Das andere, das man auch simplifiziert einfach eben in diese Gruppen, also, kennen Sie wahrscheinlich, diese Portfolios, also, wir haben so was wie ‚valued performer‘ und ‚high potentials‘ und irgendwie Potenzialträger so dazwischen hängen. Das ist, in meinen Augen, zumindest bisher, sehr stark vereinfachend und trägt eben auch dem Einzelnen, das ist dann eben auch Individualisierung wieder, nicht wirklich Rechnung. Also, […], ich habe das heute wieder gesagt, eigentlich, dieser Talentbegriff, also Menschen besserer Qualität oder was auch immer! Der da so drin steckt. Was mir wertemäßig sowieso nicht liegt, aber wo ich denke, das ist auch nicht hilfreich. Also damit verschenkt man Ressourcen, nämlich bei all denen, die per se sowieso nicht dazu gerechnet wurden. [...].“ (IP 13, ID 12:15)

Die Exklusivität von Talententwicklungsansätzen in Unternehmen sehen auch andere kritisch. So beschreibt Interviewpartner 04, dass sich das Unternehmen sehr stark auf Talente konzentriere, und Mitarbeitende, die nicht als Talente gelten, kaum Entwicklungschancen eröffnet würden. Eine andere Interviewperson verweist auf die demografischen Entwicklungen und den künftig angespannten Arbeitsmarkt im deutschsprachigen Raum:

> „Im Zeitalter, in dem wir jetzt leben, ich beschäftige mich auch gerade in einem Projekt mit Demografie, sehen wir ja auch, dass in den nächsten zehn Jahren tatsächlich so ein Leck da sein wird. Wir haben nicht mehr unendlich viele Leute, die wir reinholen und wieder rausschießen können, wo wir sagen, probieren wir es mit dem oder mit dem. Sondern wir müssen mit denen die da sind, auch gerade mit den jungen Leuten, die nachkommen, die müssen wir wirklich pflegen und ihnen helfen, dass sie in diesem Unternehmen ihren Platz finden. Und bei dem einen geht es eben schneller, da ist das nicht so schwierig, und ein anderer braucht halt mal noch eine andere Ansprache. [...]" (IP 08, ID 7:24)

Eine persönliche Personalentwicklung, welche die Bedürfnisse der Mitarbeitenden auch in Veränderungszeiten ernst nehme und adressiere, sei zudem nach Auffassung von Interviewpartner 07 ein Rezept für eine ausgeprägte Mitarbeiterzufriedenheit. Das sei für ihn, neben der Unterstützung von Geschäftszielen, der zweite Aspekt von Personalentwicklung.

> „Aber Personalentwicklung, das zeigt sich jetzt gerade auch bei uns, ist auch noch ein Stück mehr und vor allen Dingen für uns ein ganz, ganz wichtiger Teil zur Mitarbeiterzufriedenheit. Jetzt gerade, wir sind ja in einem etwas schwierigeren Umfeld, mit Personalabbau, mit massiven Umstrukturierungen durch mergers, acquisitions, also, es ist sehr, sehr komplex alles, wo die Mitarbeiter leiden. [...] Zum einen muss man ihnen natürlich helfen, das zu können, was sie in ihrem Job brauchen. [...] Und je mehr man der Personalentwicklung eine persönliche Note gibt, also, versucht tatsächlich Erhebungen pro Individuum zu machen. [...] Wenn der Manager sich involviert, wenn Leute direkt angesprochen werden, dann fühlen sie sich wertgeschätzt. Also, Personalentwicklung ist für mich auch so ein Geheimnis, wenn es darum geht, wie mache ich glückliche Mitarbeiter, wenn es mal um die ganzen monetären und Sicherheitsaspekte an die Seite geht, dann ist es einfach dieses, ja, wir nehmen dich ernst, wir nehmen dich wahr, du hast Bedürfnisse. [...] Und ich denke, neben der großen Aufgabe, das Business zu unterstützen, ist eben da noch dieser zweite Aspekte, die Mitarbeiter möchten es, sie fordern es ein, sie wünschen es und sie sehen es als wesentlichen Teil für ihre Zufriedenheit und Begeisterung zum Unternehmen." (IP 07, ID 6:4)

(3) Personalentwicklung als „zahnloser Tiger"

Eine weitere Herausforderung in der PE-Arbeit liegt in einer mangelnden Durchsetzungsfähigkeit gegenüber Fachbereichen. Sechs der interviewten Personalentwickler (siehe Abbildung 61) weisen in verschiedener Hinsicht darauf hin, dass sie auf Kundenwunsch immer wieder Maßnahmen umsetzen, deren Wirksamkeit sie bezweifeln, dass ihre Einflussnahme in anderen Geschäftsbereichen gering sei, dass die Fachbereiche über PE-Maßnahmen entscheiden oder dass von der Geschäftsführung PE-Eigenproduktionen in anderen Bereichen und Gesellschaften geduldet würden. Die Eskalation nach oben wird im Notfall als einzige Durchsetzungsmöglichkeit beschrieben.

> „Es ist meine Verantwortung zu erklären, warum ich denke, dass etwas nicht geht, Alternativen anzubieten und so stark wie möglich zu betonen, dass ich denke, dass das nicht der beste Weg ist. Aber letztlich entscheidet er, ob er mir folgt oder nicht. Aber wenn es ein wirklich gefährlicher Weg ist, dann würde ich zu seinem Chef gehen […] Denn meine Verantwortung besteht für das Unternehmen als Ganzes." (IP 11, ID 10:54)

Bildhaft gesprochen, beschreiben die Personalentwickler sich als zahnlose Tiger mit eher geringen Durchgriffsrechten bei Personalentwicklungsaktivitäten in anderen Bereichen oder Gesellschaften. Als Berater hänge der Einfluss von dem Verhältnis zu den Entscheidungsträgern, der Überzeugungsfähigkeit, der (informellen) Vernetzung oder einem selbstbewussten Auftreten als Experte im Unternehmen ab.

> „Und das ist bei uns durchaus ein Punkt, weil so Prozesse, dann meinen Führungskräfte, nein, das müsste man anders machen oder wir wissen es besser. Und da finde ich schon, dass der Personalbereich einfach Stärke zeigen muss und als Partner auf Augenhöhe sagen muss, nein, wir geben da vor, wie es gemacht wird. Und das hat schon Sinn und Zweck. […] Also, man, aber ich finde schon, dass man einfach sagen muss, okay, das ist unser Prozess. Ich muss natürlich erläutern und so weiter, aber ich darf mir den nicht aus der Hand nehmen. Ich glaube, das sind, also, es gibt einfach Personalthemen und die sind dann auch im Personalbereich, da kann man drüber diskutieren, das ist ja klar, aber, wir sind da in dem Fall die Experten und das dürfen wir uns auch nicht nehmen lassen." (IP 14, ID 13:19)

(4) Legitimität in der Zukunft

Ein kleiner Teil der Gesprächspartner (4 Fälle, siehe Abbildung 61) stellt die Legitimität der Personalentwicklung in Frage. Als Hauptargument dient die Verschiebung der Verantwortung für Personalentwicklung in den Prozess der Arbeit. Wenn eine Führungskraft ein entwicklungsfreundliches Arbeitsumfeld schaffe, so die These, dann werden PE-Maßnahmen und PE-Abteilungen weniger gebraucht. Aber auch die technologische Entwicklung und die damit verbundene, zunehmende Selbstbestimmung der Mitarbeitenden werden als Grund angeführt.

> „Also, im Prinzip versuchen wir ja eigentlich, die Führungskräfte zu dem ersten, und für den Mitarbeiter auch persönlich besten Personalentwickler aufzubauen. […] Und, wenn die das gut können und sehr viele Führungskräfte, die haben heute einen, einen guten HR Hintergrund. Im besten Fall bräuchte

> es das HR dann nicht mehr. Also, die HR Entwicklung. Sie moderiert gewisse Sachen, aber, abgesehen von diesen peristaltischen Bewegungen zwischen zentral, dezentral, sind alle Konzepte, alle Sachen schon mal da gewesen. Sie brauchen neu aufbereitet werden, aber ich denke auch, sehr viele Führungskräfte, die werden immer stärker und stärker vertrauter in dieser Rolle. Und wenn sie dann weniger mit formaler Hierarchie und, und Arbeitszuteilung, nein, du darfst das nicht, Sina, du machst jetzt dieses Projekt fertig, mich aber stärker auf deine Entwicklung konzentriere und schaue, wo ich dich als Talent sonst auch irgendwo noch hervorbringen kann? Wenn meine Reputation steigt, wenn ich dich im Unternehmen weiter bringe. Also, diese Umkehrung. Dann braucht es Development als dezidiertes HR Team vielleicht nicht mehr. Vielleicht braucht es so zwei, drei embedded Development Leute in den Geschäftsbereichen, aber nicht als dezidierte Organisation." (IP 09, ID 8:29)

> „Na, ich glaube einfach, dass dann das Thema Personalentwicklung von den Führungskräften abgewickelt wird. Die würden dann dafür sorgen, dass wirklich ihre Mitarbeiter immer zum richtigen Zeitpunkt in der richtigen Art und Weise qualifiziert sind. Die würden sie fachlich, inhaltlich, emotional begleiten. Ich glaube, dann würde sich das Aufgabenfeld der Personalentwicklung relativ reduzieren." (IP 10, ID 9:39)

Neben der Frage nach der zukünftigen Legitimität wird aber dennoch an den Beitrag von Personalentwicklung für das Unternehmen geglaubt. Interviewpartner 05 stellt die These auf, dass der Stellenwert von Personalentwicklung eine Frage der Unternehmenskultur sei und eine tief in der Kultur verankerte, nah an den Fachbereichen agierende PE-Abteilung nicht ersetzbar sei.

> „Aber eine Personalentwicklung, die tief in der Kultur verankert ist, die wirst du nie absägen oder outsourcen können. […] Weil sie in den Businessprozessen stark drin ist, weil sie die Akteure kennt, weil sie die aktuellen Themen kennt und weil eben dieser Blick auf den Menschen da ist. Diese Akteure, die du dann hast, werden nie outsourcebar sein. [...] Natürlich kann man dieses oder jenes Seminar outsourcen, aber das hat für mich nichts mit PE zu tun, [...]." (IP 05, ID 4:30)

Tabelle 19 vermittelt abschließend einen Eindruck, welche Interviewpartner sich zu den verschiedenen Herausforderungen und Problemen im Problemfeld „Rollen und Aufgaben der Personalentwicklung" geäußert haben.

Kategorie	Thema bzw. Subkategorie	Interviewpartner
Problemfeld: Rolle und Aufgaben der Personalentwicklung	Professionalisierung der Personalentwicklungsarbeit	02, 04, 05, 11, 13, 14, 15, 16
	Individualisierung der Personalentwicklung	02, 04, 07, 08, 09, 10, 13
	Legitimität in der Zukunft	05, 06, 09, 10
	Personalentwicklung als zahnloser Tiger	01, 02, 04, 05, 07, 11

Tabelle 19: Themenmatrix – Problemfeld „Rolle und Aufgaben der Personalentwicklung“ (n = 15)

4.3.7.2. Begrenzter Beitrag der Personalentwicklung

Die subjektiv-theoretischen Vorstellungen der Befragten, die im Problemfeld „Begrenzter Beitrag der Personalentwicklung“ zusammengeführt wurden, weisen im Kern drei thematische Facetten auf: (1) Einen unklaren Nutzen und Geschäftsbeitrag von Personalentwicklung, (2) eine fehlende Gestaltungsrolle in Veränderungsprozessen sowie (3) Zweifel an der Wirksamkeit von PE-Maßnahmen. Diese Facetten werden im Folgenden näher beleuchtet.

(1) Unklarer Nutzen und Geschäftsbeitrag von Personalentwicklung

Die Problematik eines unklaren Nutzens oder Geschäftsbeitrags der Personalentwicklung wird von sieben Gesprächspartnern thematisiert (siehe Abbildung 61). Neben einer fehlenden Einbindung der Aktivitäten in ein Gesamtkonzept von Personalarbeit (IP 16) wird die Überzeugung geäußert, dass die PE-Abteilung nicht immer klar nachweisbare, monetäre Wirkungen auf den Geschäftserfolg habe.

> „Dann, denke ich wirklich, es ist eine Investition. Wir kämpfen oft damit, Training, Entwicklung und so weiter, das kostet. Ihr müsst effizienter werden, billiger und so weiter. Aber für mich ist es ein Invest. Das nicht so klare Benefits bringt und oftmals Benefits bringt, in einer anderen Dimension, als man so vordergründig sich vorgestellt hat.“ (IP 09, ID 8:32)

Die Bewertung des Nutzens und Geschäftsbeitrags der Personalentwicklung scheint eine Frage der inneren Überzeugung zu sein. Während Interviewpartner 11 sich beispielsweise vehement dagegen wehrt, die Personalentwicklung als Funktion ohne deutlichen Geschäftsbeitrag oder gar als Bürger zweiter Klasse zu sehen, vertritt Interviewpartner 05 die Sichtweise, dass die Einwirkung der PE-Abteilung keine direkte Wirkung auf den Geschäftserfolg habe.

> „[...] wir gehen nicht raus und verdienen das Geld mit den Kunden, aber ich sehe uns als Unterstützungsfunktion auch nicht so, dass wir weniger wert sind oder dass wir ein Bürger zweiter Klasse sind, weil wir nicht rausgehen und Geld verdienen. Denn, damit die Leute fähig sind, draußen das Geld zu verdienen, benötigen sie ein entsprechend hohes Level an Unterstützung." (IP 11, ID 10:50)

> „Ich glaube, eine gute Personalentwicklung kann ein schwächelndes Businessmodell nicht auffangen. Wir sind einfach nicht Vertrieb. Wir sind einfach nicht Entwicklung. [...] So, also das heißt, wenn bei uns was besser läuft, geht es dem Unternehmen danach nicht besser oder schlechter. Die Symptome kannst du verdecken oder so. Aber, es rettet niemanden." (IP 05, ID 4:10)

Bei den Interviewpersonen, die von dem Nutzen der Personalentwicklung überzeugt sind, wird die Vorstellung vertreten, dass geeignete Kennzahlen für den Nachweis des Geschäftsbeitrags genutzt werden sollten. Der eigene Beitrag zur Strategie, so die Auffassung eines Teils der Interviewpartner (IP 02, IP 13, IP 14), solle transparent gemacht werden bzw. wenn sich etwas sinnvoll über Kennzahlen nachweisen lasse, sollte dies auch genutzt werden. Eine Interviewperson (IP 02), welche die eigene Arbeit sehr stark mit Kennzahlen belegt, beklagt beispielsweise, dass viele Mitarbeitende in der Personalabteilung sich vor einer Messung mit Kennzahlen scheuen würden. Sie sieht darin eine Zurückhaltung, die bei guter Arbeit gar nicht nötig sei, und eine Chance, die eigene Arbeitsleistung auch messbar machen zu können, wie der folgende Interviewausschnitt verdeutlicht:

> „[…], ich finde es ein Armutszeugnis für eine Personalorganisation nicht zu belegen, dass das was man macht, auch das bringt, was man verspricht. Ja, wenn ich ein Training mache, dann sage ich, nachher kann jemand besser Powerpoint. So, das muss ich belegen. […] Sonst ist mein Training nichts wert. […] So, und wenn ich jetzt Führungsverhalten mache und es geht um Mitarbeitergespräche, dann muss der nachher das Mitarbeitergespräch anhand bestimmter Kriterien, nämlich das, was ich trainier, ja, auch besser führen können. […] Und viele Personaler scheuen sich das messen zu lassen. Und ich glaube, das brauchen wir nicht. Wenn wir ein gutes Training haben, dann wird sich das auch bemerkbar machen, es sei denn die Person lernt nichts […]." (IP 02, ID 2:70)

Die Herausforderung im Nachweis des Beitrags der Personalentwicklung liegt für Interviewpartner 16 im Fehlen guter, quantifizierbarer Kennzahlen. Er ist aber überzeugt davon, dass eine Quantifizierung der PE-Aktivitäten in der Argumentation mit dem Vorstand und den Fachbereichen helfe. Interviewpartner 02 vertritt eine ähnliche Auffassung, wie der folgende Textausschnitt illustriert:

> „Es gibt Dinge, wo man mit Kennzahlen arbeiten kann, und dann sollte man es auch nutzen. […] Da wo aber eine Kennzahl keinen Sinn macht, hinzugehen und zu sagen, okay, wir haben Werte und etwas soll auf diese Werte laden und da geht es zum Beispiel um Erwartungen oder dergleichen, da sollte man auch den Mut haben, wir machen das so. Es ist nur immer so, wenn es mal irgendwann um Kosten geht, dann wird am ehesten da gestrichen, wo man halt keine Kennzahlen dahinter hat.“ (IP 02, ID 2:69)

Abschließend betrachtet, liegt für einen Teil der befragten Personalentwickler ein Problem im Nachweis des Nutzens und Geschäftsbeitrags der Personalentwicklung, der entweder im monetären Sinne als nicht direkt sichtbar gilt oder aufgrund fehlender, aussagekräftiger Messgrößen als schwierig nachweisbar.

(2) Fehlende Gestaltungsrolle in Veränderungsprozessen

Der Hinweis auf eine fehlende Gestaltungsrolle in Veränderungsprozessen zieht sich als roter Faden durch die vorliegende Studie. Nur ein Drittel der Interviewpartner gibt an, dass im Unternehmen die Begleitung von Veränderungs- und Organisationsentwicklungsprozessen zur Personalentwicklung gehört (siehe Abbildung 53) und lediglich vier der Gesprächspartner vertreten die Auffassung, dass die Rolle des Veränderers zu ihrem praktizierten Rollenspektrum als Personalentwickler zählt (siehe Abbildung 58). Doch selbst in den Fällen, in denen sich die Personalentwickler in der Gestaltungsverantwortung für Veränderungsprozesse sehen, setzt sich diese jedoch häufig nicht in die Tat um. Sie schildern den Eindruck, zu spät oder gar nicht in Veränderungsprozesse einbezogen zu werden. Die Entscheidungen, so die Vorstellung der Betreffenden, werden woanders getroffen. Insbesondere die Personalentwickler, die gerne eine Gestaltungsrolle hätten, geben an, implizit ihren Beitrag einzubringen, dabei aber ohne offizielle Legitimation zu agieren. Trotz dieser sehr unterschiedlichen Rolle in Bezug auf die Begleitung von Veränderungsprozessen, hebt ein Interviewpartner das Potenzial für die PE-Funktion hervor, durch eine Gestaltungsrolle die Unternehmensentwicklung aktiv mitzugestalten und hierdurch insgesamt an strategischer Bedeutung im Unternehmen zu gewinnen.

> "Das ist sicherlich in manchen Unternehmen heute schon so, dass der Personalentwicklungsbereich im Bereich Change Management mit drin ist. In vielen aber auch nicht. Und das ist natürlich auch, dass der Personalentwicklungsbereich dann auch nochmal strategischer gesehen wird. Also, sobald er für große Veränderungsprozesse als primärer Ansprechpartner da ist, und das Know-how ist nun mal in der Regel in der Personalentwicklung vorhanden, dann wird die Personalentwicklung auch nochmal viel enger an Entscheidungsträger, wie den Vorstand, ran rücken. Weil, wenn die sagen, wir kaufen ein Unternehmen dazu und es gibt Due Dilligence, und es wird alles an Zahlen erhoben, dann müsste eigentlich <u>sofort</u> der Personaler mit am Tisch sitzen

> und sofort mit angeschaut werden, wie kriegen wir es eigentlich hin, dass wir nachher eine erfolgreiche Verschmelzung oder auch eine erfolgreiche „nebeneinander her lebe“ Aktion haben. Das muss, da muss, glaube ich, aus meiner Idee her, durch das Thema Change Management Personal viel stärker mit rein. Und das ist, glaube ich, allgemein so was, wo der Personalbereich noch sehr verhalten gesehen wird. Und Personalentwicklung wäre dann im Grunde der Bereich, der es machen würde. Aus meiner Sicht." (IP 12, ID 11:14)

(3) Begrenzte Wirksamkeit von Personalentwicklung

Ein kleiner Teil der Personalentwickler (4 Fälle, siehe Abbildung 61) thematisiert Zweifel an der Wirksamkeit von Trainings und Seminaren, wie sie aus Sicht der Interviewpartner im Unternehmen bisweilen angeboten würden. Das Kernproblem begrenzter Wirksamkeit liegt nach dem Verständnis der Befragten darin, dass Trainings und Seminare in Unternehmen nicht immer zu den zu erreichenden Zielen passen.

> „Also, das ist echt schwierig mit der Wirksamkeit. Ich hatte ja das Glück, dass ich im Unternehmen [Name entfernt] die Wirksamkeit messen durfte, sehr intensiv. Also, wir haben nach diesem Jack Phillips Prinzip gemessen. [...] Das war super, aber da habe ich sehr deutlich gemerkt, wie viel man eigentlich tun muss, dass am Ende wirklich was bei rauskommt [...] Und dementsprechend würde ich jetzt sagen, diese Einzelmaßnahmen, die man so über Präsenztrainings im Katalog abbildet, wenn das nur eine zweitägige Schulung ist, dann ist das für Wissensvermittlung gut. Also, alles was irgendwie einfach nur Inhalte und Wissen vermittelt, gut. Sobald es zu Verhaltensänderung kommen soll, muss man eigentlich eine Zusatzmaßnahme anschließen.“ (IP 12, ID 11:5)

Die Aussage eines anderen Gesprächspartners illustriert, dass bei einer Entscheidung für oder gegen eine Maßnahme im Zweifel der Kundenwunsch nach einer schnellen Maßnahme über dem Erreichen von Lernzielen steht:

> „Es gibt wirklich so Bereiche, wo ich offensichtlich Sachen intern auf die Beine stelle, lanciere und so weiter, in meinem Wissen. Wo ich dann sage, okay, hier ist die Wirksamkeit mal so hier, aber, der Mensch will es aus diesen und diesen Motiven. Ich nehme das Zertifizierungsbeispiel. Ich weiß, wenn ich jetzt diesen und diesen Lehrgang Zertifizierung auf die Beine stelle, der Mensch lernt nicht wirklich etwas, er wird nicht unbedingt glücklich. Er wird fluchen. Es ist ein mühsamer Lehrgang. Aber sein Chef will es. Oder der Kunde will es, dass er diesen Ausweis auf der Stirn trägt, IPMA Level 10, sonst kriegt unser Unternehmen den Auftrag nicht. […].“ (IP 09, ID 8:49)

Trainings werden aus Sicht von Interviewpartner 16 von manchen Führungskräften immer noch als schnelles, kostensparendes Allheilmittel gesehen, bei dem die Frage nach der Nachhaltigkeit einer Maßnahme ausgeblendet wird.

> „Ich denke, es ist mir wichtig, dass die Dinge nachhaltig sind. Ich möchte nicht irgendwas machen, einfach nur um es gemacht zu haben. Also, gerade ein Beispiel heute habe ich ein Telefonat bekommen, ah ja, da hat sich irgendeine Führungskraft gewendet an eine andere Führungskraft und er hat so viele Leute zu trainieren und er will eine Woche aufsetzen, wo er alle seine Leute eine Woche lang schulen wird. Zu vielen verschiedenen Themen. Und dann denke ich mir, ja, klar, ich verstehe, Reisekosten, Kosten generell, klar, aber (...) wenn ich eine Gruppe von Menschen eine Woche lang irgendwo reinstecke und mit tausenden Themen zuballere, wie nachhaltig ist das denn? Was bleibt denn übrig in den Köpfen? Wahrscheinlich das erste und das letzte, so nach dem Primacy und Recency Effekt, ja? Also, damit möchte ich diese Nachhaltigkeit und, ja, dass das einfach, sinnvoll irgendwie aufgebaut ist und nicht einfach gemacht ist, damit es gemacht wurde. Um zu sagen, ja, wir haben alle Leute trainiert oder die Mitarbeiter haben an dem Training teilgenommen, ja?“ (IP 16, ID 15:31)

Eine andere Interviewperson offenbart, dass anscheinend nicht die Eignung einer Maßnahme über ihren Einsatz entscheidet, sondern der Zeitgeist, Kosten-Nutzen-Argumentationen oder das vorhandene Personal.

> „Wir haben jetzt eine Software eingeführt und wir machen ein Riesen-Trainingsprogramm. Vor zehn Jahren hätten wir die nicht gemacht. Ist jetzt die Softwareeinführung dadurch erfolgreicher oder weniger erfolgreich? Keine Ahnung, ist auch so ein bisschen Zeitgeist, ja, viel Trainings zu machen, weil du hast ja auch Leute da, die Trainings machen. Also, müssen die ja, können wir die ja auch einbinden, also müssen die beschäftigt werden, also, so. Ich weiß nicht, ob das nachher erfolgreicher war. Ob Training in jedem Fall was bringt. Ich habe auch noch keinen gefunden, der es sagen kann. Du musst es natürlich für Business Pläne und für irgendwelche Kalkulationen, musst du es immer beweisen, dass es natürlich was bringt, klar, sonst bist du deinen Job los. Das ist genauso wie beim Marketing. Ja, manche Sachen kannst du beweisen, manche Sachen kannst du auch messen, andere Sachen, was wäre denn passiert, wenn du den einen Mitarbeiter nicht eingestellt hättest, aber dafür den anderen, den du genau nicht genommen hast? Was wäre denn passiert? Keine Ahnung.“ (IP 05, ID 4:11)

Die Aussagen der Interviewpartner verdeutlichen eine innere Abkehr von klassischen Trainings als PE-Maßnahme, aber auch, dass Mitarbeitende und Führungskräfte dies teilweise gezielt einfordern.

Tabelle 20 vermittelt abschließend einen Eindruck, welche Interviewpartner sich zu den verschiedenen Herausforderungen und Problemen im Problemfeld „Begrenzter Beitrag der Personalentwicklung" geäußert haben.

Kategorie	Thema bzw. Subkategorie	Interviewpartner
Problemfeld: Beitrag der Personalentwicklung	Unklarer Nutzen und Beitrag von PE-Arbeit	02, 04, 05, 09,11, 14, 16
	Fehlende Gestaltungsrolle in Veränderungsprozessen	01, 05, 12, 15, 16
	Begrenzte Wirksamkeit von Personalentwicklung	04, 05, 09, 12

Tabelle 20: Themenmatrix – Problemfeld „Begrenzter Beitrag der Personalentwicklung" (n = 15)

4.3.7.3. Abhängigkeit von den Geschäftsbereichen

Die subjektiv-theoretischen Vorstellungen der interviewten Personalentwickler, die im Problemfeld „Abhängigkeit von den Geschäftsbereichen" zusammengeführt wurden, weisen im Kern drei thematische Facetten auf: (1) Das Vorhandensein eines Kostendrucks in der Personalentwicklung, (2) kurzfristige Planungszeiträume im Unternehmen und (3) die Sichtweise auf die PE-Abteilung als Reparaturbetrieb und Feuerwehr. Diese Facetten werden im Folgenden präzisiert.

(1) Kostendruck in der Personalentwicklung

Ungefähr ein Drittel der Gesprächspartner (siehe Abbildung 61) sprechen ein Handeln in der Personalentwicklung unter Kostendruck an. Dieser führe zu einem verminderten Leistungsangebot (z. B. Abschaffung von Seminaren für alle Mitarbeitenden), einem Spagat, mit weniger finanziellen und personellen Ressourcen dieselbe Leistung zu erbringen oder der kompletten Einstellung von PE-Maßnahmen.

So ist unter drei Interviewpartnern (IP 02, IP 04, IP 15) die Vorstellung verbreitet, dass bei Bedarf an Kostenreduktion im Unternehmen, PE-Maßnahmen als erstes gestrichen werden. Interviewpartner 04 macht dies daran fest, dass sich in Krisenzeiten die kurzfristige, zahlengetriebene Handlungsweise von Führungskräften gegenüber der auf Nachhaltigkeit ausgerichteten Personalentwicklung durchsetze, wie das folgende Textsegment illustriert:

> „Also, wenn die Zahlen in einem Monat nicht stimmen, dann gibt es halt Restructuring, und was meiner Meinung nach Blödsinn ist, weil es ja nicht nachhaltig ist, sondern es sind halt immer nur kurzfristige Reaktionen auf ir-

> gendwelche Entwicklungen, aber so ist es, glaube ich, in einem amerikanischen Unternehmen. Das Problem ist, das Personalentwicklungsbudget zurzeit auf diese Länder. Also wenn wir sagen, wir brauchen in Deutschland die und die Maßnahme, dann muss der deutsche Geschäftsführer das aus seinem Topf bezahlen. Was irgendwie Sinn macht, aber was er natürlich nicht tut, wenn wir jetzt Probleme haben wegen der [...] und wir dadurch Aufträge verloren haben [...] oder wir haben nicht genug Umsatz, und dann machst du keine Personalentwicklung mehr. Das ist das erste, was dann gestrichen wird, ist Personalentwicklung und Recruiting. [...] Das ist, glaube ich, das, was bis jetzt in jedem Unternehmen immer das Problem war, du kannst die tollsten Ideen haben und wenn dann die Führungskraft für ihr Budget gerade stehen muss, dann sagt die natürlich, ja klar, ich spare lieber dran. Weil sie werden so kurzfristig gemessen. Sie werden halt immer nur daran gemessen, wie ihre Zahlen sind [...]" (IP 04, ID 3:34)

Kontinuität gilt für die PE-Arbeit gemäß Interviewperson 15 auch in Krisenzeiten als erfolgsentscheidend. Sie plädiert für ein antizyklisches Handeln bei Unternehmenskrisen, indem bei Krisen in die Ausbildung der Mitarbeitenden investiert und in den guten Zeiten der größte Wert geschöpft wird. Dennoch wurden auch in ihrem Unternehmen in der Krise Maßnahmen der Personalentwicklung (z. B. die betriebliche Ausbildung) begrenzt.

Ein anderer Gesprächspartner vertritt die Sichtweise, dass die Verschiebung der Verantwortung für die Personalentwicklung in die Linienbereiche eine Reaktion auf den Druck sei, mit weniger Ressourcen dasselbe zu erreichen.

> „Es ist am Schluss immer eine Geld- und Ressourcenfrage. Wenn eine Führungskraft es schafft, ein angenehmes Arbeitsumfeld zu schaffen, dann würde ich auch so weit gehen, dass es vielleicht nicht immer die Personalentwicklungsmaßnahme und -abteilung braucht, sondern vielleicht eine Führungskraft, die mit ihrem Team arbeitet, aber vor allem auch irgendeine Pflicht vom Mitarbeiter. Wir hören viel durch die Surveys, es wird viel zu wenig für uns gemacht. Aber schöpfe ich denn mein ganzes Potenzial heutzutage mit tausend Möglichkeiten aus? Vielleicht könnte ich das initiieren? [...] Vielleicht haben Führungskräfte zum Teil die Professionalität oder das Wissen nicht, was gäbe es neben den High End Ausbildungsblöcken [...]. Es ist ein Spagat. Ich habe Zeiten erlebt, da waren wir 450 Leute in der Personalentwicklung, vielleicht sind wir jetzt nur noch 100, 150 oder so. [...] Das heißt ja immer mehr und mehr wieder, wenn die formale Personalentwicklung nicht mehr so in diesem Ausmaß vorhanden ist, wo sind dann die richtigen Hebel? Mit vielleicht weniger Ressourcen trotzdem das gleiche Resultat zu erzielen." (IP 06, ID 5:24)

Das Problem von Einsparungen in der Personalentwicklung wird dabei in enger Verbindung mit dem Nachweis des Geschäftsbeitrags der Personalentwicklung gesehen: Liegen keine Kennzahlen für die Personalentwicklung vor, steigt die Wahrscheinlichkeit der Streichung von PE-Maßnahmen, so die Überzeugung von Interviewpartner 02.

(2) Kurzfristige Planungszeiträume

Die kurzfristigen Planungszeiträume der Führungskräfte werden von einigen Personalentwicklern (5 Fälle, siehe Abbildung 61) als Widerspruch zur Ausrichtung der Personalentwicklung empfunden, die insbesondere im Bereich des Verhaltens oder der Persönlichkeit einen langfristigen Zeithorizont benötige. Die beiden folgenden Zitate verdeutlichen das von den Gesprächspartnern aufgeworfene Spannungsfeld unterschiedlicher Planungszeiträume:

> „[...] Management ist, glaube ich da, in Wirtschafts- und Finanzzeiträumen unterwegs (…). Wir hatten mal einen schönen Workshop gemacht über das Thema Nachhaltigkeit und verschiedene Interviewpartner gehabt. […] Und dann eben auch ein Analyst, Investmentbanker Deutsche Bank in London, war mit dabei, der sagte, ja, nachhaltig ist für mich drei Jahre. Und, das sind halt schon sehr widerstrebende Größen und sich dann da so aufzustellen, dass man sagt, jetzt, jetzt machen wir Planungen, die über diese drei oder fünf, wie auch immer, Jahre hinausgehen, das ist, glaube ich, jedem Manager dann nicht mehr so ganz leicht. [...]“ (IP 13, ID 12:14)

> „Aber, ich denke, dass es viel mehr bedarfsorientiert sein muss, im Hinblick eben darauf, was braucht das Unternehmen mittelfristig bis sogar langfristig, nicht nur kurzfristig. Oft sind, entstehen Trainings auch einfach nur, sage ich mal, in so einem Aktionismus. Oh, da brauchen wir das, macht mal. Ohne dass das wirklich in die Unternehmensstrategie eingebettet ist. Ohne dass man sich Gedanken macht, was ist eigentlich damit nach einem halben Jahr?“ (IP 16, ID 15:3)

(3) Personalentwicklung als Reparaturbetrieb und Feuerwehrfunktion

Ein Drittel der interviewten Personalentwickler thematisieren den Wunsch von Führungskräften und Mitarbeitenden nach schnellen Lösungen als eine Herausforderung in ihrer Arbeit (siehe Abbildung 61). Eine Maßnahme wie ein Training gelte bei operativem Druck als einfach zu handhaben.

> „Wenn ich die Führungskräfte anschaue und teilweise die Mitarbeitenden, ich sage immer so, ein Drittel der Führungskräfte und Mitarbeitenden, die wissen, ja, Entwicklung entsteht im Tun und Bewegen und das liegt an mir selber, da muss ich mich bewegen. Und, ich denke schon noch so die größere Masse, auch an Führungskräften und Mitarbeitenden [....], zum einen aus operativem

> Druck schreien die nach schnellen Lösungen. Also, so Personalentwicklung als Reparaturwerkstatt oder schlichtweg, weil sie das Gefühl haben, das Ganze muss halt eben auch noch formal, mit einem Training, und ich werde geschickt und so weiter und so fort. Ich werde für ein Talent-Management Programm nominiert und so weiter. Und das Ganze dann zu transferieren in den Alltag. Die Lernkontrollen, die Lernzielerreichung, die Anwendung und Ding, das ist dann nicht so in ihrem Fokus. Also, da ist im ersten Blick halt immer, ah, ich darf jetzt auch in dieses interne Programm oder extern und so weiter." (IP 09, ID 8:58)

Der Interviewausschnitt illustriert die Vorstellung, dass Führungskräfte eine vorhandene Problemsituation durch das „Schicken" von Mitarbeitenden zu einer PE-Maßnahme schnellstmöglich abhaken möchten. Ein kleiner Teil der Interviewpartner (IP 04, IP 15) beschreibt, dass sie bei PE-Maßnahmen deshalb oft Überzeugungskämpfe mit den Führungskräften fechten. Die Führungskräfte gelten als stark auf das Erreichen ihrer Zielvereinbarung fokussiert. Die Teilnahme an PE-Maßnahmen würde als Kompensationsmaßnahme genutzt. In solchen Fällen betrachten es manche der Befragten als eine Pflicht der Personalentwickler, den Nutzen von Trainingsmaßnahmen kritisch zu hinterfragen (IP 09, IP 15, IP 16).

Tabelle 21 vermittelt abschließend einen Eindruck, welche Interviewpartner sich zu den verschiedenen Herausforderungen und Problemen im Problemfeld „Abhängigkeit von den Geschäftsbereichen" in der Personalentwicklung äußerten.

Kategorie	Thema bzw. Subkategorie	Interviewpartner
Problemfeld: Abhängigkeit von den Geschäftsbereichen	Kostendruck in der Personalentwicklung	01, 02, 04, 06, 09, 15
	Kurzfristige Planungszeiträume im Business	02, 04, 13, 15, 16
	Personalentwicklung als Reparaturbetrieb und Feuerwehr	02, 07, 09, 15, 16

Tabelle 21: Themenmatrix – Problemfeld „Abhängigkeit von den Geschäftsbereichen" (n = 15)

4.3.7.4. Zusammenfassung

Die folgende Tabelle 22 fasst die individuellen Sichtweisen der interviewten Personalentwickler über Herausforderungen und Probleme des PE-Bereichs, ihre Annahmen über Ursachen sowie ihre Annahmen über mögliche Lösungsstrategien zusammen.

Herausforderung/Problem	Ursache/n	Mögliche Lösungsstrategien
Rolle der Personalentwicklung		
Professionalisierung der Personalentwicklungsarbeit	- Ausbaufähige Kompetenzen von Personalentwicklern - Keine optimale Zusammenarbeit mit anderen Fach- und Personalbereichen	- Kompetenzentwicklung der Personalentwickler - Engere Verzahnung zwischen den verschiedenen Personalbereichen - Gewährleistung einer Nähe zu Fachbereichen und Kenntnis des Bedarfs
Individualisierung der Personalentwicklung	- Selbstbestimmungsbedürfnisse von Mitarbeitenden - Sinkende Ressourcen in der PE-Abteilung - Reaktion auf derzeitige und künftige Entwicklungen des Arbeitsmarkts und der Belegschaftsstruktur - Beitrag zur Mitarbeiterzufriedenheit	- Betonung der Verantwortung für Personalentwicklung auf Seiten der Mitarbeitenden - Auf Inklusion ausgerichtete Personalentwicklung, die alle Mitarbeitenden integriert, anstelle einer exklusiven, auf wenige Personengruppen gerichtete PE-Arbeit
Personalentwicklung als zahnloser Tiger	- Rolle des Beraters ohne Entscheidungsbefugnis in den Fachbereichen	- Starke Business Partner-Rolle mit Beratung auf Augenhöhe und klarere Verantwortungshoheit für Personalentwicklung - (Informelle) Vernetzung mit Entscheidungsträgern - Überzeugungsfähigkeit
Legitimität in der Zukunft	- Verlagerung der Verantwortung für Personalentwicklung in den Prozess der Arbeit - Zunehmende Anzahl an Führungskräften mit guten HR-Kenntnissen - Technologische Entwicklungen (z. B. Lernportale), die selbstgesteuertes Lernen ermöglichen	- Tief in die Unternehmenskultur verankerte Personalentwicklung

Herausforderung/Problem	Ursache/n	Mögliche Lösungsstrategien
Begrenzter Beitrag der Personalentwicklung		
Unklarer Nutzen und Geschäftsbeitrag von PE-Arbeit	- Nicht ausreichende Nutzung von betriebswirtschaftlichen Argumentationen - Grenzen beim Erfolgsnachweis von PE-Aktivitäten durch quantitative Betrachtungen - Fehlendes PE-Gesamtkonzept - Fehlende innere Überzeugung vom Beitrag der Personalentwicklung	- Identifikation und Nutzung sinnvoller Kennzahlen - Gesamtkonzept der Personalentwicklung mit durchgängig „rotem" Faden in den Gesellschaften des Unternehmens - Personalentwickler mit betriebswirtschaftlichem Verständnis und Kenntnis des Kerngeschäfts - Transparenter Beitrag zur Strategie
Fehlende Gestaltungsrolle in Veränderungsprozessen	- Keine Legitimation, kein Gestaltungsauftrag - Einbindung erfolgt zu spät oder gar nicht	- Legitimation oder Gestaltungsauftrag für Organisationsentwicklung und Change Management
Begrenzte Wirksamkeit von Personalentwicklung	- Trainings und Seminare sind für die zu erreichenden Ziele keine adäquate Maßnahme - Im Zweifel entscheidet der Kunde über eine Maßnahme, nicht der Personalentwickler - Zeitgeist, Kosten-Nutzen-Argumentationen oder das vorhandene Personal bedingen Trainings als bevorzugte Maßnahme	- Selbstbewusstes Auftreten als Berater des Unternehmens, der Aufträge kritisch hinterfragt und sein Expertenwissen aktiv einbringt - Abkehr von Trainings als kurzfristige, aber (je nach Zielsetzung) nicht nachhaltige Maßnahme
Abhängigkeit von Geschäftsbereichen		
Kostendruck in der Personalentwicklung	- Abhängigkeit von den Geschäftsentscheidungen, die kurzfristig ausgerichtet sind - Einsparungen bei PE-Maßnahmen in Krisenzeiten	- Nutzung von PE-Kennzahlen - Verlagerung der Verantwortung für Personalentwicklung in den Prozess der Arbeit
Kurzfristige Planungszeiträume	- Kurzfristige Planungszeiträume in den Fachbereichen weichen von langfristigem Planungsbedarf in der Personalentwicklung ab	- Auftraggebern Grenzen setzen bzw. aufzeigen - Kritisches Nachfragen bei Aufträgen

Herausforderung/Problem	Ursache/n	Mögliche Lösungsstrategien
Personalentwicklung als Reparaturbetrieb und Feuerwehrfunktion	- Trainings und Seminare als schnelle, kostensparende PE-Maßnahme - Fokussierung der Führungskräfte auf das Erreichen von Zielvereinbarungen	- Überzeugung des Auftraggebers von Alternativen - Kritisches Nachfragen bei Aufträgen

Tabelle 22: Herausforderungen und Probleme aus Sicht der Personalentwickler

4.3.8. Zwischenfazit

Tabelle 23 fasst die zentralen Ergebnisse der vorgängigen Kapitel zusammen und verbindet die subjektiv-theoretische Sicht auf den Gegenstand Personalentwicklung mit den theoretischen Vorstellungen von ganzheitlicher Personalentwicklung (siehe Kapitel 2.2).

	Zusammenfassung der Ergebnisse und Bezug zur theoretischen Perspektive dieser Arbeit
PE-Verständnis der Personalentwickler	• Der inhaltliche Kernauftrag von Personalentwicklung liegt für die Mehrheit der interviewten Personalentwickler in der Unterstützung der Unternehmensziele sowie der Bildung und Förderung von Mitarbeitenden und Führungskräften. Der Gegenstand Personalentwicklung wird dabei in erster Linie über den grundsätzlichen Auftrag und Beitrag im Unternehmen definiert und nicht, wie in der PE-Literatur verbreitet (vgl. M. Becker, 2013; Müller-Vorbrüggen, 2010a), über Inhaltsbereiche und Teilgebiete. Ein erweitertes PE-Verständnis, das die Organisationsentwicklung inkludiert (vgl. M. Becker, 2013), wird nur in einem Drittel der Fälle geäußert. • Die Personalentwicklung verzahnt im mehrheitlichen Verständnis der Befragten die individuellen Entwicklungsbedarfe und Interessen von Mitarbeitenden mit den Interessen des Unternehmens. Sie konstituiert sich durch ein vielfältiges Methoden- und Interventionsspektrum sowie eine integrative Betrachtung der Person und ihrer Entwicklung, um eine bedarfsgerechte Entwicklung zu ermöglichen. Durch die Einnahme einer integrativen Perspektive grenzt sich Personalentwicklung von Bildungsmanagement ab. Eine Abgrenzung, die mit dem verbreiteten wissenschaftlichen Verständnis von Weiterbildung als Subsystem von Personalentwicklung (vgl. Meifert, 2010, S. 4) bzw. Teilgebiet (vgl. M. Becker, 2013; Mudra, 2004; Mentzel, 2012; Müller-Vorbrüggen, 2010a) korrespondiert. • Die Mehrheit der interviewten Personalentwickler vertritt ein dezentralisiertes PE-Verständnis. Sie vertreten die Ansicht, dass der Hauptteil von Personalentwicklung im Prozess der Arbeit erfolgt. Die Mitarbeitenden gelten daher als hauptverantwortlich für ihre Entwicklung, begleitet von der Führungskraft als Entwicklungsbegleiter „on the job". Die PE-Abteilung wird vordergründig in der Rolle eines System- und Rahmengebers charakterisiert. Diese Vorstellungen korrespondieren mit der Annahme von Mudra (2004, S. 299) sowie Arnold und Bloh (2009, S. 21 f.), die eine Entwicklungstendenz zu einer dezentralisierten Personalentwicklung beschreiben. Eine vergleichbare Vorstellung vertraten zudem österreichische Personalentwickler

Zusammenfassung der Ergebnisse und Bezug zur theoretischen Perspektive dieser Arbeit

in der Studie von Niedermair (2005, S. 195), welche die Verantwortung für Personalentwicklung den Mitarbeitenden und Führungskräften zuschreiben, während die PE-Abteilung adäquate Rahmenbedingungen, wirksame Instrumente und die Führungsbildung verantwortet. Ein Blick in die PE-Literatur bestätigt jedoch auch, dass die Gesprächspartner keine radikal neue Perspektive vertreten – im Gegenteil. Bereits in den 1990er Jahren rief beispielsweise Sattelberger (1996, S. 232 ff.) den Tod der klassischen Personalentwicklung aus und Struck (1998, S. 104) betonte einen Trend zur Individuenzentrierung sowie Dezentralisierung.

Verhältnis zu ganzheitlicher Personalentwicklung

Schnittstellen:

- Die subjektiv-theoretischen Vorstellungen unterstreichen einen Fokus auf den Mitarbeitenden, seine Entwicklungspotenziale und die Verzahnung seiner Interessen mit denen des Unternehmens. Diese Grundhaltung korrespondiert mit den Kerngedanken von Potenzialorientierung und der Ausrichtung an der strategischen Ebene des Unternehmens eines ganzheitlichen PE-Verständnisses (siehe Dimension 1: Zusammenspiel der operativen, strategischen und normativen Ebene, Dimension 3: Potenzial- und Gestaltungsorientierung).
- Die Gesprächspartner definieren den Gegenstand Personalentwicklung vordergründig über den übergeordneten Auftrag, Mitarbeitende in Anbindung an die Unternehmensinteressen zu befähigen und zu fördern. Auch wenn hierdurch Handlungsfelder impliziert sind, wird Personalentwicklung hinsichtlich der Maßnahmen als prinzipiell offen charakterisiert. Die Lösungserarbeitung erfolgt für die Mehrheit der Personalentwickler unter Rückgriff auf ein vielfältiges Methoden- und Interventionsspektrum, vergleichbar zu dem Grundverständnis ganzheitlicher Personalentwicklung indem eine integrative Lösungserarbeitung unter Rückgriff auf Methoden und Kenntnisse verschiedenster Handlungs-felder erfolgt (siehe Kapitel 4.3.1).
- Die Analyse der subjektiv-theoretischen Vorstellungen verdeutlicht, dass den Interviewpartnern die Verzahnung der operativen PE-Aktivitäten mit den strategischen Zielen des Unternehmens ein Kernanliegen ist. Ebenso wird von einem Teil der Gesprächspartner die Vorstellung vertreten, dass die operativen PE-Aktivitäten ihren Beitrag zur normativen Ebene nachweisen müssen. Die subjektiv-theoretischen Vorstellungen harmonieren mit dem PE-Verständnis dieser Arbeit (siehe Dimension 1: Zusammenspiel der operativen, strategischen und normativen Ebene).
- In den Vorstellungen der Personalentwickler schafft Personalentwicklung ein Angebot für alle Mitarbeitende, was mit dem inklusiven Ansatz ganzheitlicher Personalentwicklung übereinstimmt (siehe Dimension 6: Inklusion aller Gruppen von Mitarbeitenden).

Diskrepanzen:

- Die Verankerung der PE-Aktivitäten in ein Gesamtkonzept von Lern- und Entwicklungsaktivitäten bzw. ein Gesamtkonzept des Personal-bereichs wird nicht explizit erwähnt (siehe Dimension 1: Zusammenspiel der operativen, strategischen und normativen Ebene).
- Die Aktivitäten der Personalentwicklung begründen sich für die Mehrheit der interviewten Personalentwickler aus den Unternehmens-interessen und den Mitarbeiterinteressen. Es wird ein weitgehend nach innen gerichtetes Verständnis vertreten.

	Zusammenfassung der Ergebnisse und Bezug zur theoretischen Perspektive dieser Arbeit
	Eine Orientierung am Marktumfeld des Unternehmens oder künftigen Entwicklungen wird von der Mehrheit nicht thematisiert (siehe Dimension 4: Innen-, Außen- und Zukunftsorientierung). • Personalentwicklung verantwortet für den Großteil der Interviewpartner die Handlungsfelder Bildung und Förderung. Die Vorstellung, dass für eine adäquate Problemlösung die Ebenen der Personen- und Systemqualifikation miteinander verzahnt werden müssen (z. B. durch die Einbindung von Methoden und Kenntnissen des Kultur- und Veränderungsmanagements sowie der Organisationsentwicklung), ist nicht durchgängig erkennbar (siehe Dimension 2: Verzahnung der Personen- und Systemqualifikation).
PE-Verständnis im Unternehmen	• Die Gesprächspartner nennen schwerpunktmäßig Bildungsmaßnahmen als Teil der Personalentwicklung in ihrem Unternehmen. Förder- und OE-Maßnahmen werden nur von ca. einem Drittel der Befragten thematisiert. Das PE-Verständnis im Unternehmen wird vornehmlich als ein enges PE-Verständnis (vgl. M. Becker, 2013, S. 4) charakterisiert. • Das Gros der PE-Angebote richtet sich aus Sicht der Gesprächspartner an Führungskräfte und Talente. Fachliche Weiterbildung und Online-Lernangebote stehen in der Regel allen Mitarbeitenden offen. Die Bevorzugung ausgewählter Mitarbeitergruppen zu Lasten anderer wird vereinzelt als Verschwendung von Potenzialen kritisiert. Diese Sichtweise wird auch aus wissenschaftlicher Sicht geteilt. Mentzel (2012, S. 5 f.) kritisiert beispielsweise, dass in der Unternehmenspraxis Personalentwicklung vornehmlich mit dem Begriff Führungskräfteentwicklung assoziiert würde und anstelle einer Förderung aller Mitarbeiterpotenziale lediglich einzelne, bereits durch ihre Herkunft und schulische Bildung begünstigte Personengruppen (z. B. Hochschulabsolventen) gefördert würden. **Verhältnis zu ganzheitlicher Personalentwicklung** *Schnittstellen:* • In manchen Unternehmen der interviewten Personalentwickler (z. B. IP 02, IP 04) sind Personal- und Organisationsentwicklung miteinander verzahnt. In sechs Fällen hat die PE-Funktion offiziell einen Auftrag für die Begleitung von Veränderungsprozessen (siehe Dimension 2: Verzahnung der Personen- und Systemqualifikation). • Die PE-Aktivitäten fokussieren aus Sicht der Gesprächspartner im Unternehmen vor allem auf Führungskräfte und Talente. Dies widerspricht jedoch nicht dem Kerngedanken eines inklusiven Ansatzes ganzheitlicher Personalentwicklung (siehe Dimension 6: Inklusion aller Gruppen von Mitarbeitenden), sofern alle Mitarbeitenden Zugang zu PE-Maßnahmen haben. *Diskrepanzen:* • Der Fokus liegt überwiegend auf der Entwicklung von Mitarbeitenden durch Bildungsmaßnahmen. Die Gestaltungsverantwortung für die Arbeits- und Handlungsbedingungen oder ein Gestaltungsauftrag für Organisationsentwicklung und Change Management liegt nur in wenigen Fällen bei den Personalentwicklern. Die Schaffung lernförderlicher und sinnstiftender Rahmenbedingungen steht nicht im Vordergrund (siehe Dimension 2: Verzahnung der Personen- und Systemqualifikation).

	Zusammenfassung der Ergebnisse und Bezug zur theoretischen Perspektive dieser Arbeit
Zukünftige PE-Arbeit	• In der mehrheitlich vertretenen Vorstellung verlagert sich die Verantwortung für Personalentwicklung von der PE-Abteilung zu den Mitarbeitenden und Führungskräften. Die Rahmung und Inszenierung von Lern- und Entwicklungsprozessen wird, dieser Vorstellung folgend, zu einer Hauptaufgabe der Personalentwicklung. Ein derartiges Verständnis harmoniert mit dem von M. Becker (2008, S. 57) geforderten Wandel der Verantwortung für die Personalentwicklung von einer „Bringschuld der Unternehmen“ zu einer „Holschuld der Arbeitenden“. Dabei gewinnt in der mehrheitlichen Vorstellung der Gesprächspartner eine Abkehr von dem angebotsorientierten „Gießkannenprinzip“ hin zu einer individuelleren Betreuung künftig noch mehr an Bedeutung. Durch eine zunehmende Internationalisierung, durch technologische Entwicklungen sowie durch zunehmende Belegschaftsanteile der Generation Y verändere sich die Lern- und Arbeitskultur im Unternehmen in den nächsten Jahren. Die Vorstellungen der Gesprächspartner verdeutlichen, dass hierdurch ein deutlich stärkerer Handlungs- und Veränderungsdruck wahrgenommen wird. Dieser verändere auch die PE-Arbeit, die in den Bereich der Organisationsentwicklung hineinwachse. • Die subjektiv-theoretischen Vorstellungen der interviewten Personalentwickler über künftige PE-Arbeit korrespondieren weitgehend mit den zentralen Entwicklungstendenzen der Personalentwicklung (siehe Kapitel 2.1.6). Lediglich die Implikationen für die Personalentwicklung durch den demografischen Wandel, die Verlängerung der Arbeitszeit und die Feminisierung der Arbeitswelt werden nicht thematisiert. **Verhältnis zu ganzheitlicher Personalentwicklung** *Schnittstellen:* • Die subjektiv-theoretischen Vorstellungen über zukünftige Personalentwicklung unterstreichen, dass sich Personalentwicklung zu einer organisationsgestaltenden, ganzheitlichen Rolle wandelt (u. a. Zukunftsthemen der Personalentwicklung im Bereich Kulturwandel). Die traditionelle Rolle der Personalentwicklung, mit einem Schwerpunkt als Bildungsanbieter, gilt für die Mehrheit der Befragten nicht mehr als zukunftsfähig. Stattdessen favorisieren sie eine Rolle als System- und Rahmengeber. Die Annahmen der Personalentwickler über künftige Entwicklungstendenzen bestätigen die hohe Relevanz eines Wandels zu einem ganzheitlichen PE-Verständnis. Die Innensichten der Personalentwickler korrespondieren weitgehend mit den in Kapitel 2.1.6 getätigten wissenschaftlichen Annahmen über Entwicklungslinien in der Personalentwicklung und die Entwicklungstendenz zu einem ganzheitlichen PE-Ansatz.
Werte und Einstellungen	• Die Mitarbeitenden gelten als lebenslang entwicklungsfähig und besitzen Stärken und Potenziale, die zum Mehrwert des Unternehmens eingesetzt werden können. Das vertretene Menschenbild stimmt in seinen Grundzügen mit dem modernen Menschenbild der humanistischen Theorie überein, das dem Menschen Motivation, Entwicklungspotenzial und Verantwortungsbereitschaft zur Verwirklichung unternehmerischer Ziele zuspricht (vgl. Mudra, 2004, S. 240). • Die Interviewpartner formulieren zudem den Anspruch, ein Vorbild in den verschiedenen Kompetenzfeldern der Personalentwicklung sein zu wollen und anderen als wertschätzender, fairer und transparenter Gesprächspartner zu begegnen. Der Umsetzung der Unternehmensinteressen kommt dabei der höchste Stellenwert zu. Ein Gesprächspartner beschreibt dies damit, dass Personalentwickler zwar „die Netten“ und „die Blümchenpflücker“ seien, dabei aber konsequent die Interessen des Unternehmens verfolgen würden. •

	Zusammenfassung der Ergebnisse und Bezug zur theoretischen Perspektive dieser Arbeit
	Verhältnis zu ganzheitlicher Personalentwicklung *Schnittstellen:* • Das positive, potenzialorientierte Menschenbild der interviewten Personalentwickler stimmt mit dem Menschenbild ganzheitlicher PE-Arbeit überein (siehe Dimension 3: Potenzial- und Gestaltungsorientierung sowie Kapitel 2.3.5). Die Betonung von Potenzialen, Stärken und der grundsätzlich lebenslangen Entwicklungsfähigkeit von Menschen korrespondiert mit der potenzialorientierten Grundhaltung ganzheitlicher PE-Arbeit. *Diskrepanzen:* • Die Personalentwickler äußern zwar zum Teil, dass sie auf eine proaktive Weise gestaltend agieren, hinsichtlich ihrer Wertausrichtung spielt die Gestaltungsorientierung, insbesondere im Sinne eines Unternehmertums, allerdings keine zentrale Rolle (siehe Dimension 3: Potenzial- und Gestaltungsorientierung). • Die subjektiv-theoretischen Vorstellungen über Werte und Einstellungen geben keine Hinweise auf die Relevanz einer ganzheitlichen Orientierung hinsichtlich einer Gestaltungsverantwortung für die Ebene der Personen- und Systemqualifikation (siehe Dimension 2: Verzahnung der Personen- und Systemqualifikation) oder einer Innen-, Außen- und Zukunftsorientierung (siehe Dimension 4: Innen-, Außen- und Zukunfts-orientierung).
Rollen	• Zu den fünf am stärksten vertretenen Rollenauffassungen zählen: (1) Coach und Begleiter, (2) Projektverantwortlicher, (3) Berater, (4) Ansprechpartner und Experte in PE-Themen und (5) Führungskraft. In der Vielzahl von Rollenauffassungen finden sich ebenso Rollen, die zusätzlich zu den von außen erwarteten Rollen praktiziert werden. Diese freiwilligen oder unfreiwilligen „ehrenamtlichen" Rollen und Aufgaben sind beispielsweise das Engagement als Coach, aber auch die Bearbeitung von verschiedensten, PE-fernen Aufgaben (u. a. Auswertung von Daten, Ansprechpartner für Fragen mit ungeklärter Zuständigkeit). • Das individuelle Rollenspektrum reicht von vier bis zu neun verschiedenen Rollen. Die Erkenntnis von Niedermair (2005, S. 578), dass Personalentwickler Multirollenträger sind, wird durch die vorliegende Studie grundsätzlich bestätigt. **Verhältnis zu ganzheitlicher Personalentwicklung** *Schnittstellen:* • In Bezug auf ein ganzheitliches PE-Verständnis wurden die Rollen Organisationsberater, proaktiver Gestalter, fachlicher Experte und Projektleiter als zentrale Rollen ganzheitlich orientierter PE-Projektarbeit begründet (siehe Kapitel 2.3.4). Diese Rollen spiegeln sich größtenteils in den Rollenauffassungen der interviewten Personalentwickler wider. Eine nähere Betrachtung zeigt allerdings, dass die Rollenauffassungen der Gesprächspartner anders konnotiert sind als die Rollen in einem ganzheitlichen Verständnis und dass zentrale Rollenaspekte ganzheitlicher Personalentwicklung (siehe Kapitel 2.3.4) im subjektiv-theoretischen Verständnis nicht vorkommen. *Diskrepanzen:* • Das wahrgenommene Rollenspektrum der Interviewpartner und das Rollenverständnis ganzheitlicher Personalentwicklung weisen deutliche Diskrepanzen auf. Die von den Gesprächspartnern thematisierte Expertenrolle ist eher passiv, beratend geprägt

	Zusammenfassung der Ergebnisse und Bezug zur theoretischen Perspektive dieser Arbeit
	und beschränkt sich beispielsweise darauf, die Expertenmeinung einzubringen, wohingegen im Rollenverständnis ganzheitlicher Personalentwicklung der fachliche Experte aufgrund seiner Expertise eine gewisse Durchsetzungsmacht ausübt. Die Rolle des Beraters wird von den Gesprächspartnern als primär auf personenbezogene Anliegen und weniger auf organisationsbezogene Anliegen charakterisiert, wohingegen für eine ganzheitlich orientierte PE-Arbeit die Rolle eines Organisationsberaters im Vordergrund steht. Die Rolle des Organisationsberaters ist jedoch am wenigsten in den Rollenauffassungen vertreten. Nur in vier Fällen wird die Rolle des Veränderers der Organisation zum eigenen Rollenspektrum hinzugezählt. Es fehlt zudem eine durchgängige Präsenz der Rolle eines proaktiven Gestalters, die lediglich von 46 Prozent der Befragten thematisiert wird.
Strategische Rolle der Personalentwickler	• Die strategische Rolle liegt vornehmlich in der Umsetzung von Maßnahmen. Die Mehrheit der Befragten verfolgt einen deduktiven Ansatz, bei dem sich die Zielsetzungen und Aktivitäten der Personalentwicklung top-down aus den Unternehmenszielen ableiten, vergleichbar zu dem Vorschlag von M. Becker (2012, S. 229). • In die Entwicklung der Unternehmensstrategie sind die Personalentwickler ihrer Ansicht nach kaum einbezogen. Ausnahmen bestehen beispielsweise bei Pionierarbeiten, bei informeller Vernetzung mit der Geschäftsführung, bei besonderem Interesse der Geschäftsführung an PE-Themen oder dann wenn auf der operativen Ebene ein besonderer Handlungsdruck vorhanden ist. • Die Kritik von Meifert (2010, S. 14 f.), dass in der Personalentwicklung oftmals ohne strategische Fundierung gehandelt würde, kann zumindest mit Blick auf die Innensicht der Personalentwickler dieser Studie nicht bestätigt werden. Es zeigt sich vielmehr, dass die Gesprächspartner durchaus den Anspruch haben, die Strategie zu beeinflussen, ihre eigene Rolle aber auf der Umsetzung beschränkt sehen. Sie können nach eigener Einschätzung nur bei guten Argumenten und einem direkten Zugang zur Geschäftsführungsebene Einfluss auf strategische Entscheidungsprozesse nehmen. **Verhältnis zu ganzheitlicher Personalentwicklung** *Schnittstellen:* • Die Ausrichtung des Handelns der Personalentwicklung an der Unternehmensstrategie ist in verschiedenen Facetten immer wieder Teil der subjektiv-theoretischen Vorstellungen der Interviewpartner. Der grundsätzliche Anspruch, einen strategischen Beitrag zu leisten, korrespondiert mit dem Anspruch ganzheitlicher Personalentwicklung, operative Aktivitäten an die strategische und normative Ebene anzubinden (siehe Dimension 1: Verzahnung der operativen, strategischen und normativen Ebene). *Diskrepanzen:* • Im subjektiv-theoretischen Verständnis vertreten die Gesprächspartner mehrheitlich die Auffassung, dass ihr Beitrag auf die Ableitung und Umsetzung von Maßnahmen aus der Unternehmensstrategie beschränkt sei. Eine strategisch gestalterische Rolle ist aus Sicht der Personalentwickler nur bei Vorliegen förderlichen Rahmenbedingungen möglich (u. a. informelle Vernetzung mit der Geschäftsführung). Dies steht im Widerspruch mit dem proaktiven, gestaltenden Anspruch ganzheitlicher Personalentwicklung, in der ein wechselseitiger Austausch zwischen der strategischen und operativen Ebene erfolgen und PE-Ziele deduktiv-induktiv formuliert werden sollten (siehe Dimension 1: Verzahnung der operativen, strategischen und normativen Ebene,

	Zusammenfassung der Ergebnisse und Bezug zur theoretischen Perspektive dieser Arbeit
	Dimension 3: Potenzial- und Gestaltungsorientierung, Dimension 5: Ganzheitliche Zielformulierung).
Herausforderungen und Probleme in der PE-Arbeit	Die Gesprächspartner thematisieren Herausforderungen und Probleme, die sich aus einem begrenzt nachweisbaren Beitrag der Personalentwicklung, einer Abhängigkeit von Geschäftsbereichen sowie den Rollen und Aufgaben der Personalentwicklung ergeben. Die in Kapitel 2.1.5 herausgearbeiteten Herausforderungen und Probleme können weitgehend aus der Innensicht der interviewten Personalentwickler bestätigt werden: • Die strategische Orientierung der Personalentwickler ist zwar vorhanden, aber die strategische Positionierung im Sinne einer Einflussmöglichkeit auf Unternehmensstrategien wird als deutlich begrenzt eingeschätzt. • Die Problematik eines unscharfen Wertschöpfungsbeitrags durch fehlende oder nicht genutzte Nachweise des Geschäftsbeitrags thematisiert auch ein Teil der Befragten. Die Arbeit mit Kennzahlen gilt als erstrebenswert, vorausgesetzt, es werden sinnvolle Kennzahlen genutzt. • Die meisten Personalentwickler beschreiben einen Richtungswechsel zu einer Rolle als System- und Rahmengeber. Dies führt vereinzelt zu der Sorge einer Marginalisierung der PE-Abteilung, wenn Führungskräfte ihre Aufgabe als Personalentwickler vor Ort kompetent wahrnehmen. • Die Interviewpartner thematisieren mehrheitlich eine Abhängigkeit von den Entscheidungen der Geschäftsbereiche, die ihrer Ansicht nach ein nachhaltiges Agieren in der Personalentwicklung erschwert. • Die noch nicht abgeschlossene Professionalisierung der Personalentwicklung und ihrer Mitarbeitenden spiegelt sich auch in der Einschätzung der interviewten Personalentwickler wider. Sie beschreiben das Kompetenzniveau des Personalentwicklungspersonals (u. a. Nutzung von Kennzahlen, betriebs- bzw. personalwirtschaftliche Kenntnisse) als ausbaufähig. Die Wahrnehmung von Herausforderungen und Probleme in der Personalentwicklung deutet darauf hin, dass die Umsetzung eines ganzheitlichen PE-Verständnisses in der Praxis einerseits an der Professionalisierung der Personalentwicklung (Ebene des Könnens und Wollens), andererseits an Hürden im Arbeitsumfeld (Ebene des Sollens und Dürfens) scheitert. Zur Weiterentwicklung der Personalentwicklung durch ein kompetentes und künftigen Anforderungen gerechtes Handeln der Personalentwickler bedarf es folglich nicht nur der Kompetenzentwicklung von Personalentwicklern, sondern auch einer Gestaltung förderlicher Arbeits- und Handlungsbedingungen (siehe Dimension 2: Verzahnung der Personen- und Systemqualifikation).

Tabelle 23: Verhältnis subjektiv-theoretischer und wissenschaftlicher Vorstellungen über Personalentwicklung

4.4. Interindividuelle subjektive Theorien über die Leitung und Gestaltung von PE-Projekten

Projekte haben als Kernstrategie zur Weiterentwicklung von Unternehmen durch ihre Anbindung an strategische Initiativen im Unternehmen sowie durch ihre neuartigen und komplexen Aufgabenstellungen eine hohe Relevanz und Veränderungswirkung (vgl. Schiersmann & Thiel, 2011, S. 167 f.; Schmid, Müller-Stewens & Lechner, 2009, S.

81). Das Handeln in PE-Projekten wurde deshalb in dieser Arbeit als ein wichtiger Hebel zur Unterstützung eines Wandels der Personalentwicklung im Unternehmen angesehen. In der empirischen Untersuchung wurde dieser Praxisausschnitt des PE-Handelns näher untersucht und subjektiv-theoretische Vorstellungen von Personalentwicklern über die Gestaltung und Leitung von PE-Projekten rekonstruiert.

Das vorliegende Kapitel präsentiert die Auswertungsergebnisse der Gestaltungspraxis und der Innensicht der Personalentwickler über die Gestaltung und Leitung von PE-Projekten. Die Ergebnisdarstellung folgt in seiner Struktur einer Typologisierung der rekonstruierten PE-Projekte[79]. Nach einer Übersicht der wichtigsten PE-Projekte der Gesprächspartner der vergangenen drei Jahre (siehe Kapitel 4.4.1) wird zunächst der Projekttyp „Bildungsmaßnahme“ (siehe Kapitel 4.4.2) inhaltlich sowie formal charakterisiert und zu einer übergreifenden Theoriestruktur (Modalstruktur) aggregiert. Daran anschließend wird der Projekttyp „Fördermaßnahme“ (siehe Kapitel4.4.3) inhaltlich sowie formal präzisiert und ebenfalls zu einer übergreifenden Theoriestruktur (Modalstruktur) aggregiert. Die inhaltliche Charakterisierung erfolgt in beiden PE-Projekttypen entlang der Hauptkategorien „Voraussetzungen“, „Absichten“, „Phasen“ sowie „kritische Ereignisse“ des Situationstypenmodelles (siehe Kapitel 2.3). In Kapitel 4.4.4 werden abschließend die Ergebnisse zusammengefasst sowie Gemeinsamkeiten und Diskrepanzen zu den theoretischen Vorstellungen dieser Arbeit (siehe Kapitel 2) diskutiert.

Erläuterung der verwendeten Maße zur formalen Beurteilung

Zur formalen Charakterisierung der PE-Projekte werden die Maße Umfang, Diversität und Differenzierungsgrad genutzt. Die genannten Maßzahlen haben sich bereits in anderen Forschungsarbeiten bewährt (vgl. u. a. Keller, 2008, S. 365 ff.; Oehme, 2007, S. 261 ff.; Schilling, 2001, S. 206 ff.) und dienen als vorbereitende Schritte für die Aggregierung der projekttypenspezifischen Modalstrukturen (siehe Kapitel 4.4.2.3 und 4.4.3.3).

- Der Umfang einer subjektiven Theorie und damit ihre Differenziertheit wird in Anlehnung an Bonato (1990, S. 92 f.) durch die Gesamtzahl aller rekonstruierten, inhaltlichen Konzepte[80] bestimmt.
- Die Komplexität einer subjektiven Theorie wird durch ihre Diversität oder Breite beschrieben (Eden, Ackermann & Cropper, 1992, S. 312). Hierzu werden die

[79] Es lag zusätzlich ein PE-Projekt im Bereich „Change Management“ vor, das keinem der beiden Projekttypen zugeordnet werden konnte. Es wurde in Kapitel 4.2.4.2 bereits als Einzelfall dargestellt.

[80] Ein Handlungskonzept entspricht einem inhaltlichen Konzept im Strukturbild (siehe Strukturlegeleitfaden, Anhang 2.6). Die Handlungskonzepte wurden nicht doppelt codiert.

Häufigkeiten der genutzten Kategorien durch die Interviewpartner sowie die Kategorienkombinationen ermittelt.

- Der Differenzierungsgrad (d) zeigt die inhaltliche Differenziertheit der Kategorien (Keller, 2008, S. 378 f.). Der Differenzierungsgrad wird als Quotient der Anzahl inhaltlicher Konzepte einer Kategorie zu der Anzahl der Nennungen einer Kategorie (Anzahl der Fälle) definiert (Keller, 2008, S. 379 f.).

4.4.1. Übersicht über die PE-Projektarbeit

Das vorliegende Kapitel gibt einen Überblick über Kernthemen, Rollen, Problemstellungen, Projektziele und Organisationsformen der fünf wichtigsten PE-Projekte der Befragten der vergangenen drei Jahre. Die Ergebnisse basieren auf den Angaben in den Vorabfragebögen von 13 Interviewpersonen.

Da diese Daten nicht gemäß dem Dialog-Konsenstheoretischem Wahrheitskriterium (siehe Kapitel 3.1) erhoben wurden, dienen sie an dieser Stelle lediglich zur Vermittlung eines Überblicks über Kernthemen, Rollen, Problemstellungen, Projektziele und Organisationsformen von PE-Projekten.

Tabelle 24 vermittelt einen Überblick über die PE-Projektarbeit der befragten Personalentwickler und wird anschließend kommentiert.

		Anzahl PE-Projekte	Anzahl Fälle
	Kernthema von PE-Projekten		
1	Konzeption von Schulung, Workshop oder Programm	23	8
2	Maßnahmen zur Entwicklungsplanung	11	8
3	Weitere PE-Projektthemen[81]	12	7
4	Veränderungen unterstützen	7	4
5	Organisationsveränderung im Personalbereich	5	4
	Rolle im PE-Projekt		
1	Projektleitung	35	12

[81] Die Kategorie „Weitere PE-Projektthemen“ umfasst verschiedene Einzelthemen, die im Folgenden aufgeführt, aber im Text nicht weiter erläutert werden: Festlegung bevorzugter PE-Kooperationspartner, Diversity Management, Gestaltung einer Internetseite, Etablierung von Universitätsmarketing-Initiativen, Employer-Branding-Konzept, Evaluierung des bestehenden Kursangebots, Leistungshonorierung, Incentivierung, Einführung von SAP für Performance Management, IT-Systemumstellung, Mentoring für Nachwuchskräfte.

		Anzahl PE-Projekte	Anzahl Fälle
2	Teammitglied	12	6
3	Teilprojektleitung	5	3
4	Subject Matter Expert	3	3
5	Auftraggeber/Sponsor	1	1
	Problemstellung des PE-Projekts		
1	Weitere Problemstellungen von PE-Projekten[82]	16	9
2	Neuausrichtung (z. B. durch Restrukturierung, Strategiewechsel)	14	7
3	Umstellung von Systemen und/oder Prozessen	9	6
4	Förderung und Bindung qualifizierter Arbeitskräfte	13	4
5	Nicht mehr adäquates Konzept	4	2
	Ziele des PE-Projekts		
1	Weitere Projektziele[83]	19	8
2	Neuausrichtung (z. B. Strategie) verankern	14	6

[82] Die Kategorie „Weitere Problemstellungen von PE-Projekten" umfasst verschiedene Einzelthemen, die im Folgenden aufgeführt, aber im Text nicht weiter erläutert werden: Erwartungen der Mitarbeitenden im Bereich Weiterbildung, Outsourcing von PE-Dienstleistungen, 360° Feedback für alle Führungskräfte, Förderung von Verkaufstechniken, Arbeitsverdichtung, Trainingsbedarf aller Berater, strategische Vorgabe zur Anpassung der Mitarbeitergespräche, Trainingsbedarf der Mitarbeitenden des Weiterbildungsbereichs, Analyseergebnisse der Geschäftsführung, weltweite Gewinnung neuer Mitarbeitender, Ergebnisse der Budgetplanung, überholter Performance-Management Prozess mit Microsoft Excel, kein einheitlicher Arbeitgeberauftritt und keine klare Markensprache für potenzielle Bewerber, Bedarf an einer HR Fachlaufbahn und der Definition von erforderlichen Kompetenzen.

[83] Die Kategorie „Weitere Projektziele" umfasst verschiedene Einzelthemen, die im Folgenden aufgeführt, aber im Text nicht weiter erläutert werden: Definition von PE-Kooperationspartnern, Erfassung und Auswertung der Entwicklungsziele und -bedarfe, Förderung von Frauen in Führungspositionen und gemischten Teams, Ableitung von Entwicklungszielen, Steigerung von Umsatz und Kundenzufriedenheit, Erhöhung der Work-Life-Balance und Mitarbeiterzufriedenheit, Vermittlung fachlicher Kenntnisse im Bereich Verkaufstechniken, Generierung einer Übersicht über Entwicklungsstand, -möglichkeiten und -bedarf, Weiterentwicklung der Mitarbeitenden und der Organisation, Forcierung von Personalbewegungen, Stärkung des Führungsdialogs, Würdigung außerordentlicher Mitarbeiter-Leistungen, Etablierung durchgängiger interner Prozesse, Entwicklung eines einheitlichen Arbeitgeberauftritts, Entwicklung einer firmenspezifischen Projektmanagement-Weiterbildung, Erstellung von Anforderungsprofilen für den Personalbereich, Implementierung der neuen IT-Lösung, Vernetzung und fachliche Qualifizierung der Nachwuchskräfte.

		Anzahl PE-Projekte	Anzahl Fälle
3	Mitarbeitende gewinnen und binden	7	4
4	Prozesse implementieren	7	3
5	Neues Angebot für Zielgruppe bieten	3	3
	Projekt oder Teil einer strategischen Initiative		
1	Teil einer strategischen Initiative	28	11
2	Einzelprojekt	26	9

Tabelle 24: Charakterisierung der wichtigsten PE-Projekte von Personalentwicklern (n = 13)

Kernthemen der PE-Projekte

Die Ergebnisse in der Tabelle verdeutlichen, dass der Großteil der interviewten Personalentwickler PE-Projekte mit Bezug auf die Konzeption von Schulungen, Workshops oder Programmen zu ihren wichtigsten PE-Projekten zählen. Der Schwerpunkt der Projektaktivitäten liegt damit deutlich auf dem Handlungsfeld Bildung, also auf Personalentwicklung im engeren Sinne (vgl. M. Becker, 2013, S. 4). Hinzu kommen Maßnahmen zur Entwicklungsplanung und ein breites Spektrum weiterer Projekt-themen, das von der Entwicklung eines Organisationsmodells zur Umsetzung von Fraueninitiativen, der Gestaltung von Internetseiten, der Evaluation von Kursinhalten bis hin zu Employer-Branding-Konzepten reicht.

Veränderungs- und Organisationsentwicklungsprojekte spielten in der PE-Projektarbeit der vergangenen drei Jahre der interviewten Personalentwickler anscheinend keine größere Rolle. Lediglich sechs Gesprächspartner zählen sie zu ihren wichtigsten PE-Projekten. Die Projekttätigkeiten bezogen sich dabei auf Organisationsveränderungsprojekte im Personalbereich (z. B. Einführung eines neuen HR-Dienstleistungsmodells, Veränderung der Rollen im Personalbereich durch die Einführung eines Shared Service Centers, Neuausrichtung der Personalstrategie) und auf die Unterstützung von Veränderungssituationen im Unternehmen (z. B. Maßnahmen zur Verbesserung der Unternehmenskultur, Change Management bei Einführung eines neuen Zeiterfassungssystems, Trainingsmaßnahmen für Führungskräfte zum Umgang mit dem Thema Veränderung).

Rollen in PE-Projekten

Die Rolle in PE-Projekten liegt bei der Mehrheit der Gesprächspartner in der (Teil-) Projektleitung. Diese Zahl ist jedoch nicht verwunderlich, da die befragten Personalentwickler als Voraussetzung für eine Teilnahme an der Studie in den vergangenen drei

Jahren bereits in einer projektleitenden bzw. teilprojektleitenden Tätigkeit gewesen sein mussten.

Problemstellungen von PE-Projekten

Der Projektanlass bezog sich auf unterschiedlichste Problemstellungen, wie z. B. die Einführung neuer Kernkompetenzen, Analyseergebnisse der Geschäftsleitung bzw. der Mitarbeiterbefragung oder eine beobachtete Zunahme von Stress in der Arbeit. Darüber hinaus bestand eine Quelle für die genannten PE-Projekte in organisationalen Veränderungssituationen, die mit einer Neuausrichtung einhergingen (z. B. Restrukturierungen und Personalabbau, Strategieänderungen, Offshoring). Weitere Anlässe waren System- oder Prozessänderungen im Unternehmen (z. B. die Einführung neuer Prozesse oder die Überarbeitung von Prozessen, die Einführung neuer Software oder eines neuen Zeiterfassungssystems), der Bedarf, qualifizierte Arbeitskräfte zu fördern oder zu binden (z. B. Fluktuation nach Ausbildungsende, fehlende Entwicklungswege, Ausbau des Arbeitgeberimages), oder ein nicht mehr adäquates Konzept einer bestehenden Maßnahme (z. B. überholte Struktur und Inhalt der Führungsausbildung, veränderte Rahmenbedingungen im Unternehmen).

Ziele von PE-Projekten

Obschon die Ziele in den meisten der angegebenen PE-Projekte divergieren, verfolgt ein Anteil der PE-Projekte ähnliche, übergeordnete Zielsetzungen. So stand in 14 PE-Projekten die Verankerung einer Neuausrichtung des Unternehmens (z. B. bei Strategiewechsel) im Vordergrund. Die Gewinnung und Bindung von Mitarbeitenden, das Schaffen eines neuen Angebots für eine spezifische Zielgruppe sowie die Implementierung von Prozessen bilden ebenfalls Zielkategorien von PE-Projekten.

Einzelprojekt oder Teil einer strategischen Initiative

Die PE-Projekte waren in ausgewogener Verteilung Einzelprojekte der Personalentwicklung oder Teil einer strategischen Initiative der Geschäftsführung.

4.4.2. Projekttyp „Bildungsmaßnahme“

Die folgenden Kapitel gehen der Frage nach, welche subjektiv-theoretischen Vorstellungen über die Gestaltung und Leitung von PE-Projekten das Handeln von Personalentwicklern in PE-Projekten vom Typ „Bildungsmaßnahme“ prägen.

Es wird zur Beantwortung der Fragestellung zunächst eine Einführung in die inhaltlichen Dimensionen des Projekttyps entlang der Hauptkategorien Voraussetzungen, Absichten, Phasen und kritische Ereignisse vorgenommen (siehe Kapitel 4.4.2.1). Daran anschließend werden die subjektiven Theorien entlang der Maße Umfang, Diversität und Differenzierungsgrad formal charakterisiert (siehe Kapitel 4.4.2.2). Die formale Charakterisierung nimmt zudem zentrale vorbereitende Schritte zur Erstellung einer fallübergreifenden Projektstruktur vor (siehe Kapitel 3.6.2.2 für die einzelnen Schritte der Aggregationsprozedur). Die aggregierte Modalstruktur wird in Kapitel 4.4.2.3 abschließend dargestellt.

Die Ausführungen basieren auf acht PE-Projekten im Handlungsfeld Bildung[84] (z. B. Konzeption eines Schulungsangebots im Themenbereich Verkauf, Neukonzeption einer Führungskräfteausbildung, Einführung eines Workshops zur Standortbestimmung). Anhang 3.3 und 3.4 geben zusätzlich zu den Ausführungen in diesem Kapitel entlang von Frequenzanalysen und thematischer Fallzusammenfassungen weitere Einblicke in die subjektiven Ausformungen der PE-Projekte.

4.4.2.1. Inhaltliche Charakterisierung

Die folgenden Kapitel geben Einblick in die inhaltliche Ausformung der PE-Projekte im Typ „Bildungsmaßnahme“ entlang der Hauptkategorien Voraussetzungen, Ziele, Phasen und kritische Ereignisse. Die individuellen Konzepte der Interviewpartner wurden im Rahmen der qualitativen Inhaltsanalyse auf Basis des empirischen Materials und der theoretischen Vorkenntnisse semantisch verdichtet und in ihrer Komplexität reduziert.

4.4.2.1.1. Voraussetzungen

Die folgende Tabelle 25 stellt die thematischen Schwerpunkte der zentralen Voraussetzungen dar, die das Zustandekommen von PE-Projekten im Typ „Bildungsmaßnahme“ begünstigt haben.

---

84 Bildungsmaßnahmen umfassen Instrumente wie z. B. die Berufsausbildung, die Integration und Einarbeitung von (neuen) Mitarbeitenden, Präsenztrainings, Online-und Blended Learning-Angebote und Führungsbildung (M. Becker, 2002, S. 109 ff., S. 247 ff.; Müller-Vorbrüggen, 2010a, S. 8).

Voraussetzungen des Projekttyps „Bildungsmaßnahme“ (41:8)[85]		
Personale Voraussetzungen (25:8)	**Inhaltliche Voraussetzungen (11:5)**	**Materielle Voraussetzungen (5:4)**
Projektauftrag (6:5) Unterstützung durch Geschäftsführung (6:5) Unterstützung durch Management (6:5) Vorerfahrung und Kompetenz (7:4)	Analyseergebnisse (8:3) Veränderungen im Unternehmen (3:2)	

Tabelle 25: Subjektive Ausformung – Voraussetzungen des Projekttyps „Bildungsmaßnahme“ (n=8)

Die interviewten Personalentwickler beschreiben zu 60 Prozent Voraussetzungen für PE-Projekte im Typ „Bildungsmaßnahme“ auf der personalen Ebene. Das Entstehen der PE-Projekte wurde durch einen (mündlichen) Projektauftrag der Entscheidungsträger (z. B. Bereichsleiter, Geschäftsführung), durch die Unterstützung der Geschäftsführung (z. B. gesteigertes Problembewusstsein, Dringlichkeit eines Themas), durch die Unterstützung der Managementebene im Unternehmen (z. B. informelle Entscheidungseinleitung, klare Formulierung des Bedarfs) und/oder durch die Vorerfahrung und Kompetenz der Personalentwickler beeinflusst. Ungefähr ein Drittel der Gesprächspartner gibt weiterhin inhaltliche Auslösungsbedingungen, wie das Vorliegen von Analyseergebnissen, an (z. B. aus Ursachen- oder Marktanalysen, Mitarbeiterbefragungen), die den Projektbedarf begründen, aber auch Veränderungen im Unternehmen (z. B. Restrukturierungen, Systemumstellungen) wurden als Voraussetzungen genannt. Den kleinsten Anteil machen materielle Voraussetzungen aus, also Sachverhalte oder Bedingungen auf der Ebene von Ressourcen wie das Vorhandensein einer bestimmten Infrastruktur im Unternehmen (z. B. IT-Tools, Methoden) oder Budget.

Soll das Entstehen von PE-Projekten aus Sicht der operativen Ebene positiv beeinflusst werden, befindet sich mit Blick auf die subjektiv-theoretischen Vorstellungen anscheinend der wichtigste Stellhebel bei der Schaffung eines Gefühls der Dringlichkeit auf Seiten der Geschäftsführung und anderer Entscheidungsträger, aber auch bei einer

[85] Die erste Zahl der in den Klammern angegebenen Werte bezieht sich auf die absolute Anzahl von Konzepten, die zweite Zahl gibt die Zahl der Interviewpartner an, welche die Kategorie thematisieren. Eine Darstellung der einzelnen Handlungskonzepte ist aus Platzgründen nicht möglich.

für andere sichtbaren Reputation im Projektthemenbereich sowie bei mit Zahlenmaterial fundierten Bedarfsbegründungen.

Tabelle 26 ermöglicht abschließend einen Überblick über die Interviewpartner, die sich zu den unterschiedlichen Auslösungsbedingungen im Projekttyp äußerten.

Voraussetzungen des Projekttyps „Bildungsmaßnahme“		
Kategorie	**Themen bzw. Subkategorien**	**Interviewpartner**
Personale Voraussetzungen	Projektauftrag	01, 05, 07, 08, 16
	Unterstützung durch Geschäftsführung	01, 02, 04, 06, 07
	Unterstützung durch Management	01, 04, 05, 06, 07
	Vorerfahrung und Kompetenz	05, 06, 08,16
Inhaltliche Voraussetzungen	Analyseergebnisse	02, 04, 08
	Veränderungen im Unternehmen	06, 16
Materielle Voraussetzungen		01, 05, 07, 08

Tabelle 26: Themenmatrix – Voraussetzungen des Projekttyps „Bildungsmaßnahme“ (n = 8)

4.4.2.1.2. Absichten

Die folgende Tabelle 27 stellt die Schwerpunkte der Absichten dar, die in den rekonstruierten PE-Projekten im Projekttyp „Bildungsmaßnahme“ verfolgt wurden. Diese umfassen offizielle und inoffizielle Projektziele, wie z. B. persönliche Zielsetzungen.

Die Projektziele, also die offiziellen Ziele, die mit den PE-Projekten verfolgt wurden, machen einen Anteil von ca. 70 Prozent der genannten Ziele aus. Sie beziehen sich auf das Verhalten von Führungskräften (z. B. die Bewältigung schwieriger oder weiterer Aspekte von Führung) bzw. Mitarbeitenden (z. B. Verantwortungsübernahme für die eigene Entwicklung) oder richten sich darauf, Mitarbeitende zu werben, zu binden und zu entwickeln (z. B. durch Talententwicklung oder Nachfolgeplanung). Die genannten Ziele werden durch ein Bündel verschiedenartiger Projektziele, wie das Erhöhen von Zusatzverkäufen oder die Vorbereitung des Unternehmens auf zukünftige Marktherausforderungen, ergänzt.

<table>
<tr><th colspan="5">Zielsetzungen im Projekttyp „Bildungsmaßnahme“ (53:8)</th></tr>
<tr><th>Persönliche und kollektive Ziele (16:5)</th><th colspan="4">Projektziele (37:8)</th></tr>
<tr><td rowspan="2">Kompetenznachweis (10:3)
Weitere persönliche und kollektive Absichten (6:3)</td><td rowspan="2">Mitarbeitende anziehen, binden, entwickeln (10:4)</td><td>Verhalten von Führungskräften (10:3)</td><td rowspan="2">Verhalten von Mitarbeitenden (8:4)</td><td rowspan="2">Weitere Projektziele (9:6)</td></tr>
<tr><td>Umgang mit sich selbst (6:3)
Weitere Führungsaufgaben (4:3)</td></tr>
</table>

Tabelle 27: Subjektive Ausformung – Zielsetzungen im Projekttyp „Bildungsmaßnahme“ (n = 8)

Darüber hinaus wurden im Projekttyp zu einem Drittel auch persönliche und kollektive Absichten verfolgt. Sie beziehen sich auf Absichten, die eine Person auf der persönlichen Ebene inoffiziell und unterschwellig im PE-Projekt verfolgt hat bzw. die auf kollektiver Ebene (z. B. durch das Team) verfolgt wurden. Den größten Anteil macht die Absicht aus, als Abteilung oder Projektleitung die eigene Kompetenz im PE-Projekt nachzuweisen und von der eigenen Arbeit zu überzeugen. Im Vordergrund steht der Anspruch, gute Arbeit zu leisten, als kompetenter Ansprechpartner aufzutreten und Entscheidungsträger durch Qualität und Kompetenz zu überzeugen. Ergänzt werden die genannten Absichten von weiteren Zielen, die von einer inhaltlichen Zielebene (z. B. Lerntransfer erhöhen, Angleichung an Personalmanagementprozesse) über die Absicht, enger mit anderen Schnittstellen zusammenzuarbeiten bis hin zu dem Ziel reichen, die Zustimmung des Business zu erhalten.

Die Ergebnisse verdeutlichen, dass im Projekttyp „Bildungsmaßnahme“ insbesondere die offiziellen Projektziele im Vordergrund stehen und weniger persönliche und kollektive Absichten. Eine erfolgreiche Bewältigung des Projekttyps zeigt sich anscheinend darin, dass die getätigten Schritte und entwickelten Maßnahmen die Projektzielerreichung nachvollziehbar unterstützen. Streng genommen kann allerdings erst von einer erfolgreichen Bewältigung des Projekttyps gesprochen werden, wenn die Projektziele vollständig erreicht wurden. Die genannten Projektziele auf der Ebene von Verhaltensänderungen wie z. B. die Sensibilisierung von Mitarbeitenden, Verantwortung für die eigene Entwicklung zu übernehmen oder schwierige Mitarbeitergespräche professional zu führen, sind jedoch sehr weit gefasst. Es ist anzunehmen, dass sie erst zu einem nachgelagerten Zeitpunkt Wirkung zeigen und/oder nicht nur von der Leistung der Projektleitung, sondern von vielen weiteren Faktoren beeinflusst werden, z. B. auf Seiten der Zielgruppen des PE-Projekts.

Tabelle 28 ermöglicht abschließend einen Überblick über die Interviewpartner, die sich zu den unterschiedlichen Zielsetzungen im Projekttyp äußerten.

Zielsetzungen im Projekttyp „Bildungsmaßnahme"		
Kategorie	**Themen bzw. Subkategorien**	**Interviewpartner**
Persönliche und kollektive Absichten	Kompetenznachweis	01, 05, 06
	Weitere persönliche und kollektive Absichten	02, 06, 08
Projektziele	Mitarbeitende anziehen, binden, entwickeln	01, 02, 04, 07
	Verhalten von Führungskräften - Umgang mit sich selbst - Weitere Führungsaufgaben	 04, 06, 07 04, 06, 07
	Verhalten von Mitarbeitenden	04, 06, 07, 08
	Weitere Projektziele	01, 05, 06, 07, 08

Tabelle 28: Themenmatrix – Zielsetzungen im Projekttyp „Bildungsmaßnahme" (n = 8)

4.4.2.1.3. Phasen

Die Hauptkategorie „Phasen", die 75 Prozent der von den Gesprächspartnern genannten Handlungskonzepte des Projekttyps „Bildungsmaßnahme" umfasst, rekonstruiert den prozessualen Ablauf und die schwerpunktmäßig durchgeführten Handlungsschritte im Projekttyp. Es wurden acht übergeordnete Phasen aus dem Datenmaterial abgeleitet, die im Folgenden die Ergebnisdarstellung leiten: (1) Initialisierung, (2) Grobkonzeption, (3) Anbieterauswahl, (4) Projektplanung, (5) Detailkonzeption, (6) Umsetzung, (7) Evaluation und (8) weltweite Umsetzung. Für die inhaltsanalytische Verdichtung waren die Sinnähnlichkeit sowie die Einordnung der Phase in die jeweilige zeitliche Ablaufstruktur des PE-Projekts leitend.

Phase „Initialisierung“

Die Phase der Initialisierung kommt in 88 Prozent der rekonstruierten PE-Projekte im Projekttyp vor. Die angegebenen Handlungen beziehen sich auf das Einholen eines Projektauftrags, die Auftragsklärung oder Analyseschritte (z. B. Analyse der Ausgangssituation des Projekts, Bedarfsanalyse). Dabei sind jedoch nicht alle Handlungsschritte fallübergreifend gleich stark vertreten (siehe Tabelle 29). Während das Einholen des Projektauftrags bzw. die Auftragsklärung von zwei Gesprächspartnern und die Bedarfsanalyse von drei Gesprächspartnern genannt werden, spiegelt der Handlungsschritt „Analyse der Ausgangssituation“ nur die Konzepte eines Falls wider.

Die Ausgestaltung der Initialisierungsphase im Projekttyp ist stark von der Ausgangsposition abhängig. Wenn noch keine offizielle Freigabe für das PE-Projekt bestand, wurde durch Präsentation der Problemstellung und erster Lösungsideen der Projektauftrag bei der Geschäftsführung eingeholt. Sofern die Projektidee noch unscharf war, wurden die Ziele und die Ausrichtung des PE-Projekts mit Auftraggebern oder anderen Personengruppen (z. B. Experten) im Unternehmen abgeklärt. Im Bedarfsfall wurden weitere Klärungen der Ausgangssituation des PE-Projekts durch Fragebogenerhebungen und Interviews mit dem Ziel einer Bedarfsermittlung (z. B. Mitarbeiterbefragung zu Trainingsbedarfen) oder durch weiterführenden Analysen (z. B. Ist-Analyse, Marktumfeld-Analyse) angestrebt.

Initialisierung (45:7)			
Projektauftrag (7:2)	**Auftragsklärung (9:2)**	**Analyse der Ausgangssituation (8:1)**	**Bedarfsanalyse (21:3)**
			Fragebogenerhebung (12:1) Interviews (9:3)

Tabelle 29: Subjektive Ausformung –Phase „Initialisierung“ im Projekttyp „Bildungsmaßnahme“ (n= 8)

Phase „Grobkonzeption“

Die Phase der Grobkonzeption ist in 75 Prozent der rekonstruierten PE-Projekte im Projekttyp „Bildungsmaßnahme“ mit einer vergleichbaren Anzahl an Konzepten wie die Phase der „Initialisierung“ vertreten. Sie umfasst alle Handlungsschritte zur Erstellung und Abstimmung eines Grobkonzepts (siehe Tabelle 30). Die Erarbeitung des Grobkonzepts und die Abstimmung des Grobkonzepts erfolgten in einem iterativen Prozess unter

Einbindung der verschiedensten, für das PE-Projekt relevanten Personengruppen im Unternehmen.

Grobkonzeption (46:6)			
Erarbeitung Grobkonzept (20:6)	**Abstimmung Grobkonzept (rekursiv mit der Erarbeitung) (26:5)**		
	Führungskräfte im Business (15:3)	Geschäftsführung (7:2)	Weitere Personengruppen (4:2)

Tabelle 30: Subjektive Ausformung – Phase „Grobkonzeption"im Projekttyp „Bildungsmaßnahme" (n = 8)

Die Phase der Grobkonzeption ist im Wesentlichen durch Abstimmungs- und Erfahrungsaustauschprozesse bestimmt. In den meisten Fällen wurde das Grobkonzept des PE-Projekts, das u. a. Grobziele, Kosten und Umsetzungsvorstellungen als wesentliche Elemente enthält, mit den für das PE-Projekt relevanten Führungskräften in den Geschäftsbereichen oder der Geschäftsführung entwickelt. Ihnen kam nicht nur eine Inputgeberrolle, sondern auch eine Entscheidungsfunktion im Sinne einer Projektfreigabe zu. Etwaige Ergänzungen und Anregungen der Führungskräfte und der Geschäftsführung wurden von den Personalentwicklern in das Grobkonzept eingearbeitet. Je nach PE-Projekt wurden auch weitere Personengruppen einbezogen, wie z. B. Kollegen im Personalbereich oder der direkte Vorgesetzte. Das finale Grobkonzept spiegelte somit nicht nur die Projektvorstellungen der Personalentwickler und der Auftraggeber wider, sondern ebenso die Projektvorstellungen der relevanten Führungsebene des Unternehmens.

Während in der Initialisierungsphase nur erste Ideen zu den Inhalten und dem Rahmen des PE-Projekts vorlagen, geht es in der Grobkonzeption um die Entwicklung eines akzeptierten Grobkonzepts und um eine (erneute) Projektfreigabe.

Phase „Anbieterauswahl"

Die Phase der Anbieterauswahl umfasst lediglich 21 Konzepte von zwei Interviewpersonen. Die Anbieterauswahl ist nur in den PE-Projekten enthalten, in denen eine Zusammenarbeit mit externen Anbietern erfolgte. Die Phase enthält alle Handlungsschritte zur Auswahl eines Anbieters, die zwischen der Grobkonzeption und Feinkonzeption bzw. parallel zur Konzeptentwicklung stattfinden.

Phase „Projektplanung"

Die Projektplanung umfasst alle Handlungsschritte zur Planung der Umsetzung des Projekts (z. B. Terminplanung von Veranstaltungen, Meilensteinplan, Risikoabschätzung).

Die Handlungskonzepte werden zwischen der Grobkonzeption und Feinkonzeption erwähnt, es konnten aber lediglich vier Handlungskonzepte von drei Gesprächspartnern zugeordnet werden. Eine klassische Projektplanung spielte in der Gestaltung der rekonstruierten PE-Projekte keine größere Rolle.

Phase „Detailkonzeption“

Die Phase der Detailkonzeption kommt in allen rekonstruierten PE-Projekten im Projekttyp „Bildungsmaßnahme“ vor. Die Detailkonzeption (von manchen Gesprächspartnern auch Feinkonzeption genannt) beinhaltet die Entwicklung des Detailkonzepts, das in den meisten Fällen auf das Grobkonzept aufbaut (siehe Tabelle 31). Das Detailkonzept legt fest, was wann und wie umgesetzt werden soll. Zudem beinhaltet es auch erste Umsetzungsarbeiten wie die Erstellung von Materialien für die Maßnahme sowie die Erstellung von Kommunikationsmaterialien.

Die Erarbeitung des Detailkonzepts erfolgte in einem iterativen, rekursiven Prozess in Abstimmung und in Austausch mit den verschiedensten, für das PE-Projekt relevanten Personengruppen im Unternehmen. Es wurden deutlich mehr Personengruppen in den Abstimmungsprozess eingebunden als in der Grobkonzeption. Es fanden Abstimmungs- und Austauschprozesse zum Detailkonzept z. B. mit dem Betriebsrat, dem direkten Vorgesetzten, den Mitgliedern des Projektteams und/oder weiteren Personen innerhalb und außerhalb des Unternehmens statt (u. a. Kollegen aus dem Personalbereich, vormalige Teilnehmende, fachkundige Freunde). Die Geschäftsführung war jedoch in dieser Phase kaum noch einbezogen.

Detailkonzeption (69:8)						
Erarbeitung Detailkonzept (31:8)	**Abstimmung Detailkonzept (rekursiv mit der Erarbeitung) (38:8)**					
	Betriebsrat (7:3)	Direkter Vorgesetzter (5:2)	Führungskräfte im Business (9:5)	Geschäftsführung (2:1)	Projektteam (5:3)	Weitere Personengruppen (10:6)

Tabelle 31: Subjektive Ausformung – Phase „Detailkonzeption“im Projekttyp „Bildungsmaßnahme“ (n =8)

Phase „Umsetzung“

Die Phase der Umsetzung (auch Rollout genannt) ist Bestandteil aller rekonstruierten PE-Projekte im Projekttyp und bezieht sich auf die Realisierung des Konzepts in der Unternehmenspraxis. Je nach rekonstruiertem PE-Projekt wird in eine Pilotierungs- und eine Durchführungsphase unterschieden. In der Mehrheit der Fälle dominiert jedoch die Durchführung der Bildungsmaßnahme. Lediglich in zwei Fällen (IP 04, IP 08) kommen Handlungskonzepte im Rahmen einer vorgelagerten Pilotierungsphase vor. Bei einer Interviewperson (IP 08) weist die Umsetzungsphase zudem die Besonderheit auf, in zwei Pilotierungsdurchgänge unterteilt zu sein. Obschon die zweite Pilotierungsphase vom Sinn einer erstmaligen Durchführung ähnlich ist, überwog der Erprobungscharakter (z. B. selektive und gezielte Auswahl von Testpersonen, Vorbereitung einer Testumgebung). Nach zwei Erprobungen wurde die Trainingsmaßnahme als reguläres Training in den Trainingskatalog des Unternehmens aufgenommen.

Die folgende Tabelle 32 zeigt die Handlungsschwerpunkte in der Umsetzungsphase.

Umsetzung (169:8)						
Pilotierung (39:2)	**Durchführung (130:7)**					
Vorbereitung der Pilotierung (17:1) Mobilisierung von Teilnehmenden (5:2) Umsetzung des Piloten (5:2) Evaluation (10:2 Abschluss (2:2)	Akquise von Teilnehmenden (39:6) Nominierung durch Führungskräfte (20:4) Verarbeitung der Anmeldungen (12:5)	Organisation und Koordination (17:4)	Vorbereitende Schritte zur Durchführung (34:5)	Durchführung der Bildungsmaßnahme (4:3)	Qualitätssicherung (24:5)	Kommunikation nach Durchführung (12:3)

Tabelle 32: Subjektive Ausformung–Phase „Umsetzung" im Projekttyp „Bildungsmaßnahme" (n=8)

Die Pilotierung bezieht sich im Wesentlichen auf Handlungsschritte zur Erprobung des Konzepts. Das Konzept wird vor der Implementierung zunächst einem Probelauf unterzogen, anschließend werden Verbesserungen umgesetzt. Die Handlungen in der Pilotierung unterteilten sich je nach PE-Projekt in Schritte zur

- Vorbereitung der Pilotierung (z. B. Terminfestlegungen, Briefings des Betriebsrats, Videoerstellung, Funktionstests oder Aufbau relevanter Infrastruktur),
- Mobilisierung von Teilnehmenden (z. B. Ausschreibung der Maßnahme, Einladung von Teilnehmenden),

- konkreten Umsetzung des Piloten (z. B. Moderation der Pilotmaßnahme),
- Evaluierung des Erfolgs der Testphase (z. B. Fragebogenauswertung) sowie anschließende Handlungsschritte zur Verdichtung und Kommunikation von Evaluationsergebnissen an Interessensgruppen (z. B. Versand oder Präsentation der Ergebnisse) und
- Beendigung der Pilotierungsphase (z. B. durch interne Übergabe des erprobten Konzepts an andere Gesellschaften oder Aufnahme in den Trainingskatalog).

Die Durchführung bildet in der Umsetzungsphase mit 77 Prozent der Handlungskonzepte die umfangreichste Subkategorie. Die Handlungen sind in dieser Phase auf die Implementierung des Detailkonzepts gerichtet, das in einem der rekonstruierten PE-Projekte im Vorfeld durch eine Pilotierung erprobt wurde. Sie umfassten je nach PE-Projekt die folgenden Schritte:

- Gewinnung von Teilnehmenden durch das Anstoßen eines Nominierungsprozesses (u. a. Abstimmung des E-Mail-Inhalts, Anschreiben per E-Mail, Terminvereinbarungen mit den Vorgesetzten potenzieller Teilnehmender), aber auch um Maßnahmen zur Bekanntmachung des Angebots im Unternehmen (z. B. Ausschreibung im Intranet) und zur Bearbeitung von Anmeldungen (u. a. Aufnahme der Anmeldungen in eine Anmeldungsliste, die persönliche Ansprache von Teilnehmenden).
- Organisation und Koordination der Durchführung wie z. B. Terminkoordination und Kostenplanung, aber auch die Organisation von Trainings und das Versenden von Einladungen zur Maßnahme.
- Vorbereitung der Durchführung wie z. B. Briefings von Führungskräften oder die Durchführung von vorbereitenden Qualifizierungsmaßnahmen (z. B. „Train the Trainer"-Maßnahmen).
- Durchführung der Bildungsmaßnahme wie z. B. die Moderation von Veranstaltungen.
- Qualitätssicherung vor und nach der Durchführung wie z. B. Ablehnung von nicht passenden Teilnehmenden, teilnehmende Beobachtung bei der Durchführung, Einholen von Feedback bei Teilnehmenden und Trainern.
- Kommunikation nach der Durchführung der Bildungsmaßnahme, mit dem Ziel, Projektergebnisse und Erfolge zu kommunizieren oder den Bekanntheitsgrad der Bildungsmaßnahme zu erhöhen (z. B. Veröffentlichung eines Marketingvideos im Intranet, Beiträge in der Mitarbeiterzeitschrift oder im Intranet, interne Ergebnispräsentationen).

Phase „Evaluation“

Handlungen zur Evaluation sind Bestandteil von 75 Prozent der rekonstruierten PE-Projekte im Projekttyp „Bildungsmaßnahme“. Die Phase schließt das PE-Projekt durch eine Analyse und Auswertung der eingeführten Bildungsmaßnahme ab, insbesondere hinsichtlich des Erreichens der Projektziele und der Identifikation von Verbesserungspotenzialen (siehe Tabelle 33).

Evaluation (36:6)	
Evaluationsmaßnahmen (23:6)	**Überarbeitung des Konzepts (13:4)**

Tabelle 33: Subjektive Ausformung–Phase „Evaluation“ im Projekttyp „Bildungsmaßnahme“ (n= 8)

Die Formen der Evaluation unterscheiden sich stark. Die Auswertung von Feedbackbögen, die direkt im Anschluss an die Bildungsmaßnahme verteilt wurden, ist am weitesten verbreitet. Es gibt aber auch einzelne Fälle, die eigens konzipierte Umfragen oder Langzeitanalysen einsetzten, um den Transfer einer Bildungsmaßnahme ins Praxisfeld sowie das Erreichen der Projektziele zu messen. Sofern die Evaluation auf einen Überarbeitungsbedarf des Konzepts hinwies, wurden in der abschließenden Phase erforderliche Anpassungen des Konzepts vorgenommen. Die Ergebnisse der Evaluation wurden zudem in der Regel bei den wichtigsten Interessensgruppen durch die Personalentwickler präsentiert.

Insbesondere die PE-Projekte von Interviewpartner 02 und 07 zeichnen sich im Vergleich zu den anderen PE-Projekten durch einen elaborierten Einsatz von Analysen bei Projektbeginn sowie Evaluationen zur Erfolgsmessung in der Abschlussphase aus. Ansonsten wurde die PE-Projektarbeit im Projekttyp „Bildungsmaßnahme“ kaum von systematischen Analysen begleitet. Sofern Analysen oder Evaluationen durchgeführt wurden, lag der Schwerpunkt auf qualitativen Methoden in Form von Interviews und Gesprächen. Einen offiziellen Projektabschluss sowie eine Verstetigungsphase zur Sicherstellung des Erreichens der Projektziele gab es in den meisten Fällen nicht.

Phase „Weltweite Umsetzung“

Lediglich ein PE-Projekt im Projekttyp „Bildungsmaßnahme“ ging abschließend in eine weltweite Umsetzung in zwei Zyklen über. Der weltweiten Umsetzung ging eine Implementierung in einer Landesgesellschaft des Unternehmens voraus. Die Handlungsschwerpunkte zur weltweiten Umsetzung beziehen sich auf Handlungen zur Abstimmung des Konzepts mit den Entscheidungsträgern in der Geschäftsführung und dem

Einholen einer Freigabe für die Fortführung in rekursivem Wechselspiel mit der Konzepterstellung (u. a. weltweites Grobkonzept auf Basis der Vorerfahrungen), zur systematischen Erfassung der Bedarfs- und Ausgangssituation durch weltweite Mitarbeiterbefragungen (Online-Umfrage und Interviews), zur Übergabe des Konzepts an die Landesverantwortlichen mit dem Ziel einer lokalen Durchführung sowie zur Evaluation des weltweiten Trainingskonzepts und die Präsentation und Diskussion der Ergebnisse in weltweiten Meetings (siehe Tabelle 34).

Weltweite Umsetzung (36:1)				
Erstellung des Konzepts (6:1)	**Abstimmung des Konzepts (8:1)**	**Analyse der Ausgangssituation (15:1)**	**Übergabe zum Roll Out und Controlling (3:1)**	**Evaluation (4:1)**

Tabelle 34: Subjektive Ausformung – Phase „Weltweite Umsetzung"im Projekttyp „Bildungsmaßnahme" (n = 8)

Zwischenfazit

Abschließend betrachtet, werden die Phasen „Initialisierung", „Grobkonzeption", „Detailkonzeption", „Umsetzung" und „Evaluation" von mehr als der Hälfte der Fälle im Projekttyp „Bildungsmaßnahme" thematisiert und mit Handlungsschritten belegt. Lediglich die Phasen „Detailkonzeption" und „Umsetzung" sind in allen Fällen des Projekttyps „Bildungsmaßnahme" vertreten.

Aus inhaltlicher Sicht starteten die PE-Projekte im Projekttyp „Bildungsmaßnahme" in der Regel mit einer Bedarfsanalyse, wobei die Bedarfsanalysen in ihrer Systematik und Fundiertheit stark variierten (offene und standardisierte Befragungsmethoden). Eine Projektplanung im Sinne verbreiteter Projektmanagementmethoden wurde kaum thematisiert und hat offenbar einen eher geringen Stellenwert im Vergleich zu anderen Handlungsschritten. Das Konzept wurde in Abstimmung mit den wichtigsten Stakeholdern entwickelt, insbesondere der Führungsebene im Unternehmen. Eine Pilotierung fand in den meisten Fällen nicht statt, die Konzepte wurden direkt implementiert. Es ist zudem auffällig, dass in den wenigsten Fällen ein Projektabschluss stattfand. Eine Phase der Verstetigung oder längerfristigen Transfersicherung wurde nicht explizit im PE-Projekt eingeplant. Auch wenn durch den Wiederholungscharakter einiger Bildungsmaßnahmen eine Überarbeitung vor der nächsten Durchführung stattfand (siehe Fallbeispiel von Marianne Meier, Kapitel 4.2.1), wird dies in den wenigsten Fällen als Bestandteil des PE-Projekts genannt. In der Regel enden die Projekte mit einer Überarbeitung des Konzepts auf Basis der Evaluationsergebnisse.

Tabelle 35 ermöglicht abschließend einen Überblick über die Interviewpartner, die sich zu den unterschiedlichen Phasen und Handlungsschwerpunkten im Projekttyp äußerten.

Phasen und Handlungsschwerpunkte im Projekttyp „Bildungsmaßnahme"		
Kategorie	**Handlungsschwerpunkte bzw. Subkategorien**	**Interviewpartner**
Initialisierung	Projektauftrag	04, 16
	Auftragsklärung	05, 06
	Analyse der Ausgangssituation	02
	Bedarfsanalyse - Fragebogenerhebung - Interviews	 07 01, 06, 07
Grobkonzeption	Abstimmung Grobkonzept (rekursiv mit der Erarbeitung) - Führungskräfte im Business - Geschäftsführung - Weitere Personengruppen	02, 06, 16 01, 02 01, 05
	Erarbeitung Grobkonzept	01, 02, 05, 06, 08, 16
Anbieterauswahl		05, 08
Projektplanung		01, 02, 08
Detailkonzeption	Abstimmung Detailkonzept (rekursiv mit der Erarbeitung) - Betriebsrat - Direkter Vorgesetzter - Führungskräfte im Business - Geschäftsführung - Projektteam - Weitere Personengruppen	02, 04, 08 01, 04 02, 04, 05, 06, 07 02 05, 08, 16 01, 02, 04, 06, 08, 16
	Erarbeitung Detailkonzept	01, 02, 04, 05, 06, 07, 08, 16
Umsetzung	Pilotierung - Abschluss - Evaluation - Mobilisierung von Teilnehmenden - Schritte zur Umsetzung	 04, 08 04, 08 04, 08

Phasen und Handlungsschwerpunkte im Projekttyp „Bildungsmaßnahme"		
Kategorie	**Handlungsschwerpunkte bzw. Subkategorien**	**Interviewpartner**
	- Vorbereitung der Pilotierung	04, 08 08
	Durchführung - Akquise von Teilnehmenden - Organisation und Koordination - Vorbereitende Schritte - Durchführung der Bildungsmaßnahme - Qualitätssicherung - Kommunikation nach Durchführung	01, 02, 05, 06, 07, 16 02, 06, 07, 16 01, 04, 06, 07, 16 01, 04, 16 01, 02, 04, 06, 07 01, 04, 16
Evaluation	Evaluation	01, 02, 04, 05, 06, 16
	Überarbeitung Konzept	01, 02, 05, 06
Weltweite Umsetzung	Abstimmung Konzept	07
	Erstellung Konzept	07
	Analyse	07
	Übergabe und Controlling	07
	Evaluation	07

Tabelle 35: Themenmatrix – Phasen im Projekttyp „Bildungsmaßnahme“ (n = 8)

4.4.2.1.4. Kritische Ereignisse

Die folgende Tabelle 36 fasst die thematischen Schwerpunkte der kritischen Ereignisse zusammen, die im Projekttyp „Bildungsmaßnahme“ zu bewältigen waren. Es handelt sich um schwierige bzw. erfolgskritische Momente in den einzelnen Phasen der PE-Projekte oder projektübergreifend.

Kritische Ereignisse des Projekttyps „Bildungsmaßnahme" (47:8)					
Widerstand durch Management (9:7)	**Personelle Wechsel (5:3)**	**Widerstand von Betroffenen (5:3)**	**Zeit und Ressourcen (5:3)**	**Promotoren (4:3)**	**Weitere kritische Ereignisse (19:8)**

Tabelle 36: Subjektive Ausformung – Kritische Ereignisse des Projekttyps „Bildungsmaßnahme" (n=8)

Die Mehrheit der subjektiven Handlungskonzepte (51 Prozent) thematisieren kritische Ereignisse auf der personalen Ebene. Der Widerstand durch Mitglieder des Managements verzeichnet hierbei den größten Anteil an Nennungen und umfasst kritische Ereignisse, die durch den direkten Vorgesetzten oder andere für das PE-Projekt relevante Mitglieder des Managements hervorgerufen wurden (z. B. eine Blockade des Projekts durch den alten Vorgesetzten, inhaltliche Kritik am Konzept, kurzfristige Absagen, ausbleibende Wahrnehmung von Verantwortlichkeiten). Die Projektleiter begegneten außerdem, wenn auch zu einem kleineren Anteil, Widerständen durch Betroffene. Diese betrafen in der Regel Teilnehmende, die der Bildungsmaßnahme mit Skepsis oder Ablehnung begegneten (z. B. aufgrund von Veränderungen im Unternehmen oder einer unfreiwilligen Teilnahme). Darüber hinaus störten personelle Wechsel in der Projektverantwortung oder bei wichtigen Ansprechpartnern in den Geschäftsbereichen die reibungslose Abwicklung eines kleineren Anteils von PE-Projekten im Projekttyp. Drei der befragten Personalentwickler thematisieren zudem, dass dem Gewinnen von Promotoren durch z. B. die Kommunikation von Sinnhaftigkeit und Nutzen eine zentrale Bedeutung für einen erfolgreichen Verlauf des Projekts zukam.

Neben kritischen Ereignissen auf der personalen Ebene wurden weitere, das PE-Projekt gefährdende Situationen durch unverschuldete, zeitliche Schwierigkeiten (z. B. mehrmonatige Verzögerung durch fehlende Infrastruktur, dünne Personaldecke durch Krankheitsfälle, straffer Zeitplan) ausgelöst und führten zu einer erheblichen Belastung der Ressourcen der Projektleitenden. Des Weiteren thematisieren alle Projektleitenden von PE-Projekten im Projekttyp ein Bündel weiterer kritischer Ereignisse, die vor allem inhaltlich und organisatorisch geprägt waren (z. B. ein parallel laufendes altes Programm, inhaltliche Änderungen in den Geschäftsbereichen, zu viele oder nicht passende Anmeldungen von Teilnehmenden, fehlende Kompetenz des externen Anbieters, inhaltliche Divergenzen im Projektteam).

Tabelle 37 ermöglicht abschließend einen Überblick über die Interviewpartner, die sich zu den verschiedenen kritischen Ereignissen im Projekttyp geäußert haben.

Kritische Ereignisse im Projekttyp „Bildungsmaßnahme"		
Kategorie	**Themen bzw. Subkategorien**	**Interviewpartner**
Kritische Ereignisse	Personelle Wechsel	02, 04, 06
	Promotoren	02, 06, 07
	Widerstand von Betroffenen	01, 04, 06
	Zeit und Ressourcen	01, 02, 08
	Widerstand durch Management	01, 02, 04, 06, 07, 08, 16
	Weitere kritische Ereignisse	01, 02, 04, 05, 06, 07, 08, 16

Tabelle 37: Themenmatrix – Kritische Ereignisse im Projekttyp „Bildungsmaßnahme“ (n = 8)

4.4.2.2. Formale Charakterisierung

Das vorliegende Kapitel charakterisiert die formale Beschaffenheit der rekonstruierten PE-Projekte im Typ „Bildungsmaßnahme“ durch die Maße Umfang, Diversität und Differenzierungsgrad. Die Maßzahlen werden in der Einführung von Kapitel 4.4 näher beschrieben.

Umfang der subjektiven Theorien

Abbildung 63 stellt die Häufigkeitsverteilung der Gesamtzahl der Konzepte dar. Die Strukturbilder und damit auch die PE-Projekte variieren mit 52 Konzepten im Minimum und 100 Konzepten im Maximum deutlich in ihrem Umfang. Der Durchschnitt liegt bei 70,9 Konzepten.

Der Projekttyp „Bildungsmaßnahme“ weist im Verhältnis zum Projekttyp „Fördermaßnahme“ eine größere Varianz bezüglich des Umfangs auf. Dies ist vornehmlich durch den größeren Handlungsaufwand bei der Implementierung von Bildungsmaßnahmen bedingt. Während in Bildungsmaßnahmen die Projektleitenden zum Teil selbst Veranstaltungen durchführten oder an diesen zur Qualitätssicherung teilnahmen, erfolgte die Umsetzung in den PE-Projekten des Typs „Fördermaßnahme“ in der Regel durch die Linienbereiche.

Diversität der subjektiven Theorien

Im Folgenden werden (1) die Kategorienfrequenz sowie (2) die jeweiligen Kategorienkombinationen auf der ersten und zweiten Ebene des Kategoriensystems zur Beschreibung der Komplexität der subjektiven Theorien genutzt. Die Kategorienfrequenz und

Kategorienkombinationen auf der dritten und vierten Ebene des Projekttyps „Bildungsmaßnahme“ sind im Anhang 0 und 0 einsehbar.

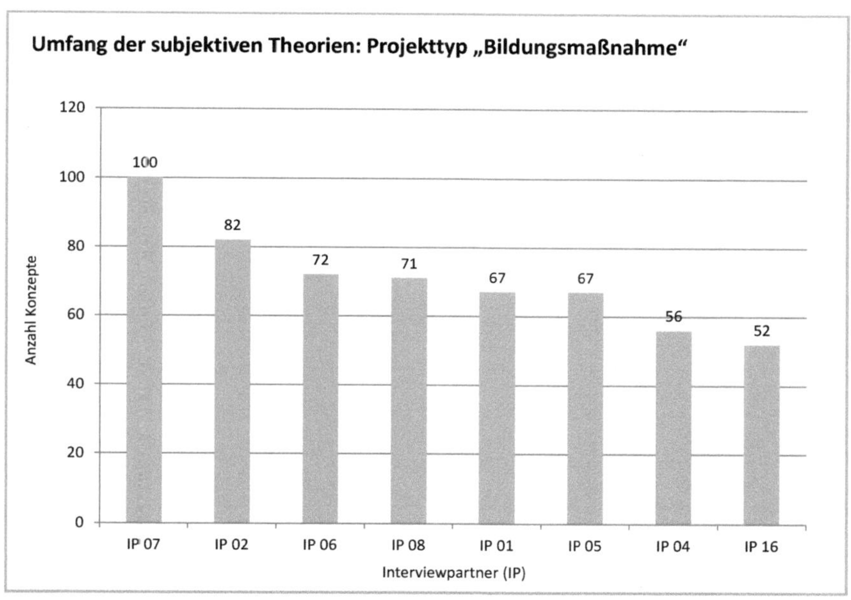

Abbildung 63: Umfang der subjektiven Theorien im Projekttyp „Bildungsmaßnahme“ (n = 8)

(1) Frequenzanalyse auf der ersten und zweiten Kategorienebene

Tabelle 38 stellt die Häufigkeit der im Projekttyp „Bildungsmaßnahme“ vorkommenden Kategorien auf der ersten und zweiten Ebene des Kategoriensystems zusammen.

Insgesamt liegen 4 Kategorien auf der ersten Ebene („Voraussetzungen“, „Zielsetzungen“, „Phasen“, „Kritische Ereignisse“) und 19 Kategorien auf der zweiten Ebene des Projekttyps vor. Neben den Hauptkategorien der ersten Ebene kommen lediglich die Kategorien „Personale Voraussetzungen“, „Projektziele“, „Detailkonzeption“, „Umsetzung“ und „Weitere kritische Ereignisse“ bei allen Fällen im Projekttyp vor. Dies verdeutlicht die sehr unterschiedliche strukturelle Ausprägung der PE-Projekte.

PROJEKTTYP: BILDUNGSMAßNAHME, 1. und 2. Ebene	**Anzahl Fälle**	**Anzahl Fälle in %**
VORAUSSETZUNGEN	8	100 %
Personale Voraussetzungen (1)	8	100 %
Inhaltliche Voraussetzungen (2)	5	63 %
Materielle Voraussetzungen (3)	4	50 %
ZIELSETZUNGEN	8	100 %
Persönliche und kollektive Absichten (4)	5	63 %
Projektziele (5)	8	100 %
PHASEN	8	100 %
Initialisierung (6)	7	88 %
Grobkonzeption (7)	6	75 %
Anbieterauswahl (8)	2	25 %
Projektplanung (9)	3	38 %
Detailkonzeption (10)	8	100 %
Umsetzung (11)	8	100 %
Evaluation (12)	6	75 %
Weltweite Umsetzung (13)	1	13 %
KRITISCHE EREIGNISSE	8	100 %
Personelle Wechsel (14)	3	38 %
Promotoren (15)	3	38 %
Weitere kritische Ereignisse (16)	8	100 %
Widerstand durch Management (17)	7	88 %
Widerstand von Betroffenen (18)	3	38 %
Zeit und Ressourcen (19)	3	38 %

Tabelle 38: Kategorien auf der ersten und zweiten Ebene im Projekttyp „Bildungsmaßnahme“ (=8)

Die Häufigkeitsverteilung der Anzahl rekonstruierter Kategorien kann auf der ersten Ebene nicht dargestellt werden, da die 4 Hauptkategorien bei allen Fällen des Projekttyps vertreten sind. Die Kategorien auf der zweiten Ebene bringen hingegen die Variabilität innerhalb des Projekttypen zum Ausdruck (siehe Abbildung 64). Das Minimum der rekonstruierten Konzeptkategorien liegt bei 9, das Maximum bei 15 Kategorien. Dies bedeutet, dass die subjektive Theorie von Interviewpartner 02 mit 15 Kategorien über eine strukturell unterschiedlichere subjektive Theorie verfügt als beispielsweise Interviewpartner 07, der lediglich 9 Kategorien thematisiert. Die durchschnittliche Kategorienhäufigkeit liegt bei 10,1.

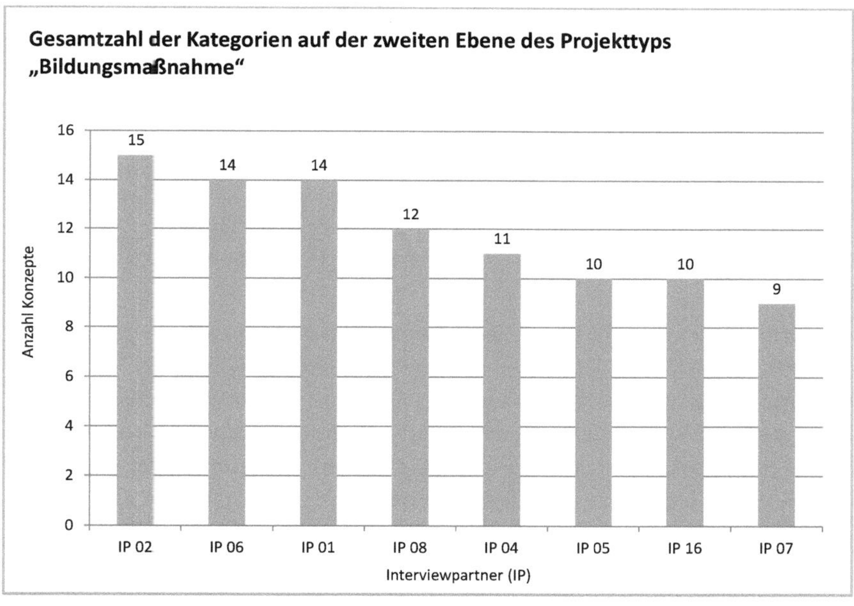

Abbildung 64: Gesamtzahl der Kategorien auf der zweiten Ebene des Projekttyps „Bildungsmaßnahme" (n = 8)

(2) Kategorienkombinationen auf der ersten bis zweiten Ebene

Für die weitere Analyse der Diversität dient eine Ermittlung der Kombination der Kategorien pro Fall auf der zweiten Ebene des Kategoriensystems. Eine Analyse der Kategorienkombinationen auf der ersten Ebene entfällt, da die Hauptkategorien bei allen Interviewpartnern im Projekttyp vorliegen.

Tabelle 39 gibt die Kategorienkombinationen auf der zweiten Ebene wieder. Das „x" markiert das Vorkommen, „0" das Fehlen einer Kategorie. Die Zahlen in der zweiten Zeile der Tabelle beziehen sich auf die in Tabelle 38 angegebenen Kategoriennummern auf der zweiten Ebene des Projekttyps.

	Kategorien auf der zweiten Ebene des Projekttyps „Bildungsmaßnahme“																		
IP	**1**	**2**	**3**	**4**	**5**	**6**	**7**	**8**	**9**	**10**	**11**	**12**	**13**	**14**	**15**	**16**	**17**	**18**	**19**	**Kombin.**
01	x	0	x	x	x	x	x	0	x	x	x	x	0	0	0	x	x	x	x	15
02	x	x	0	x	x	x	x	0	x	x	x	x	0	x	x	x	x	0	x	15
06	x	x	0	x	x	x	x	0	0	x	x	x	0	x	x	x	x	x	0	14
08	x	x	x	x	x	0	x	x	x	x	x	0	0	0	0	x	x	0	x	13
05	x	0	x	x	x	x	x	x	0	x	x	x	0	0	0	x	0	0	0	11
07	x	0	x	0	x	x	0	0	0	x	x	0	x	0	x	x	x	0	0	10
16	x	x	0	0	x	x	x	0	0	x	x	x	0	0	0	x	x	0	0	10
Total	**8**	**5**	**4**	**5**	**8**	**7**	**6**	**2**	**3**	**8**	**8**	**6**	**7**	**3**	**3**	**8**	**7**	**3**	**3**	

Tabelle 39: Kategorienkombinationen auf der zweiten Ebene des Projekttyps „Bildungsmaßnahme“ (n = 8)

Insgesamt liegen von acht Fällen acht unterschiedliche strukturelle Kombinationen vor, bei denen mindestens 10 Kategorien verwendet werden. Hinsichtlich der Kategorienkombinationen sind die im Typ „Bildungsmaßnahme“ rekonstruierten Projekte äußerst divers. Dennoch lassen sich Kategorien identifizieren, die von allen (insgesamt 5 Kategorien) oder mindestens vier (insgesamt 8 Kategorien) Interviewpartnern thematisiert wurden, wie die letzte Zeile der Tabelle hervorhebt.

Differenzierungsgrad

Tabelle 40 zeigt einerseits die inhaltliche Füllung der Kategorien durch die Anzahl der Konzepte einer Kategorie und die Kategoriennennungen durch die Interviewpartner und beschreibt andererseits mit dem Differenzierungsgrad (d) die inhaltliche Differenziertheit der jeweiligen Kategorie. Es wird deutlich, dass die prozessuale Kategorie „Phasen“ mit einem Anteil von 75 Prozent die meisten Konzepte enthält. Im Verhältnis zum Projekttyp „Fördermaßnahme“ (d = 55,0) sind die subjektiven Theorien im Projekttyp „Bildungsmaßnahme“ wesentlich differenzierter.

Konzeptkategorien	Anzahl Konzepte	Anzahl Fälle	d
Projekttyp „Bildungsmaßnahme“	**567**	**8**	**70,9**
Voraussetzungen	**41**	**8**	**5,1**
Personale Voraussetzungen	25	8	3,1
Inhaltliche Voraussetzungen	11	5	2,2
Materielle Voraussetzungen	5	4	1,3
Zielsetzungen	**53**	**8**	**6,6**
Persönliche und kollektive Absichten	16	5	3,2
Projektziele	37	8	4,6
Phasen	**426**	**8**	**53,3**
Initialisierung	45	7	6,4
Grobkonzeption	46	6	7,7
- Abstimmung Grobkonzept (rekursiv mit der Erarbeitung)	26	5	5,2
- Erarbeitung Grobkonzept	20	6	3,3
Anbieterauswahl	21	2	10,5
Projektplanung	4	3	1,3
Detailkonzeption	69	8	8,6
- Abstimmung Detailkonzeption (rekursiv mit der Erarbeitung)	38	8	4,75
- Erarbeitung Detailkonzept	31	8	1,3
Umsetzung	169	8	21,1
- Pilotierung	39	2	4,8
- Durchführung	130	7	1,7
Evaluation	36	6	6,0
Weltweite Umsetzung	36	1	36,0
Kritische Ereignisse	**47**	**8**	**5,9**

Tabelle 40: Projekttyp „Bildungsmaßnahme“ – Empirische Füllung der Kategorien der ersten und zweiten Ebene (n = 8)

4.4.2.3. Modalstruktur

Die folgende Abbildung 65 stellt den gemeinsamen Kern der individuellen Theoriestrukturen im Projekttyp „Bildungsmaßnahme“ als Modalstruktur zusammen. Es wurden in die Modalstruktur nur die inhaltsanalytischen Kategorien aufgenommen, die mindestens bei der Hälfte der Interviewpersonen (n = 8) vertreten sind. Da der Umfang und die strukturelle Diversität im Projekttyp sehr hoch sind, teilt die fallübergreifende Modalstruktur nur einen kleinen, gemeinsamen Kern. Die Abbildungsleistung liegt gemäß einer Kennzahl von Fürstenau und Trojahner (2005, S. 198)[86] bei 63,9 Prozent.

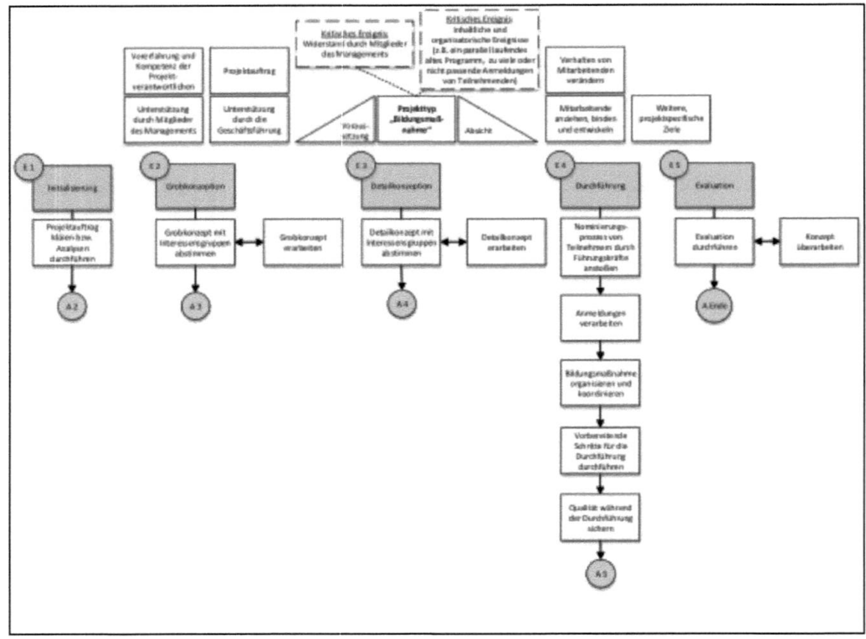

Abbildung 65: Modalstruktur des Projekttyps „Bildungsmaßnahme“Projekttyp „Fördermaßnahme“

86 Die Abbildungsleistung wird als Quotient aus den in die Modalstruktur aufgenommenen Konzepten entlang der inhaltsanalytischen Kategorien und der Summe aller in den subjektiven Theorien enthaltenen Konzepte definiert, im vorliegenden Fall in Bezug auf die jeweilige Summe pro Projekttyp. Der Quotient gibt keine Antwort auf die Abbildungsleistung bezüglich der idiografisch formulierten Konzepte oder Strukturrelationen.

4.4.3. Projekttyp „Fördermaßnahme

Die folgenden Kapitel gehen der Frage nach, welche subjektiv-theoretischen Vorstellungen über die Gestaltung und Leitung von PE-Projekten das Handeln von Personalentwicklern in PE-Projekten vom Typ „Fördermaßnahme" prägen.

Es wird zur Beantwortung der Fragestellung zunächst eine Einführung in die inhaltlichen Dimensionen des Projekttyps entlang der Hauptkategorien Voraussetzungen, Absichten, Phasen und kritische Ereignisse vorgenommen (siehe Kapitel 4.4.3.1). Daran anschließend werden die subjektiven Theorien entlang der Maße Umfang, Diversität und Differenzierungsgrad formal charakterisiert (siehe Kapitel 4.4.3.2). Die formale Charakterisierung nimmt zudem zentrale vorbereitende Schritte zur Erstellung einer fallübergreifenden Projektstruktur vor (siehe Kapitel 3.6.2.2 für die einzelnen Schritte der Aggregationsprozedur). Die aggregierte Modalstruktur wird in Kapitel 4.4.3.3 abschließend dargestellt.

Die Ausführungen basieren auf fünf PE-Projekten im Handlungsfeld Förderung[87] (z. B. Konzeption eines Assessment Centers, Erarbeitung einer Zielvereinbarungssystematik, Einführung eines Potenzialidentifizierungsprozesses). Anhang 3.3 und 3.4 geben zusätzlich zu den Ausführungen in diesem Kapitel entlang von Frequenzanalysen und thematischer Fallzusammenfassungen weitere Einblicke in die subjektiven Ausformungen der PE-Projekte.

4.4.3.1. Inhaltliche Charakterisierung

Das vorliegende Kapitel gibt Einblick in die inhaltliche Ausformung der PE-Projekte im Typ „Fördermaßnahme" entlang der Hauptkategorien Voraussetzungen, Ziele, Phasen und kritische Ereignisse. Die individuellen Konzepte der Interviewpersonen wurden im Rahmen der qualitativen Inhaltsanalyse auf Basis des empirischen Materials und der theoretischen Vorkenntnisse semantisch verdichtet und in ihrer Komplexität reduziert.

4.4.3.1.1. Voraussetzungen

Die folgende Tabelle 41 stellt die thematischen Schwerpunkte der zentralen Voraussetzungen, die das Entstehen von PE-Projekten im Typ „Fördermaßnahme" bedingt haben, dar.

[87] Fördermaßnahmen umfassen Maßnahmen zur Beschaffung und Auswahl von Mitarbeitenden, Methoden zur Einführung neuer Mitarbeitender, positions- und aufstiegsfördernde Methoden sowie Methoden der Karriere- und Nachfolgeplanung (M. Becker, 2002, S. 109 ff., S. 247 ff.; Müller-Vorbrüggen, 2010a, S. 8).

Voraussetzungen des Projekttyps „Fördermaßnahme“ (26:5)[88]	
Personale Voraussetzungen (13:5)	**Inhaltliche Voraussetzungen (13:4)**
Projektauftrag (5:4) Unterstützung durch Geschäftsführung (1:1) Unterstützung durch Management (2:2) Vorerfahrung (1:1) Weitere personale Voraussetzungen (4:2)	Unzureichender Prozess oder Angebot (7:4) Analyseergebnisse (3:2) Veränderungen im Unternehmen (3:3)

Tabelle 41: Subjektive Ausformung – Voraussetzungen des Projekttyps „Fördermaßnahme“ (n = 5)

Die interviewten Personalentwickler nennen jeweils 50 Prozent der subjektiven Konzepte auf der personalen und inhaltlichen Ebene. Lediglich ein Gesprächspartner thematisiert keine inhaltlichen Voraussetzungen als Auslösungsbedingung für das PE-Projekt.

Die subjektiven Konzepte auf der personalen Ebene umfassen Sachverhalte oder Bedingungen auf der Ebene von Personen, die das Entstehen von PE-Projekten im Projekttyp ermöglichten. Das Zustandekommen wurde vordergründig durch das Vorliegen eines Projektauftrags durch Entscheidungsträger (z. B. Geschäftsführung) bedingt. Vorerfahrung durch bestehende Konzepte in anderen Bereichen des Unternehmens, die Unterstützung der Geschäftsführung oder der Managementebene im Unternehmen (z. B. Vorgesetzte als Prozessexpertin, klare Kommunikation der Projektverantwortung) sowie weitere Rahmenbedingungen (z. B. viele neue Führungskräfte, fehlende Prozessexpertise durch die Projektleitung) werden kaum erwähnt. Zudem liegen Auslösungsbedingungen auf der inhaltlichen Ebene vor. Hierzu zählen Analyseergebnisse (z. B. Bedarfsbefragungen in Geschäftsclustern), Veränderungen im Unternehmen (z. B. Abschaffung eines Aktienprämienprogramms und Etablierung eines neuen Systems), ein unzureichender Prozess oder ein unzureichendes PE-Angebot (z. B. schleppender Budgetplanungsprozess, keine Entwicklungspfade für Fachexperten).

[88] Die erste Zahl der in den Klammern angegebenen Werte bezieht sich auf die absolute Anzahl von Konzepten, die zweite Zahl gibt die Zahl der Interviewpartner an, welche die Kategorie thematisieren. Eine Darstellung der einzelnen Handlungskonzepte ist aus Platzgründen nicht möglich.

Im Vergleich zu den PE-Projekten des Typs „Bildungsmaßnahme“ spielte die Sichtbarkeit der eigenen Expertise bzw. einer gewissen Reputation im Projektthemen-bereich keine besondere Rolle. Ebenso erforderten die PE-Projekte im Handlungsfeld „Förderung“ anscheinend deutlich weniger Unterstützung durch die Geschäftsführung und die Mitglieder des Managements als PE-Projekte im Handlungsfeld „Bildung“ (siehe Kapitel 4.4.2.1.1), um zustande zu kommen. Das Vorliegen eines Handlungsdrucks durch einen unzureichenden Prozess, ein unzureichendes Angebot oder Veränderungsentscheidungen begünstigten in diesen PE-Projekten bereits im Vorfeld eine Unterstützung für das Projektvorhaben.

Tabelle 42 ermöglicht abschließend einen Überblick über die Interviewpartner, die sich zu den unterschiedlichen Auslösungsbedingungen im Projekttyp äußerten.

Voraussetzungen des Projekttyps „Fördermaßnahme“		
Kategorie	**Themen bzw. Subkategorien**	**Interviewpartner**
Personale Voraussetzungen	Projektauftrag	09, 12, 13, 14
	Unterstützung durch Geschäftsführung	12
	Unterstützung durch Management	13, 14
	Vorerfahrung	11
	Weitere personale Voraussetzungen	13, 14
Inhaltliche Voraussetzungen	Analyseergebnisse	11, 13
	Unzureichender Prozess oder Angebot	09, 11, 12, 13
	Veränderungen im Unternehmen	09, 11, 13

Tabelle 42: Themenmatrix – Voraussetzungen des Projekttyps „Fördermaßnahme“ (n = 5)

4.4.3.1.2. Absichten

Die folgende Tabelle 43 stellt die Schwerpunkte der Absichten dar, die in den rekonstruierten PE-Projekten im Projekttyp „Fördermaßnahme“ verfolgt wurden. Diese umfassen offizielle und inoffizielle Projektziele, wie z. B. persönliche Zielsetzungen.

Zielsetzungen im Projekttyp „Fördermaßnahme“ (29:5)		
Persönliche Ziele **(6:4)**	**Projektziele** **(23:5)**	
Kompetenznachweis (2:2) Weitere persönliche Absichten (4:3)	Systematik und Struktur (14:5)	Weitere Projektziele (9:3)

Tabelle 43: Subjektive Ausformung – Zielsetzungen im Projekttyp „Fördermaßnahme“ (n = 5)

Die Projektziele, also die offiziellen Ziele, die mit den PE-Projekten verfolgt wurden, machen einen Anteil von ca. 79 Prozent der genannten Projektabsichten aus. Sie beziehen sich in erster Linie auf die Entwicklung einer systematischen und strukturierten Vorgehensweise (z. B. Sichtbarmachung von Karrierepfaden oder individuellen Leistungen, Harmonisierung von Zielvereinbarungen in verschiedenen Unternehmensbereichen, transparenter Prozess). Darüber hinaus nennen mehr als die Hälfte der Gesprächspartner ein Bündel verschiedenartiger Projektziele, die von der Absicht, einen guten und gelungenen Prozess zu etablieren, bis hin zu der Qualifizierung und Ansprache von Beteiligten reichen.

Auch persönliche und kollektive Absichten wirkten in die Projektgestaltung und Projektleitung hinein. Sie machen aber nur 20 Prozent der genannten Zielsetzungen von PE-Projekten des Typs „Fördermaßnahme“ aus. Neben dem Ziel, die eigene Kompetenz im PE-Projekt nachzuweisen und von der eigenen Arbeit zu überzeugen (z. B. strategische Arbeitsweise und Arbeitsqualität sichtbar machen), wurden weitere persönliche und kollektive Absichten verfolgt, die von einer inhaltlichen Zielebene (z. B. systematische Übersicht von Entwicklungsmöglichkeiten) bis hin zur Absicht reichten, enger mit künftigen Entscheidungsträgern zusammenzuarbeiten.

Die Ergebnisse verdeutlichen, dass im Projekttyp vor allem Projektziele im Vordergrund standen. Persönliche und kollektive Absichten machen nur einen kleinen Anteil aus. Ebenso wie bei PE-Projekten des Typs „Bildungsmaßnahme“ liegt für die Interviewpartner anscheinend eine erfolgreiche Bewältigung des Projekttyps vor allem in der erfolgreichen Lösungsimplementierung, unabhängig vom tatsächlichen Erreichen der Projektziele. Die Zielsetzungen sind jedoch im Verhältnis zum Projekttyp „Bildungsmaßnahme“ weniger breit gefasst und ihr Erreichen dadurch konkreter greifbar (z. B. zehn Prozent der besten Mitarbeiter-Leistungen im Jahr honorieren).

Tabelle 44 gibt abschließend einen Überblick über die Interviewpartner, die sich zu den verschiedenen Zielsetzungen im Projekttyp äußerten.

Zielsetzungen im Projekttyp „Fördermaßnahme"		
Kategorie	**Themen bzw. Subkategorien**	**Interviewpartner**
Persönliche und kollektive Absichten	Kompetenznachweis	11, 12
	Weitere persönliche und kollektive Absichten	09, 11, 13
Projektziele	Systematik und Struktur	09, 11, 12, 13, 14
	Weitere Projektziele	11, 13, 14

Tabelle 44: Themenmatrix – Zielsetzungen im Projekttyp „Fördermaßnahme“ (n = 5)

4.4.3.1.3. Phasen

Die Hauptkategorie „Phasen“, die 72 Prozent der von den Interviewpartnern genannten Handlungskonzepte des Projekttyps „Fördermaßnahme“ umfasst, rekonstruiert den prozessualen Ablauf und die schwerpunktmäßig durchgeführten Handlungsschritte im Projekttyp. Es wurden fünf übergeordnete Phasen aus dem Datenmaterial abgeleitet, die im Folgenden die Ergebnisdarstellung leiten: (1) Auftragsklärung, (2) Lösungsexploration, (3) Konzeption, (4) Umsetzung und (5) Abschluss und Nachbereitung. Für die inhaltsanalytische Verdichtung waren die Sinnähnlichkeit sowie die Einordnung der Phase in die jeweilige zeitliche Ablaufstruktur des PE-Projekts handlungsleitend.

Phase „Auftragsklärung“

Die Auftragsklärung ist in 80 Prozent der rekonstruierten PE-Projekte im Projekttyp „Fördermaßnahme“ repräsentiert und umfasst 17 Handlungskonzepte von vier Gesprächspartnern. Die Auftragsklärung wurde in formellen Gesprächen sowie Sitzungen (z. B. Gespräche mit Sponsoren, dem direkten Vorgesetzten oder Interessensgruppen, Kick-off Meetings im Projektteam) und/oder in informellen Gesprächen (z. B. mit Geschäftsleitungsmitgliedern) von den Interviewpartnern vorgenommen. Ziel dieser Phase war die Beseitigung von Unklarheiten, die Klärung von Interessen und/oder die Bestimmung des Projektrahmens (u. a. Festlegung des Projektteams, Rollen- und Aufgabenklärung).

Phase „Lösungsexploration“

Die Phase der Lösungsexploration ist in allen PE-Projekten des Projekttyps vorzufinden und umfasst explorierende Handlungsschritte zur Entwicklung erster Lösungsideen oder eines Lösungsvorschlag und deren Abstimmung (siehe Tabelle 45).

Lösungsexploration (31:5)		
Lösungsentwicklung (15:5)	**Abstimmung von Lösungsideen (9:3)**	**Projektplanung und -vorbereitung (7:3)**

Tabelle 45: Subjektive Ausformung – Phase „Lösungsexploration" im Projekttyp „Fördermaßnahme" (n = 5)

Die Entwicklung von Lösungen fand in den meisten Fällen im Projektteam oder im Austausch mit internen Experten (z. B. ehemaligen Teilnehmenden, HR Business Partnern), in Einzelfällen aber auch mit externen Experten (z. B. mit Personen aus dem persönlichen HR-Netzwerk) statt. Im Vordergrund stand in der Regel eine Analyse der Ist-Situation und der Machbarkeit von Lösungen. Die erarbeiteten Lösungen wurden anschließend den Entscheidungsträgern im PE-Projekt (z. B. Geschäftsführung, Sponsoren, Projektbeteiligte) zur Entscheidung über die Umsetzung vorgelegt. Diese Phase führte zu Überarbeitungsbedarfen, Ergänzungen und bei Zustimmung zum Übergang in die Konzeptionsphase. Handlungsschritte zur Projektplanung (z. B. Terminplanung) liefen parallel zur Entwicklung und Abstimmung der Lösungen ab. So wurden beispielsweise Termine vor einer Entscheidung der Sponsoren oder Geschäftsführung geplant, um bei einer Freigabe des PE-Projekts möglichst schnell in die Umsetzung zu gelangen.

Phase „Konzeption"

Die Phase der Konzeption ist im Projekttyp durchgängig vertreten und umfasst neben der Phase der Umsetzung die meisten Handlungskonzepte (41 Prozent der Handlungskonzepte in der Kategorie „Phasen"). Diese Phase ist gekennzeichnet durch die Erarbeitung sowie die Abstimmung des Konzepts mit Anspruchsgruppen im Unternehmen (siehe Tabelle 46).

Konzeption (82:5)						
Erarbeitung Konzept (26:5)	**Abstimmung Konzept (rekursiv mit der Erarbeitung) (56:5)**					
	Führungskräfte im Business (23:5)	Vertreter des HR Bereichs (9:4)	Direkter Vorgesetzter (5:3)	Geschäftsführung (9:2)	Projektteam (4:2)	Weitere Personengruppen (6:3)

Tabelle 46: Subjektive Ausformung – Phase „Konzeption" im Projekttyp „Fördermaßnahme" (n = 5)

Die Erarbeitung des Konzepts erfolgte in einem iterativen Prozess in Abstimmung und in Austausch mit den verschiedensten, für das PE-Projekt relevanten Personengruppen im Unternehmen. Die Abstimmung wurde größtenteils über bilaterale Gespräche, aber auch in Projektteamtreffen oder Workshops erzielt. Die primäre Zielgruppe für die Abstimmungshandlungen bildeten die für das Projekt relevanten Führungskräfte in den Geschäftsbereichen (41 Prozent der Handlungskonzepte in der Subkategorie „Abstimmung Konzept“). Sie wurden in Workshops, Einzelgesprächen und/oder durch Zusendung des Konzepts als Inputgeber sowie als Entscheider über die Projektwürdigkeit in die Konzepterstellung einbezogen. Im Gegensatz zu den PE-Projekten im Typ „Bildungsmaßnahme“ bildeten Vertreter des Personalbereichs, insbesondere die Personalleitung, eine weitere wichtige Zielgruppe des Abstimmungshandelns der Personalentwickler. Mit ihnen wurde das Konzept abgestimmt und Überarbeitungsbedarfe überprüft. Die Personalleitung wurde als Entscheidungsinstanz genutzt (z. B. Streichen eines Prozessschritts, Abstimmung von zusätzlichen Ressourcen mit der Geschäftsführung). Der direkte Vorgesetzte war ebenfalls in mehr als der Hälfte der Fälle als Feedbackgeber in die Konzepterstellung involviert. Weitere Abstimmungsprozesse fanden in Form einer Präsentation des Konzepts vor der Geschäftsführung oder der Projektgruppe statt. Die Erarbeitung des Konzepts beinhaltete beispielsweise die Klärung von Begrifflichkeiten, die Erstellung von Drehbüchern und Materialien, Bedarfsanalysen und/oder die Einarbeitung des Feedbacks der verschiedenen Anspruchsgruppen.

In den rekonstruierten PE-Projekten wurde die konkrete Lösung, im Sinne eines ausführungsreifen Plans, in enger Abstimmung mit den für das PE-Projekt relevanten Personengruppen erarbeitet. Im Vergleich zum Projekttyp „Bildungsmaßnahme“ ist die Konzeptionsphase durch wesentlich weniger Freigabeschleifen bestimmt. Eine Unterscheidung in Grob- und Detailkonzeption entfällt. Das Konzept wurde in direkter Abstimmung mit den Anspruchsgruppen im Unternehmen entwickelt und umgesetzt. Eine Ausnahme bildet das PE-Projekt von Interviewpartner 13, das in der Phase der Konzeption endet.

Phase „Umsetzung“

Die Phase der Umsetzung ist Bestandteil von vier der fünf rekonstruierten PE-Projekte des Projekttyps und hat die Realisierung des Konzepts in der Unternehmenspraxis zum Gegenstand (siehe Tabelle 47).

Umsetzung (56:4)		
Pilotierung (12:1)	**Vorbereitung Rollout (33:4)**	**Implementierung (11:3)**

Tabelle 47: Subjektive Ausformung – Phase „Umsetzung“ im Projekttyp „Fördermaßnahme“ (n = 5)

In der Mehrheit der Fälle dominierte die Vorbereitung des Rollouts. Die vorbereitenden Schritte zur Implementierung der konzipierten Fördermaßnahme bezogen sich auf Handlungen wie z. B. die Vorbereitung von Materialien, Erstellung und Abstimmung von Kommunikationsunterlagen, Kontaktaufnahme mit Teilnehmenden, Kommunikation an alle Betroffenen, Briefings und Qualifizierungsmaßnahmen und/oder Organisation von Workshops. In drei Fällen (IP 09, IP 11, IP 14) wurde die Implementierung des Prozesses durch Handlungen der Projektleitung begleitet (z. B. Leitung von Konferenzen, unterstützende Teilnahme an Veranstaltungen, Begleitung von Einholen von Feedbacks). In einem der rekonstruierten PE-Projekte wurde zwischen einer Pilotierungs- und einer Implementierungsphase unterschieden (IP 09). Der Interviewpartner spricht von einem "Dry Run", einem Trockenlauf in verschiedenen Abteilungen. Der neue Prozess wurde vor der Einführung im Unternehmen in zwei „Dry Runs“ in verschiedenen Unternehmensbereichen getestet und begleitend weiter entwickelt.

Phase „Abschluss und Nachbereitung“

Die Phase des Abschlusses und der Nachbereitung umfasst alle Handlungsschritte, die im Anschluss an die Prozessimplementierung durchgeführt werden. Die Phase hat einen eher geringen Stellenwert in der Projektgestaltung der Befragten und umfasst lediglich zwölf Handlungskonzepte, die sich auf vier der fünf Fälle verteilen. Zu den Handlungsschritten zählen z. B. die Verdichtung von Ergebnissen und deren Präsentation bei der Geschäftsführung, dem Betriebsrat oder HR-Kollegen, die interne Kommunikation von Erfolgen, die Ableitung von „Lessons Learned“ in Abschlusssitzungen oder Gesprächen mit Projektbeteiligten und/oder die Prozessdokumentation. Im Gegensatz zum Projekttyp „Bildungsmaßnahme“ fand ein Projektabschluss im Sinne einer Auswertung statt. In den meisten Fällen war ein Verstetigungsprozess durch den wiederkehrenden Charakter der erarbeiteten Lösungen bereits implizit integriert. Es wurde allerdings in keinem der PE-Projekte im Projekttyp explizit eine Verstetigungsphase vorgefunden, um beispielsweise Verhaltensänderungen der Betroffenen zu unterstützen. Die Projektverantwortung endete mit der Implementierung des Prozesses. Nicht in allen Fällen lag die Prozessverantwortung anschließend weiter bei der Projektleitung.

Zwischenfazit

Abschließend betrachtet werden die Phasen „Auftragsklärung“, „Lösungsexploration“, „Konzeption“, „Umsetzung“ und „Abschluss und Nachbereitung“ von mehr als der Hälfte der Fälle im Projekttyp „Fördermaßnahme“ thematisiert und mit Handlungsschritten belegt. Von den genannten Phasen sind lediglich die Phasen „Lösungsexploration“ und „Konzeption“ in allen Fällen des Projekttyps „Fördermaßnahme“ vertreten.

Aus inhaltlicher Sicht starteten die PE-Projekte im Projekttyp „Fördermaßnahme" in der Regel mit einer Auftragsklärung. Eine Projektplanung im Sinne verbreiteter Projektmanagementmethoden wurde von mehr als der Hälfte der Fälle im Projekttyp im Rahmen der Phase der Lösungsexploration thematisiert. Nach der Lösungsexploration wurde das Konzept insbesondere mit der Führungsebene im Unternehmen abgestimmt. Im Verhältnis zum Projekttyp „Bildungsmaßnahme" ist der Abstimmungsaufwand im Projekttyp „Fördermaßnahme" deutlich höher. Dies könnte dadurch bedingt sein, dass die entwickelten Konzepte in der Regel von den Linienbereichen umgesetzt werden mussten. In der Umsetzungsphase lag der Schwerpunkt der Aktivitäten in der Vorbereitung und Prozessbegleitung. Anschließend erfolgte im Gegensatz zum Projekttyp „Bildungsmaßnahme" ein Projektabschluss in Form einer Auswertung und Dokumentation. Es wurde allerdings keine systematische Evaluation durchgeführt. In den meisten Fällen war durch den wiederkehrenden Charakter ein Verstetigungsprozess implizit integriert. Er wurde aber nicht explizit von Beginn an eingeplant. Die PE-Projekte endeten in der Regel mit der Nachbereitung der Implementierung.

Tabelle 48 gibt abschließend einen Überblick über die Interviewpartner, die sich zu den einzelnen Phasen und Handlungsschwerpunkten im Projekttyp geäußert haben.

Phasen und Handlungsschwerpunkte im Projekttyp „Fördermaßnahme"		
Kategorie	**Handlungsschwerpunkte bzw. Subkategorien**	**Interviewpartner**
Auftragsklärung		09, 12, 13, 14
Lösungsexploration	Abstimmung von Lösungsideen	09, 12, 13
	Lösungsentwicklung	09, 11, 12, 13, 14
	Projektplanung und Projektvorbereitung	09, 11, 13
Konzeption	Abstimmung Konzept (rekursiv mit Erarbeitung) - Direkter Vorgesetzter - Führungskräfte im Business - Geschäftsführung - Human Resources Vertreter - Projektteam - Weitere Personengruppen	09, 12, 14 09, 11, 12, 13, 14 12, 13 09, 12, 13, 14 09, 12 11, 12, 13

Phasen und Handlungsschwerpunkte im Projekttyp „Fördermaßnahme"		
Kategorie	**Handlungsschwerpunkte bzw. Subkategorien**	**Interviewpartner**
Umsetzung	Erarbeitung Konzept	09, 11, 12, 13, 14
	Pilotierung	09
	Vorbereitung Rollout	09, 11, 12, 14
	Implementierung	09, 11, 14
Abschluss und Nachbereitung		09, 11, 13, 14

Tabelle 48: Themenmatrix – Phasen im Projekttyp „Fördermaßnahme“ (n = 5)

4.4.3.1.4. Kritische Ereignisse

Die folgende Tabelle 49 fasst die thematischen Schwerpunkte der kritischen Ereignisse zusammen, die von den Befragten im Projekttyp „Fördermaßnahme“ zu bewältigen waren. Es handelt sich um schwierige und erfolgskritische Momente in den einzelnen Phasen der PE-Projekte oder projektübergreifend.

Kritische Ereignisse des Projekttyps „Fördermaßnahme“ (22:5)			
Managementunterstützung (8:4)	**Promotoren (2:2)**	**Zeit und Ressourcen (3:3)**	**Weitere kritische Ereignisse (9:5)**

Tabelle 49: Subjektive Ausformung – Kritische Ereignisse des Projekttyps „Fördermaßnahme“ (n = 5)

Die Mehrheit der interviewten Personalentwickler thematisierte die Unterstützung des Managements (z. B. durch die Geschäftsführung und direkte Vorgesetzte) in den verschiedensten Phasen des PE-Projekts als erfolgskritisches Ereignis. Es handelt sich dabei zum einen um eine fehlende Würdigung der Arbeitsleistung durch den direkten Vorgesetzen (z. B. Darstellung der Projektergebnisse durch den Vorgesetzten als eigene Erfolge) oder Sponsor (z. B. keine Teilnahme des Sponsors an der Konzeptpräsentation), zum anderen um die Gewinnung der Unterstützung des Vorstands zu Beginn (z. B. Zustimmung zum Konzept) sowie während des PE-Projekts (z. B. Nichteinhaltung des erarbeiteten Kommunikationsprozesses durch den Vorstand wegen niedrigerer Priorität des Prozesses). Darüber hinaus war, neben kritischen Momenten wie der hohen Belastung durch einen straffen Zeitplan oder Verzögerungen im Projektverlauf, das Gewinnen von Promotoren (z. B. Vorbereitung der HR-Kollegen auf den Rollout) für einen Teil der Projektleitenden ein kritisches Ereignis. Außerdem thematisierten alle Projektleitenden im Projekttyp verschiedene weitere kritische Ereignisse wie z. B. eine unterbrochene Stakeholder-Beteiligung, den Entzug der Projektleitung nach erfolgreicher Konzeptpräsentation oder Entscheidungen über erfolgskritische, inhaltliche Aspekte (z. B. Sprache der Veranstaltung, Einigung auf eindeutige Begrifflichkeiten im Unternehmen).

Tabelle 50 gibt abschließend einen Überblick über die Interviewpartner, die sich zu den verschiedenen kritischen Ereignissen im Projekttyp äußerten.

Kritische Ereignisse im Projekttyp „Fördermaßnahme"		
Kategorie	**Themen bzw. Subkategorien**	**Interviewpartner**
Kritische Ereignisse	Management-Unterstützung	09, 11, 12, 13
	Promotoren	11,14
	Weitere kritische Ereignisse	09, 11, 12, 13, 14
	Zeit und Ressourcen	09, 13, 14

Tabelle 50: Themenmatrix – Kritische Ereignisse im Projekttyp „Fördermaßnahme“ (n = 5)

4.4.3.2. Formale Charakterisierung

Das vorliegende Kapitel charakterisiert die formale Beschaffenheit der rekonstruierten PE-Projekte im Typ „Fördermaßnahme“ durch die Maße Umfang, Diversität und Differenzierungsgrad. Die Maßzahlen werden in der Einführung von Kapitel 4.4 näher beschrieben.

Umfang der subjektiven Theorien

Abbildung 66 stellt die Häufigkeitsverteilung der Gesamtzahl der Konzepte dar. Die Strukturbilder und damit auch die PE-Projekte variieren mit 43 Konzepten im Minimum und 61 Konzepten im Maximum leicht in ihrem Umfang, weisen aber wesentlich weniger Diskrepanzen als der Projekttyp „Bildungsmaßnahme“ auf (siehe Kapitel 4.4.2.2). Der Durchschnitt liegt bei 56 Konzepten.

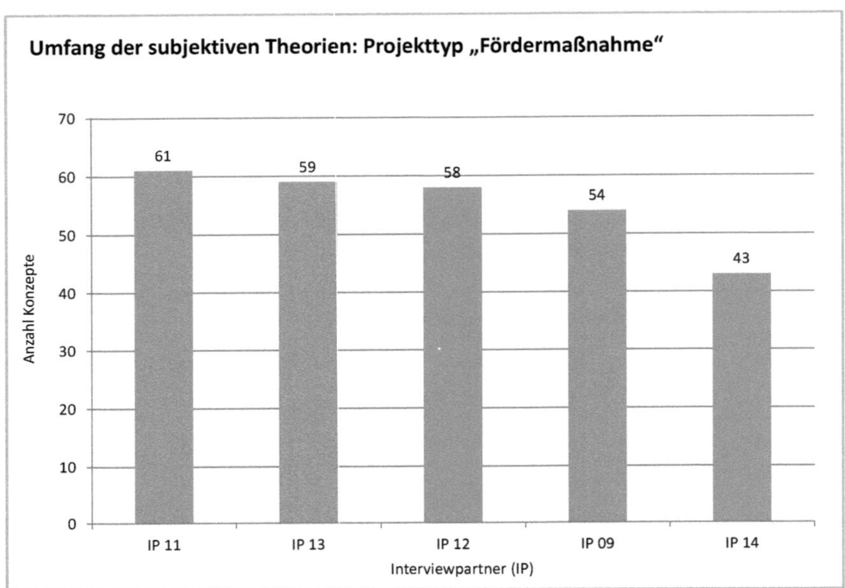

Abbildung 66: Umfang der subjektiven Theorien im Projekttyp „Fördermaßnahme" (n = 5)

Der Projekttyp „Fördermaßnahme" weist im Verhältnis zum Projekttyp „Bildungsmaßnahme" eine geringere Varianz bezüglich des Umfangs auf. Dies ist vornehmlich durch den geringeren Handlungsaufwand bei der Einführung der Fördermaßnahmen bedingt. Die Umsetzung erfolgte in der Regel durch die Linienbereiche und nicht, wie im Falle von Bildungsmaßnahmen, durch die Personalentwickler.

Diversität der subjektiven Theorien

Im Folgenden werden (1) die Kategorienfrequenz sowie (2) die jeweiligen Kategorienkombinationen auf der ersten und zweiten Ebene des Kategoriensystems im Projekttyp „Fördermaßnahme" zur Beschreibung der Komplexität der subjektiven Theorien genutzt. Die Kategorienfrequenz und Kategorienkombinationen auf der dritten und vierten Ebene des Projekttyps sind im Anhang 0 und 0 einsehbar.

(1) Frequenzanalyse auf der ersten und zweiten Kategorienebene

Tabelle 51 stellt die Häufigkeit der im Projekttyp „Fördermaßnahme" vorkommenden Kategorien auf der ersten und zweiten Ebene des Kategoriensystems zusammen.

PROJEKTTYP: FÖRDERMAßNAHME, 1. und 2. Ebene	Anzahl Fälle	Anzahl Fälle in %
VORAUSSETZUNGEN	5	100 %
Personale Voraussetzungen (1)	4	80 %
Inhaltliche Voraussetzungen (2)	4	80 %
ZIELSETZUNGEN	4	80 %
Persönliche Absichten (3)	5	100 %
Projektziele (4)	5	100 %
PHASEN	4	80 %
Auftragsklärung (5)	4	80 %
Lösungsexploration (6)	4	80 %
Konzeption (7)	2	40 %
Umsetzung (8)	5	100 %
Abschluss und Nachbereitung (9)	3	60 %
KRITISCHE EREIGNISSE	5	100 %
Managementunterstützung (10)	4	80 %
Promotoren (11)	4	80 %
Weitere kritische Ereignisse (12)	5	100 %
Zeit und Ressourcen (13)	4	80 %

Tabelle 51: Kategorien auf der ersten und zweiten Ebene im Projekttyp „Fördermaßnahme“ (n = 5)

Insgesamt liegen 4 Kategorien auf der ersten Ebene („Voraussetzungen“, „Zielsetzungen“, „Phasen“, „Kritische Ereignisse“) und 14 Kategorien auf der zweiten Ebene des Projekttyps vor. Neben den Hauptkategorien der ersten Ebene kommen lediglich die Kategorien „Materielle Voraussetzungen“, „Persönliche und kollektive Absichten“, „Projektziele“, „Umsetzung“ und „Weitere kritische Ereignisse“ bei allen Fällen im Projekttyp vor. Dies verdeutlicht die sehr unterschiedliche strukturelle Ausprägung der rekonstruierten FE-Projekte.

Die Häufigkeitsverteilung der Anzahl rekonstruierter Kategorien kann auf der ersten Ebene nicht dargestellt werden, da die 4 Hauptkategorien bei allen fünf Interviewpersonen vertreten sind. Die Kategorien auf der zweiten Ebene bringen hingegen die Variabilität innerhalb des Projekttypen zum Ausdruck (siehe Abbildung 67). Das Minimum der rekonstruierten Konzeptkategorien liegt bei 10 Kategorien, das Maximum bei 12 Kategorien. Im Vergleich zum Projekttyp „Bildungsmaßnahme“ fällt die Diversität wesentlich geringer aus (siehe Kapitel 4.4.2.2). Die durchschnittliche Kategorienhäufigkeit liegt bei 10,8.

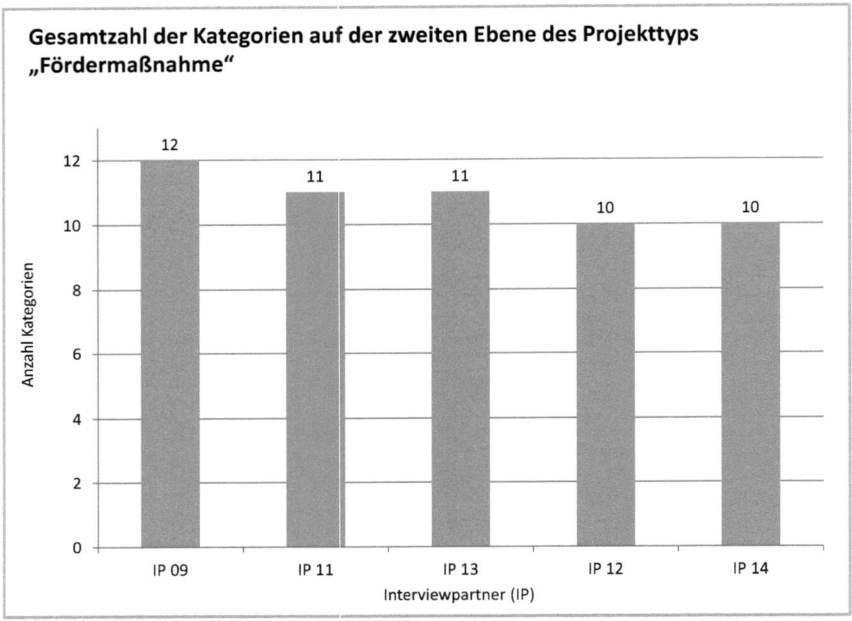

Abbildung 67: Gesamtzahl der Kategorien auf der zweiten Ebene des Projekttyps „Fördermaßnahme“ (n = 5)

(2) Kategorienkombinationen auf der ersten bis zweiten Ebene

Für die weitere Analyse der Diversität dient eine Ermittlung der Kombination der Kategorien pro Fall auf der zweiten Ebene des Kategoriensystems. Eine Analyse der Kategorienkombinationen auf der ersten Ebene entfällt, da diese Kategorien in allen Fällen des Projekttyps vorliegen.

Die folgende Tabelle 52 gibt die Kategorienkombinationen auf der zweiten Ebene wieder. Das „x“ markiert das Vorkommen, „0“ das Fehlen einer Kategorie. Die Zahlen in der zweiten Zeile der Tabelle beziehen sich auf die in Tabelle 51 angegebenen Kategoriennummern auf der zweiten Ebene des Projekttyps.

	Kategorien auf der zweiten Ebene des Projekttyps „Fördermaßnahme"													
IP	1	2	3	4	5	6	7	8	9	10	11	12	13	Kombin.
09	x	x	x	x	x	x	x	x	x	x	0	x	x	12
11	x	x	x	x	0	x	x	x	x	x	x	x	0	11
13	x	x	x	x	x	x	x	0	x	x	0	x	x	11
12	x	x	x	x	x	x	x	x	0	x	0	x	0	10
14	x	0	0	x	x	x	x	x	x	0	x	x	x	10
Total	5	4	4	5	4	5	5	4	4	4	2	5	3	

Tabelle 52: **Kategorienkombinationen auf der zweiten Ebene des Projekttyps „Fördermaßnahme" (n = 5)**

Insgesamt liegen von fünf Fällen fünf unterschiedliche strukturelle Kombinationen vor, bei denen mindestens 10 Kategorien verwendet werden. Hinsichtlich der Kategorienkombination sind die im Projekttyp rekonstruierten PE-Projekte äußerst divers. Dennoch lassen sich Kategorien identifizieren, die von allen (insgesamt 5 Kategorien) oder größer gleich drei (insgesamt 7 Kategorien) Interviewpartner thematisiert wurden, wie die letzte Zeile der Tabelle hervorhebt.

Differenzierungsgrad

Die folgende Tabelle 53 zeigt einerseits die inhaltliche Füllung der Kategorien durch die Anzahl der Konzepte einer Kategorie und die Kategoriennennungen durch die Interviewpartner und beschreibt andererseits mit dem Differenzierungsgrad (d) die inhaltliche Differenziertheit der jeweiligen Kategorie. Es wird deutlich, dass die prozessuale Kategorie „Phasen" mit einem Anteil von 72 % die meisten Konzepte enthält. Im Verhältnis zum Projekttyp „Bildungsmaßnahme" (d = 70,9) sind die subjektiven Theorien im Projekttyp „Fördermaßnahme" wesentlich differenzierter.

Konzeptkategorien	Anzahl Konzepte	Anzahl Fälle	d
Projekttyp „Fördermaßnahme"	**275**	**5**	**55,0**
Voraussetzungen	**26**	**5**	**5,2**
Personale Voraussetzungen	13	5	2,6
Inhaltliche Voraussetzungen	13	4	3,3
Zielsetzungen	**29**	**5**	**5,8**

Konzeptkategorien	Anzahl Konzepte	Anzahl Fälle	d
Persönliche und kollektive Absichten	6	4	1,5
Projektziele	23	5	4,6
Phasen	**198**	**5**	**39,6**
Auftragsklärung	17	4	4,3
Lösungsexploration	31	5	6,2
Konzeption	82	5	16,4
- Abstimmung Konzept (rekursiv mit Erarbeitung)	56	5	11,2
- Erarbeitung Konzept	26	5	5,2
Umsetzung	56	4	14,0
Abschluss und Nachbereitung	12	4	3,0
Kritische Ereignisse	**22**	**5**	**4,4**

Tabelle 53: Projekttyp „Fördermaßnahme“ – Empirische Füllung der Kategorien der ersten und zweiten Ebene (n = 5)

4.4.3.3. Modalstruktur

Die folgende Abbildung 68 stellt den gemeinsamen Kern der individuellen Theoriestrukturen im Projekttyp „Fördermaßnahme“ als Modalstruktur zusammen. Es wurden in die Modalstruktur nur die inhaltsanalytischen Kategorien aufgenommen, die mindestens bei der Hälfte der Interviewpersonen (n = 5) vertreten sind. Da der Umfang und die strukturelle Diversität im Projekttyp sehr hoch sind, teilt die fallübergreifende Modalstruktur nur einen kleinen, gemeinsamen Kern. Die Abbildungsleistung liegt im Projekttyp „Fördermaßnahme“ gemäß einer Kennzahl von Fürstenau und Trojahner (2005, S. 198)[89] bei 68,7 Prozent.

[89] Die Abbildungsleistung wird als Quotient aus den in die Modalstruktur aufgenommenen Konzepten entlang der inhaltsanalytischen Kategorien und der Summe aller in den subjektiven Theorien enthaltenen Konzepte definiert, im vorliegenden Fall in Bezug auf die jeweilige Summe pro Projekttyp. Der Quotient gibt keine Antwort auf die Abbildungsleistung bezüglich der idiografisch formulierten Konzepte oder Strukturrelationen.

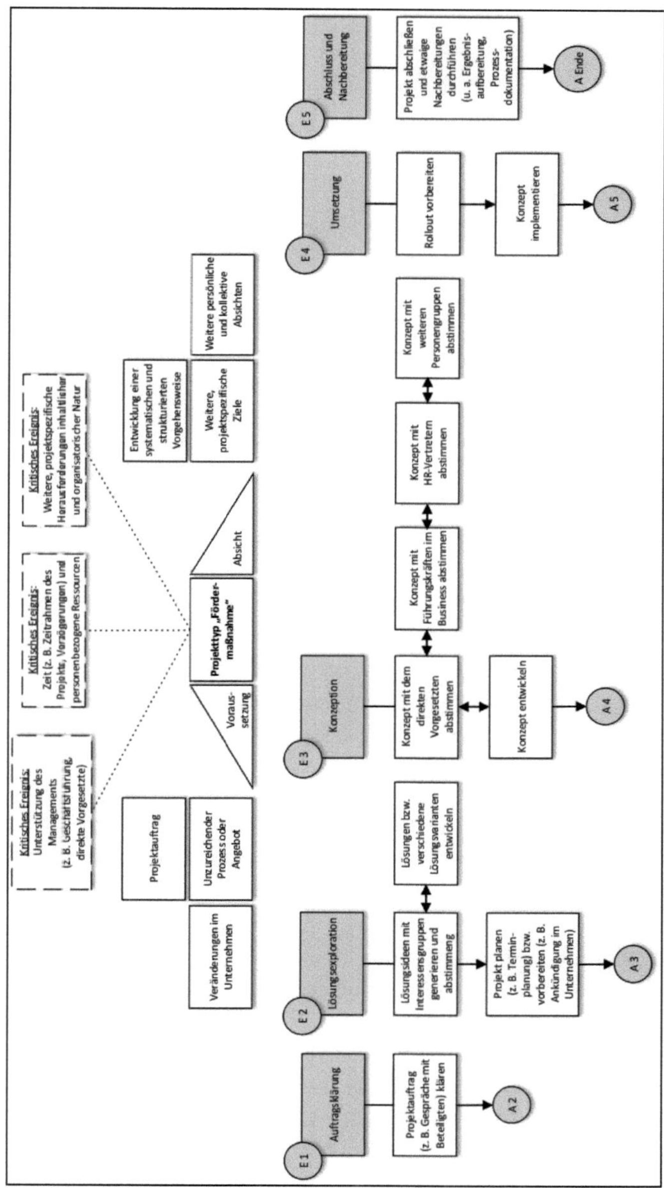

Abbildung 68: Modalstruktur des Projekttyps „Fördermaßnahme"

4.4.4. Zwischenfazit

Formale Charakterisierung

Die subjektiven Theorien variieren stark in ihrem Umfang. Während der Projekttyp „Bildungsmaßnahme" von mindestens 52 bis zu 100 Konzepten reicht, variiert der Umfang im Projekttyp „Fördermaßnahme" zwischen 43 und 61 Konzepten. Die Anzahl der Handlungsschritte in den PE-Projekten des Projekttyps „Bildungsmaßnahme" steigt mit steigendem Anspruch und steigender Reichweite der PE-Projekte deutlich an. Der Projekttyp „Fördermaßnahme" weist hingegen eine geringere Varianz bezüglich des Umfangs auf, was vornehmlich durch den kleineren Handlungsaufwand bei der Einführung der Fördermaßnahmen bedingt ist. Die Umsetzung erfolgt in diesen PE-Projekten in der Regel durch die Linienbereiche und nicht, wie im Falle von Bildungsmaßnahmen, durch die Personalentwickler selbst.

Die Diversität der subjektiven Theorien der beiden Projekttypen ist hoch. Die Gesamtzahl der Kategorien auf der zweiten Ebene des Projekttyps „Bildungsmaßnahme" variiert von 9 bis 15 verwendeten Kategorien, hinsichtlich der Kategorienkombinationen ist jeder Fall unterschiedlich. Im Projekttyp „Fördermaßnahme" ist die Diversität im Verhältnis etwas kleiner und die Gesamtzahl der Kategorien auf der zweiten Ebene schwankt lediglich zwischen 10 und 12 verwendeten Kategorien, aber auch hier stimmen nur Struktur-Stücke überein. Hinsichtlich der inhaltlichen Differenziertheit fällt der Differenzierungsgrad im Projekttyp „Bildungsmaßnahme" mit einem Wert von 70,9 wesentlich höher aus als der Differenzierungsgrad im Projekttyp „Fördermaßnahme" mit einem Wert von 55,0.

Durch diese interindividuelle Vielfalt waren der Aggregierung der Theoriestrukturen zu Modalstrukturen in dieser Arbeit deutliche Grenzen gesetzt. Eine optimale Modalstruktur, die möglichst viele Gemeinsamkeiten enthält und möglichst wenige Rest-Kategorien übrig lässt (vgl. Stössel & Scheele, 1992, S. 364), wurde aufgrund der inhaltlichen und strukturellen Varianz in beiden PE-Projekttypen nicht erreicht. Um dennoch einen gemeinsam Kern zu gewinnen, erfolgte die Modellierung auf Basis von relativ breiten Äquivalenzkriterien (vgl. Schreier, 1997, S. 58 ff.). Für die Bildung der inhaltsanalytischen Kategorien bestand zwar der Anspruch, möglichst nah an den ursprünglichen Konzepten zu bleiben, es musste aber eine gewisse inhaltliche Breite hergestellt werden, um die verschiedenen individuellen Konzepte zusammenzuführen. Dies ging nicht ohne einen Verlust der Individualität. Zur Erzielung einer größeren Vergleichbarkeit folgte die Bestimmung der Ähnlichkeit der Strukturen, also der Kategorienkombinationen, ebenfalls einem breiten Ansatz. Die Modalstruktur bildet lediglich die Struktur der inhaltsanalytischen Kategorien ab, die bei der Hälfte der Interviewpartner vorgefunden wurden. Eine Zuordnung nach völliger Identität von zwei Kategorienkombinationen erwies sich als nicht praktikabel. Die zum Teil großen Schwankungen in den subjektiven Theorien der rekonstruierten PE-Projekte führten beim Aufbau von Modalstrukturen unweigerlich zu dem von Caspari (2003, S. 75 f.) aufgeworfenen Problem einer bedingten Repräsentativität hinsichtlich der objektseitigen Verankerung. Die Abbildungsleistung liegt im Projekttyp „Bildungsmaßnahme" gemäß einer Kennzahl von Fürstenau und Trojahner (2005, S. 198) zwar bei 63,9 Prozent und im Projekttyp „Fördermaßnahme" bei 68,7 Prozent, allerdings gibt der Quotient keine Antwort auf die Abbildungsleistung bezüglich der idiografisch formulierten Konzepte und ihrer individuellen Argumentationsstruktur.

Subjektive Ausformung und Verhältnis zum Situationstyp

Tabelle 54 fasst die zentralen Ergebnisse der vorgängigen Kapitel zusammen und verbindet die subjektiv-theoretische Sicht über die Gestaltung und Leitung von PE-Projekten mit den theoretischen Vorstellungen von ganzheitlich orientierter PE-Projektgestaltung und -leitung (siehe Kapitel 2.3).

	Zusammenfassung der Ergebnisse und Bezug zur theoretischen Perspektive dieser Arbeit
Voraussetzungen	**Projekttyp „Bildungsmaßnahme"** Die PE-Projekte im Typ „Bildungsmaßnahme" wurden in erster Linie durch das Vorliegen eines Projektauftrags durch die Geschäftsführung bzw. anderweitiger Unterstützung der Managementebene des Unternehmens begünstigt. Insbesondere dem Gewinnen und der Unterstützung von Entscheidungsträgern kam folglich eine entscheidende Rolle bei der Entstehung von PE-Projekten dieses Typs zu. Zusätzlich begünstigten die Vorerfahrung und Kompetenz der Projektleitenden, aber auch materielle oder inhaltliche Voraussetzungen, wie z. B. das Vorliegen von Analyseergebnissen oder Veränderungssituationen im Unternehmen, die Entstehung der PE-Projekte. **Projekttyp „Fördermaßnahme"** Die PE-Projekte im Projekttyp „Fördermaßnahme" wurden hauptsächlich durch das Vorliegen eines Projektauftrags durch die Geschäftsführung sowie das Vorliegen inhaltlicher Voraussetzungen wie z. B. ein unzureichender Prozess oder Veränderungen im Unternehmen begünstigt. Darüber hinaus waren die Unterstützung durch die Managementebene, die Vorerfahrung und Kompetenz der Projektleitung sowie weitere personale Voraussetzungen für das Zustandekommen von PE-Projekten im Projekttyp wesentliche Voraussetzungen. Im Vergleich zum Projekttyp „Bildungsmaßnahme" wurden die PE-Projekte dieses Typs deutlich mehr von den Fachbereichen bzw. der Geschäftsführungsebene an die PE-Abteilung herangetragen. Sie befassten sich als Folge stärker mit Problemstellungen im Prozess der Arbeit, an deren Lösung die Fachbereiche als Betroffene ein spezifisches Interesse hatten.

	Zusammenfassung der Ergebnisse und Bezug zur theoretischen Perspektive dieser Arbeit
	Verhältnis zum Situationstyp „Ganzheitlich orientiert PE-Projekte gestalten und leiten“ (siehe Kapitel 2.3.2) *Schnittstellen:* • Die Entstehung der PE-Projekte in beiden Projekttypen wurde einerseits durch das persönliche Können der Personalentwickler, andererseits durch förderliche Rahmenbedingungen wie z. B. das Vorliegen eines Projektauftrags und/oder der Unterstützung durch die Führungsebene des Unternehmens begünstigt. Es ist anzunehmen, dass beide Aspekte für die Lancierung ganzheitlich orientierter PE-Projekte von Bedeutung sind. Um ganzheitlich orientierte PE-Projekte zu ermöglichen, bedarf es somit einerseits adäquater individueller Voraussetzungen der Personalentwickler (u. a. persönliches Können, Reputation) sowie andererseits förderlicher Rahmenbedingungen im Unternehmen (u. a. situative Ermöglichung, Positionsmacht, Reifegrad des Unternehmens). *Diskrepanzen:* • Die Entstehung der PE-Projekte war, auch im Falle einer proaktiven Projektinitiierung durch die Gesprächspartner, hauptsächlich von äußeren Gegebenheiten (z. B. Ergebnisse von Mitarbeiterbefragungen) und den Entscheidungsträgern im Unternehmen abhängig. Die Möglichkeiten zu pionierhaften oder unternehmerischen Handeln der Personalentwickler scheinen durch die Abhängigkeit der Entscheidung und Projektfreigabe von anderen Personen im Unternehmen deutlich eingeschränkt zu sein.
Ziele	**Projekttyp „Bildungsmaßnahme“** Die Ergebnisse verdeutlichen, dass die PE-Projekte im Typ „Bildungsmaßnahme“ vordergründig darauf abzielten, Mitarbeitende anzuziehen, zu entwickeln und zu binden sowie das Verhalten von Führungskräften und Mitarbeitenden zu verändern. **Projekttyp „Fördermaßnahme“** Die Ergebnisse verdeutlichen, dass die PE-Projekte im Typ „Fördermaßnahme“ hauptsächlich das Ziel verfolgten, eine systematische und strukturierte Vorgehensweise zu entwickeln. Die Zielsetzungen sind im Vergleich zum Projekttyp „Bildungsmaßnahme“ weniger breit gefasst und ihr Erreichen dadurch konkreter greifbar (z. B. zehn Prozent der besten Mitarbeiter-Leistungen im Jahr honorieren). **Verhältnis zum Situationstyp „Ganzheitlich orientiert PE-Projekte gestalten und leiten“ (siehe Kapitel 2.3.3)** *Schnittstellen:* • Mit den rekonstruierten PE-Projekten wurden einerseits projektbezogene Ziele verfolgt, andererseits aber auch persönliche Absichten, die als „hidden agenda“ in die Projektgestaltung hineinwirkten. Die verfolgten persönlichen Absichten zielten in erster Linie darauf ab, die eigene Kompetenz nachzuweisen sowie von anderen Anerkennung und Akzeptanz zu erhalten. Dies korrespondiert mit den Kernannahmen über persönliche Absichten im Situationstyp dieser Arbeit. *Diskrepanzen:* • Die Projektabsichten zielten in der Regel auf Zustände, die erst zu einem späteren, der Implementierung deutlich nachgelagerten Zeitpunkt messbar wurden (u. a. im Bereich

	Zusammenfassung der Ergebnisse und Bezug zur theoretischen Perspektive dieser Arbeit
	der anvisierten Verhaltensänderungen). Eine langfristige Zielperspektive, die auch Veränderungen auf der strukturellen und kulturellen Ebene einschließt, wurde zwar in einigen PE-Projekten verfolgt, schlug sich jedoch in der Planung und Gestaltung kaum nieder. Der zeitliche Endpunkt der PE-Projekte liegt in den meisten Fällen nach einer mehr oder weniger formalisierten Evaluation der implementierten Lösung, eine Überprüfung von angestrebten Verhaltensänderungen fand in den meisten Fällen nicht statt. Nur in einzelnen Fällen wurde die Wirkung und Nachhaltigkeit der implementierten Lösung z. B. durch Langzeitanalysen überprüft.
Phasen	**Projekttyp „Bildungsmaßnahme“** Die interviewten Personalentwickler thematisierten mehrheitlich die Phasen „Initialisierung“, „Grobkonzeption“, „Detailkonzeption“, „Durchführung“ und „Evaluation“. Hiervon sind lediglich die Phasen „Detailkonzeption“ und „Umsetzung“ in allen Fällen des Projekttyps vorhanden. Darüber hinaus treten vereinzelt, und je nach Ausrichtung des PE-Projekts, die Phasen „Anbieterauswahl“, „Projektplanung“, „Pilotierung“ und „Weltweite Umsetzung“ auf. Die Handlungen der Gesprächspartner korrespondieren in vielen Facetten mit der verbreiteten Vorstellung des Projektmanagements, die Initialisierungsphase eines Projekts mit einem vereinbarten Projektauftrag und einer Konkretisierung des Projektrahmens zu beenden (Kuster et al., 2011, S. 41 ff.). Die Projektwürdigkeit wurde in den rekonstruierten PE-Projekten allerdings nicht nur in der Phase der Initialisierung, sondern zusätzlich auch in der Grobkonzeption bei verschiedensten Entscheidungsträgern abgeholt. Die Konzeption der Bildungsmaßnahme erfolgte dabei in den meisten Fällen in einer Phase der Grob- und Detailkonzeption. In der Grobkonzeption wurden Lösungsvarianten in enger Abstimmung mit relevanten Entscheidungsträgern beurteilt und freigegeben, in der Detailkonzeption wurde die konkrete Lösung in einem ebenso engen Wechselspiel mit den Interessensgruppen des PE-Projekts erarbeitet. Eine Pilotierung fand in den meisten Fällen nicht statt, die Konzepte wurden direkt implementiert. Ebenso erfolgte nur in wenigen Fällen eine systematische Evaluation des Transfers oder ein Projektabschluss. **Projekttyp „Fördermaßnahme“** Die rekonstruierten PE-Projekte weisen mehrheitlich die Phasen „Auftragsklärung“, „Lösungsexploration“, „Konzeption“, „Umsetzung“ und „Abschluss und Nachbereitung“ auf. Hiervon sind lediglich die Phasen „Lösungsexploration“ und „Konzeption“ in allen Fällen des Projekttyps vertreten. Die Analyseergebnisse der Innensicht der Personalentwickler verdeutlichen, dass Fördermaßnahmen im Vergleich zu Bildungsmaßnahmen in der Umsetzungsphase durch andere Handlungsschwerpunkte charakterisiert sind. Während in Bildungsmaßnahmen die Implementierung einer oder mehrerer Veranstaltung/en im Vordergrund stand und die Projektleitenden häufig hieran aktiv beteiligt waren, lag in Fördermaßnahmen der Handlungsschwerpunkt in der Vorbereitung der Prozessimplementierung sowie der Unterstützung der von der Prozessimplementierung Betroffenen. Die eigentliche Anwendung wurde bei Fördermaßnahmen maßgeblich von den Linienführungskräften getragen. Die PE-Projekte dieses Typs weisen zudem im Verhältnis zum Projekttyp „Bildungsmaßnahme“ einen noch höheren Abstimmungsaufwand auf. Die Entwicklung und Abstimmung der Lösung u. a. mit den Führungskräften hatte einen äußerst hohen Stellenwert in der Gestaltungspraxis der

	Zusammenfassung der Ergebnisse und Bezug zur theoretischen Perspektive dieser Arbeit
	Befragten. Zusätzlich hatten im Verhältnis zum Projekttyp „Bildungsmaßnahme" die Projektplanung und der Projektabschluss (in Form einer Auswertung und Dokumentation) eine höhere Bedeutung, gemessen an der Anzahl der Handlungskonzepte.
	Verhältnis zum Situationstyp „Ganzheitlich orientiert PE-Projekte gestalten und leiten" (siehe Kapitel 2.3.6) *Diskrepanzen:* • Systematische Analysen in Form einer Innen-, Außen- und Zukunftsorientierung haben in den rekonstruierten PE-Projekten keinen besonderen Stellenwert. Der Schwerpunkt lag stattdessen auf einer Innenorientierung (z. B. durch die Analyse der Ausgangssituation und der Unternehmensbedarfe). Nur in wenigen Fällen wurde die Außensicht (z. B. durch eine Analyse des Marktumfelds) genannt. • Der potenzielle Veränderungscharakter der PE-Projekte wurde in den rekonstruierten PE-Projekten eher weniger berücksichtigt. Es sind zwar vereinzelt Handlungsansätze erkennbar, z. B. durch den hohen Stellenwert der Lösungsentwicklung mit Entscheidungsträgern, der Projektkommunikation über Massenmedien oder der Befähigung von Personengruppen. In der prozessualen Gestaltung der PE-Projekte fand aber darüber hinaus keine erkennbare Projektgestaltung in Anlehnung an Gestaltungsansätze der Organisationsentwicklung oder des Change Managements statt. Eine Phase der Verstetigung war in den rekonstruierten PE-Projekten nicht explizit eingeplant. Lediglich ein Interviewpartner erwähnt eine Transferphase als Teil des PE-Projekts. In der Regel endeten die Projekte mit einer Überarbeitung des Konzepts auf Basis der Evaluationsergebnisse. • In der prozessualen Gestaltung haben Evaluationen mit standardisierten Methoden und einem Fokus auf Transfer einen eher geringen Stellenwert. Die Evaluation beschränkte sich in den PE-Projekten häufig auf qualitative, wenig standardisierte Verfahren zur Messung der Zufriedenheit und der Ermittlung von Verbesserungspotenzialen der implementierten Maßnahme, der aktuelle und nachhaltige Erfolg der Maßnahme (z. B. im Sinne von Lern- und Anwendungstransfer) wurde nur in wenigen Fällen beurteilt. • Eine Nachbereitung der Projektergebnisse der Implementierung fand in beiden Projekttypen statt, war jedoch nicht auf die Konsolidierung erlernter neuer Verhaltensweisen, Einstellungen und Werte sowie organisatorische Regelungen ausgerichtet. Ein offizieller Abschluss war in den rekonstruierten PE-Projekten ebenfalls kaum vorzufinden. Eine klassische Projektplanung im Sinne eines Meilenstein- oder Projektstrukturplans (Kuster et al., 2011, S. 52) wurde in den rekonstruierten PE-Projekten kaum thematisiert und war, wenn überhaupt, eher in den PE-Projekten zur Einführung von Fördermaßnahmen vorzufinden. Gemäß einer Aussage von Interviewpartner 01 könnte dies darauf zurückzuführen sein, dass PE-Projekte häufig kleinere Budgets und nur einen kurzfristigen Planungshorizont umfassen. Die Anwendung von Projektmanagementkenntnissen muss deshalb nach Interviewpartner 01 angepasst an die geringe Komplexität der Projekte angewendet werden. Diese Position kann jedoch aus wissenschaftlicher Sicht auch in Frage gestellt werden. Gemäß Wolf (2010, S. 4 ff.) und Schelle (2010, S. 43 ff.) profitieren auch kleine Projekte von einer guten, verhältnismäßigen Projektplanung, beispielsweise in Form einer Festlegung von Meilensteininhalten und Arbeitspaketen.

<table>
<tr><th></th><th>Zusammenfassung der Ergebnisse und Bezug zur theoretischen Perspektive dieser Arbeit</th></tr>
<tr><td>Kritische Ereignisse</td><td>
Projekttyp „Bildungsmaßnahme“
Die Gesprächspartner begegneten vor allem personalen kritischen Ereignissen, zu denen insbesondere Widerstände von Seiten des Managements im Unternehmen zählen. Aber auch Widerstand durch Betroffene, personelle Wechsel oder das Gewinnen von Promotoren galten neben einer Vielzahl von Einzelthemen als herausfordernd. Ein Teil der Projektleitung gibt zudem zeitliche Belastungen als kritische Momente im PE-Projekt an.
Projekttyp „Fördermaßnahme“
Die Personalentwickler begegneten in erster Linie kritischen Ereignissen, die im Zusammenhang mit anderen Personen standen (u. a. Managementunterstützung, Promotoren), aber vereinzelt auch Herausforderungen hinsichtlich der zeitlichen Umsetzung des PE-Projekts und damit verbundener Belastungen der eigenen Ressourcen.
Es bestätigt sich mit Blick auf die Ergebnisse dieser Studie die erfahrungsbasierte Annahme von Bittlingmaier (2010, S. 333 ff.), dass der Einbindung von Auftraggebern (vor allem der Geschäftsführung) in PE-Projekten ein erfolgskritischer Faktor zukommt. Zusätzlich verdeutlichen die thematisierten kritischen Ereignisse in beiden Projekttypen, dass nicht nur die Auftraggeber, sondern auch die Managementebene des Unternehmens sowie andere Betroffene (z. B. künftige Teilnehmende) für den Projektverlauf erfolgskritisch waren. Dies korrespondiert mit der Annahme von Stiefel (2011, S. 21), dass der Einbindung des Managements in die Konzeption zur Schaffung von Akzeptanz eine hohe Bedeutung zukommt. Ebenso kann die Analyse und gezielte Einbindung von projektrelevanten Personen und organisatorischen Einheiten für PE-Projekte als erfolgskritisch eingestuft werden, wie dies Bittlingmaier (2010, S. 334) vorschlägt.
Im Vergleich der beiden Projekttypen ist besonders interessant, dass im Projekttyp „Fördermaßnahme“ im Gegensatz zum Projekttyp „Bildungsmaßnahme“ Widerstände durch das Management und Betroffene nicht thematisiert werden. Es kommt zwar auch in den rekonstruierten Fördermaßnahmen der Unterstützung des Managements eine erfolgskritische Rolle zu, es handelt sich dabei aber nicht um Widerstandsthemen. In Hinblick auf die Voraussetzungen der beiden PE-Projekttypen zeigt sich damit, dass Fördermaßnahmen anscheinend durch ihre Anbindung an und Entstehung aus Problemstellungen im Prozess der Arbeit eine höhere Akzeptanz genießen.
Verhältnis zum Situationstyp „Ganzheitlich orientiert PE-Projekte gestalten und leiten“ (siehe Kapitel 2.3.7)
Diskrepanzen:
<ul><li>Im Verhältnis zu den potenziell kritischen Ereignissen des Situationstyps „Ganzheitlich orientiert PE-Projekte gestalten und leiten“ sind die kritischen Ereignisse in den rekonstruierten PE-Projekten marginal. Die rekonstruierten PE-Projekte haben zwar aufgrund der erforderlichen Abstimmungszyklen eine gewisse Komplexität, sind aber hinsichtlich ihrer Reichweite im Unternehmen und der einzubeziehenden Personen überschaubar. Es ist anzunehmen, dass dies auf den fehlenden organisationsgestaltenden, ganzheitlichen Charakter der PE-Projekte zurückzuführen ist.</li></ul>
</td></tr>
</table>

Tabelle 54: Verhältnis subjektiver und objektiver Theorien über die Gestaltung und Leitung von PE-Projekten

5. Implikationen der Ergebnisse

Diese Arbeit nahm ihren Ausgangspunkt in der übergreifenden Frage, wie Personalentwicklung von Personalentwicklern in Anbetracht künftiger Anforderungen gestaltet und zu einer zukunftsorientierten PE-Praxis weiter entwickelt werden kann. Angesichts einer Dominanz normativer Forderungen, wie Personalentwickler handeln sollten, und einer sehr dünnen empirischen Befundlage, wie und auf Basis welcher subjektiv-theoretischen Vorstellungen Personalentwickler tatsächlich handeln, lag der Schwerpunkt der empirischen Untersuchung auf einer Erweiterung des Kenntnisstands um die Perspektive der Personalentwickler. Im vorliegenden Kapitel werden die Erkenntnisse aus der objektiv- und subjektiv-theoretischen Analyse genutzt, um Implikationen und Handlungsempfehlungen für die Gestaltung und Weiterentwicklung der Personalentwicklung abzuleiten.

Dabei ist die Erkenntnis handlungsleitend, dass ein Wandel der Personalentwicklung nur erfolgreich sein kann, wenn das ganze System der Personalentwicklung in Bewegung gebracht wird. Das heißt konkret, dass den Personalentwicklern zwar eine maßgebliche Gestaltungsrolle bei der Etablierung einer proaktiven, ganzheitlichen PE-Gestaltungspraxis zukommt, es aber zu kurz greifen würde, die Veränderungsverantwortung nur bei ihnen zu verorten. Die Analyse der subjektiv-theoretischen und wissenschaftlichen Sichtweisen unterstreicht einerseits, dass noch vielfältige Entwicklungspotenziale zu einem gestalterischen, ganzheitlich orientiertem PE-Handeln auf Seiten der Personalentwickler bestehen, andererseits, dass die Umsetzung organisationsgestaltender, ganzheitlicher PE-Vorstellungen von den Arbeits- und Handlungsbedingungen im Unternehmen beeinflusst und, zumindest aus Sicht der interviewten Personalentwickler, teilweise als begrenzt gelten (z. B. in Hinblick auf ihre strategische Rolle). Soll eine ganzheitliche PE-Gestaltungspraxis in den Unternehmen ermöglicht werden, sind folglich nicht nur Veränderungen auf der Ebene der Personalentwickler, sondern im gesamten System erforderlich. Die Diskussion der Ergebnisse dieser Arbeit und die Ableitung von Ansatzpunkten für eine erfolgreiche Weiterentwicklung der Personalentwicklung erfolgt daher auf drei zentralen, das PE-System beeinflussenden Ebenen: (1) der individuellen Ebene der Personalentwickler, (2) der funktionalen Ebene der PE-Abteilung bzw. des Unternehmens (mit der Geschäftsführung in besonderer Verantwortung) und (3) der wissenschaftlichen Ebene.

Abbildung 59 fasst die zentralen Ansatzpunkte zur Weiterentwicklung der Personalentwicklung zusammen. Daran anknüpfend werden die Implikationen entlang der verschiedenen Ebenen erläutert und in Bezug zu den Ergebnissen dieser Arbeit gesetzt.

Ansatzpunkte zur Weiterentwicklung der Personalentwicklung	
Individuelle Ebene der Personalentwickler (Kapitel 5.1)	• Aktives Einfordern einer organisationsgestaltenden Rolle • Einnahme einer strategisch mitgestaltenden Rolle • Systematische Erarbeitung von Reputation und personaler Macht • Systematisches Projektmanagement • Effektive und effiziente Gestaltung von PE-Projekten • Berücksichtigung des potenziell organisationsgestaltenden, kulturverändernden Charakters von PE-Projekten • Messen der Zielerreichung und Nachweis des Wertbeitrags von PE-Maßnahmen
Funktionale Ebene (Kapitel 5.2)	• Proaktive Entwicklung eines neuen PE-Selbstverständnisses • Festlegung von Akteuren und Verantwortlichkeiten für Personalentwicklung • Schärfung des Rollenprofils der Personalentwicklung • Zielgerichtete Veränderung konterkarierender Verhaltensweisen bzw. subjektiver Sichtweisen von PE-Anspruchsgruppen • Organisationsentwicklung für die Personalentwicklung • Sicherstellung ausreichender Positionsmacht für die Erfüllung einer strategischen, organisationsgestaltenden Rolle
Wissenschaftliche Ebene (Kapitel 5.3)	• Zentrale Erkenntnisse für die Konzeptualisierung von Personalentwicklung • „Ganzheitliche Personalentwicklung und PE-Projektgestaltung und -leitung" – revisited • Vermittlung eines erweiterten oder ganzheitlichen PE-Verständnisses in der Personalwirtschaft

Abbildung 69: Ansatzpunkte zur Weiterentwicklung der Personalentwicklung

5.1. Individuelle Ebene

(1) Aktives Einfordern einer organisationsgestaltenden Rolle

Die Mehrheit der Gesprächspartner vertritt ein dezentralisiertes PE-Verständnis, in dem sich die PE-Abteilung als System- und Rahmengeber auf die Gestaltung eines Rahmens für Lern- und Entwicklungsprozesse im Unternehmen konzentriert. Hinsichtlich der Personalentwicklung im Unternehmen beschreiben sich die Interviewpartner jedoch kaum in einer organisationsgestaltenden Rolle im Sinne einer Gestaltung der Lern- und Handlungsbedingungen oder einer Unterstützung von Veränderungsprozessen. Die Analyse der Angaben der Befragten zu den fünf wichtigsten PE-Projekten der vergangenen drei Jahre unterstreicht den fehlenden Gestaltungsauftrag. Der Schwerpunkt der Projekttätigkeiten liegt deutlich auf der Konzeption von Bildungsmaßnahmen (u. a. Schulungen, Workshops, Entwicklungsprogramme). Dies bestätigt sich auch durch einen Blick auf das subjektiv wahrgenommene Rollenspektrum der interviewten Personalentwickler: Die für ganzheitliche PE-Arbeit wichtige Rolle eines Organisationsberaters, der direkt an der Entwicklung des Unternehmens beteiligt ist, fehlt fast vollständig. Lediglich in vier Fällen wird die Rolle des Veränderers der Organisation thematisiert (siehe Abbildung 70).

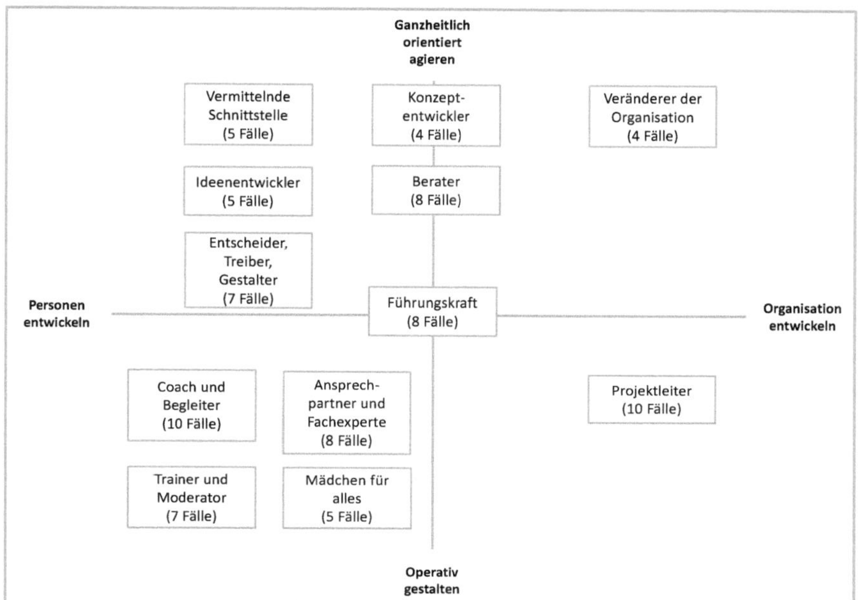

Abbildung 70: Potenzielles Rollenspektrum von Personalentwicklern (n = 15)[90]

Die Ausführungen zum Wandel der Arbeitswelt (siehe Kapitel 2.1.6) haben jedoch verdeutlicht, dass sich ein künftigen Anforderungen entsprechendes PE-Verständnis durch einen organisationsgestaltenden Anspruch auszeichnen sollte. Ein Anspruch, den auch die interviewten Personalentwickler weitgehend teilen, aber offenbar nur wenig in Handeln umsetzen. In Anbetracht der künftigen Anforderungen an PE-Arbeit wird deshalb ein organisationsgestalterisches PE-Selbstverständnis und eine verstärkte, mutigere Nutzung von Autonomiezonen durch Personalentwickler als wünschenswert gesehen (z. B. durch die proaktive Bearbeitung der Ebenen der Personen- und Systemqualifikation bei der Umsetzung von PE-Maßnahmen oder durch ein aktives Einfordern der Gestaltungsverantwortung für die Arbeits- und Handlungsbedingungen bei Entscheidungsträgern im Unternehmen).

(2) Einnahme einer strategisch mitgestaltenden Rolle

Die Analyse der subjektiv-theoretischen Vorstellungen verdeutlicht, dass die Ausrichtung des eigenen Handelns an der Unternehmensstrategie für die interviewten Personal-

[90] Die Einordnung in die Matrix wurde von der Forscherin nach inhaltslogischen Gesichtspunkten anhand der Angaben der Gesprächspartner vorgenommen.

entwickler ein zentraler Handlungsanspruch ist. In den subjektiv-theoretischen Vorstellungen der Interviewpartner finden sich jedoch nur wenige Hinweise auf eine ausgeprägte Orientierung an der derzeitigen und künftigen Umwelt des Unternehmens. Es wird ein hauptsächlich nach innen gerichtetes, umsetzungsorientiertes Verständnis vertreten. Die PE-Aktivitäten werden in der Regel deduktiv aus der vorformulierten Unternehmens- oder Personalstrategie abgeleitet. Für die Gestaltung einer proaktiven, ganzheitlich orientierten Personalentwicklung kommt jedoch der Einnahme einer strategisch gestalterischen Rolle eine besondere Relevanz zu. Dies ist gemäß einer Studie von Anderson, Baltz und Müller (2013) von manchen Geschäftsführungsmitgliedern durchaus gewollt. Die Befragten aus der Geschäftsführung von Unternehmen gaben in der Studie an, dass sie eine stärkere Unterstützung des Personalbereichs bei strategischen Themen gut heißen würden (Anderson et al., 2013, S. 7 f.).

(3) Systematische Erarbeitung von Reputation und personaler Macht

Die befragten Personalentwickler beschreiben vielfältige Abhängigkeiten von den Linienbereichen, z. B. in Form von Kosteneinsparungen, kurzfristigen Planungshorizonten und einer begrenzten Entscheidungsbefugnis bei PE-Maßnahmen. Ihr Entscheidungs- und Einflussspielraum ist vornehmlich auf die operative Ebene beschränkt. Um dennoch einen größeren Einfluss zu haben, verwenden manche Gesprächspartner bewusst informelle Einflussstrategien. Es werden beispielsweise informelle Kontakte mit Entscheidungsträgern oder ihre Kenntnisse über die Gesamtzusammenhänge im Unternehmen gezielt zur Platzierung von PE-Themen und dem Gewinnen von Aufträgen genutzt, andere positionieren sich als vertrauenswürdiger Ansprechpartner und versuchen, durch gute Arbeit oder mit guten (kennzahlenbasierten) Argumenten Entscheidungsträger zu überzeugen. Diese informellen Einfluss-strategien eröffnen aus Sicht der Anwendenden Einfluss- und Handlungsspielräume, die sonst verschlossen bleiben würden.

Dass Einflusstaktiken im Zusammenhang mit beruflichem Erfolg und Einfluss stehen, wurde in der Forschung zu Einflusskompetenz und politischer Kompetenz, zum Teil mit spezifischem Fokus auf den Personalbereich, in vielfältiger Hinsicht nachgewiesen (vgl. u. a. Blickle, 2004; Ferris, Treadway, Perrewe et al., 2007; Ferris, Perrewe, Ranft et al., 2007; Galang & Ferris, 1997; Neuberger, 2006; Strohm, 2008; Treadway, Hochwarter, Kacmar & Ferris, 2005). Im Sinne eines ganzheitlichen PE-Verständnisses sollten Personalentwickler verstärkt (informelle) Einflussstrategien einsetzen und sich z. B. mit zahlenbasierten Argumentationen, einer Beratung auf Augenhöhe, intensiven Vernetzungsaktivitäten sowie guter Arbeit Reputation und personale Macht für eine organisationsgestaltende Rolle erarbeiten.

Um einen Wandel der Personalentwicklung voranzutreiben, kommt demgemäß dem Aufbau einer ausgeprägten politischen Kompetenz von Personalentwicklern eine Schlüsselrolle zu. Hierdurch besteht das Potenzial, fehlende formale Machtquellen durch eine personale Macht auszugleichen. Ferris, Treadway Perrewe et al. (2007, S. 291 ff.) definieren politische Kompetenz als „the ability to effectively understand others at work, and to use such knowledge to influence others to act in ways that enhance one's personal and/or organizational objectives“ (S. 291) und unterscheiden zwischen vier zentralen Dimensionen, die politische Kompetenz ausmachen:

- "Social astuteness": Politisch kompetente Individuen erfassen soziale Interaktionen äußerst schnell und stimmen ihr Verhalten darauf ab, sie passen sich verschiedenen sozialen Settings sehr genau an und haben ein ausgeprägtes Selbstbewusstsein (im Sinne von „sich selbst bewusst sein“).
- "Interpersonal influence": Politisch kompetente Individuen haben einen überzeugenden persönlichen Stil, der einen starken Einfluss auf andere ausübt. Dieser befähigt sie zur schnellen Anpassung und Kalibrierung ihres Verhaltens, um die gewünschten Reaktionen von anderen zu erhalten.
- "Networking ability": Politisch kompetente Individuen sind darin erfahren, verschiedene Kontakte und Netzwerke zu identifizieren und aufzubauen. Durch ihren feinsinnigen Stil sind sie leicht in der Lage, Freundschaften zu schließen, starke Allianzen und Koalitionen zu ihren Gunsten aufzubauen und Vorteile zu generieren und zu nutzen. Darüber hinaus sind sie oft geschickt im Verhandeln und erfahren im Konfliktmanagement.
- "Apparent sincerity": Politisch kompetente Individuen wirken auf andere in einem hohen Maße integer, authentisch, seriös, aufrichtig und geradlinig. Diese Dimension ist für den Erfolg von Einflussversuchen besonders relevant, da diese nur dann erfolgreich sind, wenn Handelnde so wahrgenommen werden, dass sie keine versteckten Ziele verfolgen. Die Handlungen von Individuen mit einer hohen Ausprägung in dieser Dimension werden nicht als manipulativ oder einschränkend wahrgenommen, sondern wecken Vertrauen und Zuversicht.

(4) Systematisches Projektmanagement

Die Projektplanung, üblicherweise ein Herzstück des Projektmanagements (vgl. Schelle, 2010, S. 35 ff.), hat in den PE-Projekten kaum einen nennenswerten Stellenwert. Handlungsschritte hinsichtlich systematischer Analysen der Ausgangssituation, Evaluationen der nachhaltigen Wirkung, eine Transferphase oder ein Projektabschluss sind häufig nicht vorhanden, obschon es vereinzelt gute Beispiele gibt, die den Mehrwert eines systematische Projektmanagements (siehe IP 02, IP 07) aufzeigen. Der geringe Stellenwert von Projektplanung, Analysen, Evaluation und einem ordentlichen

Projektabschluss sind auch bei PE-Projekten mit geringerer Komplexität aus einer Außenperspektive nicht unmittelbar nachvollziehbar. Der Nutzen eines systematischen Projektmanagements ist nicht nur für große, sondern auch für kleinere Projekte vorhanden (vgl. u. a. Schelle, 2010; Wolf, 2010).

Für eine proaktive, ganzheitlich orientierte Gestaltung von PE-Projekten erscheint deshalb nicht nur eine Kenntnis neuerer Projektmanagementansätze (vgl. u. a. Pichler, 2008; Röpstorff & Wiechmann, 2012) indiziert, sondern auch eine konsequente Anwendung eines Mindestmaßes systematischen Projektmanagements. Das von Schelle (2010, S. 46) vorgeschlagene Minimalschema könnte für kleinere PE-Projekte einen Weg zu einer effizienteren Gestaltung weisen. Dieses Minimalschema wird in den rekonstruierten PE-Projekten nur zum Teil, aber nie komplett erfüllt (siehe Tabelle 55).

- Offizielle Ernennung eines Projektleiters und des Projektteams: Eintragung in die firmeninterne Projektliste
- Projektstartsitzung
- Schriftlicher Projektauftrag und schriftlich fixierte Projektdefinition
- Projektstrukturplan mit ausgefüllten Arbeitspaketbeschreibungen; Bewertung der Arbeitspakete mit Kosten bzw. Mengen (z. B. Bearbeitungsstunden) und mitschreitende Erfassung der pro Arbeitspaket angefallenen Kosten bzw. Stunden (evtl. Kostentrendanalyse)
- Terminierung der Arbeitspakete: Balkenpläne oder Terminliste; laufende Aktualisierung
- Definition von Meilensteinen (Anzahl > 2) mit zugeordneten Meilensteinergebnissen; Verwendung von Meilensteintrendanalyse
- Festlegung eines einfachen Berichtformats und regelmäßige Projektstatussitzungen
- Projektabschlusssitzung mit Abschlussbericht

Tabelle 55: Minimalschema für kleine Projekte (Schelle, 2010, S. 46)

(5) Effektive und effiziente Gestaltung von PE-Projekten

In den rekonstruierten PE-Projekten wird deutlich, dass die befragten Personalentwickler dem Schaffen von Transparenz und Akzeptanz im Unternehmen einen äußerst hohen Stellenwert einräumen. Die Gestaltung und Leitung der PE-Projekte ist durch ein ausgeprägtes Abstimmungsbestreben bestimmt. Da der Erfolg von PE-Projekten maßgeblich von der Akzeptanz anderer abhängig ist (vgl. Bittlingmaier, 2010, S. 339 f.), ist die Abstimmung des Konzepts mit verschiedenen Anspruchsgruppen ein unverzichtbarer Aspekt. In den rekonstruierten PE-Projekten fließt allerdings deutlich mehr Handlungsaufwand in Schritte zur Abstimmung des Konzepts als in die eigentliche Erarbeitung. Im Projekttyp „Bildungsmaßnahme" machen die Handlungskonzepte zur Abstimmung eines Konzepts 56 Prozent der Konzeptionsphase aus, im Projekttyp „Fördermaßnahme" ist der Abstimmungsaufwand mit 68 Prozent noch höher. Die Abstimmungsprozesse mit den verschiedensten Personen laufen häufig bilateral und führen je nach

PE-Projekt zu einer Vielzahl an Einzelgesprächen und Abstimmungsschleifen. Angesichts dieses hohen Abstimmungsaufwands stellt sich aus einer Außenperspektive die Frage, wie eine effizientere PE-Projektgestaltung erreicht werden kann. Spätestens bei der Lancierung von PE-Projekten, die auf eine Veränderung der Arbeits- und Handlungsbedingungen zielen, steigt die potenzielle Anzahl von Personen, deren Akzeptanz für den Erfolg des Projekts wesentlich sind, weiter an und der in den rekonstruierten PE-Projekten vorzufindende „Königsweg" bilateraler Gespräche stößt an Grenzen. In den PE-Projekten finden sich diesbezüglich vereinzelt gute Ansätze, die auch in PE-Projekten geringerer Komplexität verstärkt genutzt werden könnten. Anstatt diverser Einzelgespräche bündelt beispielsweise Interviewpartner 09 die Entwicklung und Abstimmung des Konzepts in Stakeholder-Workshops (siehe Kapitel 4.2.3). Im PE-Projekt von Interviewpartner 07 werden durchgängig Mitarbeiterbefragungen eingesetzt und durch eine Analyse der Ausgangssituation sowie zum Nachweis der Projektfortschritte bzw. Projekterfolge gezielt zur Fundierung des Projekts genutzt. Eine durchdachte Steuerung, eine gezielte Nutzung von Analyseinstrumenten sowie von Projektteam- und Stakeholder-Workshops bilden für eine effektive und effiziente PE-Projektgestaltung wichtige Ausgangspunkte.

(6) Berücksichtigung des potenziell organisationsgestaltenden, kulturverändernden Charakters von PE-Projekten

Der organisationsgestaltende, kulturverändernde Charakter von PE-Projekten fand in der Gestaltung der rekonstruierten PE-Projekte keine besondere Aufmerksamkeit. Die Gestaltung adäquater Arbeits- und Handlungsbedingungen ist in den PE-Projekten in der Regel nicht Teil des Projektauftrags. Werden jedoch PE-Projekte grundsätzlich als Veränderungsprojekte verstanden (vgl. Bittlingmaier, 2010, S. 334), so bedürfen sie organisationsgestaltender Maßnahmen und einer längerfristigen Planungsperspektive. Dabei ist gemäß dem Verständnis dieser Arbeit u. a. die Schaffung von förderlichen Bedingungen auf der Ebene der Personen- und Systemqualifikation ein wichtiger Ausgangspunkt für ganzheitliche PE-Arbeit. Dieses Bewusstsein scheint jedoch entweder auf Seiten der Projektleitenden nicht vorzuliegen oder kann in der Auftragsklärung bei den Auftraggebern nicht durchgesetzt werden. Es erscheint daher wesentlich, dass Personalentwickler ein stärkeres Bewusstsein für den zum Teil weit reichenden Veränderungscharakter von PE-Projekten entwickeln und die Gestaltung beider Ebenen bei der Lösungsentwicklung geltend machen. Insbesondere PE-Projektaufträge müssen kritischer in Bezug auf ihren potenziellen Veränderungscharakter hinterfragt und von Personalentwicklern in proaktiver Art und Weise neu verhandelt werden: Welche Prozesse, Strukturen und Rollen bzw. Verhaltensweisen müssten für ein Erreichen der Projektziele vorhanden sein? Welche Maßnahmen müssen ergriffen werden, um derartige Veränderungen wirkungsvoll zu unterstützen?

(7) Messen der Zielerreichung und Nachweis des Wertbeitrags von PE-Maßnahmen

Die subjektiv-theoretischen Sichtweisen der Interviewpartner verdeutlichen, dass die PE-Abteilung ihren Wertbeitrag im Unternehmen anscheinend noch zu wenig geltend machen kann. Ein Teil der Befragten fordert daher eine stärkere Nutzung von Kennzahlen, auch auf Maßnahmenebene. In der PE-Projektgestaltung und -leitung wird dies aber nur in wenigen Fällen berücksichtigt. Bei der Projektplanung und dem Abschluss der rekonstruierten PE-Projekte findet zwar in den meisten Fällen eine Evaluation der eingeführten Bildungsmaßnahme statt (z. B. durch Auswertung von Feedbackbögen, Teilnehmerstimmen, ggf. auch Umfragen), eine Überprüfung, ob die Projektziele langfristig erreicht wurden und die Maßnahme eine gewisse Nachhaltigkeit entfaltet hat, entfällt jedoch weitgehend bzw. wird nicht umfassend thematisiert. Projektbeispiele wie das von Interviewperson 02 (siehe Kapitel 4.2.2) zeigen jedoch, dass auch in PE-Projekten sinnvolle Kennzahlen und Analyseinstrumente identifiziert werden können, um (nachhaltige) Veränderungen nachzuweisen. Die Messung der Zielerreichung kann, wie es Stiefel (2010, S. 133) vorschlägt, als Instrument genutzt werden, um einerseits die Geschäftsführung in periodischen Reporting-Treffen von der Qualität der PE-Arbeit zu überzeugen, andererseits um ein Gefäß zur Platzierung neuer PE-Themen zu haben.

5.2. Funktionale Ebene

(1) Entwicklung eines neuen PE-Selbstverständnisses

Die Ergebnisse der Rekonstruktionsinterviews unterstreichen, dass die interviewten Personalentwickler die (künftige) Rolle der PE-Abteilung nicht als Trainingsanbieter, sondern als System- und Rahmengeber für Lern- und Entwicklungsprozesse in der Arbeit verstehen. Der Verantwortungsbereich der Personalentwicklung wird dabei auf die Gestaltung der Arbeits- und Handlungsbedingungen im Prozess der Arbeit ausgedehnt. Trotz dieses erweiterten Verständnisses von Personalentwicklung ist in der Unternehmenspraxis der Interviewpartner eine Gestaltungsverantwortung für diese Handlungsfelder anscheinend größtenteils nicht vorhanden. Angesichts der Differenz zwischen subjektiv-theoretischen Vorstellungen über Personalentwicklung auf Seiten der Personalentwickler und den wahrgenommenen Gegebenheiten im Unternehmen, besteht für eine Weiterentwicklung der PE-Funktion im Unternehmen Klärungsbedarf, wie die zukünftige Rolle von Personalentwicklung (und Personalentwicklern) im Unternehmen aussehen kann und soll. Dieser Klärungsbedarf wird umso drängender, wenn man sich vor Augen führt, dass bereits Mitte der 1990er Jahre eine individualisierte, dezentralisierte und gestaltungsorientierte PE-Arbeit gefordert wurde (u. a. Arnold, 1997; Struck, 1998), ihre Umsetzung aber anscheinend bis heute nicht in allen Unternehmen der Gesprächspartner angekommen ist. Dabei gibt es durchaus gute Beispiele in der Stichprobe, in denen die subjektiv-theoretischen Vorstellungen über PE-Arbeit mit dem praktizierten Grundverständnis von PE-Arbeit übereinstimmen (u. a. IP 02, IP 09, IP 12). Doch auch dort besteht vereinzelt Klärungsbedarf, wenn beispielsweise die Annahme geäußert wird, dass die PE-Abteilung potenziell durch Führungskräfte substituiert werden könnte. Die Sorge einer fortschreitenden Marginalisierung der PE-Abteilung durch eine zunehmende Dezentralisierung, aber auch der Widerspruch zwischen Anspruch und Wirklichkeit heben den Bedarf einer proaktiven Klärung des PE-Selbstverständnisses im Unternehmen hervor, um ganzheitlich orientierte PE-Arbeit zu ermöglichen. Das in dieser Arbeit vorgeschlagene Verständnis von ganzheitlicher Personalentwicklung und ganzheitlicher PE-Projektarbeit kann für die Entwicklung eines „neuen“, unternehmensspezifischen Selbstverständnisses von Personalentwicklung eine wichtige Ausgangsbasis bilden. Wird die Aufgabe der PE-Abteilung in Anlehnung an ein ganzheitliches PE-Verständnis als die eines Dirigenten verstanden, der verantwortlich für das Gesamtsystem Personalentwicklung ist, so wird die Rolle der PE-Abteilung im Unternehmen eher bedeutungsvoller als kleiner, bedarf aber auch einer gemeinsamen Linie aller zentralen Akteure des PE-Systems.

(2) Festlegung von Akteuren und Verantwortlichkeiten für Personalentwicklung

Wie bereits herausgestellt, vertritt die Mehrheit der Befragten ein Verständnis von Personalentwicklung als System- und Rahmengeber. Die Hauptverantwortung für Personalentwicklung wird im Prozess der Arbeit bei den Führungskräften und Mitarbeitenden verortet. Nach der Innensicht der Befragten scheint dieses Verständnis von Personalentwicklung jedoch in ihren jeweiligen Arbeitskontexten nicht durchgängig geteilt zu werden. Einige der interviewten Personalentwickler weisen darauf hin, dass die PE-Abteilung von Führungskräften immer noch als „Reparaturwerkstatt“ gesehen würde oder dass Trainingsmaßnahmen auf Wunsch der Fachabteilungen trotz eines begrenzten Nutzens umgesetzt werden müssten. In der Zusammenarbeit mit HR Business Partnern schildern mehrere Interviewpersonen Abstimmungsschwierigkeiten, die ihrer Ansicht nach zu Qualitätsverlusten in der PE-Arbeit führen (u. a. Unkenntnis von Bedarfssituationen, keine Informationsweitergabe über Veränderungen in den Fachbereichen). Diese konterkarierenden Sichtweisen hemmen anscheinend in der Praxis die Umsetzung von modernen Gestaltungsansätzen in der PE-Arbeit. Dabei stellt sich jedoch die Frage, ob die Führungskräfte, Mitarbeitenden und, je nach Unternehmenssituation, auch die HR Business Partner ihre Rolle und Verantwortung im Gesamtsystem von Personalentwicklung hinreichend kennen, sie ihnen von Seiten der Geschäftsführung kommuniziert wurden und ob sie über die erforderlichen Ressourcen und Kompetenzen verfügen, die von ihnen erwarteten Rollen auch auszuüben. Eine Festlegung und Klärung der zentralen

Akteure im Gesamtsystem der Personalentwicklung, ihrer Rollen und Verantwortlichkeiten, ihres etwaigen Unterstützungsbedarfs sowie eine konsequente Kommunikation des PE-Selbstverständnisses erscheinen hierfür als wichtiger Schritt, um eine Umsetzung eines dezentralisierten PE-Verständnisses zu ermöglichen. Ein Beispiel hierfür bieten die Fälle von Interviewpartner 07 und 12, in deren Unternehmen das so genannte „70:20:10"-Modell[91]als Kommunikationsinstrument für ein dezentralisiertes PE-Verständnis mit verteilten Verantwortlichkeiten genutzt wird.

(3) Schärfung des Rollenprofils der Personalentwicklung

Die interviewten Personalentwickler zählen eine Vielzahl von Rollen zu ihrem beruflichen Rollenspektrum, die eine große Flexibilität und ein große Bandbreite an Kompetenzen erfordern. In den Rollenauffassungen der Gesprächspartner fehlen jedoch für eine proaktive, ganzheitliche PE-Gestaltungspraxis die Rollen eines Organisationsberaters oder Change Managers. Die von den Befragten thematisierten Rollen beziehen sich in erster Linie auf die Entwicklung von Personen und weniger auf die Entwicklung der Organisation. Die Veränderungen in der Arbeitswelt erfordern allerdings immer stärker ein ganzheitliches, organisationsgestaltendes Handeln von Personalentwicklern (siehe Kapitel 2.1.7). Angesichts der Vielzahl an Rollen und einer nicht durchgängig vorhandenen organisationsgestaltenden Rolle scheint deshalb für die Weiterentwicklung der Personalentwicklung eine Schärfung des PE-Rollenprofils unerlässlich zu sein. Dies geht idealerweise mit einer Verschlankung und Fokussierung der Aufgaben und Rollen der Personalentwickler in Anlehnung an den Kernauftrag der Personalentwicklung einher.

(4) Zielgerichtete Veränderung konterkarierender Verhaltensweisen bzw. subjektiv-theoretischer Sichtweisen von PE-Anspruchsgruppen

Die Ergebnisse der Untersuchung der Innensicht von Personalentwicklern illustrieren, dass ein Grund für eine auf Bildungsmaßnahmen beschränkte Personalentwicklung in der Grundhaltung von Führungskräften und Mitarbeitenden vermutet werden kann. Einzelne Befragte beschreiben beispielsweise, dass Führungskräfte und Mitarbeitende die PE-Abteilung als „Reparaturwerkstatt" und Anbieter formaler Bildungsangebote betrachten und in dieser Rolle fordern. Die PE-Gestaltungspraxis wird anscheinend auch von den Sichtweisen der Mitarbeitenden, Führungskräfte und anderer relevanter Ak-

---

[91] Das „70:20:10"-Modell basiert auf der Kernannahme, dass 70 Prozent von Lernen und Entwicklung im Prozess der Arbeit durch herausfordernde Tätigkeiten erfolgt, 20 Prozent im Austausch mit anderen Personen und 10 Prozent in Trainings oder anderen „off the job" Maßnahmen (Diesner, Seufert & Euler, 2008, S. 45 f.).

teure beeinflusst und teilweise gehemmt. Zur Weiterentwicklung der Personalentwicklung wird daher ein Ansatzpunkt in der Klärung, Festlegung und konsequenten Kommunikation der Rollen und Verantwortlichkeiten für Personalentwicklung im Unternehmen gesehen, aber auch in einer systematischen Veränderung konterkarierender Verhaltensweisen bzw. subjektiver Sichtweisen der PE-Anspruchsgruppen durch spezifische OE-Maßnahmen.

Es ist zudem nicht auszuschließen, dass die von Gesprächspartnern wahrgenommenen Verhaltens- und vermuteten Denkweisen anderer PE-Akteure eine Folge selbsterfüllender Prophezeiungen von Personalentwicklern sind. Aus der Lehrerforschung ist der „Pygmalioneffekt" als Spezialform selbsterfüllender Prophezeiungen bekannt, demnach sich Schüler den Erwartungen ihrer Lehrer entsprechend verhalten (vgl. Aretz, 2007, S. 65 ff.). Dieses erwartungskonforme Handeln konnte auch im betrieblichen Kontext im Rahmen der Führungskräfte-Mitarbeiter-Interaktion durch Schyns (2001, S. 61 ff.) nachgewiesen werden. Einzelne interviewte Personalentwickler dieser Studie weisen ebenfalls auf diesen Umstand hin und betonen, wie wichtig es sei, selbstbewusst als Berater aufzutreten und damit einer Wahrnehmung als administrative, nicht wertschöpfende Funktion aktiv entgegen zu treten. Es wird daher ein weiterer wichtiger Ansatzpunkt in der Stärkung und selbstbewussten Umsetzung eines ganzheitlichen PE-Rollenverständnisses der Personalentwickler gesehen, um einen möglichen „Pygmalioneffekt" in der PE-Arbeit abzuschwächen.

(5) Organisationsentwicklung für die Personalentwicklung

Die subjektiv-theoretischen Vorstellungen der interviewten Personalentwickler über spezifische Herausforderungen und Probleme der Personalentwicklung legen die Vermutung nahe, dass in der bisherigen Diskussion zur Weiterentwicklung der Personalentwicklung die Perspektive zu stark auf die PE-Abteilung bzw. die Personalabteilung selbst beschränkt war. Eine Weiterentwicklung der Personalentwicklung im Unternehmen erfordert jedoch nicht nur die Neuorganisation des Personalbereichs und die Qualifizierung von Mitarbeitenden in der Personalentwicklung und anderer Personalbereiche, sondern auch eine ganzheitliche, unternehmensweite Personal- *und* Organisationsentwicklung (z. B. Befähigung verschiedener Personengruppen im Unternehmen für ihre Rollen und Verantwortlichkeiten in der Personalentwicklung, Teamentwicklung im Personalbereich, Implementierung von förderlichen Strukturen und Prozessen) und entsprechende Vermarktung der PE-Abteilung.

(6) Sicherstellung ausreichender Positionsmacht für die Erfüllung einer strategischen, organisationsgestaltenden Rolle

Angesichts der Datenlage scheint es zwischen Theorie und Praxis eine Kluft zu geben: Auf der einen Seite wird von Personalentwicklern aus der wissenschaftlichen Sicht eine stärker strategische, organisationsgestaltende Rolle (siehe Kapitel 2.1) seit vielen Jahren gefordert, auf der anderen Seite zeigen die subjektiv-theoretischen Sichtweisen der Mehrheit der Befragten dieser Studie, dass in der Praxis keine Gestaltungsrolle für die Unterstützung von Veränderungsprozessen oder die Mitgestaltung von Unternehmensstrategien vorliegt. Die strategischen Gestaltungsmöglichkeiten der interviewten Personalentwickler gehen in der Regel nicht über die operative Ebene hinaus. Lediglich in Zeitfenstern, in denen die Aufmerksamkeit der Geschäftsführung auf der Personalentwicklung liegt, ein Personalvorstand vorhanden ist oder ein informeller Kontakt zu den Entscheidungsträgern besteht, können die Personalentwickler ihrer Ansicht nach die Strategie beeinflussen. Darüber hinaus fehlt, wie bereits angeführt, der Mehrheit der Gesprächspartner in Veränderungsprozessen ein formaler Gestaltungsauftrag.

Es mangelt den Interviewpartnern offenbar an einer formalen Legitimation für eine ganzheitliche, organisationsgestaltende PE-Arbeit. Zur erfolgreichen Realisierung ganzheitlich orientierter PE-Projekte und PE-Arbeit benötigen sie im Unternehmen jedoch auch adäquate formale Kompetenzen und Entscheidungsbefugnisse. Es wird deshalb ein zentraler Ansatzpunkt zur Ermöglichung von proaktiver, ganzheitlicher PE-Arbeit darin gesehen, dass die Geschäftsführung auf organisationaler Ebene eine angemessene Positionsmacht von Personalentwicklern sicherstellt.

5.3. Wissenschaftliche Ebene

(1) Zentrale Erkenntnisse für die Konzeptualisierung von Personalentwicklung

Die erhobenen subjektiv-theoretischen Vorstellungen der interviewten Personalentwickler ermöglichen eine Erweiterung, Differenzierung und Vereinfachung der theoretischen Konzeptualisierungen von Personalentwicklung. Hierfür lassen sich aus den Ergebnissen dieser Arbeit folgende zentrale Erkenntnisse ableiten:

- *Das Ziel bestimmt den Weg.*
  Personalentwicklung definiert sich für die Mehrheit der Befragten in erster Linie über das Ziel und nicht über die Maßnahmenbereiche, wie dies in der derzeitigen PE-Literatur verbreitet ist (u. a. M. Becker, 2013; Müller-Vorbrüggen, 2010a). Eine Konzeptualisierung von Personalentwicklung sollte folglich stärker an der Zieldimension von Personalentwicklung und weniger an den Maßnahmen ansetzen.

- *Personalentwicklung ist eine Orchestration verschiedener Akteure.*
Personalentwicklung findet für die Mehrheit der Befragten in erster Linie im Prozess der Arbeit statt. Die interviewten Personalentwickler favorisieren ein dezentralisiertes, weites PE-Verständnis. Die in der Literatur verbreiteten PE-Definitionen (u. a. M. Becker, 2013; Müller-Vorbrüggen, 2010a) setzen hingegen häufig Personalentwicklung in einem einseitigen Sinne mit der PE-Abteilung gleich. Dies kann nicht nur in Anbetracht der subjektiv-theoretischen Vorstellungen der befragten Personalentwickler, sondern auch von allgemeinen Entwicklungstendenzen der Personalentwicklung (siehe Kapitel 2.1.6) nicht mehr als zeitgemäß eingestuft werden. Es widerspricht zudem weitestgehend der Vorstellung der Befragten, die Personalentwicklung im Unternehmen als Gesamtsystem charakterisieren, in dem Mitarbeitende, Führungskräfte, die PE-Abteilung, aber auch HR Business Partner, Arbeitnehmervertreter und/oder die Geschäftsführung als zentrale Akteure agieren. Eine an den subjektiven Theorien der Interviewpartner ansetzende Konzeptualisierung von Personalentwicklung bezieht sich auf das gesamte PE-System und charakterisiert die PE-Funktion als verantwortliche Stelle für die Orchestration des PE-Gesamtsystems im Sinne der Unternehmensziele. Die Aufgabe der PE-Abteilung ist die Einnahme einer integrativen Sicht auf die verschiedenen PE-Akteure im Unternehmen. Die Mitarbeitenden stehen dabei als Hauptverantwortliche im Mittelpunkt der Personalentwicklung. Sie sind nicht nur Empfänger, sondern aktiver Gestalter ihrer eigenen Personalentwicklung und werden hierbei von den sie umgebenden Akteuren direkt oder indirekt unterstützt (siehe Abbildung 71).

- *Personalentwicklung stellt den Mitarbeitenden in den Mittelpunkt.*
Die Mehrheit der Gesprächspartner charakterisiert Personalentwicklung ausgehend von den Mitarbeitenden. Der Mitarbeitende gilt als Schlüsselfaktor für Personalentwicklung. Für eine Konzeptualisierung von Personalentwicklung bedeutet dies, dass der Mitarbeitende als Hauptverantwortlicher im Mittelpunkt der Personalentwicklung steht. Er ist dabei nicht nur Empfänger, sondern aktiver Gestalter seiner eigenen Personalentwicklung.
Dies impliziert einerseits, dass PE-Maßnahmen verstärkt vom Mitarbeitenden ausgehend gestaltet werden sollten, andererseits, dass die Mitarbeitenden selbst zu Funktionsträgern werden, die sich aufgrund ihrer (partiellen) Aufgabenstellung mit der Personalentwicklung (nämlich ihrer eigenen) befassen. Letzteres stellt in verbreiteten PE-Verständnissen eine häufig vernachlässigte Perspektive dar. Während M. Becker (2013) die gestaltende Rolle von Mitarbeitenden in der Personalentwicklung gar nicht thematisiert, beschreiben Mudra (2004, S. 202 ff., 234 ff.) und Müller-Vorbrüggen (2010b, S. 763) sie lediglich als Adressaten der Personalentwicklung. Eine Ausnahme findet sich bei Mentzel (2012, S. 18), der Mitarbeitende neben der Unternehmensleitung, der PE-Abteilung, den Führungskräften als Vorgesetzten und dem Betriebsrat als Träger der Personalentwicklung charakterisiert.

Durch die Positionierung des Mitarbeitenden im Mittelpunkt von Personalentwicklung und dem Verständnis von der PE-Abteilung als System- und Rahmengeber, müssen die Maßnahmen der PE-Funktion noch viel stärker von den Mitarbeitenden ausgehend gestaltet werden. Die Zentrierung des Mitarbeitenden als „Endkunden" der Personalentwicklung geht, vergleichbar zum „Design Thinking"-Ansatz mit dem Kunden bzw. Anwender im Zentrum (Martin, 2009, S. 62), deutlich über die verbreitete Bedarfsorientierung in der Personalentwicklung hinaus und erfordert eine vom Kunden ausgehende, interdisziplinäre Lösungserarbeitung.

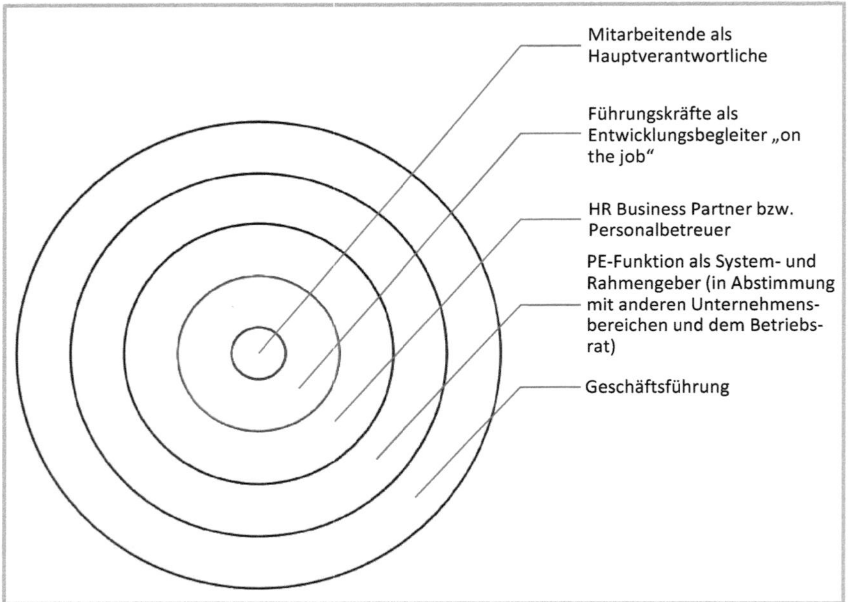

Abbildung 71: Zentrale Akteure ganzheitlicher Personalentwicklung

- *Personalentwicklung ist auch Organisationsentwicklung.*
  Die Zugehörigkeit der Organisationsentwicklung zur Personalentwicklung ist in der PE-Literatur umstritten. Während M. Becker (2013, S. 5) Personalentwicklung als alle Maßnahmen der Bildung, der Förderung und der Organisationsentwicklung definiert, distanziert sich Müller-Vorbrüggen (2010a, S. 12 f.) explizit von einem derartigen Verständnis. Der Kern seiner Kritik richtet sich darauf, dass Organisationsentwicklung als Managementinstrument ein eigenständiges Gebiet sei und kein eigenes Teilgebiet der Personalentwicklung (Müller-Vorbrüggen, 2010a, S. 13). Die Unklarheit, ob Personal- und Organisationsentwicklung zusammengehören, spiegelt sich auch in den subjektiv-theoretischen Sichtweisen der interviewten Personalentwickler wider. Es zeigt sich jedoch auch, dass die Veränderungen in der Arbeitswelt sowie in der Personalentwicklung eine immer

stärker die Organisation mitgestaltende Rolle der PE-Funktion erfordern (siehe Kapitel 2.1.6). Eine anforderungsgerechte Konzeptualisierung sollte deshalb eine harmonisierende Position einnehmen und Personalentwicklung nicht vorzeitig auf spezifische thematische Handlungsfelder beschränken bzw. organisationsentwickelnde Maßnahmen der Personalentwicklung ausschließen. Durch eine Definition von Personalentwicklung über den Auftrag (und nicht über Maßnahmenbereiche) wird eine vernetzte, interdisziplinärere Sicht auf Personalentwicklung ermöglicht. Diese harmonisierende, öffnende Position einer Konzeptualisierung von Personalentwicklung bedeutet aber nicht, dass Personalentwicklung künftig „alles und nichts" ist und sein darf, sondern vielmehr, dass ein zielgeleiteter Auftragsrahmen in Theorie und Praxis den Korridor für PE-typische Aufgabenfelder vorgibt, ohne per se den Rückgriff auf verschiedene Handlungsfelder zu beschränken.

(2) „Ganzheitliche Personalentwicklung und PE-Projektgestaltung und -leitung" – revisited

In Anbetracht der Erkenntnisse für eine Konzeptualisierung von Personalentwicklung kann das PE-Verständnis dieser Arbeit (siehe Kapitel 2.2) als grundsätzlich stimmig mit den subjektiv-theoretischen Vorstellungen der interviewten Personalentwickler eingeschätzt werden. In dem Begriffsverständnis ganzheitlicher Personalentwicklung wird eine harmonisierenden Position im Ränkespiel um die Handlungsfelder der Personalentwicklung (vgl. u. a. M. Becker, 2013; Müller-Vorbrüggen, 2010a) eingenommen, in dem eine ganzheitliche Lösungserarbeitung unter Rückgriff auf verschiedenste Maßnahmenfelder betont wird. Zudem richtet sich das ganzheitliche PE-Verständnis in erster Linie am Ziel und dem Beitrag für das Unternehmen aus. Die Analyse der subjektiv-theoretischen Vorstellungen führt aber auch in zweierlei Hinsicht zu einer Differenzierung des Verständnisses ganzheitlicher Personalentwicklung: Einerseits durch eine Betonung der Aufgabe der PE-Funktion in der Orchestration des PE-Gesamtsystems, andererseits durch die Betonung eines mitarbeiterzentrierten Gestaltungsansatzes, der mit einer aktiv gestaltenden und verantwortlichen Rolle des Mitarbeitenden sowie einer veränderten PE-Gestaltungspraxis einhergeht.

Die genannten Aspekte führen im Folgenden zu einer Präzisierung des Verständnisses ganzheitlicher Personalentwicklung sowie zu einer Erweiterung ganzheitlich orientierter PE-Projektgestaltung.

Präzisierung des Begriffsverständnisses „ganzheitliche Personalentwicklung“:

Ganzheitliche Personalentwicklung umfasst als Gesamtsystem alle Informationen, Akteure, Lernorte, Entscheidungen und Maßnahmen, die für die Initiierung von Lern- und Entwicklungsprozessen bei den Mitarbeitenden als relevant zu erachten sind. Das übergreifende Ziel ganzheitlicher Personalentwicklung ist es, in Anbetracht gegenwärtiger und künftiger Anforderungen die Wettbewerbsfähigkeit des Unternehmens und die Beschäftigungsfähigkeit von Mitarbeitenden auszubauen und zu sichern.

Das Gesamtsystem ganzheitliche Personalentwicklung ist normativ und strategisch als kohärentes, vertikal abgestimmtes und horizontal integriertes Gesamtkonzept von Lern- und Entwicklungsaktivitäten verankert, mit den Gesamtaktivitäten im Personalbereich harmonisiert und unterstützt explizit die Erreichung strategischer Unternehmensziele.

Es ist als organisatorische Einheit der Kernauftrag der PE-Funktion, Mitarbeitende zu befähigen und zu motivieren, die gegenwärtigen und künftigen beruflichen Anforderungen im Sinne des Unternehmens zu erfüllen und die Wettbewerbsfähigkeit des Unternehmens aktiv mitzugestalten. Sie agiert hierbei potenzial- und gestaltungsorientiert.

Zur Verfolgung einer einheitlichen Zieldimension von Lernen und Entwicklung im Unternehmen ist die PE-Funktion für das PE-Gesamtsystem und die Orchestration der verschiedenen PE-Akteure zuständig. Sie bezieht alle für die Problemlösung oder Zielerreichung erforderlichen Handlungsfelder wie z. B. Wissens-, Kultur- und Veränderungsmanagement proaktiv und grenzübergreifend ein (z. B. über Abteilungsgrenzen oder disziplinäre Grenzen hinweg). Der Mitarbeitende als Endanwender bzw. Endabnehmer von PE-Lösungen steht dabei im Mittelpunkt.

Erweiterung des Situationstyps „Ganzheitlich orientiert PE-Projekte gestalten und leiten“

Für eine ganzheitlich orientierte PE-Projektgestaltung und -leitung führt die Positionierung des Mitarbeitenden im Mittelpunkt von Personalentwicklung zu einer PE-Projektgestaltung, die noch stärker hinterfragt, was der Endkunde erwartet und benötigt. Die in Kapitel 2.3.6 vorgeschlagene Phasengestaltung greift für einen derartigen Gestaltungsansatz noch zu kurz. Die Gestaltungsansätze des Design Thinking (Martin, 2009) oder der Theorie U (Scharmer, 2013) bieten hingegen das Potenzial, in PE-Projekten noch stärker am Kunden anzusetzen und innovative Lösungen zu generieren. Beide Ansätze zielen darauf, den linearen, gewohnten Denkprozess zu durchbrechen und hierdurch Raum für neue Ideen zu schaffen. Sie harmonieren mit der ganzheitlichen Leitvorstellung dieser Arbeit (siehe Kapitel 2.2.1).

Im Folgenden wird beispielhaft die Kernidee des Design-Thinking Prozesses in Anlehnung an den Ansatz der HPI School of Design Thinking (vgl. Hilbrecht & Kempkens, 2013, S. 349 ff.) auf die Prozessgestaltung im Situationstyp „Ganzheitlich orientiert PE-Projekte gestalten und leiten“ übertragen (siehe Abbildung 72). Dabei ist der Prozess nicht streng linear zu verstehen, die einzelnen Schritte folgen zwar aufeinander, können sich aber in beliebig vielen Iterationsschleifen wiederholen. Der prozessuale Ablauf ist so angelegt, dass der Weg von Inspiration, Ideenfindung und Implementierung optimal unterstützt wird. Für die Umsetzung bedarf es einer Kombination von intuitivem, emotionalem und rationalem, analytischem Denken sowie eines Rahmens, der ganzheitliche interdisziplinäre und integrative Prozesse zulässt. Darüber hinaus sind ein multidisziplinäres, auf Augenhöhe arbeitendes Team von Mitgliedern der horizontalen und vertikalen Ebene sowie eine räumliche, Kreativität fördernde Umgebung Kernprinzipien einer Design Thinking-orientierten Gestaltung.

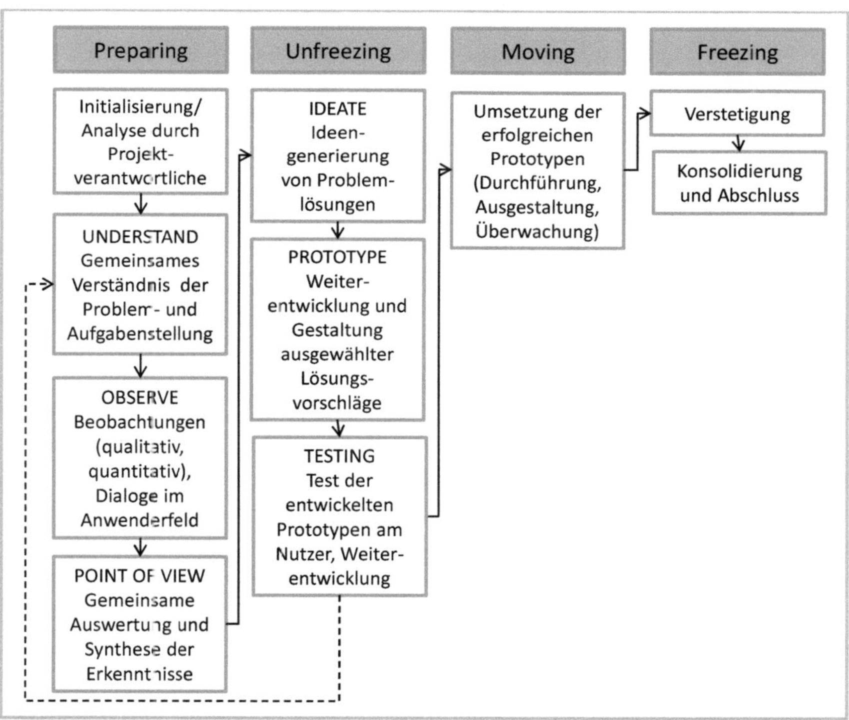

Abbildung 72: Re-Design des Ablaufs im Situationstyp „Ganzheitlich orientiert PE-Projekte gestalten und leiten" (in Anlehnung an Kapitel 2.3.6; Hilbrecht & Kempkens, 2013, S. 349 ff.)

Der U-Prozess (Scharmer, 2013) wird in Kapitel 6 auf einen Gestaltungsvorschlag zur Weiterentwicklung der Personalentwicklung angewendet und ausformuliert.

(3) Vermittlung eines erweiterten oder ganzheitlichen PE-Verständnisses in der Personalwirtschaft

Für einen erfolgreichen Wandel der Personalentwicklung zu einem proaktiven, ganzheitlichen PE-Verständnis, insbesondere in Bezug auf die subjektiven Theorien über

Personalentwicklung von PE-Anspruchsgruppen, ist zudem ein Wandel des Verständnisses von Personalentwicklung in der Personalwirtschaft erforderlich. In der personalwirtschaftlichen Literatur ist das Verständnis von Personalentwicklung nach wie vor weitgehend auf die Aus- und Weiterbildung von Mitarbeitenden als Kernbereich beschränkt (vgl. u. a. Bühner, 2005; Lindner-Lohmann, Lohmann & Schirmer, 2012; Stock-Homburg, 2013), wie der folgenden Ausschnitt aus einem aktuellen personalwirtschaftlichen Lehrbuch beispielhaft belegt:

> „Die Entwicklung von Personal adressiert die Frage, wie denn – im Einklang mit den strategischen Zielen des Unternehmens – Investitionen in Humanressourcen erfolgen sollen. Welche Kompetenzen sollen in welcher Form aufgebaut werden? Und wie? Oder auch umgekehrt: Wenn bestimmte Kompetenzen vorhanden sind, wie können diese gegebenenfalls besser genutzt werden?“ (Stock-Homburg, 2013, S. 3 f.)

Einer Konzeptualisierung von Personalentwicklung als ganzheitliche Personalentwicklung (theoretische Sicht dieser Arbeit) oder als System- und Rahmengeber (subjektiv-theoretische Sicht) steht ein auf Bildungsmanagement reduziertes Verständnis von Personalentwicklung gegenüber. Dieses PE-Verständnis prägt im Rahmen der Aus- und Weiterbildung die subjektiv-theoretischen Sichtweisen von (künftigen) Mitarbeitenden und Führungskräften im Unternehmen maßgeblich mit. Hierauf geben die Sichtweisen der interviewten Personalentwickler, die sich teilweise als Reparaturwerkstatt wahrgenommen fühlen oder die Vorstellung vertreten, dass nicht alle im Unternehmen ein Verständnis dafür mitbringen, dass Personalentwicklung hauptsächlich im Prozess der Arbeit stattfindet, erste Hinweise (siehe Kapitel 4.3.7). Für eine langfristig erfolgreiche Implementierung von ganzheitlicher Personalentwicklung deutet dies auf den Bedarf hin, dass auch auf einer Makroebene in der Personalwirtschaftslehre eine Änderung des Verständnisses von Personalentwicklung erfolgen müsste.

6. Gestaltungsvorschlag für die PE-Praxis

Die Ergebnisse dieser Arbeit unterstreichen, dass für eine erfolgreiche Weiterentwicklung der Personalentwicklung ein proaktives, ganzheitlich orientiertes PE-Selbstverständnis entwickelt, ins Handeln der Personalentwickler übergehen und nachhaltig in der Unternehmenspraxis implementiert werden muss. Dabei müssen nicht nur in der Personalentwicklung selbst Veränderungen angestoßen, sondern auch Strukturen, Prozesse, Verhaltensweisen und subjektive Sichtweisen (z. B. bei Führungskräften) im Gesamtunternehmen weiter entwickelt werden. Hierfür bedarf es, je nach Ausgangs-situation im Unternehmen, einer Personal- und Organisationsentwicklungsmaßnahme für die Personalentwicklung. Der im Folgenden näher erläuterte Vorschlag einer integrativen Personen- und Systementwicklungsarchitektur gibt Anregungen und Denkanstöße für die Gestaltung einer Maßnahme zur Weiterentwicklung der Personalentwicklung in der Praxis. Dabei wird bewusst von einer detaillierten, inhaltlichen Ausgestaltung abgesehen, damit in der PE-Praxis Raum zur Individualisierung des Ansatzes besteht.

Design-Anforderungen an eine Personen- und Systementwicklungsarchitektur

(1) Die integrativ angelegte Personen- und Systementwicklungsarchitektur integriert die Kernideen dieser Arbeit (u. a. ganzheitliche Personalentwicklung und PE-Projektleitung, subjektive Theorien).

(2) Die Architektur unterstützt ein Aufbrechen der Dominanz linearen und gewohnheitsmäßigen Denkens und befähigt die Beteiligten zu ganzheitlicher PE-Arbeit (siehe Kapitel 2.2 und 2.3; vgl. Ulrich & Probst, 2001, S. 21 f., S. 101 ff.).

(3) Die Architektur bezieht die subjektiv-theoretischen Vorstellungen der Personalentwickler zur Entwicklung ganzheitlicher PE-Kompetenzen und eines neuen PE-Selbstverständnisses gezielt ein und unterstützt methodisch den Weg vom Wissen zum kompetenten Handeln (siehe Kapitel 2.4 und 4).

(4) Die Architektur setzt vorhandene Fähigkeiten und Kenntnisse zur Lösung bestehender Aufgaben und Problemstellungen in der Personalentwicklung bei den Beteiligten frei, macht sie zu Betroffenen und ermöglicht „Hilfe zur Selbsthilfe" (siehe Kapitel 3.1; vgl. Doppler & Lauterburg, 2002, S. 154 ff.; Schiersmann & Thiel, 2011, S. 81 ff.).

(5) Die Personalentwickler entwickeln ein kontext-sensitives, den Zukunftspotenzialen entsprechendes Selbstverständnis und werden befähigt, dieses nachhaltig durch eine Veränderung von Strukturen, Prozessen, subjektiven Theorien, Denkmustern und Handlungen im Unternehmen zu verankern (siehe Kapitel 5; vgl. Doppler & Lauterburg, 2002, S. 152 ff.; König & Volmer, 2008, S. 139 ff. ; Scharmer, 2013, S. 76 ff.)

Theorie U als Basisdesign

Als Gestaltungsrahmen für eine integrativ angelegte Personen- und Systementwicklungsarchitektur wird aufgrund der Stimmigkeit mit den Designanforderungen der Ansatz der Theorie U nach Scharmer (2013, S. 83 ff.) verwendet. Den Ausgangspunkt des Modells bildet der Anspruch, gewohnheitsmäßiges Denken und Handeln („Downloading“) durch einen vertieften Wahrnehmungsprozess zu durchbrechen, hierdurch an die Quelle der Energie und des Selbst zu gelangen und aus dieser Quelle heraus eine neue Zukunft zu erschaffen (siehe Abbildung 73). Das zukunftsorientierte Modell der Theorie U bezieht sich auf Problemstellungen, bei denen die Zukunft nicht durch Trends und Verlaufskurven der Vergangenheit vorhergesagt werden können. Scharmer nennt derartige Problemstellungen emergent komplex.

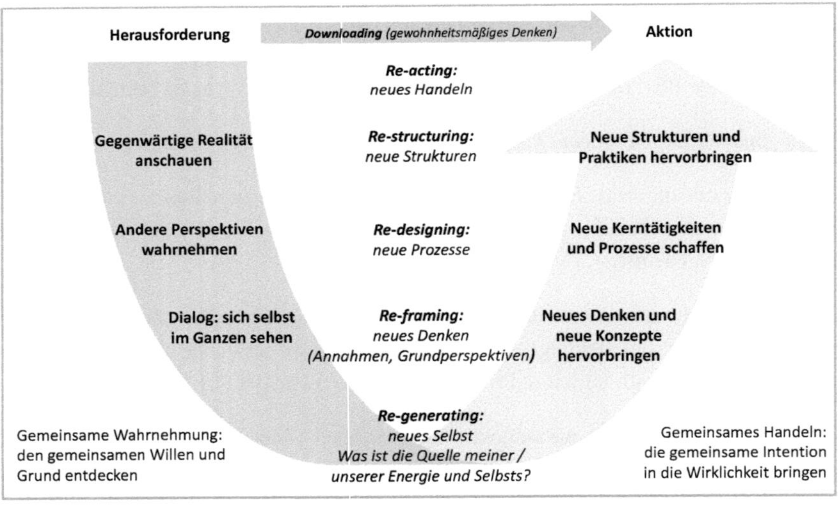

Abbildung 73: Fünf Ebenen von Veränderung im U-Prozess (in Anlehnung an Scharmer, 2013, S. 56, S. 75)

Der Ansatz der Theorie U geht mit Gestaltungsvorschlägen von Scharmer (2013) einher, ist aber auch hinreichend offen gestaltet, um bei Eignung andere Ansätze und Methoden wie z. B. den Ansatz subjektiver Theorien und ganzheitlicher Personalentwicklung dieser Arbeit (siehe Kapitel 2.2) oder des ganzheitlichen Problemlösens der St. Galler Schule (vgl. H. Ulrich & Probst, 2001; H. Ulrich, 2001) zu integrieren. Der Ansatz erweist sich insbesondere hinsichtlich der Kernnannahme, gewohnheitsmäßiges Denken zur Lösungserarbeitung durchbrechen zu wollen, als äußerst anschlussfähig an die Ideen der St.Galler Schule, setzt aber noch stärker an der Zukunft an.

Der U-Prozess ist durch fünf Bewegungen charakterisiert, die im weiteren Verlauf dieses Kapitels auf die integrativ angelegte Personen- und Systementwicklungsarchitektur übertragen werden (siehe Abbildung 74). Die erste Bewegung zielt auf die Entwicklung eines gemeinsamen Ausgangspunkts (ein so genanntes gemeinsames Gefäß). Mit der zweiten Bewegung sollen gewohnheitsmäßige Denk- und Handlungsmuster („Downloading") durch ein aufmerksames Hinsehen, Zuhören und Erspüren des Felds durchbrochen werden. Die dritte Bewegung führt an einen Ort der Stille, an dem das innere Wissen entstehen und die Frage beantwortet werden soll, was die zukünftigen Möglichkeiten sind, die gemeinsam realisiert werden wollen und in welcher Verbindung diese mit dem zukünftigen Weg des Einzelnen und der Gruppe stehen. Die vierte Bewegung ähnelt dem Ansatz des Prototypings im Design Thinking (vgl. Martin, 2009): Aus dem tiefsten Punkt im U-Prozess heraus, werden Prototypen des Neuen entwickelt und die in diesem Handeln entstehende Zukunft erforscht. Die letzte Bewegung unterstützt die Umsetzung des Neuen durch die Überprüfung der praktischen Ergebnisse, eine nachhaltige Gestaltung und die Schaffung unterstützender Infrastrukturen. (Scharmer & Käufer, 2008, S. 7 f.)

Abbildung 74: Fünf Bewegungen im U-Prozess (in Anlehnung an Scharmer & Käufer, 2008, S. 10; Scharmer, 2013, S. 47)

Integrative Personen- und Systementwicklungsarchitektur für die PE-Praxis

Tabelle 56 fasst das Design einer integrativen Personen- und Systementwicklungsarchitektur für die Weiterentwicklung der PE-Arbeit im Unternehmen zusammen. Die linke Spalte enthält die zentralen Phasen des Entwicklungsprozesses und Ziele, die rechte

Spalte Beispiele für methodische Ansätze zur Gestaltung dieser Phasen. Der Zeitaufwand sowie die konkrete methodische Gestaltung der Phasen muss je nach Ausgangssituation im Unternehmen individuell festgelegt werden.

Phasen und Ziele des Entwicklungsprozesses	**Beispiele für methodische Ansätze**
Phase 1: Kick-off (Workshop) *Übergeordnetes Ziel: Gemeinsame Intentionsbildung, Öffnung des Denkens im PE-Team* • Kernideen ganzheitlicher Personalentwicklung, des Design Thinkings und des U-Prozesses verstehen • Gewohnheitsmäßige Denkmuster kennen • Ganzheitliche Denkansätze (St. Galler Schule, U-Theorie, Design Thinking) auf eigene Praxisbeispiele anwenden und kritisch reflektieren • Gemeinsame Intention als Team entdecken und festlegen • Erfolgskritische Strategien identifizieren (u. a. Aufbau personaler Macht) • Gemeinsame Aktionsplanung für die Phase der „Field Exploration" (u. a. Bildung von PE-Feldforschergruppen)	*Beispiele für methodische Ansätze:* • Gestaltung des Kick-offs entlang der methodischen Rahmenideen zur Veränderung subjektiver Theorien dieser Arbeit (siehe Kapitel 2.4.5.3) sowie der methodischen Ansätze zur Reflexion und Konfrontation von Wahl (2013, S. 31 ff.) • Zielbestimmung und Modellierung der Problemsituation entlang der Kernideen einer ganzheitlichen Problemlösungsmethodik (vgl. Ulrich & Probst, 2001, S. 113 ff. und Anhang 1) • Maßnahmen zur Teamentwicklung z. B. entlang des GPRI[92]-Modells zur Beziehungs-, Rollenklärung und Zielsetzung (vgl. Schiersmann & Thiel, 2011, S. 269)
Phase 2: Fit for Innovation and Change (Blended Learning Programm) *Übergeordnetes Ziel: Befähigung des PE-Teams* • Die Denkansätze und Methoden ganzheitlicher Personalentwicklung sowie einer ganzheitlich orientierten PE-Projekt-gestaltung und -leitung anwenden können (siehe Kapitel 2.3.8) • Die Denkansätze und Methoden der Theorie U (Scharmer, 2013) und des Design Thinkings (Hilbrecht & Kempkens, 2013; Martin, 2009) anwenden können	*Beispiele für methodische Ansätze:* • Gestaltung entlang der methodischen Rahmenideen zur Veränderung subjektiver Theorien dieser Arbeit (siehe Kapitel 2.4.5.3), der methodischen Ansätze zur Reflexion und Konfrontation von Wahl (2013, S. 31 ff.) sowie den Grundsätzen einer transferorientierten Gestaltung von Bildungsmaßnahmen (vgl. Kauffeld, 2010, S. 79 ff., S. 102 ff.)
Phase 3: Field Exploration („on the job") *Übergeordnetes Ziel: Öffnung des Sehens und Spürens, gemeinsame Wahrnehmung des PE-Teams* • Subjektive Theorien und Denkmuster des PE-Teams (u. a. über die eigene Rolle und	*Beispiele für methodische Ansätze:* • Konstruktinterviews mit dem PE-Team und/oder teilstrukturierte Beobachtung von PE-Aktivitäten (z. B. Teamsitzungen, Veranstaltungen, Gespräche mit Anspruchsgruppen) → Inhaltsanalytische Auswertung

92 GPRI steht als Abkürzung für Goals (G), Processes (P), Roles and Responsibilities (R), Interpersonal Relationships (I).

Phasen und Ziele des Entwicklungsprozesses	Beispiele für methodische Ansätze
die Annahmen über Vorstellungen anderer PE-Akteure) sowie von PE-Anspruchsgruppen rekonstruieren und analysieren	der Daten und Verdichtung zu einem Gesamtbild der Personalentwicklung im Unternehmen (vgl. König & Volmer, 2008, S. 242 ff.)
• Intern und extern das Feld erkunden und bewusst die verschiedenen Perspektiven im Unternehmen auf Personalentwicklung wahrnehmen („hinsehen und erspüren“)	• Teilnehmende Beobachtung (z. B. Teamsitzungen von Fachbereichen, Hospitation im Kerngeschäft, Maßnahmen der PE-Abteilung) (vgl. König & Volmer, 2008, S. 276 ff.) • (Gruppen-)Interviews und ggf. standardisierte Befragungen mit verschiedenen PE-Anspruchsgruppen (auch über das Unternehmen hinaus z. B. durch Einbindung künftiger Arbeitnehmer) • Sounding Boards (vgl. Homma, 2010, S. 69) mit Mitarbeitenden und Führungskräften, um das Fremdbild der PE-Abteilung einzufangen • Exploration der Aktivitäten anderer Unternehmen durch „Field Visits“
• Das eigene Unternehmen, andere Unternehmen sowie künftige Entwicklungen auf PE-relevante Aspekte hin analysieren	• Diagnose auf der Basis von Kennzahlen unter Einbezug verschiedener Perspektiven auf die Personalentwicklung (z. B. Finanz- und Produktkennzahlen, Mitarbeiterzufriedenheit, Entwicklung der Branche, des Arbeitsmarkts und der Gesellschaft) (vgl. König & Volmer, 2008, S. 292 ff.) • Analyse besonders interessanter und relevanter Fallbeispiele
• Die Erfahrungen und Erkenntnisse auf der inhaltlichen Ebene sowie auf der methodischen Ebene prozessbegleitend reflektieren und analysieren	• Reflexion der Aktivitäten der „Field Exploration“-Phase (Was haben wir gesehen und gespürt? Wie haben wir die Methode in ihrer Anwendung wahrgenommen?) • Moderierte PE-Feldforscher-Zirkel (regelmäßige Auswertungstreffen, ggf. kombiniert mit kollegialer Beratung) • Analyse der Wirkungsverläufe sowie Erfassen und Interpretieren der zukünftigen Veränderungsmöglichkeiten entlang der Kernideen einer ganzheitlichen Problemlösungsmethodik (vgl. Ulrich & Probst, 2001, S. 131 ff. und Anhang 1)

Phasen und Ziele des Entwicklungsprozesses	Beispiele für methodische Ansätze
Phase 4: Emerging Future (Workshop sowie „on the job") *Übergeordnetes Ziel: Gemeinsame Willensbildung und Erprobung im PE-Team* • Die Erfahrungen und Erkenntnisse teilen und reflektieren, sich vom alten Selbstverständnis und Unnötigem trennen • Die individuelle und gemeinsame Quelle der Energie und des Selbstverständnisses entdecken (Was ist die Identität, Essenz und der Beitrag der PE-Abteilung und des Einzelnen?) • Die Visionen und Vorhaben der Zukunft verdichten (Wie bringen wir etwas Neues in die Welt?) • Prototypen des Neuen entwickeln • „Neues" PE-Selbstverständnis und „neue" Rollen von Personalentwicklern verdichten	*Beispiele für methodische Ansätze:* • Gestaltung des Workshops entlang der methodischen Rahmenideen zur Veränderung subjektiver Theorien dieser Arbeit (siehe Kapitel 2.4.5.3) sowie der methodischen Ansätze zur Reflexion und Konfrontation von Wahl (2013, S. 31 ff.) • Abklären der eigenen Lenkungsmöglichkeiten (vgl. Ulrich & Probst, 2001, S. 131 ff. und Anhang 1) • Anwendung kreativer Methoden wie z. B. des Design Thinking Ansatzes (vgl. Hilbrecht & Kempkens, 2013; Martin, 2009) oder der Theorie U (z. B. kreative Spannungsübung von Scharmer, 2013, S. 422 f.)
Phase 5: Implementing the Future („on the job") *Übergeordnetes Ziel: Gemeinsame Gestaltung mit zentralen Akteuren im Unternehmen und Verankerung des neu Geschaffenen*	*Beispiele für methodische Ansätze:* • Planen von Strategien und Maßnahmen entlang der Kernideen einer ganzheitlichen Problemlösungsmethodik (vgl. Ulrich & Probst, 2001, S. 131 ff. und Anhang 1)
• Veränderungsarchitektur mit den Gesamtaktivitäten des Unternehmens (insbesondere des Personalbereichs) harmonisieren und festlegen	• Veränderungsarchitektur festlegen (vgl. Doppler & Lauterburg, 2002; König & Volmer, 2008; Scharmer, 2013; Schiersmann & Thiel, 2011)
• Prototypen mit anderen wichtigen Akteuren entwickeln	• Kerngruppen zur Erarbeitung von Prototypen bilden und den Kreis um wichtige Akteure außerhalb der Personalentwicklung erweitern (vgl. Scharmer, 2013, S. 423 ff.) • Anwendung kreativer Methoden wie z. B. des Design Thinking Ansatzes (Hilbrecht & Kempkens, 2013; Martin, 2009) oder der Theorie U (z. B. kreative Spannungsübung, Scharmer, 2013, S. 422 f.)
• Ganzheitlich orientiert PE-Projekte gestalten, leiten und eine nachhaltige Verankerung in der Praxis sicherstellen	• Umsetzung der Projekte in Anlehnung an den Situationstyp „Ganzheitlich orientiert PE-Projekte gestalten und leiten" (siehe Kapitel 2.3)
• Kompetenzentwicklung im PE-Team weiter festigen	• Kollegiale Beratung im PE-Team • Coaching (personen- oder teambezogen)

Tabelle 56: Integrative Personen- und Systementwicklungsarchitektur für die PE-Praxis

7. Schlussbetrachtung

In diesem Kapitel wird der Blick noch einmal zurück gerichtet, auf die wesentlichen Ergebnisse (siehe Kapitel 7.1), die Stärken und die Grenzen dieser Arbeit (siehe Kapitel 7.2.1 und 7.2.2) sowie der Blick nach vorne auf künftige Forschungspotenziale (siehe Kapitel 7.2.3). Die Arbeit schließt mit einem Fazit und Ausblick ab (siehe Kapitel 7.3).

7.1. Zusammenfassung der wesentlichen Ergebnisse

Die vorliegende Forschungsarbeit wurde mit einem hohen Anspruch an Relevanz für die theoretische und praktische Diskussion zur (künftigen) Situation der Personalentwicklung durchgeführt. Das Forschungsinteresse der vorliegenden Arbeit richtete sich deshalb übergreifend auf die Frage, wie Personalentwicklung von Personalentwicklern in Anbetracht künftiger Anforderungen gestaltet und zu einer zukunftsorientierten PE-Praxis weiter entwickelt werden kann. Dies begründete sich einerseits darin, dass die künftigen Entwicklungen in Form von Mega-Trends (z. B. demografischer Wandel) besondere Herausforderungen an Unternehmen herantragen (vgl. u. a. Opaschowski, 2013; Rump & Walter, 2013), bei denen die Personalentwicklung einen wichtigen Gestaltungsbeitrag zu leisten hat, andererseits darin, dass in der PE-Literatur ein fehlender Paradigmenwandel der Personalentwicklung beklagt wird (vgl. u. a. Meifert, 2010; Mudra, 2004). Im Zentrum der (impliziten) Kritik zur Situation der Personalentwicklung stehen in der Literatur häufig die Personalentwickler und ihr nicht zeitgemäßes oder nicht ausreichend kompetentes Handeln (vgl. u. a. M. Becker, 2008; Meifert, 2010; Müller-Vorbrüggen, 2010b).

Eine Analyse der Forschungslage zum Handeln und den Innensichten der Personalentwickler lieferte jedoch keine Studien im deutschsprachigen und nur wenige im internationalen Raum (vgl. u. a. Hytönen, 2002; Koornneef, Oostvogel & Poell, 2005; Oostvogel, Koornneef & Poell, 2011; Poell, Pluijmen & Krogt, 2003). Insbesondere in dem strategisch wichtigen Handlungsfeld der Gestaltung und Leitung von PE-Projekten, die Kristallisationspunkte neuartiger und innovativer Problemstellungen bilden (vgl. Schiersmann & Thiel, 2011, S. 166 f.), konnte keine Forschungsarbeit identifiziert werden. Die vorliegende Arbeit griff diese Forschungslücke auf, um der Dominanz des normativen Anforderungskatalogs in der Personalentwicklung und der Kritik am Handeln von Personalentwicklern eine fundierte empirische Untersuchung aus der Akteursperspektive gegenüber zu stellen. Da sich Handeln nicht unmittelbar von außen beobachten lässt (Schlee, 1988a, S. 13), wurde es aus der Innensicht der Personalentwickler durch eine Rekonstruktion subjektiv-theoretischer Sichtweisen erschlossen. Die folgenden Forschungsfragen leiteten dabei die vorliegende Arbeit:

1) Wie kann Personalentwicklung in Anbetracht künftiger Anforderungen konzeptualisiert werden? Welche Handlungsanforderungen leiten sich hieraus mit besonderem Bezug zur Gestaltung und Leitung von PE-Projekten für Personalentwickler ab?
2) Welche subjektiv-theoretischen Vorstellungen über Personalentwicklung sowie die Gestaltung und Leitung von PE-Projekten prägen das berufliche Handeln von Personalentwicklern?
3) In welchem Verhältnis stehen die subjektiv-theoretischen Vorstellungen der Personalentwickler zu den wissenschaftlichen Vorstellungen von PE-Arbeit in dieser Arbeit?
4) Welche Handlungsempfehlungen leiten sich aufgrund der gewonnenen Erkenntnisse für die Gestaltung und Weiterentwicklung der Personalentwicklung ab?

Zur Bearbeitung der ersten Fragestellung zielte die Forschungsarbeit darauf, ein theoretisch fundiertes, künftigen Anforderungen gerecht werdendes Verständnis von Personalentwicklung zu begründen und in Handlungsanforderungen für die PE-Projektgestaltung und -leitung zu überführen. Um dies zu erreichen, fand zunächst eine Annäherung an das Forschungsfeld aus Sicht der PE-Literatur (vgl. u. a. M. Becker, 2013; Garavan, 2007; Jochmann, 2010; Krämer, 2012; Meifert, 2010; Mentzel, 2012; Müller-Vorbrüggen, 2010; Thom, 2012b) sowie der Literatur zu künftigen PE-relevanten Entwicklungen im Unternehmen und der Personalarbeit statt (vgl. u. a. M. Becker, 2008; Granados & Erhardt, 2012; Opaschowski, 2013; Rump & Walter, 2013; Schemuly, Schröder, Nachtwei, Kauffeld & Gläs, 2012). Aufbauend auf dieser umfassenden Aufarbeitung des Forschungsstands zur Personalentwicklung und eigener Plausibilitätsüberlegungen wurde unter Rückgriff auf den Ansatz des ganzheitlichen Denkens der St. Galler Schule (vgl. Ulrich & Probst, 2001; Ulrich, 2001) ein Verständnis von ganzheitlicher Personalentwicklung konzeptualisiert. Anknüpfend an dieses PE-Verständnis, eine interdisziplinäre Analyse von Literatur der Personalentwicklung, der Organisationsentwicklung, des Change Managements, des Projektmanagements (vgl. u. a. M. Becker, 2013; Freitag, 2011; Kundinger, 2009; Litke, Kunow & Schulz-Wimmer, 2012; Mentzel, 2012; Müller-Stewens & Lechner, 2005; Niedermair, 2005; Probst & Haunerdinger, 2007; Schiersmann & Thiel, 2011; Solga & Blickle, 2012) sowie eigenständiger Überlegungen wurde zur Bestimmung von Handlungsanforderungen in Anlehnung an das Situationstypenmodell von Euler und Bauer-Klebl (2009, S. 40 f.) der Situtationstyp „Ganzheitlich orientiert PE-Projekte gestalten und leiten" modelliert. Mit der Konzeptualisierung eines ganzheitlichen PE-Verständnisses (siehe Kapitel 2.2) sowie der Modellierung des Situationstyps (siehe Kapitel 2.3) wurde ein erster, wesentlicher Beitrag zur Weiterentwicklung bestehender Konzeptualisierungen von Personalentwicklung und zur Theoriebildung geleistet. In Kombination mit der theoriegeleiteten Entwicklung eines ganzheitlichen PE-Verständnisses und daraus abgeleiteter

Handlungsanforderungen wurden zudem begründete Vorschläge für die Unternehmenspraxis unterbreitet, wie PE-Arbeit gestaltet und weiter entwickelt werden kann.

Daran anknüpfend wurde mit der empirischen Untersuchung dieser Arbeit die Zielsetzung verfolgt, den Diskussionsstand in der Personalentwicklung um die Perspektive der Personalentwickler zu erweitern. Ausgehend von dem theoretischen Vorverständnis wurde mittels des Forschungsprogramms Subjektive Theorien sowie einem Fallstudienansatz der Zugang zu den Subjekten selbst gesucht. Das problemzentrierte Rekonstruktionsinterview bot als Erhebungsmethodik den Ausgangspunkt für die Rekonstruktion der subjektiv-theoretischen Vorstellungen über Personalentwicklung und über die Gestaltung und Leitung von PE-Projekten. Die subjektiven Sichtweisen der Gesprächspartner wurden in der empirischen Untersuchung möglichst unvoreingenommen von den konkreten Inhalten des ganzheitlichen PE-Verständnisses und des Situationstyps erhoben und analysiert. Durch einen explorativ angelegten Interviewleitfaden und eine regelgeleitete qualitative Inhaltsanalyse gelang es, ein dichtes Gesamtbild der potenziell handlungsleitenden subjektiven Theorien der interviewten Personalentwickler und ihrer Sicht auf die Situation der Personalentwicklung zu schaffen. Neben einem wesentlichen Beitrag zur Schließung der bestehenden Forschungslücke durch die Erarbeitung von Kategorien und Typologien (z. B. Rollen von Personalentwicklern, Begründung von zwei PE-Projekttypen), erfährt die normativ geprägte Sicht auf die Situation der Personalentwicklung durch die Perspektive auf das Handeln und die Sichtweisen der Personalentwickler eine wichtige Erweiterung (siehe Kapitel 4).

Die zentralen Ergebnisse der empirischen Untersuchung lassen sich wie folgt zusammenfassen:

- Die Mehrheit der interviewten Personalentwickler vertritt ein dezentralisiertes PE-Verständnis. Sie wenden sich von einer paternalistisch organisierten PE-Funktion zu einer PE-Abteilung als System- und Rahmengeber, die auf Individualisierung und auf eine stärkere Selbstbestimmung der PE-Anspruchs-gruppen setzt. Die Personalentwicklung im Unternehmen wird hingegen mit einem Schwerpunkt auf Bildungsmaßnahmen charakterisiert.
- Die interviewten Personalentwickler sind Multirollenträger, die in bis zu neun verschiedenen Rollen agieren. Diese Rollen richten sich vordergründig auf die Unterstützung von Personen und weniger auf die Entwicklung des Unternehmens. Eine Rolle als Organisationsberater ist in den Rollenverständnissen nicht vertreten. Die strategische Rolle ist auf die Deduktion von PE-Maßnahmen aus einer vorformulierten Strategie und die Umsetzung von PE-Maßnahmen beschränkt. Obschon den Gesprächspartnern ein strategisch fundiertes Handeln ein Anliegen ist, sehen sie sich selbst nicht als Strategiegestalter.

- Die PE-spezifischen Herausforderungen und Probleme weisen auf verschiedene Aspekte hin, welche die Umsetzung eines proaktiven, ganzheitlichen PE-Verständnisses beeinflussen. Neben einer ausbaufähigen Kompetenzentwicklung der Personalentwickler selbst, werden Faktoren im Handlungskontext als hinderlich für PE-Arbeit beschrieben. Hierzu zählen beispielsweise eine Abhängigkeit von den Entscheidungen in den Fachbereichen oder eine zu den eigenen Sichtweisen konterkarierende Vorstellung der PE-Anspruchsgruppen.
- Die PE-Projektarbeit der Befragten ist vornehmlich von Bildungsmaßnahmen geprägt, lediglich ein kleiner Anteil von PE-Projekte liegt im Bereich „Change Management". Neben PE-Projekten im Typ „Bildungsmaßnahme" agieren die Gesprächspartner aber auch in PE-Projekten im Typ „Fördermaßnahme". Die beiden Projekttypen sind inhaltlich sowie strukturell äußerst divers, trotz Gemeinsamkeiten auf einer übergeordneten inhaltlichen und prozessualen Ebene. Die Gestaltung der PE-Projekte zeichnet sich durch ein hohes Abstimmungsstreben aus. Systematische Analysen, Evaluationen oder Projektplanungen sind kaum vorzufinden. Ebenso schließen die PE-Projekte in den meisten Fällen mit der Implementierung der Bildungs- oder Fördermaßnahme ab. Eine Prüfung der Nachhaltigkeit und des langfristigen Erreichens der Projektziele oder eine Unterstützung dieses Prozesses durch eine Verstetigungsphase wird nur in einem PE-Projekt explizit erwähnt.

Die tiefen Einblicke in die Sichtweisen der Personalentwickler durch die empirische Untersuchung sowie die Gegenüberstellung und Diskussion subjektiv-theoretischer und wissenschaftlicher Vorstellungen über PE-Arbeit bieten vielfältige Ansatzpunkte für die Weiterentwicklung der Personalentwicklung im Unternehmen. Dabei wurde eine ganzheitliche Perspektive auf das System Personalentwicklung eingenommen und Implikationen der Ergebnisse für die Ebene der Personalentwickler, der PE-Funktion, des Unternehmens und der Wissenschaft abgeleitet (siehe Kapitel 1). Insbesondere auf der wissenschaftlichen Ebene konnten wichtige Differenzierungen der theoretischen Bezugsrahmen dieser Arbeit vorgenommen werden.

Auf Basis der Implikationen der Studienergebnisse wurde zudem eine integrative Personen- und Systementwicklungsarchitektur als konkreter Gestaltungsvorschlag zur Weiterentwicklung der Personalentwicklung in der PE-Praxis entwickelt (siehe Kapitel 0). Der Gestaltungsvorschlag verbindet dabei Handlungsschritte zur Weiterentwicklung der PE-Funktion im Unternehmen mit Maßnahmen zur Kompetenzentwicklung von Personalentwicklern.

Mit der theoriegeleiteten Begründung eines ganzheitlichen Verständnisses von Personalentwicklung sowie ganzheitlich orientierter PE-Projektgestaltung und -leitung einerseits und der empirischen Untersuchung der subjektiv-theoretischen Vorstellungen der Personalentwickler andererseits, wurde der Diskussions- und Kenntnisstand zur

Weiterentwicklung der Personalentwicklungsfunktion in der Forschung und Praxis mit der vorliegenden Arbeit um die Akteursperspektive sowie neue Interpretationsangebote und Handlungsmöglichkeiten erweitert.

7.2. Reflexion der Forschungskonzeption

Die empirische Untersuchung wurde mit dem Anspruch konzipiert, den Anforderungen der Forschungsziele dieser Arbeit bestmöglich gerecht zu wurden. Dennoch unterliegt jede Forschungskonzeption Grenzen und Einschränkungen, die wiederum Potenziale für künftige Forschungsaktivitäten eröffnen. Diese werden im Anschluss an eine Würdigung der Stärken der gewählten Vorgehensweise (siehe Kapitel 7.2.1) dargestellt und reflektiert (siehe Kapitel 7.2.2 und 7.2.3).

7.2.1. Stärken der Forschungskonzeption

Die Stärke der vorliegenden Arbeit liegt in der qualitativ ausgerichteten Forschungskonzeption, die durch einen explorativen Charakter und die Erhebung von Einzelfällen auf der Ebene der Akteure ein dichtes Gesamtbild der subjektiven Theorien über den Gegenstandsbereich Personalentwicklung sowie PE-Projektgestaltung und -leitung ermöglichte. Durch den qualitativen Forschungsansatz konnten, im Gegensatz zu quantitativ orientierten Verfahren, die für die Rekonstruktion subjektiver Theorien erforderlichen Gelingensbedingungen (siehe Kapitel 3.5.2) hergestellt werden. Die kontinuierliche Begegnung von subjektiven und wissenschaftlichen Theorien im Forschungsprozess gestattete eine kaleidoskopartige Sicht auf die Problemstellung dieser Arbeit, die den normativen Forderungskatalog der PE-Literatur durch die subjektiven Sichtweisen der Betroffenen anreicherte.

Die Güte der vorliegenden Arbeit misst sich jedoch schlussendlich im Kontext von Wissenschaftstheorie, Methode und Gegenstand (vgl. Lamnek, 2010a, S. 128). Tabelle 57 stellt entlang alternativer Gütekriterien qualitativer Forschung (vgl. Mayring, 2002, S. 144 ff.) und der spezifischen Gütekriterien des Forschungsprogramms Subjektive Theorien (vgl. Flick, 2010c, S. 396) heraus, wie in dieser Arbeit versucht wurde, diesen Zusammenhang bestmöglich zu berücksichtigen.

Zentrale Gütekriterien	**Stärken der Forschungskonzeption**
Nachvollziehbarkeit durch Verfahrensdokumentation	Die vorliegende Arbeit legte Wert auf maximale Transparenz und Nachvollziehbarkeit. Es wurden der wissenschaftstheoretische Ausgangspunkt, die spezifischen Gütekriterien, das Basisdesign, die Fallauswahlstrategie, die Erhebungs- und Auswertungsverfahren, die eingesetzten Instrumente sowie die Auswertungsprozedur offengelegt. Weniger bekannte Verfahren (z. B. die Erhebungsmethodik) wurden möglichst weit expliziert.

Zentrale Gütekriterien	Stärken der Forschungskonzeption
	Die Darstellung der Ergebnisse wurde so weit expliziert, dass Außenstehende die Grenzen zwischen den Aussagen von Interviewpartnern und der Interpretation der Forscherin nachvollziehen können (z. B. durch Interviewausschnitte, eine konsequente Untermauerung mit Frequenzanalysen und Themenmatrizen sowie der Möglichkeit im Anhang der Arbeit Fallzusammenfassungen einzusehen). Zur Erhöhung der Reliabilität, die in dieser Arbeit als Prüfung der Verlässlichkeit von Daten und Vorgehensweisen durch eine reflexive Dokumentation des Forschungsprozesses verstanden wurde (vgl. Flick, 2010a, S. 492), wurden begleitend zu den Interviews Postskripta und in der Auswertungsphase ein Forschungstagebuch genutzt.
Argumentative Interpretationsabsicherung	Die Interpretationen der Ergebnisse dieser Arbeit wurden argumentativ in den Ergebnissen begründet und stützen sich auf ein zu Beginn der Analyse offen gelegtes Vorverständnis. Für die Datenauswertung wurden alle Fälle einbezogen und miteinander kontrastiert. Ebenso wurde Wert darauf gelegt, dass die Konstruktionen selbst sowie ihre Begründetheit nachvollziehbar und glaubwürdig sind. In der Ergebnisdarstellung wurde deshalb neben der mehrheitlichen Innensicht, abweichenden subjektiven Sichtweisen gezielt Raum gegeben und die Argumentation um Angaben zu Häufigkeitsverteilungen ergänzt.
Regelgeleitetheit der angewendeten Verfahren	Es wurden regelgeleitete Verfahren zur Erhebung (qualitativer Stichprobenplan, problemzentriertes Rekonstruktionsinterview, Strukturlegetechnik mit entsprechendem Regelwerk) und Auswertung (qualitative Inhaltsanalyse, Aggregierung von Modalstrukturen) der Daten eingesetzt. Die eingesetzten Verfahren wurden weitmöglich expliziert, wenn nicht auf kanonisiertes Wissen zurückgegriffen werden konnte.
Nähe zum Gegenstand	In der vorliegenden Forschungskonzeption wurde eine größtmögliche Nähe zum Gegenstand angestrebt. Die Studie setzte an einer praxisrelevanten Problemstellung an und machte durch die Erhebung der subjektiv-theoretischen Sichtweisen der Personalentwickler auf Einzelfallebene Forschung für die Betroffenen selbst. Die Erhebungsmethodik wurde dabei so ausgewählt, dass sie der Problemstellung und den Gegebenheiten im Feld angemessen war. Zudem wurde das Erhebungsinstrument so konstruiert, dass es dem Idealbild einer symmetrischen Kommunikationsbeziehung und einem respekt- und vertrauensvollen Dialog möglichst nahe kam. Dies wird an dem hohen Stellenwert einer vertrauensvollen Gesprächsatmosphäre (z. B. durch die Integration einer Joining-Phase) und Transparenz über das Forschungsprojekt und den -prozess erkennbar (siehe u. a. der Instruktionsleitfaden). Die Interviews fanden bis auf einen Fall im Arbeitsumfeld der Befragten statt. Durch die Erhebung von Einzelfällen und der einzelfallbezogenen Auswertung der Daten wurde eine maximale Nähe zum Gegenstand hergestellt. Dieser Anspruch wurde in der Ergebnisdarstellung durch die Präsentation ausgewählter Einzelfälle weiter berücksichtigt, um auch dem Außenstehenden eine größtmögliche Nähe zum Gegenstand zu ermöglichen.

Zentrale Gütekriterien	Stärken der Forschungskonzeption
Kommunikative Validierung, Dialog-konsens-theoretisches Wahrheitskriterium und Rekonstruktions-Adäquanz	Das Forschungsprogramm Subjektive Theorien (FST) beruft sich, wie auch diese Arbeit, für die Begründung der Gültigkeit erhobener subjektiver Theorien auf die kommunikative Validierung, die ihre Gültigkeit auf Basis eines Dialog-Konsenses mit den Befragten erhält (vgl. Flick, 2010c, S. 398 f.). Neben einer kommunikativen Validierung zum Abschluss des Interviews, fanden zusätzlich im Interview immer wieder Zwischenvalidierungen statt (z. B. mit Hilfe der Technik des zentrierten Zusammenfassens). In Anlehnung an die Prinzipien der Geltungsbegründung im FST wurden in dieser Arbeit vordergründig primäre Datenquellen in der Auswertung berücksichtigt, die mit den Interviewpartnern dialogisch erhoben und von ihnen kommunikativ validiert wurden. Die Weiterverarbeitung erforderte die Anwendung monolog-hermeneutischer Verfahren. Dies bricht aber gemäß Groeben und Scheele (2010, S. 519) nicht das Wahrheitskriterium des FST, da sich die Dialog-Hermeneutik lediglich auf die Rekonstruktion der Innensicht bezieht.
Vergrößerung der Qualität der Forschung durch Triangulation	Der Mehrwert der Triangulation liegt nach Mayring (2002, S. 148) darin, Ergebnisse der verschiedenen Perspektiven miteinander zu vergleichen, hierdurch Stärken und Schwächen der jeweiligen Analysewege aufzuzeigen und zu einem kaleidoskopartigen Bild zu verdichten. In der vorliegenden Arbeit kam der Triangulation in erster Linie die Funktion einer Hypothesengenerierung zu (vgl. Lamnek, 2010a, S. 143; Schründer-Lenzen, 2010, S. S. 151). Es wurde infolgedessen in der Forschungskonzeption die Perspektiventriangulation und nicht, wie bei Einzelfallstudien üblich (Zaugg, 2006, S.13), die Methodentriangulation berücksichtigt. Es fand im Forschungsprozess eine kontinuierliche Begegnung von subjektiven und wissenschaftlichen Theorien statt. Die kommunikative Validierung zielt in diesem Zusammenhang nicht, wie es fälschlicherweise begrifflich abgeleitet werden könnte, auf eine Validierungsstrategie im Sinne einer Suche nach der *einen* Realität und der *einen* Wahrheit der Interpretationen ab, sondern vielmehr auf die Rekonstruktion eines subjektiven Sinns (vgl. Schründer-Lenzen, 2010, S. 153). Sie folgt damit der Tradition des auf Habermas zurückgehenden dialogkonsenstheoretischen Wahrheitskriteriums und fokussiert als Folge nicht auf die Präzisierung von Messvorgängen und -verfahren (vgl. Schründer-Lenzen, 2010, S. 153). Als Ergebnis eines solchen Verständnisses von Triangulation als Mehrperspektivität werden in dieser Arbeit Hypothesen generiert, die mit dem Interviewpartner reflektiert und kommunikativ validiert wurden (vgl. Keller, 2008, S. 269). Zur Erhöhung der Stabilität der Daten wurden zudem im Interviewleitfaden gezielt Störfragen als konfrontative Elemente integriert (vgl. Keller, 2008, S. 262 f.).

Tabelle 57: Berücksichtigung von Gütekriterien in dieser Arbeit

Zusätzlich zum epistemologischen Subjektmodell und den damit einhergehenden Kernaussagen, prägen eine ganzheitliche Leitvorstellung (vgl. Ahlers, Eggers & Eichenberg,

2011; Steinle, 2005; Ulrich & Probst, 2001) und die Annahme einer Rekursivität von individuellem Handeln und Strukturen (vgl. Röttger, 2010, S. 117 ff.; von Rosenstiel, 2000) die vorliegende Arbeit. Der ganzheitlichen Leitvorstellung wurde durch die Erweiterung der betrachteten Gegenstandsbereiche um die subjektiv-theoretische Perspektive Raum gegeben. Der strukturelle Rahmen des Handelns der Personalentwickler wurde von der Innensicht ausgehend möglichst weit erschlossen (z. B. durch die Erhebung subjektiv-theoretischer Vorstellungen über das PE-Verständnis im Unternehmen, PE-spezifische Probleme und Herausforderungen oder die Anwendung der Kategorien des Situationstypenmodells auf die Erhebung der PE-Projekte). Die Stärke der Arbeit liegt in der Herausarbeitung der Selbst- und Weltsicht der Befragten in Bezug auf die Personalentwicklung und die Gestaltung und Leitung von PE-Projekten und deren Kontrastierung mit den theoretischen Vorstellungen von PE-Arbeit in dieser Arbeit. Die gewählte Vorgehensweise ist damit stimmig mit den Forschungszielen und den normativen Kernannahmen dieser Arbeit, weist aber aufgrund der Fokussierung auf die Perspektive der Personalentwickler auch Grenzen auf, die im folgenden Kapitel diskutiert werden.

7.2.2. Grenzen der Forschungskonzeption

Bereits im Rahmen der Forschungskonzeption wurden Grenzen einer Erforschung der Sicht des Subjekts diskutiert und Gelingensbedingungen für eine Rekonstruktion der Innensicht formuliert (siehe Kapitel 3.2). Diese wurden im Forschungsprozess bestmöglich berücksichtigt. Dennoch geht die gewählte Vorgehensweise mit zentralen Einschränkungen einher, die im Wesentlichen ihre Ursachen in drei Punkten haben: (1) Im gewählten methodischen Zugang zur Sicht des Subjekts, (2) in der Fallanzahl, Fallauswahl und Projektauswahl sowie (3) in der Breite der Fallstudien. Die Grenzen des gewählten Untersuchungsdesigns werden in Kapitel 7.2.3 in Forschungsdesiderata überführt.

(1) Grenzen durch den gewählten methodischen Zugang zur Sicht des Subjekts

In der vorliegenden Arbeit wurde bewusst die Perspektive der Akteure der PE-Abteilung, der Personalentwickler, ins Zentrum der Untersuchung gerückt. Die Innensicht der interviewten Personalentwickler sollte möglichst weit erschlossen, beschrieben und verstanden werden. Die Forschungsziele und die gewählte Vorgehensweise richteten sich daher vordergründig auf eine umfassende Deskription.

Die subjektive Sicht auf die Gegenstandsbereiche gibt jedoch keine Antwort darauf, wie die befragten Personalentwickler tatsächlich gehandelt haben. Es können mit den Daten keine explanatorischen Aussagen über Ursachen und Wirkungen des Handelns der Befragten gemacht werden. Auch die Aussagen über kontextuelle Faktoren und das rekursive Verhältnis von Handeln und Strukturen sind deutlich begrenzt. Es wurde lediglich ein Scheinwerfer von vielen möglichen Scheinwerfern auf die Gegenstandsbereiche gerichtet.

Die rekonstruierten subjektiven Theorien gelten jedoch trotz der fehlenden Aussage über ihren handlungsleitenden Wert für das Handeln in Organisationen als bedeutsam, da sie in vielfältiger Weise im Unternehmen sichtbar werden (vgl. Schilling, 2001, S. 223). Es ist allerdings davon auszugehen, dass nur Teile der handlungsleitenden subjektiven Theoriebestände rekonstruiert wurden, die auch fehlerhafte Anteile enthalten können (vgl. Schilling, 2001, S. 223 f.). Zudem lag in der Untersuchung ein Schwerpunkt auf den subjektiven Theorieinhalten. Subjektive Theoriestrukturen wurden nur im Rahmen der PE-Projektgestaltung erhoben und analysiert.

Darüber hinaus ist die Tiefe der Analyse durch die Wahl der qualitativen Inhaltsanalyse als Auswertungsverfahren begrenzt. Die Anwendung des Verfahrens führt zu den gewünschten Kategorien und Typologien, wird jedoch ein Verständnis der Tiefenstrukturen des Textes angestrebt, stoßen das angewendete Verfahren und damit auch die Ergebnisse dieser Arbeit an Grenzen (vgl. Przyborski & Wohlrab-Sahr, 2010, S. 183).

(2) Grenzen durch die Fallanzahl, Fallauswahl und Projektauswahl

Die Untersuchung zielte bewusst auf eine dichte Beschreibung der Gegenstandsbereiche, die mit einer geringen Anzahl von Fällen einhergeht. In Abgrenzung zu quantitativen Zugängen ermöglicht ein derartiges Vorgehen ein umfassendes Verständnis, geht aber auch mit deutlichen Grenzen bei der Verallgemeinerung der Ergebnisse einher. Trotz der Ansprüche an die Generierung von Aussagen über den Einzelfall hinaus, ist die Aussagekraft der Ergebnisse dieser Arbeit aufgrund der zu erwartenden geringeren Fallzahl in ihrer Reichweite beschränkt. Die Rekonstruktion von fünfzehn Einzelfällen bietet lediglich die Basis für eine relative Verallgemeinerung (vgl. Kruse, 2014, S. 244 f., 2010, S. 83). Die Grenzen der Generalisierbarkeit wirken sich insbesondere bei den PE-Projekttypen aus, die durch maximal acht Fälle fundiert werden konnten. Formalisierte typenbildende Verfahren wie Clusteranalysen konnten durch die geringe Fallzahl nicht eingesetzt werden. Zudem war die Aggregierung der Strukturbilder zu Modalstrukturen aufgrund der hohen Diversität und der geringen Fallzahl nur mit breiten Äquivalenzkriterien möglich. Trotz der Fallauswahl mittels eines qualitativen Stichprobenplans ist die Repräsentativität der Ergebnisse daher eingeschränkt.

Eine weitere Grenze ergibt sich aus der Auswahlstrategie der PE-Projekte. Aufgrund der zeitlichen Limitationen der Interviews, die mit einer durchschnittlichen Dauer von 3,18 Stunden bereits sehr umfangreich waren, konnte nur ein PE-Projekt im Interview näher betrachtet werden. Dieses wurde von der Interviewperson mit der Aufforderung, das herausforderndste PE-Projekt der vergangenen drei Jahre zu wählen, selbst selektiert. Damit wurde einem Ansatz von Beck, Fisch und Müller (2008, S. 186) gefolgt. Die Kriterien für die Auswahl waren bewusst offen angelegt, um einen Einblick in die potenzielle Heterogenität von PE-Projekten zu erhalten, die von den Interviewpersonen als herausfordernd eingeschätzt wurden. Die offene Auswahl hat jedoch in der Datenauswertung zur Folge, dass nicht alle PE-Projekttypen mit einer vergleichbaren Fallzahl fundiert wurden. Im Fall des potenziellen Projekttyps „Change Management" lag beispielsweise nur ein Fall vor.

(3) Grenzen durch die Breite der Fallstudien

Die Fallanalysen waren sehr breit aufgesetzt und zielten darauf ab, ein möglichst umfassendes Bild der potenziell handlungsleitenden Innensicht der Personalentwickler zu entwickeln. Diese Breite führte im Ergebnis dazu, dass die einzelnen Konstrukte (z. B. im Bereich Rollen oder PE-Projekte) nicht ausführlich untersucht werden konnten.

7.2.3. Forschungsdesiderata

Diese Arbeit hat durch die Erkundung eines wenig bis gar nicht erforschten Gebiets der Personalentwicklung eine Vielzahl von Entdeckungen gemacht und dabei wichtige Vermessungen in Form von Kategorien und Typologien vorgenommen. Dabei wurde ein Weg beschritten, der künftiger Forschung multiple Anknüpfungspunkte bietet, die im Folgenden dargestellt werden.

(1) Anschluss-Studien zur Schärfung einzelner Konstrukte und Aussagen über Personalentwicklung

Die Ergebnisse dieser Arbeit bieten, in Kombination mit einer defizitären Forschungslage zur Berufsgruppe der Personalentwickler, eine Vielzahl von Optionen zur Anschlussforschung. Aufgrund der Breite der Fallstudien wäre es grundsätzlich denkbar, jede Hauptkategorie einer tieferen Analyse zu unterziehen und die damit verbundenen Konstrukte und Aussagen noch weiter zu schärfen. Von besonderem Interesse wären aber subjektiv-theoretische Sichtweisen verschiedener PE-Anspruchsgruppen über die strategische und organisationsgestaltende Rolle von Personalentwicklern, aber auch eine differenzierte Analyse von Herausforderungen und Problemen in der PE-Arbeit sowie eine weitere Erforschung des PE-Projekthandelns im Allgemeinen und der PE-Projekttypen im Spezifischen.

Auch das in dieser Arbeit entwickelte Konstrukt „Ganzheitliche Personalentwicklung“ wäre eine weitere Untersuchung wert, um die Konzeptualisierung weiter auszubilden. Dies könnte einerseits durch eine noch spezifischere Untersuchung des Spannungsverhältnisses objektiver und subjektiver Theorien erfolgen, z. B. entlang der Dimensionen ganzheitlicher Personalentwicklung (siehe Kapitel 2.2.3) oder spezifischer Aspekte des Situationstyps (siehe Kapitel 2.3), andererseits durch eine Untersuchung der Anwendung eines ganzheitlichen PE-Ansatzes in der PE-Praxis z. B. bei der Bearbeitung komplexer Problemstellungen.

(2) Genauere Erforschung der PE-Projekttypen

In der Untersuchung dieser Arbeit wurden zwei PE-Projekttypen begründet, die sich inhaltlich und prozessual ähneln bzw. von dem jeweils anderen PE-Projekttyp unterscheiden. Zudem wurde auf das Potenzial eines weiteren PE-Projekttyps im Bereich „Change Management“ hingewiesen, der aber aufgrund der Projektauswahlstrategie nicht fundiert werden konnte. Es wäre auf der qualitativen Ebene interessant, die PE-Projekttypen entlang der Kategorien dieser Arbeit noch differenzierter und mit einer größeren Fallzahl zu untersuchen. Hierdurch könnten weitere Merkmale der Typen und ggf. Subtypen unterschieden werden. Bei einer höheren Fallzahl wären hier insbesondere Clusteranalysen interessant (vgl. Kuckartz, 2010, S. 237 ff.).

Eine spezifische Facette der weiteren Erforschung der PE-Projekttypen liegt zudem in der Aggregierung der Theoriestrukturen zu Modalstrukturen. In der vorliegenden Arbeit konnten nur aufgrund sehr weiter Kriterien Modalstrukturen in Anlehnung an das Verfahren von Stössel und Scheele (1992, S, 360 ff.) aggregiert werden. Dieses Verfahren geht jedoch mit einer verhältnismäßig unpräzisen Bestimmung der Kategorienkombinationen einher. Künftige Forschung könnte diese Einschränkung aufnehmen und beispielsweise bei einer höheren Fallzahl die formalisierte Methodik zur strukturellen Aggregation von Keller (2008, S. 430) einsetzen.

(3) Handlungsleitende Wirkung der subjektiven Theorien von Personalentwicklern

Die empirische Untersuchung dieser Arbeit setzte am Handeln der Personalentwickler bzw. der dem Handeln zu Grunde liegenden subjektiv-theoretischen Vorstellungen an. Dabei stand aufgrund der primär deskriptiven Fragestellung eine Überprüfung der handlungsleitenden Wirkung der subjektiven Theorien der Befragten nicht im Vordergrund. Dies führt zu der Einschränkung, dass bei den erhobenen subjektiven Theorien dieser Arbeit zwar von einer grundsätzlich handlungsleitenden Wirkung ausgegangen wird, jedoch keine Aussagen über ihre tatsächliche Handlungswirkung gemacht werden können. Zur Überprüfung der so genannten Realitäts-Adäquanz müsste die zweite Phase des Forschungsprogramms Subjektive Theorien angeschlossen werden (vgl. Groeben &

Scheele, 2010, S. 155). Diese Phase zielt auf Aussagen über Ursachen und Wirkungen des Handelns. Zur Gestaltung dieser Phase könnten Korrelations-, Prognose- und Modifikationsstudien als Ansätze zur der Beobachtung aus der Perspektive der dritten Person dienen (vgl. Groeben & Scheele, 2010, S. 156).

Ebenso wäre es interessant mittels Fallstudien das rekursive Wechselspiel des Handelns der Mitarbeitenden in der PE-Abteilung und den normativen und strukturellen Bedingungen des Unternehmens (z. B. der Programmatik der PE-Abteilung, Werte des Unternehmens) näher zu untersuchen. In einem derartigen Setting hätten auch Dokumentenanalysen einen Mehrwert. Die Arbeit von Hanft (1998) gibt ein Beispiel für die Anwendung des strukturationstheoretischen Ansatzes im Rahmen von Fallstudien.

(4) Subjektiv-theoretische Sichtweisen von zentralen PE-Anspruchsgruppen

In der empirischen Untersuchung wurde deutlich, dass sich Personalentwicklung im Unternehmen auf verschiedene Akteure verteilt. Die Umsetzung eines proaktiven, ganzheitlichen PE-Verständnisses wird folglich nicht nur von den subjektiven Sichtweisen der Personalentwickler, sondern auch von denen der Mitarbeitenden, Führungskräfte, der Geschäftsführung sowie anderer PE-Anspruchsgruppen geprägt. Die Aussagen der Interviewpartner der vorliegenden Studie weisen zudem darauf hin, dass ihr Handeln von dem Handeln der PE-Anspruchsgruppen beeinflusst wird, insbesondere der Geschäftsführung und den Führungskräften in den Fachbereichen. Die Sichtweisen der PE-Anspruchsgruppen wurden jedoch in der vorliegenden Arbeit nur indirekt über die Aussagen der Personalentwickler erhoben und standen nicht im Fokus der Untersuchung. Es wäre deshalb interessant, anhand weiterer Stichproben von verschiedenen PE-Anspruchsgruppen subjektive Theorien über die Gegenstandsbereiche dieser Arbeit zu erheben. Die Ergebnisse dieser Arbeit sowie die methodische Herangehensweise könnten hierfür als Ausgangspunkt dienen.

Neben Untersuchungen, die auf einzelne PE-Anspruchsgruppen fokussieren, könnten die verschiedenen Perspektiven auch innerhalb von Fallstudien auf Funktions- bzw. Unternehmensebene erhoben und miteinander trianguliert werden. In diesem Kontext könnten beispielsweise auch Beobachtungsverfahren eingebunden werden, um Aussagen darüber zu treffen, welche subjektiv-theoretischen Vorstellungen von Personalentwicklern sich in beobachtbaren Verhaltensweisen niederschlagen.

(5) Generalisierbarkeit

Durch die kleinere Fallzahl in dieser Arbeit sind der Generalisierbarkeit der Ergebnisse deutliche Grenzen gesetzt (siehe Kapitel 7.2.2). Künftige Forschung sollte die Stichprobengröße ausweiten und standardisierte, ggf. quantitative Verfahren anschließen. Dabei ist jedoch zu bedenken, dass sich quantitative, schriftliche Befragungsinstrumente für die Rekonstruktion von subjektiven Theorien nur sehr bedingt eignen (vgl. Keller, 2008, S. 467 f.). Es wäre deshalb empfehlenswert, auf die Kategorien und Typologien dieser Arbeit aufzubauen und/oder eine qualitative Pilotstudie vorzuschalten. Ein Anwendungsbeispiel bietet die Arbeit von Aretz (2007), die an eine Interviewstudie eine standardisierte Fragebogenstudie zur Erhebung von subjektiven Theorieinhalten anschließt.

Hinsichtlich der Auswertung und Aggregierung von Theoriestrukturen fehlen bisher noch forschungsökonomische formalisierte Verfahren. Das vorgeschlagene Aggregationsverfahren von Keller (2008, S. 430, S. 468 f.) geht mit einem hohen zeitlichen Auswertungsaufwand einher und müsste methodisch noch weiter entwickelt werden.

Auf der inhaltlichen Ebene wäre es interessant, die Stichproben auf weitere Länder, Branchen und Unternehmen unterschiedlicher Reifegrade auszuweiten. Die vorliegende Arbeit ist auf den deutsch-schweizerischen Raum beschränkt. Zudem konnten keine einzelne Branchen oder Unternehmen unterschiedlicher Reifegrade näher untersucht werden. Es wäre aber ggf. interessant, der Frage nachzugehen, worin sich die subjektiv-theoretischen Vorstellungen von Personalentwicklern über Personalentwicklung und PE-Projektarbeit in Unternehmen spezifischer Branchen (z. B. Technologie, Automobil) oder unterschiedlicher Reifegrade unterscheiden. Hierfür könnten die Kategorien und Typologien dieser Arbeit, aber auch einzelne Wissensstrukturen wie das Reifegradmodell (siehe Kapitel 2.1.4) einen Ausgangspunkt bilden. Ein Beispiel für einen quantitativen Forschungsansatz zur Untersuchung unterschiedlicher Reifegrade der Personalentwicklung, allerdings ohne spezifischen Bezug auf subjektive Theorien von Personalentwicklern, bietet die Studie von M. Becker et al. (2009).

(6) Längsschnittstudien zur Entwicklung subjektiver Theorien von Personalentwicklern

Besonders für die PE-Praxis, aber auch die Aus- und Weiterbildung von Personal-entwicklungspersonal wäre eine Untersuchung der Veränderung subjektiver Theorien von Personalentwicklern durch Kompetenzentwicklungsmaßnahmen oder durch integrative Maßnahmen aufschlussreich, wie die in dieser Arbeit vorgeschlagene Personen- und Systementwicklungsarchitektur (siehe Kapitel 0). Hierfür könnten Längsschnittstudien ein Verständnis vermitteln, wie sich die subjektiven Theorien von Personalentwicklern über einen bestimmten Zeitraum entwickeln und inwieweit sie durch bestimmte Interventionen und Maßnahmen beeinflusst werden.

(7) Alternative methodische Zugänge zu subjektiven Sichtweisen

Eine weitere Perspektive künftiger Forschung könnte im Einschlagen alternativer Wege zur Erschließung des Phänomens liegen. Jedes Phänomen lässt immer verschiedene Fragestellungen zu, die je nach Erkenntnisinteresse auch andere Forschungswege weisen (vgl. Przyborski & Wohlrab-Sahr, 2010, S. 17). Zum Erschließen von Sinnstrukturen und impliziter Bedeutungen erreicht beispielsweise die in dieser Arbeit angewendete Auswertungsmethode der qualitativen Inhaltsanalyse deutliche Grenzen (vgl. Przyborski & Wohlrab-Sahr, 2010, S. 183). Die dokumentarische Methode könnte in diesem Zusammenhang ein interessanter Anknüpfungspunkt zur Erhebung und Analyse der Sinnstrukturen sein (vgl. Przyborski & Wohlrab-Sahr, 2010, S. 271). Die Methode arbeitet in der Regel mit einer Methodentriangulation von Gruppendiskussion, teilnehmender Beobachtung und biografischen Interviews (vgl. Przyborski & Wohlrab-Sahr, 2010, S. 274).

7.3. Fazit und Ausblick

Die Analyse der wissenschaftlichen und subjektiv-theoretischen Perspektiven auf die Situation der Personalentwicklung unterstreicht, dass sich das PE-Verständnis in Theorie und Praxis wandeln muss. Die Veränderungen in der Arbeitswelt sind viel zu weitreichend, als dass ihnen mit einem engen PE-Verständnis oder mit einer PE-Abteilung in der Rolle eines Bildungsanbieters zufriedenstellend begegnet werden könnte. Die PE-Funktion im Unternehmen muss sich in Anbetracht der künftigen Herausforderungen neu definieren und ihr Handeln konsequent an diesem Selbstverständnis ausrichten. Die Personalentwickler bilden hierfür als Konstrukteure der PE-Realität einen Schlüsselfaktor.

In dieser Arbeit wurden deshalb mit der Konzeptualisierung eines ganzheitlichen PE-Verständnisses, der Ableitung von Handlungsanforderungen an ganzheitlich orientierte PE-Projektarbeit, der Untersuchung subjektiver Theorien von Personalentwicklern sowie der Konzeption einer integrativen Personen- und Systementwicklungs-architektur vielfältige Ausgangspunkte für die Entwicklung einer zukunftsorientierten PE-Gestaltungspraxis geschaffen. Soll ein Wandel der Personalentwicklung erfolgreich sein, muss jedoch das ganze System Personalentwicklung in Bewegung gebracht werden. Die subjektiv-theoretischen Vorstellungen der interviewten Personalentwickler geben vielfältige Hinweise darauf, dass ihr Handeln von den PE-Anspruchsgruppen sowie den strukturellen Rahmenbedingungen beeinflusst werden. Für einen Paradigmenwechsel der Personalentwicklung im Unternehmen bedarf es daher einer integrativen Personen- und Systementwicklung.

Dabei sollte auf Seiten der Personalentwickler die Gelegenheit genutzt werden, einer Marginalisierung des eigenen Beitrags zu entgehen und die (eigene) Zukunft in proaktiver und mutiger Weise zu gestalten. Diese Zukunftsgestaltung beginnt bei den Personalentwicklern durch eine gezielte Entwicklung zukunftsrelevanter PE-Kompetenzen und führt über eine Neu-Definition des PE-Selbstverständnisses in Anbetracht künftiger Entwicklungen der Arbeitswelt zu einer Entwicklung des gesamten PE-Systems im Unternehmen. Hierfür müssen alte Denkgewohnheiten abgestreift, etablierte Strukturen in Frage gestellt und der Blick konsequent auf die Zukunft gerichtet werden. Dies ist vor allem deshalb zentral, weil die Aufmerksamkeit von Personalentwicklern häufig in der Gegenwart und im operativen Geschäft gebunden ist, wie die Aussage eines Interviewpartners illustriert.

> „Was bringt die Zukunft? Wo sollte die Personalentwicklung in der Zukunft hin? Das ist gut, gute Frage. Ich beschäftige mich so viel mit der Gegenwart, glaube ich." (IP 12, ID 11:13)

Die PE-Forschung kann hierzu einen wesentlichen Beitrag leisten und die PE-Praxis durch interdisziplinäre Forschung auf ihrem Weg der Neudefinition unterstützen. Die vorliegende Arbeit schließt deshalb mit einem ausdrücklichen Wunsch nach mehr Forschung in der Personalentwicklung im Allgemeinen und über die Berufsgruppe der Personalentwickler im Besonderen. Die Mitarbeitenden und ihre Entwicklung sind für die (künftige) Wettbewerbsfähigkeit in Unternehmen von unbestreitbar hoher strategischer Relevanz. Von vergleichbarer Relevanz sollte die Erforschung der Personalentwicklung sein. Es besteht ein hoher Bedarf an fachwissenschaftlicher, interdisziplinär ausgerichteter Forschung und einer empirisch gesicherten Befundlage (vgl. M. Becker, 2013, S. 151 f.), insbesondere in der Erforschung des Personalentwicklungspersonals (vgl. Niedermair, 2005, S. 13), das die Zukunft des Unternehmens maßgeblich mitgestaltet.

Anhang

1. Ganzheitliche Problemlösungsmethodik

Die ganzheitliche Problemlösungsmethodik der St. Galler Schule wurde von H. Ulrich und Probst (2001, S. 29 ff.) auf Basis der Grundpfeiler ganzheitlichen Denkens entwickelt (siehe Kapitel 2.2.1). Die Methode bietet durch die Anlehnung an eine ganzheitliche Leitvorstellung Ansatzpunkte, gewohnheitsmäßiges Denken und Handeln zu hinterfragen sowie ein Denken und Problemlösen in komplexen Zusammenhängen gezielt zu unterstützen

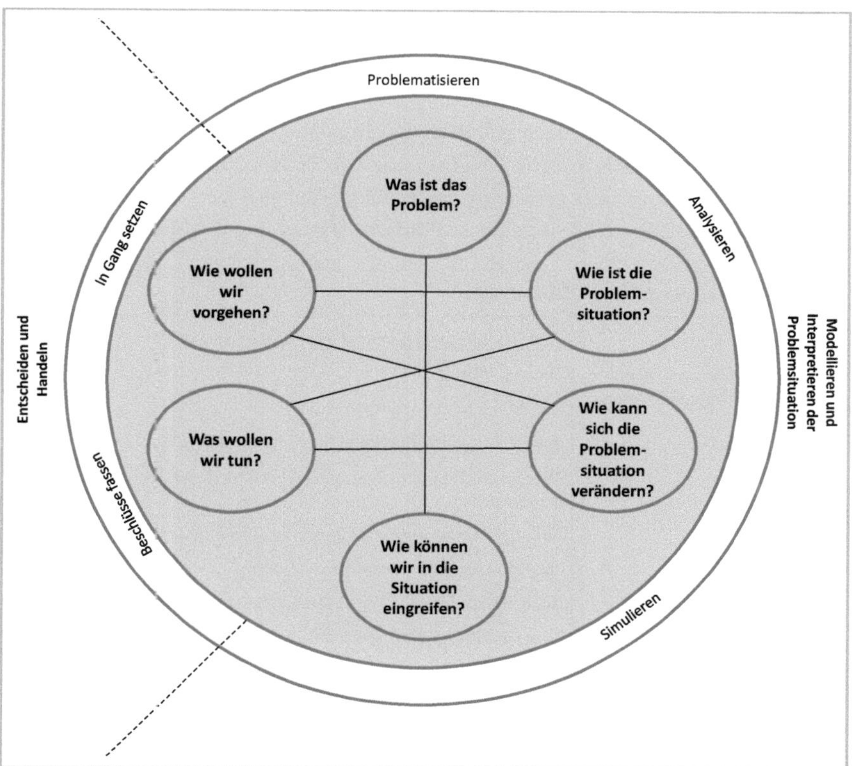

Abbildung 75: Prozess der ganzheitlichen Problemlösung (H. Ulrich und Probst, 2001, S. 216)

Insbesondere für Menschen, die es nicht gewohnt sind, in den Kategorien von Komplexität zu denken und denen adäquate Instrumente fehlen, ermöglicht die Methodik die Gewinnung von Erkenntnissen in Anbetracht komplexer Problemsituationen (Sailer,

2012, S. 132). Die Methode bietet daher für die Vorbereitungsphase ganzheitlich orientierter PE-Projekte, die komplexe Problemstellungen zum Gegenstand haben, ein großes Nutzenpotenzial. Inwieweit der Ansatz in der Projektgestaltung in seiner ganzen Breite zum Einsatz kommt, ist im Einzelfall und in Abhängigkeit der Problemstellung abzuwägen.

Abbildung 75 stellt die sechs Schritte des St. Galler Problemlösungsprozesses und die phasenspezifischen Kernfragen dar. Die Schritte laufen nacheinander ab, weisen aber auch Querverbindungen und Rückkopplungen zu anderen Schritten auf. Im Problemlösungsprozess überlappen sich die einzelnen Schritte, der Prozess wird mehrfach durchlaufen und weist damit den Charakter eines iterativen Prozesses auf. (Sailer, 2012, S. 133)

In den verschiedenen Phasen des Problemlösungsprozesses wird das Handeln zunächst durch eine umfassende Modellierung und Interpretation der Problemsituation vorbereitet, bevor Entscheidungen getroffen und Handlungsschritte eingeleitet werden (H. Ulrich & Probst, 2001, S. 216). Die folgende Tabelle zeigt die verschiedenen Klärungsschritte im Rahmen des ganzheitlichen Problemlösungsprozesses auf (vgl. H. Ulrich & Probst, 2001, S. 112 ff. für eine ausführliche Darstellung der Methodik):

Problemlösungsschritt	**Kernfragen**
1. Zielbestimmung und Modellierung der Problemsituation	<u>Zielvorstellung prüfen und konkretisieren</u> Was ist unser Ziel? Verfolgen wir das richtige Ziel? <u>Problemsituation bestimmen und modellieren</u> Wie ist die Problemsituation aus verschiedenen Perspektiven zu beschreiben? Wie definieren wir die Situation aus einer integrierenden Sicht? Welches sind die wesentlichen Zielgrößen? Welches sind die wesentlichen Einflussfaktoren? Wie sind Zielgrößen und Einflussfaktoren miteinander verknüpft?
2. Analyse der Wirkungsverläufe	<u>Ermitteln der Art der Einflussnahme</u> Welche Wirkungsverläufe zwischen den einzelnen Elementen sind gleichgerichtet, welche entgegengerichtet? Welche zirkulären Wirkungsverläufe mit mehreren Elementen (Regelkreise) sind positiver, welche negativer Natur? <u>Ermitteln der Einflussintensitäten</u> Wie stark wirken die Faktoren in der Problemsituation aufeinander ein?

Problemlösungsschritt	**Kernfragen**
	Ermitteln des Zeitverlaufs Wie viel Zeit benötigen die Wirkungsverläufe zwischen einzelnen Faktoren, wie viele ganze kreisförmige Prozesse (Regelkreise) benötigen sie?
3. Erfassen und Interpretieren der zukünftigen Veränderungsmöglichkeiten der Situation	Festlegen des Zeithorizontes Auf welche zukünftige Zeitperiode bezieht sich unsere Analyse? Bestimmen der Einflussfaktoren und Schlüsselgrößen Welche Elemente im Netzwerk gehören zu den „Rahmenbedingungen", die wir selbst nicht oder nur geringfügig beeinflussen können? Welche Elemente davon sind Schlüsselgrößen, die einen starken Einfluss auf die Problemsituation ausüben? Bestimmen des Szenariobereichs Zu welchen Umweltsystemen gehören die Schlüsselgrößen? Erstellen eines überraschungsfreien Grundszenarios Wie werden sich die Umweltsysteme nach unseren heutigen Annahmen in der festgelegten Zeitperiode vermutlich verändern? Welche Veränderungen der Umwelt-Schlüsselgrößen unserer Problemsituation sind in diesem Fall zu erwarten? Erstellen von Alternativszenarien mit Überraschungen In welcher extremen Weise könnten sich die Umweltsysteme in Zukunft verändern? Welche Veränderungen der Umwelt-Schlüsselgrößen wären in diesen Fällen zu erwarten? Interpretieren der zukünftigen Veränderungsmöglichkeiten der Problemsituation Wie wird sich die Problemsituation insgesamt in Zukunft verändern, unter der Annahme, dass die Szenarien Wirklichkeit werden? Welche Elemente im Netzwerk werden durch die jeweils angenommenen Veränderungen der Umweltsysteme besonders stark beeinflusst? Wie beurteilen wir die sich daraus ergebenden zukünftigen Entwicklungen der Situation?
4. Abklären der Lenkungsmöglichkeiten	Verschiedene Lenkungsebenen definieren Auf welcher Kompetenzebene kann/soll das Problem gelöst werden? Lenkbare und nicht lenkbare Faktoren unterscheiden

Problemlösungsschritt	Kernfragen
	Welche Elemente und Beziehungen der Problemsituation sind lenkbar, welche nicht lenkbar? Indikatoren zur Überwachung der Problemsituation festlegen Welche Elemente und Beziehungen zeigen frühzeitig wesentliche Veränderungen der Problemsituation an? Wirkungen möglicher Lenkungseingriffe untersuchen Welche Wirkungen haben mögliche Eingriffe bei den lenkbaren Faktoren auf die Problemsituation?
5. Planen von Strategien und Maßnahmen	Alternative Strategien suchen Welche grundsätzlichen Handlungsalternativen bestehen zur Lösung des Problems? Ausgewählte Strategien beurteilen Stehen Mittel und Zeit zur Realisierung zur Verfügung? Entsprechen die Strategien den Rahmenbedingungen gemäß den Szenarien? Benötigen wir eine Krisenstrategie? Lassen sich mehrere Strategien miteinander kombinieren? Zu realisierende Strategie bestimmen Welche Strategie sollen wir verwirklichen? Strategie in Projekte und Maßnahmen umsetzen Wie können wir die beschlossene Strategie in Projekte aufgliedern? Welche Maßnahmen sind zur Realisierung notwendig? Welcher zeitliche Verlauf von Projekten und Maßnahmen ist vorzusehen? Welche Prioritäten sind zu setzen? Sind die geplanten Maßnahmen systemgerecht?
6. Verwirklichen der Problemlösung	Kontrollinformationssystem schaffen und in Gang setzen Wie können wir zukünftige Entwicklungen informationell unter Kontrolle halten? Mechanismen zur Selbstlenkung entwerfen und einführen Was können wir vorkehren, damit die geplanten Problemlösungsprozesse möglichst selbsttätig ablaufen und sich Störungen ausregulieren? Lernprozesse gestalten und in Gang setzen Was können wir vorkehren, damit die Problemlösung kontinuierlich verbessert wird?

Tabelle 58: Ganzheitliche Problemlösungsmethodik der St. Galler Schule (H. Ulrich & Probst, 2001, S. 112 ff.)

2. Datenerhebung

2.1 Instruktionsleitfaden

Die Interviewinstruktion orientiert sich an dem Instruktionsleitfaden von Keller (2008, S. 477 f.). Sie diente der Herstellung von Transparenz und dem Aufbau einer vertrauensvollen, symmetrischen Kommunikationsbeziehung.

Instruktion – Teil 1: Telefonisches Vorabgespräch

Zur Person und dem Forschungsprojekt der Forscherin:

- Wer ist die Forscherin (gemeinsamen Hintergrund adressieren)?
- Weshalb führt sie dieses Interview durch (Hinweis auf persönliches Dissertationsprojekt)?
- Welche Zielsetzungen werden mit dem Interview verfolgt (u. a. implizite Anteile aufdecken)?
- Welche Zielsetzungen werden nicht mit dem Interview verfolgt (u. a. Distanzierung von einem „Abgreifen“ persönlicher Erfahrungen)?
- Welche Erwartungen hat die Forscherin (u. a. Offenheit, gegenseitiges Vertrauen)?
- Wie sieht die Forscherin ihre Rolle im Gespräch (Interviewpartner als Experte, Interviewerin als Prozessbegleiterin)?
- Was geschieht mit den Aussagen des Interviewpartners (Hinweis auf Vertraulichkeit und Schutz der Person)?

Zur Person des Interviewpartners:

- Weshalb wurde der Interviewpartner ausgewählt?
- Welche Erwartungen bringt der Interviewpartner mit?
- Welche Rolle sieht der Interviewpartner für sich im Gespräch (Hinweis auf aktive, gestaltende Rolle)?
- Welchen Nutzen kann der Interviewpartner für sich erwarten (Hinweis auf kritische Reflexion des eigenen Handelns, Ergebnisse des Forschungsprojekts)?

Instruktion – Teil 2: Zu Beginn des Rekonstruktionsinterviews

Interviewprozess und organisatorische Abstimmung

- Welchem Ablauf folgt das Interview?
- Welche Interventionsformen werden eingesetzt und mit welchem Ziel (Hinweis auf durch Fragen geführten Dialog, Strukturlegen zur aktiven Rekonstruktion)?
- Wodurch kennzeichnet sich die Kommunikationsbeziehung zwischen der Gesprächsleiterin und dem Interviewpartner (Hinweis auf symmetrische Kommunikationsbeziehung, kommunikative Validierung)?

- Wie werden die Regeln des Strukturlegeleitfadens angewendet (Vorstellung des Regelkorpus, Hinweis auf Unterstützung im Prozess)?
- Was geschieht mit den Aussagen (Daten) des Interviewpartners (Unterzeichnung der Datenschutzvereinbarung)?
- Wie gestalten sich zeitliche Aspekte in der Interviewsituation (anderweitige Termine und Verbindlichkeiten, Pausen)?

Abschluss der Instruktion

- Klärung offener Fragen auf Seiten des Interviewpartners
- Hinweis auf Gesprächsvereinbarung
- Erlaubnis für die Aufzeichnung des Interviews einholen

2.2. Vorabfragebogen

Der folgende Vorabfragebogen zum Forschungsprojekt wurde im Vorfeld des Interviews zur Erfassung zentraler Rahmendaten sowie zur Sondierung adäquater Referenzprojekte für das Interview eingesetzt.

Angaben zu Ihrer Person und Ihrem beruflichen Hintergrund

Name, Vorname	
Geburtsjahr	
Ausbildung (u. a. Studienfach)	
Berufserfahrung (u. a. kurze Skizze der Kernaufgaben in den beruflichen Stationen)	
Weiterbildungen	

Angaben zum Unternehmen/der Personalentwicklung

Unternehmen	
Unternehmensgröße (Anzahl der Beschäftigten)	
Branchenzugehörigkeit	
Betriebsrat (ja, nein)	

Unternehmen	
Angaben zur Struktur und Anzahl der Beschäftigten im Personalbereich, der Personalentwicklung sowie ihrer Abteilung	*Idealerweise Organigramm beilegen, um die Einbindung der Personalentwicklung in den Gesamtbereich HR erkenntlich zu machen.*
Auftrag der Personalentwicklung bzw. ihrer Abteilung	

Angaben zu Ihrer aktuellen Tätigkeit

Bereich bzw. Abteilung	
Arbeitsort	
Funktion/Positionsbezeichnung	
Bei Leitungsfunktionen: Angaben zur Leitungsspanne	
Skizze des derzeitigen Aufgabenbereichs	
Übersicht der laufenden Projekte	
Übersicht der für Sie wichtigsten Projekte der vergangenen drei Jahre (maximal fünf!)	

Detailliertere Einordnung der PE-Projekte

Bitte charakterisieren Sie in der folgenden Matrix die oben genannten Projekte entlang der vorgegebenen Dimensionen.

Titel	Rolle (Projektleitung, Teammitglied)	Problemstellung, Projektanlass	Kernthema, Inhalte	Projektziele	Einzelprojekt oder Teil einer strategischen Initiative der Geschäftsführung?

2.3. Vereinbarung zum Datenschutz

Das folgende Informationsblatt zum Datenschutz inklusive einer schriftlichen Vereinbarung zum Datenschutz wurde den Interviewpersonen im Vorfeld des Interviews ausgehändigt und von beiden Seiten unterzeichnet. Die Erstellung erfolgte in Anlehnung an Helfferich (2011, S. 176 f.).

Informationsblatt zum Forschungsprojekt

Ich informiere Sie mit diesem Informationsblatt, zusätzlich zu der bereits ausgehändigten Einführungspräsentation, über das Forschungsprojekt, für das ich Sie gern interviewen möchte sowie über mein Vorgehen im Umgang mit Ihren Daten. Der Datenschutz verlangt Ihre ausdrückliche und informierte Einwilligung, dass ich die mit dem Interview gewonnenen Daten für meine Dissertation speichern und auswerten darf. Die verantwortliche Leitung des Projektes liegt bei mir, im Rahmen meines Doktorats am Lehrstuhl für Wirtschaftspädagogik an der Universität St. Gallen. Das Dissertationsprojekt wird von Prof. Dr. Dieter Euler und Prof. Dr. Sabine Seufert betreut.

In dem Forschungsprojekt werden die Vorstellungen und das Handeln von Personalentwicklern in Bezug auf Personalentwicklung im Allgemeinen und PE-Projekte im Spezifischen untersucht. Es werden hierfür Mitarbeitende in der Personalentwicklung in nicht-leitender und leitender Position über alle Branchen und Unternehmensgrößen hinweg befragt.

Die Durchführung der Studie geschieht auf der Grundlage der Bestimmungen des Bundesgesetzes über den Datenschutz der Schweiz. Die Interviewerin unterliegt der Schweigepflicht und ist auf das Datengeheimnis verpflichtet. Die Arbeit dient allein wissenschaftlichen Zwecken.

Ich sichere Ihnen folgendes Verfahren zu, damit Ihre Angaben nicht mit Ihrer Person in Verbindung gebracht werden können:

1) Ich gehe sorgfältig mit Ihren Aussagen um und es wird für das Forschungsprojekt in erster Linie Datenmaterial ausgewertet, das Sie selbst kommunikativ validiert haben. Das Gespräch wird aus Dokumentationszwecken auf Band aufgenommen. Sie können die Aufzeichnung des Interviews sowie das gemeinsam erarbeitete Strukturbild bei Interesse gerne erhalten. Das Interview wird zudem für die Analyse teiltranskribiert.
2) Eine Interviewabschrift wird nicht veröffentlicht und ist nur projektintern für die Auswertung zugänglich. Lediglich das von Ihnen kommunikativ validierte Strukturbild wird anonymisiert in der Arbeit abgedruckt. In die Veröffentlichungen gehen zudem anonymisiert Zitate ein.

3) Ihr Name sowie soziodemografische Daten, die einen Rückschluss auf Ihre Person zulassen (z. B. Geburtsdatum, Name) werden vollständig anonymisiert und durch Pseudonyme bzw. Interviewnummern ersetzt. Etwaige Altersangaben werden um ein bis zwei Jahre nach unten oder oben verändert. Ihre konkrete Berufsbezeichnung wird durch eine vergleichbare Berufsbezeichnung ersetzt.
4) Lediglich im Vorwort der Dissertation werden voraussichtlich alle teilnehmenden Personen namentlich erwähnt. Da die Daten fallübergreifend ausgewertet bzw. etwaige Auszüge anonymisiert dargestellt werden, wird keine Zuordnung zu Ihnen als Person und Ihrem Unternehmen möglich sein.
5) Ihr Name und Ihre Kontaktdaten werden am Ende des Projektes in meinen Unterlagen gelöscht, so dass lediglich das anonymisierte Datenmaterial existiert.
6) Die von Ihnen unterschriebene Erklärung zur Einwilligung in die Auswertung wird in einem gesonderten Ordner an einer gesicherten und nur der Doktorandin zugänglichen Stelle aufbewahrt. Sie dient lediglich dazu, bei einer Überprüfung durch den Datenschutzbeauftragten nachweisen zu können, dass Sie mit der Auswertung einverstanden sind. Sie kann mit Ihrem Interview nicht mehr in Verbindung gebracht werden.

Die Datenschutzbestimmungen verlangen auch, dass ich Sie noch einmal ausdrücklich darauf hinweise, dass aus einer Nichtteilnahme keine Nachteile entstehen. Sie können Antworten auch bei einzelnen Fragen verweigern. Auch die Einwilligung ist freiwillig und kann jederzeit von Ihnen widerrufen und die Löschung des Interviews von Ihnen verlangt werden. Ich bedanke mich für Ihre Bereitschaft, mir Auskunft zu geben, und hoffe, meine wissenschaftliche Arbeit leistet einen Beitrag dazu, Personalentwicklung in Unternehmen sowie Ihre Arbeit noch besser zu machen.

Einwilligungserklärung durch den Interviewpartner

Ich bin über das Vorgehen bei der Erhebung und der Auswertung der Interviews mit einer einführenden Präsentation zum Rahmen des Forschungsprojekts und dem vorliegenden Handzettel informiert worden. Ich bin damit einverstanden, dass das gemeinsam erarbeitete Strukturbild, das teiltranskribierte Interview sowie einzelne Originalsätze, die aus dem Zusammenhang genommen werden und damit nicht mit meiner Person in Verbindung gebracht werden können, als Material für wissenschaftliche Zwecke und die Weiterentwicklung der Forschung genutzt werden können. Unter diesen Bedingungen erkläre ich mich bereit, das Interview zu geben und bin damit einverstanden, dass es auf Band aufgenommen, transkribiert, anonymisiert und inklusive der im Interview erarbeiteten Flussdiagrammdarstellung ausgewertet wird.

2.4. Interviewleitfaden

Der teilstandardisierte Interviewleitfaden wurde auf Basis des Vorwissens der Forscherin unter Verwendung der SPSS-Methode zur Leitfadenerstellung nach Helfferich (2011, S. 182 ff.) entwickelt[93].

1. Teil: Erfassung der allgemein handlungsleitenden Konzepte in der PE-Arbeit
(a) Erfassung des persönlichen PE-Grundverständnisses
(HU) Sie arbeiten seit [Anzahl Jahre] in der Personalentwicklung und können auf einen großen Erfahrungsschatz zurückgreifen. Können Sie mir erzählen, was für Sie persönlich Personalentwicklung ausmacht bzw. wie Sie Personalentwicklung definieren? (HG) Manche PE-Vertreter sehen Wissens-, Kultur- und Veränderungsmanagement oder die Gestaltung der Arbeitssituationen als Bestandteile von Personalentwicklung. Würden Sie dem zustimmen?
(b) PE-Verständnis im Unternehmen
(HU) Wie wird Personalentwicklung in Ihrem aktuellen Unternehmen verstanden? An welchen Instrumenten bzw. Angeboten wird dieses Verständnis festgemacht? (S) Steht dieses Verständnis nicht in Widerspruch zu den [x] genannten Punkten aus Ihrem persönlichen PE-Verständnis?
(c) Zukünftige Personalentwicklung
(HU) Welche Vorstellungen haben Sie von einer zukunftsfähigen Personalentwicklung bzw. PE-Arbeit? (HU) Wie muss sich die Personalentwicklung im Unternehmen in den nächsten fünf bis zehn Jahren ausrichten bzw. auf welche Fragen muss Personalentwicklung künftig eine Antwort finden?
(d) Handlungsleitende Werte und Einstellungen
(HU) Welche zentralen Werte, Einstellungen oder Glaubenssätze sind für Sie in der PE-Arbeit handlungsleitend? (HG) Wie gehen Sie mit dem Spannungsfeld zwischen Mitarbeiter- und Unternehmensinteressen um? (S) Verstehe ich Sie richtig, dass Sie ein humanistisches Menschenbild für unvereinbar mit den ökonomischen Zielen eines Unternehmens betrachten? (HG) Wie entwicklungsfähig schätzen Sie Menschen ein? (S) Sie meinen also, dass der Entwicklung von Menschen deutliche Grenzen gesetzt sind bzw. Sie meinen also, dass Menschen immer entwicklungsfähig sind?

93 (E) Erzählaufforderungen, (HU) Hypothesenungerichtete Fragen, (HG) Hypothesengerichtete Fragen, (S) Störfragen

(e) Berufliche Rollen in der Personalentwicklung
(HU) Welche offiziellen und inoffiziellen beruflichen Rollen zählen Sie zu Ihrem Rollenspektrum als Personalentwickler? Wie sehen Ihre derzeitige/n beruflichen Rolle/n als Personalentwickler aus? (HG) Bitte beschreiben Sie die Rollen mit maximal vier Begriffen. (HU) Wie schätzen Sie Ihre strategische Orientierung und Positionierung ein? (S) Sie meinen also, Sie agieren eher als Strategieerfüller und weniger als Strategiegestalter? (HG) Sehen Sie sich als Systemgestalter oder eher als Spielball des Systems? (S) Sie agieren also nicht als weitsichtiger Experte für Lernen und Entwicklung mit unternehmensentwicklerischem Anspruch? (S) Habe ich Sie richtig verstanden, dass Sie denken, dass Sie bei Entscheidungen mit am Tisch sitzen und anerkannt sind?
2. Teil: Rekonstruktion der subjektiven Theorien (Inhalte und Struktur) im Referenzprojekt
(a) Fokussierung auf ein Referenzprojekt
(E) Sie arbeiten als [Positionsbezeichnung] im Unternehmen. Bitte erzählen Sie mir, was die für Sie wichtigsten Projekte in den vergangenen drei Jahren waren (maximal fünf) und beschreiben Sie kurz das PE-Projekt und Ihre Rolle/Aufgabenbereich? → *falls Fragebogen vorab ausgefüllt wurde, ist diese Frage nicht erforderlich* (HU) Welches PE-Projekt war aus Ihrer Sicht von den fünf PE-Projekten am komplexesten/herausforderndsten und soll als Referenzpunkt für das Interview dienen? Optional: Welches der als gleichwertig komplex eingeschätzten Projekte betrachten Sie als besonders typisch bzw. beispielhaft für Ihre Tätigkeit als Personalentwickler?→ Ein PE-Projekt als Bezugspunkt! (E) Wir haben besprochen, welches PE-Projekt in diesem Interview inhaltlich als Bezugspunkt dienen wird [Verweis auf den Vorabfragebogen und die Sondierung von einem Referenzprojekt]. Sie haben das PE-Projekt [x] festgelegt. Schildern Sie mir doch kurz den Rahmen des PE-Projekts. Worum ging es genau?
(b) Voraussetzungen von PE-Projekten
(HU) Ich möchte mit Ihnen zum Einstieg über das Zustandekommen des PE-Projekts sprechen. Aus welchem Anlass wurde das PE-Projekt initiiert? Welche Voraussetzungen lagen vor, damit das PE-Projekt entstehen konnte? (HU) Gibt es Ihrer Meinung nach noch weitere Auslösebedingungen für das PE-Projekt? (HU) Was war ggf. bei Initialisierung des PE-Projekts zunächst hinderlich bzw. wo lagen konkrete Hürden, die Sie überwinden mussten? Was waren Schlüsselfaktoren, um diese zu überwinden?
(c) Absichten in PE-Projekten
(HU) Welche (in-)offiziellen Absichten/Zielsetzungen wurden im PE-Projekt verfolgt? (HU) Welche Zielsetzungen waren Ihnen oder dem Team im PE-Projekt wichtig und weshalb? (HG) In welcher Form ist in dem PE-Projekt ein deutlicher Beitrag zur Erreichung der Unternehmensziele und der normativen Basis im Unternehmen erkennbar (z. B. durch explizite Ausweisung des Beitrags zu strategischen Zielen und Unternehmenswerten)?

(HU) Auf welche Zielgruppen im Unternehmen ist das PE-Projekt hauptsächlich ausgerichtet (z. B. Mitarbeitende, Führungskräfte)?
(d) Zeitlicher Ablauf (Phasen/Schritte) von PE-Projekten
(E) Versuchen Sie sich nun gedanklich an Ihre erlebten Situationen innerhalb dieses PE-Projekts zu erinnern. Können Sie mir diese Situationen grob schildern? Erzählen Sie einfach mal, was Ihnen zuerst einfällt! (E) Wie hat das PE-Projekt [x] begonnen? Welche Projektphasen und -schritte hat das PE-Projekt durchlaufen? (E) Welches waren für Sie die wichtigsten Hauptphasen des PE-Projekts/der PE-Projekte? Erzählen Sie mir bitte möglichst genau, wie das bei Ihnen aussah. *Die folgenden Fragen gelten für jede Phase.* Einstieg in die Phase: (E) Nachdem Phase [x] für Sie wichtig war: Wie haben Sie diese Phase begonnen? Erzählen Sie mir bitte möglichst genau, wie ich mir das vorstellen darf. (E) Erzählen Sie mir bitte möglichst genau, wie Phase [x] bei Ihnen aussah. (HU) Wie können die zentralen Inhalte der Phase beschrieben werden? Was war in dieser Phase wirklich wichtig? Was waren die zentralen Handlungsschritte? (HU) Wie sah das konkret bei Ihnen in der Umsetzung aus? Wie haben Sie gehandelt? Bitte nennen Sie ein Beispiel hierfür! (HU) Welche Akteure waren in den jeweiligen Phasen involviert? Haben Sie diesbezüglich eine bestimmte Reihenfolge berücksichtigt? (HU) Sie haben erwähnt, dass [x] in dieser Phase sehr wichtig war. Was haben Sie ganz konkret getan, wenn Sie [x] gemacht haben? (HU) Wie gelang es Ihnen [x] sicherzustellen? *Abschluss der Phase und Überleitung zur nächsten Phase* (HU) Wann haben Sie diese Phase abgeschlossen bzw. mit welchem Handlungsschritt? (HU) Bevor Sie zur nächsten Phase übergehen: Wie sah der Abschluss der aktuellen Phase konkret aus? *Im Interviewprozess wurden bei Bedarf weitere Fragen gestellt. Die folgenden Fragen dienten hierfür als Anregung:* *1. Phase Situationstyp: Preparing* (HU) Wie sind Sie bei der Konzeption eines PE-Projekts vorgegangen? (HU) Wen haben Sie in der Regel einbezogen? Wer war an dem PE-Projekt im Wesentlichen beteiligt bzw. welche Stakeholder waren im PE-Projekt zentral? (HU) Wie haben Sie die Ausgangssituation geklärt? Welche Analyseinstrumente haben Sie genutzt? (HU) Fand eine Projektplanung statt? Falls ja, welche zentralen Handlungsschritte umfasste die Projektplanung? (HG) War das PE-Projekt bedarfsorientiert ausgerichtet? Wie wurde der Bedarf bestimmt? (HG) Aus welchen Unternehmensbereichen war das Projektteam zusammengesetzt? In welcher Form war das PE-Projekt interdisziplinär angelegt (Einbezug von Schnittstellenbereichen)?

(HG) Haben Sie bereits bei der Konzeption von PE-Projekten sichergestellt, dass das PE-Projekt einen Beitrag zur Unternehmensentwicklung und eine normative Grundlegung aufweist?

(S) Verstehe ich Sie richtig, dass Sie eine grobe Projektplanung bevorzugt haben?

(S) War es nicht erfolgsgefährdend, ohne ein gut durchdachtes Konzept in die Umsetzung einzusteigen?

(S) Sie haben also keine Analyseinstrumente genutzt. Wie haben Sie Ihre Konzeption ohne solide Grundlage begründet?

(HG) Wie wurde das PE-Projekt im Unternehmen lanciert (bottom-up, top-down, mit oder ohne Gegenstromverfahren)?

(HG) Welche Rolle hatte die Geschäftsleitung in dem von Ihnen genannten PE-Projekt? Wie haben Sie die Geschäftsführung einbezogen?

(S) Sie meinen also, dass das PE-Projekt ohne einen Auftrag der Geschäftsführung keinen Erfolg gehabt hätte?

(S) Verstehe ich Sie richtig, dass der Betriebsrat für Sie einen hinderlichen Faktor darstellt?

(S) Sie sind also nicht der Meinung, dass der Betriebsrat eine zentrale Rolle hatte?

(HG) Wie haben Sie vermieden, dass Silo-Lösungen oder an mehreren Stellen verschiedene Einzellösungen im Unternehmen entstanden sind?

(HG) Wie haben Sie Promotoren für das PE-Projekt gewonnen?

(S) Der Einbezug der Mitarbeitenden und deren Partizipation spielte somit für Sie keine Rolle?

2. Phase Situationstyp: Unfreezing

Sensibilisierung

(HG) Wie haben Sie Betroffene sowie Promotoren sensibilisiert?

(HG) Wie haben Sie für das PE-Projekt einen so genannten Resonanzboden geschaffen?

Mobilisierung

(HG) Wie haben Sie den „Auftakt" des PE-Projekts gestaltet (Legitimation, Nutzen, Inhalte kommunizieren)?

(HG) Wie haben Sie Sichtbarkeit und ein „shared understanding" für das PE-Projekt geschaffen?

(HG) Wie haben Sie ein Klima der Dringlichkeit geschaffen?

3. Phase Situationstyp: Moving

(HG) Wie haben Sie den Projektstart inszeniert?

(HG) Durch welche Handlungen haben Sie versucht, die Betroffenen von der Sinnhaftigkeit des PE-Projekts zu überzeugen (z. B. Nutzen kommunizieren)?

(HU) Wie haben Sie die Durchführung des PE-Projekts gestaltet? Was waren Ihre zentralen Handlungsschritte?

(HU) Wie haben Sie die Aktivitäten in dieser Phase fokussiert?

(HU) Wie haben Sie die Durchführungsphase überwacht?

(S) Sie haben also Widerstände gezielt unterdrückt, um Ihr PE-Projekt erfolgreich durchzubringen?

(S) Verstehe ich Sie richtig, dass Sie Konflikte nicht selbstständig gelöst, sondern direkt auf die nächsthöhere Hierarchieebene gespielt haben?

4. Phase Situationstyp: Freezing

Verstetigung

(HG) Wie haben Sie die mit dem PE-Projekt verbundene (kulturelle) Veränderung im Unternehmen nachhaltig gesichert?

(S) Für Sie war somit das PE-Projekt mit dem Erreichen kurzfristiger Ziele abgeschlossen und ein Transfer war nicht relevant? (S) Verstehe ich Sie richtig, dass Sie es als unmöglich erachtet haben, eine Verstetigungsphase in die Budgetplanung mit einzubeziehen?
Konsolidierung und Abschluss (HG) Wie haben Sie die (kulturelle) Veränderung konsolidiert? (HG) Wie haben Sie das PE-Projekt offiziell abgeschlossen (Nachfolgerregelung)? (S) Verstehe ich Sie richtig, dass das PE-Projekt bei Ihnen einfach versandet ist?
(e) Kritische Ereignisse in PE-Projekten
(HU) Welche Ereignisse waren generell bzw. in den einzelnen Phasen dieses PE-Projekts kritisch? In welcher Form waren diese Ereignisse für den Projektverlauf kritisch? (HU) Wie sind Sie mit dem kritischen Ereignis [x] umgegangen? Wie haben Sie es geschafft, dass kritische Ereignis abzuwenden?
(f) Finale kommunikative Validierung und Abschluss des Interviews

2.5. Beiblatt zum Interview

Im folgenden Beiblatt wurden möglichst originalgetreu die subjektiv-theoretischen Sichtweisen über Personalentwicklung im Interviewprozess schriftlich festgehalten und mit der Interviewperson zwischenvalidiert.

Beiblatt zum Interview	
Datum:	Uhrzeit:
Name:	Unternehmen:
PE-Grundverständnis (persönlich): - …	
PE-Grundverständnis (Unternehmen): - …	
Zukünftige Personalentwicklung: - …	
Handlungsleitende Werte, Einstellungen, Glaubenssätze: - …	
Berufliche Rollen: - …	
Weitere Aspekte: - …	

2.6. Strukturlegeleitfaden

Das Regelwerk wurde auf Basis der erweiterte Flussdiagramm-Darstellung von Keller (2008, S. 239 ff., S. 489 ff.) und der Flussdiagram-Darstellung von Scheele und Groeben (1988, S. 122 ff.) *erstellt.*

Symbole	**Erläuterung**
Inhaltliches Konzept	Das „inhaltliche Konzept“ kann als Symbol für die folgende Aspekte verwendet werden: • Handlung bzw. Teilhandlung, Handlungsschritt • Ziel/Absicht • Voraussetzung • Wertausrichtung • Merkmal Die Ausprägungen eines „inhaltlichen Konzepts“ werden durch die Relationen zu anderen Symbolen, mit denen es verbunden wird, bestimmt.
Zielsetzung/Absicht Abs.	Werden Zielsetzungen oder Absichten auf einer „inhaltlichen Konzept“-Karte festgehalten, so können die einzelnen inhaltlichen Konzept-Karten durch das Symbol „Zielsetzung/Absicht“ miteinander in Beziehung gesetzt werden. Das Symbol „Zielsetzung/Absicht“ steht dann für eine Intention, wegen der ein/e oder mehrere Handlungen/ Handlungsschritte zusammen ausgeführt werden. Es geht also NICHT um eine Wirkung, die angestrebt wird, sondern um die Absicht, weshalb eine Handlung ausgeführt wird.
Voraussetzung	Das Symbol „Voraussetzungen“ kennzeichnet, in vergleichbarer Handhabung wie das Symbol „Zielsetzung/Absicht“, die Voraussetzungen für das Zustandekommen eines bestimmten Ereignisses. Es wird in diesem Sinne als ermöglichende und nicht als kausal herbeiführende Voraussetzungen verstanden. Es

Symbole	Erläuterung
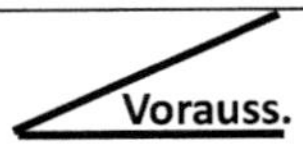 Vorauss.	geht infolgedessen NICHT um Voraussetzungen, von denen eine Handlung oder ein Ereignis abhängen, sondern „nur" um die notwendigen Voraussetzungen.
Ablauflinie 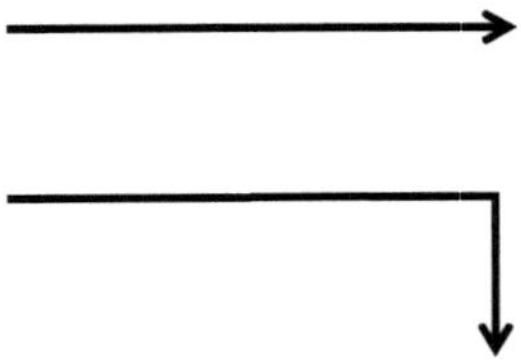	Die „Ablauflinie" ermöglicht es, einzelne Elemente in eine Reihenfolge zu setzen. Sie beschreibt zwischen den Elementen einen zeitlichen oder prozessualen Ablauf: Bevor ich B mache, kommt A, nach B kommt C. Die Richtung der „Ablauflinie" läuft idealerweise von links nach rechts bzw. von oben nach unten.
Verhältnis der Ablauflinien 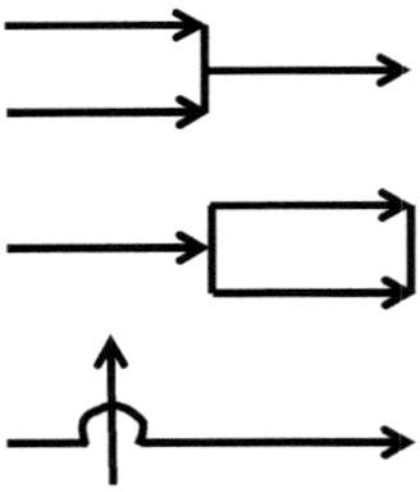	Die „Ablauflinie" kann in den drei dargestellten Varianten zueinander ins Verhältnis gesetzt werden und hat dann folgende Bedeutung: Variante 1: Verengung Variante 2: Aufteilung Variante 3: Kreuzung (ohne den gekreuzten Ablauf zu beeinflussen)
Verzweigung/Entscheidung 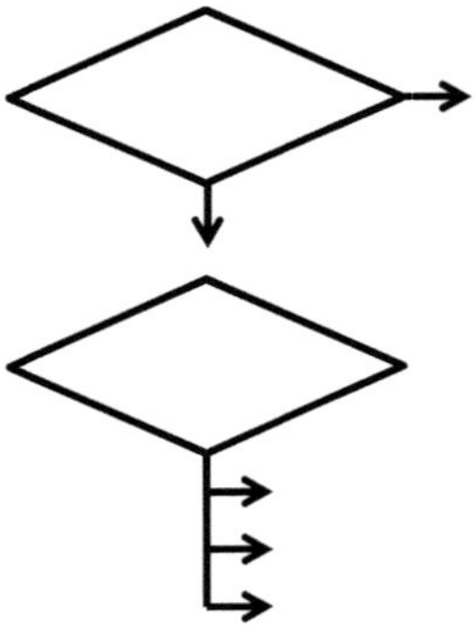	Die „Verzweigung/Entscheidung" wird genutzt, um (Handlungs-)Alternativen darzustellen. So kann eine Entscheidung zwei oder mehrere Handlungsmöglichkeiten nach sich ziehen (siehe Variante 1 und 2). Variante 1 = „wenn ..., dann ... oder ..." Variante 2 = „wenn ..., dann ... oder ... oder ... oder ..."

Symbole	Erläuterung
Unterablauf	Entsteht der Bedarf eine Handlung noch weiter auszudifferenzieren, kann ein so genannter „Unterablauf" zur Visualisierung eingesetzt werden. Die betroffene inhaltliche Konzept-Karte wird mit dem Symbol des „Unterablaufs" gekennzeichnet und mittels einer weiteren „Unterablauf"-Karte an gesonderter Stelle weiter ausdifferenziert. Das Symbol stellt somit einen Verweis auf diese separate Untergliederung eines Handlungsschritts dar.
Übergang (Eingang/Ausgang) E A	Dieses Symbol dient dazu, einen „Übergang (Eingang/Ausgang)" von Systemen innerhalb einer Handlungssequenz (z. B. von Phase 1 zu Phase 2) zu kennzeichnen. Als Eingang wird der Übergang von einem System zu einem anderen verstanden, der Übergang zu dem anderen System als „Ausgang". „E" steht hierbei für Eingang und „A" für Ausgang. Häufig ist der Ausgang einer Handlungssequenz gleichzeitig der Eingang für die nächste Handlungssequenz.
Bemerkungen	Das Symbol „Bemerkungen" kann als Sammelstelle für alle (zusätzlichen) Bemerkungen verwendet werden, die im Rahmen der anderen Sinnbilder und Relationen nicht abgedeckt werden. Es kann u. a. Erläuterungen und Kommentierungen eines Sinnbilds umfassen und ist beliebig mit den anderen Symbolen einsetzbar. Kritische Ereignisse können ebenfalls über das Symbol „Bemerkungen" aufgenommen werden. Das Symbol „Bemerkungen" beginnt in diesem Fall in der digitalisierten Version des Projekts mit der Überschrift „Kritisches Ereig-

Symbole	Erläuterung
	nis:". In der Visualisierung auf Moderationspapier dient die Verwendung roter Schrift als Hinweis auf ein kritisches Ereignis.
Entweder oder	Das Symbol „Entweder oder" kann verwendet werden, um zwei inhaltliche Konzepte nebeneinander zu stellen oder um auszudrücken, dass entweder das eine oder das andere möglich ist (aber nicht beides). Die Konzepte werden dann nicht miteinander mit einer Ablauflinie verbunden.
Oder auch	Das Symbol „Oder auch" kann genutzt werden, um zwei oder mehrere inhaltliche Konzepte untereinander zu stellen, die in verschiedenen Ausprägungen vorkommen (z. B. „Entweder schriftlich oder auch mündlich").
Und	Wenn zwei oder mehrere inhaltliche Konzepte (z. B. Handlungen) zusammengehören oder es erforderlich ist, parallel ablaufende Handlungsabläufe zu kennzeichnen, können diese mit „Und" verbunden werden. Die Karten werden dann nebeneinander abgebildet und mit einer Ablauflinie mit Doppelpfeil gekennzeichnet. Das Symbol „Und" steht dann verbalisiert für „und" oder „beides".

2.7. Postskriptum

Das Postskriptum wurde in Anlehnung an ein Beispiel von Lamnek (2010b) konzipiert.

Zum Interview:

Datum des Interviews:

Ort des Interviews:

Beginn des Interviews:

Dauer des Interviews (in Minuten):

Ende des Interviews:

Informationen zum Interviewpartner:

Name:

Position:

Aufgabenbereich:

Interviewsituation:

____

____

Besondere Vorkommnisse im Interview:

____

____

Gesprächsinhalte vor Einschalten/nach Abschalten des Aufnahmegeräts:

____

____

Verhalten der Gesprächsleiterin/Hinweise zur Weiterentwicklung:

____

____

Verhalten des Interviewpartners:

____

____

Sonstige Auffälligkeiten, Informationen und Hinweise:

____

____

3. Datenanalyse

3.1. Transkriptionsleitfaden

Die in den Beiblättern auf Kernaussagen reduzierten subjektiv-theoretischen Sichtweisen der Gesprächspartner wurden zur besseren Nachvollziehbarkeit und um eine höhere Transparenz zu gewährleisten, durch Teiltranskriptionen ergänzt. Die Transkription fand in Anlehnung an Kuckartz (2012, S. 37 f.) entlang der folgenden Regeln statt.

1. Es wurde wörtlich transkribiert, also nicht lautsprachlich oder zusammenfassend. Vorhandene Dialekte wurden möglichst genau in Hochdeutsch überführt.
2. Sprache und Interpunktion wurden leicht geglättet, das heißt an das Schriftdeutsch angenähert. Die Satzform, bestimmte und unbestimmte Artikel etc. wurden auch dann beibehalten, wenn sie Fehler enthielten.
3. Deutliche, längere Pausen wurden durch in Klammern gesetzte Auslassungspunkte (…) markiert, wobei ein Punkt einer Sekunde entspricht. Kürzere Pausen wurden nicht markiert.
4. Besonders betonte Begriffe wurden durch Unterstreichungen gekennzeichnet.
5. Zustimmende bzw. bestätigende Lautäußerungen der Interviewerin (z. B. mhm, aha) wurden nicht mit transkribiert, sofern sie den Redefluss des Interviewpartners nicht unterbrachen.
6. Lautäußerungen der Interviewperson (z. B. Lachen) wurden nicht mit transkribiert. Es sei denn, es gab deutliche Hinweise darauf, dass das Gesagte nicht so gemeint war, wie es gesagt wurde und das Lachen oder andere Lautäußerungen beispielsweise darauf hinwiesen.
7. Unverständliche Wörter wurden durch (unv.) kenntlich gemacht.
8. Wurden Aussagen der Interviewperson sowie der Interviewerin transkribiert, so wurden der Beitrag der Interviewerin mit „I:“ und der Beitrag des Interviewpartners mit „B:“ gekennzeichnet.
9. Angaben, die einen direkten Rückschluss auf die Interviewperson erlaubten, wurden anonymisiert (u. a. Unternehmensnamen, unternehmenstypische Begrifflichkeiten).

3.2. Inhaltsanalytische Auswertungsprozedur

Das vorliegende Kapitel beschreibt das Vorgehen der inhaltsanalytischen Datenauswertung dieser Arbeit, die in Anlehnung an Kuckartz (2012) erfolgte. Hierfür werden (1) die Analysefragen und Analyserichtung, (2) das Ausgangsmaterial und die Auswahlstrategie, (3) die Analyseeinheiten und (4) die Entwicklung des Kategorien-systems expliziert.

(1) Analysefragen und Analyserichtung

Den Ausgangspunkt für die qualitative Inhaltsanalyse bildeten die in der Einführung zu Kapitel 3 formulierten Untersuchungsfragen, die als unmittelbare Grundlage für die Datenauswertung dienten. Die Richtung der Analyse war durch die Forschungsfragen und das Erkenntnisinteresse dieser Arbeit bereits vorgegeben. Der Fokus lag auf einer beschreibenden Darstellung der subjektiv-theoretischen Vorstellungen von Personalentwicklern. Zur Kategorienbildung wurde als Hauptstrategie die Basismethode der inhaltlich strukturierenden Inhaltsanalyse nach Kuckartz (2012, S. 78 ff.) verwendet.

1. Welche subjektiv-theoretischen Vorstellungen über Personalentwicklung prägen das Handeln von Personalentwicklern?

   → Analyse der subjektiven Theorieinhalte, Ziel: Beschreibende Darstellung

   1.1 Was verstehen Personalentwickler unter Personalentwicklung?
   1.2 Wie nehmen Personalentwickler das PE-Verständnis in ihrem Unternehmen wahr?
   1.3 Welche Vorstellungen über künftige Handlungsfelder der Personalentwicklung liegen vor?
   1.4 Welche Einstellungen und Werte werden in der Personalentwicklungsarbeit als handlungsleitend gesehen?
   1.5 Welche (in-)offiziellen Rollen betrachten Personalentwickler als Teil ihres beruflichen Rollenspektrums? Wie schätzen Personalentwickler ihre strategische Rolle ein?
   1.6 Welche Herausforderungen und Probleme der Personalentwicklung beschreiben Personalentwickler?

2. Welche subjektiv-theoretischen Vorstellungen über die Gestaltung und Leitung von PE-Projekten prägen das Handeln von Personalentwicklern?

   → Analyse der subjektiven Theorieinhalte und Theoriestrukturen, Ziel: Beschreibende Darstellung

   2.1 Welche Voraussetzungen lagen für die Entstehung der PE-Projekte vor?
   2.2 Welche Ziele wurden mit den PE-Projekten verfolgt?
   2.3 Durch welche Phasen waren die PE-Projekte bestimmt und mit welchen zentralen Handlungen wurden die einzelnen Phasen gestaltet? Wie sieht eine fallübergreifende Phasenstruktur aus?
   2.4 Welche kritischen Ereignisse lagen im Projektverlauf vor?
   2.5 Wie sind die PE-Projekte formal beschaffen?
   2.6 Welche PE-Projekte zählen die Befragten zu den fünf wichtigsten der vergangenen drei Jahre und wodurch sind sie charakterisiert (u. a. Rolle der Personalentwickler, Kernthema)?

(2) Ausgangsmaterial und Auswahlstrategie

Das Ausgangsmaterial der vorliegenden Studie weist im Vergleich zu anderen qualitativen Interviewstudien Besonderheiten auf, die im Folgenden charakterisiert werden:

- Ausgehend von dem Anspruch, nur kommunikativ validierte, im Dialog-Konsens erhobene Daten für die Analyse zu verwenden, wurde das vorliegende Datenmaterial in Primär- und Sekundärquellen unterschieden. Als Primärquelle für die Datenauswertung dienten die Strukturbilder sowie die Beiblätter zu den Interviews, da sie Daten enthalten, die dialogisch erhoben und kommunikativ validiert wurden. Sie wurden vollständig in die Datenauswertung einbezogen. Die Daten aus den Vorabfragebögen, den digitalen Aufzeichnungen der Interviewsitzungen und den Postskripta gingen als Sekundärquelle in die Datenauswertung ein. Sie wurden zur Illustration, beispielsweise der Stichprobe, sowie als Informationsquelle für die Rekonstruktionssituation in die Auswertung einbezogen.
- Die Beiblätter enthalten Kernaussagen, die im Interviewprozess notiert und mit dem Gesprächspartner kommunikativ validiert wurden. Ein erster datenreduzierender und strukturierender Schritt fand somit bereits im Rekonstruktionsinterview durch die Interviewpartner statt. Dasselbe gilt für die erhobenen Strukturbilder von PE-Projekten, die durch die Anwendung eines Struktur-Lege-Verfahrens im zweiten Teil des Interviews als Daten generiert wurden.
- Als vorbereitende Schritte für die Datenanalyse wurden die im Interview erhobenen Strukturbilder in Microsoft Visio 2013 digitalisiert. Dabei fand inhaltlich kein Eingriff durch die Forscherin statt. Es wurden lediglich Rechtschreibfehler beseitigt und Anonymisierungen zum Schutz der Interviewpartner vorgenommen. Anschließend wurden die Strukturbilder in Atlas.ti[94], der verwendeten QDA-Software, eingelesen und codiert. Auf den vorbereitenden Schritt einer Versprachlichung der Strukturbilder in einen Text, wie bei Keller (2008, S. 295 ff.) und Oehme (2007, S. 216 f.), konnte daher verzichtet werden.
- Die im Interviewprozess handschriftlich erstellten Beiblätter wurden ebenfalls digitalisiert und als Vorbereitung für die Datenanalyse nachbereitet. Inhaltlich fand kein Eingriff durch die Forscherin statt, es wurden lediglich Anonymisierungen sowie Explikationen durch Teiltranskriptionen vorgenommen. Die Teiltranskriptionen folgten dem in Anhang 3.1 zugänglichen Transkriptionsleitfaden. Um den Anspruch der Arbeit, nur kommunikativ validiertes Datenmaterial als Primärquelle zu verwenden, nicht zu durchbrechen, fand die Explikation entlang der kommunikativ validierten Kernaussagen statt. Zusätzlich wurden die Beiblätter in der QDA-Software mit Zeitmarken versehen, die den Text mit den Interviewaufzeichnungen verbinden. Hierdurch ist eine maximale Nachvollziehbarkeit und Transparenz des Auswertungsprozesses gewährleistet.

---

[94] Die qualitative Inhaltsanalyse im vorliegenden Forschungsprojekt wurde gestützt durch die QDA-Software Atlas.ti (Version 7.1.6).

- Die anonymisierten Vorabfragebögen enthalten soziodemografische Angaben der Interviewpersonen, aber auch Angaben zum Unternehmen und den wichtigsten PE-Projekttätigkeiten der Interviewpersonen in den vergangenen drei Jahren. Letztere wurden zur Illustration der Stichprobe inhaltsanalytisch strukturiert, um einen Überblick über die PE-Projekttätigkeiten geben zu können.

(3) Festlegung der Analyseeinheiten

Für die qualitative Inhaltsanalyse des Datenmaterials wurden die Analyseeinheiten gemäß Kuckartz (2012, S. 46 ff.) wie folgt verwendet:

- Textsegment: Die Codiereinheit bezeichnet in der quantitativen Inhaltsanalyse die kleinste Einheit, der eine Kategorie zugeordnet werden kann und umfasst als absolutes Minimum ein Wort. In der qualitativen Inhaltsanalyse bezieht sich die Codiereinheit auf eine Textstelle, die mit einer Kategorie oder einem Inhalt verbunden ist (und vice versa). Diese umfasst in der Regel als Sinneinheit mindestens einen vollständigen Satz, der einer Kategorie zugeordnet wird. Im Fall der Strukturbilder kann das Textsegment auch nur ein Wort umfassen, vorausgesetzt, es ist auch außerhalb des Kontextes verständlich.
- Kontexteinheit: Die Kontexteinheit bestimmt den größten Textbestandteil, der hinzugezogen werden darf, um eine Analyseeinheit bzw. eine Codiereinheit zu erfassen und richtig zu kategorisieren. Sie ist in der Regel nicht größer als die Analyseeinheit. Eine Kontexteinheit umfasst in der vorliegenden Arbeit mehrere Interviewaussagen bzw. mehrere Konzeptkarten der Strukturbilder, die unter eine Kategorie fallen.
- Analyseeinheit: Die Analyseeinheit definiert, welche Textteile nacheinander ausgewertet werden sollen. Sie sind in der vorliegenden Arbeit deckungsgleich mit den fallübergreifenden Hauptkategorien.
- Auswahleinheit: Die Auswahleinheit bezeichnet die „Selektion und Festlegung der Texte, die in die jeweilige Inhaltsanalyse einbezogen werden" (Rustemeyer, 1992, S. 69). In der vorliegenden Arbeit fällt dies mit der Auswahl der Interviewpersonen zusammen.

(4) Entwicklung des Kategoriensystems

Um der Forderung nach Offenheit im Rahmen der qualitativen Inhaltsanalyse gerecht zu werden, wurde das Kategoriensystem gemäß des von Kuckartz (2012, S. 69, S. 77) vorgeschlagenen Ablaufs in einer deduktiv-induktiven Mischform entwickelt. Der Einstieg in die qualitative Inhaltsanalyse erfolgte daher mit einem ersten Kategoriensystem mit wenigen Hauptkategorien (siehe Abbildung 76). Dieses wurde aus der theoretischen Exploration zum Forschungsstand (siehe Kapitel 2) abgeleitet.

Deduktives, theoriegeleitetes Kategoriensystem

1. **Begriffsverständnis von Personalentwicklung**
2. **Personalentwicklung im Unternehmen**
3. **Zukünftige Personalentwicklungsarbeit**
4. **Rollen von Personalentwicklern**
5. **Handlungsleitende Werte und Einstellungen**
6. **Probleme und Herausforderungen in der Personalentwicklung**
7. **Voraussetzungen von PE-Projekten**
8. **Zielsetzungen von PE-Projekten**
9. **Ablauf von PE-Projekten**
10. **Kritische Ereignisse in PE-Projekten**

Abbildung 76: Erstes Kategoriensystem

Die Kategorien des ersten Kategoriensystems bildeten den Ausgangspunkt der Analyse und fungierten als eine Art Suchraster. Dabei fand zu Beginn eine Überprüfung der Anwendbarkeit des Kategoriensystems am Datenmaterial statt. In einem ersten Codierdurchlauf wurde das komplette Datenmaterial entlang der Hauptkategorien auf den entsprechenden Inhalt durchsucht und codiert. Sofern ein Textabschnitt mehrere Themen enthielt, wurden mehrere Kategorien zugewiesen.

In einem zweiten Codierdurchgang wurden die Kategorien am Material weiterentwickelt und in Subkategorien ausdifferenziert (induktiver Zugang). Hierfür wurden alle Textstellen der jeweiligen thematischen Hauptkategorie gegenübergestellt, miteinander verglichen und kontrastiert und davon ausgehend Subkategorien am Material entwickelt. Jede Subkategorie wurde mit Definition und Ankerbeispielen belegt. Um eine Vollständigkeit des Kategoriensystems zu gewährleisten wurde bei der Ausdifferenzierung dem Vorschlag von Kuckartz (2012, S. 86) gefolgt und bei Bedarf eine Subkategorie „Sonstiges" integriert. In diesem Codierdurchlauf fand auch eine Typenbildung der PE-Projekte statt. Sie wurden entlang ihres Kernthemas (Bildung, Förderung oder Change Management) sowie entlang von Ähnlichkeiten in der prozessualen Gestaltung in drei Projekttypen unterschieden, voneinander abgegrenzt und definiert. Als Folge dieser Typenbildung wurden die Kategorien „Voraussetzungen von PE-Projekten", „Zielsetzungen von PE-Projekten", „Phasen von PE-Projekten" und „kritische Ereignisse in PE-Projekten" pro Projekttyp analysiert und induktiv am Datenmaterial weiter ausdifferenziert.

Im Anschluss an die Dimensionalisierung des Datenmaterials und die Bildung von Subkategorien wurde das gesamte Datenmaterial in einem dritten Codierungslauf dem verfeinerten Kategoriensystem zugeordnet. Zur Qualitätssicherung des entwickelten Kategoriensystems fand vor Einstieg in die weitere Auswertung eine Reflexion des Kategoriensystems mit einer unabhängigen Forscherin statt.

Mit Abschluss der Entwicklung des Kategoriensystems erfolgte der Übergang in die weitere Auswertung. Zum Einstieg in diese Phase wurden fallbezogene thematische Zusammenfassungen (Fallübersichten) erstellt, um die Fälle einerseits auf Einzelfallebene vertiefend zu betrachten und andererseits auf Hauptkategorienebene miteinander zu vergleichen. Zusätzlich unterstützten Frequenzanalysen und Netzwerkansichten die Analyse von Zusammenhängen zwischen Haupt- und Subkategorien sowie Fällen. Für die kategorienbasierte Auswertung kamen zudem in Anlehnung an Lamnek (2010a, S. 370) Themenmatrizen zum Einsatz. Sie geben einen Überblick über die in den Einzelfällen angesprochenen Themen auf (Sub-)kategorienebene, wohingegen die Fallübersichten die Kernaussagen pro Kategorie auf Fallebene zusammenfassen. Diese konsequente Kombination von qualitativen und quantitativen Hilfsmitteln zielte einerseits auf eine Verbesserung der Validität der Interpretationen, andererseits auf eine möglichst transparente und nachvollziehbare Ergebnisdarstellung. Im Ergebnisbericht wurden die inhaltlichen Ergebnisse in qualitativer Weise entlang der Untersuchungsfragen präsentiert und durch Interviewausschnitte sowie quantifizierende Aussagen gezielt unterfüttert.

Der gesamte Auswertungsprozess wurde von Forschungsmemos begleitet. Diese umfassten einerseits Ideen für die Auswertung und Interpretation der Daten sowie andererseits ein Forschungstagebuch, in dem der Auswertungsprozess dokumentiert wurde.

Finales Kategoriensystem

Im Folgenden wird das Kategoriensystem mit den Hauptkategorien und den wichtigsten Subkategorien dargestellt.

1 SUBJEKTIVE VORSTELLUNGEN ÜBER PERSONALENTWICKLUNG

1.1. BEGRIFFSVERSTÄNDNIS VON PERSONALENTWICKLUNG

1.1.1 KERNMERKMALE VON PERSONALENTWICKLUNG

1.1.2 AUFTRAG VON PERSONALENTWICKLUNG

1.1.2.1 AUFTRAG VON PE_BILDUNG

1.1.2.2 AUFTRAG VON PE_FÖRDERUNG

1.1.2.3 AUFTRAG VON PE_BEGLEITUNG VON VERÄNDERUNG

1.1.2.4 AUFTRAG VON PE_PERSONALMARKETING

1.1.2.5 AUFTRAG VON PE_ALLGEMEIN

1.1.2.6 AUFTRAG VON PE_WEITERE

1.2 ZUKÜNFTIGE PERSONALENTWICKLUNG

1.2.1 INDIVIDUALISIERUNG UND SELBSTBESTIMMUNG

1.2.2 WANDEL DER ARBEITSKULTUR

1.2.3 AUSRICHTUNG DER PE-ARBEIT

1.3 PERSONALENTWICKLUNG IM UNTERNEHMEN

1.3.1 KERNTHEMEN DER PE IM UNTERNEHMEN

1.3.1.1 KERNTHEMEN_BILDUNG

1.3.1.2 KERNTHEMEN_FÖRDERUNG

1.3.1.3 KERNTHEMEN_BEGLEITUNG VON VERÄNDERUNGEN

1.3.1.4 WEITERE KERNTHEMEN

1.3.2 PE AKTIVITÄTEN IN ANDEREN UNTERNEHMENSBEREICHEN

1.4 PROBLEME UND HERAUSFORDERUNGEN DER PE

1.4.1 PROBLEME_BEITRAG DER PE

1.4.2 PROBLEME_ABHÄNGIGKEIT VOM BUSINESS

1.4.3 PROBLEME_ROLLE DER PE

1.5 ERFORDERLICHE KOMPETENZEN VON PERSONALENTWICKLERN

1.5.1 SACHKOMPETENZEN

1.5.2 SELBSTKOMPETENZEN

1.5.3 SOZIALKOMPETENZEN

2 SUBJEKTIVE THEORIEN ÜBER HANLDUNGSLEITENDE WERTE

2.1 BILD VON MENSCHEN

2.2 BILD VON ARBEIT ALS PERSONALENTWICKLER

2.3 WEITERE HANDLUNGSLEITENDE WERTE

3 SUBJEKTIVE THEORIEN ÜBER ROLLEN

3.2 STRATEGISCHE ROLLE VON PERSONALENTWICKLERN

3.2.1 STRATEGISCHE ROLLE_POSITIV

3.2.2 FORM DER STRATEGISCHEN EINBINDUNG

4 WICHTIGSTE PE-PROJEKTE VON PERSONALENTWICKLERN

4.1 KERNTHEMA VON PE-PROJEKTEN

4.2 ROLLE IM PE-PROJEKT

4.3 PROBLEMSTELLUNG DES PE-PROJEKTS

4.4 PROJEKTZIELE DES PE-PROJEKTS

4.5 PROJEKT ODER STRATEGISCHE INITIATIVE?

5 SUBJEKTIVE THEORIEN ÜBER DIE GESTALTUNG UND LEITUNG VON PE-PROJEKTEN

5.1 PROJEKTTYP: BILDUNGSMAßNAHME (BM)

5.1.1 VORAUSSETZUNGEN DES PROJEKTTYPS BM

5.1.1.1 PERSONALE VORAUSSETZUNGEN BM

5.1.1.2 INHALTLICHE VORAUSSETZUNGEN BM

5.1.1.3 MATERIELLE VORAUSSETZUNGEN BM

5.1.2 ZIELSETZUNGEN DES PROJEKTTYPS BM

5.1.2.1 PERSÖNLICHE UND KOLLEKTIVE ABSICHTEN BM

5.1.2.2 PROJEKTZIELE BM

5.1.2.2.1 MITARBEITENDE ANZIEHEN, BINDEN, ENTWICKELN

5.1.2.2.2 VERHALTEN VON FÜHRUNSGKRÄFTEN

5.1.2.2.3 VERHALTEN VON MITARBEITENDEN

5.1.2.2.4 WEITERE BM-PROJEKTZIELE

5.1.3 PHASEN DES PROJEKTTYPS BM

5.1.3.1 INITIALISIERUNG/ANALYSE

5.1.3.1.4 BEDARFSANALYSE

5.1.3.2 GROBKONZEPTION

5.1.3.2.1 ABSTIMMUNG GROBKONZEPT

5.1.3.2.2 ERARBEITUNG GROBKONZEPT

5.1.3.3 ANBIETERAUSWAHL

5.1.3.4 PROJEKTPLANUNG

5.1.3.5 DETAILKONZEPTION

5.1.3.5.1 ABSTIMMUNG DETAILKONZEPT

5.1.3.5.2 ERARBEITUNG DETAILKONZEPT

5.1.3.6 UMSETZUNG

5.1.3.6.1 PILOTIERUNG

5.1.3.6.2 DURCHFÜHRUNG

5.1.3.7 EVALUATION

5.1.3.8 WELTWEITE UMSETZUNG

5.1.4 KRITISCHE EREIGNISSE DES PROJEKTTYPS BM

5.2 PROJEKTTYP: FÖRDERMAßNAHME (FM)

5.2.1 VORAUSSETZUNGEN DES PROJEKTTYPS FM

5.2.1.1 PERSONALE VORAUSSETZUNGEN FM

5.2.1.2 INHALTLICHE VORAUSSETZUNGEN FM

5.2.2 ZIELSETZUNGEN DES PROJEKTTYPS FM

5.2.2.1 PERSÖNLICHE ABSICHTEN FM

5.2.2.2 PROJEKTZIELE FM

5.2.3 PHASEN DES PROJEKTTYPS FM

5.2.3.1 AUFTRAGSKLÄRUNG

5.2.3.2 LÖSUNGSEXPLORATION

5.2.3.3 KONZEPTION

5.2.3.3.1 ABSTIMMUNG KONZEPT

5.2.3.3.2 ERARBEITUNG KONZEPT

5.2.3.4 UMSETZUNG

5.2.3.5 ABSCHLUSS UND NACHBEREITUNG

5.2.4 KRITISCHE EREIGNISSE DES PROJEKTTYPS FM

5.3 PROJEKTTYP: BEGLEITUNG VON CHANGE (CM)

5.3.1 VORAUSSETZUNGEN DES PROJEKTTYPS CM

5.3.1.1 PERSONALE VORAUSSETZUNGEN CM

5.3.2 ZIELSETZUNGEN DES PROJEKTTYPS CM

5.3.3 PHASEN DES PROJEKTTYPS CM

5.3.4 KRITISCHE EREIGNISSE DES PROJEKTTYPS CM

3.3. Frequenzanalysen

TOTAL Codiereinheiten (alle Fälle)	**1773**	
	TOTAL Konzepte Strukturbilder*	**Durchschnitt Konzepte Strukturbilder***
*(ohne Bemerkungsfelder, Phasentitel)	**884**	**63,14285714**

	Absolute Häufigkeit	**Anzahl Fälle**	**Anzahl Fälle in %**
1 SUBJEKTIVE VORSTELLUNGEN ÜBER PERSONALENTWICKLUNG	**643**	**15**	**100 %**
1.1. BEGRIFFSVERSTÄNDNIS VON PERSONALENTWICKLUNG	**263**	**15**	**100 %**
1.1.1 KERNMERKMALE VON PERSONALENTWICKLUNG	117	15	100 %
1.1.1.1 Ausrichtung an Norm und Strategie des Unternehmens	18	11	73 %
1.1.1.1 Mitarbeiter in erster Verantwortung und Schlüsselfaktor	19	8	53 %
1.1.1.1 Individuell und nah am Menschen	16	8	53 %
1.1.1.1 Wachstum von Menschen	14	9	60 %
1.1.1.1 Vielseitigkeit der Interventionen	10	8	53 %
1.1.1.1 Ganzheitliche Entwicklungsperspektive	12	7	47 %
1.1.1.1 Primär „on the job“	12	7	47 %

	Absolute Häufigkeit	Anzahl Fälle	Anzahl Fälle in %
1.1.1.1 Führungskraft als Entwicklungsbegleiter „on the job“	16	6	40 %
1.1. BEGRIFFSVERSTÄNDNIS VON PERSONALENT-WICKLUNG	**263**	**15**	**100 %**
1.1.2 AUFTRAG VON PERSONALENTWICKLUNG	146	15	100 %
1.1.2.1 AUFTRAG VON PE_BILDUNG	40	11	73 %
1.1.2.1.1 (Fachliche) Weiterbildung gewährleisten	9	8	53 %
1.1.2.1.1 Fokussierung auf Trainings und Programme_negativ	20	7	47 %
1.1.2.1.1 Führungskräfte zur Personalentwicklungsarbeit befähigen	11	7	47 %
1.1.2.2 AUFTRAG VON PE_FÖRDERUNG	8	7	47 %
1.1.2.2.1 Ausgewählte Mitarbeitende gezielt fördern	8	7	47 %
1.1.2.3 AUFTRAG VON PE_BEGLEITUNG VON VERÄNDE-RUNG	18	6	40 %
1.1.2.3.1 Mitarbeitende durch Veränderungen begleiten	10	5	33 %
1.1.2.3.1 Organisation bei Veränderung (Struktur, Kultur, Prozess) unterstützen	8	5	33 %
1.1.2.4 AUFTRAG VON PE_PERSONALMARKETING	8	7	47 %
1.1.2.4.1 Mitarbeitende anziehen und binden	8	7	47 %
1.1.2.5 AUFTRAG VON PE_ALLGEMEIN	69	15	100 %
1.1.2.5.1 Unternehmensziele unterstützen	18	12	80 %
1.1.2.5.1 Zwischen Mitarbeitenden- und Unternehmensinteressen vermitteln	19	9	60 %
1.1.2.5.1 Entwicklung mitarbeiternah gestalten	16	9	60 %
1.1.2.5.1 Toolbox oder Rahmen anbieten	16	9	60 %
1.1.2.6 AUFTRAG VON PE_WEITERE	3	3	20 %
1.1.2.6.1 Wissensmanagement_positiv und negativ	3	3	20 %

Ergänzende Auswertung: PE-Verständnis „PE als System- und Rahmengeber“

	1.1.1.1 Mitarbeiter in erster Verantwortung und Schlüsselfaktor (A 1)	1.1.1.1 Führungskraft als Entwicklungsbegleiter „on the job“ (A2)	1.1.2.5.1 Toolbox oder Rahmen anbieten (A3)
1.1.1.1 Mitarbeiter in erster Verantwortung und Schlüsselfaktor (A 1)	02, 04, 06, 07, 08, 09, 10, 16	02, 04, 16	02, 04, 07, 09, 16
1.1.1.1 Führungskraft als Entwicklungsbegleiter „on the job“ (A2)	02, 04, 16	02, 04, 06, 07, 12, 15, 16	02, 04, 07, 12, 15, 16
1.1.2.5.1 Toolbox oder Rahmen anbieten (A3)	02, 04, 07, 09, 16	02, 04, 07, 12, 15, 16	02, 04, 05, 07, 09, 12, 14, 15, 16

	Leitend tätige Interviewpersonen	Nicht leitend tätige Interviewpersonen	Ausprägungen
A1, A2, A3	02, 04, 07	16	Mitarbeiter in Hauptverantwortung, Führungskraft als erster Personalentwickler, PE als Rahmengeber
A1, A3	09		Mitarbeiter in Hauptverantwortung, PE als Rahmengeber
A1, A2	06		Mitarbeiter in Hauptverantwortung, Führungskraft als erster Personalentwickler
A1	10	08	Mitarbeiter in Hauptverantwortung
A2, A3	12	15	Führungskraft als erster Personalentwickler, PE als Rahmengeber
A3	05	14	PE als Rahmengeber
Total: 12	**8 (von 10)**	**4 (von 5)**	

	Absolute Häufigkeit	Anzahl Fälle	Anzahl Fälle in %
1.2 ZUKÜNFTIGE PERSONALENTWICKLUNG	**106**	**15**	**100 %**
1.2.1 INDIVIDUALISIERUNG UND SELBSTBESTIMMUNG	27	12	80 %
1.2.1.1 Von der Gießkanne zur Individualisierung	11	7	47 %
1.2.1.1 Informelle, selbstgesteuerte Entwicklung von Mitarbeitenden	9	5	33 %
1.2.1.1 Flexible Arbeitszeit- und Arbeitsmodelle	7	5	33 %

	Absolute Häufigkeit	Anzahl Fälle	Anzahl Fälle in %
1.2.2 WANDEL DER ARBEITSKULTUR	25	10	67 %
1.2.2.1 Veränderte Lern- und Arbeitskultur durch neue Generation (Gen Y)	9	7	47 %
1.2.2.1 Übergreifende und veränderte Formen der Zusammenarbeit	11	6	40 %
1.2.2.1 Veränderungen in der Führungsausbildung	5	5	33 %
1.2.3 AUSRICHTUNG DER PE-ARBEIT	54	15	100 %
1.2.3.1 Weiterentwicklung der PE-Funktion	19	9	60 %
1.2.3.1 Weitere Vorstellungen zur Ausrichtung	13	7	47 %
1.2.3.1 Neue Medien und technologiegestütztes Lernen	12	7	47 %
1.2.3.1 Unterstützung von Veränderungsprozessen	6	4	27 %
1.2.3.1 Angebot für alle Mitarbeitenden schaffen	4	4	27 %
1.3 PERSONALENTWICKLUNG IM UNTERNEHMEN	**117**	**15**	**100 %**
1.3.1 KERNTHEMEN DER PE IM UNTERNEHMEN	106	15	100 %
1.3.1.1 KERNTHEMEN_BILDUNG	50	14	93 %
1.3.1.1.1 (Fachliche) Aus- und Weiterbildung	28	12	80 %
1.3.1.1.1 Führungskräfteentwicklung	16	9	60 %
1.3.1.1.1 Online Lern- und Entwicklungsangebote	6	5	33 %
1.3.1.2 KERNTHEMEN_FÖRDERUNG	7	5	33 %
1.3.1.2.1 Talent-Management und Nachfolgeplanung	7	5	33 %
1.3.1.3 KERNTHEMEN_BEGLEITUNG VON VERÄNDERUNGEN	17	10	67 %
1.3.1.3.1 Unterstützung von Veränderungsprozessen_negativ	11	6	40 %
1.3.1.3.1 Unterstützung von Veränderungsprozessen_positiv	6	6	40 %
1.3.1.4 WEITERE KERNTHEMEN	32	15	100 %
1.3.1.4.1 Zentralisierung und Standardisierung	19	13	87 %
1.3.1.4.1 Weitere PE-Themen in Unternehmen	13	8	53 %
1.3.2 PE AKTIVITÄTEN IN ANDEREN UNTERNEHMENS-BEREICHEN	11	6	40 %
1.3.2.1 Trainings und Programme	5	5	33 %
1.3.2.1 Lokale Adaptionen	4	3	20 %

	Absolute Häufigkeit	Anzahl Fälle	Anzahl Fälle in %
1.3.2.1 Mitarbeiterbefragung	2	2	13 %
1.4 PROBLEME UND HERAUSFORDERUNGEN DER PERSONALENTWICKLUNG	**93**	**15**	**100 %**
1.4.1 PROBLEME_BEITRAG DER PE	25	10	67 %
1.4.1.1 Unklarer Nutzen und Beitrag von PE-Arbeit	10	7	47 %
1.4.1.1 Fehlende Gestaltungsrolle in Veränderungsprozessen	9	5	33 %
1.4.1.1 Begrenzte Wirksamkeit von Personalentwicklung	6	4	27 %
1.4.2 PROBLEME_ABHÄNGIGKEIT VOM BUSINESS	30	9	60 %
1.4.2.1 Kostendruck in der PE	11	6	40 %
1.4.2.1 Kurzfristige Planungszeiträume im Business	9	5	33 %
1.4.2.1 PE als Reparaturbetrieb und Feuerwehr	10	5	33 %
1.4.3 PROBLEME_ROLLE DER PE	38	14	93 %
1.4.3.1 Professionalisierung der Personalentwicklungsarbeit	14	8	53 %
1.4.3.1 Individualisierung der Personalentwicklung	9	7	47 %
1.4.3.1 Legitimität in der Zukunft	6	4	27 %
1.4.3.1 PE als zahnloser Tiger	9	6	40 %
1.5 ERFORDERLICHE KOMPETENZEN VON PERSONALENTWICKLERN	**64**	**14**	**93 %**
1.5.1 SACHKOMPETENZEN	23	10	67 %
1.5.1.1 Betriebswirtschaftliche Kompetenzen	13	6	40 %
1.5.1.1 Change Management Kenntnisse	4	3	20 %
1.5.1.1 Grundlagen (u. a. Methodik und Didaktik, Moderation)	6	5	33 %
1.5.2 SELBSTKOMPETENZEN	15	5	33 %
1.5.2.1 Vorbild sein	8	4	27 %
1.5.2.1 Selbstbewusst auftreten	7	3	20 %
1.5.3 SOZIALKOMPETENZEN	26	9	60 %
1.5.3.1 Grenzen setzen	12	7	47 %
1.5.3.1 (Informelle) Vernetzung im Unternehmen	11	6	40 %
1.5.3.1 Menschen verstehen	3	3	20 %

	Absolute Häufigkeit	Anzahl Fälle	Anzahl Fälle in %
2 SUBJEKTIVE THEORIEN ÜBER HANLDUNGSLEITENDE WERTE, EINSTELLUNGEN	**98**	**15**	**100 %**
2.1 BILD VON MENSCHEN	**42**	**13**	**87 %**
2.1.1 Positives, potenzialorientiertes Menschenbild	20	10	67 %
2.1.1 Individuum sehen und einbeziehen	12	9	60 %
2.1.1 Grenzen von Entwicklungsfähigkeit	10	9	60 %
2.2 BILD VON ARBEIT ALS PERSONALENTWICKLER	**46**	**13**	**87 %**
2.2.1 Vorbild sein und gute Arbeit leisten	13	8	53 %
2.2.1 Wertschätzender, fairer und transparenter Umgang	12	7	47 %
2.2.1 Ausrichtung am Unternehmensinteresse	9	7	47 %
2.2.1 Positive Arbeitshaltung	7	5	33 %
2.2.1 Als Berater des Business agieren	5	3	20 %
2.3 WEITERE HANDLUNGSLEITENDE WERTE	**10**	**5**	**33 %**
3 ROLLEN	148	**15**	**100 %**
3.1 Weitere Rollen	12	10	67 %
3.1 Coach und Begleiter	11	10	67 %
3.1 Projektverantwortung	10	10	67 %
3.1 Berater	11	8	53 %
3.1 Ansprechpartner und Experte in PE-Themen	10	8	53 %
3.1 Führungskraft	9	8	53 %
3.1 Entscheider, Treiber oder Gestalter	9	7	47 %
3.1 Trainer oder Moderator von Veranstaltungen	7	7	47 %
3.1 Mädchen für alles	8	5	33 %
3.1 Vermittelnde Schnittstelle sein (Kommunikator)	9	5	33 %
3.1 Vorausschauender Ideenentwickler	5	5	33 %
3.1 Konzeptentwickler	4	4	27 %
3.1 Veränderer der Organisation	6	4	27 %
3.2 STRATEGISCHE ROLLE VON PE-lern	**37**	**14**	**93 %**
3.2.1 STRATEGISCHE ROLLE_POSITIV	16	9	60 %

	Absolute Häufigkeit	Anzahl Fälle	Anzahl Fälle in %
3.2.1.1 Strategische Rolle_positiv_Aufmerksamkeit durch Geschäftsführung	9	7	47 %
3.2.1.1 Strategische Rolle_positiv_PE_Strategie	3	3	20 %
3.2.1.1 Strategische Rolle_positiv_Überzeugungsfähigkeit und Vernetzung	4	4	27 %
3.2.2 FORM DER STRATEGISCHEN EINBINDUNG	21	12	80 %
3.2.2.1 Fokus auf der Umsetzung und Ableitung von Maßnahmen	21	12	80 %
5 SUBJEKTIVE THEORIEN ÜBER DIE GESTALTUNG UND LEITUNG VON PE-PROJEKTEN	**884**	**14**	**100 %**
5.1 PROJEKTTYP: BILDUNGSMAßNAHME (BM)	**553**	**8**	**57 %**[95]
5.1.1 VORAUSSETZUNGEN DES PROJEKTTYPS BM	41	8	100 %
5.1.1.1 PERSONALE VORAUSSETZUNGEN BM	25	8	100 %
5.1.1.1.1 Projektauftrag	6	5	63 %
5.1.1.1.1 Unterstützung durch Geschäftsführung	6	5	63 %
5.1.1.1.1 Unterstützung durch Management	6	5	63 %
5.1.1.1.1 Vorerfahrung und Kompetenz	7	4	50 %
5.1.1.2 INHALTLICHE VORAUSSETZUNGEN BM	11	5	63 %
5.1.1.2.1 Analyseergebnisse	8	3	38 %
5.1.1.2.1 Veränderungen im Unternehmen	3	2	25 %
5.1.1.3 MATERIELLE VORAUSSETZUNGEN BM	5	4	50 %
5.1.2 ZIELSETZUNGEN DES PROJEKTTYPS BM	52	8	100 %
5.1.2.1 PERSÖNLICHE UND KOLLEKTIVE ABSICHTEN BM	16	5	63 %
5.1.2.1.1 Kompetenznachweis	10	3	38 %
5.1.2.1.1 Weitere persönliche und kollektive Absichten	6	3	38 %
5.1.2.2 PROJEKTZIELE BM	36	8	100 %
5.1.2.2.1 MITARBEITENDE ANZIEHEN, BINDEN, ENTWICKELN	9	4	50 %
5.1.2.2.2 VERHALTEN VON FÜHRUNSGKRÄFTEN	10	3	38 %

95 Dieser Wert bildet mit 57 % den prozentualen Anteil des Projekttyps „Bildungsmaßnahme (BM)" im Verhältnis zur auswertbaren Stichprobe (n = 14) ab. Es wurden gemäß der Kategoriendefinition acht Einzelfälle dem Projekttyp zugeordnet.

	Absolute Häufigkeit	Anzahl Fälle	Anzahl Fälle in %
5.1.2.2.2.1 Umgang mit sich selbst	6	3	38 %
5.1.2.2.2.1 Weitere Führungsaufgaben	4	3	38 %
5.1.2.2.3 VERHALTEN VON MITARBEITENDEN	8	4	50 %
5.1.2.2.4 WEITERE BM-PROJEKTZIELE	9	6	75 %
5.1.3 PHASEN DES PROJEKTTYPS BM	413	8	75 %
5.1.3.1 INITIALISIERUNG/ANALYSE	45	7	88 %
5.1.3.1.1 Projektauftrag	7	2	25 %
5.1.3.1.2 Auftragsklärung	9	2	25 %
5.1.3.1.3 Analyse der Ausgangssituation	8	1	13 %
5.1.3.1.4 BEDARFSANALYSE	21	3	38 %
5.1.3.1.4.1 Fragebogenerhebung	12	1	13 %
5.1.3.1.4.1 Interviews	9	3	38 %
5.1.3.2 GROBKONZEPTION	46	6	75 %
5.1.3.2.1 ABSTIMMUNG GROBKONZEPT	26	5	63 %
5.1.3.2.1.1 Führungskräfte im Business	15	3	38 %
5.1.3.2.1.1 Geschäftsführung	7	2	25 %
5.1.3.2.1.1 Weitere Personengruppen	4	2	25 %
5.1.3.2.2 ERARBEITUNG GROBKONZEPT	20	6	75 %
5.1.3.3 ANBIETERAUSWAHL	20	2	25 %
5.1.3.4 PROJEKTPLANUNG	4	3	38 %
5.1.3.5 DETAILKONZEPTION	67	8	100 %
5.1.3.5.1 ABSTIMMUNG DETAILKONZEPT	36	8	100 %
5.1.3.5.1.1 Betriebsrat	7	3	38 %
5.1.3.5.1.1 Direkter Vorgesetzter	4	1	13 %
5.1.3.5.1.1 Führungskräfte im Business	9	5	63 %
5.1.3.5.1.1 Geschäftsführung	2	1	13 %
5.1.3.5.1.1 Projektteam	5	3	38 %
5.1.3.5.1.1 Weitere Personengruppen	9	6	75 %
5.1.3.5.2 ERARBEITUNG DETAILKONZEPT	31	8	100 %

	Absolute Häufigkeit	Anzahl Fälle	Anzahl Fälle in %
5.1.3.6 UMSETZUNG	159	8	100 %
5.1.3.6.1 PILOTIERUNG	34	2	25 %
5.1.3.6.1.1 Abschluss	2	2	25 %
5.1.3.6.1.1 Evaluation	10	2	25 %
5.1.3.6.1.1 Mobilisierung von Teilnehmenden	5	2	25 %
5.1.3.6.1.1 Schritte zur Umsetzung	5	2	25 %
5.1.3.6.1.1 Vorbereitung der Pilotierung	12	1	13 %
5.1.3.6.2 DURCHFÜHRUNG	125	7	88 %
5.1.3.6.2.1 Akquise von Teilnehmenden	39	6	75 %
5.1.3.6.2.1.1 Kommunikation der Maßnahme	7	2	25 %
5.1.3.6.2.1.1 Nominierung durch FKs	20	4	50 %
5.1.3.6.2.1.1 Verarbeitung der Anmeldungen	12	5	63 %
5.1.3.6.2.2 Organisation und Koordination	17	4	50 %
5.1.3.6.2.3 Vorbereitende Schritte	32	4	50 %
5.1.3.6.2.4 Durchführung der Bildungsmaßnahme	4	3	38 %
5.1.3.6.2.5 Qualitätssicherung	21	4	50 %
5.1.3.6.2.6 Kommunikation nach Durchführung	12	3	38 %
5.1.3.7 EVALUATION	36	6	75 %
5.1.3.7.1 Evaluation	23	6	75 %
5.1.3.7.1 Überarbeitung Konzept	13	4	50 %
5.1.3.8 WELTWEITE UMSETZUNG	36	1	13 %
5.1.3.8.1 Abstimmung Konzept	8	1	13 %
5.1.3.8.1 Erstellung Konzept	6	1	13 %
5.1.3.8.2 Analyse	15	1	13 %
5.1.3.8.3 Übergabe und Controlling	3	1	13 %
5.1.3.8.4 Evaluation	4	1	13 %
5.1.4 KRITISCHE EREIGNISSE DES PROJEKTTYPS BM	47	8	100 %
5.1.4.1 Personelle Wechsel	5	3	38 %
5.1.4.1 Promotoren	4	3	38 %

	Absolute Häufigkeit	Anzahl Fälle	Anzahl Fälle in %
5.1.4.1 Weitere kritische Ereignisse	19	8	100 %
5.1.4.1 Widerstand durch Management	9	7	88 %
5.1.4.1 Widerstand von Betroffenen	5	3	38 %
5.1.4.1 Zeit und Ressourcen	5	3	38 %
5.2 PROJEKTTYPUS: FÖRDERMAßNAHMEN (FM)	**275**	**5**	**36 %[96]**
5.2.1 VORAUSSETZUNGEN DES PROJEKTTYPS FM	26	5	100 %
5.2.1.1 PERSONALE VORAUSSETZUNGEN FM	13	5	100 %
5.2.1.1.1 Projektauftrag	5	4	80 %
5.2.1.1.1 Unterstützung durch Geschäftsführung	1	1	20 %
5.2.1.1.1 Unterstützung durch Management	2	2	40 %
5.2.1.1.1 Vorerfahrung	1	1	20 %
5.2.1.1.1 Weitere personale Voraussetzungen	4	2	40 %
5.2.1.2 INHALTLICHE VORAUSSETZUNGEN FM	13	4	80 %
5.2.1.2.1 Analyseergebnisse	3	2	40 %
5.2.1.2.1 Unzureichender Prozess oder Angebot	7	4	80 %
5.2.1.2.1 Veränderungen im Unternehmen	3	3	60 %
5.2.2 ZIELSETZUNGEN DES PROJEKTTYPS FM	29	5	100 %
5.2.2.1 PERSÖNLICHE ABSICHTEN FM	6	4	80 %
5.2.2.1.1 Kompetenznachweis	2	2	40 %
5.2.2.1.1 Weitere persönliche Absichten	4	3	60 %
5.2.2.2 PROJEKTZIELE FM	23	5	100 %
5.2.2.2.1 Systematik und Struktur	14	5	100 %
5.2.2.2.2 Weitere FM-Projektziele	9	3	60 %
5.2.3 PHASEN DES PROJEKTTYPS FM	198	5	100 %
5.2.3.1 AUFTRAGSKLÄRUNG	17	4	80 %
5.2.3.2 LÖSUNGSEXPLORATION	31	5	100 %

[96] Dieser Wert bildet mit 36 % den prozentualen Anteil des Projekttyps „Fördermaßnahme (FM)" im Verhältnis zur auswertbaren Stichprobe (n = 14) ab. Es wurden gemäß der Kategoriendefinition fünf Einzelfälle dem Projekttyp zugeordnet.

	Absolute Häufigkeit	Anzahl Fälle	Anzahl Fälle in %
5.2.3.2.1 Abstimmung von Lösungsideen	9	3	60 %
5.2.3.2.1 Lösungsentwicklung	15	5	100 %
5.2.3.2.1 Projektplanung und –vorbereitung	7	3	60 %
5.2.3.3 KONZEPTION	82	5	100 %
5.2.3.3.1 ABSTIMMUNG KONZEPT	56	5	100 %
5.2.3.3.1.1 Direkter Vorgesetzter	5	3	60 %
5.2.3.3.1.1 Führungskräfte im Business	23	5	100 %
5.2.3.3.1.1 Geschäftsführung	9	2	40 %
5.2.3.3.1.1 Human Resources Vertreter	9	4	80 %
5.2.3.3.1.1 Projektteam	4	2	40 %
5.2.3.3.1.1 Weitere Personengruppen	6	3	60 %
5.2.3.3.2 ERARBEITUNG KONZEPT	26	5	100 %
5.2.3.4 UMSETZUNG	56	4	80 %
5.2.3.4.1 Pilotierung	12	1	20 %
5.2.3.4.1 Vorbereitung Rollout	33	4	80 %
5.2.3.4.2 Implementierung	11	3	60 %
5.2.3.5 ABSCHLUSS UND NACHBEREITUNG	12	4	80 %
5.2.4 KRITISCHE EREIGNISSE DES PROJEKTTYPS FM	22	5	100 %
5.2.4.1 Managementunterstützung	8	4	80 %
5.2.4.1 Promotoren	2	2	40 %
5.2.4.1 Weitere kritische Ereignisse	9	5	100 %
5.2.4.1 Zeit und Ressourcen	3	3	60 %
5.3 PROJEKTTYP: BEGLEITUNG VON CHANGE (CM)	**56**	**1**	**7 %**
5.3.1 VORAUSSETZUNGEN DES PROJEKTTYPS CM	6	1	100 %
5.3.1.1 PERSONALE VORAUSSETZUNGEN CM	6	1	100 %
5.3.1.1.1 Projektauftrag	2	1	100 %
5.3.1.1.1 Unterstützung Geschäftsführung	2	1	100 %
5.3.1.1.1 Weitere personale Voraussetzungen	2	1	100 %
5.3.2 ZIELSETZUNGEN DES PROJEKTTYPS CM	6	1	100 %

	Absolute Häufigkeit	Anzahl Fälle	Anzahl Fälle in %
5.3.2.1 Kollektive Absichten	5	1	100 %
5.3.2.1 Projektziele CM	1	1	100 %
5.3.3 PHASEN DES PROJEKTTYPS CM	35	1	100 %
5.3.3.1 Auftragsklärung und Initialisierung	13	1	100 %
5.3.3.2 Konzeptentwicklung	16	1	100 %
5.3.3.3 Durchführung von Maßnahmen	6	1	100 %
5.3.4 KRITISCHE EREIGNISSE DES PROJEKTTYPS CM	9	1	100 %
5.3.4.1 Managementunterstützung	3	1	100 %
5.3.4.2 Zeit und Ressourcen	1	1	100 %
5.3.4.3 Weitere kritische Ereignisse	5	1	100 %

3.4. Fallzusammenfassungen

	PE-Verständnis der Personalentwickler	Zukünftige Personalentwicklung	Personalentwicklung im Unternehmen	Probleme und Herausforderungen der Personalentwicklung	Erforderliche Kompetenzen von Personalentwicklern
IP 01	Personalentwicklung ist eine stärkenorientierte Weiterentwicklung von Personal, angebunden an das Unternehmen und seinen Zweck. Durch die Anbindung an den Zweck des Unternehmens wird Entwicklung zu Personalentwicklung. Die Ausrichtung am Unternehmensinteresse steht im Vordergrund, der Mitarbeitende und dessen pflegliche Behandlung gelten als Mittel zum Zweck. Aufgabe der Personalentwicklung ist die Berücksichtigung der Interessen von Mitarbeitenden und dem Unternehmen. Talententwicklung ist ein spezieller Teil von Personalentwicklung.	Wandel von Management zu Leadership (insbesondere Verankerung von Werten) Nach der Streichung des großen Seminarkataloges müssen alternative Entwicklungsangebote geschaffen werden. Vermittlung von Fachwissen sowie die Verankerung von intrinsischer Motivation und Begeisterung bei den Mitarbeitenden.	Personalentwicklung ist Führungskräfteentwicklung und fachliche Weiterbildung Der Fokus der Führungskräfteentwicklung liegt auf der Sicherung qualifizierter Nachwuchsführungskräfte und der weiteren Befähigung von vorhandenen Funktionsträgern. Die Führungskraft gilt als erster Personalentwickler, die von der Abteilung „Führungskräfteentwicklung" für ihre Aufgaben befähigt wird. Es findet in der Regel kein Einbezug in Projekte mit OE-Charakter oder Kulturinitiativen statt.	Begrenzte Einflussnahme durch eine fehlende Gestaltungsrolle in OE- und Unternehmenskultur-Projekten Steigender Kosten- und Leistungsdruck, indem mit minimalen Ressourcen mehr erreicht werden soll als vorher. Aus Sicht von IP 01 muss Mitarbeitenden z. B. in Form von flexiblen Arbeitsmodellen ein Ausgleich angeboten werden. In Bezug auf PE muss eine Qualifizierung aller Mitarbeitenden durch alternative Entwicklungsangebote (wie Lunch & Learn Sessions) erreicht werden kann. PE-Projekte ohne größeres Budget und langfristigen Planungshorizont	Wissen über Projekte, Projektleitung und Konzepte (z. B. Scrum) Selbstbewusstes Auftreten im Umgang mit Führungskräften (kritisch hinterfragen und Grenzen setzen) Als Führungskraft in der Personalentwicklung Vorbild sein

	Handlungsleitende Werte und Einstellungen	Rollen in der Personalentwicklung	Fallzusammenfassung I
IP 01	Entwicklung ist ein Grundbedürfnis von Menschen und lebenslang möglich. Stärkenorientierung ist bei derEntwicklung wesentlich. Anspruch, ein Vorbild zu sein z. B. als Führungskraft bei der Entwicklung der eigenen Mitarbeitenden.	Experte und Konzeptentwickler, Coach, Führungskraft, Projekt-leitung kleinerer Projekte, Veran-staltungsmoderation Gestaltungsauftrag bei OE- oder Unternehmenskulturthemen nicht vorhanden, wird aber implizit gelebt Keine strategisch gestaltende, sondern eine strategisch erfüllende Rolle (durch Ausrichtung der Aktivitäten an der Strategie)	Personalentwicklung ist die stärkenorientierte Weiterentwicklung von Personal, angebunden an das Unternehmen und seinen Zweck. Interviewperson 01 hebt die Anbindung an den Unternehmenszweck und die -strategie als Kernmerkmal von PE heraus. Für sie selbst liegt das Interesse aber in erster Linie bei der Entwicklung von Menschen. Die Talententwicklung zählt für IP 01 zur Personal- bzw. Führungskräfteentwicklung. Im Unternehmen liegt der Fokus auf der Führungskräfteentwicklung und fachlicher Weiterbildung. Die Führungskraft ist erster Personalentwickler, befähigt durch die Führungskräfteentwicklung. Einen Seminarkatalog für alle Mitarbeitenden gibt es aus Kostengründen nicht mehr, stattdessen werden Wege über alternative Angebote wie Lunch & Learn-Sessions gesucht. Maßnahmen der Organisationsentwicklung oder zur Gestaltung der Unternehmenskultur liegen nicht im Verantwortungsbereich der PE. IP 01 unterstreicht die Wichtigkeit, Vorbild zu sein und begründet damit den hohen Anspruch an sich selbst, bei der Entwicklung von ihren Mitarbeitenden. Die handlungsleitenden Werte zeigen eine deutliche Potenzialorientierung. IP 01 hätte gerne einen Gestaltungsauftrag für OE-Projekte und versucht ihre Kenntnisse implizit zu nutzen. Die Ausrichtung am Unternehmenszweck und den Unternehmenszielen ist für die Interviewperson wesentlich, die strategische Rolle beschränkt sich aber hierauf.

	PE-Projekttyp und Kernthema	PE-Projekt: Voraussetzungen	PE-Projekt: Zielsetzungen	PE-Projekt: Phasen	PE-Projekt: Kritische Ereignisse	Fallzusammenfassung II
IP 01	Projekttyp Bildungsmaßnahme, Neukonzeption Führungsausbildung	Durch eine strategische Neuausrichtung waren eine erhöhte Sensibilität der Geschäftsführung und ein mündlicher Auftrag vorhanden.	Eigene Legitimität und Kompetenz nachweisen. Die Neuausrichtung unterstützen sowie die Reputation als Arbeitgeber stärken.	Bedarfsanalyse mittels Interviews, Abstimmung des Grobkonzepts mit der Geschäftsführung, Erarbeitung des Grobkonzepts, Projektplanung, Abstimmung des Detailkonzepts mit dem direkten Vorgesetzten und Teilnehmenden, Erarbeitung des Detailkonzepts, Umsetzung (u. a. unternehmensweite Kommunikation, Einleitung eines Nominierungprozesses), Evaluation und Überarbeitung	Unzufriedenheit mit der alten Führungsausbildung, persönliche Ressourcen und Zeitdruck	Das PE-Projekt zeichnet sich durch eine intensive Projektkommunikation in verschiedene Bereiche des Gesamtunternehmens aus, die Abstimmungsprozesse im Rahmen der Entwicklung des Konzepts verlaufen aber in erster Linie mit der Geschäftsführung und dem direkten Vorgesetzten. Als Analyse- und Evaluationsinstrumente werden lediglich stichprobenhaft Interviews geführt.

	PE-Verständnis der Personalentwickler	Zukünftige Personalentwicklung	Personalentwicklung im Unternehmen	Probleme und Herausforderungen der Personalentwicklung	Erforderliche Kompetenzen von Personalentwicklern
IP 02	Die optimale Entwicklung findet im Prozess der Arbeit durch die Bearbeitung herausfordernder Aufgaben statt sowie unter Einsatz der individuellen Stärken. Der Entwicklungsprozess wird von der Führungskraft begleitet. IP 06 betont, dass Mitarbeitende für ihre Karriere selbst verantwortlich sind. Aufgabe der Personalentwicklung ist die Befähigung der Führungskräfte zur Umsetzung der Unternehmenswerte und zur Selbstentwicklung ihrer Mitarbeitenden sowie das Angebot unterstützender Entwicklungsmaßnahmen (z. B. Programme). Im Unternehmensinteresse besteht die Hauptaufgabe im Aufbau einer Talent Pipeline und der Bindung von Mitarbeitenden u. a. durch Entwicklungs-optionen.	Angebot flexibler Arbeitsmodelle und die Entwicklung eines transparenten PE-Systems entlang der Interessen des Unternehmens und der Mitarbeitenden (u. a. Teilzeit, Langzeitkonten). Sicherstellung einer strukturierten Nachfolgeplanung sowie einer Zentralisierung der Führungsausbildung.	Personal- und Organisationsentwicklung gehören zusammen. Der Fokus liegt auf der Leistung im Beruf und weniger auf Trainings.	Es gibt sinnvolle Kennzahlen in der Personalentwicklung, die auch genutzt werden sollten. Bei Kosteneinsparungen wird immer zuerst da gestrichen, wo keine Kennzahlen vorhanden sind. Der Personalbereich ist in Wellenbewegungen immer wieder Spielball von Veränderungen. Es herrscht bei manchen Führungskräften die Vorstellung vor, dass Mitarbeitende in der PE „repariert" werden. Die PE-Abteilung kann jedoch nur den Prozess in der Arbeit, in dem die „eigentliche" Entwicklung stattfindet, begleiten. Eine individualisierte Personalentwicklung muss zukünftig durch den engen Arbeitsmarkt vorhanden sein.	Veränderungen im Marktumfeld proaktiv aufgreifen und den Mehrwert sowie Grenzen für das Unternehmen aufzeigen. Wertschätzend und transparent mit den Menschen umgehen. Aufbau eines belastbaren Netzwerks und einer gewissen Seniorität hinsichtlich informeller Berichtslinien und Befindlichkeiten.

	Handlungsleitende Werte und Einstellungen	Rollen in der Personalentwicklung	Fallzusammenfassung I
IP 02	Jeder Mensch ist immer entwickelbar, erreicht aber auch aufgrund seiner persönlichen Voraussetzungen Grenzen. Als Personalentwickler sind die Unternehmensziele maßgebend. Ein wertschätzender, ehrlicher und transparenter Umgang führt zu einem guten Unternehmensklima. Reputation entsteht durch gute Arbeit.	Weitsichtiger Experte, Projektentwickler, Ansprechpartner und Berater mit besonderem Augenmerk auf dem Nachweis des Beitrags des eigenen Bereichs Wegbereiter und schneller Entscheider für Mitarbeitende der eigenen Abteilung Strategische Einflussnahme ist gering und durch die Beraterrolle stark von der Vernetzung und der Überzeugungsfähigkeit abhängig	Optimale Personalentwicklung findet gemäß IP 02 im Prozess der Arbeit bei der Bearbeitung von Aufgaben statt, die Mitarbeitende an ihre Grenzen bringen. Die Führungskraft hat die Aufgabe sicherzustellen, dass der Mitarbeitende derartige Aufgaben erhält und einen gesicherten Rahmen zur Aufgabenbewältigung hat. Die Führungskraft wird somit als Entwicklungsbegleiter im Prozess der Arbeit gesehen, der den Mitarbeitenden in seiner Selbstentwicklung unterstützen soll. Aufgabe der PE-Abteilung ist das Angebot von Unterstützungsmaßnahmen sowie die Sicherstellung des Aufbaus, der Entwicklung und Bindung von Nachwuchskräften. Im Unternehmen von IP 02 gehören Personal- und Organisationsentwicklung zusammen. IP 02 sieht insbesondere in der Erarbeitung von Kennzahlen eine wichtige Aufgabe und hat in diesem Bereich selbst ausgeprägte Kompetenzen. Die Zahlenorientierung, informelle Vernetzung mit wichtigen Entscheidungsträgern im Unternehmen sowie das Leisten guter Arbeit werden als Grund für die eigene, als gut empfundene Positionierung betrachtet. Die Beraterrolle sowie Aufmerksamkeitsverschiebungen der Geschäftsführung werden zudem als Ursache für die eher geringe strategische Einflussnahme genannt. IP 02 orientiert sich konsequent an der Unternehmensstrategie und arbeitet vorausschauend, mit einem Blick auf Trends und Entwicklungen im Markt.

	PE-Projekttyp und Kernthema	PE-Projekt: Voraussetzungen	PE-Projekt: Zielsetzungen	PE-Projekt: Phasen	PE-Projekt: Kritische Ereignisse	Fallzusammenfassung II
IP 02	Projekttyp Bildungsmaßnahme, Entwicklung eines Ausbildungspfades und -programms	Die Geschäftsführung war für die Dringlichkeit des Themas aufgrund von personellen Rückgängen sensibilisiert, ebenso stützten die Ergebnisse von Analysen den Handlungsbedarf.	Ressourcenneutrale Maßnahme entwickeln, die von den betroffenen Geschäftsbereichen akzeptiert wird und die Rückgänge aufhebt.	Umfassende Analyse der Ausgangssituation, Abstimmung und Erarbeitung des Grobkonzepts mit den Geschäftsbereichen, Projektplanung, Abstimmung und Erarbeitung der Detailkonzeption, Umsetzung (u. a. Nominierungsprozess), Evaluation (u. a. Langzeitanalyse)	Personelle Wechsel von wichtigen Projektbeteiligten sowie in der eigenen Abteilung, laufende Änderungen im Prozess durch Veränderungen im Geschäftsbereich mit Zeitdruck im Projekt als Folge sowie Widerstände von anderen Bereichen (Kampf um personelle Ressourcen als Grund)	Das PE-Projekt befindet sich in der Schnittstelle zwischen betrieblicher Ausbildung und Personalmarketing. Es zeichnet sich durch fundierte quantitative Analysen zu Beginn sowie am Ende des Projekts aus. Es finden Abstimmungsprozesse, auch informeller Natur, mit wichtigen Stakeholdern wie z. B. dem Betriebsrat statt.

	PE-Verständnis der Personalentwickler	Zukünftige Personalentwicklung	Personalentwicklung im Unternehmen	Probleme und Herausforderungen der Personalentwicklung	Erforderliche Kompetenzen von Personalentwicklern
IP 04	Personalentwicklung stellt die Person ins Zentrum und unterstützt sie möglichst individuell, lebenszyklusorientiert bei ihrer Entwicklung. Der Mitarbeitende ist der erste Personalentwickler. Führungskräfte begleiten den Mitarbeitenden bestmöglich bei seiner Entwicklung und entwickeln ihn im Sinne des Unternehmens – insbesondere auch abteilungsübergreifend. Personalentwicklung richtet sich an Führungskräfte und Talente, sollte aber auch alle anderen Mitarbeitenden einbeziehen. Aufgabe der PE ist das Angebot einer Toolbox mit verschiedenen Interventionsmöglichkeiten sowie der Aufbau begleitender Prozesse (z. B. Performance Management).	Zukünftige PE ist bedarfsorientiert und nimmt Abstand von Seminarkatalogen, aus denen jeder frei wählen kann. Mitarbeitende, die nicht zu den Talenten im Unternehmen gehören, müssen auch entwickelt werden. PE muss in den Entscheidungsgremien sichtbar sein und von den kurzfristigen Zyklen des Business losgelöst agieren können. Stärkere Einbindung in die Geschäftsbereiche bzw. eine größere Nähe zu den Geschäftsbereiche/n	Personal- und Organisationsentwicklung gehören zusammen. Breites Online-Lernangebot, Performance Management, fachliche Weiterbildung sowie spezifische Entwicklungsangebote für Talente Die Prozesse werden zentral aufgesetzt und in den Ländern an die lokalen Bedürfnisse adaptiert.	Begrenzte Wirksamkeit von Online-Lernangeboten („ist wie ein Buch lesen") PE ist oft zu wenig in das Business eingebunden, was aber häufig an den Personalentwicklern selbst liegt („PE-ler weiß, wie man es theoretisch macht, kennt aber nicht die Realität") Kurzfristige Planungszeiträume im Business und Gefahr von Einsparungen in der PE als Folge von schlechteren Geschäftszahlen Fehlende Durchsetzungsmöglichkeiten (z. B. in den Ländergesellschaften) oder fehlende Integration in Entscheidungsgremien	Realitätsnahes Verständnis vom Business (insbesondere auf der Ebene von Zahlen)

	Handlungsleitende Werte und Einstellungen	Rollen in der Personalentwicklung	Fallzusammenfassung I
IP 04	Individuelle Vorstellungen der Mitarbeitenden einbeziehen. Jeder Mitarbeitende, der bei uns anfängt, will etwas leisten. Jeder Mitarbeitende ist in jedem Alter veränderungsfähig. Es braucht nur ggf. etwas Zeit. Funktionierende Personalentwicklung beginnt beim Kopf des Unternehmens. Die obersten Führungskräfte sind kulturprägend. Mitarbeitende verlassen wegen ihren Führungskräften das Unternehmen („You join companies, but leave bosses").	Begleiter und Coach, Gestalter und Konzeptentwickler von Maßnahmen, Kontrolleur und Nachhalter von Maßnahmen, Trainer, Innovator, Assessor, Vermittler und Knotenpunkt zwischen den verschiedenen Unternehmensbereichen Eingebunden in die Entscheidungsgremien, dennoch aber kein Strategiegestalter	Personalentwicklung sollte aus Sicht von IP 04 möglichst individuell stattfinden und die Interessen der Mitarbeitenden einbeziehen. Hierfür wird auf das gesamte Instrumentarium von PE (z. B. Coaching, Mentoring) zurückgegriffen und Abstand von standardisierten Förderprogrammen genommen. Der Mitarbeitende wird als erster Personalentwickler gesehen. Die Führungskraft hat die Aufgabe den Mitarbeitenden bei seiner Entwicklung zu unterstützen und ggf. über Abteilungsgrenzen hinweg zu entwickeln. Im Unternehmen von IP 04 wird in erster Linie auf Talententwicklung fokussiert. Aus Sicht von IP 04 führt dies zu einer Vernachlässigung aller anderen Mitarbeitenden. Personal- und Organisationsentwicklung gehören zusammen. Unterstützungsangebote werden zentral entwickelt und lokal an die Bedürfnisse in den Ländern angepasst. Die Interviewperson hat eine sehr positive, humanistische Einstellung zu Mitarbeitenden und sieht in dem Verständnis der Unternehmensrealitäten und der Nähe zum Business eine Schlüsselkompetenz. Die gelebte Rollenvielfalt ist sehr facettenreich, strategisches Arbeiten findet gemäß IP 04 im Unternehmen kaum statt. Stattdessen ist die Arbeit im Gesamtunternehmen eher „hands on" und auf Maßnahmen orientiert. Trotz einer Einbindung in die Entscheidungsgremien findet keine proaktive Strategiegestaltung statt.

	PE-Projekttyp und Kernthema	**PE-Projekt: Voraussetzungen**	**PE-Projekt: Zielsetzungen**	**PE-Projekt: Phasen**	**PE-Projekt: Kritische Ereignisse**	**Fallzusammenfassung II**
IP 04	Projekttyp Bildungsmaßnahme, Einführung von Workshops zur Standortbestimmung	Ergebnisse von der Mitarbeiterbefragung verdeutlichten, dass ein Großteil der Mitarbeitenden keine Entwicklungsmöglichkeiten sieht. Es war ein Problembewusstsein bei der Geschäftsleitung vorhanden.	Qualität der Nachfolge verbessern, Erhöhung der Mitarbeiter-zufriedenheit sowie Mitarbeitenden für ihre Verantwortung für die eigene berufliche Entwicklung sensibilisieren.	Projektauftrag bei der Geschäftsleitung einholen, Abstimmung des Detailkonzepts mit zentralen Stakeholdern, Erarbeitung Detailkonzept, Pilotierung eines Workshops und Evaluation, Mobilisierung von Teilnehmenden, Organisation der Workshops, interne Ergebnispräsentation, Evaluation (u. a. Umfrage nach einem Jahr)	Personelle Wechsel, große Anzahl von Anmeldungen, inhaltliche Missverständnisse und Skepsis gegenüber dem Projekt von verschiedenen Betroffenen	Das PE-Projekt zeichnet sich durch eine Pilotierungsphase sowie durch quantitative Erhebungen zur Erfolgsbestimmung nach Abschluss des Projekts aus. IP 04 leitete nicht nur den Pilotierungsworkshop, sondern auch die darauf folgenden Workshops selbst.

	PE-Verständnis der Personalentwickler	Zukünftige Personalentwicklung	Personalentwicklung im Unternehmen	Probleme und Herausforderungen der Personalentwicklung	Erforderliche Kompetenzen von Personalentwicklern
IP 05	Es gibt drei Perspektiven, die bei Personalentwicklung ineinandergreifen: Persönlichkeitsentwicklung, PE und Weiterbildung. Weiterbildung zielt auf Kompetenzentwicklung, PE auf die gezielte, stellenbezogene Förderung. Persönlichkeitsentwicklung kann beides einschließen. Die Trennung der Perspektiven ist jedoch häufig künstlich. PE ist die Begleitung von Personen durch Veränderungen und ganzheitliche Organisationsentwicklung. PE vertritt die Interessen des Unternehmens und nicht die Interessen des Mitarbeitenden, wie dies z. B. der Betriebsrat macht. Eine tief in die Unternehmenskultur verankerte PE-Abteilung wird nicht weggehen.	Themen wie Wissens-management, Informationsmanagement, Kommunikationsmanagement sind noch zu wenig in PE-Abteilungen verankert, müssen dies aber stärker sein. E-Learning bleibt ein wichtiges Thema Betriebliche Ausbildung wird noch stärker in Netzwerken, auch mit anderen Unternehmen, organisiert sein. PE muss von Beginn an in Veränderungsprozesse einbezogen werden („First Mover sein“) und das Bewusstsein schaffen, dass es um Prozesse, Strukturen *und* Menschen geht.	PE ist Führungskräfteentwicklung, Mitarbeiterweiterbildung, Ausbildung mit modernen Methoden (e-Learnings, Webinare, Teamentwicklung, Assessment Center etc.) Kulturentwicklung und Change Management gehören prinzipiell dazu, der Bereich wird aber oft zu spät oder gar nicht einbezogen. Kundenorientierung ist durch Restrukturierung ein Teilgebiet der PE. Wissensmanagement ist offiziell dabei, gibt aber kaum Aktivitäten.	IP 05 sieht keinen Beleg dafür, dass Trainings den gewünschten Effekt erzielen. Zentralisierungs- und Spezialisierungstendenzen (HR Business Partner-Modell) sind kritisch, da Menschen in ihrer lokalen Kultur verankert sind und es immer Anpassungen benötigt. Die PE-Abteilung kann kein schwächelndes Business Modell auffangen, das Unternehmen würde bei Abschaffung der PE-Abteilung nicht untergehen, ihr Stellenwert ist deshalb begrenzt. Grenzen der Leistungsfähigkeit: „Du kannst aus einem Esel mit viel Training trotzdem kein Rennpferd machen. Es bleibt ein Esel.“ Kompetenzen der Personalentwickler	Leute begleiten können z. B. durch Humor oder ein Gespür für Menschen Veränderungen kompetent begleiten Handwerkliche Kompetenzen: Trainingskonzeption, Moderations- und Präsentationstechniken, Gesprächsführung, Strategieentwicklung und Change Management Im Unternehmen vernetzt sein und ein „Ohr an der Organisation“ haben Grenzen der PE akzeptieren (nicht jeder ist für jede Aufgabe geeignet und entwickelbar)

	Handlungsleitende Werte und Einstellungen	Rollen in der Personalentwicklung	Fallzusammenfassung I
IP 05	IP 05 glaubt nicht an das „amerikanische Modell", dass jede/r alles erreichen kann. Es müssen auch Menschen zurückgelassen werden. Menschen sind selbstbewusst, interessensgeleitet, zwischen bequem und Veränderungen mit treibend PE ist nicht Betriebsrat, sondern Vertreter der Unternehmensinteressen Fairer, gleichberechtigter Umgang mit Menschen, auch in Veränderungsprozessen	Fachkompetenter Ansprechpartner, Treiber, Verantwortlicher für Prozesse und Projekte, vorausschauender Ideenentwickler, eher selten: Begleiter bei Problemen Strategischer Einfluss ist auf die eigenen Programme und die eigene Abteilung beschränkt („das große Rad wird von anderen gedreht")	Personalentwicklung besteht für IP 05 aus Weiterbildung (v. a. Kompetenzentwicklung), Personalentwicklung (v. a. stellenbezogene Förderung) und Persönlichkeitsentwicklung, die ineinandergreifen und ganzheitlich betrachtet werden müssen. Je nach Aufgabenstellung ist eine Perspektive in der Lösungserarbeitung dominierender als eine andere. PE ist ebenso ganzheitliche Organisationsentwicklung und die frühzeitige Begleitung von Menschen und der Organisation bei Veränderungsprozessen. Eine tief in der Unternehmenskultur verankerte PE ist für IP 05 nicht austauschbar. Im Unternehmen gehören grundsätzlich Personal- und Organisationsentwicklung zusammen, in der gelebten Praxis liegt aber der Fokus auf Bildung. Wissensmanagement spielt kaum noch eine Rolle. Es ist aber der Wunsch von IP 05, dass die PE-Abteilung Motor der Veränderung und „First Mover" ist. Es fehlt Personalentwicklern in diesem Bereich an handwerklichen Kompetenzen. Die interne Vernetzung gilt als erfolgsentscheidend. IP 05 sieht ein Problem im geringen Stellenwert der PE-Abteilung, die für das Überleben des Unternehmens nicht als entscheidend gesehen wird. PE steht bei Restrukturierungen nicht an erster Stelle. Es liegt ebenso ein Problem in den Grenzen der Leistungsfähigkeit der PE, wenn es um die Entwicklung von Mitarbeitenden geht (u. a. mangelhafte Nachweisbarkeit der Wirkung von Trainings). IP 05 sieht sich als Vertreter der Unternehmensinteressen, der fair und gleichberechtigt Menschen in Entwicklungs- und Veränderungsprozesse einbezieht, gleichwohl aber auch Menschen zurücklässt, wenn dies erforderlich ist. Der strategische Einfluss ist auf den eigenen Bereich beschränkt.

	PE-Projekttyp und Kernthema	**PE-Projekt: Voraussetzungen**	**PE-Projekt: Zielsetzungen**	**PE-Projekt: Phasen**	**PE-Projekt: Kritische Ereignisse**	**Fallzusammenfassung II**
IP 05	Projekttyp Bildungsmaßnahme, Neue Schulung	Auftrag auf Geschäftsleitungsebene proaktiv eingeholt und vorhanden, ebenso die Zustimmung des erforderlichen Geschäftsbereichs. Budget für das Projekt war vorhanden.	Eigene Kompetenzen in einem größeren Projekt unter Beweis stellen, Geschäftsergebnis verbessern	Auftragsklärung, Erarbeitung Grobkonzept, Abstimmung Grobkonzept mit direktem Vorgesetzten und Entscheidungsgremium, Anbieterauswahl, Erarbeitung Detailkonzept mit Anbieter, Abstimmung Detailkonzept mit Projektgruppe, Kommunikation der Maßnahme, Mobilisierung von Teilnehmenden (Nominierungsprozess), Durchführung, Evaluation (qualitativ) und Überarbeitung	Vertragliche Missverständnisse mit dem Anbieter, Umsetzung des Schulungskonzepts durch unterschiedliche Teilnehmer nicht wie geplant möglich	Das PE-Projekt zeichnet sich durch eine proaktive Initiierung und dem Aufgreifen einer Problemstellung im Business aus. Das Projekt wird mit einem externen Anbieter auf Basis eines ähnlichen Konzepts im Unternehmen gestaltet. Es finden kaum Abstimmungsschleifen mit dem Business statt und keine eigene Konzeption. Zu Beginn lagen Zahlen aus dem Geschäftsbereich zur Begründung der Problemstellung vor, die Evaluation fokussiert aber auf eine Zufriedenheitsabfrage und nicht auf eine Messung des Erfolgs im Sinne der Projektziele.

	PE-Verständnis der Personalentwickler	Zukünftige Personalentwicklung	Personalentwicklung im Unternehmen	Probleme und Herausforderungen der Personalentwicklung	Erforderliche Kompetenzen von Personalentwicklern
IP 06	PE unterstützt die Mitarbeitenden lebenszyklusorientiert, damit sie engagiert, motiviert und mit der richtigen Einstellung im Team Resultate für das Unternehmen liefern und sich selbst weiterentwickeln. Die Führungskraft leistet PE im Prozess der Arbeit. Der Mitarbeitende ist verantwortlich für seine Entwicklung. Die PE-Abteilung bietet einen Rahmen für Entwicklung im Prozess der Arbeit. Der Auftrag der PE-Abteilung ist die Sicherstellung des Talent-Managements und der Nachfolgeplanung (in Zusammenarbeit mit den Führungskräften: „recruit, engage, retain talent"), aber auch die Führungskräfteentwicklung und fachliche Weiterbildung. Der Kernauftrag ist die Passion für Menschen.	Übergreifende Teamkollaboration („Cross Team, Cross Unit, Cross Division") als Herausforderung Trends in der Führungskräfteentwicklung: Arbeitsplatzgestaltung, Arbeitszeitmodelle, mehr Sinnstiftung, intrinsische Motivation fördern Klärung der Umsetzung von Talent-Management: Was leistet PE? Was leistet die Führungskraft? Welche Verantwortung (z. B. durch selbstgesteuertes, informelles Lernen) hat der Mitarbeiter? Aufbau von Lernangeboten, die selbstgesteuert genutzt werden können (u. a. kollaborative Lernplattformen) Weg von klassischen Seminaren zu einer stärker informell gerahmten Lernlandschaft Mit weniger Ressourcen und weniger formaler Personalentwicklung das gleiche Resultat erzielen Themen, die Bestand haben: Führungskräfteentwicklung, Change Management	Durch fehlende Ressourcen sind die Führungskraft und der Mitarbeitende für PE verantwortlich. Organisationsentwicklung und Unterstützung von Veränderungsprozessen gehören zum Verantwortungsbereich der PE-Abteilung. Es gibt telefonische „Service Delivery Lines" und eine Corporate Business University.	Durch Kostendruck kann der PE-Bereich weniger leisten als vorher und muss Wege finden, mit weniger Ressourcen dasselbe Resultat zu leisten (z. B. durch Delegation von Verantwortung auf Mitarbeitende und Führungskräfte). Zum Teil entstehen hierdurch Versorgungslücken, weshalb im Unternehmen manche Geschäftsbereiche eigene Trainingsverantwortliche unterstützen. Die PE-Abteilung wird durch den Aufbau geschickter Kanäle und Tools zum selbstgesteuerten Lernen langfristig überflüssig	Passion für Menschen haben

	Handlungsleitende Werte und Einstellungen	Rollen in der Personalentwicklung	Fallzusammenfassung I
IP 06	Der Mensch kann sich verändern. IP 06 glaubt an die Kernannahmen von Neuroplastizität. Echte Verhaltensänderung braucht Begleitung und Zeit. Menschen sind soziale Wesen und suchen nach einer sinnhaften Tätigkeit. Wird ihnen Letzteres geboten, arbeiten sie gerne auch mehr. Es geht um Resultate im Unternehmen, aber auch die richtigen, engagierten, motivierten Mitarbeitenden am richtigen Ort zu haben. Eine positive Grundhaltung in der Arbeit führt zu besseren Leistungen. Die Führungsaufgabe darf trotz hoher Belastung nicht zu kurz kommen.	Experte, Berater, Projektberater, Coach, Führungskraft, Projektleiter, Change Ambassador Die strategische Einbindung ist abhängig von der Aufmerksamkeit der Geschäftsführung. Die strategische Gestaltung beschränkt sich auf die Umsetzung von Maßnahmen.	Personalentwicklung ist die lebenszyklusorientierte Unterstützung des Mitarbeitenden, damit er engagiert, motiviert, kompetent und gemeinsam mit anderen Resultate liefert. Der Mitarbeitende entwickelt sich selbst, unterstützt von der Personalentwicklung. Die PE-Abteilung bietet einen Rahmen und fokussiert sich auf Talent-Management, Führungskräfteentwicklung und fachliche Weiterbildung. Im Unternehmen gehören Personal- und Organisationsentwicklung zusammen. Die Unterstützung von Veränderungsprozessen zählt ebenfalls zum Verantwortungsbereich der PE-Abteilung. Durch fehlende Ressourcen und Restrukturierungen ist der Personalbereich jedoch stark zentralisiert und reduziert worden. Mit weniger Ressourcen muss daher mehr erreicht werden. Die Delegation von PE-Verantwortung an die Mitarbeitenden und Führungskräfte ist die Lösungsstrategie des Unternehmens. Die klassische Rolle der PE-Abteilung wird hierdurch überflüssig und von der Delegation der PE-Verantwortung auf verschiedene Akteure verdrängt. IP 06 hat ein positives, humanistisches Menschenbild. Die Verzahnung einer positiven Grundhaltung, der Vermittlung von Sinn in der Arbeit führt zu besseren Leistungen und der Bereitschaft viel für das Unternehmen zu leisten. Die Führungsarbeit darf für IP 06 nicht zu kurz kommen. Wirkliche Verhaltensänderung braucht Begleitung und Zeit.

	PE-Projekttyp und Kern-thema	PE-Projekt: Voraussetzungen	PE-Projekt: Zielsetzungen	PE-Projekt: Phasen	PE-Projekt: Kritische Ereignisse	Fallzusammenfassung II
IP 06	Projekttyp Bildungsmaßnahme, Führungskräftetraining	Die Aufmerksamkeit der Geschäftsführung, persönliche Reputation der Abteilung und große Veränderungen im Geschäftsbereich waren auslösend für das Projekt.	Gute Arbeit leisten und andere von der eigenen Leistung überzeugen, Verhaltensänderung bei Führungskräften sicherstellen, Klarheit für die Verantwortlichkeiten schaffen und Handlungsrepertoire aufbauen, indirekt das Verhalten der Geschäftsführung verändern	Auftragsklärung, Analyse der Ausgangssituation (u. a. Interviews, Business Case), Abstimmung Grobkonzept mit dem Business, Erarbeitung Grobkonzept, Abstimmung Detailkonzept mit dem Business und eigenem Team, Erarbeitung Detailkonzept, Mobilisierung von Teilnehmenden (u. a. Nominierungsprozess), Train the Trainer, Durchführung, Evaluation auf der Prozess- und Zufriedenheitsebene, Überarbeitung	Stakeholdermanagement aufgrund des komplexen Projekts von Stakeholdern, organisatorische Probleme (u. a. Absagen von Managern)	Das Projekt findet im Kontext einer Veränderungsinitiative statt und zeigt den Beitrag, den die PE-Abteilung in diesem Feld üblicherweise leistet (= Trainingsmaßnahme anbieten). Es fand ein komplexes Stakeholdermanagement statt. Die Evaluation bleibt auf der Ebene der Prozessoptimierung und Zufriedenheit stehen und erfolgt vor allem qualitativ.

	PE-Verständnis der Personalentwickler	Zukünftige Personalentwicklung	Personalentwicklung im Unternehmen	Probleme und Herausforderungen der Personalentwicklung	Erforderliche Kompetenzen von Personalentwicklern
IP 07	Personalentwicklung ist die Schwester der Personalplanung, die wiederum eine Tochter der Businessplanung ist. Die Unterstützung der Unternehmensziele ist handlungsleitend und heißt beispielsweise dafür Sorge zu tragen, dass zum richtigen Zeitpunkt am richtigen Platz die richtigen Leute mit den richtigen Skills und der richtigen Einstellung in der richtigen Anzahl vorhanden sind. Es geht aber nicht nur um das Fachliche, sondern auch um die Einstellung und um eine ganzheitliche Sicht auf Mitarbeitende. Mitarbeitende sind verantwortlich für ihre Entwicklung, die Führungskraft begleitet den Entwicklungsprozess. Die PE-Abteilung setzt hierfür einen Rahmen. Personalentwicklung ist, insbesondere in Veränderungszeiten, das Geheimnis, um zufriedene Mitarbeitende zu haben, ihnen bei Problemen zu helfen und sie an das Unternehmen zu binden.	Arbeitszeit wird volatiler und macht Persönlichkeitsentwicklung besonders wichtig Durch die zunehmende Globalisierung wird sich die Form der Zusammenarbeit verändern (u. a. mehr Home Office). Einstellung auf eine neue Arbeitsgeneration von autonomen, selbstverantwortlichen Mitarbeitenden mit anderen Verhaltensweisen und Bedürfnissen als die bisherige Belegschaft. Die Bedürfnisse der Mitarbeitenden stärker einbeziehen und systematisch erheben. Es kommt eine Welle der Kommunikation und Kollaboration angesichts zunehmender Diversität und virtueller Zusammenarbeit auf die Unternehmen zu, was auch die Führungsarbeit betreffen wird. Wandel der Arbeitskultur (schneller, direkter, globaler) Verstärkte Nutzung von Social Media Technologien Wandel von Trainings- zu Changeprojekten	PE besteht aus Führungskräfteentwicklung, Vertrieb und Beratung, technischen Trainings. Es wird ebenso ein Lernportal angeboten. PE setzt in erster Linie Maßgaben der Geschäftsführung um. Ein großer Teil der PE-Arbeit wird an die Führungskräfte delegiert.	Es laufen viele Themen in der PE auf, die dort nicht hingehören. Häufig wird sich zu stark auf das Fachliche konzentriert und zu wenig auf die Einstellungsebene von Mitarbeitenden.	Informelle Vernetzung mit den Entscheidungsträgern im Unternehmen Klare Grenzen im Sinne des Unternehmens setzen

	PE-Verständnis der Personalentwickler	Zukünftige Personalentwicklung	Personalentwicklung im Unternehmen	Probleme und Herausforderungen der Personalentwicklung	Erforderliche Kompetenzen von Personalentwicklern
	Die PE-Abteilung hat den Auftrag die Unternehmens- und Mitarbeiterinteressen miteinander zu verzahnen.				

	Handlungsleitende Werte und Einstellungen	Rollen in der Personalentwicklung	Fallzusammenfassung I
IP 07	Jeder Mensch ist entwicklungsfähig, es sei denn, er will nicht mehr. Jeder möchte das Beste geben und hat vom Unternehmen eine Chance und Wertschätzung verdient. Der Mensch hat eine große Würde und deshalb Respekt verdient, insbesondere bei verschiedenen kulturellen Hintergründen.	Kundenberater, Coach, Mentor, Trainer, Portfoliomanager, Führungskraft, Mädchen für alles (= Sammelstelle für verschiedenste Themen), Business Development Manager IP 07 ist stark in die strategische Ausrichtung auf PE-Ebene einbezogen und informell mit den Entscheidungsträgern vernetzt. Der Fokus liegt aber auf der Umsetzung von Maßnahmen zur Unterstützung der Geschäftsziele.	Personalentwicklung ist eng an die Businessplanung angebunden und unterstützt mit geeigneten Maßnahmen das Erreichen der Geschäftsziele. PE nimmt den Mitarbeitenden ganzheitlich in den Blick und leistet einen Beitrag zur Entwicklung und Bindung der Mitarbeitenden. Der Mitarbeitende ist für seine Entwicklung in erster Linie selbst verantwortlich und wird von der Führungskraft begleitet. Die PE-Abteilung bietet einen Rahmen für Lernen und Entwicklung im Unternehmen. Im Unternehmen liegt ein Schwerpunkt auf der Bildung und Förderung von Mitarbeitenden. Die Führungskräfte und Mitarbeitenden tragen Verantwortung für PE, gerahmt von den Angeboten der PE-Abteilung. Die Interviewperson ist informell mit Entscheidungsträgern vernetzt und nutzt diese Netzwerke für ihre Arbeit. Sie hat ein potenzialorientiertes, humanistisches Menschenbild. Wertschätzung, Würde und Respekt im Umgang mit Menschen sind handlungsleitend, ebenso die Überzeugung, dass Mitarbeitende grundsätzlich das Beste geben wollen.

	PE-Projekttyp und Kern–thema	**PE-Projekt: Voraussetzungen**	**PE-Projekt: Zielsetzungen**	**PE-Projekt: Phasen**	**PE-Projekt: Kritische Ereignisse**	**Fallzusammenfassung II**
IP 07	Projekttyp Bildungsmaßnahme, Trainingsangebot im Bereich Karriere-planung	Der Auftrag und eine offizielle Ankündigung des Projekts durch die Geschäftsführung waren vorhanden sowie ein gewisser Unterbau an Methoden.	Talente identifizieren, entwickeln und binden, Nachfolge im Unternehmen sichern, Führungskräfte für die Relevanz von Entwicklung sensibilisieren	Umfassende Analyse (quantitative Befragung), Abstimmung Detailkonzept mit Führungskräften im Business, Erarbeitung Detailkonzept, Mobilisierung von Teilnehmenden (u. a. Nominierungsprozess) und Vorbereitung, Durchführung, weltweite Umsetzung, Evaluation (qualitativ, quantitativ)	Anmeldungen von Teilnehmenden ohne direkten Bedarf, kaum Kenntnis über die lokalen Bedarfe, nicht von Beginn an eine Evaluation des Erfolgs mitgedacht	Das Projekt zeichnet sich durch einen hohen Analysefokus im Vorfeld des Projekts sowie zur Evaluation im Anschluss des Projekts aus. Es findet eine systematische Untermauerung mit quantitativen und qualitativen Daten statt. Zudem liegt ein besonderes Augenmerk auf dem Einbezug verschiedener Beteiligten und der kontinuierlichen Sicherung von politischer Unterstützung. Es ist zudem das einzige Projekt im Sample, das weltweiten Charakter hatte.

	PE-Verständnis der Personalentwickler	Zukünftige Personalentwicklung	Personalentwicklung im Unternehmen	Probleme und Herausforderungen der Personalentwicklung	Erforderliche Kompetenzen von Personalentwicklern
IP 08	Coaching und Mentoring gehören in den Bereich Training und Weiterentwicklung, der wiederum Personalentwicklung entspricht.	Neue Technologien (z. B. Augmented Reality) bieten für die Weiterbildung neue Potenziale. Es wird methodisch vielfältigere Trainings geben und deutlich mehr e-Learnings (ca. die Hälfte des Trainingsangebots). Dies erfordert Methodiker und Didaktiker, die sich mit den neuen technologiebasierten Methoden auskennen.	Es geht in der Personalentwicklung zu 90 Prozent um die Interessen des Unternehmens und zu 10 Prozent um die der Mitarbeitenden. PE besteht aus technischen Trainings in Trainingszentren (Schwerpunkt Klassenraumtrainings mit Computerunterstützung) sowie einem zentralen Trainings- und Personalentwicklungsbereich.	Das externe Rekrutierungspotenzial sinkt, deshalb muss das vorhandene Personal bestmöglich unterstützt werden. Es ist mehr qualifiziertes Personal im Umgang mit neuen technologiebasierten Methoden erforderlich.	

	Handlungsleitende Werte und Einstellungen	Rollen in der Personalentwicklung	Fallzusammenfassung I
IP 08	Jeder ist entwicklungsfähig und will lernen. Positives Menschenbild, das sich in einem positiven und offenen Umgang mit anderen Menschen ausdrückt. „Alles, was ich denke und tue, traue ich auch dem anderen zu." Unternehmen müssen sich um ihre Problemfälle kümmern Ehrlichkeit im Umgang mit Menschen	Mädchen für alles (u. a. Versorger, Sammelstelle für verschiedene Themen), Projektleiter, Kommunikator in verschiedene Richtungen, Moderator, Konfliktlöser und Vermittler in Projektarbeit Es werden grobe strategische Ziele von der Unternehmensebene in konkrete Maßnahmen übersetzt. In Themenbereichen, in denen die Abteilung als Pionier agiert, werden die Erfahrungen an die Geschäftsleitung weitergegeben.	Personalentwicklung entspricht Trainings und Weiterentwicklung mit den verschiedensten Methoden, u. a. auch Coaching und Mentoring. Im Unternehmen liegt der Hauptfokus auf Bildung, in Form von technischen Trainings, aber auch Trainingsangeboten im Bereich Sozialkompetenzen. Die Trainingsangebote sind in verschiedenen fachbezogenen Akademien organisiert. In den nächsten Jahren wird im Unternehmen verstärkt auf e-Learning gesetzt, dass die Hälfte des künftigen Trainingsangebots ausmachen soll. Die Bindung und „Pflege" von Mitarbeitenden ist gemäß IP 08 eine große Herausforderung, da das externe Rekrutierungspotenzial sinkt. Für die zukünftig stärker technologiebasierten, methodisch vielfältigen Trainingsangebote bedarf es entsprechend qualifizierter Mitarbeitenden. Die Interviewperson hat ein positives Menschenbild, das sich in ihrer Arbeitsweise in Projekten oder im Umgang mit internationalen Kollegen niederschlägt, aber auch in ihrer Sicht auf die Verantwortung des Unternehmens, das sich um Problemfälle kümmern soll.

	PE-Projekttyp und Kernthema	PE-Projekt: Voraussetzungen	PE-Projekt: Zielsetzungen	PE-Projekt: Phasen	PE-Projekt: Kritische Ereignisse	Fallzusammenfassung II
IP 08	Projekttyp Bildungsmaßnahme, Kurs zur Vorbereitung auf e-Learning	Es waren der Auftrag der Geschäftsführung und eine Begründung der Problemstellung durch Analyseergebnisse vorhanden sowie eine fachkundige Projektleitung mit entsprechenden Marktkenntnissen und die erforderliche technische Infrastruktur (u. a. Lernplattform).	Enge Zusammenarbeit mit verschiedenen Abteilungen, Mitarbeitende auf e-Learnings vorbereiten (zukünftig mehr als die Hälfte des Angebots), Rollen der e-Tutoren erweitern	Erarbeitung Grobkonzept, Anbieterauswahl, Projektplanung, Abstimmung Detailkonzept mit Betriebsrat, Projektteam und anderen Personengruppen, Erarbeitung Detailkonzept, Pilotierung (u. a. Evaluation, Mobilisierung von Teilnehmenden)	Externem Anbieter fehlte Kompetenz, Kollege blockierte Freigabe des Projekts, Zeitdruck durch Ausfall einer Person im Projektteam, enorme zeitliche Verzögerungen durch fehlende Infrastruktur (Lernmanagementsystem)	Der Bedarf für das Projekt ging aus Analyseergebnissen hervor. Diese stellten das Erreichen des Unternehmensziels, mehr e-Learnings in der Weiterbildung zu nutzen, durch eine hohe Abbruchquote in Frage. Das Projekt besteht im Wesentlichen aus der Konzeptentwicklung mit einem externen Anbieter und endet nach einer Pilotierungsphase mit der Aufnahme in den Trainingskatalog. Der Pilot wurde von einer wissenschaftlichen Stelle evaluiert.

	PE-Verständnis der Personal-entwickler	Zukünftige Personalent-wicklung	Personalent-wicklung im Unternehmen	Probleme und Herausforde-rungen der Personalent-wicklung	Erforderliche Kompetenzen von Personal-entwicklern
IP 09	Personalentwicklung umfasst die Schaffung eines Rahmens für die Zunahme von Fähigkeiten und Fertigkeiten (also der Erweiterung von Handlungskompetenzen) von Menschen in einem bestimmten organisationalen Kontext und die Verwirklichung ihrer Potenziale und Zielvorstellungen. Es ist Aufgabe der PE-Abteilung, ihre Angebotsstruktur und -bereitstellung zu individualisieren und Lernen nach dem jeweiligen Stil zu ermöglichen. PE findet in erster Linie im Prozess der Arbeit durch herausfordernde Aufgaben statt. Erfahrungslernen ist am wirksamsten. Mitarbeitende sind verantwortlich für ihre Entwicklung. Die PE-Abteilung gestaltet den Rahmen, der Entwicklung ermöglicht und be-	Individualisierte Personalentwicklung und das Eingehen auf die verschiedenen Bedürfnisse von Mitarbeitenden (u. a. Karriere, Teilzeit) Etablierung einer nachhaltigen Leistungskultur Verschiebung der PE-Angebote von Seminarkatalogen und formellen Angebote zu neuen Lernformen. Lernen wird mobiler, digitaler und netzwerkorientierter. Mitarbeitende darin unterstützen, mit der Masse an Informationen umgehen zu können. Verstärkte Nutzung sozialer Kollaborationsplattformen, die einen Schwerpunkt auf Vernetzung legen und gewohnte Hierarchiestrukturen auflösen. Führung in einer digitalen,	PE ist Berufsbildung, Führungskräfte- und Nachwuchsentwicklung, punktuell Begleitung bei Veränderungsprozessen. Es fand im Unternehmen eine deutliche Abkehr von Seminarkatalogen statt. Die PE-Diagnostik in Form von Development und Assessment Centern wurde komplett an externe Partner vergeben (Ausnahme: im Bereich der Trainees). In der Rekrutierung gibt es ebenfalls feste externe Partner. Die Führungskraft ist erster Personalentwickler, die Mitarbeitenden sind verantwortlich für ihre Entwicklung. Die PE-Abteilung stellt den Rahmen für die Entwicklung im Prozess der Arbeit.	Es ist immer wieder der Wunsch vom Business da, PE als Reparaturbetrieb zu nutzen (Kernannahme: „Training = Lösung“) Je mehr Führungskräfte ihre Aufgaben in der PE gut erfüllen, desto stärker steht die Legitimität und Ausrichtung von HR bzw. der PE-Abteilung in Frage. Es lastet ein Kosten- und Beweisdruck auf der PE-Arbeit, die häufig eine Investition ohne klaren Nutzen ist. Aufgrund politischer Lagen müssen immer wieder Maßnahmen umgesetzt werden, die nicht im gewünschten Maße wirksam sein werden. Der große Anteil der Mitarbeitenden möchte aus operativem Druck schnelle Lösungen z. B. Trai-	Der Tendenz zu Trainingsmaßnahmen durch eine gute Auftragsklärung und durch Überzeugungsarbeit für andere Maßnahmen (z. B. Infokampagne) entgegen treten. Aufhören, es allen Recht machen zu wollen („Eine Kunst, die niemand kann“) Mitarbeitende nur in Maßnahmen aufnehmen, zu denen sie einen Anwendungsbezug haben.

	PE-Verständnis der Personalentwickler	Zukünftige Personalentwicklung	Personalentwicklung im Unternehmen	Probleme und Herausforderungen der Personalentwicklung	Erforderliche Kompetenzen von Personalentwicklern
	fähigt Mitarbeitende zur Selbstentwicklung. Die Ziele von PE sind die Investition in die Arbeitsmarktfähigkeit der Mitarbeitenden und die Wettbewerbsfähigkeit des Unternehmens. PE schließt ChangeManagement, Kulturentwicklung und Wissensmanagement ein und geht weit über formal organisierte Maßnahmen hinaus.	enthierarchisierten Arbeitswelt		nings und verfolgt danach die Themen nicht mehr weiter. Herausforderung in der PE, die heterogenen Bedürfnisse und Vorstellungen aufzunehmen	

	Handlungsleitende Werte und Einstellungen	Rollen in der Personalentwicklung	Fallzusammenfassung I
IP 09	Den einzelnen Menschen individuell betrachten und seine Situation sowie seine Bedürfnisse in die PE-Maßnahmen einbeziehen. Die Lern- und Entwicklungsleistung ist nur gut, wenn ein Anwendungsbezug besteht. Die prinzipielle Lernfähigkeit ist bei allen Menschen gegeben, die Entwicklungsgeschwindigkeit ist jedoch unterschiedlich und geht mit unterschiedlichen Entwicklungspotenzialen einher. Die PE-Arbeit muss am Unternehmensinteresse ausgerichtet werden. „Entwicklung entsteht im Tun und Bewegen". Das Erfahrungslernen ist am wirksamsten.	Zuhörer und Berater, Gestalter, Vermittler und Übersetzer von Anliegen, Botschafter Es besteht eine direkte Anbindung an die Konzernleitung. Die Geschäftsleitung ist sehr affin für PE-Themen. Die strategische Gestaltung ist stark vom Thema abhängig. Aufträge, die direkt aus der Geschäftsleitung kommen, sind mit viel Freiraum besetzt. Wird etwas umgekehrt, also von unten nach oben gespielt, muss allerdings erst entsprechende Überzeugungsarbeit geleistet werden.	Personalentwicklung hat zum Ziel, die Arbeitsmarktfähigkeit der Mitarbeitenden und die Wettbewerbsfähigkeit des Unternehmens zu erhalten. Hierfür nutzt sie umfassend verschiedene Maßnahmen zur Kompetenzentwicklung der Mitarbeitenden, aber auch zur Unterstützung der Organisation. Die PE-Abteilung gestaltet den Rahmen für Lern- und Entwicklungsprozesse durch eine individualisierbare Angebotsstruktur im Unternehmen. Der Mitarbeitende ist verantwortlich für seine Weiterentwicklung, begleitet von der Führungskraft als ersten Personalentwickler. Im Unternehmen liegt der Schwerpunkt auf der Führungskräfte- und Nachwuchsentwicklung, punktuell werden Veränderungsprozesse begleitet. Es fand im Unternehmen eine deutliche Abkehr von Seminarkatalogen statt und es wurde eine neue PE-Strategie entwickelt, die eine Verschiebung zu neuen Lernformen unterstützt. Die Interviewperson betont die Integration der individuellen Bedürfnisse und Voraussetzungen der Mitarbeitenden für ihre Weiterentwicklung. Weiterentwicklung ist dann am wirksamsten, wenn ein direkter Anwendungsbezug vorhanden ist oder das Lernen direkt im Arbeitsfeld an herausfordernden Aufgaben stattfindet. Die Entwicklungsfähigkeit und -geschwindigkeit ist abhängig von den Potenzialen und der Bereitschaft des Einzelnen. Die Ausrichtung am Unternehmensinteresse ist maßgebend für IP 09. Die strategische Einflussnahme durch einen direkten Zugang zum Personalvorstand verhältnismäßig hoch.

	PE-Projekttyp und Kern-thema	PE-Projekt: Voraussetzungen	PE-Projekt: Zielsetzungen	PE-Projekt: Phasen	PE-Projekt: Kritische Ereignisse	Fallzusammenfassung II
IP 09	Projekttyp Fördermaßnahme, Performance-management (Prämienprogramm)	Es lagen die Unterstützung der Geschäftsführung und ein gewisser Handlungsdruck aufgrund fehlender Transparenz und ungleicher Verteilungspraxis vor.	System für individuelle Leistungen entwickeln, individuelle Leistungen sichtbar machen und honorieren	Auftragsklärung, Lösungsexploration (Abstimmung von Lösungsideen, Lösungserarbeitung), Projektplanung, Abstimmung des Konzepts mit verschiedenen Beteiligten, Pilotierung in verschiedenen Unternehmensbereichen, Vorbereitung Rollout, Implementierung, Abschluss und Nachbereitung	Kein gemeinsames Verständnis von hervorragenden Leistungen im Unternehmen, extreme zeitliche Belastung durch straffe Zeitplanung, nach Pilotierung keine eindeutigen Ergebnisse und Unklarheit über einen reibungslosen Verlauf der Implementierung	Das Projekt zeichnet sich durch eine akzeptanzorientierte Gestaltung aus. Es wurden für die Konzeptentwicklung mit verschiedenen Stakeholdern Workshops veranstaltet. Dies optimierte den zeitlichen Aufwand im Vergleich zu persönlichen Gesprächen. Vor der unternehmensweiten Implementierung wurde ein Trockenlauf in verschiedenen Unternehmensbereichen durchgeführt und die Ergebnisse mit der Geschäftsleitung abgestimmt.

	PE-Verständnis der Personalentwickler	**Zukünftige Personalentwicklung**	**Personalentwicklung im Unternehmen**	**Probleme und Herausforderungen der Personalentwicklung**	**Erforderliche Kompetenzen von Personalentwicklern**
IP 10	PE ist die bestmögliche Vorbereitung von Mitarbeitenden auf die Herausforderungen im Unternehmen – auf allen möglichen Ebenen, mit allen möglichen methodischen Ansätzen. Die Herausforderung besteht in der PE darin, Menschen mitzunehmen, zu verstehen und gleichzeitig auch auf ein Ergebnis hinzuarbeiten. Es ist Aufgabe und zugleich Kunst der Personalentwicklung, die betriebswirtschaftliche Betrachtung mit den Interessen des Menschen zusammen zu bringen. Personalentwicklung ist in jedem Unternehmen unterschiedlich.	Zentralisierung und Standardisierung der PE Rollenklärung zwischen Personalbereichen bzw. den einzelnen Teilbereichen des Personalmanagements	Schulungsangebot für externe Kunden, interne Akademie mit Fokus auf fachlicher Weiterbildung, verschiedene Fördermaßnahmen (u. a. Fachlaufbahn, Nachfolgeplanung)	Wenn alle Führungskräfte ihre Rolle als Personalentwickler erfüllen, ist die etablierte PE-Abteilung nicht mehr erforderlich.	Verschiedene Interessen bündeln und Ergebnisse liefern Frustrationstoleranz mitbringen Gute Auftragsklärung durchführen

	Handlungsleitende Werte und Einstellungen	Rollen in der Personalentwicklung	Fallzusammenfassung I
IP 10	IP 10 glaubt an die Entwicklungsmöglichkeit von Menschen. Sie geht allerdings mit unterschiedlichen Entwicklungspotenzialen einher. Menschen machen den Unterschied Menschen müssen eingebunden werden, wenn sie etwas umsetzen sollen. Es gibt eine Fürsorgepflicht der Führungskraft für Mitarbeitende, die von der PE-Abteilung nicht übergangen werden darf. „Mit Hoffnung auf Erfolg kann man mehr erreichen als mit Angst vor Misserfolg." Schwierige Themen müssen, wie im Mannschaftssport, offen angesprochen werden, um möglichst schnell zu Lösungen zu kommen.	Coach, Führungskraft, Projektleiter, Moderator, "jemand, der für sich selbst sorgt" Zurzeit ist die strategische Aufmerksamkeit der Geschäftsführung vorhanden und der Gestaltungsspielraum groß.	PE ist die bestmögliche Vorbereitung der Mitarbeitenden auf die Herausforderungen im Unternehmen. Dies erfolgt ganzheitlich, auf verschiedenen Ebenen und mit verschiedenen Methoden. Die Kunst der PE ist es, die Interessen des Unternehmens und die der Mitarbeitenden zu verbinden. Im Unternehmen befindet sich die konzernweite PE-Abteilung noch im Aufbau. Es ist bereits eine Akademie vorhanden, die schwerpunktmäßig fachliche Weiterbildung anbietet. Der Fokus liegt auf dem Aufbau eines PE-Gesamtkonzepts und dem Aufbau eines IT-Unterstützungs-systems, um PE-Prozesse transparenter gestalten zu können. Aus Sicht von IP 10 ist die PE-Abteilung in der klassischen Form überflüssig, wenn Führungskräfte ihre Aufgabe als Personalentwickler gut ausfüllen. Die Fürsorgepflicht der Führungskräfte darf von der PE-Abteilung nicht umgangen werden. Für IP 10 machen Menschen den Unterschied in Unternehmen und müssen deshalb auch in ihre Entwicklung sowie in Veränderungsprozesse eingebunden werden, die sie betreffen. Zudem sind für die Interviewperson ein positives Menschenbild sowie eine positive Arbeitshaltung prägend. Im Umgang mit Problemen stellt sie die Prägung durch den Mannschaftssport heraus.

Hinweis: Im Fall von Interviewperson 10 wurde kein PE-Projekt rekonstruiert.

	PE-Verständnis der Personalentwickler	Zukünftige Personalentwicklung	Personalentwicklung im Unternehmen	Probleme und Herausforderungen der Personalentwicklung	Erforderliche Kompetenzen von Personalentwicklern
IP 11	Personalentwicklung umfasst alle Aspekte hinsichtlich der Erhöhung der Qualität von Mitarbeitenden. PE betrachtet dabei den Menschen in einem ganzheitlichen Sinne und alles, was mit der Person zu tun hat. Weiterbildung ist ein Teilbereich von PE und fokussiert auf die stellenbezogene Kompetenzentwicklung. Die PE-Abteilung unterstützt mit ihren Maßnahmen die Geschäftsziele und steht in einem engen Kontakt zu den Führungskräften im Business. Die optimale PE betrachtet die gesamte Person und bietet verschiedene Interventionen, die von der Person selbstverantwortlich gewählt werden. Der Mitarbeitende wird nicht zu einer Maßnahme „geschickt", sondern ist für seine Entwicklung	Wandel von einem „Push-Approach" zu einem „Pull-Approach", bei dem Mitarbeitende für ihre Entwicklung verantwortlich sind und je nach Ausgangs-situation individuelle entwickelt werden Etablierung einer Online-Self Service-Lernplattform und das Anstoßen eines kulturellen Wandels in der PE, in der die Mitarbeitenden für ihre Entwicklung selbstverantwortlich sind Als Unternehmen auf die Bedürfnisse (z. B. im technologischen Bereich) der neuen Generationen eingehen Weiterentwicklung von Online-Lernangeboten (z. B. Webcasts, Streaming)	Der Bereich „Learning and Development" ist verantwortlich für den Themenbereich Kompetenzentwicklung (jeder Geschäftsbereich hat z. B. ein entsprechendes Curriculum), aber auch für Assessments in Form von Development und Assessment Centern. Es bestehen enge Kooperationen mit dem Personalbereich in Themen wie z. B. Performance Management und Onboarding. Der Personalbereich besteht aus HR Business Partnern sowie HR Marketing. Alle Aktivitäten richten sich an einem globalen Kompetenzmodell aus.	Um PE-Aufgaben gut zu bewältigen, muss man eine positive, unterstützende Grundhaltung haben. Diese führt dazu, dass Mitarbeitende in der PE sich eher konfliktvermeidend verhalten und häufig nur die Konfrontation suchen, wenn es nicht anders geht. Die PE-Abteilung hat eine beratende Rolle, das Business hat das letzte Wort. Nur wenn die Entscheidung gegen die Unternehmensziele ist, kann die PE-Abteilung nach oben eskalieren. Ansonsten bleibt nur der Versuch der Überzeugung vom Gegenteil. Proaktivität ist durch die hohe Arbeitsbelastung oftmals nicht möglich.	Selbstbewusst als eine Funktion auftreten, die zwar eine Unterstützungsfunktion ist, dennoch aber zum Geschäftserfolg beiträgt („self-fulfilling prophecy") Gutes Verhältnis zu den Führungskräften im Business haben und überzeugen können Kompetenzen in der Beratung von Personen haben Im Bedarfsfall nach oben eskalieren können Vorbild sein (in allem, was von anderen erwartet wird) Optimistisch und lösungsorientiert an Probleme herangehen und Verantwortung übernehmen Die Strategie und Bedarfe des Unternehmens kennen und eine externe Beraterhaltung leben (u.a. Unternehmen als Ganzes sehen).

	selbstverantwortlich. Für Verhaltensänderungen sind „face to face“-Maßnahmen erforderlich, e-Learnings sind nicht geeignet.				

	Handlungsleitende Werte und Einstellungen	**Rollen in der Personalentwicklung**	**Fallzusammenfassung I**
IP 11	IP 11 vertritt die Philosophie, einen Schritt zurückzutreten (externe Beraterhaltung) und zu prüfen, was das Unternehmen als Gesamtes benötigt. Die PE-Abteilung kennt die Zusammenhänge im Unternehmen (z. B. bzgl. Personen und Themen) besser als andere und kann wichtige Informationen einbringen und vermitteln. Die PE-Abteilung ist eine wichtige Funktion im Unternehmen. IP 11 agiert deshalb nicht im Sinne einer administrativen Funktion. „Sei ein optimistischer, lösungsorientierter Berater des Business.“ IP 11 beschreibt die Grundhaltung, sich auf die direkt beeinflussbaren Aspekte zu konzentrieren und nicht auf die indirekt beeinflussbaren oder gar nicht beeinflussbaren (z. B. Markveränderungen). „Sei die Person, die du von anderen erwartest zu sein.“	Verantwortlicher für alle lern-bezogenen Themen, Berater von Führungskräften, Coach, HR Kommunikation, Trainer, Berater des Business, Vermittelnde Schnittstelle, „Freundlich und nett sein“ Die Lernstrategie wird stark beeinflusst. Die strategische Einflussnahme beschränkt sich in der Zusammenarbeit mit Geschäftsbereichen auf den Hinweis auf erfolgskritische Aspekte.	Personalentwicklung umfasst alle Aspekte zur Erhöhung der Qualität von Mitarbeitenden. Die optimale Personalentwicklung betrachtet den Menschen ganzheitlich und bietet dem Mitarbeitenden verschiedene Entwicklungsmaßnahmen an. Für die Entwicklung ist der Mitarbeitende selbstverantwortlich. Im Unternehmen liegt der Schwerpunkt auf Kompetenzentwicklung und Assessments. Die Interviewperson betont den künftigen Wandel von einem „Push-Approach“ zu einem „Pull-Approach“, bei dem Mitarbeitende noch stärker für ihre Entwicklung verantwortlich sind und hierfür Zugriff auf ein Online-Self-Service-Portal haben. Die Interviewperson beschreibt die Philosophie eines externen Beraters als handlungsleitend. Sie wendet sich explizit von einem Verständnis der PE-Abteilung als eine administrative Funktion ab und strebt stattdessen eine Vorbildfunktion an. Insbesondere in der Kenntnis der Zusammenhänge des Unternehmens sieht sie ein Alleinstellungsmerkmal der PE-Abteilung. Der strategische Einflussspielraum beschränkt sich auf eine Hinweisgeberfunktion.

	PE-Projekttyp und Kernthema	PE-Projekt: Voraussetzungen	PE-Projekt: Zielsetzungen	PE-Projekt: Phasen	PE-Projekt: Kritische Ereignisse	Fallzusammenfassung II
IP 11	Projekttyp Fördermaßnahme, Konzeption eines Assessment Centers auf lokaler Ebene	Es war eine Konzeptvorlage aus einem anderen Geschäftsbereich vorhanden. Die Problemstellung wurde mit Analyseergebnissen sowie persönlichen Eindrücken der Führungskräfte begründet.	Fairen Assessment-Prozess entwickeln und lokale Assessoren lokale Mitarbeitende auswählen lassen, eigene Kompetenz unter Beweis stellen und sich (informell) mit verschiedenen Führungskräften vernetzen	Lösungsentwicklung (durch interne Gespräche), Projektplanung und -vorbereitung (u. a. unternehmensweite Ankündigung des Projekts), Abstimmung und Erarbeitung des Konzepts sowie Materialentwicklung mit Führungskräften im Business, Pilotierung (Vorbereitung des Rollouts, Implementierung), Abschluss und Nachbereitung (Kommunikation im Unternehmen, Debriefings)	Unterstützung des Managements sowie Entscheidung über die Sprache im Assessment Center waren erfolgskritisch, aber gegeben.	Das Projekt zeichnet sich durch eine vollständig interne Entwicklung des Assessment Centers und die Erstellung von Unterlagen durch Mitarbeitende aus den Linienbereichen aus. Der Bedarf des Projekts wurde aus den Fachbereichen angestoßen. Im gesamten Projektverlauf war eine volle Unterstützung durch die Fachbereiche vorhanden.

	PE-Verständnis der Personalentwickler	**Zukünftige Personalentwicklung**	**Personalentwicklung im Unternehmen**	**Probleme und Herausforderungen der Personalentwicklung**	**Erforderliche Kompetenzen von Personalentwicklern**
IP 12	Alle Maßnahmen und Tätigkeiten, die man ergreift, um Menschen in einer Organisation in Richtung Zielerfüllung zu entwickeln. Zur Ermöglichung von Personalentwicklung muss ein Wollen auf Seiten der Mitarbeitenden vorliegen und eine entsprechende Kultur im Unternehmen etabliert werden. Die Aufgabe der Führungskraft ist die Vermittlung klarer Ziele und Visionen sowie die Etablierung eines Systems zur Zielerreichung, um dann die Mitarbeitenden daran angelehnt zu entwickeln. Die PE-Abteilung hat den Auftrag, den Führungskräften ein System an die Hand zu geben (z. B. Vorauswahl der Anbieter, Seminarkatalog), sie professionell zu beraten und für ihre Rolle als Personalentwickler zu befähigen	Die klassischen Seminarkataloge haben ausgedient. Moderne Seminarkataloge bestehen aus Einzelmaßnahmen mit Fokus auf Wissensvermittlung sowie einem verstärkten Angebot von Programmen, die verschiedenste Interventionsformen kombinieren und auf nachhaltige Verhaltensänderung zielen. Den jüngeren, technologieaffinen Generationen müssen Lern- und Kommunikationsplattformen geboten werden. Veränderung der Führungsarbeit durch veränderte Kommunikations- und Kollaborationsformen E-Learnings werden weiter zur Wissensvermittlung und Kommunikation von Unternehmensinformationen ausgebaut.	Fokus auf Bildung durch eine Akademie, die weltweit Schulungen anbietet. Aber auch Talent-Management und Nachfolgeplanung, also Förderung, sowie Risikomanagement sind zentrale Themen. PE findet weitgehend im Prozess der Arbeit statt. Es wird im Unternehmen das „70:20:10 Modell" gelebt, das in der Zielvereinbarungssystematik verankert ist (u. a. 70 Prozent der Entwicklungsmaßnahmen sollen „on the job" vereinbart werden). Die Führungskräfte sind erster Personalentwickler. Die PE-Abteilung bietet ein unterstützendes System durch begleitende Angebote und professionelle Beratung.	Es bestehen deutliche Grenzen hinsichtlich der Wirksamkeit von Einzelmaßnahmen wie z. B. zweitägigen Seminaren. Für Verhaltensänderungen sind längere Begleitungen sowie verschiedene Interventionsformen erforderlich (z. B. in Entwicklungsprogrammen). Es fehlt eine Gestaltungsrolle der PE-Abteilung in Veränderungssituationen im Unternehmen, obwohl die Kompetenz dafür häufig in PE-Abteilungen vorhanden ist.	Change Management Kenntnisse

	PE-Verständnis der Personal-entwickler	Zukünftige Personalent-wicklung	Personalent-wicklung im Unternehmen	Probleme und Herausforde-rungen der Personalent-wicklung	Erforderliche Kompetenzen von Personal-entwicklern
	sowie das Verständnis für „on the job“ Maßnahmen als Entwicklungsmaßnahmen im Unternehmen zu prägen. Die PE-Abteilung betreibt Kulturentwicklung (gemeinsam mit dem Marketing). Seminarkataloge stellen das vorverhandelte Angebot der Organisation dar. Einzelmaßnahmen, wie zweitägige Trainings, eignen sich aber in erster Linie zur Wissensvermittlung. Soll eine Verhaltensänderung erreicht werden, sind Zusatzmaßnahmen erforderlich.	Unterstützung von Veränderungsprozessen als Berater und Change-Experte durch die PE-Abteilung			

	Handlungsleitende Werte und Einstellungen	Rollen in der Personalentwicklung	Fallzusammenfassung I
IP 12	Wenn jemand sich wirklich entwickeln will, dann kann er/sie fast alles schaffen. Jeder Mensch kann sich entwickeln, wenn er will. Es gibt nur einen kleinen Anteil an Personen, die bestimmte Aspekte nicht mit Entwicklung erreichen können. Diese Personen haben andere Stärken. „Wenn du anfängst, etwas zu sein, hast du etwas zu werden. Oder, wer grün ist, kann wachsen, wer sich bereits reif denkt, beginnt schon zu welken.“	Berater für Führungskräfte, Führungskraft, Konzeptersteller und Systemveränderer, Projektleiter, Kulturprägender, Verhandler, Mitarbeiter und Kollege Die Strategie wird auf Geschäftsleitungsebene entwickelt. Auftrag des Personalbereichs bzw. der PE-Abteilung ist eine Ableitung von Maßnahmen aus der Strategie und die Verankerung der Strategie im Unternehmen.	Personalentwicklung umfasst alle Maßnahmen und Tätigkeiten, die dazu dienen, Menschen in einer Organisation in Richtung Zielerfüllung zu entwickeln. Die PE-Abteilung agiert dabei vordergründig als Systemgeber und Berater von Führungskräften. Im Unternehmen liegt der Schwerpunkt auf Bildungs- und Fördermaßnahmen, die über eine Akademiestruktur angeboten werden. Es wird das so genannte „70:20:10-Modell“ propagiert und Lernen im Prozess der Arbeit stark betont. Die Interviewperson vertritt die Einstellung, dass jeder entwicklungsfähig ist, sofern genügend Wille zur Entwicklung vorhanden ist. Es wird zudem ein Fokus auf die Stärken eines Menschen gerichtet. Der strategische Einflussspielraum ist auf die Umsetzung von Maßnahmen beschränkt.

	PE-Projekttyp und Kernthema	**PE-Projekt: Voraussetzungen**	**PE-Projekt: Zielsetzungen**	**PE-Projekt: Phasen**	**PE-Projekt: Kritische Ereignisse**	**Fallzusammenfassung II**
IP 12	Projekttyp Fördermaßnahme, Überarbeitung der Zielvereinbarungssystematik	Es war der Auftrag der Geschäftsleitung vorhanden, da keine Zielkaskade und Zielharmonisierung vorlag und es im Vorjahr Schwierigkeiten bei der Zielvereinbarung im Unternehmen gab.	Zielvereinbarungssystematik durch Einführung einer Zielkaskade und eines Kommunikationsprozesses optimieren und Ziele über die Bereiche hinweg harmonisieren. Eigene Kompetenz, strategisch arbeiten zu können, nachweisen.	Auftragsklärung, Abstimmung von Lösungsideen im Projektteam und mit nächsthöherer Ebene, Lösungsentwicklung, Abstimmung des Konzepts mit direktem Vorgesetzten, Projektteam, HR Kollegen, Führungskräften im Business und Geschäftsführung, Erarbeitung Konzept, Vorbereitung des Rollouts	Kommunikationsprozess lief wegen fehlender Prozesseinhaltung durch die Geschäftsführung nicht ideal	Das PE-Projekt besteht im Wesentlichen aus der Konzeption und Abstimmung einer neuen Zielvereinbarungssystematik. Eine Begleitung der Implementierung und Evaluation fand nicht statt. Das Projekt endet nach der Konzeptionsphase.

	PE-Verständnis der Personalentwickler	Zukünftige Personalentwicklung	Personalentwicklung im Unternehmen	Probleme und Herausforderungen der Personalentwicklung	Erforderliche Kompetenzen von Personalentwicklern
IP 13	Personalentwicklung ist die permanente Entwicklung von Mitarbeitenden als Reaktion auf die Entwicklungen im Unternehmen. PE zielt auf die Nachhaltigkeit des Unternehmens (z. B. durch Aufgreifen externer Entwicklungen) und führt die Interessen von Mitarbeitenden und der Organisation zusammen. PE befasst sich mit dem Zusammenführen von verschiedenen Strängen und dem Angebot adäquater Maßnahmen entlang der folgenden Kernfragen: Wie ist die Organisation gestaltet? Wie laufen Prozesse ab? Wie sieht die Strategie des Unternehmens aus? Was heißt das für die Personalplanung? Welche Qualifikationsmaßnahmen sind erforderlich? PE ist geprägt durch die Zusammenarbeit	Der Arbeitsmarkt wird zu einem Bewerbermarkt, auf den viele Unternehmen noch nicht eingestellt sind. Die Vorstellungen der jüngeren Generationen über Arbeit (z. B. Home Office, Selbstbestimmung) stimmen häufig nicht mit den Arbeitsgewohnheiten und -strukturen in Unternehmen überein. Abkehr von einer Gießkannensystematik (v. a. bei großen Programmen) zu einer stärkeren Individualisierung, bei der das Potenzial des Einzelnen in den Fokus rückt (z. B. individualisierte Karrierepfade). Weg von der alleinigen Fokussierung auf ausgewählte Talente und hin zu der Etablierung einer Kultur, in der die Potenziale aller Mitarbeitenden ausgeschöpft werden.	Personalentwicklung erfolgt über die Bestimmung von Anforderungen und Stellenprofilen, Personalauswahl, Trainings-, Ausbildungs- und Entwicklungsprogrammen, Begleitung von Veränderungsprozessen, Nachfolgeplanung und jährlichen Personalkonferenzen bis hin zu Fragen des Ausstiegs von Mitarbeitenden.	Die Vorstellungen über Personalentwicklung müssen sich auf der Ebene der Geschäftsführung verändern. Eine kurzfristige Ergebnisorientierung steht im Widerspruch zur Langfristigkeit der PE-Arbeit und zu Fragen der Nachhaltigkeit. Es sollte eine Abkehr vom Klassen- und Kastendenken und der Fokussierung auf einzelne Personengruppen erfolgen, da hierdurch Potenziale verschenkt werden und zu viel Geld an den falschen Stellen ausgegeben wird. PE ist nicht Teil der Geschäftsbetrachtung und hat keinen permanenten Sitz in den Entscheidungsgremien.	Wissen in Bezug auf Kennzahlen und Analysen in der PE Vernetzung mit anderen Personalbereichen

	PE-Verständnis der Personal-entwickler	Zukünftige Personalent-wicklung	Personalent-wicklung im Unternehmen	Probleme und Herausforde-rungen der Personalent-wicklung	Erforderliche Kompetenzen von Personal-entwicklern
	mit verschiedenen Schnittstellen im Unternehmen. Wissensmanagement, Kulturmanagement, Organisationsentwicklung und Change Management gehören zur PE, müssen aber interdisziplinär bearbeitet werden.	Anpassung der Weiterbildungsangebote und Führungskultur an veränderte Bedürfnisse von Mitarbeitenden (u. a. soziale Vernetzung, digitale Umwelten) Die PE-Arbeit muss Teil der Geschäftsbetrachtung werden und Kennzahlen verstärkt nutzen.			

	Handlungsleitende Werte und Einstellungen	**Rollen in der Personalentwicklung**	**Fallzusammenfassung I**
IP 13	Nachhaltigkeit durch Produktivität und Menschlichkeit Eine Organisation wird nicht erfolgreich sein, wenn sie nicht die Menschen in ihr berücksichtigt. Das Unternehmen hat mit bestimmten Parteien im Unternehmen (z. B. Betriebsrat) mehr gemeinsame Interessen als Differenzen. „Sicherstellen, dass ich das, was ich tue, auch wirklich kann." Unabhängigkeit in Entscheidungen und Handlungen bewahren.	Experte, Konzeptentwickler, Feuerwehrfunktion, Datenlieferant, Projektleiter, Trainer oder Multiplikator, Change Manager	Personalentwicklung ist die kontinuierliche Entwicklung von Mitarbeitenden als Reaktion auf die Entwicklungen im Unternehmen. Die Interessen von Mitarbeitenden und des Unternehmens werden miteinander verzahnt. Die Arbeit in der Personalentwicklung ist durch die Zusammenarbeit mit verschiedenen Schnittstellen geprägt. Wissensmanagement, Kulturmanagement und Organisationsentwicklung gehören zur Personalentwicklung, müssen aber interdisziplinär bearbeitet werden. Im Unternehmen liegt der Schwerpunkt auf Bildung, Förderung und Organisationsentwicklung. Es wird eine breite Angebotspalette abgebildet. Die Interviewperson vertritt die Überzeugung, dass ein Unternehmen nicht ohne die Berücksichtigung der Mitarbeitenden erfolgreich sein kann. Nachhaltigkeit wird der Überzeugung nach durch Produktivität und Menschlichkeit erreicht. Die Haltung gegenüber anderen Menschen im Unternehmen ist von Wertschätzung geprägt.

	PE-Projekttyp und Kernthema	PE-Projekt: Voraussetzungen	PE-Projekt: Zielsetzungen	PE-Projekt: Phasen	PE-Projekt: Kritische Ereignisse	Fallzusammenfassung II
IP 13	Projekttyp Fördermaßnahme, Entwicklung eines Karrierepfadmodells	Es lagen Ergebnisse aus Workshops und Befragungen als Begründung für den Bedarf eines Karriereentwicklungsmodells für Experten vor.	Sichtbar machen von Entwicklungsmöglichkeiten und Entwicklungspfaden, Identifikation strategisch relevanter Positionen, Stärkung der Attraktivität und Wertschätzung Expertenfunktionen	Auftragsklärung und Bildung einer Projektgruppe, Abstimmung von Lösungsideen mit Sponsor, Lösungsentwicklung durch Projektteam, Projektvorbereitung, Abstimmung Konzept mit Führungskräften im Business, HR Kollegen, Experten und der Geschäftsführung, Erarbeitung Konzept, Abschluss und Nachbereitung	Sponsor aus HR hat im Prozess das Interesse am Projekt verloren und war bei der Konzeptvorstellung im Entscheidungsmeeting nicht dabei, Gesamtprojekt hat sich im Prozess zerfasert, Projekt wurde mit deutlicher Verzögerung von einem anderen Projektleitenden fortgeführt	Das PE-Projekt zeichnet sich durch die Anwendung der Grundlagen des Projektmanagements aus. Als eins der wenigen Projekte in der Stichprobe steuert die Projektleitung ein Projektteam. Es findet allerdings keine Pilotierung oder Implementierung statt. Das Projekt endet nach Abschluss der Konzeptionsphase.

	PE-Verständnis der Personalentwickler	Zukünftige Personalentwicklung	Personalentwicklung im Unternehmen	Probleme und Herausforderungen der Personalentwicklung	Erforderliche Kompetenzen von Personalentwicklern
IP 14	Personalentwicklung umfasst die fachliche und persönliche Weiterentwicklung der Mitarbeitenden im Unternehmen. PE hat hierbei das Gesamte im Blick, wohlwissend, dass die persönliche Entwicklung durch den Eingriff in das Private freiwillig ist. Die PE-Abteilung hat den Auftrag eine individualisierte Betreuung zu bieten. Dies umfasst praxisnahe Maßnahmen wie Coaching, Mentoring, Shadowing, Hospitationen sowie die Förderung von Austausch und Netzwerkbildung und distanziert sich von dem „Gießkannenprinzip". Der Auftrag der PE-Abteilung ist die Sicherstellung eines Grundstandards, z. B. durch das Angebot von Seminaren in der fachlichen Weiterbildung, sowie die Individuali-	Wandel der PE vom Gießkannenprinzip zum individuellen Begleiten von Mitarbeitenden Zunahme des Bedarfs an Teamentwicklung (z. B. Coaching von Projektteams) Als Reaktion auf die Generation Y findet ein Wandel der Arbeitswelt hin zu einer stärkeren Beteiligung und Befragung von Mitarbeitenden sowie einem Selbstmeldeprozess statt, im Gegensatz zum verbreiteten Nominierungsprozess. PE ist nicht nur für bestimmte Personengruppen, sondern für alle Mitarbeitenden. Die Arbeit mit Kennzahlen in der PE und die Messung des Beitrags der PE müssen zunehmen. Die Rolle des Business Partners, mit dem Ziel, auf Au-	Kernthemen sind Auswahlverfahren, Entwicklungsprogramme, Bindungsprogramme, Konzernbetriebsvereinbarungen u. a. zur Mitarbeiterführung und Führungskräfteentwicklung. Die Maßnahmen stehen hauptsächlich Potenzialträgern und Führungskräften offen.	Personalbereich muss bei Führungskräften Stärke zeigen und als Partner auf Augenhöhe die Prozesshoheit behalten. Das ist eine Grundhaltung, die viele Kollegen nicht umsetzen.	Kennzahlen und adäquate Messgrößen, die den Beitrag zur Strategie sichtbar machen, entwickeln können Business Partner sein, bei Führungskräften Stärke zeigen und auf Augenhöhe beraten können

	PE-Verständnis der Personal-entwickler	**Zukünftige Personalent-wicklung**	**Personalent-wicklung im Unternehmen**	**Probleme und Herausforde-rungen der Personalent-wicklung**	**Erforderliche Kompetenzen von Personal-entwicklern**
	sierung insbesondere bei persönlicher Entwicklung. Die Führungskräfte werden von der PE-Abteilung befähigt, ihre Aufgaben als Personalentwickler wahrzunehmen.	genhöhe zu beraten, wird weiter von Bedeutung sein. Ebenso die Etablierung einer starken Personalabteilung mit Verantwortung und Prozesshoheit.			

	Handlungsleitende Werte und Einstellungen	Rollen in der Personalentwicklung	Fallzusammenfassung I
IP 14	Respekt vor der Persönlichkeit des Einzelnen und die Überzeugung, dass man die Person als Ganzes sehen muss. Glaube an die Stärken und das Gute einer Person, das es auszubauen gilt. Jeder gibt grundsätzlich sein Bestes im Job, auch wenn es mal „schwarze Schafe" gibt. Jeder Fachbereich hat seinen Auftrag, den er auch leben müssen darf. Man muss eine starke Personalabteilung wollen und einfordern. Problemstellungen müssen ganzheitlich und in ihren Zusammenhängen betrachtet werden. „Alle müssen mitgenommen und Fairness hergestellt werden."	Ansprechpartner für PE-Themen, Interimsleitung für das PE-Team (Primus inter Pares), Entscheidungsvorbereiter, Projektleiter Die PE-Abteilung wird von allen Seiten des Unternehmens unterstützt, wodurch hoher Gestaltungsspielraum besteht und Projekte in enger Abstimmung mit dem Vorstand gestaltet werden.	Personalentwicklung umfasst die fachliche und persönliche Weiterentwicklung von Mitarbeitenden und hat immer das Gesamte im Blick. Ihre Aufgabe ist es, im Unternehmen einen Grundstandard sicherzustellen sowie Führungskräfte für ihre Rolle als Personalentwickler zu befähigen. Die Maßnahmen der Personalentwicklung sind möglichst weit individualisiert und methodisch vielfältig Im Unternehmen liegt der Schwerpunkt auf Personalauswahl, Personalentwicklung, Personalbindung und Betriebsvereinbarungen. Die Maßnahmen sind vornehmlich Potenzialträgern und Führungskräften vorbehalten. Die Interviewperson betont den Glauben an die Stärken und das Gute einer Person, einen Respekt vor der Persönlichkeit des Einzelnen und einen ausgeprägten Gerechtigkeitssinn. Sie ist davon überzeugt, dass für die Entwicklung einer Person, diese als Ganzes betrachtet werden muss. Sie vertritt zudem die Überzeugung, dass eine starke Personalabteilung gewollt und eingefordert werden muss. Der strategische Einflussspielraum wird als relativ hoch eingeschätzt und Personalentwicklung als „rotes Teppich"-Thema bei der Geschäftsführung beschrieben.

	PE-Projekttyp und Kernthema	PE-Projekt: Voraussetzungen	PE-Projekt: Zielsetzungen	PE-Projekt: Phasen	PE-Projekt: Kritische Ereignisse	Fallzusammenfassung II
IP 14	Projekttyp Fördermaßnahme, Einführung eines Potenzialidentifizierungsprozesses	Die Durchführung des Prozesses war von der Holding vorgegeben. Der Prozess war jedoch für viele in der Gesellschaft inkl. der Projektleitung neu und musste neu eingeführt werden.	PE-Struktur während der Prozessentwicklung klären, Prozess mit bestmöglichem Ergebnis durchführen und Überzeugungsarbeit leisten, HR Kollegen für den Prozess qualifizieren	Auftragsklärung (Holding, direkter Vorgesetzter), Lösungsentwicklung, Abstimmung Konzept mit direktem Vorgesetzten, HR Kollegen und Führungskräften im Business, Erarbeitung Konzept, Pilotierung (u. a. Vorbereitung Rollout, Implementierung), Abschluss und Nachbereitung (u. a. Telefonkonferenzen, Debriefings, Prozessdokumentation)	Abhängigkeit des Projekts von einer Person (problematisch bei krankheitsbedingtem Ausfall), Vorbereitung der HR Kollegen sowie die Vor- und Nachbereitung	Das PE-Projekt zeichnet sich durch eine Abschluss- und Dokumenta-tionsphase aus. Im Gegensatz zu den anderen Projekten in der Stichprobe wird der neu konzipierte und implementierte Prozess mittels eines Handbuchs dokumentiert.

	PE-Verständnis der Personalentwickler	Zukünftige Personalentwicklung	Personalentwicklung im Unternehmen	Probleme und Herausforderungen der Personalentwicklung	Erforderliche Kompetenzen von Personalentwicklern
IP 15	Die Aktivitäten der Personalentwicklung werden aus den Unternehmenswerten und der Unternehmensstrategie abgeleitet Personal- und Organisationsentwicklung sind eng miteinander verzahnt (z. B. bei Reorganisationen). OE ist auch das Thema Kulturentwicklung im Sinne einer bewussten Steuerung. Die Führungskraft trägt die Verantwortung für PE. Die PE-Abteilung gibt in zweiter Reihe Unterstützung (z. B. durch Verankerung der Werte in der Zielvereinbarung).	PE muss stärker in generellen HR Themen oder betriebswirtschaftlichen Fragen (u. a. Interessensausgleich, betriebsbedingte Kündigungen) werden, insbesondere für die Begleitung von Veränderungsvorhaben im Unternehmen. PE muss hinsichtlich ihrer Beratungskompetenz stärker werden (u. a. Auftragsklärung, kritisches Nachfragen).	Kernthemen sind Schulungen und Trainings, Anpassungsqualifizierung, Mentoring, Coaching, Kurzhospitationen und -rotationen, verschiedene Vortragsreihen in der Freizeit der Mitarbeitenden, betriebliche Ausbildung, Hochschulmarketing Change Management und OE sind nicht offiziell bei der PE-Abteilung angesiedelt. Es findet nur punktuell ein Einbezug bei Veränderungsprozessen statt.	Fehlende, permanente Gestaltungsrolle bei Veränderungsprozessen (nur punktuelle Nutzung vorhandenen Kompetenzen) PE ist in der Priorität bei den Führungskräften vor allem in Krisenzeiten gering und das Erste, was eingestellt wird. PE benötigt Kontinuität, die durch drastische Einschnitte in Krisenzeiten unterbrochen wird. PE-Maßnahmen „on the job“ (z. B. Job Rotation) sind durch fehlende Kooperation und Weitsicht der Führungskräfte schwierig umzusetzen. Viele Führungskräfte sehen nur ihren eigenen Bereich. Fehlender Nachweis, dass PE-Arbeit langfristig wirksam ist. Die PE-Abteilung übernimmt oftmals selbst zu viel Verantwortung für die PE, weshalb Führungskräfte die Verantwortung bei ihr „abladen“. Eine fehlende oder zu geringe Zusammenarbeit zwischen den verschiedenen HR Bereichen im HR Business Partner-Modell führen zu Qualitätsverlusten in der PE-Arbeit.	Kenntnisse über generelle HR Themen (z. B. Interessensausgleich, betriebsbedingte Kündigungen) und Change Management Ausgeprägte Beratungskompetenz (insbesondere kritisches Nachfragen in der Auftragsklärung) Betriebswirtschaftliche Kenntnisse (u. a. HR Controlling, Entwicklung von KPI's) Ausgeprägte Kommunikationsfähigkeiten Enge Verzahnung mit der Personalbetreuung

	Handlungsleitende Werte und Einstellungen	Rollen in der Personalentwicklung	Fallzusammenfassung I
IP 15	Die Führungskraft ist Kunde und soll zufriedengestellt werden. Das Geschäft verstehen und intensive Kontakte pflegen Kein Perfektionismus, besser mit 80 Prozent-Lösungen in die Umsetzung gehen Vertrauenswürdigkeit PE sollte antizyklisch sein („in der Krise investieren, nach der Krise Nutzen daraus ziehen") Persönliches Auftreten ist wichtig.	Berater, Ideen- und Impulsgeber, Ratgeber, Vertrauensperson, kritischer Nachfrager, Begleiter, Unterstützer, Organisator, Moderator von Veranstaltungen Durch die Mitwirkung in Veränderungsprojekten ist der strategische Einfluss von IP 15 im Vergleich zu anderen Kollegen vergleichsweise hoch und es besteht eine informelle Vernetzung mit dem Vorstand. Der Fokus liegt auf der Umsetzung.	Die Aktivitäten der Personalentwicklung leiten sich aus der Unternehmensstrategie und den Unternehmenswerten ab. Personal- und Organisationsentwicklung gelten als eng miteinander verzahnt (z. B. bei Reorganisationen). Während die PE-Abteilung eine Rolle in zweiter Reihe hat, trägt die Führungskraft die Hauptverantwortung für Personalentwicklung. Im Unternehmen liegt der Schwerpunkt auf Maßnahmen zur Bildung und Förderung, aber auch auf Maßnahmen der Arbeitsstrukturierung. Die Philosophie eines Beraters, der seinen Kunden zufrieden stellen will, beschreibt die Interviewperson als handlungsleitend. Es ist für sie wichtig, dass Geschäft zu verstehen und als vertrauenswürdiger Ansprechpartner aufzutreten. Sie ist umsetzungsorientiert und zudem von der Überzeugung geprägt, dass in der Krise in die Personalentwicklung investiert werden sollte. Ihren strategischen Einflussspielraum schätzt die Interviewperson als vergleichsweise hoch ein. Es besteht eine informelle Vernetzung mit dem Vorstand.

	PE-Projekttyp und Kernthema	PE-Projekt: Voraussetzungen	PE-Projekt: Zielsetzungen	PE-Projekt: Phasen	PE-Projekt: Kritische Ereignisse	Fallzusammenfassung II
IP 15	Projekttyp Change Management, Begleitung eines Veränderungsprozesses im Rahmen einer Restrukturierung mit Personalabbau	Es waren eine Vorstandsentscheidung und der Vorstandsauftrag vorhanden. Zudem wurde im Vorfeld erfolgreich interveniert und das Projekt intern durchgeführt.	Betroffene zu Beteiligten machen und für Mitarbeitende ansprechbar sein, Führungskräfte für die emotionale Ebene der Veränderung sensibilisieren und beim Veränderungsprozess beraten	Auftragsklärung und Initialisierung, Konzeptentwicklung, Durchführung verschiedener Maßnahmen	Kein einheitliches Führungsverständnis im Unternehmen, zum Teil fehlende Unterstützung durch die Geschäftsleitung, extrem hohe Arbeitsbelastung durch kurzfristige Änderungen, negative Stimmung im Unternehmen, kein offizieller Projektabschluss sowie Auflösung des Change Teams und keine Evaluation	Das PE-Projekt ist das einzige Change Management-Projekt in der Stichprobe und bezieht sich auf zentrale Teilprojekte der Interviewperson innerhalb einer umfangreicheren Change Architektur. Der Beitrag der Teilprojektleitung im Projekt bezog sich im Wesentlichen auf die Konzeption von Veranstaltungen. Trotz der Teilprojektleiterrolle war die Interviewperson in den Auftragsklärungsprozess des Projekts in verantwortlicher Rolle involviert.

	PE-Verständnis der Personalentwickler	Zukünftige Personalentwicklung	Personalentwicklung im Unternehmen	Probleme und Herausforderungen der Personalentwicklung	Erforderliche Kompetenzen von Personalentwicklern
IP 16	Personalentwicklung bedient die Bedarfe des Unternehmen (gegenwärtig wie zukünftig) sowie der Mitarbeitenden (in Bezug auf ihre Arbeitstätigkeit). Sie geht auf die Bedürfnisse vordefinierter Gruppen zielgerichtet ein. Die PE-Abteilung verfolgt den Auftrag, die richtigen Mitarbeitenden entlang ihrer Talente und Kompetenzen an der richtigen Stelle im Unternehmen zu platzieren („see one, do one, teach one"). Die Führungskraft spielt hierbei eine wichtige Rolle. Die PE-Abteilung bietet ein standardisiertes Portfolio und unterstützt das Unternehmen zusätzlich bedarfsorientiert mit mittel- bis langfristigen Maßnahmen an. Alle PE-Maßnahmen sind sinnhaft ausgerichtet und	PE findet stärker am Arbeitsplatz und außerhalb der Komfortzone statt (z. B. durch herausfordernde Aufgaben, Hospitationen). Die Rolle der PE-Abteilung verschiebt sich zu einem Begleiter und Coach. Zunehmende Globalisierung und Virtualisierung in Unternehmen und die Anforderung, Mitarbeitende hierauf vorzubereiten. Die Arbeitskultur und -struktur muss sich wandeln, um jüngere Talente anzuziehen. Hierfür muss die Organisation im Gesamten entwickelt werden. Die Entwicklung einer grundlegenden sozialen Intelligenz und Reflexionsfähigkeit bei Mitarbeitenden als Basis für die Fähigkeit zur Selbstentwicklung. Umgang mit Überlastungen im Unternehmen und Entwicklung einer entsprechenden Unternehmenskultur. Die PE-Abteilung als etablierter Partner auf Augenhöhe, der Trends und Entwicklung kritisch prüft und aufgreift.	Standardisierte Angebote in Form von Seminaren und Programmen der Akademie, Inhouse-Qualifizierungen sowie externe Weiterbildungen für Mitarbeitende und Führungskräfte. Teilweise findet eine Unterstützung bei Entwicklungsgesprächen statt oder es werden Ansprechpartner für Teamentwicklungen vermittelt. Organisationsentwicklung ist nicht Teil des Auftrags der PE-Abteilung.	Fehlende Gestaltungsrolle in der OE Aus Sicht von IP 16 fehlt häufig der Bezug der PE-Aktivitäten in der Gesellschaft zu einem Gesamtkonzept. Zum Teil fehlt die Sinnhaftigkeit der eigenen Arbeit, da die PE-Abteilung oftmals nur als Erfüllungsgehilfe von klar vorgefertigten Aufträgen agiert. Viele HR-Projekte laufen im Unternehmen parallel und Synergien bleiben ungenutzt. Viele Trainings entstehen aus Aktionismus und einer kurzfristigen Denkweise ohne einen Nachhaltigkeitsgedanken. Fehlende Zusammenarbeit mit dem Business und Kenntnis der Bedarfe, da ein Business Partner diese Aufgaben erfüllt. Die PE kann aufgrund fehlender Kenntnisse der Bedarfssituation nicht proaktiv agieren.	

	PE-Verständnis der Personalentwickler	Zukünftige Personalentwicklung	Personalentwicklung im Unternehmen	Probleme und Herausforderungen der Personalentwicklung	Erforderliche Kompetenzen von Personalentwicklern
	in ein Gesamtkonzept von PE eingebunden.				

	Handlungsleitende Werte und Einstellungen	Rollen in der Personalentwicklung	Fallzusammenfassung I
IP 16	Jeder Mensch hat eine sehr gute Grundausstattung, um erfolgreich zu sein. Die muss aber manchmal durch Selbstreflexion vom Staub befreit. Sinnhaftigkeit und Nutzen des eigenen Handelns sind wesentlich. PE-Maßnahmen müssen nachhaltig sein. Wenn ein Gedanke bei einer Person entsteht, mit dem er sich selbst beginnt zu hinterfragen, war ein Seminar erfolgreich. „Man muss sich kontinuierlich kritisch hinterfragen."	Experte und Ansprechpartner in PE-Themen, Sparrings Partner für den direkten Vorgesetzten und Kollegen, Coach von Praktikanten, Projektmanagerin und Koordinatorin, Führungskraft von Praktikanten, Teamkollegin Alle strategischen wie operativen Entscheidungen werden auf der Geschäftsführungsebene getroffen. IP 16 setzt vordefinierte Aufgaben ohne Kenntnis eines Gesamtkonzepts um. Es liegt keine PE-Strategie vor. IP 16 macht „sich selbst Gedanken" zu der Strategie und bringt ihre Ideen eigeninitiativ ein.	Die PE-Abteilung verbindet die Interessen der Mitarbeitenden und des Unternehmens. Ihr Auftrag ist die optimale Platzierung der Mitarbeitenden im Unternehmen, das Angebot eines standardisierten Portfolios sowie mittel- bis langfristiger Maßnahmen zur Unterstützung des Unternehmens. Im Unternehmen liegt der Schwerpunkt auf Maßnahmen zur Bildung. Die Organisationsentwicklung ist nicht Teil des Auftrags. Die Interviewperson betont, dass jeder Mensch eine sehr gute Grundausstattung hat, um erfolgreich sein. Die Sinnhaftigkeit und der Nutzen des eigenen Handelns sind ihr sehr wichtig, ebenso die kritische Selbstreflexion. Maßnahmen müssen ihrer Überzeugung nach nachhaltig sein. Der strategische Einflussspielraum ist auf die Umsetzung von Maßnahmen beschränkt.

	PE-Projekttyp und Kernthema	**PE-Projekt: Voraussetzungen**	**PE-Projekt: Zielsetzungen**	**PE-Projekt: Phasen**	**PE-Projekt: Kritische Ereignisse**	**Fallzusammenfassung II**
IP 16	Projekttyp Bildungsmaßnahme, Welcome Days	Das Projekt baute auf eine bestehende Maßnahme auf. Der Auftrag zur Konzeption eines Angebots für zwei zusammen gelegte Bereiche war vorhanden. Das Projekt war zudem Teil des Aufgabenprofils von IP 16 bei Stellenantritt.	Unterstützung der neuen Strategie und Struktur sowie Mitarbeitende motivieren, informieren und zusammenbringen	Initialisierung (Projektauftrag), Abstimmung Grobkonzept mit Führungskräften im Business, Erarbeitung Grobkonzept, Abstimmung Detailkonzept mit Projektteam und Externen, Erarbeitung Detailkonzept, Durchführung (u. a. Nominierung durch Führungskräfte, Verarbeitung der Anmeldungen, Organisation und Koordination), Evaluation und Ergebnispräsentation	Unterschiedliche Vorstellungen im Projektteam und daraus resultierende Spannungen, Umstellung der Veranstaltungsagenda durch kurzfristige Absagen von Referenten	Das PE-Projekt entstand in Folge einer Zusammenlegung von zwei Unternehmensbereichen, die für neue Mitarbeitende eine gemeinsame Willkommensveranstaltung haben sollten. Das Projekt war ein Re-Design einer bestehenden Maßnahme. Die Interviewperson teilte sich die Projektleitung mit einem Kollegen. An diesem Projekt ist auffällig, dass zum Teil kleinste Schritte, wie das Verfassen einer E-Mail mit hierarchisch übergeordneten Personen abgestimmt werden mussten.

3.5. Kategorienhäufigkeiten der Projekttypen

5.1 PROJEKTTYP: BILDUNGSMAßNAHME (BM)	Anzahl Fälle	Anzahl Fälle in %
5.1.1.1.1 Projektauftrag (1)	5	63 %
5.1.1.1.1 Unterstützung durch Geschäftsführung (2)	5	63 %
5.1.1.1.1 Unterstützung durch Management (3)	5	63 %
5.1.1.1.1 Vorerfahrung und Kompetenz (4)	4	50 %
5.1.1.2.1 Analyseergebnisse (5)	3	38 %
5.1.1.2.1 Veränderungen im Unternehmen (6)	2	25 %
5.1.2.1.1 Kompetenznachweis (7)	3	38 %
5.1.2.1.1 Weitere persönliche und kollektive Absichten (8)	3	38 %
5.1.2.2.1 MITARBEITENDE ANZIEHEN, BINDEN, ENTWICKELN (9)	4	50 %
5.1.2.2.2 VERHALTEN VON FÜHRUNSGKRÄFTEN (10)	3	38 %
5.1.2.2.3 VERHALTEN VON MITARBEITENDEN (11)	4	50 %
5.1.2.2.4 WEITERE BM-PROJEKTZIELE (12)	6	75 %
5.1.3.1.1 Projektauftrag (13)	2	25 %
5.1.3.1.2 Auftragsklärung (14)	2	25 %
5.1.3.1.3 Analyse der Ausgangssituation (15)	1	13 %
5.1.3.1.4 BEDARFSANALYSE (16)	3	38 %
5.1.3.2.2 ERARBEITUNG GROBKONZEPT (17)	6	75 %
5.1.3.5.1 ABSTIMMUNG DETAILKONZEPT (18)	8	100 %
5.1.3.6.1 PILOTIERUNG (19)	2	25 %
5.1.3.6.2 DURCHFÜHRUNG (20)	7	88 %
5.1.3.7.1 Evaluation (21)	6	75 %
5.1.3.7.1 Überarbeitung Konzept (22)	4	50 %
5.1.3.8.1 Abstimmung Konzept (23)	1	13 %
5.1.3.8.1 Erstellung Konzept (24)	1	13 %
5.1.3.8.2 Analyse (25)	1	13 %
5.1.3.8.3 Übergabe und Controlling (26)	1	13 %
5.1.3.8.4 Evaluation (27)	1	13 %

Kategorien auf der dritten Ebene im Projekttyp „Bildungsmaßnahme“ (n = 8)

5.1 PROJEKTTYP: BILDUNGSMAßNAHME (BM)	Anzahl Fälle	Anzahl Fälle in %
5.1.2.2.2.1 Umgang mit sich selbst (1)	3	38 %
5.1.2.2.2.1 Weitere Führungsaufgaben (2)	3	38 %
5.1.3.1.4.1 Fragebogenerhebung (3)	1	13 %
5.1.3.1.4.1 Interviews (4)	3	38 %
5.1.3.2.1.1 Führungskräfte im Business (5)	3	38 %
5.1.3.2.1.1 Geschäftsführung (6)	2	25 %

5.1 PROJEKTTYP: BILDUNGSMAßNAHME (BM)	Anzahl Fälle	Anzahl Fälle in %
5.1.3.2.1.1 Weitere Personengruppen (7)	2	25 %
5.1.3.5.1.1 Betriebsrat (8)	3	38 %
5.1.3.5.1.1 Direkter Vorgesetzter (9)	2	25 %
5.1.3.5.1.1 Führungskräfte im Business (10)	5	63 %
5.1.3.5.1.1 Geschäftsführung (11)	1	13 %
5.1.3.5.1.1 Projektteam (12)	3	38 %
5.1.3.5.1.1 Weitere Personengruppen (13)	6	75 %
5.1.3.6.1.1 Abschluss (14)	2	25 %
5.1.3.6.1.1 Evaluation (15)	2	25 %
5.1.3.6.1.1 Mobilisierung von Teilnehmenden (16)	2	25 %
5.1.3.6.1.1 Schritte zur Umsetzung (17)	2	25 %
5.1.3.6.1.1 Vorbereitung der Pilotierung (18)	1	13 %
5.1.3.6.2.1 Akquise von Teilnehmenden (19)	6	75 %
5.1.3.6.2.2 Organisation und Koordination (20)	4	50 %
5.1.3.6.2.3 Vorbereitende Schritte (21)	5	63 %
5.1.3.6.2.4 Durchführung der Bildungsmaßnahme (22)	3	38 %
5.1.3.6.2.5 Qualitätssicherung (23)	5	63 %
5.1.3.6.2.6 Kommunikation nach Durchführung (24)	3	38 %

Kategorien auf der vierten Ebene im Projekttyp „Bildungsmaßnahme" (n = 8)

5.2 PROJEKTTYP: FÖRDERMAßNAHME (FM)	Anzahl Fälle	Anzahl Fälle in %
5.2.1.1.1 Projektauftrag (1)	4	80 %
5.2.1.1.1 Unterstützung durch Geschäftsführung (2)	1	20 %
5.2.1.1.1 Unterstützung durch Management (3)	2	40 %
5.2.1.1.1 Vorerfahrung (4)	1	20 %
5.2.1.1.1 Weitere personale Voraussetzungen (5)	2	40 %
5.2.1.2.1 Analyseergebnisse (6)	2	40 %
5.2.1.2.1 Unzureichender Prozess oder Angebot (7)	4	80 %
5.2.1.2.1 Veränderungen im Unternehmen (8)	3	60 %
5.2.2.1.1 Kompetenznachweis (9)	2	40 %
5.2.2.1.1 Weitere persönliche Absichten (10)	3	60 %
5.2.2.2.1 Systematik und Struktur (11)	5	100 %
5.2.2.2.2 Weitere FM-Projektziele (12)	3	60 %
5.2.3.2.1 Abstimmung von Lösungsideen (13)	3	60 %
5.2.3.2.1 Lösungsentwicklung (14)	5	100 %
5.2.3.2.1 Projektplanung und -vorbereitung (15)	3	60 %
5.2.3.3.1 ABSTIMMUNG KONZEPT (16)	5	100 %
5.2.3.3.2 ERARBEITUNG KONZEPT (17)	5	100 %
5.2.3.4.1 Pilotierung (18)	1	20 %
5.2.3.4.1 Vorbereitung Rollout (19)	4	80 %

5.2 PROJEKTTYP: FÖRDERMAẞNAHME (FM)	Anzahl Fälle	Anzahl Fälle in %
5.2.3.4.2 Implementierung (20)	3	60 %

Kategorien auf der dritten Ebene im Projekttyp „Fördermaßnahme“ (n = 5)

5.2 PROJEKTTYP: FÖRDERMAẞNAHME (FM)	Anzahl Fälle	Anzahl Fälle in %
5.2.3.3.1.1 Direkter Vorgesetzter (1)	3	60 %
5.2.3.3.1.1 Führungskräfte im Business (2)	5	100 %
5.2.3.3.1.1 Geschäftsführung (3)	2	40 %
5.2.3.3.1.1 Human Resources Vertreter (4)	4	80 %
5.2.3.3.1.1 Projektteam (5)	2	40 %
5.2.3.3.1.1 Weitere Personengruppen (6)	3	60 %

Kategorien auf der vierten Ebene im Projekttyp „Fördermaßnahme“ (n = 5)

3.6. Kategorienkombinationen der Projekttypen

Die Zahlen in der zweiten Zeile der folgenden Tabellen beziehen sich auf die in Anhang 0 angegebenen Kategoriennummern der jeweiligen Ebene des Projekttyps.

	Kategorien auf der dritten Ebene im Bereich des Projekttyps Fördermaßnahme																				
IP	**1**	**2**	**3**	**4**	**5**	**6**	**7**	**8**	**9**	**10**	**11**	**12**	**13**	**14**	**15**	**16**	**17**	**18**	**19**	**20**	**Kombin. Total**
9	x	0	0	0	0	0	x	x	0	x	x	0	x	x	x	x	x	x	x	x	**13**
11	0	0	0	x	0	x	x	x	x	x	x	x	0	x	x	x	x	0	x	x	**14**
12	x	x	0	0	0	0	x	0	x	0	x	0	x	x	0	x	x	0	x	0	**10**
13	x	0	x	0	x	x	x	x	0	x	x	x	x	x	x	x	x	0	0	0	**14**
14	x	0	x	0	x	0	0	0	0	0	x	x	0	x	0	x	x	0	x	x	**10**
Total	**4**	**1**	**2**	**1**	**2**	**2**	**4**	**3**	**2**	**3**	**5**	**2**	**2**	**5**	**3**	**5**	**5**	**1**	**4**	**3**	

Kategorienkombination auf der dritten Ebene des Projekttyps „Fördermaßnahme“

	Kategorien auf der vierten Ebene des Projekttyps Fördermaß-nahme						
IP	**1**	**2**	**3**	**4**	**5**	**6**	**Kombin. Total**
9	x	x	0	x	x	0	**4**
11	0	x	0	0	0	x	**2**
12	x	x	x	x	x	x	**6**
13	0	x	x	x	0	x	**4**
14	x	x	0	x	0	0	**3**
Total	**3**	**5**	**2**	**4**	**2**	**3**	

Kategorienkombination auf der vierten Ebene des Projekttyps „Fördermaßnahme"

	Kategorien auf der dritten Ebene des Projekttyps Bildungsmaßnahme																											
IP	**1**	**2**	**3**	**4**	**5**	**6**	**7**	**8**	**9**	**10**	**11**	**12**	**13**	**14**	**15**	**16**	**17**	**18**	**19**	**20**	**21**	**22**	**23**	**24**	**25**	**26**	**27**	**Kombin.[1] Total**
1	x	x	x	0	0	0	x	0	x	0	0	x	0	0	0	x	x	x	x	x	x	x	0	0	0	0	0	**13**
2	0	x	0	0	x	0	0	x	x	0	0	0	0	0	x	0	x	x	x	x	x	x	0	0	0	0	0	**11**
4	0	x	x	0	x	0	0	0	x	x	x	0	x	0	0	0	x	x	x	x	x	0	0	0	0	0	0	**12**
5	x	0	x	x	0	0	x	0	0	0	0	x	0	x	0	0	x	x	x	x	x	x	0	0	0	0	0	**12**
6	0	x	x	x	0	x	x	x	0	x	x	x	0	x	0	x	x	x	x	x	x	x	0	0	0	0	0	**17**
7	x	x	x	0	0	0	0	0	x	x	x	x	0	0	0	x	x	x	x	x	0	0	x	x	x	x	x	**17**
8	x	0	0	x	x	0	0	x	0	0	x	x	0	0	0	0	x	x	x	0	0	0	0	0	0	0	0	**9**
16	x	0	0	x	0	x	0	0	0	0	0	x	x	0	0	0	x	x	x	x	x	0	0	0	0	0	0	**10**
Total	**5**	**5**	**5**	**4**	**3**	**2**	**3**	**3**	**4**	**3**	**4**	**6**	**2**	**2**	**1**	**3**	**6**	**8**	**2**	**7**	**6**	**4**	**1**	**1**	**1**	**1**	**1**	

Kategorienkombinationen auf der dritten Ebene des Projekttyps „Bildungsmaßnahme“

	Kategorien auf der vierten Ebene des Projekttyps Bildungsmaßnahme																							
IP	**1**	**2**	**3**	**4**	**5**	**6**	**7**	**8**	**9**	**10**	**11**	**12**	**13**	**14**	**15**	**16**	**17**	**18**	**19**	**20**	**21**	**22**	**23**	**24**	**Kombin. Total**
1	0	0	0	x	0	x	x	0	x	0	0	0	x	0	0	0	0	0	x	0	x	x	x	x	**10**
2	0	0	0	0	x	x	0	x	0	x	x	0	x	0	0	0	0	0	x	x	0	0	x	0	**9**
4	x	x	0	0	0	0	0	x	x	x	0	0	x	x	x	x	x	0	0	0	x	x	x	x	14
5	0	0	0	0	0	0	x	0	0	x	0	x	0	0	0	0	0	0	x	0	0	0	0	0	**4**
6	x	x	0	x	x	0	0	0	0	x	0	0	x	0	0	0	0	0	x	x	x	0	x	0	**11**
7	x	x	x	x	0	0	0	0	0	x	0	0	0	0	0	0	0	0	x	x	x	0	x	0	**9**
8	0	0	0	0	0	0	0	x	0	0	0	x	x	x	x	x	x	x	0	0	0	0	0	0	**8**
16	0	0	0	0	x	0	0	0	0	0	0	x	x	0	0	0	0	0	x	x	x	x	0	x	**8**
Total	**3**	**3**	**1**	**3**	**3**	**2**	**2**	**3**	**2**	**5**	**1**	**3**	**6**	**2**	**2**	**2**	**2**	**1**	**6**	**4**	**5**	**3**	**5**	**3**	

Kategorienkombination auf der vierten Ebene des Projekttyps „Bildungsmaßnahme“

3.7. Lesehilfe zu den Strukturbildern

Die Strukturbilder wurden anhand des Regelwerks der erweiterten Flussdiagramm-Darstellung entwickelt. Als Lesehilfe führen die folgenden Ausführungen in die wichtigsten Symbole und Formalrelationen ein (siehe Anhang 2.6 für eine ausführliche Beschreibung des Regelwerks).

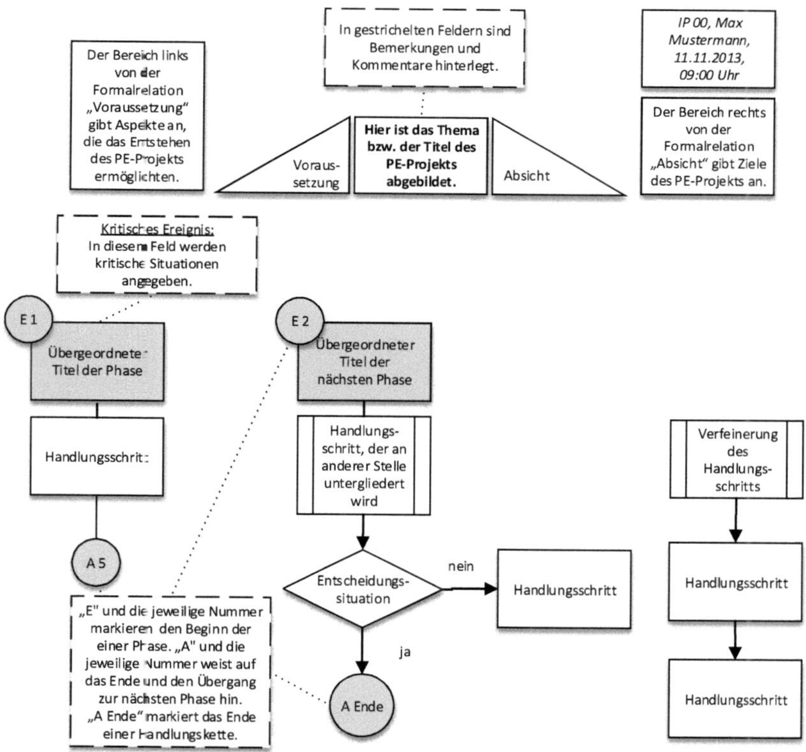

Abbildung 77: Lesehilfe zu den Strukturbildern

Literaturverzeichnis

Abels, H. (2006). *Identität. Über die Entstehung des Gedankens, dass der Mensch ein Individuum ist, den nicht leicht zu verwirklichenden Anspruch auf Individualität und die Tatsache, dass Identität in Zeiten der Individualisierung von der Hand in den Mund lebt.* (1. Aufl.). Wiesbaden: VS Verlag für Sozialwissenschaften.

Aebli, H. (1980). *Denken: das Ordnen des Tun* (1. Aufl.). Stuttgart: Klett-Cotta.

Ahlers, F., Eggers, B. & Eichenberg, T. (2011). Ganzheitliches Management: eine mehrdimensionale Sichtweise integrierter Unternehmensführung. In B. Eggers & F. Ahlers (Hrsg.), *Integrierte Unternehmungsführung: Festschrift zum 65. Geburtstag von Prof. Dr. Claus Steinle* (1. Aufl., S. 3–13). Wiesbaden: Gabler.

Anderson, K., Baltz, C. & Müller, C. (2013). HR aus Sicht der Unternehmensführung. Was Geschäftsführer von ihrer Personalabteilung erwarten. Freiburg: Haufe Lexware.

Aretz, W. (2007). *Subjektive Führungstheorien und die Umsetzung von Führungsgrundsätzen im Unternehmen*. Köln: Kölner Wissenschaftsverlag.

Armstrong, M. (2011). *Armstrong's Handbook of Strategic Human Resource Management* (5th ed.). London: Kogan Page.

Arnold, R. (1997). *Betriebspädagogik* (2. Aufl.). Berlin: Erich Schmidt.

Arnold, R. & Bloh, E. (2009). Grundlagen der Personalentwicklung im lernenden Unternehmen: Einführung und Überblick. In R. Arnold & E. Bloh (Hrsg.), *Personalentwicklung im lernenden Unternehmen* (S. 5–40). Baltmannsweiler: Schneider-Verlag Hohengehren.

Arnold, R. & Müller, H.-J. (1992). Berufsrollen betrieblicher Weiterbildner. *Berufsbildung in Wissenschaft und Praxis, 1992* (5), 36–41.

Aschenbrenner, E. (2009). *Lehrerbildung unter mikrostruktureller Perspektive*. Winzer: Duschl.

Bandura, A. (1991). Social cognitive theory of self-regulation. *Organizational Behavior and Human Decision Processes, 50* (2), 248–287.

Bea, F. X. & Haas, J. (2009). *Strategisches Management* (5. Aufl.). Stuttgart: Lucius & Lucius.

Beck, C. & Bastians, F. (2011). *HR-Image 2011. Die Personalabteilung: Fremd- und Eigenbild.* Freiburg: Haufe Lexware.

Beck, C. & Bastians, F. (2013). *HR-Image 2013. Die Personalabteilung: Fremd- und Eigenbild.* Freiburg: Haufe Lexware.

Beck, D., & Fisch, R. (2009). *Subjektive Theorien von Führungskräften über die Gestaltung von Veränderungsprozessen in der öffentlichen Verwaltung.* Speyer: Deutsches Forschungsinsitut für Öffentliche Verwaltung.

Beck, D., Fisch, R. & Müller, A. (2008). Change Reflexivity – ein Ansatz zur Analyse subjektiver Theorien über die Gestaltung von Veränderungsvorhaben. In D. Beck, R. Fisch & A. Müller (Hrsg.), *Veränderungen in Organisationen* (1. Aufl., S. 177–200). Wiesbaden: VS Verlag für Sozialwissenschaften.

Beck, M. (1991). *Strategische Personalentwicklung dargestellt am Beispiel des Vertriebsbereichs von Automobilherstellern in der Bundesrepublik Deutschland.* Bamberg: Difo-Druck.

Becker, F. G. (1988). Personalentwicklung im Rahmen einer strategischen Führung. *Zeitschrift für Personalforschung, 2* (3), 197–213.

Becker, F. G. (2002). *Lexikon des Personalmanagements* (2. Aufl.). München: Deutscher Taschenbuch Verlag.

Becker, M. (2002). *Personalentwicklung. Bildung, Förderung und Organisationsentwicklung in Theorie und Praxis* (3. Aufl.). Stuttgart: Schäffer-Poeschel.

Becker, M. (2008). Die neue Rolle der Personalentwicklung. In N. Thom & R. J. Zaugg (Hrsg.), *Moderne Personalentwicklung. Mitarbeiterpotenziale erkennen, entwickeln und fördern.* (3. Aufl., S. 43–62). Wiesbaden: Gabler.

Becker, M. (2010). Wie gestalten? Systematische Personalentwicklung im Funktionszyklus. In M. Meifert (Hrsg.), *Strategische Personalentwicklung. Ein Programm in acht Etappen* (2. Aufl., S. 365–383). Heidelberg: Springer.

Becker, M. (2012). Die Entwicklung der Personalentwicklung. In R. Steiner & A. Ritz (Hrsg.), *Personal führen und Organisationen gestalten* (1. Aufl., S. 227–238). Bern: Haupt.

Becker, M. (2013). *Personalentwicklung. Bildung, Förderung und Organisationsentwicklung in Theorie und Praxis* (6. Aufl.). Stuttgart: Schäffer-Poeschel.

Becker, M., Beck, A. & Herz, A. (2009). *Wandel aktiv bewältigen! Empirische Befunde und Gestaltungshinweise zur reifegradorientierten Unternehmensführung und Personalentwicklung*. München: Hampp.

Becker, M. & Schwertner, A. (2002). *Gestaltung der Personal- und Führungskräfteentwicklung*. München: Hampp.

Bentler, A. (2005). *Subjektive Theorien von Anwendern neuer Technologien*. Aachen: Shaker.

Bettman, J. R. & Weitz, B. A. (1983). Attributions in the Board Room: Causal Reasoning in Corporate Annual Reports. *Administrative Science Quaterly*, *28* (2), 165–183.

Biedermann, C. (1989). *Subjektive Führungstheorien*. Bern: Haupt.

Birkhan, G. (1987). Die Sicht mehrerer Subjekte: Probleme der Zusammenfassung von subjektiven Theorien. In J. B. Bergold & U. Flick (Hrsg.), *Ein-Sichten: Zugänge zur Sicht des Subjekts mittels qualitativer Forschung* (S. 230–246). Tübingen: DGVT.

Bittlingmaier, T. (2010). Wie überzeugen? Zum Umgang mit Auftraggebern von PE-Projekten. In M. Meifert (Hrsg.), *Strategische Personalentwicklung. Ein Programm in acht Etappen* (2. Aufl., S. 333–344). Berlin: Springer.

Blickle, G. (2004). Einflusskompetenz in Organisationen. *Psychologische Rundschau*, *55* (2), 82–93.

Bödeker, N. & Hübbe, E. (2010). Etappe 5: Talentmanagement. In M. T. Meifert (Hrsg.), *Strategische Personalentwicklung. Ein Programm in acht Etappen* (2. Aufl., S. 215–243). Berlin: Springer.

Bohnsack, R. (2010). *Rekonstruktive Sozialforschung: Einführung in qualitative Methoden* (8. Aufl.). Opladen: Budrich.

Bonato, M. (1990). *Wissensstrukturierung mittels Struktur-Lege-Techniken*. Frankfurt am Main: Peter Lang.

Brahm, T. (2009). *Entwicklung von Teamkompetenz durch computergestützte kollaborative Lernprozesse*. Bamberg: Difo-Druck.

Brauner, E. (1994). *Soziale Interaktionen und mentale Modelle. Planungs- und Entscheidungsprozesse in Planspielen*. Münster: Waxmann.

Bruch, H., Kunze, F. & Böhm, S. (2010). *Generationen am Arbeitsplatz erfolgreich führen. Konzepte und Praxiserfahrungen zum Management des demographischen Wandels* (1. Aufl.). Wiesbaden: Gabler.

Bühner, R. (2005). *Personalmanagement*. München: Oldenbourg.

Büssing, A., Herbig, B. & Ewert, T. (2002). Implizites Wissen und erfahrungs-geleitetes Arbeitshandeln. *Zeitschrift für Arbeits- und Organisationspsychologie, 46* (1), 2–21.

Caspari, D. (2003). *Fremdsprachenlehrerinnen und Fremdsprachenlehrer: Studien zu ihrem beruflichen Selbstverständnis*. Tübingen: Narr.

Claßen, M. & Kern, D. (2010). *HR Business Partner. Die Spielmacher des Personalmanagements*. Köln: Wolters Kluwer.

Dahrendorf, S. (2013). Standardinstrumente für eine innovative Personalarbeit. In A. Papmehl & H. J. Tümmers (Hrsg.), *Die Arbeitswelt im 21. Jahrhundert. Herausforderungen, Perspektiven, Lösungsansätze* (S. 33–46). Wiesbaden: Springer.

Dann, H.-D. (1983). Subjektive Theorien: Irrweg oder Forschungsprogramm? Zwischenbilanz eines kognitiven Konstrukts. In L. Montada, K. Reusser & G. Steiner (Hrsg.), *Kognition und Handeln* (S. 77–92). Stuttgart: Klett.

Dann, H.-D. (1992). Variation von Lege-Strukturen zur Wissensrepräsentation. In B. Scheele (Hrsg.), *Struktur-Lege-Verfahren als Dialog-Konsens-Methodik* (S. 2–41). Münster: Aschendorffsche.

Deci, E. L. & Ryan, R. M. (2002). *Handbook of Self-Determination Research*. Rochester: Rochester Press.

Dehnbostel, P. (2007). *Lernen im Prozess der Arbeit*. Münster: Waxmann.

DeSimone, R. L. & Werner, J. M. (2012). *Human Resource Development* (6th ed.). Mason: South-Western.

Diesner, I., Seufert, S. & Euler, D. (2008). *Trendstudie 2008. Herausforderungen für das Bildungsmanagement im Unternehmen*. St. Gallen: scil, Universität St. Gallen.

Dilger, A. (2010). Professionelle Personaler zwischen Rationalisierung und allgemeinem Management: Professionalisierung ohne Bildung einer eigenen Profession. *Zeitschrift für Management*, *5* (3), 207–219.

Doppler, K., & Lauterburg, C. (2002). *Change Management. Den Unternehmenswandel gestalten* (10. Aufl.). Frankfurt am Main: Campus.

Döring, K. W. (2008). Strategische Personalentwicklung - Vision und realistische Perspektiven. In M. T. Meifert (Hrsg.), *Strategische Personalentwicklung. Ein Programm in acht Etappen* (S. 45–65). Berlin: Springer.

Dörr, S. L. (2006). *Motive, Einflussstrategien und transformationale Führung als Faktoren effektiver Führung.* Abgerufen von: http://pub.uni-bielefeld.de/publication/2304840

Dutke, S. (1994). *Mentale Modelle: Konstrukte des Wissens und Verstehens*. Göttingen: Hogrefe.

Eckel, S. (2011). Die erfolgreiche Positionierung der Personalentwicklung im Unternehmen. In U. Rohrschneider & M. Lorenz (Hrsg.), *Der Personalentwickler. Instrumente, Methoden, Strategien* (S. 31–47). Wiesbaden: Gabler.

Eden, C., Ackermann, F. & Cropper, S. (1992). The Analysis of Cause Maps. *Journal of Management Studies*, *29* (3), 309–324.

Eggers, B. (1994). *Ganzheitlich-vernetzendes Management: Konzepte, Workshop-Instrumente und strategieorientierte PUZZLE-Methodik.* Wiesbaden: Gabler.

Eisenhardt, K. M. (1989). Building Theories from Case Study Research. *Academy of Management Review*, *4* (14), 532–550.

El Arbi, F. & Ahlemann, F. (2013). Einleitung. In F. Ahlemann & C. Eckl (Hrsg.), *Strategisches Projektmanagement* (S. 1–21). Berlin: Springer.

El Ganady, Y., König, C., Kutasi, C., Lassalle, J. & Urban, W. (2008). *Personalentwicklung*. Zürich: Kienbaum.

Euler, D. (1994). *Didaktik einer sozio-informationstechnischen Bildung*. Köln: Botermann & Botermann.

Euler, D. (2004). *Sozialkompetenzen bestimmen, fördern und prüfen.* (D. Euler & C. Metzger, Hrsg.). St. Gallen: Institut für Wirtschaftspädagogik.

Euler, D. & Bauer-Klebl, A. (2009). Präzisierungen: Bestimmung von Sozialkompetenzen als didaktisches Konstrukt. In D. Euler (Hrsg.), *Sozialkompetenzen in der beruflichen Bildung. Didaktische Förderung und Prüfung* (1. Aufl., S. 21–60). Bern: Haupt.

Euler, D. & Hahn, A. (2004). *Wirtschaftsdidaktik* (1. Aufl.). Bern: Haupt.

Fäckeler, S. (2013a). Personalentwicklung - Quo vadis? *Fachmagazin Personalführung (DGFP), 10*, 52–57.

Fäckeler, S. (2013b). Mit Strategie und Weitblick. *Personalwirtschaft. Magazin für Human Resources, 11*, 44–45.

Ferris, G., Perrewe, P., Ranft, A., Zinko, R., Stoner, J., Brouer, R. & Laird, M. (2007). Human Resources Reputation and Effectiveness. *Human Resource Management Review, 17* (2), 117–130.

Ferris, G., Treadway, D. C., Perrewe, P. L., Brouer, R. L., Douglas, C. & Lux, S. (2007). Political Skill in Organizations. *Journal of Management, 33* (3), 290–320.

Fischer, H., Rump, J., Eilers, S., Fleischer, G., Heyn, T., Holdenried, H.-U., … Platzer, P. (2013). Unternehmen. In J. Rump & N. Walter (Hrsg.), *Arbeitswelt 2030. Trends, Prognosen, Gestaltungsmöglichkeiten* (S. 57–81). Stuttgart: Schäffer-Poeschel.

Flick, U. (1987). Das Subjekt als Theoretiker? - Zur Subjektivität Subjektiver Theorien. In J. B. Bergold & U. Flick (Hrsg.), *Ein-Sichten: Zugänge zur Sicht des Subjekts mittels qualitativer Forschung* (S. 125–134). Tübingen: DGVT.

Flick, U. (2010a). *Qualitative Sozialforschung - Eine Einführung* (3. Aufl.). Reinbek: Rowohlt.

Flick, U. (2010b). Triangulation. In G. Mey & K. Mruck (Hrsg.), *Handbuch Qualitative Forschung in der Psychologie* (1. Aufl., S. 278–289). Wiesbaden: VS Verlag für Sozialwissenschaften.

Flick, U. (2010c). Gütekriterien qualitativer Forschung. In G. Mey & K. Mruck (Hrsg.), *Handbuch Qualitative Forschung in der Psychologie* (1. Aufl., S. 395–407). Wiesbaden: VS Verlag für Sozialwissenschaften.

Flick, U. (2012a). Konstruktivismus. In U. Flick, E. von Kardoff, & I. Steinke (Hrsg.), *Qualitative Forschung: Ein Handbuch* (9. Aufl., S. 150–164). Reinbek: Rowohlt.

Flick, U. (2012b). Triangulation in der qualitativen Forschung. In U. Flick, E. von Kardoff & I. Steinke (Hrsg.), *Qualitative Forschung: Ein Handbuch* (9. Aufl., S. 309–318) Reinbek: Rowohlt.

Freitag, M. (2011). Projektmanagement und Projektkommunikation zum Forschungsstand. In M. Freitag, C. Müller, G. Rusch & T. Spreitzer (Hrsg.), *Projektkommunikation* (1. Aufl., S. 11–48). Wiesbaden: VS Verlag für Sozialwissenschaften.

Frohn, D. (2005). Subjektive Theorien von Lesben und Schwulen zum Coming Out. *Kölner Psychologische Studien: Beiträge zur natur-, kultur-, sozialwissenschaftlichen Psychologie*, (10), 19–63.

Fürstenau, B. & Trojahner, I. (2005). Prototypische Netzwerke als Ergebnis struktureller Inhaltsanalysen. In P. Gonon, F. Klauser, R. Nickolaus, & R. Huisinga (Hrsg.), *Kompetenz, Kognition und neue Konzepte der beruflichen Bildung* (S. 191–202). Wiesbaden: VS Verlag für Sozialwissenschaften.

Furnham, A. F. (1988). *Lay Theories. Everyday Understanding of Problems in the Social Sciences*. Oxford: Pergamon Press.

Fussangel, K. (2008). *Subjektive Theorien von Lehrkräften zur Kooperation. Eine Analyse der Zusammenarbeit von Lehrerinnen und Lehrern in Lerngemeinschaften.* Abgerufen von: http://nbn-resolving.de/urn/resolver.pl?urn=urn%3Anbn%3Ade%3Ahbz%3A468-20080475

Galang, M. C. & Ferris, G. R. (1997). Human Resource Department Power and Influence through Symbolic Action. *Human Relations*, *50* (11), 1403–1426.

Garavan, T. N. (2007). A Strategic Perspective on Human Resource Development. *Advances in Developing Human Resources*, *9* (1), 11–30.

Gareis, R. & Stummer, M. (2006). *Prozesse & Projekte*. Wien: Manz.

Gerstenmaier, J. & Mandl, H. (2000). Wissensanwendung im Handlungskontext: Die Bedeutung intentionaler und funktionaler Perspektiven für den Zusammenhang von Wissen und Handeln. In J. Gerstenmaier & H. Mandl (Hrsg.), *Die Kluft zwischen Wissen und Handeln* (S. 289–322). Göttingen: Hogrefe.

Gläser, J. & Laudel, G. (2010). *Exerteninterviews und qualitative Inhaltsanalyse* (4. Aufl.). Wiesbaden: Springer.

Glasl, F. & Lievegoed, B. (2011). *Dynamische Unternehmensentwicklung. Grund-lagen für nachhaltiges Change Management* (4. Aufl.). Bern: Haupt.

Gollwitzer, P. M. (1996). Das Rubikonmodell der Handlungsphasen. In J. Kuhl & H. Heckhausen (Hrsg.), *Motivation, Volition und Handlung (Band 4, Enzyklo-pädie der Psychologie)* (S. 531–582). Göttingen: Hogrefe.

Gomez, J. (2004). *Moderations- und Präsentationssituationen gestalten*. (D. Euler & C. Metzger, Hrsg.). St. Gallen: Institut für Wirtschaftspädagogik.

Granados, A., & Erhardt, G. (2012). *Corporate Agility Organization - Personalarbeit der Zukunft: Wertschöpfende Personalmanagementprozesse im Unternehmen verankern* (1. Aufl.). Wiesbaden: Gabler.

Graner, U. (2009). Erfassung und Analyse subjektiver Eignungstheorien: Eine explorative Untersuchung zur Fundierung betrieblicher Personalentwicklung. In R. Crijns & N. Janich (Hrsg.), *Interne Kommunikation von Unternehmen* (2. Aufl., S. 37–74). Wiesbaden: VS Verlag für Sozialwissenschaften.

Groeben, N. (1986). *Handeln, Tun, Verhalten als Einheiten einer verstehend-erklärenden Psychologie*. Tübingen: Francke.

Groeben, N. (1988a). Explikation des Konstrukts "Subjektive Theorie" In N. Groeben, D. Wahl, J. Schlee, & B. Scheele (Hrsg.), *Das Forschungsprogramm Subjektive Theorien* (S. 17–23). Tübingen: Francke.

Groeben, N. (1988b). Bewertung subjektiver Rationalität. In *Das Forschungsprogramm Subjektive Theorien* (S. 97–125). Tübingen: Francke.

Groeben, N. & Rustemeyer, R. (2002). Inhaltsanalyse. In E. König & P. Zedler (Hrsg.), *Qualitative Forschung* (2. Aufl., S. 233–258). Weinheim: Beltz.

Groeben, N. & Scheele, B. (2010). Das Forschungsprogramm Subjektive Theorien. In Günther Mey & K. Mruck (Hrsg.), *Handbuch Qualitative Forschung in der Psychologie* (S. 151–165). Wiesbaden: VS Verlag für Sozialwissenschaften.

Haake, K. & Seiler, W. (2010). *Strategie-Workshop. In fünf Schritten zur erfolg-reichen Unternehmensstrategie*. Stuttgart: Schäffer-Poeschel.

Haimerl, C. & Hölzle, P. (2010). *Kienbaum Studie: HR Outsourcing 2010*. Berlin: Kienbaum.

Hanft, A. (1998). *Personalentwicklung zwischen Weiterbildung und "organisationalem Lernen". Eine strukturationstheoretische und machtpolitische Analyse der Implementierung von PE-Bereichen* (2. Aufl.). München: Hampp.

Hanft, A. & Müskens, W. (2003). Get the right things done - Handlungskompetenz, Handeln und Projektlernen. In *Weiterlernen - neu gedacht* (S. 59–66). Berlin: Arbeitsgemeinschaft Betriebliche Weiterbildungsforschung.

Harteis, C. & Prenzel, M. (1998). Welche Kompetenzen brauchen betriebliche Weiterbildner in der Zukunft? Ergebnisse einer Delphi-Studie in einem Industrieunternehmen. *Zeitschrift für Pädagogik, 44* (4), 583–601.

Hasanbegovic, J. (2008). *Beratung im betrieblichen Bildungsmanagement. Analyse und Gestaltung eines Situationstypen*. Bamberg: Difo-Druck.

Heckhausen, H. (1996). Intentionsgeleitetes Handeln und seine Fehler. In J. Kuhl & H. Heckhausen (Hrsg.), *Motivation, Volition und Handlung (Band 4, Enzyklopädie der Psychologie)* (S. 817–845). Göttingen: Hogrefe.

Heckhausen, J. & Heckhausen, H. (2010). Motivation und Handeln: Einführung und Überblick. In J. Heckhausen & H. Heckhausen (Hrsg.), *Motivation und Handeln* (4. Aufl., S. 1–9). Berlin: Springer.

Heider, F. (1958). *The Psychology of Interpersonal Relations*. New Jersey: Erlbaum.

Helfferich, C. (2011). *Die Qualität qualitativer Daten: Manual für die Durchführung qualitativer Interviews* (4. Aufl.). Wiesbaden: VS Verlag für Sozialwissenschaften.

Herman, N. J., & Reynolds, L. T. (1994). *Symbolic Interaction. An Introduction to Social Psychology*. New York: General Hall.

Hilbrecht, H. & Kempkens, O. (2013). Design Thinking im Unternehmen – Herausforderung mit Mehrwert. In F. Keuper, K. Hamidian, E. Verwaayen, T. Kalinowski & C. Kraijo (Hrsg.), *Digitalisierung und Innovation* (S. 347–364). Wiesbaden: Springer.

Homma, N. (2010). *Unternehmenskultur und Führung: Den Wandel gestalten - Methoden, Prozesse, Tools* (1. Aufl.). Wiesbaden: Gabler.

Hülshoff, T. (2010). Über den Zusammenhang von Lernen, Persönlichkeits-entwicklung und Führungskultur im betriebs- und führungspädagogischen Kontext. In C. Negri (Hrsg.), *Angewandte Psychologie für die Personalent-wicklung. Konzepte und Methoden für Bildungsmanagement, betriebliche Aus- und Weiterbildung* (S. 70–80). Berlin: Springer.

Hytönen, T. (2002). *Exploring the Practice of Human Resource Development as a Field of Professional Expertise.* Jyväskylä: University of Jyväskylä.

Jäger, W. & Petry, T. (2012). Enterprise 2.0 - Herausforderungen für Personal, Organisation und Führung. In W. Jäger & T. Petry (Hrsg.), *Enterprise 2.0 - die digitale Revolution der Unternehmenskultur. Warum Personalmanager jetzt gefordert sind.* Köln: Wolters Kluwer.

Jochmann, W. (2010). Status quo der Personalentwicklung - eine Bestandsaufnahme. In M. T. Meifert (Hrsg.), *Strategische Personalentwicklung. Ein Programm in acht Etappen* (S. 29–43). Berlin: Springer.

Kahnweiler, W. M. (2006). Sustaining Success in Human Resources: Key Sareer Self-Management Strategies. *Human Resource Planning, 29* (4), 24–31.

Kaudela-Baum, S., Scheiber, L., Holzer, J., Nagel, E., Wolf, P. & Kocher, P.-Y. (2008). *Innovation: Zwischen Steuerung und Zufall.* Luzern: Hochschule Luzern - Wirtschaft, Institut für Betriebs- und Regionalökonomie.

Kauffeld, S. (2010). *Nachhaltige Weiterbildung. Betriebliche Seminare und Trainings entwickeln, Erfolge messen und Transfer sichern.* Heidelberg: Springer.

Kelle, U. & Kluge, S. (2010). *Vom Einzelfall zum Typus: Fallvergleich und Fallkontrastierung in der qualitativen Forschung* (2. Aufl.). Wiesbaden: VS Verlag für Sozialwissenschaften.

Keller, M. (2008). *Konfliktklärung als didaktische Herausforderung. Subjektive Handlungskonzepte zur Bewältigung von Konfliktsituationen* (1. Aufl.). Wiesbaden: VS Verlag für Sozialwissenschaften.

Kelly, G. A. (1991). *The Psychology of Personal Constructs. Volume 2: Clinical diagnosis and psychotherapy.* New York: Routledge.

Kern, D. & Köbele, K. (2011). *HR-Barometer 2011.* München: Capgemini.

Kerzner, H. (2008). *Projektmanagement. Ein systemorientierter Ansatz zur Planung und Steuerung* (2. Aufl.). Heidelberg: Redline.

Kesseler, H. (2004). *Didaktische Strategien beim Wissenstransfer im Spannungsfeld von bildungsdidaktischen und kommunikationswissenschaftlichen Ansprüchen.* Abgerufen von http://edoc.ub.uni-muenchen.de/3246/

Kolbe, M. & Boos, M. (2009). Facilitating Group Decision-Making: Facilitator's Subjective Theories on Group Coordination. *Forum Qualitative Sozialforschung, 10* (1).

König, E. (2002). *Qualitative Forschung im Bereich subjektive Theorien.* (E. König & P. Zedler, Hrsg.) (2. Aufl., S. 55–69). Weinheim: Beltz.

König, E. & Bentler, A. (2013). Konzepte und Arbeitsschritte im qualitativen Forschungsprozess. In B. Friebertshäuser, A. Langer & A. Prengel (Hrsg.), *Handbuch Qualitative Forschungsmethoden in der Erziehungswissenschaft* (4. Aufl., S. 173–182). Weinheim: Juventa.

König, E. & Volmer, G. (2008). *Handbuch Systemische Organisationsberatung.* Weinheim: Beltz.

Koornneef, M. J., Oostvogel, K. B. C. & Poell, R. F. (2005). Between ideal and tradition: the roles of HRD practitioners in South Australian organisations. *Journal of European Industrial Training, 29* (4/5), 356–419.

Krämer, M. (2012). *Grundlagen und Praxis der Personalentwicklung* (2. Aufl.). Göttingen: Vandenhoeck & Ruprecht.

Kruse, J. (2010). *Reader „Einführung in die Qualitative Interviewforschung"* (2010, Oktober). Freiburg.

Kruse, J. (2014). Qualitative Interviewforschung. Ein integrativer Ansatz. Weinheim: Beltz Juventa.

Kuckartz, U. (2010). *Einführung in die computergestützte Analyse qualitativer Daten* (3. Aufl.). Wiesbaden: VS Verlag für Sozialwissenschaften.

Kuckartz, U. (2012). *Qualitative Inhaltsanalyse. Methoden, Praxis, Computerunterstützung.* Weinheim: Beltz Juventa.

Kundinger, P. (2009). *Die Interne Revision als Change Agent. Veränderungen anstoßen und erfolgreich umsetzen* (1. Aufl.). Berlin: Schmidt.

Kuster, J., Huber, E., Lippmann, R., Schmid, A., Schneider, E., Witschi, U. & Wüst, R. (2011). *Handbuch Projektmanagement* (3. Aufl.). Berlin: Springer.

Lamnek, S. (2010a). *Qualitative Sozialforschung* (5. Aufl.). Weinheim: Beltz.

Lamnek, S. (2010b). Postskriptum. Abgerufen von http://www.beltz.de/de/psychologie/online-material/qualitative-sozialforschung.html

Laucken, U. (1974). *Naive Verhaltenstheorie* (1. Aufl.). Stuttgart: Klett.

Laucken, U. (1982). Aspekte der Auffassung und Untersuchung von Umgangswissen. *Schweizerische Zeitschrift für Psychologie und ihre Anwendungen*, *41*, 87–113.

Lawler III, E. E. & Boudreau, J. W. (2012). *Effective Human Resource Management.* Stanford: University Press.

Lehmann, W. (1995). *Subjektive Theorien zur Gesprächsführung: Diagnose, Handlungswirksamkeit und Veränderbarkeit* (Dissertation). Heidelberg: Universität Heidelberg.

Levke Brütt, A. (2012). *Subjektive Krankheitsvorstellungen von übergewichtigen Jugendlichen und ihren Eltern.* Hamburg: Dr. Kovac.

Lies, J. (2011). Mine: Ausblendung von Mikropolitik. In S. Mörbe, U. Volejnik & S. Schoop (Hrsg.), *Erfolgsfaktor Change Communications* (S. 109–116). Wiesbaden: Gabler.

Lindner-Lohmann, D., Lohmann, F. & Schirmer, U. (2012). *Personalmanagement.* Berlin: Springer.

Litke, H.-D., Kunow, I. & Schulz-Wimmer, H. (2012). *Projektmanagement* (2. Aufl.). Freiburg: Haufe-Lexware.

Manchen Spörri, S. (2000). *Alltagstheorien über Führung aus der Sicht von weib-lichen und männlichen Führungskräften und ihren MitarbeiterInnen.* Abgerufen von http://nbn-resolving.de/urn:nbn:de:bsz:352-opus-6766

Marek, D. (2010). *Unternehmensentwicklung verstehen und gestalten - Eine Einführung. Unternehmensentwicklung verstehen und gestalten* (1. Aufl.). Wiesbaden: Gabler.

Martin, R. (2009). *The Design of Business. Why Design Thinking is the Next Competitive Advantage*. Boston: Harvard Business School Publishing.

Mayer, H. O. (2009). *Interview und schriftliche Befragung*. München: Oldenbourg.

Mayring, P. (2002). *Einführung in die qualitative Sozialforschung* (5. Aufl.). Wein-heim und Basel: Beltz.

Mayring, P. (2010a). *Qualitative Inhaltsanalyse. Grundlagen und Techniken* (11. Aufl.). Weinheim: Beltz.

Mayring, P. (2010b). Qualitative Inhaltsanalyse. In G. Mey & K. Mruck (Hrsg.), *Handbuch Qualitative Forschung in der Psychologie* (1. Aufl., S. 601–613). Wiesbaden: VS Verlag für Sozialwissenschaften.

Mayring, P. (2012). Qualitative Inhaltsanalyse. In U. Flick, E. von Kardoff & I. Steinke (Hrsg.), *Qualitative Forschung: Ein Handbuch* (9. Aufl., S. 468–475). Reinbek: Rowohlt.

Mehring, L. (2009). *Subjektive Theorien von Lehrenden zu erlebten Konflikten im Unterricht und der Umgang damit*. Bochum: Brockmeyer.

Meifert, M. T. (2010). Was ist strategisch an der strategischen Personalentwicklung? In M. T. Meifert (Hrsg.), *Strategische Personalentwicklung. Ein Programm in acht Etappen* (2. Aufl., S. 3–28). Berlin: Springer.

Meifert, M. T. (2013). Prolog - Das Etappenkonzept im Überblick. In M. T. Meifert (Hrsg.), *Strategische Personalentwicklung. Ein Programm in acht Etappen* (3. Aufl., S. 63–76). Wiesbaden: Gabler.

Mentzel, W. (2012). *Personalentwicklung. Wie Sie Ihre Mitarbeiter fördern und weiterbilden* (4. Aufl.). München: dtv.

Messner, H. (2007). Vom Wissen zum Handeln – vom Handeln zum Wissen: Zwei Seiten einer Medaille. *Beiträge zur Lehrerbildung, 25* (3), 364–376.

Metzger, M. A. (2006). *Subjektive Theorien über Lernschwierigkeiten: Zur Innensicht des erschwerten Lernens*. Abgerufen von *edudoc.ch/record/3622/files/zu07024.pdf?version=1*

Miebach, B. (2014). *Soziologische Handlungstheorie* (4. Aufl.). Wiesbaden: VS Verlag für Sozialwissenschaften.

Mietzel, G. (2007). *Pädagogische Psychologie des Lernens und Lehrens* (8. Aufl.). Göttingen: Hogrefe.

Mudra, P. (2004). *Personalentwicklung. Integrative Gestaltung betrieblicher Lern- und Veränderungsprozesse*. München: Vahlen.

Müller-Stewens, G., & Lechner, C. (2005). *Strategisches Management. Wie strategische Initiativen zum Wandel führen* (3. Aufl.). Stuttgart: Schäffer-Poeschel.

Müller-Vorbrüggen, M. (2010a). Struktur und Strategie der Personalentwicklung. In R. Brückermann & M. Müller-Vorbrüggen (Hrsg.), *Handbuch Personal-entwicklung. Die Praxis der Personalbildung, Personalförderung und Arbeits-strukturierung* (3. Aufl., S. 3–20). Stuttgart: Schäffer-Poeschel.

Müller-Vorbrüggen, M. (2010b). Management der Personalentwicklung. In M. Müller-Vorbrüggen (Hrsg.), *Handbuch Personalentwicklung. Die Praxis der Personalbildung, Personalförderung und Arbeitsstrukturierung* (3. Aufl., S. 761–775). Stuttgart: Schäffer-Poeschel.

Mutzeck, W. (2000). *Verhaltensgestörtenpädagogik und Erziehungshilfe*. Bad Heilbrunn: Klinkhardt.

Negri, C., Braun, B., Werkmann-Karcher, B. & Moser, B. (2010). Grundlagen, Kompetenzen und Rollen. In C. Negri (Hrsg.), *Angewandte Psychologie für die Personalentwicklung. Konzepte und Methoden für Bildungsmanagement, betriebliche Aus- und Weiterbildung* (S. 7–68). Berlin: Springer.

Neuberger, O. (2006). Mikropolitik: Stand der Forschung und Reflexion. *Zeitschrift für Arbeits- und Organisationspsychologie*, *50* (4), 189–202.

Neuweg, H.-G. (2004). *Könnerschaft und implizites Wissen* (3. Aufl.). Münster: Waxmann.

Niedermair, G. (2005). *Patchwork(er) on Tour. Berufsbiografien von Personalentwicklern*. Münster: Waxmann.

Nisbett, R. E. & Wilson, T. D. (1977). Telling More Than We Can Know: Verbal Reports in Mental Processes. *Psychological Review, 84* (3), 231–259.

Obliers, R. & Vogel, G. (1992). Subjektive Autobiographie-Theorien als Indikatoren mentaler Selbstkonfiguration. In B. Scheele (Hrsg.), *Struktur-Lege-Verfahren als Dialog-Konsens-Methodik* (S. 296–332). Münster: Aschendorffsche.

Obliers, R., Vogel, G. & von Scheidt, J. (1996). Alltagshandeln. In J. Kuhl & H. Heckhausen (Hrsg.), *Motivation, Volition und Handlung (Band 4, Enzyklopädie der Psychologie)* (S. 69–100). Göttingen: Hogrefe.

Oehme, A. (2007). *Schulverweigerung: Subjektive Theorien von Jugendlichen zu den Bedingungen ihres Schulabsentismus*. Hamburg: Dr. Kovac.

Oostvogel, K., Koornneef, M. & Poell, R. F. (2011). Strategies of HRD Practitioners in Different Types of Organization: A Qualitative Study Among 18 South Australian HRD Practitioners. In *Supporting Workplace Learning. Towards Evidence-based Practice* (S. 11–25). Heidelberg: Springer-Verlag.

Opaschowski, H. W. (2013). Die neue Arbeitswelt denken. In A. Papmehl & H. J. Tümmers (Hrsg.), *Die Arbeitswelt im 21. Jahrhundet. Herausforderungen, Perspektiven, Lösungsansätze* (S. 203–209). Wiesbaden: Springer.

Oswald, H. (2013). Was heißt qualitativ forschen? Warnungen, Fehlerquellen, Möglichkeiten. In B. Friebertshäuser, A. Langer & A. Prengel (Hrsg.), *Handbuch Qualitative Forschungsmethoden in der Erziehungswissenschaft* (4. Aufl., S. 143–201). Weinheim: Juventa.

Pant, I. & Baroudi, B. (2008). Project management education: The human skills imperative. *International Journal of Project Management, 26*, 124–128.

Papmehl, A. (2013). Innovative Personalarbeit in Deutschland gestalten: Perspektiven und Praxis. In A. Papmehl & H. J. Tümmers (Hrsg.), *Die Arbeitswelt im 21. Jahrhundet. Herausforderungen, Perspektiven, Lösungsansätze* (S. 223–237). Wiesbaden: Springer.

Patry, J.-L. & Gastager, A. (2011). Subjektive Theorien in sozialen Handlungsfeldern. In A. Gastager, J.-L. Patry & K. Gollackner (Hrsg.), *Subjektive Theorien über das eigene Tun in sozialen Handlungsfeldern* (S. 13–25). Innsbruck: Studienverlag.

Patry, J.-L., Gastager, A. & Gollackner, K. (2011). Themenpluralismus und Potenzial dieses Ansatzes. In A. Gastager, J.-L. Patry & K. Gollackner (Hrsg.), *Subjektive Theorien über das eigene Tun in sozialen Handlungsfeldern* (S. 193–202). Innsbruck: Studienverlag.

Petry, T. (2012). Enterprise 2.0-Transformation - Prozess, Aufgaben und Probleme im Wandeln zu einem Enterprise 2.0-Unternehmen. In W. Jäger & T. Petry (Hrsg.), *Enterprise 2.0 - die digitale Revolution der Unternehmenskultur. Warum Personalmanager jetzt gefordert sind.* (S. 237–253). Köln: Luchterhand.

Pfetzing, K. & Rohde, A. (2011). *Ganzheitliches Projektmanagement*. Zürich: Versus.

Pichler, R. (2008). *Scrum. Agiles Projektmanagement erfolgreich einsetzen* (1. Aufl.). Heidelberg: dpunkt.

Poell, R. F. & Chivers, G. (1999). New Roles of HRD Consultants in Different Organizational Types. In *VET-Forum meeting on "Learning in Learning Organizations."* Evora. Abgerufen von www.itb.uni-bremen.de/projekte/forum/ Callforpapers/PAPERRPO.DOC

Poell, R. F., Pluijmen, R. & Krogt, F. J. Van der. (2003). Strategies of HRD professionals in organising learning programmes: a qualitative study among 20 Dutch HRD professionals. *Journal of European Industrial Training*, *7* (2/3/4), 125–136.

Probst, H.-J. & Haunerdinger, M. (2007). *Projektmanagement leicht gemacht* (2. Aufl.). Heidelberg: Redline Wirtschaft.

Przyborski, A. & Wohlrab-Sahr, M. (2010). *Qualitative Sozialforschung* (3. Aufl.). München: Oldenbourg.

Ramsenthaler, C. (2013). Was ist "Qualitative Inhaltsanalyse"? In M. Schnell, C. Schulz, H. Kolbe & C. Dunger (Hrsg.), *Der Patient am Lebensende. Eine qualitative Inhaltsanalyse* (S. 23–42). Wiesbaden: Springer.

Rank, A. (2008). *Subjektive Theorien von Erzieherinnen zu vorschulischem Lernen und Schriftspracherwerb*. Berlin: Wissenschaftlicher Verlag.

Reinhardt, R. (2000). Die europäische Personalentwicklung im Wandel: Selbstverständnis und Praktiken in lernorientierten Unternehmen. *Zeitschrift für Personalführung (ZfP)*, *3*, 209–241.

Robes, J. (2011). Vom Personalentwickler zum Community Manager? Ein Rollenbild im Wandel. In A. Trost & T. Jenewein (Hrsg.), *Personalentwicklung 2.0. Lernen, Wissensaustausch und Talentförderung der nächsten Generation* (S. 65–77). Köln: Wolters Kluwer.

Rothwell, W. J. & Kazanas, H. C. (1989). *Strategic Human Resource Development.* Englewood Cliffs: Prentice-Hall.

Röpstorff, S. & Wiechmann, R. (2012). *Scrum in der Praxis. Erfahrungen, Problemfelder und Erfolgsfaktoren.* Heidelberg: dpunkt.

Röttger, U. (2010). *Public Relations – Organisation und Profession.* Wiesbaden: VS Verlag für Sozialwissenschaften.

Rüegg-Stürm, J. (2004). *Einführung in die Managementlehre, Band 1.* (R. Dubs, D. Euler, J. Rüegg-Stürm & C. E. Wyss, Hrsg.). Bern: Haupt.

Rump, J. & Eilers, S. (2013). Weitere Megatrends. In J. Rump & N. Walter (Hrsg.), *Arbeitswelt 2030. Trends, Prognosen, Gestaltungsmöglichkeiten* (S. 13–29). Stuttgart: Schäffer-Poeschel.

Ryle, G. (1969). *Der Begriff des Gastes.* Stuttgart: Reclam.

Sailer, U. (2012). *Management. Komplexität verstehen: Systemisches Denken, Business Modeling, Handlungsfelder nachhaltigen Erfolgs.* Stuttgart: Schäffer-Poeschel.

Sattelberger, T. (1995). Personalentwicklung als strategischer Erfolgsfaktor. In T. Sattelberger (Hrsg.), *Innovative Personalentwicklung. Grundlagen, Konzepte, Erfahrungen* (3. Aufl., S. 15–37). Wiesbaden: Gabler.

Sattelberger, T. (1996). Klassische Personalentwicklung: dominant, aber tot. In *Human Resource Management im Umbruch* (S. 232–252). Wiesbaden: Gabler.

Sattler, J. & Werthschütz, R. (2010). *HR Strategie & Organisation 2010/2011.* Berlin: Kienbaum.

Sausele-Bayer, I. (2011). *Personalentwicklung als pädagogische Praxis* (1. Aufl.). Wiesbaden: VS Verlag für Sozialwissenschaften.

Scharmer, C. O. (2013). *Theorie U - Von der Zukunft her führen* (3. Aufl.). Heidelberg: Carl-Auer.

Scharmer, C. O. & Käufer, K. (2008). Führung vor der leeren Leinwand. *OrganisationsEntwicklung*, (2), 4–11.

Scheele, B. (1988). Methodenwechsel: am Forschungsprozeß dargestellt. In N. Groeben, D. Wahl, J. Schlee & B. Scheele (Hrsg.), *Das Forschungsprogramm Subjektive Theorien* (S. 126–205). Tübingen: Francke.

Scheele, B. & Groeben, N. (1988a). *Dialog-Konsens-Methoden zur Rekonstruktion Subjektiver Theorien*. Tübingen: Francke.

Scheele, B. & Groeben, N. (1988b). Die Binnenstruktur Subjektiver Theorien. In N. Groeben, D. Wahl, J. Schlee & B. Scheele (Hrsg.), *Das Forschungsprogramm Subjektive Theorien*. Tübingen: Francke.

Scheele, B. & Groeben, N. (2010). Dialog-Konsens-Methoden. In Günter Mey & K. Mruck (Hrsg.), *Handbuch Qualitative Forschung in der Psychologie* (1. Aufl., S. 506–523). Wiesbaden: VS Verlag für Sozialwissenschaften.

Schelle, H. (2010). *Projekte zum Erfolg führen. Projektmanagement systematisch und kompakt* (6. Aufl.). München: Deutscher Taschenbuch Verlag.

Schemuly, C. C., Schröder, T., Nachtwei, J., Kauffeld, S. & Gläs, K. (2012). Die Zukunft der Personalentwicklung. Eine Delphi-Studie. *Zeitschrift für Arbeits- und Organisationspsychologie*, *56* (3), 111–122.

Scheufelen, A. H. (2008). *Diagnose Subjektiver Theorien als Grundlage der Strategieentwicklung*. Berlin: Pro Business.

Schiersmann, C. & Thiel, H.-U. (2011). *Organisationsentwicklung. Prinzipien und Strategien von Veränderungsprozessen* (3. Aufl.). Wiesbaden: VS Verlag für Sozialwissenschaften.

Schilling, J. (2001). *Wovon sprechen Führungskräfte, wenn sie über Führung sprechen?* Hamburg: Dr. Kovac.

Schlee, J. (1988a). Menschenbildannahmen: vom Verhalten und Handeln. In N. Groeben, D. Wahl, S. Jörg & B. Scheele (Hrsg.), *Das Forschungsprogramm Subjektive Theorien* (S. 11–17). Tübingen: Francke.

Schlee, J. (1988b). Forschungsstruktur: Dialog-Konsens und Falsifikation. In N. Groeben, D. Wahl, S. Jörg & B. Scheele (Hrsg.), *Das Forschungsprogramm Subjektive Theorien* (S. 24–29). Tübingen: Francke.

Schmid, B. & Messmer, A. (2009). *Systemische Personal-, Organisations- und Kulturentwicklung* (2. Aufl.). Bergisch Gladbach: Kohlhage.

Schmid, T., Müller-Stewens, G. & Lechner, C. (2009). Strategische Initiativen als Instrument des Corporate Managements. *Zeitschrift Führung und Organisation, 78* (02), 80–87.

Schmidthals, K. (2005). *Wie das Selbst unser Wissen formt. Der Einfluss independenten und interdependenten Selbstwissens auf die Kontextabhängigkeit mentaler Repräsentationen.* Abgerufen von http://www.diss.fu-berlin.de/diss/receive/FUDISS_thesis_000000001831

Schneider, M. & Wastian, M. (2012). Projektverläufe: Herausforderungen und Ansatzpunkte für die Prozessgestaltung. In M. Wastian, I. Braumandl & L. von Rosenstiel (Hrsg.), *Angewandte Psychologie für das Projektmanagement* (2. Aufl.). Heidelberg: Springer.

Schöbel, M. & Manzey, D. (2011). Subjective theories of organizing and learning from events. *Safety Science, 49* (1), 47–54.

Schreier, M. (1997). Die Aggregierung Subjektiver Theorien. Vorgehensweise, Probleme, Perspektiven. *Kölner psychologische Studien, 2* (1), 37–71.

Schreier, M. (2010). Fallauswahl. In Günter Mey & K. Mruck (Hrsg.), *Handbuch Qualitative Forschung in der Psychologie* (1. Aufl., S. 238–251). Wiesbaden: VS Verlag für Sozialwissenschaften.

Schröer, A. (2005). *Post-Merger-Integration: Mentale Modelle von Handlungsstrategien zum Umgang mit Widerständen bei der Integration neuer Mitarbeiter nach Unternehmenszusammenschlüssen.* Abgerufen von http://ubt.opus.hbz-nrw.de/volltexte/2006/347/

Schründer-Lenzen, A. (2010). Triangulation. In B. Friebertshäuser, A. Langer, & A. Prengel (Hrsg.), *Handbuch Qualitative Forschungsmethoden in der Erziehungswissenschaft* (3. Aufl., S. 149–158). Weinheim: Juventa.

Schulz von Thun, F. (1998). *Miteinander reden 1 und 2.* Reinbek: Rowohlt.

Schwaninger, M. (2000). Managing Complexity - The Path Toward Intelligent Organizations. *Systemic Practice and Action Research, 13* (2), 207–241.

Schyns, B. (2001). *Determinanten beruflicher Veränderungsbereitschaft bei Arbeitnehmern und Arbeitnehmerinnen unterer Hierarchiestufen* (Dissertation) Leipzig: Universität Leipzig.

Seel, N. M. (1991). *Weltwissen und mentale Modelle.* Göttingen: Hogrefe.

Seiler, K. (2009). Beschäftigungsfähigkeit als Indikator für unternehmerische Flexibilität. In B. Badura, H. Schröder & C. Vetter (Hrsg.), *Fehlzeiten-Report 2008* (S. 3–13). Heidelberg: Springer.

Solga, J. & Blickle, G. (2012). Macht und Einfluss in Projekten. In M. Wastian, I. Braumandl & L. von Rosenstiel (Hrsg.), *Angewandte Psychologie für das Projektmanagement* (2. Aufl.). Heidelberg: Springer.

Steinle, C. (2005). *Ganzheitliches Management: Eine mehrdimensionale Sichtweise integrierter Unternehmensführung* (1. Aufl.). Wiesbaden: Gabler.

Stiefel, R. T. (2010). *Strategieumsetzende Personalentwicklung: Schneller lernen als die Konkurrenz.* Wien: Linde.

Stippler, M. & Burger, S. (2007). *Der Personalverantwortliche im Unternehmen.* München: Hampp.

Stock-Homburg, R. (2013). Strategisches Personalmanagement. In R. Stock-Homburg (Hrsg.), *Handbuch Strategisches Personalmanagement* (2. Aufl., S. 3–8). Wiesbaden: Springer.

Stössel, A., & Scheele, B. (1992). Interindividuelle Integration Subjektiver Theorien zu Modalstrukturen. In B. Scheele (Hrsg.), *Struktur-Lege-Verfahren als Dialog-Konsens-Methodik* (S. 333–385). Münster: Aschendorffsche.

Strack, R., Caye, J.-M., Von der Linden, C., Haen, P. & Abramo, F. (2013). *Creating People Advantage 2013. Lifting HR Practices to the Next Level.* Boston: Boston Consulting Group.

Strohm, O. (2008). Zur Veränderung führen - Mikropolitische Strategien und Verhaltensweisen von Führungskräften in Veränderungsprozessen. In Institut für Arbeitsforschung und Organisationsberatung (Hrsg.), *Unternehmensgestaltung im Spannungsfeld von Stabilität und Wandel* (S.. 349–362). Zürich: vdf Hochschulverlag.

Struck, A. (1998). *Individuenzentrierte Personalentwicklung. Konzepte und em-pirische Befunde*. Frankfurt am Main: Campus.

Tergan, S.-O. (1986). *Modelle der Wissensrepräsentation als Grundlage qualitativer Wissensdiagnostik*. Opladen: Westdeutscher Verlag.

Thielenhaus, P. (1981). *Strategische Personalentwicklungsplanung eine Untersuchung zur integrativen Planung von Personalentwicklungs-Konzeptionen für Industrie-unternehmen*. Frankfurt am Main: Barudio und Hess.

Thom, N. (2008). Trends in der Personalentwicklung. In N. Thom & R. J. Zaugg (Hrsg.), *Moderne Personalentwicklung. Mitarbeiterpotenziale erkennen, ent-wickeln und fördern*. (3. Aufl., S. 5–18). Wiesbaden: Gabler.

Thom, N. (2012a). Management des Wandels. In R. Steiner & A. Ritz (Hrsg.), *Personal führen und Organisationen gestalten* (1. Aufl., S. 15–32). Bern: Haupt.

Thom, N. (2012b). Personalentwicklung. In R. Steiner & A. Ritz (Hrsg.), *Personal führen und Organisationen gestalten* (1. Aufl., S. 195–204). Bern: Haupt.

Thom, N. & Etienne, M. (2002). Change Management in der Gesundheitsversorgung am Beispiel des Spitals. *Care Management*, (8), 21–23.

Thom, N. & Zaugg, R. J. (2008). Thesen zur Personalentwicklung. In N. Thom & R. J. Zaugg (Hrsg.), *Moderne Personalentwicklung. Mitarbeiterpotenziale erkennen, entwickeln und fördern*. (3. Aufl., S. 399–402). Wiesbaden: Gabler.

Thomas, J. & Mengel, T. (2008). Preparing project managers to deal with complexity - Advanced project management education. *International Journal of Project Management, 26*, 304–315.

Treadway, D. C., Hochwarter, W. A., Kacmar, C. J. & Ferris, G. R. (2005). Political will, political skill, and political behavior. *Journal of Organizational Behavior, 26* (3), 229–245.

Ulrich, D. (1997). *Human Resource Champions: The Next Agenda for Adding Value and Delivering Results*. Boston: Harvard Business School Press.

Ulrich, D., Brockbank, W., Johnson, D., Sandholtz, K. & Younger, J. (2008). *HR Competencies. Mastery at the Intersection of People and Business*. Alexandria, Virginia: Society for Human Resource Management.

Ulrich, H. (2001). *Systemorientiertes Management*. Bern: Haupt.

Ulrich, H., & Probst, G. (2001). *Anleitung zum ganzheitlichen Denken und Handeln* (3. Aufl.). Bern: Haupt.

Vahs, D. (2007). *Organisation: Einführung in die Organisationstheorie und -praxis* (6. Aufl.). Stuttgart: Schäffer-Poeschel.

Valkeavaara, T. (1998). Human resource development roles and competencies in five European countries. *International Journal of Training and Development, 2* (3), 171–189.

Von Cranach, M., & Bangerter, A. (2000). Wissen und Handeln in systemischer Perspektive: Ein komplexes Problem. In J. Gerstenmaier & H. Mandl (Hrsg.), *Die Kluft zwischen Wissen und Handeln* (S. 221–252). Göttingen: Hogrefe.

Von Rosenstiel, L. (2000). Wissen und Handeln in Organisationen. In H. Mandl & J. Gerstenmaier (Hrsg.), *Die Kluft zwischen Wissen und Handeln* (S. 96–138). Göttingen: Hogrefe.

Wahl, D. (2001). Nachhaltige Wege vom Wissen zum Handeln. *Beiträge zur Lehrerbildung, 19* (2), 157–174.

Wahl, D. (2002). Mit Training vom trägen Wissen zum kompetenten Handeln? *Zeitschrift für Pädagogik, 48* (2), 227–241.

Wahl, D. (2013). *Lernumgebungen erfolgreich gestalten. Vom trägen Wissen zum kompetenten Handeln* (3. Aufl.). Bad Heilbrunn: Klinkhardt.

Walton, J. (1999). *Strategic Human Resource Development*. Harlow: Financial Times Prentice Hall.

Westermann, R. & Heise, E. (1996). Motivations- und Kognitionspsychologie: Einige intertheoretische Verbindungen. In J. Kuhl & H. Heckhausen (Hrsg.), *Motivation, Volition und Handlung (Band 4, Enzyklopädie der Psychologie)* (S. 275–327). Göttingen: Hogrefe.

Widulle, W. (2009). *Berufliches Handeln und Handlungskompetenz. Arbeitsbuch für soziale und pädagogische Berufe. Handlungsorientiert Lernen im Studium* (1. Aufl.). Wiesbaden: VS Verlag für Sozialwissenschaften.

Witzel, A. (2000). Das problemzentrierte Interview. *Forum Qualitative Sozialforschung, Volume 1* (No.1, Art. 22).

Witzel, A., & Reiter, H. (2012). *The Problem-centred Interview*. Los Angeles: Sage.

Wolf, M. L. J. (2010). Kleine Projekte stemmen. In *Spotlight: "Wie leite ich kleine Projekte?"* (S. 4–8). Abgerufen von thormann.npage.de/get_file.php?id=14656318&vnr=567523

Yin, R. K. (2009). *Case Study Research* (4. Aufl.). Los Angeles: Sage.

Zaugg, R. J. (2006). Fallstudien als Forschungsdesign der Betriebswirtschaftslehre - Anleitung zur Erarbeitung von Fallstudien. Lahr: Wissenschaftliche Hochschule.

PERSONAL, ORGANISATION UND ARBEITSBEZIEHUNGEN

Herausgegeben von Prof. Dr. Fred G. Becker, Bielefeld, Prof. Dr. Stefan Süß, Düsseldorf, und Prof. Dr. Maike Andresen, Bamberg

Band 60
Ann Kristin von der Mosel
Regain Management als Element des externen Personalmarketings – Entwicklung eines Entscheidungsrahmens
Lohmar – Köln 2015 ◆ 340 S. ◆ € 63,- (D) ◆ ISBN 978-3-8441-0415-8

Band 61
Daniel Rothfuß
Einfluss von Persönlichkeitsmerkmalen auf das Verhandlungsverhalten und -ergebnis
Lohmar – Köln 2017 ◆ 212 S. ◆ € 58,- (D) ◆ ISBN 978-3-8441-0499-8

Band 62
Wögen N. Tadsen
Anreizsysteme für Professorinnen und Professoren an Universitäten – Entwicklung eines Bezugsrahmens aus verhaltenswissenschaftlicher Perspektive
Lohmar – Köln 2017 ◆ 304 S. ◆ € 66,- (D) ◆ ISBN 978-3-8441-0506-3

Band 63
Vanessa Bader
Lerntransfermanagement – Eine explorative Studie zu Einsatz und Ausgestaltung der Sicherung des Lerntransfers in der innerbetrieblichen Weiterbildung
Lohmar – Köln 2017 ◆ 292 S. ◆ € 66,- (D) ◆ ISBN 978-3-8441-0516-2

Band 64
Sina Fäckeler
Ganzheitliche Personalentwicklung – Eine Analyse wissenschaftlicher und subjektiver Theorien über Personalentwicklungsarbeit
Lohmar – Köln 2017 ◆ 524 S. ◆ € 88,- (D) ◆ ISBN 978-3-8441-0484-4